高等学校建筑环境与能源应用工程专业规划教材

锅炉及锅炉房设备

Boiler and Boiler-room Equipment

（第五版）

吴味隆　等编著

中国建筑工业出版社

图书在版编目（CIP）数据

锅炉及锅炉房设备/吴味隆等编著. —5 版. —北京：
中国建筑工业出版社，2014.8（2024.11 重印）
高等学校建筑环境与能源应用工程专业规划教材
ISBN 978-7-112-16865-1

Ⅰ.①锅…　Ⅱ.①吴…　Ⅲ.①锅炉-高等学校-教材
②锅炉房-设备-高等学校-教材　Ⅳ.①TK22

中国版本图书馆 CIP 数据核字（2014）第 100449 号

本书为高等学校原供热通风空调及燃气工程专业"锅炉及锅炉房设备"课程的推荐教材，是在 2006 年第四版的基础上修订而成的。

本书以供热锅炉（工业锅炉）为对象，较为系统地阐述了锅炉设备、工作原理和设计计算基础与方法，密切联系我国锅炉行业的实际，及时反映国内外锅炉技术的新进展、新技术和新成果。本次修订保持原有特色和框架结构，但在内容上作了较多的增删更新，特别突出了能源"节约优先"和环境"保护优先"的理念，如增补了燃油、燃气供应系统、诸如余热锅炉、冷凝锅炉、生物质锅炉和垃圾锅炉等一类特种锅炉；重写了"烟气净化"，较为详细地介绍了烟气脱硫、脱氮技术的原理和具体方法；更新和贯彻了与锅炉有关的国家标准和规范等。此外，各章选编有复习思考题和习题（附参考答案），书末还附有两个已投入运行的燃油、燃气锅炉房工艺设计工程实例。

本书也可供其他相关相近专业的师生和热能工程技术人员参考。

* * *

责任编辑：姚荣华　张文胜
责任校对：姜小莲　刘　钰

高等学校建筑环境与能源应用工程专业规划教材
锅炉及锅炉房设备
（第五版）
吴味隆　等编著

*

中国建筑工业出版社出版、发行（北京西郊百万庄）
各地新华书店、建筑书店经销
霸州市顺浩图文科技发展有限公司制版
建工社（河北）印刷有限公司印刷

*

开本：787×1092 毫米　1/16　印张：31¼　插页：6　字数：794 千字
2014 年 11 月第五版　　2024 年 11 月第五十一次印刷
定价：**65.00** 元
ISBN 978-7-112-16865-1
（25646）

第 五 版 前 言

本书是高等学校原供热通风空调及燃气工程学科专业指导委员会评选、审定的"锅炉及锅炉房设备"课程的推荐教材，它与辅助教材《锅炉习题实验及课程设计》配合使用。因其紧扣该课程教学大纲，框架体系较为合理，注重理论与实践结合，内容寓理深刻而讲解通俗、透彻，较好地满足了设置有该专业的全国数十所院校的日校教学和函授等远程业余教学的需要，同时也受到其他相关专业的师生和技术人员的普遍欢迎。自初版至今，它已印刷了 39 次，总共发行了 22 万余册，基本上满足了各方面的实际需要。

锅炉是供热之源。它对我国社会经济的持续发展和人民生活的日益提高起着极为重要的作用。但这是以消耗大量宝贵的燃料资源和排放大量大气污染物为代价的。我国社会经济发展与资源和环境的矛盾日益突出，逼迫我们重视并处理好这一问题，不然资源支撑不住，环境容纳不下，社会承受不起，经济发展将难以为继。因此，我国政府以法律法规明确能源"节约优先"和环境"保护优先"，显然它将是建筑环境与能源应用专业师生面对的两大课题。这也正是本版修订工作的指导思想和内容增删、变动的依据。

本书保留原有特色和框架体系，注重理论与实践相结合，及时反映锅炉技术国内外的新进展、新技术和新成果，更好地适应教学和工程的实际需要。相比于第四版，本次修订在第五章中新增特种锅炉一节，对余热锅炉、真空锅炉、冷凝锅炉、生物质锅炉、垃圾锅炉、导热油锅、电热锅炉及核能锅炉等的结构、原理及其特点逐一作了介绍，探求节约能源和提高能源利用率的新途径，以开阔学生视野；在第九章中新增膜分离水处理一节；在第十章，增加燃油供应系统和燃气供应系统两节，以满足现代城市建设的需要并强化清洁能源代替燃煤的趋势；重写了"烟气净化"，用较大篇幅系统地介绍了烟气脱硫、脱氮技术的原理和具体方法，注重大气环境质量，以进一步提高学生的环境保护意识；考虑到专业的实际，删除了"锅炉受压元件的强度计算"一章。此外，与时俱进地更新和贯彻了与锅炉及锅炉房设计相关的国家标准和规范规程。

本版修订工作主要由同济大学吴味隆教授完成，参与修订工作的还有肖永伟高级工程师和高丽工程师。此处需要特别说明的是，本书各章之末的思考复习题、习题和附录 4 锅炉课程设计指导书均移植于由吴味隆任主编的《锅炉习题实验及课程设计》一书，它们分别由同济大学邵锡奎教授和西安建筑科技大学傅裕仁教授执笔。

在本书编写和修订过程中，承蒙中国电器工业协会工业锅炉分会名誉理事长、上海工业锅炉研究所原所长程其耀教授级高级工程师和上海机电设计研究院李玲珍教授级高级工程师给予大力支持和帮助，提供了大量资料和宝贵意见；承蒙徐宏伟高级工程师和张铭高级工程师分别为本书提供了燃油锅炉房和燃气锅炉房工艺设计工程实例，在此表示诚挚的谢忱。对采用过本书并提出宝贵意见、建议的师生和本书所引用的参考文献作者们及所有关心、帮助过本书编写和修订的同志，在此一并表示衷心的感谢！

由于本书内容涉及的专业面较广，虽主观上力图使本书能更好地适应教学和工程实际参考的需要，但因限于编著者的水平，书中一定还存在有疏漏和错误，敬请读者批评指正。

编著者

2014 年 4 月 28 日于上海

第 一 版 前 言

根据高等学校供热通风空调及燃气工程学科专业指导委员会关于今后推荐出版的专业教材采用评选方法产生的决议，同济大学于1990年12月正式提出编写"锅炉及锅炉房设备"课程教材的申请，翌年送交了参评的教材初稿。经审查评选，本书稿在1992年10月召开的专业指导委员会第四次会议上被确定为该课程的推荐教材，并委托该会委员、青岛建筑工程学院解鲁生教授担任主审。依照评审意见，作者多次逐章进行了认真修改，本书于1994年初完稿、审定。

"锅炉及锅炉房设备"是供热通风空调及燃气工程专业的主要专业课之一。本书系根据专业所制订的该课程教学大纲编写而成，其内容和份量力图符合教学基本要求。

本书较为系统地阐述了锅炉工作过程的基本理论和设计的计算基础及基本方法。在取材上，尽量注意结合我国锅炉工业的实际，同时充分反映国内外先进的科技成果。在编排上，本书基本保持由同济大学、湖南大学和重庆建筑工程学院合编的原试用教材《锅炉及锅炉房设备》的结构和风格。但就其内容而言，本书在试用教材使用了15年的教学实践基础上，作了许多重大修改和更新。譬如，锅炉系列、燃料品种代号、锅炉强度计算、锅炉大气污染物排放、水质指标的单位及标准等均改用了国家新标准或规定；锅炉热力计算则采用我国编制的《层状燃烧及沸腾燃烧工业锅炉热力计算方法》；在锅炉型谱中，新增了角管锅炉、循环流化床锅炉等最新发展；在锅炉房工艺布置和设计方面，则以最新颁布的《锅炉房设计规范》为依据。

全书共分十二章，由同济大学奚士光教授（第一、三、七、十章）、吴味隆教授（第二、四、五、六章）和蒋君衍副教授（第八、九、十一、十二章）编写，奚士光教授负责主编。

本书承蒙主审解鲁生教授详细审阅，并结合自己长期积累的教学经验提出了许多宝贵意见，在此谨致诚挚的谢意。

在本书的编写过程中，还得到哈尔滨建筑大学、重庆建筑大学、上海工业锅炉研究所、上海机电设计院等单位和有关同志的大力支持和帮助，提供了宝贵的资料，在此一并致以衷心的感谢。

作者主观上虽力图使本教材更加符合教学规律，以便更好地适应教学和工程实际参考的需要，但限于水平，书中一定尚存在许多漏误之处，恳望广大读者批评指正。

目　　录

基 本 符 号

一、主体符号

A——燃料含灰量，%；原水碱度，mmol/L

A_c——残留碱度，mmol/L

A_g——锅水允许碱度，mmol/L

A_{gs}——给水碱度，mmol/L

a——灰量占燃料总灰量的份额

a_h——火焰黑度

a_l——炉膛的系统黑度

a_y——烟气黑度

a_{Na}——流经钠离子交换器的水量份额

B——燃料消耗量，kg/h；还原耗盐量，kg/次

B'——燃料消耗量，kg/s

B_j——计算燃料消耗量，kg/h

B'_j——计算燃料消耗量，kg/s

Bo——炉内传热相似准则或波尔茨曼准则

b——还原时食盐耗量，g/mol；刮板宽度，m；当地平均大气压力，Pa

b_0——海平面大气压，Pa

b_{pj}——烟气的平均压力，Pa

C——燃料含碳量，%

CO——烟气中一氧化碳的体积百分数，%

c——比热容，kJ/(m³·℃)；修正、校正系数

D——锅炉蒸发量，t/h

D_{ps}——排污水量，t/h

D_q——排污扩容器的二次蒸汽量，kg

D_z——总软化水量，m³/h

d——湿空气的含湿量，g/kg；直径，m

d_{dl}——当量直径，m

d_h——火焰中灰粒平均直径，μm

E_g——交换剂的工作能力，mol/m³

E_t——t温度下的恩氏黏度，°E

F——面积、截面积，m²

F_b——炉膛壁面积，m²

F_{bz}——炉膛总壁面面积，m²

F_l——炉膛周界（包覆）面积，m^2

f——流通截面积，m^2

G——加热水量，kg/h；循环水量，kg/h；补给水量，t/h

G_1——生石灰消耗量，g/t

G_2——配制盐液用水量，t；纯碱消耗量，g/t

G_f——反洗用水量，t

G_z——正洗用水量，t

G_{wh}——雾化重油耗汽量，kg/kg

G_y——烟气质量，kg/kg

g_R——交换剂质量，t

H——受热面积，m^2；燃料含氢量，%；高度，m；原水总硬度，mmol/L；风压，Pa

H_f——有效辐射受热面积，m^2

H_{FT}——生水中非碳酸盐硬度，mmol/L

H_{Mg}——生水中镁盐硬度，mmol/L

H_T——生水中碳酸盐硬度，mmol/L

h——比焓，kJ/kg；高度，m

h_d——动压头，Pa

h_{zs}——自生风，Pa

H_k^0——理论空气量的焓，kJ/kg

H_y^0，H_y——理论、实际烟气量的焓，kJ/kg

H_{py}——排烟的焓，kJ/kg

ΔH_k——过量空气量的焓，kJ/kg

ΔH——阻力、压降，Pa

ΔH_{sl}^y——烟道总阻力，Pa

Δh——流动阻力，Pa

Δh_{hx}——横向冲刷阻力，Pa

Δh_{mc}——沿程摩擦阻力，Pa

Δh_{mc}^i——摩擦阻力，Pa/m

Δh_{jb}——局部阻力，Pa

Δh_{sd}——速度损失，Pa

Δh_{sl}——介质流动阻力，Pa

K——传热系数，$kW/(m^2 \cdot ℃)$；循环倍率；换算系数；凝聚剂加药量，mmol/L；容积富裕系数

k_h——灰粒的减弱系数，$1/(m \cdot MPa)$

k_g——固体颗粒减弱系数，$1/(m \cdot MPa)$

k_q——三原子气体的减弱系数，$1/(m \cdot MPa)$

k_Δ——管壁粗糙度影响系数

L——距离，m

l——长度，m

M——燃料含水量，%；煤的储备天数，d

N——功率，kW；燃料含氮量，%

N_2——烟气中氮气的体积百分数，%

n——管子数，根

O——燃料含氧量，%

O_2——烟气中氧气的体积百分数，%

P——锅炉压力，MPa

P_l——按碱度计算的排污率，%

P_g，P_j——锅炉、集箱中的静压，Pa

pH——水的酸碱性指标

Pr——普朗特数

P_2——按含盐量计算的排污率，%

ΔP——水力流动阻力，Pa

Q——热水锅炉供热量，MW；流量，m³/h；发热量，kJ/kg

Q_1，q_1——锅炉有效利用热，kJ/kg，%

Q_2，q_3——锅炉排烟热损失，kJ/kg，%

Q_3，q_3——气体不完全燃烧热损失，kJ/kg，%

Q_4，q_4——固体不完全燃烧热损失，kJ/kg，%

Q_5，q_5——散热损失，kJ/kg，%

Q_6，q_6——灰渣带走的物理热损失，kJ/kg，%

Q_{cr}——受热面的传热量，kJ/kg

Q_f——受热面从炉膛辐射或前烟气空间辐射所得的热量，kJ/kg

Q_{gl}——锅炉每小时有效吸热量，kW

Q_k——燃烧所需空气带进炉内的热量，kJ/kg

Q_l——燃料在炉内有效放热量，kJ/kg

Q_{lq}——烟道自燃冷却散热损失，kW

Q_r——1kg 燃料送入炉膛热量，kJ/kg

Q_{rp}——从热平衡方程求得烟气放热量，kJ/kg

q_R——炉排可见热强度，kW/m²

q_V——炉膛容积可见热强度，kW/m³

q_f——辐射受热面平均热流密度，kW/m²

q_{yd}——烟道单位面积的散热损失，kW/m²

R——炉排有效面积，m²；曲率半径，mm

Re——雷诺数

RO_2——烟气中二氧化碳与二氧化硫之和的体积百分数，%

R_s——蒸发面负荷，m³/(m² · h)

R_V——锅筒汽空间体积负荷，m³/(m³ · h)

S——燃料含硫量，%；管距，m；有效压头，Pa；含盐量，mg/L；真空度，

P_a；壁厚，mm

S_g——锅水的含盐量，mg/L

S_{gs}——给水的含盐量，mg/L

S_{yd}——水循环的运动压头，Pa

T——时间，h、min；绝对温度，K

T_b——水冷壁管外积灰层温度，K

T_{ll}——理论燃烧温度，K

T_h——火焰平均温度，K

T_m——炉膛温度最高值，K

t——时间，h、min；温度，℃

t_b——壁温，℃

t_{gq}——过热蒸汽温度，℃

t_{hb}——对流受热面管壁灰污层外表面温度，℃

t_{lk}——冷空气温度，℃

Δt——传热平均温差，℃

U——湿周周长，m

V——锅筒汽空间容积，m^3；反洗强度，$kg/(m^2 \cdot s)$；燃料的挥发分，%

V_{gy}——干烟气量，m^3/kg

V_k^0，V_k——理论、实际空气量，m^3/kg

V_l——炉膛容积，m^3

V_R——交换剂装载量，m^3

V_y^0，V_y——理论、实际烟气量，m^3/kg

ΔV_k——过量空气量，m^3/kg

υ——比容，m^3/kg

w——流速、速度，m/s

w_0——水循环流速，m/s

x——有效角系数；介质混合程度系数；蒸汽干度

Z——高度，m

Z_2——沿气流方向的管子排数

α——过量空气系数；放热系数，$kW/(m^2 \cdot ℃)$，$W/(m^2 \cdot ℃)$；还原盐液浓度，%

α_d——对流放热系数，$kW/(m^2 \cdot ℃)$

α_f——辐射放热系数，$kW/(m^2 \cdot ℃)$

α_{fh}——飞灰灰分比

α_{hz}——灰渣灰分比

α_{lm}——漏煤灰分比

$\Delta \alpha$——漏风系数

β——燃料特性系数

β_1，β_2——流量、压头储备系数

β_3——电动机备用系数

δ——有效辐射层厚度，m

ε——灰污系数，$m^2 \cdot ℃/kW$

ζ——沾污系数；阻力系数

ζ_i——每一排管子的阻力系数

ζ_{jk}——突扩原始局部阻力系数

ζ_{zw}——弯头原始局部阻力系数

η——机械传动效率，%；除尘效率，%；排污管热损失系数；修正系数

η_{gl}——锅炉效率，%

ϑ——烟气温度，℃

ϑ_{py}——排烟温度，℃

ϑ_{ll}——理论燃烧温度，℃

λ——导热系数，$kW/(m \cdot ℃)$；沿程摩擦阻力系数

μ_h——火焰中灰粒的无因次浓度，kg/kg

ν——动粘度，m^2/s

ξ——利用系数

ρ——燃烧面与炉壁面积之比；密度，kg/m^3

ρ_k——空气的密度，kg/m^3

ρ_y——烟气的密度，kg/m^3

σ_o——绝对黑体辐射常数，$kW/(m^2 \cdot K^4)$

τ_{20}——粘度计常数或水值

φ——保热系数，减弱系数；充满系数

φ_{ks}——扩散系数

ψ——有效系数

χ——炉膛水冷程度

二、上、下角码

ar——收到基

ad——空气干燥基

b——壁，饱和

bcq——侧墙壁面

bdq——炉底壁面

bqq——前墙壁面

bz——标准、炉壁

c(cl)——错列

ch——烟窗

d——对流，干燥基，电动机

daf——干燥无灰基

dl——当量

dt——弹筒

e——额定

f——辐射，风干，风机

fh——飞灰

fz——防渣管

g——锅炉、锅水

gr——高位

hz——灰渣

l——炉膛

le——肋

lk——冷空气

lm——漏煤

lq——冷却

max——最大值

mc——摩擦

min——最小值

n——内

n*l*——逆流

net——低位

o——理论

s*l*——顺流

sm——省煤器

xi——下降管

y——烟气

yf——引风

pj——平均

ps——排污水

py——排烟，尾部

q——蒸汽

r——燃料

rk——热空气

gk——干空气

gq——过热蒸汽

gr——过热器

gs——给水、管束

gy——干烟气

hb——灰污层

hx——横向

hy——火焰

hz——灰渣

i——单排

j——计算

jb——局部

jk——突扩

k——空气

kf——沸腾汽化点

ks——扩散

ky——空气预热器

rs——热水

s——水、散热

sh——上升管

w——外

wh——雾化

yz——烟囱

zs——自生、折算

zx——纵向

第一章 锅炉及锅炉房设备的基本知识

第一节 概　述

一个供热系统是由热源、热网和热用户组成的。通常利用锅炉及锅炉房设备生产出蒸汽或热水，而后通过热力管道将蒸汽或热水输送至用户，以满足生产工艺和采暖及生活等方面的需要。因此，锅炉是供热之源。锅炉及锅炉房设备的任务，在于安全可靠、经济有效地把燃料的化学能转化为热能，进而将热能传递给水，以生产热水或蒸汽。

蒸汽，不仅用作将热能转变成机械能的工质产生动力，用于发电等；蒸汽（或热水）也用作载热体，为工业生产、采暖通风空调等方面提供所需的热量。通常，把用于动力、发电方面的锅炉，叫做电站锅炉；把用于工业、采暖和生活方面的锅炉，称为供热锅炉，又称工业锅炉。

电能的生产企业称为发电厂。从总体上讲，火力发电是世界电能生产的主要形式。火力发电厂的三大主机——锅炉、汽轮机和发电机中，锅炉是最基本的能量转换设备。为了提高汽轮发电机组的效率，电站锅炉所生产的蒸汽，其压力和温度都很高，且日趋向高压、高温和大容量方向发展。例如，与 1000MW 汽轮发电机组相配套的国产超超临界锅炉，每小时的蒸汽产量就有 3033t，蒸汽压力为 26.25MPa，过热蒸汽的温度达 605℃。而与本专业密切相关的供热锅炉，除生产工艺上有特殊要求外，所生产的蒸汽（或热水）均不需过高的压力和温度，容量也无需过大。而且，无论是工业用户，还是采暖空调和热水供应用户，对蒸汽一般都是利用蒸汽凝结时放出的汽化潜热，因此大多数供热锅炉生产的都是饱和蒸汽。

随着我国经济建设的迅速发展，锅炉设备已广泛应用于现代工业的各个部门和生活领域，成为发展国民经济的重要热工设备之一。从量大面广的这个角度来看，除了电力行业以外的各行各业中运行着的主要是中小型低压供热锅炉。截至 2011 年底，全国在用锅炉62.03 万台[1]。随着我国工业现代化和城镇化的推进、城市高层民用建筑的快速崛起和油气资源的大力开发，特别是国家对环保工作要求的提高，近些年来燃油、燃气锅炉的比例正日益增大。尽管如此，但由于我国以煤为主的能源结构，锅炉燃料目前还是以煤为主，燃煤锅炉约占 70%。燃煤供热锅炉的热效率普遍较低，实际运行效率只有 60%～75%，比当前发达国家的供热锅炉效率低 10%～15%，节能潜力很大。而且，它们每年排放大量的烟尘和 SO_2，NO_x，CO_2 等有害气体，严重污染了大气和环境。因此，我们当前面临的是节能和环境保护两大课题。

能源是国家的重要战略物资，是一个国家经济增长和社会发展的重要物质基础，关系

---

[1]　详见《2012 年中国工业锅炉行业年鉴》。

着经济社会的可持续发展。到 2020 年，国家要求国内生产总值比 2000 年翻两番，但能源消费只能翻一番。这就需要我们依靠科技进步、通过调整产业结构和采取节能措施等手段来提高能源利用率，切实贯彻《节约能源法》确定的"坚持开发和节约并举，把节约放在首位"的方针。对于量大面广的供热锅炉，如何改进燃烧技术，挖掘潜力提高它们的热效率以节约燃料，有着十分重要的实际意义。同时，面对我国环境保护的巨大压力，国家出台最严格法律❶向污染宣战，首次明确环境"保护优先"的原则。因此，如何积极主动地变终端（烟气）治理为源头（燃料）治理，大力推广和使用优质低硫煤、洗选煤、固硫型煤、水煤浆，并采用清洁燃烧技术和燃煤污染控制技术，包括脱硫、脱氮工艺或低氮燃烧，以保护环境，提高大气环境质量，也是我们义不容辞应承担的责任。

诚然，作为本专业的学员，通过本课程的学习，还需要具有合理选用锅炉及锅炉房设备和运行管理以及进行锅炉房工艺设计的基本训练和初步能力。

第二节　锅炉的基本构造和工作过程

锅炉，顾名思义其最根本的组成是汽锅和炉子两大部分。燃料在炉子里燃烧，将它的化学能转化为热能，高温的燃烧产物——烟气，则通过汽锅受热面把热量传递给汽锅中温度较低的水，水被加热或进而沸腾汽化，产生蒸汽。锅炉房设备是保证锅炉源源不断地生产蒸汽或热水而设置的，诸如输煤除渣机械、储油和加压加热设备、燃气调压装置、送引风机、水泵和量测控制仪表等不可缺少的辅助装置和设备。借此锅炉房成为供热之源，安全可靠、经济有效地为用户提供热量。

一、锅炉的基本构造

图 1-1 所示为一台燃煤的 SHL 型锅炉，也称双锅筒横置式链条炉排锅炉。

汽锅的基本构造包括锅筒（又称汽包）、管束、水冷壁、集箱和下降管等，它是一个封闭的汽水系统。炉子包括煤斗、炉排、炉膛、除渣板、送风装置等，是燃烧设备。

此外，为了保证锅炉的正常工作和安全，蒸汽锅炉还必须装设安全阀、水位表、高低水位警报器、压力表、主汽阀、排污阀、止回阀等；还有为消除受热面上积灰以利传热的吹灰器，以提高锅炉运行的经济性。

二、锅炉的工作过程

锅炉的工作，可概括为三个过程，即同时进行着的燃料的燃烧过程、烟气向水的传热过程和水的受热、汽化过程。

1. 燃料的燃烧过程

如图 1-1 所示，锅炉的炉子设置在汽锅的前下方，此种炉子是供热锅炉中应用较为普遍的一种燃烧设备——链条炉排炉。燃料在加煤斗中借自重下落到炉排面上，炉排借电动机通过变速齿轮箱减速后由链轮来带动，犹如皮带运输机，将燃料带入炉内。燃料一边燃烧，一边向后移动；燃烧需要的空气是由风机送入炉排腹中风仓后，向上穿过炉排到达燃料层，进行燃烧反应形成高温烟气。燃料最后烧尽成灰渣，在炉排末端被除渣板（俗称老鹰铁）铲除于灰渣斗后排出，这整个过程称为燃烧过程。燃烧过程进

---

❶　2014 年 4 月 25 日颁布的《中华人民共和国环境保护法》。

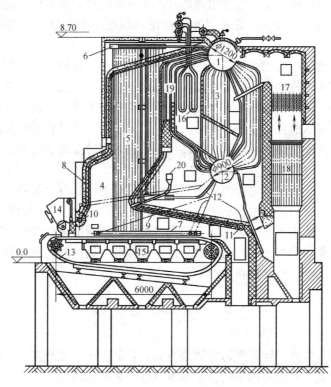

图 1-1 SHL 型锅炉

1—上锅筒；2—下锅筒；3—对流管束；4—炉膛；5—侧墙水冷壁；6—侧水冷壁上集箱；7—侧水冷壁下集箱；
8—前墙水冷壁；9—后墙水冷壁；10—前水冷壁下集箱；11—后水冷壁下集箱；12—下降管；13—链条炉排；
14—炉前加煤斗；15—风仓；16—蒸汽过热器；17—省煤器；18—空气预热器；19—烟窗及防渣管；20—二次风管

行得完善与否，是锅炉正常工作的根本条件。要保证良好的燃烧必须要有高温的环境，必需的空气量和空气与燃料的良好混合。当然，为了锅炉燃烧的持续进行，还得连续不断地供应燃料、空气和排出烟气、灰渣。为此，就需配备送、引风设备和运煤出渣设备。

2. 烟气向水（汽等工质）的传热过程

由于燃料的燃烧放热，炉内温度很高。在炉膛的四周墙面上，都布置一排水管，俗称水冷壁。高温烟气与水冷壁进行强烈的辐射换热，将热量传递给管内工质。继而烟气受引风机、烟囱的引力而向炉膛上方流动。烟气出烟窗（炉膛出口）并掠过防渣管后，冲刷蒸汽过热器——一组垂直布置的蛇形管受热面，使汽锅中产生的饱和蒸汽在其中受烟气加热而得到过热。烟气流经过热器后又掠过胀接在上、下锅筒间的对流管束，在管束间设置了折烟墙使烟气呈"S"形曲折地横向冲刷，再次以对流换热方式将热量传递给管束内的工质。沿途降低着温度的烟气最后进入尾部烟道，与省煤器和空气预热器内的工质进行热交换后，以经济的较低烟温排出锅炉。省煤器实际上是给水预热器，它和空气预热器一样，都设置在锅炉尾部（低温）烟道，以降低排烟温度提高锅炉效率，从而节省了燃料。

3. 水的受热和汽化过程

这是蒸汽的生产过程，主要包括水循环和汽水分离过程。经水处理设备处理并符合锅炉水质要求的给水由水泵加压，先流经布置在尾部烟道中的省煤器而得预热，然后进入汽锅。

锅炉工作时，汽锅中的工质是处于饱和状态下的汽水混合物。位于烟温较低区段的对流管束，因受热较弱，汽水工质的密度较大；而位于烟气高温区的水冷壁和对流管束，因受热强烈，相应地工质的密度较小，从而密度大的工质往下流入下锅筒，密度小的向上流入上锅筒，形成了锅水的自然循环。此外，为了组织水循环和进行输导分配的需要，一般还设置于炉墙外的不受热的下降管，借以将工质引入水冷壁的下集箱，再通过上集箱上的汽水引出管将汽水混合物导入上锅筒。

借助上锅筒自身空间的重力分离作用和锅筒内装设的汽水分离设备，使汽水混合物得到了分离；蒸汽在上锅筒顶部引出后进入蒸汽过热器，分离下来的水仍回落到上锅筒的下半部水空间。汽锅中的水循环，也保证了与高温烟气相接触的金属受热面得以冷却而不会烧坏，是锅炉能长期安全可靠运行的必要条件；汽水混合物的分离设备则是保证蒸汽品质和蒸汽过热器可靠工作的必要设备。

第三节 锅炉的基本特性

为区别各类锅炉构造、燃用燃料、燃烧方式、容量大小、参数高低、汽水流动方式以及运行经济性等特点，我们常用下列锅炉基本特性来表征和说明。

一、蒸发量、热功率

蒸发量是指蒸汽锅炉每小时所生产的额定❶蒸汽量，用以表征锅炉容量的大小。蒸发量常用符号 D 来表示，单位是 t/h，供热锅炉蒸发量一般从 0.1 到 65t/h。

供热锅炉，也可用额定热功率来表征容量的大小，常以符号 Q 来表示，单位是 MW❷。

热功率与蒸发量之间的关系，可由下式表示：

$$Q = 0.278D(h_q - h_{gs}) \times 10^{-3} \quad (\text{MW}) \tag{1-1}$$

式中　D——锅炉的蒸发量，t/h；

h_q，h_{gs}——分别为蒸汽和给水的比焓，kJ/kg。

对于热水锅炉

$$Q = 0.278G(h_{rs}'' - h_{rs}') \times 10^{-3} \quad (\text{MW}) \tag{1-2}$$

式中　G——热水锅炉每小时供给用户的热水流量，t/h；

h_{rs}'，h_{rs}''——锅炉进、出热水的比焓，kJ/kg。

二、蒸汽（或热水）参数

锅炉的蒸汽参数，是指锅炉出口处的蒸汽压力（表压力）和蒸汽温度。蒸汽压力，常

---

❶ 锅炉额定蒸发量和额定产热量统称额定出力，它是指锅炉在额定参数（压力、温度）、额定给水温度和使用设计燃料时，并保证一定效率下的最大连续蒸发量（产热量）。

❷ 原用工程单位 kcal/h，有 10 万，60 万，120 万，200 万，360 万，600 万，1200 万 kcal/h 等不同容量的热水锅炉。

用符号 P 表示，单位为 MPa；蒸汽温度，常用符号 t 表示，单位为℃和 K。

对于生产饱和蒸汽的锅炉，一般只需标注其压力，蒸汽状态就确定了；对于生产过热蒸汽或热水的锅炉，则必须同时标明其压力和温度。

锅炉设计时规定的蒸汽压力和温度称为锅炉的额定蒸汽压力和额定蒸汽温度。

三、受热面蒸发率、受热面发热率

锅炉受热面是指汽锅和附加受热面等与烟气接触的金属表面积，即烟气与水（或蒸汽）进行热交换的表面积。受热面面积的大小，工程上一般以烟气放热的一侧为基准来计算，用符号 H 表示，单位为 m^2。

$1m^2$ 受热面每小时所产生的蒸汽量，称为锅炉受热面的蒸发率，用 D/H [kg/(m^2·h)] 表示。但各受热面所处的烟气温度水平不同，它们的受热面蒸发率也有很大的差异。例如，炉内辐射受热面的蒸发率可达 80kg/(m^2·h) 左右；对流管受热面的蒸发率就只有 20～30kg/(m^2·h)。因此，对整台锅炉的总受热面来说，这个指标只反映蒸发率的一个平均值。鉴于各种型号的锅炉，其参数不尽相同，为了便于比较时有共同的"参数基础"，就引入了标准蒸汽❶的概念，即其焓值以工程单位取为 640kcal/kg，相应的法定计量单位的焓值为 2680kJ/kg❷。如把锅炉的实际蒸发量 D 换算为标准蒸汽蒸发量 D_{bz}，那么，受热面蒸发率就可以 $\dfrac{D_{bz}}{H}$ 来表示，其换算公式：

对工程单位 $$\frac{D_{bz}}{H}=\frac{D(h_q-h_{gs})}{640H}\times10^3\,kg/(m^2\cdot h) \tag{1-3a}$$

对法定计量单位 $$\frac{D_{bz}}{H}=\frac{D(h_q-h_{gs})}{2680H}\times10^3\,kg/(m^2\cdot h) \tag{1-3b}$$

显然，式中蒸汽的比焓 h_q、给水的比焓 h_{gs} 也应相一致，即工程单位为 kcal/kg，法定计量单位为 kJ/kg。

对于热水锅炉，通常采用受热面发热率这个指标来表征。它指的是 $1m^2$ 热水锅炉受热面每小时所生产的热功率（或热量），用符号 Q/H 表示，单位为 MW/m^2。

供热蒸汽锅炉，D/H 一般在 30～40kg/(m^2·h)；热水锅炉的 Q/H，一般在 $0.02325MW/m^2$ 上下。

受热面蒸发率或发热率越高，则表示传热好，锅炉所耗金属量少，锅炉结构也紧凑。这一指标常用来表示锅炉的工作强度，但还不能真实反映锅炉运行的经济性；如果锅炉排出的烟气温度很高，D/H 值虽大，但未必经济。

四、锅炉的热效率

锅炉的热效率是表征锅炉运行的经济性指标，是指锅炉每小时有效利用于生产热水或蒸汽的热量占输入锅炉全部热量的百分数，常用符号 η_{gl} 表示，即

$$\eta_{gl}=\frac{锅炉有效利用热量}{输入锅炉总热量}\times100\%$$

锅炉热效率高，说明这台锅炉在燃用 1kg 相同燃料时，能生产更多参数相同的热水

---

❶ 标准蒸汽系指在 1 标准大气压下的干饱和蒸汽。

❷ 我国长期以来使用的热量单位为 20℃卡 [1cal（20℃）=4.1816J]，JB/DQ 1060—1982 中有关传热公式中沿用的是原苏联标准，因此本书中凡涉及热量换算均采用国际蒸汽表卡 1cal（1T）=4.1868J。

或蒸汽，节约燃料。目前我国生产的燃煤供热锅炉，热效率在 $60\%\sim85\%$，燃油、燃气的锅炉，热效率在 $85\%\sim92\%$ 之间。

有关锅炉热效率的计算和影响因素分析以及提高它的途径与措施，将在第三章中专门予以阐述。

五、锅炉的金属耗率及耗电率

锅炉不仅要求热效率高，而且也要求金属材料耗量低，运行时耗电量少；但是，这三方面常是相互制约的。因此，衡量锅炉总的经济性应从这三方面综合考虑，切忌片面性。金属耗率，就是相应于锅炉每吨蒸发量所耗用的金属材料的重量（t），目前生产的供热锅炉这个指标为 $2\sim6t/(t\cdot h)$，电站锅炉为 $2.5\sim5t/(t\cdot h)$。耗电率则为产生 1t 蒸汽耗用电的度数 $[kWh/(t\cdot h)]$；耗电率计算时，除了锅炉本体配套的辅机外，还涉及破碎机、筛煤机等辅助设备的耗电量，一般在 $10kWh/(t\cdot h)$ 左右。

第四节 锅炉分类与型号

一、锅炉分类

锅炉分类的方法很多，通常可按锅炉用途、容量、参数、燃烧方式和水循环方式等进行分类。

1. 按锅炉用途分类

锅炉按用途可分为电站锅炉和供热锅炉（也称工业锅炉）两大类。前者用于生产电能；后者用于工业生产工艺、供热和生活，是本书所要讲述的对象。

2. 按锅炉容量分类

锅炉容量用蒸发量 D 来表示。按蒸发量大小，锅炉有小型、中型和大型之分，但它们之间没有固定的分界。对于电站锅炉，一般认为 $D<400t/h$ 的为小型锅炉，D 在 $400\sim670t/h$ 之间的为中型锅炉，$D>670t/h$ 的为大型锅炉。电站锅炉的容量日益增大是总的发展趋势❶。相比于电站锅炉，供热锅炉容量就很小，蒸发量 D 一般在 $0.1\sim65t/h$（表1-4）。

3. 按蒸汽参数分类

蒸汽参数包括压力和温度。电站锅炉分类通常按蒸汽压力高低，分为低压锅炉（$p\leqslant2.45MPa$）、中压锅炉（$p=2.94\sim4.92MPa$）、高压锅炉（$p=7.84\sim10.8MPa$）、超高压锅炉（$p=11.8\sim14.7MPa$）、亚临界压力锅炉（$p=15.7\sim19.6MPa$）和超临界压力锅炉（$p\geqslant22.1MPa$）等。

供热锅炉由于工业生产工艺、供暖和生活用汽都无需过高的压力，依据国家标准《工业蒸汽锅炉额定参数系列》，最高额定蒸汽压力为 2.5MPa（表压力），属于低压锅炉（表1-4）。

4. 按燃烧方式分类

按燃料在锅炉中的燃烧方式不同，锅炉分为层燃炉、室燃炉和流化床炉等，如图1-2

---

❶ 目前已投运的世界上最大的单台机组容量达 1300MW，其锅炉蒸发量为 4433t/h，蒸汽压力为 31.5MPa，过热蒸汽温度为 569℃；炉膛净高为 64.7m，锅炉总高度达 71.0m。

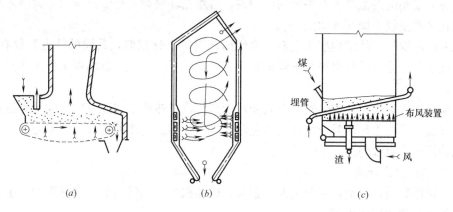

图 1-2 锅炉燃烧方式

(a) 层燃炉；(b) 室燃炉；(c) 流化床炉

所示。

层燃炉具有炉排，煤或其他固体燃料在其炉排上呈层状燃烧。此类锅炉多为小容量、低参数，它是供热锅炉的主要型式。

室燃炉没有炉排，燃料是随空气流进入炉子在炉膛空间中呈悬浮状燃烧的。燃烧煤粉的煤粉锅炉、燃油锅炉和燃气锅炉都属于这类锅炉，它是目前电站锅炉的主要型式。

流化床炉的底部有一多孔的布风板，燃烧所需的空气自下而上以高速穿经孔眼，均匀进入布风板上的床料层。床料层中的物料为炽热火红的固体颗粒和少量煤粒，当高速空气穿过时使床料上下翻边，呈"沸腾"状燃烧。所以，流化床炉又名沸腾炉。

5. 按水循环方式分类

按汽锅中水流经蒸发受热面的循环流动的主要动力不同，锅炉分为自然循环锅炉、强制循环锅炉和直流锅炉三类（图 1-3）。

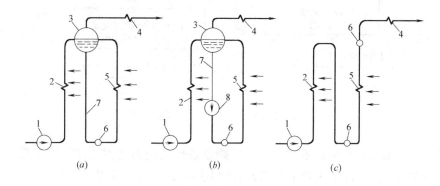

图 1-3 蒸发受热面内工质流动方式

(a) 自然循环；(b) 强制循环；(c) 直流式

1—给水泵；2—省煤器；3—汽包；4—过热器；5—蒸发管；6—联箱；7—下降管；8—循环泵

自然循环锅炉的蒸发系统由不受热的下降管、受热的蒸发管、水冷壁下集箱和汽包组成。受热蒸发管内的工质为汽水混合物，而不受热的下降管内工质为单相水，前后两者密度不同在下集箱的两侧产生不平衡的压力差。自然循环锅炉就是借此压力差为循环动力推动工质在蒸发系统中循环流动的。

强制循环锅炉，从结构型式上看与自然循环锅炉十分相似，共同的特点是都有汽包，其主要区别在于强制循环锅炉在下降汇总管上设置了循环泵，借以增强工质循环流动的推动力。

直流锅炉没有汽包，省煤器、蒸发受热面和蒸汽过热器之间没有固定的分界点，工质一次顺序流过这些受热面后全部转变为蒸汽。工质在蒸发受热面内流动的阻力，是由给水泵提供的压头来克服的。

6. 按其他方式分类

（1）按燃料类别分类，可分为燃煤锅炉、燃油锅炉、燃气锅炉、余热锅炉、生物质锅炉、垃圾锅炉和核能锅炉等。

（2）按结构型式分类，则有锅壳锅炉、烟管锅炉、水管锅炉和烟水管组合锅炉。

（3）按装配方式分类，有快装锅炉、组装锅炉和散装锅炉。小型锅炉都可采用快装型式，电站锅炉一般为组装或散装。

二、锅炉型号

对于额定工作压力大于 0.04MPa，但小于 3.8MPa，且额定蒸发量不小于 0.1t/h 的以水为介质的固定钢制蒸汽锅炉和额定出水压力大于 0.1MPa 的固定钢制热水锅炉，其型号由三部分组成❶，各部分之间用短横线相连，如图 1-4 所示。

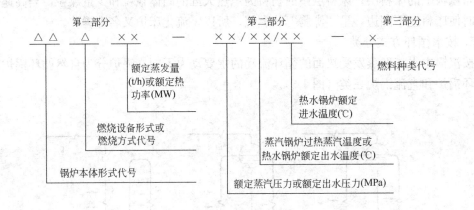

图 1-4　工业锅炉产品型号组成示意图

型号的第一部分表示锅炉本体形式、燃烧设备形式或燃烧方式和锅炉容量。共分三段，第一段用两个大写汉语拼音字母代表锅炉本体形式，其含义见表 1-1；第二段用一个大写汉语拼音字母代表燃烧设备形式或燃烧方式，其含义见表 1-2；第三段用阿拉伯数字表示蒸汽锅炉额定蒸发量，单位为 t/h 或热水锅炉额定热功率，单位为 MW。各段连续书写。

---

❶　详见《工业锅炉产品型号编制方法》（JB/T 1626—2002）。

锅炉本体形式代号　　　　　　　　　　　　　　　　表 1-1

锅炉类别	锅炉本体形式	代　号	锅炉类别	锅炉本体形式	代　号
锅壳锅炉	立式水管	LS	水管锅炉	单锅筒立式	DL
	立式火管	LH		单锅筒纵置式	DZ
	立式无管	LW		单锅筒横置式	DH
	卧式外燃	WW		双锅筒纵置式	SZ
	卧式内燃	WN		双锅筒横置式	SH
				强制循环式	QX

注：水火管混合式锅炉，以锅炉主要受热面形式采用锅壳锅炉或水管锅炉本体形式代号，但在锅炉名称中应写明"水火管"字样。

燃烧设备形式或燃烧方式代号　　　　　　　　　　　表 1-2

燃　烧　设　备	代　号	燃　烧　设　备	代　号
固定炉排	G	下饲炉排	A
固定双层炉排	C	抛煤机	P
链条炉排	L	鼓泡流化床燃烧	F
往复炉排	W	循环流化床燃烧	X
滚动炉排	D	室燃炉	S

注：抽板顶升采用下饲炉排的代号。

型号的第二部分表示介质参数。对蒸汽锅炉分两段，中间以斜线相连，第一段用阿拉伯数字表示额定蒸汽压力，单位为 MPa；第二段用阿拉伯数字表示过热蒸汽温度，单位为℃，蒸汽温度为饱和温度时，型号的第二部分无斜线和第二段。对热水锅炉分三段，中间也以斜线相连，第一段用阿拉伯数字表示额定出水压力，单位为 MPa；第二段和第三段分别用阿拉伯数字表示额定出水温度和额定进水温度，单位为℃。

型号的第三部分表示燃料种类。用大写汉语拼音字母代表燃料品种，同时用罗马数字代表同一燃料品种的不同类别与其并列，其含义见表 1-3。如同时使用几种燃料，主要燃料放在前面，中间以顿号隔开。

燃料种类代号　　　　　　　　　　　　　　　　　表 1-3

燃　料　种　类	代　号	燃　料　种　类	代　号
Ⅱ类无烟煤	WⅡ	型煤	X
Ⅲ类无烟煤	WⅢ	水煤浆	J
Ⅰ类烟煤	AⅠ	木柴	M
Ⅱ类烟煤	AⅡ	稻壳	D
Ⅲ类烟煤	AⅢ	甘蔗渣	G
褐煤	H	油	Y
贫煤	P	气	Q

对于电加热锅炉，其产品型号与前述锅炉型号编制方法相仿，由两部分组成。第一部分表示锅炉本体形式、电加热锅炉代号（DR）和锅炉容量。第二部分表示锅炉的介质参数。

对于汽水两用工业锅炉，以锅炉主要功能来编制产品型号，但在锅炉名称上应写明"汽水两用"字样。

举例：如型号为 SHL10-1.25/350-WⅡ 的锅炉（图 1-1），表示为双锅筒横置式链条炉排蒸汽锅炉，额定蒸发量为 10t/h，额定工作压力为 1.25MPa 表大气压，出口过热蒸汽温度为 350℃，燃用Ⅱ类无烟煤。

又如型号为 QXW2.8-1.25/95/70-AⅡ 的锅炉，表示为强制循环往复炉排热水锅炉，额定热功率为 2.8MW，额定出水压力为 1.25MPa，额定出水温度为 95℃，额定进水温度为 70℃，燃用 II 类烟煤。

又如型号为 SZS20-1.6/350-Y、Q 锅炉，表示为双锅筒纵置式室燃蒸汽锅炉，额定蒸发量为 20t/h，额定蒸汽压力为 1.6MPa，过热蒸汽温度为 350℃，燃油、燃气两用，以燃油为主。

再如型号为 LDR0.5-0.4 的锅炉，表示它是一台立式电加热蒸汽锅炉，其额定蒸发量为 0.5t/h，额定蒸汽压力为 0.4MPa。

对于电站锅炉，型号也由三部分组成❶。第一部分为制造工厂代号，由若干字母表示——汉语拼音缩写，如 SG——上海锅炉厂，HG——哈尔滨锅炉厂等。第二部分为锅炉基本参数，前面的数字为锅炉额定蒸发量，单位为 t/h，斜线后面的数字为额定蒸汽出口压力，单位为 MPa。第三部分是设计燃用燃料代号和锅炉变型设计序号。

例如，型号为 HG-2950/27.56-YM1 的锅炉，表示哈尔滨锅炉厂制造，额定蒸发量为 2950t/h，额定蒸汽压力为 27.56MPa，可燃用油或煤，变型设计序号为 1，即原型设计。

三、锅炉参数系列

供热锅炉的容量、参数，既要满足生产工艺、供暖空调和生活等方面用热需要，又要便于锅炉房工艺设计、锅炉配套辅助设备的供应以及锅炉自身的标准化和系列化。表 1-4 即为我国工业蒸汽锅炉的额定参数系列❷，适用额定压力大于 0.04MPa，但小于 3.8MPa 的工业用、生活用以水为介质的固定式蒸汽锅炉。

工业蒸汽锅炉额定参数系列 表 1-4

额定蒸发量 (t/h)	额定蒸汽压力（表压力）(MPa)											
	0.1	0.4	0.7	1.0	1.25			1.6		2.5		
	额定蒸汽温度(℃)											
	饱和	饱和	饱和	饱和	饱和	250	350	饱和	350	饱和	350	400
0.1	△	△										
0.2	△	△	△									
0.3	△	△	△									
0.5		△	△	△								
0.7		△	△	△								
1		△	△	△								
1.5			△	△								
2			△	△	△			△				
3			△	△	△			△				
4			△	△	△			△		△		
6				△	△	△	△	△	△	△		
8					△	△	△	△	△	△		
10					△	△	△	△	△	△	△	△
12					△	△	△	△	△	△	△	△
15					△	△	△	△	△	△	△	△
20						△	△	△	△	△	△	△
25						△	△	△	△	△	△	△
35							△		△	△	△	△
65										△		△

❶ 详见《电站锅炉产品型号编制方法》（JB/T 1617—1999）。
❷ 详见《工业蒸汽锅炉参数系列》（GB/T 1921—2004）。

工业蒸汽锅炉的额定参数应选用表中所列参数，其中标有符号"△"处所对应的参数宜优先选用。锅炉设计时的给水温度，分20℃，60℃和104℃三档，可结合用户的具体情况确定。

表1-5所示，是我国的热水锅炉系列[1]。它适用于额定出水压力大于0.1MPa的工业用、生活用的固定式热水锅炉，标有符号"△"处所对应的参数宜优先选用。

热水锅炉额定参数系列　　　　　　　　　　　　表1-5

额定热功率（MW）	额定出水压力（表压力）(MPa)											
	0.4	0.7	1.0	1.25	0.7	1.0	1.25	1.0	1.25	1.25	1.6	2.5
	额定出水温度/进水温度(℃)											
	95/70				115/70			130/70		150/90		180/110
0.05	△											
0.1	△											
0.2	△											
0.35	△	△										
0.5	△	△										
0.7	△	△	△	△	△							
1.05	△	△	△	△	△							
1.4	△	△	△	△	△							
2.1	△	△	△	△	△							
2.8	△	△	△	△	△	△	△	△	△	△		
4.2		△	△	△	△	△	△	△	△			
5.6		△	△	△	△	△	△	△	△			
7.0		△	△	△	△	△	△	△	△			
8.4			△			△	△	△	△			
10.5			△			△	△	△	△			
14.0			△			△	△	△	△		△	
17.5						△	△	△	△		△	
29.0						△	△	△	△		△	△
46.0						△	△	△	△		△	△
58.0						△	△	△	△			
116.0										△	△	△
174.0											△	△

第五节　锅炉房设备的组成

如前所述，锅炉房是供热之源。它在工作时，源源不断地产生蒸汽（或热水），以满足用户的需要；工作后的冷凝水（或称回水），又被送回锅炉房，与经水处理后的补给水一起，再进入锅炉继续受热、汽化。为此，锅炉房中除锅炉本体以外，还必须装置像水泵、风机、水处理等一类辅助设备，以保证锅炉房的生产过程能继续不断地正常运行，达到安全可靠、经济有效地供热。

锅炉本体和它的辅助设备，总称为锅炉房设备。图1-5即为装置有一台双锅筒横置式链条炉排锅炉的锅炉房设备简图。

---

[1]　详见《热水锅炉参数系列》GB/T 3166—2004。

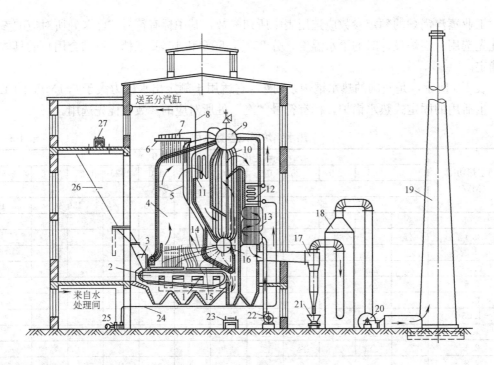

图 1-5　锅炉房设备简图

1—风室；2—链条炉排；3—煤斗；4—炉膛；5—水冷壁管；6—侧水冷壁上集箱；7—汽水引出管；
8—主蒸汽管；9—上锅筒；10—对流管束；11—蒸汽过热器；12—省煤器；13—空气预热器；14—下降管；
15—侧水冷壁下集箱；16—下锅筒；17—除尘器；18—脱硫脱氮装置；19—烟囱；20—引风机；21—灰车；
22—送风机；23—灰渣输送机；24—给水管；25—给水泵；26—储煤斗；27—带式输煤机

一、锅炉本体

在本章第一节中已经介绍了锅炉的基本构造，通常将构成锅炉的基本组成部分称为锅炉本体，它包括汽锅、炉子、蒸汽过热器、省煤器和空气预热器。

1. 汽锅

它由布置在炉膛四周的水冷壁管 5、横置的上、下锅筒 9 和 16 以及连接其间的对流管束 10 构成，起着热交换器的作用。燃烧产生的高温火焰和烟气，通过汽锅受热面将锅内的水加热，进而汽化产生具有一定压力和温度的蒸汽。汽锅，实际上就是一个蒸汽发生器。

2. 炉子

炉子由炉膛 4、链条炉排 2 和炉排下的风室 1 组成。燃料由炉前煤斗 3 进入炉中，它在链条炉排上燃烧放热，并生成高温烟气。图示的炉子是目前国内供热锅炉中配置应用甚广的一种机械化燃烧设备，称为链条炉排炉。

3. 蒸汽过热器

它由布置在炉膛出口的众多蛇形钢管 11 组成，是一个蒸汽加热器。炉膛出口处的高温烟气冲刷管束，将其内流经的饱和蒸汽加热成为过热蒸汽。

4. 省煤器

省煤器 12，通常由带鳍片（即肋片）的铸铁管簇组装而成，也可用钢管制作。省煤器是一个给水预热器，锅炉给水流经省煤器被加热，能有效地降低排烟温度，节约燃料。

5. 空气预热器

它是安装在锅炉最末端烟道中的受热面，是利用排烟余热加热空气的装置。如图 1-5 中 13 所示，它的整体结构是一个由许多竖向钢管组成的管箱。烟气在管内自上而下流动，燃烧所需的空气则在管外横向冲刷被加热，从而改善炉内燃料的燃烧条件。

蒸汽过热器、省煤器和空气预热器，总称为锅炉附加受热面，其中省煤器和空气预热器因装设在锅炉尾部的烟道内，又称为尾部受热面。供热锅炉除工厂生产工艺上有特殊要求外，一般较少设置蒸汽过热器；而省煤器则是大多设置的尾部受热面。

二、锅炉房的辅助设备

锅炉房的辅助设备是为保证锅炉正常、安全和经济运行而设置的，主要包括给水设备、通风设备、燃料供应系统、排渣除灰和烟气净化设备、汽水管道及附件以及监测仪表和自动控制设备。

1. 给水设备

它由水处理设备、给水箱和给水泵 24 等组成。水处理设备是用以除去水中杂质如氧、钙镁离子等，避免汽锅内壁结垢和腐蚀，为保证锅炉给水品质而设置的。经过处理的锅炉给水，由给水泵提升压力后流经省煤器 12 送入上锅筒 9。

2. 通风设备

通风设备包括送风机 22、引风机 20 和烟囱 19，其作用是为给炉子送入燃料燃烧所需的空气和从锅炉引出燃烧产物——烟气，保证燃烧正常进行，并使烟气以必需的流速冲刷受热面，强化传热。最后，由具有一定高度的烟囱将烟气排于大气，以减少烟尘污染和改善环境卫生。

3. 燃料供应设备

燃料供应设备是为保证锅炉连续正常运行所需燃料的供应而设置的，包括燃料的储存、输运和加工等设备。对于燃煤锅炉房，有煤场、原煤仓、破碎机、磨粉机、提升机、带式输煤机 27 等；对于燃油锅炉房，有储油罐、日用油箱、输油管道、油泵、油加热器及过滤器等；对于燃气锅炉房，则有增压设备（鼓风机）、调压装置、燃气过滤器、排水器和流量计等。

4. 排渣除灰及烟气净化设备

排渣除灰设备的作用是将锅炉燃料的燃烧产物——渣与灰连续不断地除去并运送至灰渣场，它包括除渣机、灰渣输送机 23、灰车 21 和灰渣斗等。

烟气净化设备包括装设在锅炉尾部烟道中的除尘器 17 和脱硫、脱氮装置 18 用以除去锅炉烟气中夹带的固体微粒——飞灰和 SO_2，NO_x 等有害物质，是为减少烟尘污染和改善大气环境质量所不可缺少的辅助设备。

5. 监测仪表和自动控制设备

除了水位表、压力表和安全阀等锅炉本体上装有的仪表外，为监督、调节和控制锅炉设备安全经济地正常运行，常装设有一系列的仪表和控制设备，如蒸汽流量计、水量表、烟温计、风压计、排烟二氧化碳指示仪等常用仪表和锅炉给水自动调节装置、燃料燃烧自动控制设备等，有的锅炉房还装设有工业电视和遥控装置以至更现代化的自动控制系统，更加科学地监督、控制锅炉运行。

以上所介绍的锅炉辅助设备，并非每个锅炉房千篇一律，配备齐全，而是随锅炉的容量、型式、燃料特性和燃烧方式以及水质特点等多方面的因素因地制宜、因时制宜，根据生产和供热的实际要求和客观条件进行配置。

复习思考题❶

1. 锅炉的任务是什么？它在发展国民经济中的重要性如何？

2. 锅炉与锅炉（房）设备有何区别？它们各自起着什么作用？又是怎样进行工作的？

3. 锅炉是怎样工作的？大致可归纳为几个工作过程？

4. 锅炉上装置有哪些必不可少的安全附件？它们的作用是什么？

5. 为什么表示蒸汽锅炉容量大小的指标——额定蒸发量，要用在额定参数下长时期连续安全可靠运行的蒸发量来表示？能不能用短时间达到的最大蒸发量来作为它的额定蒸发量？能不能用在非额定参数下达到的最大蒸发量来作为它的额定蒸发量？

6. 受热面蒸发率、受热面发热率、锅炉的热效率、煤汽比、煤水比、锅炉的金属耗率、锅炉的耗电率中哪几个指标用以衡量锅炉的总的经济性？为什么？

7. 试述锅炉分类方法有哪几种？

8. 工业锅炉和电站锅炉的型号是怎样表示的？各组字码代表的含义是什么？

❶ 本书各章的复习思考题和习题均引自《锅炉习题实验及课程设计》（第二版），中国建筑工业出版社，1990，由同济大学邵锡奎教授执笔。

第二章　燃料与燃烧计算

燃料是指在燃烧过程中能够释放出热量的可燃物质。它是锅炉的"粮食"，是用以生产蒸汽或热水的能量来源。燃料按其在自然界中所处的状态，可分为固体燃料、液体燃料和气体燃料三类。常用的固体燃料有煤、焦炭、矸石、页岩、木屑和甘蔗渣等；液体燃料有汽油、柴油、重油和渣油等；气体燃料有天然气、液化石油气、干馏煤气、气化煤气和城市煤气等。

我国是世界上少数以煤为主要能源的国家之一。锅炉燃料目前和今后若干年内都还将以固体燃料——煤为主❶，但随着科学技术的进步和环境保护要求的日益提高，促使锅炉要尽可能多地采用洗选煤、型煤、动力配煤和大力推行清洁燃烧技术，以利于提高大气质量，保护环境。

不同的燃料因其性质各异，需采用不同的燃烧方式和燃烧设备。燃料的种类和特性与锅炉造型、运行操作以及锅炉工作的安全性和经济性有着密切的关系。因此，了解锅炉燃料的分类、组成、特性以及分析这些特性在燃烧过程中所起的作用是很重要的。

燃烧计算包括燃料燃烧所需提供的空气量、燃烧生成的烟气量和空气及烟气的焓的计算，是锅炉热力计算的一部分。燃烧计算的结果，为锅炉的热平衡计算、传热计算和通风设备选择计算提供可靠的依据。

第一节　燃料的化学成分

无论是固体、液体或气体燃料，它们都是由可燃质——高分子有机化合物和惰性质——多种矿物质两部分混合而成。燃料的化学成分及含量，通常是通过元素分析法测定求得❷，其主要组成元素有碳（C）、氢（H）、氧（O）、氮（N）和硫（S）五种，此外还包含有一定数量的灰分（A）和水分（M）。燃料的上述组成成分，称为元素分析成分。对于固体燃料，组成成分还可以通过工业分析法测定，工业分析成分有水分、挥发分（V）、固定碳（C_{gd}）和灰分。气体燃料不做元素分析，它的成分通常是指它所含有的每一组成气体，如氢气、甲烷、一氧化碳、二氧化碳等。

一、燃料的元素分析成分

1. 碳　它是燃料的主要可燃元素。完全燃烧时，碳可释放出 32866kJ/kg 的热量，是决定煤的发热量的主要元素。煤的含碳量越高，其发热量也越高。但纯碳不易着火，含碳量高的煤，无论着火和燃烧均较困难。燃料中的碳不是以单质形状存在，而是与氢、硫、

---

❶　我国工业锅炉量大而广，为耗能大户，每年耗用原煤约占年总产量的1/5。根据中国统计年鉴（2013），2012年我国原煤生产总量为 25.39 亿 t 标准煤，位居世界之首。

❷　详见《煤的元素分析方法》（GB/T 476—2001）。

氧、氮等结合成高分子有机化合物。煤的碳含量随煤化程度的增高而增加，变动范围约在可燃成分总量的 50%～95% 之间。与固体燃料相比，液体燃料中含碳量的变化范围小些，碳是构成各种烃和非烃化合物的元素。在气体燃料中，碳则是构成各种烷烃和烯烃的主要元素之一。

2. 氢　氢是燃料的另一重要可燃元素。氢完全燃烧时能释放出 120370kJ/kg 的热量，发热量比碳高，且十分容易着火燃烧，是燃料中最有利的元素。煤中的氢含量不多，只占可燃成分的 2%～6%，煤化程度越高，氢含量越小。液体燃料的氢含量较高，约占 10%～14%。氢含量高的燃料，虽则发热量高，又易于着火燃烧，但在燃烧过程中容易析出炭黑而冒黑烟，造成大气污染。对于气体燃料，氢是构成各种烷烃和烯烃的主要元素，其中以焦炉煤气中的氢含量最高，可达 50%～60%；天然气中氢含量极少。

3. 氧及氮　氧和氮是燃料中的不可燃成分，只是习惯上仍将它们包含在可燃成分之内。由于它们的存在，使燃料中可燃成分相对减少，发热量降低。煤中氧含量变化很大，随煤化程度的加深而减少，如泥煤氧含量最高可达可燃成分的 35% 左右，而无烟煤氧含量则仅只 1%～2%。煤中氮含量很少，一般在可燃成分的 0.3%～2.5%。液体燃料中氧和氮的含量更少一些，氧含量约为 0.1%～1.0%，氮含量通常在 0.2% 以下。气体燃料中氮气含量视燃料气种类的不同差别很大，通常天然气中氮气含量较少，高炉煤气中最多，高的可达 55% 左右。

4. 硫　它是燃料中的有害元素。它虽可燃烧，但发热量不大，仅 9050kJ/kg。硫在煤中以三种形态存在，即有机硫（与 C，H，O 等元素结合成复杂的化合物）、黄铁矿硫（FeS_2）和硫酸盐硫（如 $CaSO_4$，$MgSO_4$ 和 $FeSO_4$ 等）。其中，有机硫和黄铁矿硫能参与燃烧，合称可燃硫；硫酸盐硫则不能参与燃烧而转化为灰分。我国煤的硫酸盐硫含量很小，一般所说的全硫含量即为可燃硫含量。煤中硫含量的变动范围很大，约在可燃成分的 0.1%～8.0%。液体燃料中硫多以元素硫、硫化氢等形式存在，其含量可从 0.5% 以下直至 3.0% 左右。气体燃料的硫含量很小，且主要包含在硫化氢中。

硫的燃烧产物是 SO_2，有一部分将进一步氧化成 SO_3。它与烟气中的水蒸气相遇会生成硫酸蒸汽，当其在低温受热面上凝结时，将对金属受热面造成强烈腐蚀。如果 SO_2 和 SO_3 随烟气排放于大气，则会污染环境，损害人体健康及其他动物和植物生长。

5. 灰分　灰分是夹杂在燃料中的不可燃的矿物质，是燃料的主要杂质。煤中灰分含量随煤的形成和开采等条件的不同而异，含量少的在 10% 上下，多的可达 50% 以上。煤中灰分含量多，可燃成分相对减少，着火和燃烧都会发生困难；而且，受热面也容易积灰，如提高烟速则又将加剧受热面的磨损。若灰熔点较低，炉排和炉内受热面上还可能引起结渣，破坏锅炉正常的燃烧和恶化传热过程。此外，大量飞灰随烟气排入大气，又污染周围环境。所以，灰分是一种有害成分。液体燃料中灰分很少，一般不超过 0.1%；气体燃料中灰分含量则更少。

6. 水分　水分也是燃料中的主要杂质。固体燃料的水分由外在水分（M_f）和内在水分❶（M_{inh}）组成。前者是机械附着和润湿在燃料颗粒表面及大毛细孔中的水分；后者是吸附和凝聚在颗粒内部的毛细孔中的水分，又名固有水分。外水分和内水分的总和称为固

---

❶　详见《煤中全水分的测定方法》（GB/T 211—2007）。

体燃料的全水分。不同煤的水分含量差别甚大，低者仅为2%～5%，高者可达50%～60%，一般说来随煤的煤化程度增高而逐渐减少。由于水分的存在，不仅使煤的发热量降低，而且因水分汽化需吸收部分热量而导致炉膛温度下降，影响煤的着火、燃烧。燃用高水分煤时，烟气体积增大，锅炉排烟热损失增加，同时还可能加剧尾部受热面的低温腐蚀和堵灰。

液体燃料中水分的含量，随产地和炼制条件的不同而异。通常锅炉用燃料油中水分含量在1%～3%左右。一般来说，燃料油中的水分是有害的，它将引起管道或设备的腐蚀，增加排烟热损失和输送能耗，不均匀的水分含量还会导致炉内火焰脉动，甚至熄火。因此，燃料油需进行脱水处理。但是，如经专门处理将适量的乳状水均匀地混合在油里，则不仅不会破坏火焰的稳定性，相反能提高燃烧效率。气体燃料中一般只含有很微量的水蒸气，如高炉煤气经洗涤后也仅含有$0.1～1.0g/m^3$的水分。

二、燃料成分的分析基准与换算

燃料中的成分是以质量百分数表示的。对于既定的燃料，其碳、氢、氧、氮和硫的绝对含量是不变的，但燃料的水分和灰分会随着开采、运输和贮存等条件的不同，以至气候条件的变化而变化，从而使燃料各组成成分的质量百分数含量也随之变化。因此，提供或应用燃料成分分析数据时，必须标明其分析基准；只有分析基准相同的分析数据，才能确切地说明燃料的特性，评价和比较燃料的优劣。

分析基准，也即计算基数。燃料的元素分析成分和工业分析成分，通常是采用收到基、空气干燥基、干燥基和干燥无灰基四种分析基准计算得出的。

1. 收到基（旧标准称应用基）

以收到状态的煤为分析基准，也即对进厂原煤或炉前应用燃料取样，以它的质量作为100%计算其各组成成分的质量百分数含量。这种分析数据，称为收到基成分，用下角码"ar"作为标记，其组成成分可写为

$$C_{ar}+H_{ar}+O_{ar}+N_{ar}+S_{ar}+A_{ar}+M_{ar}=100\% \qquad (2-1)$$

燃料的收到基成分是锅炉燃用燃料的实际应用成分，用于锅炉的燃烧、传热、通风和热工试验的计算。

2. 空气干燥基（旧标准称分析基）

以与空气达到平衡状态的煤为分析基准，即以在实验室的条件〔温度为（20±1）℃，相对湿度为（65±1）%〕下进行自然干燥（除去外在水分）后的燃料的基准。它分析所得的组成成分的质量百分数含量，以下角码"ad"为标记，则有

$$C_{ad}+H_{ad}+S_{ad}+O_{ad}+N_{ad}+A_{ad}+M_{ar}=100\% \qquad (2-2)$$

为了避免水分在分析过程中变动，在实验室中进行燃料成分分析时采用空气干燥基成分，其他各"基"成分也均据此得出。

3. 干燥基

干燥基是假想无水状态的煤为基准，即以除去全部水分的干燥燃料作为分析基准，据此分析所得的组成成分的质量百分数含量，称为干燥基成分，用下角码"d"表示，其组成成分可写为

$$C_d+H_d+S_d+O_d+N_d+A_d=100\% \qquad (2-3)$$

燃料水分变化时，干燥基成分不受影响；对固体燃料来说，为真实反映煤中灰的含

量，通常采用干燥基灰分 A_d 来表示。

4. 干燥无灰基（旧标准称可燃基）

干燥无灰基是以除去全部水分和灰分的燃料作为分析基准，分析所得的其他各组成成分的质量百分数含量，称为干燥无灰基成分。用下角码"daf"表示，则燃料的干燥无灰基成分的组成为

$$C_{daf} + H_{daf} + S_{daf} + O_{daf} + N_{daf} = 100\% \tag{2-4}$$

不难看出，燃料的干燥无灰基成分不再受水分和灰分变化的影响，是一种稳定的组成成分，常用于判断煤的燃烧特性和进行煤的分类的依据，如干燥无灰基挥发分 V_{daf}。煤矿提供的煤质成分，通常也是干燥无灰基各组成成分。

气体燃料的组成成分是用各组成气体的体积百分数表示。通常以干燥基作为分析基准，而水分则以标准状态下 $1m^3$ 干燥气体燃料携带的水蒸气克数（g/m^3）来表示。

上述各种分析基准之间的关系如图 2-1 所示，它们之间通过换算系数可以相互转换。

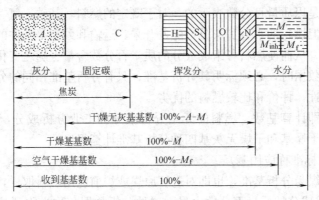

图 2-1　燃料的各分析基准（基数）之间的关系

例如，已知干燥无灰基含碳量 C_{daf}，求收到基含碳量 C_{ar}。

C_{daf} 是 C_{ar}、H_{ar}、S_{ar}、O_{ar} 及 N_{ar} 五种成分作为计算基数的百分数含量，即

$$C_{daf} = \frac{C_{ar}}{C_{ar} + H_{ar} + S_{ar} + O_{ar} + N_{ar}} = \frac{C_{ar}}{100 - A_{ar} - M_{ar}} \times 100\%$$

$$C_{ar} = C_{daf} \times \frac{100 - A_{ar} - M_{ar}}{100}\%$$

其中，$\dfrac{100 - A_{ar} - M_{ar}}{100}$ 是从干燥无灰基换算到收到基的换算系数，干燥无灰基的其他组成成分都可采用同样方法换算到相应的收到基成分。

再如已知空气干燥基含碳量 C_{ad} 求收到基含碳量 C_{ar}。

因干燥基含碳量 C_d 是 C_{ar}，H_{ar}，S_{ar}，O_{ar}，N_{ar} 及 A_{ar} 六种成分作为计算基数的百分数含量，也是 C_{ad}，H_{ad}，S_{ad}，Q_{ad}，N_{ad} 及 A_{ad} 六种成分作为计算基数的百分数含量，即

$$C_d = \frac{C_{ar}}{C_{ar} + H_{ar} + S_{ar} + O_{ar} + N_{ar} + A_{ar}} = \frac{C_{ar}}{100 - M_{ar}} \times 100\%$$

$$C_d = \frac{C_{ad}}{C_{ad} + H_{ad} + S_{ad} + O_{ad} + N_{ad} + A_{ad}} = \frac{C_{ad}}{100 - M_{ad}} \times 100\%$$

如此，即可写出空气干燥基成分与收到基成分之间的关系式：

$$C_{ar} = C_{ad} \times \frac{100 - M_{ar}}{100 - M_{ad}} \times 100\%$$

空气干燥基的其他成分都可用相同的方法换算为相应的收到基成分，它们的换算系数都是 $\frac{100 - M_{ar}}{100 - M_{ad}}$。

同一种燃料，各基准之间可以进行换算，换算系数可用类似的方法求出。表 2-1 列出了不同基准的成分换算系数 K，其换算公式为

$$x = K x_0 \tag{2-5}$$

不同基准的换算系数 K　　　　　　　　　　表 2-1

x_0 ＼ x	收到基	空气干燥基	干燥基	干燥无灰基
收到基	1	$\dfrac{100 - M_{ad}}{100 - M_{ar}}$	$\dfrac{100}{100 - M_{ar}}$	$\dfrac{100}{100 - M_{ar} - A_{ar}}$
空气干燥基	$\dfrac{100 - M_{ar}}{100 - M_{ad}}$	1	$\dfrac{100}{100 - M_{ad}}$	$\dfrac{100}{100 - M_{ad} - A_{ad}}$
干燥基	$\dfrac{100 - M_{ar}}{100}$	$\dfrac{100 - M_{ad}}{100}$	1	$\dfrac{100}{100 - A_d}$
干燥无灰基	$\dfrac{100 - M_{ar} - A_{ar}}{100}$	$\dfrac{100 - M_{ad} - A_{ad}}{100}$	$\dfrac{100 - A_d}{100}$	1

如前所述，锅炉炉前应用燃料在实验室条件下风干后剩留于燃料中的水分，称为空气干燥基水分 M_{ad}。在风干过程中外逸的那部分水分，则为收到基风干水分 M_{ar}^f 也即外在水分。这两部分水分之和，即为燃料的全水分。但需强调指出，在相加时必须要将空气干燥基水分换算成收到基，也即必须换算成相同的基准后才可相加，即

$$M_{ar} = M_{ar}^f + M_{ad} \frac{100 - M_{ar}^f}{100} \tag{2-6}$$

【例题 2-1】 已知山西阳泉无烟煤的干燥无灰基成分 $C_{daf} = 90.49\%$、$H_{daf} = 3.72\%$、$S_{daf} = 0.48\%$、$O_{daf} = 3.86\%$、$N_{daf} = 1.45\%$，干燥基灰分 $A_d = 20.93\%$，收到基水分 $M_{ar} = 8.18\%$，求该煤的收到基组成成分。

【解】 从表 2-1 中查出由干燥基换算到收到基的换算系数，即

$$K_d = \frac{100 - M_{ar}}{100} = \frac{100 - 8.18}{100} = 0.9182$$

则煤的收到基灰分：

$$A_{ar} = K_d A_d = 0.9182 \times 20.93 = 19.22\%$$

再从表 2-1 中查出由干燥无灰基换算到收到基的系数为

$$K_{daf} = \frac{100 - (M_{ar} + A_{ar})}{100} = \frac{100 - (8.18 + 19.22)}{100} = 0.726$$

如此，煤的收到基组成成分为

$$C_{ar} = K_{daf} C_{daf} = 0.726 \times 90.49 = 65.70\%$$
$$H_{ar} = K_{daf} H_{daf} = 0.726 \times 3.72 = 2.70\%$$
$$O_{ar} = K_{daf} O_{daf} = 0.726 \times 3.86 = 2.80\%$$
$$S_{ar} = K_{daf} S_{daf} = 0.726 \times 0.48 = 0.35\%$$
$$N_{ar} = K_{daf} N_{daf} = 0.726 \times 1.45 = 1.05\%$$

验算：

$$C_{ar}+H_{ar}+O_{ar}+S_{ar}+N_{ar}+M_{ar}+A_{ar}$$
$$=65.70+2.70+2.80+0.35+1.05+8.18+19.22=100\%$$

第二节　煤的燃烧特性

煤的燃烧特性主要指煤的发热量、挥发分、焦结性和灰熔点。它们是选择锅炉燃烧设备、制定运行操作制度和进行节能改造等工作的重要依据，因此必须对它们作较为深入的研究和分析。

一、发热量

燃料的发热量是指单位质量的燃料在完全燃烧时所放出的热量。固体、液体燃料的发热量，单位为 kJ/kg，气体燃料的发热量，单位为 kJ/m³。

1. 高位发热量和低位发热量

根据燃烧产物中水的物态不同，发热量分有高位发热量 Q_{gr} 和低位发热量 Q_{net} 两种。高位发热量是指 1kg 燃料完全燃烧后所产生的热量，它包括燃料燃烧时所生成的水蒸气的汽化潜热，也即烟气中的水蒸气全部凝结为水。这是装设有冷凝式汽水预热器的冷凝式锅炉里发生的情况，是一种特殊状态。实际上，通常的锅炉燃料在炉中燃烧生成的烟气，到离开锅炉时其排烟温度也还有 110～200℃，烟气中的水蒸气仍处于蒸汽状态，水蒸气在常压下不会凝结，汽化潜热未被利用。在高位发热量中扣除全部水蒸气的汽化潜热后的发热量，称为低位发热量。它接近锅炉运行的实际情况，所以在锅炉设计、热工试验等计算中均以此作为计算依据。

由氢的燃烧反应方程式可知，1kg 氢燃烧后将生成 9kg 水蒸气，加上燃料含有的水分 M_{ar}，所以 1kg 收到基燃料燃烧生成的水蒸气量为 $\left(\dfrac{9H_{ar}}{100}+\dfrac{M_{ar}}{100}\right)$kg，如近似取水的汽化潜热为 2512kJ/kg，则燃料的收到基高位发热量 $Q_{gr,ar}$ 与低位发热量 $Q_{net,ar}$ 之间的关系就可用下式表达：

$$Q_{gr,ar}=Q_{net,ar}+2512\left(\frac{9H_{ar}}{100}+\frac{M_{ar}}{100}\right)=Q_{net,ar}+226H_{ar}+25M_{ar} \tag{2-7}$$

同样，空气干燥基、干燥基和干燥无灰基高位发热量和低位发热量之间也有如下关系：

$$Q_{gr,ad}=Q_{net,ad}+226H_{ad}+25M_{ad} \quad kJ/kg \tag{2-8}$$

$$Q_{gr,d}=Q_{net,d}+226H_d \quad kJ/kg \tag{2-9}$$

$$Q_{gr,daf}=Q_{net,daf}+226H_{daf} \quad kJ/kg \tag{2-10}$$

对于高位发热量来说，水分只是占据了质量的一定份额而使发热量降低；对于低位发热量，水分不仅占据了质量的一定份额，而且还要吸收汽化潜热。因此在各种基的高位发热量之间可以用表 2-1 的换算系数进行换算；对于低位发热量则不然，必须考虑烟气中全部水蒸气的汽化潜热。表 2-2 是各种基准的低位发热量之间的换算关系。

例如，要求将煤的空气干燥基低位发热量 $Q_{net,ad}$ 换算成收到基低位发热量 $Q_{net,ar}$，则应先写出空气干燥基高位发热量 $Q_{gr,ad}$ 与收到基高位发热量 Q_{gw}^{y} 之间的关系式：

$$Q_{gr,ar}=Q_{gr,ad}\frac{100-M_{ar}}{100-M_{ad}}$$

再将式（2-7）和式（2-8）代入上式，则可得

$$Q_{\mathrm{net,ar}}+226H_{\mathrm{ar}}+25M_{\mathrm{ar}}=(Q_{\mathrm{net,ad}}+226H_{\mathrm{ad}}+25W_{\mathrm{ad}})\frac{100-M_{\mathrm{ar}}}{100-M_{\mathrm{ad}}}$$

然后，经移项整理即可得出收到基低位发热量，即

$$Q_{\mathrm{net,ar}}=(Q_{\mathrm{net,ad}}+25M_{\mathrm{ad}})\frac{100-M_{\mathrm{ar}}}{100-M_{\mathrm{ad}}}-25M_{\mathrm{ar}}$$

各种基的低位发热量之间的换算关系 表 2-2

已知的基	欲 求 的 基			
	收到基	空气干燥基	干燥基	干燥无灰基
收到基	—	$Q_{\mathrm{net,ad}}=(Q_{\mathrm{net,ar}}+25H_{\mathrm{ar}})$ $\times\frac{100-M_{\mathrm{ad}}}{100-M_{\mathrm{ar}}}-25M_{\mathrm{ad}}$	$Q_{\mathrm{net,d}}=(Q_{\mathrm{net,ar}}+25M_{\mathrm{ar}})$ $\times\frac{100}{100-M_{\mathrm{ar}}}$	$Q_{\mathrm{net,daf}}=(Q_{\mathrm{net,ar}}+25M_{\mathrm{ar}})$ $\times\frac{100}{100-M_{\mathrm{ar}}-A_{\mathrm{ar}}}$
空气干燥基	$Q_{\mathrm{net,ar}}=(Q_{\mathrm{net,ad}}+25M_{\mathrm{ad}})$ $\times\frac{100-M_{\mathrm{ar}}}{100-M_{\mathrm{ad}}}-25M_{\mathrm{ar}}$	—	$Q_{\mathrm{net,d}}=(Q_{\mathrm{net,ad}}+25M_{\mathrm{ad}})$ $\times\frac{100}{100-M_{\mathrm{ad}}}$	$Q_{\mathrm{net,daf}}=(Q_{\mathrm{net,ad}}+25M_{\mathrm{ad}})$ $\times\frac{100}{100-M_{\mathrm{ad}}-A_{\mathrm{ad}}}$
干燥基	$Q_{\mathrm{net,ar}}=Q_{\mathrm{net,d}}\frac{100-M_{\mathrm{ar}}}{100}$ $-25M_{\mathrm{ar}}$	$Q_{\mathrm{net,ad}}=Q_{\mathrm{net,d}}\frac{100-M_{\mathrm{ad}}}{100}$ $-25M_{\mathrm{ad}}$	—	$Q_{\mathrm{net,daf}}=Q_{\mathrm{net,d}}\times\frac{100}{100-A_{\mathrm{d}}}$
干燥无灰基	$Q_{\mathrm{net,ar}}=Q_{\mathrm{net,daf}}$ $\times\frac{100-M_{\mathrm{ar}}-A_{\mathrm{ar}}}{100}-25M_{\mathrm{ar}}$	$Q_{\mathrm{net,ad}}=Q_{\mathrm{net,daf}}$ $\times\frac{100-M_{\mathrm{ad}}-A_{\mathrm{ad}}}{100}-25M_{\mathrm{ad}}$	$Q_{\mathrm{net,d}}=Q_{\mathrm{net,daf}}$ $\times\frac{100-A_{\mathrm{d}}}{100}$	—

事实上，表 2-2 中所列的各种分析基准的低位发热量之间的换算关系，也正是这样推演出来的。

2. 发热量的测定及估算

燃料发热量的大小取决于燃料中可燃成分和数量。由于燃料并不是各种成分的机械混合物，而是有着极其复杂的化合关系，因而燃料的发热量并不等于所含各可燃元素的发热量的算术和，无法用理论公式来准确计算，只能借助于实测，或借助某些经验公式来推算出它的近似值。

固体和液体燃料的发热量通常用图 2-2 所示的氧弹测热器直接测定❶。氧弹测热器有恒温式及绝热式两种。测定原理是将已知质量的空气干燥煤样放在充有压力为 2.8～3.0MPa 氧气的弹筒中完全燃烧，燃烧放出的热量被沉浸在水中的弹筒和它周围一定量的水吸收。待测量系统热平衡后，测出温度升高值，并计及筒体和水的热容量以及周围环境温度等影响，即可计算出所测煤样

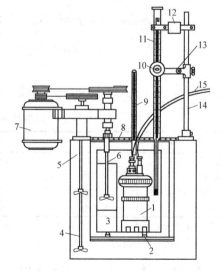

图 2-2 氧弹式量热计

1—氧弹；2—绝缘支柱；3—内筒；4—外筒搅拌器；5—外筒；6—内筒搅拌器；7—电动机；8—盖子；9—普通温度计；10—放大镜；11—贝克曼温度计；12—振动器；13—计时指示灯；14—导杆；15—电源线

❶ 详见《煤的发热量测定方法》（GB/T 213—2008）。

的弹筒发热量 $Q_{b,ad}$。弹筒发热量中不仅包含有水蒸气的凝结放热，还包含有硫和氮在高压氧气中形成的硫酸和硝酸凝结时放出的生成热和溶解热。所以，煤的空气干燥基高位发热量 $Q_{gr,ad}$ 与弹筒发热量 $Q_{b,ad}$ 之间有如下关系：

$$Q_{gr,ad}=Q_{b,ad}-94.1S_{b,ad}-\alpha Q_{b,ad} \quad kJ/kg \qquad (2\text{-}11)$$

式中　$S_{b,ad}$——由弹筒洗液测得的煤的含硫量，%；当全硫含量<4.00%时，或发热量>14.60MJ/kg 时，用全硫代替 $S_{b,ad}$；

94.1——空气干燥煤样中每 1.00% 硫的校正值，J；

α——硝酸生成热校正系数：当 $Q_b\leqslant16.70$MJ/kg，$\alpha=0.0010$；当 16.70MJ/kg $>Q_b\leqslant25.10$MJ/kg，$\alpha=0.0012$；当 $Q_b>25.10$MJ/kg，$\alpha=0.0016$。

在煤的发热量不便测定或无需精确测定时，根据煤的元素分析资料，收到基低位发热量可用门捷列夫经验公式计算：

$$Q_{net,ar}=339C_{ar}+1030H_{ar}-109(O_{ar}-S_{ar})-25M_{ar} \quad kJ/kg \qquad (2\text{-}12)$$

门捷列夫经验公式中认为碳的发热量为 33900kJ/kg，氢的低位发热量为 103000kJ/kg；同时还假定煤中的氧全部与硫结合，而硫的发热量为 10900kJ/kg。式（2-12）计算所得收到基低位发热量与实测值的误差，当 $A_d\leqslant25\%$ 时，不超过 ±600kJ/kg；当 $A_d>25\%$ 时不超过 ±800kJ/kg，否则应检查发热量的测定或元素分析是否有问题。

根据煤的元素分析结果计算其收到基低位发热量的经验公式，还有我国煤炭科学研究院提出的下列公式：

$$Q_{net,ar}=k_1C_{ar}+k_2H_{ar}+k_3S_{ar}-k_4O_{ar}$$

$$-k_5\frac{100-M_{ar}-A_{ar}}{100}\left(\frac{100}{100-M_{ar}}A_{ar}-10\right)-25M_{ar} \quad kJ/kg \qquad (2\text{-}13)$$

式中　k_1、k_2、k_3、k_4、k_5——系数，按表 2-3 取值。

系数 k_1，k_2，k_3，k_4 及 k_5
表 2-3

煤　种	k_1	k_2	k_3	k_4	k_5
煤矸石、石煤	335(327[①])	1072(1030[②])	63	63	21
褐煤	335	1051	92	109	22
无烟煤、贫煤	335	1114	92	92	33.5
烟煤	335	1072	92	105	29

① 对 $C^r>95\%$ 或 $H^r\leqslant1.5\%$ 的煤用 327，其他煤用 335；
② 对 $C^r<77\%$ 的煤用 1030，其他用 1072。

【例题 2-2】　已知山西阳泉无烟煤的干燥无灰基低位发热量 $Q_{net,daf}=34202$kJ/kg，元素分析见例题 2-1，求该煤的收到基低位发热量 $Q_{net,ar}$，并用门捷列夫和我国煤科院经验公式进行校核。

【解】　从表 2-2 中查出由干燥无灰基低位发热量换算为收到基低位发热量的公式为

$$Q_{net,ar}=Q_{net,daf}\frac{100-M_{ar}-A_{ar}}{100}-25M_{ar}$$

由例题 2-1 查知 $M_{ar}=8.18\%$，$A_{ar}=19.22\%$，则

$$Q_{net,ar}=34202\times\frac{100-8.18-19.22}{100}-25\times8.18=24626kJ/kg$$

门捷列夫经验公式为：

$$Q_{net,ar}=339C_{ar}+1030H_{ar}-109(O_{ar}-S_{ar})-25M_{ar}$$

查知：$C_{ar}=65.70\%$，$H_{ar}=2.70\%$，$O_{ar}=2.80\%$，$S_{ar}=0.35\%$，代入上式即得

$Q_{net,ar}=339\times65.70+1030\times2.70-109\times(2.80-0.35)-25\times8.18=24582kJ/kg$

实测值与经验公式计算所得误差为 $24626-24582=44kJ/kg<600kJ/kg$（$A_d=20.93\%$）

我国煤炭科学研究院的经验公式为：

$$Q_{net,ar}=k_1C_{ar}+k_2H_{ar}+k_3S_{ar}-k_4O_{ar}-k_5\frac{100-M_{ar}-A_{ar}}{100}\left(\frac{100}{100-M_{ar}}A_{ar}-10\right)-25M_{ar}$$

根据无烟煤，由表 2-3 查得 $k_1=335$，$k_2=1114$，$k_3=92$，$k_4=92$，$k_5=33.5$，则有

$$Q_{net,ar}=335\times65.7+1114\times2.70+92\times0.35-92\times2.80-33.5$$
$$\times\frac{100-8.18-19.22}{100}\left(\frac{100}{100-8.18}\times19.22-10\right)-25\times8.18$$
$$=24322kJ/kg$$

实测值与我国煤科院经验公式计算所得误差为 $24626-24322=304kJ/kg$

3. 标准煤

煤的发热量因组成成分和品种不同差别很大，低的仅约 8400kJ/kg，高的可达 $29300\sim33500kJ/kg$。为了便于比较使用不同煤种时锅炉的经济性，通常引用"标准煤"[1] 的概念。这是一种假想的煤，规定标准煤的收到基低位发热量为 29308kJ/kg（7000kcal/kg）。这样，当锅炉燃用的煤不同时，锅炉燃煤的实际消耗量即可通过下式换算成标准煤的消耗量 B_b，即

$$B_b=\frac{BQ_{net,ar}}{29308}kJ/h \tag{2-14}$$

式中 B——锅炉用煤的实际消耗量，kg/h；

$Q_{net,ar}$——锅炉用煤的收到基低位发热量，kJ/kg。

从而，可根据标准煤的消耗量 B_b 进行经济性比较或制订生产和用煤计划等工作。

4. 煤的折算成分

如前所述，水分、灰分和硫分是燃料中的主要杂质，对锅炉工作有着直接的影响。但只看它们的百分数含量尚不足以判别它们对锅炉带来的不利程度，同时也是为了更好地鉴别燃料的性质，引入折算成分的概念。规定将相对于每 4186.8kJ/kg（1000kcal/kg）收到基低位发热量的燃料所含有的收到基水分、灰分和硫分，分别称为折算水分、折算灰分和折算硫分，其计算公式为

折算水分
$$M_{zs,ar}=\frac{M_{ar}}{\dfrac{Q_{net,ar}}{4186.8}}=\frac{4186.8M_{ar}}{Q_{net,ar}} \tag{2-15}$$

折算灰分
$$A_{zs,ar}=\frac{A_{ar}}{\dfrac{Q_{net,ar}}{4186.8}}=\frac{4186.8A_{ar}}{Q_{net,ar}} \tag{2-16}$$

---

[1] 我国的能源资源量、能源生成量、能源消耗量和综合能源平衡计算等均折算为"标准煤"进行统计、计算，单位为万 t 标准煤。

折算硫分
$$S_{zs,ar} = \frac{S_{ar}}{\dfrac{Q_{net,ar}}{4186.8}} = \frac{4186.8 S_{ar}}{Q_{net,ar}} \qquad (2\text{-}17)$$

如果燃料中收到基折算水分 $M_{zs,ar} > 8\%$、收到基折算灰分 $A_{zs,ar} > 4\%$、收到基折算硫分 $S_{zs,ar} > 0.2$，它们则分别称为高水分、高灰分和高硫分燃料。

二、挥发分[1]

失去水分的干燥煤样置于隔绝空气的环境中加热至一定温度时，煤中有机质分解而析出的气态物质称为挥发物，其百分数含量即为挥发分。可见，挥发物不是以现成状态存在于燃料中的，而是在燃料加热中形成的。挥发物主要由各种碳氢化合物、氢、一氧化碳、硫化氢等可燃气体和少量的氧、二氧化碳及氮等不可燃气体组成。

煤的挥发分大小，大致代表着煤的煤化程度。一般说来，煤的挥发分随煤化程度的加深而减少，如年轻的褐煤挥发分 V_{daf} 很大，可达 40% 以上，而成煤年代最长的无烟煤，挥发分 V_{daf} 则低至 10% 以下。

不同煤种的挥发分析出温度是不相同的，也与煤的煤化程度有关。煤化程度越浅，挥发分开始析出的温度越低。褐煤、烟煤、贫煤和无烟煤的挥发分析出温度依次为 130~170℃，170~320℃，370~390℃ 和 380~400℃。

不同煤种的挥发分，其燃烧时放出的热量相差很大，高者可达 71000kJ/kg，低者仅只 17000kJ/kg。一般来说，含氧量高、煤化程度低的煤，它的挥发分发热量就比较低。

煤的挥发分含量对燃烧过程的发生和发展有较大影响。煤在炉中受热干燥后，挥发分首先析出，当浓度和温度达到一定时遇着空气迅即着火燃烧。因此，挥发分对燃烧过程的初始阶段具有特殊的意义。挥发分含量高的煤，不但着火迅速，燃烧稳定，而且也易于燃烧完全。

另一方面，挥发物是气态可燃物质，它的燃烧主要在炉膛空间进行。对于高挥发分的煤，需要有较大的炉膛空间以保证挥发分的完全燃烧；对于低挥发分的煤，燃烧过程几乎集中在炉排上，炉层温度很高，则又需要加强炉排的冷却。由上可见，煤的挥发分大小对锅炉工作有着很大的影响，锅炉的炉膛结构和锅炉的运行方法等都与煤的挥发分含量有关。所以，挥发分是煤的一个重要燃烧特性，也是我国（以及美、俄、英、法等国）作为煤的分类的重要依据之一。

三、焦结性

煤在隔绝空气加热时，水分蒸发、挥发分析出后的固体残余物是焦炭，它由固定碳和灰分组成。煤种不同，其焦炭的物理性质、外观等也各不相同，有的松散呈粉末状，有的则结成不同硬度的焦块。煤的这种不同焦结性状，称为煤的焦结性，共分粉状、粘结、弱粘结、不熔融粘结、不膨胀熔融粘结、微膨胀熔融粘结、膨胀熔融粘结和强膨胀熔融粘结八类。

焦结性是煤的又一重要的燃烧特性，它对煤在炉内的燃烧过程和燃烧效率有着很大影响。譬如，在层燃炉的炉排上燃用焦结性很弱的煤，因焦呈粉末，极易被穿过炉层的气流携带飞走，使燃烧不完全，还可能从炉排通风空隙中漏落，造成漏落损失。如果燃用焦结性很强的煤，焦呈块状，焦炭内的质点难于与空气接触，使燃烧困难；同时，炉层也会因

---

[1] 详见《煤的工业分析方法》（GB/T 212—2001）。

焦结而粘连成片失去多孔性，既增大阻力，又使燃烧恶化。所以，层燃炉一般不宜燃用不粘结或强粘结的煤。

四、灰熔点

当焦炭中的可燃物——固定碳燃烧殆尽，残留下来的便是煤的灰分。灰分的熔融性，习惯上称作煤的灰熔点。

由于灰分不是单一的物质，其成分变动较大，严格地说没有一定的熔点，而只有熔化温度范围。灰熔点的高低主要与灰的成分和周围介质的性质有关，在还原或半还原性介质下，灰的熔点要比氧化性介质下低。

煤的灰熔点是用四个特征温度表示的，它们分别为变形温度、软化温度、半球温度和流动温度，其值通常用试验方法——角锥法测得。如图 2-3 所示，把煤灰制成底边为

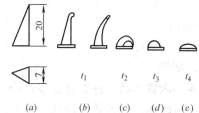

图 2-3　灰渣熔融特征示意图

(a) 原始角锥；(b) 变形温度 t_1；(c) 软化温度 t_2；(d) 半球温度 t_3；(e) 流动温度 t_4

7mm，高为 20mm 的三角灰锥，然后将角锥放在锥托平盘上送进高温电炉（最高允许温度为 1500℃）中加热，以规定的速度升温，保持半还原性气氛（$O_2 < 2\%$，还原性气体 CO、H_2、CH_4 占 10%～70%），升温时不断观察灰锥形态发生的变化。当灰锥尖端开始变圆或弯曲时的温度，称为变形温度 t_1；当灰锥弯曲至锥尖触及托板或灰锥变成球形时的温度称为灰的软化温度 t_2；当灰锥变形至近似呈半球体，即高度约等于底长的一半时的温度，称为半球温度 t_3；当灰锥熔化展开成高度在 1.5mm 以下的薄层时的温度，称为流动温度 t_4。

灰熔点对锅炉工作有较大的影响。灰熔点低，容易引起受热面结渣。熔化的灰渣会把未燃尽的焦炭裹住而妨碍继续燃烧，甚至会堵塞炉排的通风孔隙而使燃烧恶化。工业上一般以煤灰的软化温度 t_2 作为衡量其熔融性的主要指标。对固态排渣煤粉炉，为避免炉膛出口结渣，出口烟温要比软化温度 t_2 低 100℃。通常将软化温度 t_2 高于 1425℃的灰称为难熔性灰，低于 1200℃的灰称为易熔性灰，介于二者之间的灰称为可熔性灰。

第三节　煤 的 分 类

煤是目前我国锅炉的主要燃料。它的类别和性质直接关系到燃烧方式、燃烧设备和锅炉本体设计。为了鉴别和合理利用煤炭资源，对煤的分类和各种煤的外表特征、组成成分及物理化学性质应有所了解。

煤是远古植物在地壳的不断运动中被埋于地层深处，经地质化学物理作用而形成的有机生物岩，是一种有机化合物和无机化合物的复杂混合物。随着煤的形成年代的增长，煤的煤化程度逐年加深，所含水分和挥发物随之减少，而碳含量则相应增大。由于煤的用途甚广，其分类方法也很多。为了便于判断煤的类别对锅炉工作的影响，比较简单而科学的方法是按干燥无灰基挥发分多少，也即接近于按煤的煤化程度高低对煤进行分类，它被划分为褐煤、烟煤、贫煤和无烟煤四类。

一、褐煤

褐煤因外观呈棕褐色而取名。由于它的煤化程度较低，干燥无灰基挥发分 V_{daf} 可高达 37%～50%，且挥发分开始析出温度低，容易着火。但它的吸水能力较强，水分含量通常可达 20% 或更高。褐煤的内部杂质（O_{ar}）和外部杂质（M_{ar}，A_{ar}）都多，碳含量 C_{ar} 在 40%～50%，它的发热量不高，一般在 1150～2100kJ/kg 范围内。

褐煤质地松脆，易风化，易自燃，难于贮存，也不宜远运，属于地方性低质煤。我国褐煤储量不多，主要产于东北、西南等地区，如元宝山、舒兰、扎赉诺尔、杨宗海等煤矿。

二、烟煤

烟煤的碳含量高，挥发分也多，$V_{daf} > 20%～40%$，易于着火和燃烧，而且灰分和水分含量一般较少，其发热量较高。对于部分高灰分、高水分的烟煤，发热量则很低，通常将 $Q_{dw}^y \leqslant 15500kJ/kg$ 的称为劣质烟煤，着火、燃烧都较困难。

烟煤呈黑色，质地松软，具有一定光泽，燃烧时多烟。它是自然界中分布最广和品种最多的煤种。我国煤炭按煤的干燥无灰基挥发分 V_{daf} 含量和焦结性（用胶质层最大厚度 r 表示）将煤划分为 10 大类，除无烟煤和褐煤外的 8 个品种统称为烟煤。其中优质烟煤焦结性强，是焦化工业的主要原料，多用于冶金；对于含较多灰分、较多水分的烟煤以及在烟煤精选过程中得到的洗中煤和煤泥等是劣质烟煤，常用作锅炉燃料。我国烟煤藏量丰富，产地遍布全国，开滦、抚顺、大同、淮南平朔、阜新和义马等许多煤矿都盛产优质烟煤。

三、贫煤

在锅炉行业中，将烟煤的 8 个品种中的贫煤和挥发分相近于贫煤的瘦煤归为一类，合称贫煤。贫煤的煤化程度低于无烟煤，其挥发分 $V_{daf} > 10%～20%$。与烟煤相比，贫煤较难着火和燃烧，燃烧时火焰短，焦结性差，发热量介于无烟煤和一般烟煤之间。

四、无烟煤

无烟煤俗称白煤，是煤化程度最高的煤种。它的挥发分含量很少，$V_{daf} \leqslant 10%$；碳含量高，最高的干燥无灰基碳含量可达 95%～98%，所以着火相当困难，且不容易燃尽烧透。无烟煤燃烧时无烟，只有很短的青蓝色火焰，其焦渣呈粉末状，无粘结性。因碳含量高，内部杂质（O_{ar}，N_{ar}）和外部杂质（W_{ar}，A_{ar}）又少，发热量一般都比较高，大多 $Q_{net,ar} = 20930～25120kJ/kg$；但由于氢含量较少，其发热量比部分优质烟煤要低。

无烟煤呈灰黑色，具有金属光泽，质地坚硬，不易研磨。它贮存时稳定，不会自燃。我国无烟煤储量仅次于烟煤，主要产地在华北、西北和中南地区，如京西、阳泉、晋城、焦作和金竹山等地出产的都是无烟煤。

除了以上主要煤种外，我国用作锅炉燃料的还有油页岩、泥煤、煤矸石和石煤等。油页岩全称油母页岩，是一种年轻的高腐泥质煤，外观大多呈片状，含有一定的油分，可燃质大部分是挥发分，干燥无灰基挥发分可达 70%～80%，容易燃烧，但灰分很高，达 60%～70% 以上。收到基低位发热量一般仅 4200～8400kJ/kg。泥煤也叫泥炭，是一种棕褐色的不均匀可燃物质，水分含量极高，一般可达 85%～95%。泥煤埋藏浅，易开采，经自然风干后可作锅炉燃料，但发热量低，大致 $Q_{net,ar} = 8370～10470kJ/kg$。煤矸石是夹于煤层中可燃物含量很低的石子煤，质坚似石。石煤是一种炭页岩，形如顽石而得名，多产湖南、浙江等地。煤矸石和石煤的灰分含量均在50%以上，发热量很低，一般 $Q_{net,ar}$＝4000～11300kJ/kg，通常采用沸腾燃烧方式加以利用。

我国幅员广大，煤炭资源丰富，燃料特性差异很大。供热锅炉燃料需要量大，分布面广，必须因地制宜，就地取材，充分利用各地的燃料资源，特别是应该就近利用低质煤资源。由于一定的燃烧设备往往要求一定性质的燃料，燃料的改变通常给燃烧设备的工作带来困难，为使供热锅炉更好地适应不同燃料的燃烧，根据我国工业锅炉用煤情况，上海工业锅炉研究所提出了我国工业锅炉行业煤的分类表（表2-4）和设计用代表性煤种（表2-5），在设计和改造锅炉时，可按此表所列煤种进行计算。

工业锅炉行业煤的分类 表2-4

类 别		干燥无灰基挥发分 V_{daf}（%）	收到基低位发热量 $Q_{net,ar}$（MJ/kg）
石煤、煤矸石	Ⅰ类		≤5.4
	Ⅱ类		>5.4～8.4
	Ⅲ类		>8.4～11.5
褐 煤		>37	≥11.5
无烟煤	Ⅰ类	6.5～10	<21
	Ⅱ类	<6.5	≥21
	Ⅲ类	6.5～10	≥21
贫 煤		>10～20	≥17.7
烟煤	Ⅰ类	>20	>14.4～17.7
	Ⅱ类	>20	>17.7～21
	Ⅲ类	>20	>21

工业锅炉设计用代表性煤种 表2-5

类别		产 地	煤的成分组成								低位发热量 $Q_{net,ar}$（MJ/kg）
			挥发分 V_{daf}（%）	碳 C_{ar}（%）	氢 H_{ar}（%）	氧 O_{ar}（%）	氮 N_{ar}（%）	硫 S_{ar}（%）	灰分 A_{ar}（%）	水分 M_{ar}（%）	
石煤、煤矸石	Ⅰ类	湖南株洲煤矸石	45.03	14.80	1.19	5.30	0.29	1.50	67.10	9.82	5.03
	Ⅱ类	安徽淮北煤矸石	14.74	19.49	1.42	8.34	0.37	0.69	65.79	3.90	6.95
	Ⅲ类	浙江安仁石煤	8.05	28.04	0.62	2.73	2.87	3.57	58.04	4.13	9.31
褐煤		黑龙江扎赉诺尔	43.75	34.65	2.34	10.48	0.57	0.31	17.02	34.63	12.28
		广西右江	49.50	34.98	2.87	8.79	0.91	1.06	31.19	20.20	11.64
		龙口	49.53	36.50	3.03	10.40	0.95	0.69	28.40	20.03	13.44
无烟煤	Ⅰ类	京西安家滩	6.18	54.70	0.78	2.23	0.28	0.89	33.12	8.00	18.18
		四川芙蓉	9.94	51.53	1.98	2.71	0.60	3.14	32.74	7.30	19.53
	Ⅱ类	福建天湖山	2.84	74.15	1.19	0.59	0.14	0.15	13.98	9.80	25.43
		峰峰	4.07	75.60	1.08	1.54	0.73	0.26	17.19	10.00	26.01
	Ⅲ类	山西阳泉	7.85	65.65	2.64	3.19	0.99	0.51	19.02	8.00	24.42
		焦作	8.48	64.95	2.20	2.75	0.96	0.29	20.65	8.20	24.15
贫煤		山东淄博	14.64	57.93	2.69	2.11	1.14	2.58	27.75	5.80	22.10
		西峪	16.14	63.57	3.00	1.79	0.96	1.54	23.24	5.90	23.81
		林东	14.75	65.62	3.32	1.92	0.71	3.89	19.64	4.90	25.37

类别		产　地	煤的成分组成								低位发热量 $Q_{net,ar}$ (MJ/kg)
			挥发分 V_{daf}(%)	碳 C_{ar} (%)	氢 H_{ar} (%)	氧 O_{ar} (%)	氮 N_{ar} (%)	硫 S_{ar} (%)	灰分 A_{ar} (%)	水分 M_{ar} (%)	
烟煤	Ⅰ类	吉林通化	21.91	38.46	2.16	4.65	0.52	0.61	43.10	10.50	15.53
		南票	39.11	44.90	3.03	8.23	0.94	0.88	29.03	12.99	16.86
		开滦	30.67	43.23	2.81	5.11	0.72	0.94	39.13	8.06	16.23
	Ⅱ类	安徽淮北	26.47	48.51	2.74	4.21	0.84	0.32	32.78	10.60	18.09
		新汶	42.84	47.43	3.21	6.57	0.87	3.00	31.32	7.60	18.85
		霍山	35.80	56.20	3.59	4.55	1.51	0.37	26.88	6.90	20.90
	Ⅲ类	辽宁抚顺	46.04	55.82	4.95	8.77	1.04	0.51	16.71	12.20	22.38
		肥城	38.60	58.30	3.88	6.53	1.07	1.40	19.92	8.90	23.32
		水城	30.04	56.45	3.59	4.72	1.01	1.80	25.83	6.60	23.35

第四节　液体燃料

液体燃料是石油制品，即为石油经过诸如蒸馏、裂化等一系列加工处理后的部分产品，如汽油、煤油、柴油、重油和渣油等，它们统称为燃料油。

一、燃料油及其分类

1. 燃料油的来源

石油的组成很复杂，主要是各种烃类的混合物，我国的石油组分以烷烃为主。在烃类中，其相对分子质量越小，沸点越低；反之，沸点越高。石油的炼制，就是利用石油中不同成分具有不同沸点的原理，进行加热蒸馏，将石油分成不同沸点范围（即馏程）的蒸馏产物。每个馏程内的产物称为馏分，它们依然是多种烃类的混合物。表 2-6 所示，即为石油炼制中各馏分的名称和温度范围。

石油馏分的组成　　　　　　　　　　　　　　　　表 2-6

馏　分	轻　馏　分		中　馏　分			重　馏　分	
	石油气	汽油	煤油	柴油	重瓦斯油	润滑油	渣油
温度范围(℃)	<35	<35～190	190～260	260～320	320～360	360～530 (500)	>530 (500)

石油蒸馏是石油炼制的基本方法，分常压蒸馏和减压蒸馏两种。常压蒸馏是利用加热装置和分馏塔等设备在大气压力下进行，不同沸点的蒸馏产物从分馏塔的不同层次（高度）分离出来。塔顶分离出来的是沸点最低的汽油，向下依次是煤油、柴油等，塔底流出的是重质油——重油，称为常压重油。减压蒸馏，是在真空条件下炼制，沸点随压力的降低而降低，让其低温沸腾气化，制成重柴油和润滑油等，此时分馏完成后的残渣——重油，称为减压重油。

上述的常压蒸馏和减压蒸馏属于石油炼制的初加工，所得制品仅占总量的 25%～35%。为提高汽油、煤油和柴油等轻质油的产量，常压垂油和减压垂油可以进行深加工——裂化，即将其加热到较高的温度，让其中分子量大、沸点高的烃类断裂成分子量小、沸点低的烃类——轻质油和气体产物。此过程完成后的高沸点重质残留物，称为裂化渣油。

2. 燃料油的分类

燃料油作为石油炼制工艺过程中的一种产品，产品质量控制有着较强的特殊性，最终燃料油的形成受原油品种、加工工艺、加工深度等众多因素的制约。

根据出厂时是否形成产品，燃料油可以分为商品燃料油和自用燃料油。

按加工工艺的不同，燃料油又可分为常压的、减压的、裂化的和混合的多种。混合燃料油一般指的是减压和裂化燃料油的混合物。

依照用途，燃料油则可分为船用内燃机燃料油和炉用燃料油。前者是由直接蒸馏重油和按一定比例的柴油混合而成，用于大型低速（转速小于 150r/min）柴油机；后者又称重油，主要是减压渣油或裂化渣油，或二者的混合物，或调入适量裂化轻油制成的重质石油燃料油，供各种工业炉窑和锅炉使用。

二、燃料油的物理特性

作为锅炉燃料，燃料油和石油及其制品都有一些共同的特性，如流动性、热物性，着火爆炸特性等。这些特性直接影响它的输运、贮存和燃烧使用的正常和安全。

1. 密度

燃料油的密度与温度有关，通常以相对值表示。它以 20℃时燃料油的密度与 4℃时的纯水密度之比值为基准密度，用符号 ρ_4^{20} 表示。当燃料油的温度不是 20℃时，其密度随温度 t 的变化，可用下式换算：

$$\rho_4^t = \rho_4^{20} - \alpha(t - 20) \tag{2-18}$$

式中 α——燃料油的温度修正系数，1/℃。

一般来说，燃料油的密度越小，其含氢量越多，含碳量越小，相应的发热量则越高。对于柴油，相对密度 ρ_4^{20} 在 0.831～0.862 之间；对于重油，相对密度 ρ_4^{20} 在 0.94～0.98。

2. 黏度

黏度是燃料油最重要的性能指标，是划分燃料油等级的重要依据。

黏度是流体黏性的度量，它是一个表征流体流动性能的特性指标。它的大小表示燃料油的易流动性、易泵送性和易雾化性的好坏。黏度大，流动性能差，在管内输运时阻力就大，燃料油的装卸和雾化都将会发生困难。因此，作为燃料油对其黏度是应有一定要求的。

黏度的测定方法和表示方法很多。在英国常用雷氏黏度，美国惯用赛氏黏度，欧洲大陆则通常使用恩氏黏度。但各国正在逐步、更广泛地采用运动黏度，因其测定的准确度高于前述诸法，而且样品量少，测定迅速。

目前国内较常用的是 40℃运动黏度（对馏分型燃料油）和 100℃运动黏度（对残渣型燃料油）。我国过去的燃料油行业标准采用恩氏黏度（80℃，100℃）作为油品质量控制指标，用 80℃运动黏度划分油品牌号。油品的运动黏度是动力黏度与密度的比值。

恩氏黏度是一种条件黏度。它以 200mL 试验燃料油在温度为 t℃时，从恩氏黏度计标准容器中流出的时间 τ_t 与 200mL 温度为 20℃的蒸馏水从同一黏度计标准容器中流出时间 τ_{20} 之比值，常用符号 E_t 表示，即

$$E_t = \frac{\tau_t}{\tau_{20}} \quad °E \tag{2-19}$$

式中 τ_{20}——黏度计常数或 K 值，$\tau_{20} = 51 \pm 1s$。

恩氏黏度与运动黏度之间的换算，可以采用下列经验公式：

$$\nu_t = \left(7.31°E_t - \frac{6.31}{°E_t}\right) \times 10^{-4} \quad m^2/s \tag{2-20}$$

式中 ν_t——燃料油的运动黏度，m^2/s。

燃料油的黏度与它的成分、温度和压力有关。燃料油的相对分子质量越小，沸点越低，黏度相应就越小。燃料油加热温度越高，其黏度越小。所以，燃料油在运输、装卸和燃用时都需要预热。通常，要求油喷嘴前的油温应在 $100℃$ 以上，黏度不大于 $4°E$。

3. 凝点

凝点，也称凝固点，是指燃料油由液态变为固态时的温度。燃料油是一种复杂的混合物，它从液态变为固态的过程是逐渐进行的，不像纯净的单一物质那样具有一定的凝点。当温度逐渐降低时，它并不立即凝固，而是变得越来越稠，直到完全丧失流动性为止。测定凝点的标准方法是，将某一温度的试样油放在一定的试管中冷却，并将它倾斜 $45°$，如试管中的油面经过 $5 \sim 10s$ 保持不变，这时的油温即为油的凝点。

燃料油中，以汽油的凝点最低，低于 $-80℃$；柴油相对较高，在 $-30 \sim -50℃$，我国柴油就是根据凝点进行分类的，其凝点均不高于各自的牌号数；重油凝点最高，一般为 $15 \sim 36℃$ 或更高。

燃料油的凝点高低与所含的石蜡含量有关，含蜡高的油凝点高。凝点高低关系着燃油在低温下的流动性能，在低温下输送凝点高的油时，油管内会析出粒状固体物，引起阻塞，必须采取加热或防冻措施。

4. 比热容

比热容是燃料油的热物理性能，指的是 $1kg$ 燃料油温度升高 $1℃$ 所需要的热量，常用符号为 C，单位为 $kJ/(kg \cdot ℃)$。燃料油的比热容与温度有关，随温度的升高而有所增高，通常可以按下列经验公式计算：

$$C_t = 1.73 + 0.002t \quad kJ/(kg \cdot ℃) \tag{2-21}$$

式中 t——燃料油温度，$℃$。

在 $20 \sim 100℃$ 的温度范围内，重油的平均比热容可近似取值为 $1.8 \sim 2.1kJ/(kg \cdot ℃)$，黏度大的重油取高值。

5. 闪点和燃点

燃料油在温度升高时，油面蒸发的油气会增多。当油气和空气的混合物与明火接触时，发生短暂的闪光（一闪即灭），这时的油温称为闪点。要使油持续燃烧下去，必须使油温继续升高，当油面上的油气与空气的混合物遇明火能着火持续燃烧（持续时间不少于 $5s$），这时的油温称为油的燃点。显然，燃点高于闪点，重油的闪点为 $80 \sim 130℃$，燃点比闪点高 $10 \sim 30℃$。

闪点是燃料油在使用、贮运中防止发生火灾的一个重要指标，因此燃料油的预热温度必须低于闪点。对于敞口容器中的油温至少应比闪点低 $10℃$；对于封闭的压力容器和管道内的油温则可不受此限。

6. 爆炸极限

当空气中含有的燃料油蒸气达到一定浓度，并遇上明火时就会发生爆炸。引发爆炸时空气中含有燃料油蒸气的体积分数或浓度，称为爆炸极限，以％或 g/m^3 表示。在空气中所含可能引起爆炸的最小和最大的油品蒸气体积分数或浓度，称为该油品的爆炸上限和爆炸下限。爆炸上下限油气混合物的体积分数或浓度之间的区域，即为该油品的爆炸范围。显而易见，只要设法让油品蒸气和空气混合物的浓度处在爆炸范围以外，就不会发生爆炸。

一般来说，轻质燃料油的爆炸范围较小，重质燃料油的爆炸范围较大，也即其爆炸危险性大。汽油、煤油、重油和原油的爆炸范围，依次分别约为 1.4％～8％，1.4％～7.5％，1.2％～6％和1.7％～11.3％。

在锅炉运行时，无论是燃油锅炉还是燃用煤粉的锅炉，在贮运和使用过程中都要特别注意和重视燃料的爆炸特性，防患于未然，采取积极有效的防范措施，力免事故的发生。

三、锅炉常用燃料油

一般来说，凡能燃烧的油均可作为锅炉的燃料。目前，我国锅炉常用的燃料油有柴油、重油和渣油。柴油一般用于中、小型供热锅炉、生活用锅炉以及大型锅炉的点火和稳定燃烧；重油和渣油，则大多用于电站锅炉。

1. 柴油

柴油是一种密度较小的燃料油，它黏度小，流动性好，雾化不用预热，可用直接点火方式启动锅炉。柴油的含硫量不大，对环境污染也小。但它容易挥发，发生火灾的可能性和危险性大。

按馏分的组成和用途不同，柴油分为轻柴油和重柴油两种。

轻柴油是由各种直馏柴油馏分、催化柴油馏分和混合热裂化柴油馏分等调制而成。它按其质量分优等品、一等品和合格品三个等级，每个等级则又按其凝点分为10，0，－10，－20，－35和－50六个牌号。轻柴油的主要性质指标列示于表2-7❶。

轻柴油性质指标　　　　　　　　　　　　　　　　表 2-7

项　目		优　等　品	一　等　品	合　格　品	试验方法
色度（号）	不大于	3.5	3.5	—	GB/T 6540
硫含量（质量分数）（%）	不大于	0.2	0.5	1.0	GB/T 1792
水分（质量分数）（%）	不大于	痕迹	痕迹	痕迹	GB/T 260
灰分（质量分数）（%）	不大于	0.01	0.01	0.02	GB/T 508
机械杂质（质量分数）（%）		无	无	无	GB/T 511
运动黏度＊（20℃）（mm²/s）		1.8～8.0	1.8～8.0	1.8～8.0	GB/T 265
闪点＊＊（℃）	不低于	65～45	65～45	65～45	GB/T 261

＊牌号10，0，－10的轻柴油为3.0～8.0，牌号－20的为2.5～8.0，牌号－35，－50的为1.8～7.0。

＊＊牌号10，0，－10的轻柴油为65℃，牌号－20的为60℃，牌号－35，－50的为45℃。

由于轻柴油温度在降至接近凝点时，会开始析出石蜡结晶，所以它的输运和使用温度必须高于凝点3～5℃，以避免油管堵塞而造成供油量的减少和中断供油。

---

❶ 详见《普通柴油检测方法及技术指标》（GB 252—2011）。

重柴油的调制方法与轻柴油相同，它按凝点分 10，20 和 30 三个牌号，其凝点相应不高于 10℃，20℃ 和 30℃，其主要的性能指标列示于表 2-8。

重柴油性质指标（GB 445—1977）

表 2-8

项　　目		质量指标			试验方法
		10 号	20 号	30 号	
运动粘度（50℃）(mm²/s)	不大于	13.5	20.5	36.2	GB 265
残炭含量（质量分数）(%)	不大于	0.5	0.5	1.5	GB 268
灰分（质量分数）(%)	不大于	0.04	0.06	0.08	GB 508
硫含量（质量分数）(%)	不大于	0.5	0.5	1.5	GB 387
机械杂质含量（质量分数）(%)	不大于	0.1	0.1	0.5	GB 511
水分（质量分数）(%)	不大于	0.5	1.0	1.5	GB 260
闪点（闭口）(℃)	不低于	65	65	65	GB 261
倾点（℃）	不高于	13	23	33	GB 3536
水溶性酸或碱		无	无	—	GB 259

注：1. 由硫含量（质量分数）0.5% 以上的原油炼制的重柴油，出厂时硫含量许可不大于 2.0%，残炭含量（质量分数）许可不大于 3.0%。

　　2. 海运和河运时水分（质量分数）许可不大于 2.0%，但须由总量中扣除水分全部重量。

目前，小型锅炉燃用柴油的日多，通常用的是 0 号轻柴油。锅炉设计用代表性 0 号轻柴油的油质资料列示于表 2-11。

2. 重油

重油是石油炼制加工工艺中提取轻质馏分——汽油、煤油和柴油后的重质馏分和残渣的总称，是燃料油中密度最大的一种油品。

重油的成分与煤一样，也是由碳、氢、氧、氮、硫和灰分、水分组成。但它的主要元素成分是碳和氢，其含量甚高（$C_{daf}=81\%\sim87\%$，$H_{daf}=11\%\sim14\%$)，而灰分、水分的含量很少，其发热量高而稳定，对环境污染小，属于一种清洁型燃料。

重油用作锅炉燃料，氢含量多，发热量高，极易着火与燃烧，而且可以方便地实现管道输送，便于运行调节，贮存和管理都较简便。由于重油的灰含量甚低，与燃煤锅炉相比，锅炉受热面很少积灰和腐蚀。但是，由于重油中氢含量高，燃烧后会生成大量水蒸气，容易在尾部受热面的低温部位凝结，这样使重油中所含硫分要比煤中含等量硫分对锅炉受热面的低温腐蚀更为有害。此外，在贮存和燃用重油时，还必须重视防火、防爆，避免意外事故。

锅炉燃用的重油，一般是由常压重油、减压重油和裂化重油等按一定比例调和制成。重油的特性与原油产地、调和原料的调和比有关。不同油库送来的同一牌号的重油或同一炼油厂不同时间送来的同一种重油，其特性有时会有较大差异，应予以充分注意。

重油按其在 50℃ 时恩氏黏度 $°E_{50}$ 分为 20，60，100 和 200 四个牌号，牌号数即为恩氏黏度值。重油的牌号数也相应等于该种油品在 80℃ 时的运动黏度值，如 100 号重油在 80℃ 时的运动黏度和在 50℃ 时的恩氏黏度相等，均为 100。

各种牌号的重油性质指标列示于表 2-9。

重油性质指标   表 2-9

项 目	重油牌号	20 号	60 号	100 号	200 号	试验方法
黏度($°E_{80}$)	不大于	5.0	11	15.5	5.5～9.9($°E_{100}$)	GB 266
凝固点(℃)	不高于	15	20	25	36	GB 267
闪点(开式)(℃)	不低于	80	100	120	130	GB 510
灰分(质量分数)(%)	不大于	0.3	0.3	0.3	0.3	GB 508
水分(质量分数)(%)	不大于	1.0	1.5	2.0	2.0	GB 260
含硫量(质量分数)(%)	不大于	1.0	1.5	2.0	3.0	GB 387
机械杂质含量(质量分数)(%)	不大于	1.5	2.0	2.5	2.5	GB 511

3. 渣油

它是蒸馏塔底的残留物，也称直馏油，它不经处理直接作为燃料，习惯上称为渣油。广义地说它是重油的一个油品，主要成分为高分子烃类和胶状物质。原油经蒸馏后，所含的硫分集中在渣油中，渣油的含硫量相对较高。渣油的黏度和流动性能主要决定于原油自身的特性及其含蜡量。

除了用作燃料，渣油也用作再加工（如裂化）的原料油。表 2-10 列示了某炼油厂取样化验的代表性渣油的质量指标。

表 2-11 为我国目前拟订的锅炉设计用代表性燃油品种的油质资料。

代表性渣油质量指标   表 2-10

名 称		直馏渣油	减压渣油	裂化渣油	混合渣油
相对密度 ρ_4^{20}		0.9309	0.9284	0.9821	0.9302
恩氏黏度($°E_{100}$)	不大于	16.41	16.75	2.33	12.04
灰分(质量分数)(%)		0.066	0.04	—	0.026
水分(质量分数)(%)		—	—	—	无
含硫量(质量分数)(%)	不大于	0.3	0.16	0.77	0.152
机械杂质(质量分数)(%)	不大于	0.0067	—	—	0.072
凝点(℃)	不高于	34	27	26	30
闪点(℃)	不低于	331	333	181	278
发热量 $Q_{net.ar}$(kJ/kg)		—	38600	—	41860

设计用代表性燃油品种的油质资料   表 2-11

名 称	C_{ar} (%)	H_{ar} (%)	S_{ar} (%)	O_{ar} (%)	N_{ar} (%)	A_{ar} (%)	W_{ar} (%)	$Q_{net.ar}$ (kJ/kg)	密度 (g/cm³)
0 号轻柴油	85.55	13.49	0.25	0.66	0.04	0.01	0	42915	
100 号重油	82.5	12.5	1.5	1.91	0.49	0.05	1.05	40612	0.92～1.01
200 号重油	83.976	12.23	1	0.568	0.2	0.026	2	41868	0.92～1.01
渣油	86.17	12.35	0.26	0.31	0.48	0.03	0.4	41797	

四、燃料油的选用

轻柴油，一般用作小型锅炉的燃料，也常供大型燃煤、燃油锅炉的点火之用。重柴油通常就用作锅炉燃料。

对于重油的选用，20 号重油常用在耗油量在 30kg/h 以下的较小喷嘴的燃油锅炉上；60 号重油用在中等喷嘴的锅炉或船用锅炉和工业炉窑；100 号重油则用于大型喷嘴的锅炉或设置有预热设备的锅炉；200 号重油，通常用在与炼油厂有直接管道输油的大型喷嘴的燃油锅炉。渣油大多也是用于大型喷嘴的锅炉。

随着中、小型燃油锅炉数量日益增多、为了适应各种型式燃烧器的用油，我国石油行业制定了行业标准（SH/T 036—1996），将燃料油分为 1 号、2 号、4 号轻、4 号、5 号轻、5 号、6 号和 7 号 8 个牌号，规定在不同操作条件和不同型式燃烧器上使用的技术条件，为燃料油用户提供了选用的技术依据。表 2-12 所示了 8 个牌号燃料油的质量指标。

1 号和 2 号是轻质馏分燃料油，适用于小型燃烧器和家庭使用。特别是 1 号燃料油的倾点非常低，流动性能好，适合环境温度较低的场合，可用于气化型燃烧器。4 号轻和 4 号是重质馏分燃料油，或是轻质馏分油与渣油的混合物，适用于该黏度范围内的工业燃烧器。5 号轻、5 号、6 号和 7 号是残渣燃料油，其黏度和馏程依次递增的，它们适用于装置有预热设备的工业燃烧器，以保证装卸方便和良好雾化。

燃料油质量指标表　　　　　　　　　表 2-12

项　目		质量指标								试验方法
		1 号	2 号	4 号轻	4 号	5 号轻	5 号	6 号	7 号	
闪点(闭口)(℃)，	不低于	38	38	38	55	55	55	60	—	GB/T 261
闪点(开口)(℃)，	不低于								130	GB/T 3536
水和沉淀物含量(体积分数)(%)，	不大于	0.05	0.05	0.50	0.50	1.00	1.00	2.00	3.00	GB/T 6533
馏程(℃)										GB/T 6536
10%回收温度(℃)，	不高于	215	—							
90%回收温度(℃)，	不低于	—	282							
	不高于	288	388							
运动黏度(mm²/s)										GB/T 265 或 GB/T 11137
40℃	不小于	1.3	1.9	1.9	5.5					
	不大于	2.1	3.4	5.5	24.0					
100℃	不小于					5.0	9.0	15.0	—	
	不大于					8.9	14.9	50.0	185	
10%蒸余物残炭含量(质量分数)	不大于	0.15	0.35							SH/T 0160
灰分(质量分数)(%)，	不大于			0.05	0.10	0.15	0.15			SH/T 508
硫含量(质量分数)(%)，	不大于	0.50	0.50							GB/T 380 或 GB/T 388
铜片腐蚀(50℃,3h)(级)，	不大于	3	3							GB/T 5096
密度(20℃)(kg/m³)，	不小于	—	—	872						GB/T 1884 及 GB/T 1885
	不大于	846	872							
倾点(℃)，	不高于	−18	−6	−6	−6					GB/T 2535

第五节　气 体 燃 料

气体燃料是由多种可燃和不可燃的单一气体成分组成的混合气体。其中，可燃成分有碳氢化合物、氢气和一氧化碳等，不可燃气体有氧气、氮气和二氧化碳等，并含有水蒸气、焦油和灰尘等杂质。气体燃料的组成一般是按体积分数提供的，所有计算都是对 $1m^3$ 干气体而言，杂质含量的单位用 g/m^3（干气体）表示。

一、气体燃料的分类

气体燃料通常按获得的方式分类，有天然气体燃料和人工气体燃料两大类。

1. 天然气体燃料

这是一种由自然界中直接开采和收集的、不需加工即可燃用的气体燃料，有气田气、油田气和煤田气三种。

(1) 气田气，它是纯气田开采出的可燃气，通常称为天然气。天然气的主要组成成分是甲烷 CH_4，体积分数为 65%～99%，有较高的发热量，标准状态下的低位发热量约为 36000～42000kJ/m³；另外还有少量的乙烷、丙烷、丁烷和非烃等气体。其中所含的硫分氢 H_2S 具有毒性，且有强腐蚀作用；所含的水分在一定的压力和温度下能和烃生成水化物，当寒冷季节来临或温度低于露点，水会结冰而使气体输运受阻。因此，当它们含量高时，该天然气则应进行脱硫、脱水等相应处理。

(2) 油田气，也称油田伴生气。它与原油共存，是在石油开采过程中因压力降低而析出的气体燃料。它的组成成分是甲烷和其他一些烃类，甲烷的体积分数为 80% 左右；标准状态下的低位发热量在 39000～44000kJ/m³，高于气田气。

(3) 煤田气，俗称矿井瓦斯，也称矿井气，是煤矿在采煤过程中从煤层或岩层中释放出来的一种气体燃料。它的主要可燃成分也是甲烷，是三种天然气体燃料中含量波动最大的，最高体积分数可达 80%，最低仅有百分之几，其余是氢、氧和二氧化碳等；其热值约13000～19000kJ/m²。值得特别提及的是矿井气不仅对人有窒息作用，更严重的是存在极大的爆炸危险性，一旦煤矿瓦斯爆炸事故发生，场面十分惨烈。所以，煤矿在采掘过程中必须要有完善、可靠的通风措施，必要时采取抽吸法，强制将矿井里的瓦斯抽排到地面，以确保生产和人身安全。

2. 人工气体燃料

人工气体燃料是以煤、石油或各种有机物为原料，经过各种加工而得到的气体燃料。锅炉使用的主要有以下几种，即气化炉煤气、发生炉煤气、焦炉煤气、高炉煤气、油制气、液化石油气和沼气等。

(1) 气化炉煤气，它是指煤、焦炭与气化剂如空气、水蒸气和氧气等作用而生成的煤气——发生炉煤气、水煤气、加压气化煤气等。

(2) 发生炉煤气，它以煤或焦炭为原料，由空气或空气和水蒸气为气化剂而制成的。因其中可燃成分一氧化碳、氢和少量甲烷的体积分数仅约 40%，大部分为氮气和二氧化碳，热值很低，标准状态下低位发热量才 5000～5900kJ/m³。水煤气是以水蒸气为气化剂，主要可燃成分是一氧化碳和氢气，体积分数在 80% 以上，二氧化碳和氮气占 10% 左右，其热值较高，约为发生炉煤气的 2 倍。加压气化煤气也叫高压气化煤气，是以氧气和水蒸气为气化剂，加压（2～3MPa）完成气化反应而得的气体燃料。它的可燃成分主要也是一氧化碳和氢气，另外还含有体积分数 9%～17% 不等的甲烷。因加压气化提高了煤气质量，其热值可达 16000kJ/m³（标态）。

(3) 焦炉煤气，是煤在炼焦过程中的副产品，含有大量的氢和甲烷，它们的体积分数分别可达 46%～61% 和 21%～30%；也含有少量的氮、二氧化碳和诸如焦油雾等其他杂质。这种煤气的发热量较高，标态下的低位发热量约在 15000～17200kJ/Nm³，是一种优质燃料。由于焦炉煤气中可以提取较多的诸如苯、氨和焦油等化工原料，在燃用前应尽可能预先加以回收，使之物尽其用。

(4) 高炉煤气，它是炼铁高炉的副产品，产量很大。它的主要可燃成分是一氧化碳和氢气，前者体积分数占 20%～30%，后者约 5%～15%。高炉煤气中含有较多的惰性气体，二氧化碳和氮气体积分数可高达 $55\%\sim70\%$，所以它的发热量很低，一般仅为 $3200\sim4000\mathrm{kJ/m^3}$。高炉煤气中带有大量的灰分，灰分含量可达 $60\sim80\mathrm{g/m^3}$，而水蒸气则通常是饱和的，所以它是一种低级燃料。通常，高炉煤气在使用前应进行净化处理，有时与重油或煤粉掺合作为工业炉窑和锅炉的燃料。同时，高炉炼铁过程中焦炭的热量约有 60% 转移至高炉煤气中，充分将这部分显热加以利用也可以有效降低钢铁企业的能耗。

（5）油制气，是以石油及其加工制品如石脑油、柴油、重油作原料，经由加热裂解等制气工艺获得的燃料气，分蓄热裂解气、蓄热催化裂解气、自热裂解气和加压裂解气。热裂解气的主要可燃成分是甲烷、乙烯和氢气，其总量的体积分数在 70% 以上，其余的为一氧化碳和丙烯、乙烷等烃类，标态下的低位发热量为 $35900\sim39700\mathrm{kJ/m^3}$，可用作城市天然气供应的调峰气源。催化裂解气中的可燃成分主要是氢、一氧化碳和甲烷，当以原油作裂解原料生成的催化裂解气，其氢的含量可高达体积分数 60% 或更多。催化裂解气因制气工艺温度不同，热值变化范围较大，约在 $18800\sim27200\mathrm{kJ/m^3}$ 之间，高热值气可用作增富气源供贫煤气或多气源混合气的掺合使用。

（6）液化石油气，它是在气田、油田的开采中或从石油炼制过程中获得的气体燃料，其可燃成分主要是丙烷、丁烷、丙烯和丁烯。它的临界压力和温度较低，采用增压和降温，可方便地让其液化。通常在常温下对其混合燃气加压至 $0.8\mathrm{MPa}$ 以上，即可让其液化而得到液化石油气。液态的液化石油气体积缩小了约 270 倍，标态下的燃气密度为 $2.0\mathrm{kg/m^3}$，低位发热量为 $90000\sim120000\mathrm{kJ/m^3}$。在输送、贮存和使用过程中，液化石油气因其爆炸下限低仅 2%，如有泄漏极易形成爆炸性气体，一旦遇上明火会引起火灾和爆炸事故，必须随时随地加以防范，避免造成不应有的损失。

（7）沼气为生物质能源，是生物质气化产物。它以植物秸秆枝叶、动物残骸、人畜粪便、城市有机垃圾和工业有机废水为原料，在厌氧环境中经发酵、分解得到的气体燃料。它的主要可燃成分是甲烷，体积分数为 $55\%\sim70\%$，还有少量一氧化碳和硫化氢等，标准状态下低位发热量约为 $23000\mathrm{kJ/m^3}$。由于我国生物质资源丰富，沼气生产同时又可以与养殖、种植业和城市有机固、液废弃物处理相结合，有利形成生态的良性循环和保护环境。所以，沼气是一种有其广阔发展和应用前景的优质气体燃料。

此外，人工气体燃料中还包括地下气化煤气。它是由地面把含有工业氧的空气送入地下煤层，使煤在火巷中氧化而生成的煤气。对于技术、经济上不便开采的薄煤层，都可以通过地下气化的方法将资源加以开发和利用。

表 2-13 列示了以上几种燃气的组成成分及其特性。

二、气体燃料的发热量

$1\mathrm{m^3}$ 气体燃料完全燃烧时所出的热量，称为气体燃料的发热量，单位为 $\mathrm{kJ/m^2}$❶。对于液化石油气，发热量单位也可用 $\mathrm{kJ/kg}$ 表示。

与固体、液体燃料一样，气体燃料的发热量也有高位发热量和低位发热量之分。前者大于后者，其差值为燃烧产物中水蒸气的汽化潜热。

---

❶ 气体燃料发热量的单位为 $\mathrm{kJ/m^3}$。气体体积计量与温度、压力有关，本书中的气体体积，指的都是标准状态——273.15K，0.101325MPa 时的体积。

常用代表性燃气成分及特性

表 2-13

序号	燃气种类	H_2	CO	CH_4	C_3H_6 (C_mH_n)	C_3H_8	C_4H_{10}	N_2	O_2	CO_2	H_2S	摩尔质量 M (kg/kmol)	气体常数 R [J/(kg·K)]	标态下密度 ρ^0 (kg/m³)	相对密度 d (空气≈1)	标态下质量定压比热容 C_p [kJ/(kg·K)]	绝热指数 k
					成分体积分数(%)												
1	天然气①	—	—	98.0	C_mH_n 0.4	0.3	0.3	1.0	—	—	—	16.654	499.5	0.7435	0.5750	1.557	1.3082
2	油田伴生气	—	[C_2H_6] [7.4]	80.1	C_mH_n 2.4	3.8	2.3	0.6	—	3.4	—	21.730	382.6	0.9709	0.7503	1.739	1.2870
3	矿井气	—	—	52.4	—	—	—	36.0	7.0	4.6	—	22.780	365.2	1.0170	0.7860	1.443	1.3510
4	焦炉煤气	59.2	8.6	23.4	2.0	—	—	3.6	1.2	2.0	—	10.496	792.5	0.4686	0.3624	1.388	1.3750
5	混合煤气	48.0	20.0	13.0	1.7	—	—	12.0	0.8	4.5	—	14.997	554.4	0.6700	0.5178	1.367	1.3840
6	高炉煤气	1.8	23.5	0.3	—	—	—	56.9	—	17.5	—	30.464	269.9	1.3551	1.0480	1.356	1.3870
7	高压气化气	59.3	24.8	14.0	—	—	0.2	0.8	—	共	0.9	11.124	747.8	0.4966	0.3840	1.340	1.3900
8	液化石油气	—	C_4H_8 54.0	1.5	10.0	4.5	26.2	—	—	—	—	56.610	147.0	2.5270	1.9550	3.513	1.1500
9	液化石油气	—	—	—	—	50.0	50.0	—	—	—	—	52.651	158.0	2.3500	1.8180	3.330	1.1520

序号	燃气种类	标态下高位热值 $Q_{gr \cdot ar}$ (kJ/m³)	标态下低位热值 $Q_{net \cdot ar}$ (kJ/m³)	实用华白数 W_s	动力黏度 $\eta \times 10^6$ (Pa·s)	运动黏度 $\nu \times 10^6$ (m²/s)	爆炸级限上限/下限(%)	标态下理论空气量 V_k^0 (m³/m³)	理论烟气量 V_y^0 (湿/干) (m³/m³)	干烟气最大 CO_2 体积分数(%)	理论燃烧温度 t_R^0 (℃)	火焰传播速度 U_F (m/s)
1	天然气①	40337	36533	42218	10.33	13.92	15.0/5.0	9.64	10.64/8.65	11.80	1970	0.380
2	油田伴生气	47999	43572	44308	9.32	9.62	14.2/4.4	11.40	12.53/10.30	12.70	1973	0.374
3	矿井气	20829	18768	18614	13.56	13.39	19.84/7.37	4.66	5.66/4.61	12.35	1996	0.247
4	焦炉煤气	19788	17589	25665	11.60	24.76	35.6/4.5	4.21	4.88/3.76	10.60	1998	0.841
5	混合煤气	15387	13836	16929	12.15	18.29	42.6/6.1	3.18	3.85/3.06	13.90	1986	0.842
6	高炉煤气	3311	3265	2805	15.79	11.68	76.4/46.6	0.63	1.50/1.48	28.80	1580	
7	高压气化气	16381	14797	21017	13.34	26.93	46.6/5.4	3.36	3.87/3.00	13.20	2000	0.940
8	液化石油气	123477	114875	72314	7.03	2.78	9.7/1.7	28.28	30.67/26.58	14.60	2050	0.435
9	液化石油气	117308	108199	70642	7.14	3.04	9.0/1.9	27.37	29.62/25.12	13.90	2020	0.397

① 仅指气田气。

单一可燃气体的高位发热量和低位发热量，可依据该可燃气体的燃烧反应热效应计算，可在表 2-14 中查得。

一些常用气体的物理化学特性（0.101325MPa）　　　　表 2-14

序号	气体	分子式	分子量 μ	kmol[①] 容积 (m³/kmol) 15℃	气体常数 R(J/ (kg·K))	密度 ρ(kg/m³)		相对密度 s (空气=1)	绝热指数 κ
						0℃	15℃		
1	氢	H_2	2.0160	23.6586	4125	0.0899	0.0852	0.0695	1.407
2	一氧化碳	CO	28.0104	23.6284	297	1.2506	1.1855	0.9671	1.403
3	甲烷	CH_4	16.0430	23.5901	518	0.7174	0.6801	0.5548	1.309
4	乙炔	C_2H_2	26.0380		319	1.1709	1.1099	0.9057	1.269
5	乙烯	C_2H_4	28.0540	23.4789	296	1.2605	1.1949	0.9748	1.258
6	乙烷	C_2H_6	30.0700	23.4056	276	1.3553	1.2847	1.048	1.198
7	丙烯	C_3H_6	42.0810	23.1976	197	1.9136	1.8140	1.479	1.170
8	丙烷	C_3H_8	44.0970	23.1408	188	2.0102	1.9055	1.554	1.161
9	丁烯	C_4H_8	56.1080	22.7932	148	2.5968	2.4616	2.008	1.146
10	正丁烷	$n\text{-}C_4H_{10}$	58.1240	22.6845	143	2.7030	2.5623	2.090	1.144
11	异丁烷	$i\text{-}C_4H_{10}$	58.1240	22.7837	143	2.6912	2.5511	2.081	1.144
12	戊烯	C_5H_{10}	70.1350	22.3829	118	3.3055	3.1334	2.556	
13	正戊烷	C_5H_{12}	72.1510	22.0382	115	3.4537	3.2739	2.671	1.121
14	苯	C_6H_6	78.1140	21.4790	106	3.8365	3.6369	2.967	1.120
15	硫化氢	H_2S	34.0760	23.3982	244	1.5363	1.4563	1.188	1.320
16	二氧化碳	CO_2	44.0098	23.4825	188	1.9771	1.8742	1.5289	1.304
17	二氧化硫	SO_2	64.0590	23.0838	129	2.9275	2.7752	2.264	1.272
18	氧	O_2	31.9988	23.6220	259	1.4291	1.3547	1.1052	1.400
19	氮	N_2	28.0134	23.6338	296	1.2504	1.1853	0.967	1.400
20	空气		28.9660	23.6304	287	1.2931	1.2258	1.0000	1.401
21	水蒸气	H_2O	18.0154	22.8168	461	0.833	0.790	0.644	1.335

序号	临界压力 P_c (MPa)	临界温度 T_c(K)	临界压缩因子 Z	导热系数 λ (W/ (m·K))	向空气的扩散系数 $D\times10^4$ (m²/s)	运动黏度 ν $\times10^6$ (m²/s)	运动黏度 $\mu\times10^6$ (kg·s/m²)	常数 C	最低着火温度 (℃)
1	1.297	33.3	0.304	0.2163	0.611	93.00	0.852	90	400
2	3.496	133	0.294	0.02300	0.175	13.30	1.690	104	605
3	4.641	190.7	0.290	0.03024	0.196	14.50	1.060	190	540
4				0.01872		8.05	0.960	198	335
5	5.117	283.1	0.270	0.0164		7.46	0.950	257	425
6	4.884	305.4	0.285	0.01861	0.108	6.41	0.877	287	515
7	4.600	365.1	0.274	—		3.99	0.780	322	460
8	4.256	369.9	0.277	0.01512	0.088	3.81	0.765	324	450
9						2.81	0.747		385
10	3.800	425.2	0.274	0.01349	0.075	2.53	0.697	349	365
11	3.648	408.1	0.283			—	—		460
12	—					1.99	0.669		290
13	3.374	469.5	0.269			1.85	0.648		260
14				0.0077992		1.82	0.712	380	560
15				0.01314		7.63	1.190	331	270
16	7.387	304.2	0.274	0.01372	0.138	7.09	1.430	266	
17	—	—				4.14	1.230	416	
18	5.076	154.8	0.292	0.025	0.178	13.60	1.980	131	
19	3.394	126.2	0.297	0.02489		13.30	1.700	112	—
20	3.766	132.5		0.02489		13.40	1.750	116	
21	22.12	647	0.230	0.01617	0.220	10.12	0.860	673	

序号	燃烧反应式	热效应(kJ/mol) 高	低	热值 (kJ/m³)(0℃) 高	低	(kJ/m³)(15℃) 高	低	理论空气需要量,耗氧量(Nm³/Nm³ 干燃气) 空气	氧
1	$H_2+0.5O_2=H_2O$	286013	242064	12753	10794	12089	10232	2.38	0.5
2	$CO+0.5O_2=CO_2$	283208	283208	12644	12644	11986	11986	2.38	0.5
3	$CH_4+2O_2=CO_2+2H_2O$	890943	802932	39842	35906	37768	34037	9.52	2.0
4	$C_2H_2+2.5O_2=2CO_2+H_2O$	—	—	58502	56488	55457	53547	11.90	2.5
5	$C_2H_4+3O_2=2CO_2+2H_2O$	1411931	1321354	63438	59482	60136	56386	14.28	3.0
6	$C_2H_6+3.5O_2=2CO_2+3H_2O$	1560898	1428792	70351	64397	66689	61045	16.66	3.5
7	$C_3H_6+4.5O_2=3CO_2+3H_2O$	2059830	1927808	93671	87667	88819	83103	21.42	4.5
8	$C_3H_8+5O_2=3CO_2+4H_2O$	2221487	2045424	101270	93244	95998	88390	23.80	5.0
9	$C_4H_8+6O_2=4CO_2+4H_2O$	2719134	2543004	125847	117695	119296	111568	28.56	6.0
10	$C_4H_{10}+6.5O_2=4CO_2+5H_2O$	2879057	2658894	133885	123649	126915	117212	30.94	6.5
11	$C_4H_{10}+6.5O_2=4CO_2+5H_2O$	2873535	2653439	133048	122857	126122	116462	30.94	6.5
12	$C_5H_{10}+7.5O_2=5CO_2+5H_2O$	3378099	3157969	159211	148837	150923	141089	35.70	7.5
13	$C_5H_{12}+8O_2=5CO_2+6H_3O$	3538453	3274308	169377	156733	160560	148574	38.08	8.0
14	$C_6H_6+7.5O_2=6CO_2+3H_2O$	3303750	3171614	162259	155770	153812	147661	35.70	7.5
15	$H_3S+1.5O_2=SO_2+H_2O$	562572	518644	25364	23383	24044	22166	7.14	1.5
16									
17									
18									
19									
20									
21									

序号	理论烟气量(Nm³/Nm³ 干燃气) CO_2	H_2O	N_2	V_i^0	爆炸极限(%)常压,20℃ 下	上	燃烧热量温度(℃)
1		1.0	1.88	2.88	4.0	75.9	2210
2	1.0	—	1.88	2.88	12.5	74.2	2370
3	1.0	2.0	7.52	10.52	5.0	15.0	2043
4	2.0	1.0	9.40	12.40	2.5	80.0	2620
5	2.0	2.0	11.28	15.28	2.7	34.0	2343
6	2.0	3.0	13.16	18.16	2.9	13.0	2115
7	3.0	3.0	16.92	22.92	2.0	11.7	2224
8	3.0	4.0	18.80	25.80	2.1	9.5	2155
9	4.0	4.0	22.56	30.56	1.6	10.0	—
10	4.0	5.0	24.44	33.44	1.5	8.5	2130
11	4.0	5.0	24.44	33.44	1.8	8.5	2118
12	5.0	5.0	28.20	38.20	1.4	8.7	—
13	5.0	6.0	30.08	41.08	1.4	8.3	—
14	6.0	3.0	28.20	37.20	1.2	8.0	2258
15	1.0	1.0	5.64	7.64	1.3	45.5	1900
16							
17							
18							
19							
20							
21							

① 为实际 kmol 容积,理想 kmol 容积均为 23.6444。

例如，根据表 2-14 中甲烷 CH_4 的燃烧反应式，可计算出它 $1m^3$ 的高位发热量 Q_{gr} 和低位发热量 Q_{net}：

$$Q_{gr}=\frac{890943}{23.5901}=37768kJ/m^3$$

$$Q_{net}=\frac{802932}{23.5901}=34037kJ/m^3$$

再如，根据表 2-14 中乙烯 C_2H_4 的燃烧反应式计算，也可得出它 $1kg$ 的高、低发热量：

$$Q_{gr}=\frac{1411931}{28.0540}=50329kJ/kg$$

$$Q_{net}=\frac{1321354}{28.0540}=47100kJ/kg$$

式中　23.5901——甲烷在标准状态下的摩尔容积，$m^3/kmol$；

　　　28.0540——乙烯的分子量，$kg/kmol$。

实际燃用的气体燃料是含有多种气体组分的混合气体。它的发热量与它的组成成分有关，可以直接由热量计（测热器）测得或由该气体烧料中各单一气体的根据混合法则按下式计算：

$$Q=Q_1r_1+Q_2r_2+\cdots+Q_nr_n \tag{2-22}$$

式中　　　　　Q——混合可燃气体的高位或低位发热量，kJ/m^3；

Q_1，Q_2，$\cdots Q_n$——燃气中各可燃成分的高位或低位发热量，kJ/m^3，可由表 2-14 查得；

r_1，r_2，$\cdots r_n$——燃气中各可燃成分的体积分数，%。

在缺少或没有实测数据的情况下，$1m^3$ 干气体燃料在标准状态下的发热量可按下列公式计算：

$$Q_{net,ar}=0.01[Q_{H_2S}H_2S+Q_{CO}CO+Q_{H_2}H_2+\sum(Q_{C_mH_n}C_mH_n)]\quad kJ/m^3 \tag{2-23}$$

式中　Q_{H_2S}，Q_{CO}，Q_{H_2}，$Q_{C_mH_n}$——分别为硫化氢、一氧化碳、氢和碳氢化合物等气体
　　　　　　　　　　　　　　　　　　的发热量，kJ/m^3，可由表 2-13 查取；

　　　　H_2S，CO，H_2，C_mH_n——硫化氢、一氧化碳、氢、碳氢化合物等气体的体积
　　　　　　　　　　　　　　　分数，%，由燃料分析给出。

气体燃料中通常含有水蒸气，计算时可采用 $1m^3$ 湿燃气为基准，或采用 $1m^3$ 干燃气带有 d kg 水蒸气所谓干燃气为基准。采用后一种基准计算的优点是燃气的体积不随含湿量的变化而变化。

气体燃料的高、低发热量之间和干、湿燃气发热量之间可以进行换算。

标准状态下干燃气（干燥基）高、低发热量之间可按下式进行换算：

$$Q_{gr,d}=Q_{net,d}+18.58\left(H_2+\sum\frac{n}{2}C_mH_n+H_2S\right)\quad kJ/m^3 \tag{2-24}$$

式中　　　$Q_{gr,d}$，$Q_{net,d}$——干燃气的高位、低位发热量，kJ/m^3；

　　　　H_2，C_mH_n，H_2S——氢、碳氢化合物和硫化氢在干燃气中的体积分数，%。

湿燃气（收到基）的高位发热量和低位发热量之间换算，可按下式计算：

$$Q_{gr,ar}=Q_{net,ar}+\left[18.58\left(H_2+\sum\frac{n}{2}C_mH_n+H_2S\right)+2353d_g\right]\frac{0.79}{0.79+d_g} \tag{2-25}$$

式中　　$Q_{gr,ar}$，$Q_{net,ar}$——湿燃气的高位、低位发热量，kJ/m^3；

　　　　　d_g——燃气的含湿重，kg/m^3。

在标准状态下，干燃气的低位发热量与湿燃气的低位发热量之间可按下式进行换算：

$$Q_{net,ar}=Q_{net,d}\times\frac{0.79}{0.79+d_g} \tag{2-26}$$

或

$$Q_{net,ar}=Q_{net,d}\left(1-\frac{\varphi P_b}{P}\right) \tag{2-27}$$

干燃气的高位发热量与湿燃气的高位发热量之间，可按下式换算：

$$Q_{gr,ar}=(Q_{gr,d}+2353d_g)\frac{0.79}{0.79+d_g} \tag{2-28}$$

或

$$Q_{gr,ar}=Q_{gr,d}\left(1-\frac{\varphi P_b}{P}\right)+1858\frac{\varphi P_b}{P} \tag{2-29}$$

式中　　φ——湿燃气的相对湿度，%；

　　　　P_b——在与燃气相同温度下水蒸气的饱和分压力，Pa；

　　　　P——燃气的绝对压力，Pa。

三、气体燃料的特点

与固体燃料和液体燃料相比，气体燃料有其明显的优越性和特点。

1. 基本无公害，有利保护环境

气体燃料是一种基本无公害的清洁优质燃料。它的有害成分——硫分和灰分含量远比煤和燃料油要少，没有燃煤对烟尘排放对大气的污染，更因没有待处理的大量灰渣无需堆场占用大片土地，造成对环境、土壤以及水体的污染。随着燃气脱硫技术的进步，净化后的燃气几乎已不含硫分和硫化物，燃烧后的烟气中 SO_x 可以达到略而不计的程度。因其调节性能好，通过燃烧技术容易实现对高温产生的 NO_x 量的抑制，烟气中形成的 NO_x 也要比燃煤燃油的少。

2. 输运方便，使用性能优良

与燃煤相比，气体燃料管道输运，消除了输送、贮存过程中发生有害气体、粉尘和噪声。与燃油相比，在燃烧过程中更容易与空气充分混合，可以使用最少的空气就保证燃烧的稳定，从而大大减少排烟热损失，提高了锅炉热效率。由于气体燃料与空气混合及时充分，比燃煤和燃油更易燃尽，在相同的条件下，可以采用较小的燃烧空间——炉膛体积，也即可以提高炉膛热负荷，使锅炉体积缩小。同时，因它几乎不含灰分，允许采用较高的烟气流速，既无磨损又强化对流受热面的传热，降低了锅炉的金属耗量。此外，它的流动及输送性能好，使用中可以进行预热，以提高炉膛的燃烧温度，这有助于气体燃料的及时着火和稳定燃烧，也强化了炉膛辐射受热面的传热。

3. 易于燃烧调节

气体燃料燃烧时，只要选择好合适的燃烧器，可方便地在较宽的范围内调节燃烧，使其处于最佳的燃烧状态。而且，它还具有跟踪并迅速适应和满足锅炉负荷变化的特性，从而降低燃气耗量，使锅炉效率得以提高。

气体燃料的热值也易于调节，根据用户对热值的要求可以方便地将两种不同燃气掺合使用。例如，在城市燃气输配系统中，规范要求燃气在标准状态下的低位发热量不应低于

14700kJ/m³，并控制华白数❶不大于5％，为保持燃气燃烧稳定，通常采用油制气作为增富气源按需要比例掺入煤制气中使用。再如，对于高热值的液化石油气，只要避开爆炸范围可以掺合空气加以稀释，简便地调整热值，以满足用户需要。

气体燃料的主要缺点是其中一些组分具有一定毒性，对人畜均有伤害作用。一旦泄漏，特别是一氧化碳含量高的燃气，严重时可以使人头痛、眩晕，甚至死亡。另外，如果泄漏量在空气中达到一定浓度（进入爆炸范围），还会引起爆炸，后果不堪设想。因此，气体燃料在使用安全方面有着较高要求，必须采取相应的防范措施，力免不发生事故。

四、锅炉常用的气体燃料

锅炉常用的代表性燃气以及它的组成成分和特性列于表 2-13，可供参考使用。

需要指出的是我国气体燃料资源分布面广，各气源产的天然气或油田伴生气的组分和特性不尽相同；人工气体燃料，也会因制气原料、制气工艺以及使用配比的不同，即便同一类别的人工气，其组分和特性也会存在差异。所以，不管天然气还是人工气，在使用（设计、燃用）时均应对表中所列数据按实际进行核对和分析。在设计锅炉、选用燃烧设备和燃气锅炉进行有关计算时，应尽可能地收集有关气源的详细资料，并结合实际情况取弃和修正。

第六节　燃料的燃烧计算

燃烧的燃烧，是燃料中的可燃元素和氧气在高温条件下进行的剧烈氧化反应过程，同时放出大量的热量。燃烧后生成烟气和灰。显而易见，为使燃烧进行得充分完全，除需要保证一个高温环境外，必须提供燃烧所需的充足氧气（由空气中获取），并使之与燃料充分混合接触，同时还必须将燃烧产物——烟气和灰及时排走。

燃料的燃烧计算，就是计算燃料燃烧时所需的空气量和生成的烟气量，以及空气和烟气的焓。

一、燃烧所需的空气量计算

1. 固体和液体燃料的燃烧理论空气量

固体和液体燃料的可燃元素为碳、氢和硫，它们完全燃烧时所需的空气量可以根据完全燃烧化学反应方程式来计算。计算时，空气和烟气所含有的各种组成气体，包括水蒸气在内均认为是理想气体，在标准状态下 1mol 体积等于 22.4m³；同时还假定空气只是氧和氮的混合气体，其体积比为 21：79。

1kg 收到基燃料完全燃烧，而又无过剩氧存在时所需的空气量，称为理论空气量，常用符号 V_k^0 表示，单位为 m³/kg。

碳完全燃烧反应方程式为

$$C + O_2 = CO_2$$
$$12kgC + 22.4m^3 O_2 = 22.4m^3 CO_2$$

1kg 碳完全燃烧时需要 1.866m³ 氧气，并产生 1.866m³ 二氧化碳。

---

❶ 华白数或称热负荷指数，在两种燃气互换时，衡量燃气燃烧器热负荷大小的特性指标，可参见燃气工程的有关专著。

硫的完全燃烧反应方程式为

$$S+O_2=SO_2$$

$$32\text{kgS}+22.4\text{m}^3O_2=22.4\text{m}^3SO_2$$

1kg 硫完全燃烧时需要 0.7m³ 氧气，并产生 0.7m³ 二氧化硫。

氢的完全燃烧反应方程式为

$$2H_2+O_2=2H_2O$$

$$2\times2.016\text{kgH}_2+22.4\text{m}^3O_2=2\times22.4\text{m}^3H_2O$$

1kg 氢完全燃烧时需要 5.55m³ 氧气，并产生 11.1m³ 水蒸气。

1kg 收到基燃料中的可燃元素分别为碳 $\dfrac{C_{ar}}{100}$ kg，硫 $\dfrac{S_{ar}}{100}$ kg，氢 $\dfrac{H_{ar}}{100}$ kg，而 1kg 燃料中已含有氧 $\dfrac{O_{ar}}{100}$ kg，相当于 $\dfrac{22.4}{32}\times\dfrac{O_{ar}}{100}=0.7\dfrac{O_{ar}}{100}$ m³/kg。这样 1kg 收到基燃料完全燃烧时所需外界供应的理论氧气量为

$$V_{O_2}^k=1.866\frac{C_{ar}}{100}+0.7\frac{S_{ar}}{100}+5.55\frac{H_{ar}}{100}-0.7\frac{O_{ar}}{100}\quad\text{m}^3/\text{kg}$$

已知空气中氧的体积百分比为 21%，所以 1kg 燃料完全燃烧所需的理论空气量为

$$V_k^0=\frac{1}{0.21}\left(1.866\frac{C_{ar}}{100}+0.7\frac{S_{ar}}{100}+5.55\frac{H_{ar}}{100}-0.7\frac{O_{ar}}{100}\right)$$

$$=0.0889(C_{ar}+0.375S_{ar})+0.265H_{ar}-0.0333O_{ar}\quad\text{m}^3/\text{kg}\quad(2\text{-}30)$$

已知燃料的收到基低位发热量时，燃烧所需理论空气量也可由下列的经验公式计算：

对于贫煤及无烟煤

$$V_k^0=\frac{0.239Q_{net,ar}+600}{990}\quad\text{m}^3/\text{kg}\quad(2\text{-}31)$$

对于烟煤

$$V_k^0=0.251\frac{Q_{net,ar}}{1000}+0.278\quad\text{m}^3/\text{kg}\quad(2\text{-}32)$$

对于劣质煤（$Q_{net,ar}<12560\text{kJ/kg}$）

$$V_k^0=\frac{0.239Q_{net,ar}+450}{990}\quad\text{m}^3/\text{kg}\quad(2\text{-}33)$$

对于液体燃料

$$V_k^0=0.203\frac{Q_{net,ar}}{1000}+2.0\quad\text{m}^3/\text{kg}\quad(2\text{-}34)$$

2. 气体燃料的燃烧理论空气量

标准状态下 1m³ 气体燃料完全燃烧又无过剩氧时所需的空气量，称为气体燃料的燃烧所需理论空气量。当已知气体燃料中各单一可燃气体的体积分数时，按燃烧反应式经整理后即可由下式计算其燃烧所需理论空气量 V_k^0：

$$V_k^0=\frac{1}{21}\left[0.5H_2+0.5CO+\sum\left(m+\frac{n}{4}\right)C_mH_n+1.5H_2S-O_2\right]\quad\text{m}^3/\text{m}^3\quad(2\text{-}35)$$

式中，H_2，CO，C_mH_n，H_2S 和 O_2 分别为气体燃料中所含氢、一氧化碳、碳氢化合物、硫化氢和氧的体积分数，%。

当已知气体燃料的发热量时，其理论空气量可按下列公式近值计算：

$$Q_{net,ar} < 10500kJ/m^3 \text{ 时} \quad V_k^0 = 0.209\frac{Q_{net,ar}}{1000} \quad kJ/m^3 \tag{2-36}$$

$$Q_{net,ar} > 10500kJ/m^3 \text{ 时} \quad V_k^0 = 0.26\frac{Q_{net,ar}}{1000} - 0.25 \quad kJ/m^3 \tag{2-37}$$

对于烷烃类气体燃料（天然气、油田伴生气、液化石油气），可由下式计算：

$$V_k = 0.268\frac{Q_{net,ar}}{1000} \quad kJ/m^3 \tag{2-38}$$

或
$$V_k^0 = 0.24\frac{Q_{gr,ar}}{1000} \quad kJ/m^3 \tag{2-39}$$

3. 燃烧所需实际空气量计算

在锅炉运行时，由于锅炉的燃烧设备不尽完善和燃烧技术条件等的限制，送入的空气不可能做到与燃料理想的混合，为了使燃料在炉内尽可能燃烧完全，实际送入炉内的空气量总大于理论空气量。实际供给的空气量 V_k 比理论空气量 V_k^0 多出的这部分空气，称为过量空气；两者之比 α 则称为过量空气系数，即

$$\alpha = \frac{V_k}{V_k^0} \tag{2-40}$$

燃烧 1kg（或 1m³）燃料实际所需的空气量可由下式计算：

$$V_k = \alpha V_k^0 \tag{2-41}$$

炉中的过量空气系数 α 是指炉膛出口处的 α_l''，它的最佳值与燃料种类、燃烧方式以及燃烧设备结构的完善程度有关。供热锅炉常用的层燃炉，α_l'' 值一般在 1.3～1.6 之间；燃油燃气锅炉一般控制在 1.05～1.20。这里，需要提起注意的是，锅炉各受热面的烟道中还存在漏风现象，也就是说各段烟道出口处的过量空气系数是沿烟气流程递增的。

最后需要指出的是上述空气量的计算，全按不含水蒸气的干空气计算，事实上相对于 1kg 干空气是含有 10g 水蒸气的，只是所占份额很小而予以略去。

二、燃烧生成的烟气量计算

1. 固体和液体燃料燃烧生成的烟气量

（1）理论烟气量计算

燃料燃烧后生成烟气，如供给燃料以理论空气量 V_k^0，燃料又达到完全燃烧，烟气中只含有二氧化碳 CO_2、二氧化硫 SO_2、水蒸气 H_2O 及氮 N_2 四种气体，这时烟气所具有的体积称为理论烟气量，用符号 V_y^0 表示，单位为 m³/kg。

理论烟气量，可根据前述燃料中可燃元素的完全燃烧反应方程式进行计算。

1）二氧化碳体积 V_{CO_2}

1kg 碳完全燃烧产生 1.866m³ CO_2，1kg 燃料中含碳量为 $\frac{C_{ar}}{100}$kg，燃烧后产生二氧化碳体积为

$$V_{CO_2} = 1.866\frac{C_{ar}}{100} = 0.01866y \quad m^3/kg \tag{2-42}$$

2）二氧化硫体积 V_{SO_2}

1kg 硫完全燃烧产生 0.7m³ SO_2，1kg 燃料中含硫量为 $\frac{S_{ar}}{100}$kg，燃烧后产生二氧化硫体

积为

$$V_{SO_2}=0.7\frac{S_{ar}}{100}=0.007S_{ar}\quad m^3/kg \tag{2-43}$$

二氧化碳和二氧化硫这两种气体也称三原子气体，通常用符号 V_{RO_2} 表示，其体积的总和即

$$V_{RO_2}=V_{CO_2}+V_{SO_2}=0.01866(C_{ar}+0.375S_{ar})\quad m^3/kg \tag{2-44}$$

3）理论水蒸气体积 $V_{H_2O}^0$

理论水蒸气有以下四个来源。

① 燃料中氢完全燃烧生成的水蒸气 1kg 氢完全燃烧产生 11.1m³ 的水蒸气，1kg 燃料的含氢量为 $\frac{H_{ar}}{100}$kg，燃烧后产生水蒸气体积为 $0.111H_{ar}$ m³/kg；

② 燃料中水分形成的水蒸气 1kg 燃料中水分含量为 $\frac{W_{ar}}{100}$kg，形成的水蒸气体积为 $\frac{22.4}{18}\times\frac{W_{ar}}{100}=0.0124W_{ar}$ m³/kg；

③ 理论空气量 V_k^0 带入的水蒸气 前已提及，空气并非干燥，通常计算中取空气含湿量 d 为 10g/kg，即 1kg 干空气带有 10g 水蒸气。已知干空气密度为 1.293kg/m³，水蒸气比容 v 为 1.24m³/kg，如此 1kg 燃料所需理论空气量带入的水蒸气体积为

$$\frac{1.293V_k^0dv}{1000}=\frac{1.293\times10\times1.24V_k^0}{1000}=0.0161V_k^0\quad m^3/kg$$

④ 燃用重油且用蒸汽雾化时带入炉内的水蒸气 雾化 1kg 重油消耗的蒸汽量为 G_{wh} kg，这部分水蒸气体积为 1.24G_{wh} m³/kg。

如用蒸汽二次风时，所带入水蒸气量的计算也相同。

理论水蒸气体积为上述四部分体积之和，即

$$V_{H_2O}^0=0.111H_{ar}+0.0124W_{ar}+0.0161V_k^0+1.24G_{wh}\quad m^3/kg \tag{2-45}$$

4）理论氮气体积 $V_{N_2}^0$

烟气中氮气来源有以下两个。

① 理论空气量 V_k^0 中含有的氮 空气中氮的体积百分数为 79%，1kg 燃料所需理论空气量带入的氮气体积为 $0.79V_k^0$ m³/kg；

② 燃料本身所含的氮 1kg 燃料含氮 $\frac{N_{ar}}{100}$kg，燃料本身所含氮的体积为 $\frac{22.4}{28}\times\frac{N_{ar}}{100}=0.008N_{ar}$ m³/kg。

理论氮的体积为上述两部分之和，即

$$V_{N_2}^0=0.79V_k^0+0.008N_{ar}\quad m^3/kg \tag{2-46}$$

将上述三原子气体体积 V_{RO_2}、理论氮气体积 $V_{N_2}^0$ 和理论水蒸气体积 $V_{H_2O}^0$ 相加，便得到理论烟气量 V_y^0，即

$$V_y^0=V_{RO_2}+V_{N_2}^0+V_{H_2O}^0=V_{gy}^0+V_{H_2O}^0\quad m^3/kg \tag{2-47}$$

式中 $V_{gy}^0=V_{RO_2}+V_{N_2}^0$，称为理论干烟气体积。

当已知燃料的收到基低位发量 $Q_{net,ar}$ 时，燃料理论烟气量也可由下列经验公式计算：

对无烟煤、贫煤及烟煤

$$V_y^0 = 0.248 \frac{Q_{net,ar}}{1000} + 0.77 \quad m^3/kg \qquad (2-48)$$

对于劣质煤当 $Q_{dw}^y < 12560 kJ/kg$ 时

$$V_y^0 = 0.248 \frac{Q_{net,ar}}{1000} + 0.54 \quad m^3/kg \qquad (2-49)$$

对于液体燃料

$$V_y^0 = 0.265 \frac{Q_{net,ar}}{1000} \quad m^3/kg \qquad (2-50)$$

（2）实际烟气量计算

实际的燃烧过程是在有过量空气的条件下进行的。因此，烟气中除了含有三原子气体、氮气以及水蒸气外，还有过量氧气，并且烟气中氮气和水蒸气的含量也随之有所增加。

1）过量空气的体积

$$V_k - V_k^0 = (\alpha - 1)V_k^0 \quad m^3/kg$$

① 过量空气中氧气的体积

$$V_{O_2} - V_{O_2}^0 = 0.21(\alpha - 1)V_k^0 \quad m^3/kg \qquad (2-51)$$

② 过量空气中氮气的体积

$$V_{N_2} - V_{N_2}^0 = 0.79(\alpha - 1)V_k^0 \quad m^3/kg \qquad (2-52)$$

③ 过量空气中水蒸气的体积

$$V_{H_2O} - V_{H_2O}^0 = 0.0161(\alpha - 1)V_k^0 \quad m^3/kg$$

烟气中水蒸气的实际体积

$$V_{H_2O} = V_{H_2O}^0 + 0.0161(\alpha - 1)V_k^0 \quad m^3/kg \qquad (2-53)$$

2）实际烟气量 实际烟气量为理论烟气量和过量空气（包括氧、氮和相应的水蒸气）之和，即

$$V_y = V_y^0 + 0.21(\alpha - 1)V_k^0 + 0.79(\alpha - 1)V_k^0 + 0.0161(\alpha - 1)V_k^0$$
$$= V_y^0 + 1.0161(\alpha - 1)V_k^0 \quad m^3/kg \qquad (2-54a)$$

将式（2-48）代入上式，可得

$$V_y = V_{RO_2} + V_{N_2}^0 + V_{H_2O}^0 + 1.0161(\alpha - 1)V_k^0 \quad m^3/kg \qquad (2-54b)$$

将式（2-48）、式（2-52）、式（2-53）及式（2-54）代入式（2-55a）后，可得

$$V_y = V_{RO_2} + V_{N_2} + V_{O_2} + V_{H_2O} \quad m^3/kg \qquad (2-54c)$$

不计入烟气中水蒸气时，即得实际干烟气体积：

$$V_{gy} = V_{RO_2} + V_{N_2} + V_{O_2} = V_{RO_2} + V_{N_2}^0 + (\alpha - 1)V_k^0 \quad m^3/kg \qquad (2-55)$$

总的烟气体积组成可用图解表示如下：

$$V_{gy}\begin{cases}V_{RO_2}=0.01866C_{ar}+0.007S_{ar}\\ V_{N_2}\begin{cases}V_{N_2}^0=0.008N_{ar}+0.79V_k^0\\ 0.79(\alpha-1)V_k^0\end{cases}\\ V_{O_2}=0.21(\alpha-1)V_k^0\end{cases}$$

$$V_{H_2O}\begin{cases}V_{H_2O}^0=0.0124W_{ar}+0.111H_{ar}\\ \quad+0.0161V_k^0+1.24G_{wh}\end{cases}$$

2. 气体燃料燃烧生成的烟气量

（1）理论烟气量计算

1）三原子气体体积

二氧化碳和二氧化硫的体积按完全燃烧反应式经整理可由下式计算：

$$V_{RO_2}=V_{CO_2}+V_{SO_2}=0.01(CO_2+CO+\sum mC_mH_n+H_2S)\quad m^3/m^3 \tag{2-56}$$

式中　V_{RO_2}——标准状态下干烟气中的三原子气体体积，m^3/m^3；

V_{CO_2}，V_{SO_2}——标准状态下烟气中的二氧化碳和二氧化硫的体积，m^3/m^3。

2）水蒸气体积

水蒸气的体积可按下式计算：

$$V_{H_2O}^0=0.01\left[H_2+H_2S+\sum\frac{n}{2}C_mH_n+120(d_r+V_k^0d_k)\right]\quad m^3/m^3 \tag{2-57}$$

式中　$V_{H_2O}^0$——理论烟气中水蒸气体积，m^3/m^3；

d_r，d_k——标准状态下燃气和空气中的含湿量，kg/m^3。

3）氮气的体积

标准状态下理论烟气的氮气体积 $V_{N_2}^0$ 可由下式计算：

$$V_{N_2}^0=0.79V_k^0+0.008N_2\quad m^3/m^3 \tag{2-58}$$

如此，理论烟气量即可由下式算出：

$$V_y^0=V_{RO_2}+V_{H_2O}^0+N_{N_2}^0\quad m^3/m^3 \tag{2-59}$$

与燃用固体和液体燃料一样，气体燃料燃烧产生的烟气量也可根据已知的收到基低位发热量 $Q_{net,ar}$ 由下列公式近似得出：

对于烷烃类气体燃料

$$V_y^0=0.239\frac{Q_{net,ar}}{1000}+k\quad m^3/m^3 \tag{2-60}$$

式中　k——系数，天然气为 2，油田伴生气为 2.2，液化石油气为 4.5。

对于焦炉煤气

$$V_y^0=0.272\frac{Q_{net,ar}}{1000}+0.25\quad m^3/m^3 \tag{2-61}$$

对于标准状态下 $Q_{net,ar}<12600kJ/m^3$ 的气体燃料

$$V_y^0=0.173\frac{Q_{net,ar}}{1000}+1.0\quad m^3/m^3 \tag{2-62}$$

（2）实际烟气量计算

实际烟气量即当 $\alpha>1$ 时的烟气量。

1）三原子气体的体积

二氧化碳和二氧化硫的体积，仍按式（2-56）计算。

2）水蒸气的体积

水蒸气的实际体积V_{H_2O}，按下式计算：

$$V_{H_2O}=0.01\left[H_2+H_2S+\sum\frac{n}{2}C_mH_n+120(d_r+\alpha V_k^0 d_k)\right] \quad m^3/m^3 \tag{2-63}$$

3）氮气的体积

氮气的实际体积V_{N_2}可由下式计算：

$$V_{N_2}=0.79\alpha V_k^0-0.01N_2 \quad m^3/m^3 \tag{2-64}$$

4）过量氧的体积

由于$\alpha>1$，由空气带入烟气有一部分过量氧，其体积V_{O_2}可由下式计算：

$$V_{O_2}=0.21(\alpha-1)V_k^0 \quad m^3/m^3 \tag{2-65}$$

这样，气体燃料燃烧后产生的实际烟气量V_y，就由下列各项组成和计算：

$$V_y=V_{RO_2}+V_{H_2O}+V_{N_2}+V_{O_2} \quad m^3/m^3 \tag{2-66}$$

三、烟气和空气的焓

烟气和空气的焓分别表示 1kg 固体、液体燃料或标准状态下 1m³ 气体燃料燃烧生成的烟气和所需的理论空气量，在等压下从 0℃ 加热到 ϑ℃ 所需的热量，用符号 H_y 和 H_k^0 表示，单位为 kJ/kg 或 kJ/m³。

理论空气焓的计算式为：

$$H_k^0=V_k^0(c\vartheta)_k \quad kJ/kg \tag{2-67}$$

式中 $(c\vartheta)_k$——1m³ 干空气连同其带入的水蒸气在温度为 ϑ_k℃时的焓，简称为 1m³ 干空气的湿空气焓，kJ/m³。

烟气是含有多种气体成分的混合气体，烟气的焓是烟气的各组成成分的焓的总和。当烟气温度为 ϑ_y℃，理论烟气体积下的焓可由下式求得：

$$H_y^0=(V_{RO_2}c_{RO_2}+V_{N_2}^0 c_{N_2}+V_{H_2O}^0 c_{H_2O})\vartheta_y$$

$$=V_{RO_2}(c\vartheta)_{RO_2}+V_{N_2}^0(c\vartheta)_{N_2}+V_{H_2O}^0(c\vartheta)_{H_2O} \quad kJ/kg \tag{2-68}$$

式中 $(c\vartheta)_{RO_2}$，$(c\vartheta)_{N_2}$，$(c\vartheta)_{H_2O}$——分别为 1m³ 的三原子气体、氮气和水蒸气在温度为 ϑ℃时的焓，kJ/m³，其值可由表 2-15 查得。考虑到烟气中二氧化硫含量不大，且它的比热大致与二氧化碳相同，故通常取 $c_{RO_2}=c_{CO_2}$。

当 $\alpha>1$ 时，烟气中除包括上述的理论烟气外，还有过量空气，这部分过量空气的焓为

$$\Delta H_k=(\alpha-1)H_k^0 \quad kJ/kg$$

当 $\alpha>1$ 时，1kg 燃料所产生的烟气焓为

$$H_y=H_y^0+\Delta H_k=H_y^0+(\alpha-1)H_k^0 \quad kJ/kg \tag{2-69}$$

假若用经验公式近似地求得烟气体积 V_y 时，烟气焓可由下式求得，即

$$H_y=V_y c_y \vartheta_y \quad kJ/kg \tag{2-70}$$

式中 c_y——烟气的定压平均体积比热容，$kJ/(m^3 \cdot ℃)$，可按下式计算：

$$c_y = 1.352 + 75.4 \times 10^{-3} \, kJ/(m^3 \cdot ℃) \tag{2-71}$$

1m³ 气体、空气及 1kg 灰的焓　　　　　　　　　　　　表 2-15

ϑ (℃)	$(c\vartheta)_{CO_2}$ (kJ/m³)	$(c\vartheta)_{N_2}$ (kJ/m³)	$(c\vartheta)_{O_2}$ (kJ/m³)	$(c\vartheta)_{H_2O}$ (kJ/m³)	$(c\vartheta)_k$ (kJ/m³)	$(c\vartheta)_{hz}(c\vartheta)_{fh}$ (kJ/kg)
100	170	130	132	151	132	81
200	357	260	267	304	266	169
300	559	392	407	463	403	264
400	772	527	551	626	542	360
500	994	664	699	795	684	458
600	1225	804	850	969	830	560
700	1462	948	1004	1149	978	662
800	1705	1094	1160	1334	1129	767
900	1952	1242	1318	1526	1282	875
1000	2204	1392	1478	1723	1437	984
1100	2458	1544	1638	1925	1595	1097
1200	2717	1697	1801	2132	1753	1206
1300	2977	1853	1964	2344	1914	1361
1400	3239	2009	2128	2559	2076	1583
1500	3503	2166	2294	2779	2239	1758
1600	3769	2325	2460	3002	2403	1876
1700	4036	2484	2629	3229	2567	2064
1800	4305	2644	2797	3458	2731	2186
1900	4574	2804	2967	3690	2899	2386
2000	4844	2965	3138	3926	3066	2512
2100	5115	3127	3309	4163	3234	
2200	5387	3289	3483	4402	3402	

【例题 2-3】　SHL10-13/350 型锅炉，当燃用山西阳泉无烟煤，试计算 1kg 燃料燃烧所需理论空气量和理论烟气量，并作出锅炉（见图 1-1）各受热面烟道中烟气特性表及烟气温焓表。

已知燃料特性列示于下表：

应用基成分(%)	C_{ar}	H_{ar}	O_{ar}	S_{ar}	N_{ar}	W_{ar}	A_{ar}
	65.70	2.70	2.80	0.35	1.05	8.18	19.22
挥发物 V_{daf}(%)	9.69	低位发热量 $Q_{net,ar}$(kJ/kg)					24626

烟道中各处过量空气系数及各受热面的漏风系数列于下表：

锅炉受热面	过量空气系数		漏风系数 $\Delta\alpha$	锅炉受热面	过量空气系数		漏风系数 $\Delta\alpha$
	入口 α'	出口 α''			入口 α'	出口 α''	
炉膛		1.6	0.1	锅炉管束	1.65	1.75	0.1
防渣管	1.6	1.6	0	省煤器	1.75	1.85	0.1
蒸汽过热器	1.6	1.65	0.05	空气预热器	1.85	1.9	0.05

【解】

1. 理论空气量及理论烟气量的计算

名称	符号	单位	计 算 公 式	结果
理论空气量	V_k^0	m³/kg	$0.0889(C_{ar}+0.375S_{ar})+0.265H_{ar}-0.0333O_{ar}=0.0889\times(65.70+0.375\times0.35)+0.265\times2.70-0.0333\times2.80$	6.475
RO₂ 体积	V_{RO_2}	m³/kg	$0.01866(C_{ar}+0.375S_{ar})=0.01866(65.70+0.375\times0.35)$	1.228
N₂ 理论体积	$V_{N_2}^0$	m³/kg	$0.79V_k^0+0.008N_{ar}=0.79\times6.475+0.008\times1.05$	5.123
H₂O 理论体积	$V_{H_2O}^0$	m³/kg	$0.111H_{ar}+0.0124M_{ar}+0.0161V_k^0=0.111\times2.70+0.0124\times8.18+0.0161\times6.475$	0.505

2. 各受热面烟道中烟气特性表

名称	符号	单位	计 算 公 式	炉膛与防渣管	蒸汽过热器	锅炉管束	省煤器	空气预热器
平均过量空气系数	α_{pj}		$\frac{1}{2}(\alpha'+\alpha'')$	1.6	1.625	1.7	1.8	1.875
实际水蒸气体积	V_{H_2O}	m³/kg	$V_{H_2O}^0+0.0161(\alpha-1)V_k^0$	0.567	0.570	0.578	0.588	0.596
烟气总体积	V_y	m³/kg	$V_{RO_2}+V_{N_2}^0+V_{H_2O}+(\alpha-1)V_k^0$	10.804	10.968	11.462	12.12	12.613
RO₂ 体积份额	r_{RO_2}		$\dfrac{V_{RO_2}}{V_y}$	0.113	0.111	0.107	0.101	0.097
H₂O 体积份额	r_{H_2O}		$\dfrac{V_{H_2O}}{V_y}$	0.052	0.052	0.050	0.048	0.047
三原子气体体积份额	r_q		$r_{RO_2}+r_{H_2O}$	0.166	0.164	0.157	0.149	0.144

3. 烟气的温焓表

$$H_y = H_y^0 + (\alpha-1)H_k^0 \quad (\text{kJ/kg})$$

烟气温度 ϑ (℃)	$(c\vartheta)_{CO_2}$ $V_{RO_2}=1.228$ (m³/kg) (kJ/m³)	$(c\vartheta)_{CO_2}\cdot V_{RO_2}$ (kJ/kg)	$(c\vartheta)_{N_2}$ $V_{N_2}^0=5.123$ (m³/kg) (kJ/m³)	$(c\vartheta)_{N_2}\cdot V_{N_2}^0$ (kJ/kg)	$(c\vartheta)_{H_2O}$ $V_{H_2O}^0=0.505$ (m³/kg) (kJ/m³)	$(c\vartheta)_{H_2O}\cdot V_{H_2O}^0$ (kJ/kg)	H_y^0 $\sum(3+5+7)$ (kJ/kg)	$(c\vartheta)_k$ (kJ/m³)	$H_k^0=(c\vartheta)_k V_k^0$ $V_k^0=6.475$ (m³/kg) (kJ/kg)	$\alpha=1.6$ H	$\alpha=1.6$ ΔH	$\alpha=1.65$ H	$\alpha=1.65$ ΔH	$\alpha=1.75$ H	$\alpha=1.75$ ΔH	$\alpha=1.85$ H	$\alpha=1.85$ ΔH	$\alpha=1.9$ H	$\alpha=1.9$ ΔH
1	2	3	4	5	6	7	8	9	10	11	12	13	14	15	16	17	18	19	20
100	170	209	130	666	151	76	951	132	855									1721	1753
200	357	438	260	1332	304	154	1924	266	1722							3388	1758	3474	1802
300	559	686	392	2008	463	234	2928	403	2609					4885	1711	5146	1801	5276	
400	772	948	527	2700	626	316	3964	542	3509					6596	1750	6947	1842		
500	994	1221	664	3402	795	401	5024	684	4429					8346	1797	8789			
600	1225	1504	804	4119	969	489	6112	880	5374					10143	1839				
700	1462	1795	948	4857	1149	580	7232	978	6333			11348	1777	11982	1874				
800	1705	2094	1094	5605	1334	674	8373	1129	7310	12759	1753	13125	1802	13856					
900	1952	2397	1242	6363	1526	771	9531	1282	8301	14512	1779	14927	1829						
1000	2204	2707	1392	7131	1723	810	10708	1437	9305	16291	1806	16756	1857						
1100	2458	3018	1544	7910	1925	972	11900	1595	10328	18097	1821	18613							
1200	2717	3336	1697	8694	2132	1077	13107	1753	11351	19918	1851								
1300	2977	3656	1853	9493	2344	1184	14333	1914	12393	21769	1857								
1400	3239	3977	2009	10292	2559	1292	15561	2076	13442	23626	1874								
1500	3503	4302	2166	11096	2779	1403	16801	2239	14498	25500	1890								
1600	3769	4628	2325	11911	3002	1516	18055	2403	15559	27390	1896								
1700	4036	4956	2484	12726	3229	1631	19313	2567	16621	29286	1902								
1800	4305	5287	2644	13545	3458	1746	20578	2731	17683	31188									

烟气温焓表

表 2-16

ϑ (℃)	$V_{RO_2}=$ (m³/kg) $(c\vartheta)_{CO_2}$	$(c\vartheta)_{CO_2} \cdot V_{RO_2}$	$V_{N_2}^0=$ (m³/kg) $(c\vartheta)_{N_2}$	$(c\vartheta)_{N_2} \cdot V_{N_2}^0$	$V_{H_2O}^0=$ (m³/kg) $(c\vartheta)_{H_2O}$	$(c\vartheta)_{H_2O} \cdot V_{H_2O}^0$	$A_o=a_{fh}$ (%) $(c\vartheta)_{fh}$	$\dfrac{A^y}{100} \cdot d_{fh}$ $(c\vartheta)_{fh}$ ①	H_y^0 (kJ/kg) $\sum(3+5+7+9)$	$V_k^0=$ (m³/kg) $(c\vartheta)_k$	$H_k^0=(c\vartheta)_k V_k^0$ (kJ/kg)	$H_y=H_y^0+(\alpha-1)H_k^0$ (kJ/kg)							
												$\alpha=$		$\alpha=$		$\alpha=$		$\alpha=$	
												H	ΔH	H	ΔH	H	ΔH	H	ΔH
1	2	3	4	5	6	7	8	9①	10	11	12	13	14	15	16	17	18	19	20
100	170		130		151		81			132									
200	357		260		304		169			266									
300	559		392		463		264			403									
400	772		527		626		360			542									
500	994		664		795		458			684									
600	1225		804		969		560			830									
700	1462		948		1149		662			978									
800	1705		1094		1334		767			1129									
900	1952		1242		1526		875			1282									
1000	2204		1392		1723		984			1437									
1100	2458		1544		1925		1097			1595									
1200	2717		1697		2132		1206			1753									
1300	2977		1853		2344		1361			1914									
1400	3239		2009		2559		1583			2076									
1500	3503		2166		2779		1758			2239									
1600	3769		2325		3002		1876			2403									
1700	4036		2484		3229		2064			2567									
1800	4305		2644		3458		2186			2731									
1900	4574		2804		3690		2386			2899									
2000	4844		2965		3926		2512			3066									

① 当锅炉的飞灰量 $a_{fh}A_{zs,ar} \leqslant 6$ 时，第 9 项飞灰焓可以略去不计，否则烟气焓 I_y^0 中必须加上飞灰的焓。

由上可知，在计算烟气量和烟气的焓时，都必须先知道该计算烟道的过量空气系数。现代锅炉通常都采取平衡通风，炉膛以及其后的烟道都处于负压状态，通过炉墙或多或少要漏入一部分冷空气，也就是说过量空气系数将随烟气的流动逐渐有所增大。空气漏入量的多少通常用漏风系数 $\Delta\alpha$ 表示，它与锅炉结构、炉墙气密性等因素有关。设计时，按长期运行试验结果的推荐值选取。对于供热锅炉，其炉膛、蒸汽过热器、对流管束、省煤器、空气预热器以及每 10m 长的水平砖砌烟道的漏风系数 $\Delta\alpha$ 约在 0.05～0.10 之间。

由于烟道各部分的过量空气系数 α 不同，烟气量、烟气的平均特性及烟气焓也各不相同，需要分别进行计算。对于具体的计算受热面来说，在计算烟气量及烟气平均特性时，采用该受热面中的平均过量空气系数；计算烟气焓时，则采用该受热面出口的过量空气系数。为了方便计算，通常是大致估计出该受热面烟道中烟气所处的温度范围，以 100℃ 的间隔计算出若干烟焓，然后编制成如表 2-16 所示的温焓表。如此，在进行锅炉热力计算时就可方便地根据烟气温度和过量空气系数查求出对应的烟气焓，或已知烟气焓和过量空气系数求出烟气温度。

第七节　锅炉烟气分析及其结果的应用

在锅炉实际运行中，由于各种原因燃料是不可能达到完全燃烧的，也即烟气中将含有一氧化碳和氢、碳氢化合物等可燃气体。而且，锅炉的燃烧工况和各受热面烟道的漏风情况也会与设计工况有所不同，为了验证和判断锅炉实际的运行工况，需要对正在运行的锅炉进行烟气成分分析，并通过计算可以求出烟气量和过量空气系数，从而借以判别燃烧工况的好坏和漏风情况，以便进行燃烧调整和采取相应的改进措施，以提高锅炉运行的经济性。

一、烟气分析

正在运行的锅炉产生的烟气中，氢和碳氢化合物的含量甚微，通常略而不计。这样，实际烟气量 V_y 可由下式计算：

$$V_y = V_{RO_2} + V_{N_2} + V_{O_2} + V_{H_2O} + V_{CO} \quad m^3/kg \tag{2-72}$$

其中，V_{RO_2}，V_{N_2}，V_{O_2}，V_{H_2O} 和 V_{CO} 分别为实际烟气中的三原子气体、氮气、氧气、水蒸气和一氧化碳的体积。这些烟气成分和含量可以通过烟气成分分析而求得。

用于烟气成分分析的仪器种类很多。目前在锅炉房现场使用的仍是奥氏烟气分析仪，依照国家标准❶规定，用于测定烟气中的 RO_2 和 O_2。CO 可采用比色，比长检测管及烟气全分析仪等测定；当用气体燃料时，烟气成分则采用气体分析仪测定。随着测试技术的进步和发展，色谱层析仪、红外线烟气分析仪等先进的仪器也已在实验室得到普遍应用。

奥氏烟气分析仪是利用化学吸收法、按体积测定气体成分的一种仪器。它的分析原理是利用具有选择性吸收气体特性的化学溶液，在同温同压下分别吸收烟气中的相关气体成分，从而根据吸收前、后体积的变化求出各组成气体的体积百分数含量。

奥氏烟气分析仪如图 2-4 所示，它主要由量筒、三个吸收剂瓶和一个水准瓶组成，三个吸收剂瓶借带有启闭旋塞的梳形管与量筒上端相通、量筒下端用橡皮软管接通水准瓶。

---

❶　详见《工业锅炉热工性能试验规程》GB/T 10180—2003。

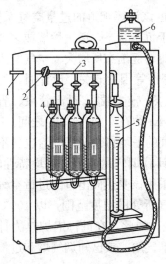

图 2-4 奥氏烟气分析仪
1—烟气入口；2—三通旋塞；3—梳
形管；4—吸收剂瓶（Ⅰ、Ⅱ、Ⅲ）；
5—量筒；6—水准瓶

用于吸收三原子气体二氧化碳和二氧化硫、氧气、一氧化碳的选择性化学溶液分别是苛性钾或苛性钠溶液、焦性没食子酸的碱溶液和氯化亚铜氨溶液，它们被依次装于吸收剂瓶Ⅰ、Ⅱ和Ⅲ中。测定时，先从需要进行分析测定的受热面烟道中用量筒精确地吸取烟气试样100mL，然后打开吸收剂瓶Ⅰ上方的旋塞，让其烟气反复多次进入这个吸收剂瓶，待烟气中的二氧化碳和二氧化硫被苛性钾溶液吸收殆尽，利用量筒上刻度即可测知烟气减少的体积，这被减少的体积即为烟气中含有的三原子气体 RO_2 的体积。烟气中的氧气由装在吸收瓶Ⅱ中的焦性没食子酸碱溶液吸收；一氧化碳则由装在吸收瓶Ⅲ中的氯化亚铜氨溶液吸收。经过这三个吸收剂瓶吸收后剩余的气体，即为烟气中的氮气。

但需指出，焦性没食子酸碱溶液除了能吸收氧气外，同时也能吸收二氧化碳和二氧化硫；氯化亚铜氨溶液吸收一氧化碳，同时也能吸收烟气中的氧气。所以，在分析测定时吸收顺序不能颠倒，而且在整个测定过程中应保持温度和压力的恒定。此外，由于吸收剂氯化亚铜氨溶液不稳定，而烟气中的一氧化碳含量一般又很少，采用奥氏烟气分析仪较难测准。

由于含有水蒸气的烟气在吸入烟气分析仪之后，在量筒中一直和水接触，所以烟气中的水蒸气为饱和水蒸气，即水蒸气和干烟气的体积比例是一定的。因此在选择性吸收过程中，随着烟气中某一成分被吸收，水蒸气也成比例的被凝结，也即量筒上测到的数值是干烟气各组成气体的体积。如此，可由下式计算求出烟气各组成气体的体积百分数含量：

$$RO_2 = \frac{V_{CO_2} + V_{SO_2}}{V_{gy}} = \frac{V_{RO_2}}{V_{gy}} \times 100\% \tag{2-73a}$$

$$O_2 = \frac{V_{O_2}}{V_{gy}} \times 100\% \tag{2-73b}$$

$$CO = \frac{V_{CO}}{V_{gy}} \times 100\% \tag{2-73c}$$

$$N_2 = \frac{V_{N_2}}{V_{gy}} \times 100\% \tag{2-73d}$$

不完全燃烧时，烟气中干烟气的实际体积为

$$V_{gy} = V_{RO_2} + V_{O_2} + V_{N_2} + V_{CO} \quad m^3/kg \tag{2-74}$$

通常在烟气分析仪中所测得的是干烟气中各组成气体的体积分数，则有

$$RO_2 + O_2 + N_2 + CO = 100\% \tag{2-75}$$

二、烟气分析结果的应用

根据烟气分析所得的结果和燃料的元素分析成分，可以计算运行锅炉的烟气量、烟气中的一氧化碳含量和过量空气系数。

1. 烟气量的计算

将式（2-73a）及式（2-73c）两式相加，经整理后可得

$$V_{gy} = \frac{V_{CO_2} + V_{SO_2} + V_{CO}}{RO_2 + CO} \times 100 \quad m^3/kg \tag{2-76}$$

燃料中碳不完全燃烧时生成一氧化碳的化学反应方程式为

$$2C + O_2 = 2CO$$

$$2 \times 12 kgC + 22.4 m^3 O_2 = 2 \times 22.4 m^3 CO$$

1kg 碳在不完全燃烧时，将生成 1.866m³ 一氧化碳，这与 1kg 碳在完全燃烧时生成二氧化碳的体积相同。因此燃料中的碳不管是完全燃烧全部生成二氧化碳，还是不完全燃烧生成二氧化碳和一氧化碳，它们的体积是相同的，即

$$V_{CO_2} + V_{CO} = \frac{2 \times 22.4}{2 \times 12} \times \frac{C_{ar}}{100} = 0.01866 C_{ar} \quad m^3/kg \tag{2-77}$$

将式（2-43）和式（2-77）代入式（2-76）中，即得干烟气体积的计算式：

$$V_{gy} = \frac{0.01866 C_{ar} + 0.007 S_{ar}}{RO_2 + CO} \times 100$$

$$= \frac{1.866(C_{ar} + 0.375 S_{ar})}{RO_2 + CO} \quad m^3/kg \tag{2-78}$$

由于水蒸气体积 V_{H_2O} 与燃烧完全与否无关，仍可按式（2-45）及式（2-53）进行计算。这样，燃料不完全燃烧时的实际烟气量就可由下式计算求出：

$$V_y = V_{gy} + V_{H_2O} = \frac{1.866(C_{ar} + 0.375 S_{ar})}{RO_2 + CO} + 0.111 H_{ar} + 0.0124 W_{ar}$$

$$+ 0.0161 \alpha V_k^0 + 1.24 G_{wh} \quad m^3/kg \tag{2-79}$$

2. 烟气中一氧化碳含量的计算

利用奥氏烟气分析仪虽也可测知一氧化碳占干烟气的体积百分数含量 CO，但因含量一般很少，吸收剂氯化亚铜氨溶液又不甚稳定，很难测得精确。因此，在锅炉运行中测定时，常常只测定烟气中的 RO_2 和 O_2 含量，据此由计算间接求出。

由式（2-75）可知，在利用烟气分析仪精确地测得 RO_2 和 O_2 含量后，如再能分析测定或计算出 N_2 含量，则 CO 含量即可求得。

如前所述，烟气中的氮气来源有两个，一是燃料自身含有的氮 $\frac{N_{ar}}{100}$ kg，二是燃料燃烧所需的空气 V_k 中带来的氮。前者因量甚微，通常可略而不计；后者，其体积可由下式计算：

$$V_{N_2} = \frac{79}{100} V_k \quad m^3/kg \tag{2-80}$$

在实际空气量 V_k 中含有的氧气体积，如用符号 $V_{O_2}^k$ 来表示，则有

$$V_{O_2}^k = \frac{21}{100} V_k \quad m^3/kg \tag{2-81}$$

联立式（2-80）及式（2-81），可得

$$V_{N_2} = \frac{79}{21} V_{O_2}^k \quad m^3/kg \tag{2-82}$$

燃料燃烧所需的实际空气量中的氧 $V_{O_2}^k$，除了分别消耗于碳、氢和硫的燃烧，剩余的部分即为烟气中的过量氧 V_{O_2}。如果分别以 $V_{O_2}^{RO_2}$，$V_{O_2}^{CO}$，$V_{O_2}^{H_2O}$ 来表示燃烧时生成三原子气体、一氧化碳、水蒸气所耗用的空气中的氧气体积，则有

$$V_{O_2}^k = V_{O_2}^{RO_2} + V_{O_2}^{CO} + V_{O_2}^{H_2O} + V_{O_2} \quad m^3/kg \tag{2-83}$$

由碳、硫完全燃烧的反应方程式可知，所消耗的氧气与燃烧产物具有相同的体积，即

$$V_{O_2}^{RO_2} = V_{RO_2}$$

当碳不完全燃烧生成一氧化碳时，所消耗的氧气比完全燃烧时减少一半，其值等于生成物——一氧化碳体积的一半：

$$V_{O_2}^{CO} = 0.5 V_{CO}$$

由于烟气中的水蒸气包括燃料的水分、燃烧所需空气中带入的水分和燃料中的氢燃烧生成的几个部分，因此消耗于氢燃烧的氧气体积 $V_{O_2}^{H_2O}$ 不能直接用烟气中的水蒸气体积来表示，而应根据燃料中的氢含量 H_{ar} 计算求得。但需指出的是，通常假定燃料中的氧含量 O_{ar} 已全部与燃料中的氢相结合，化合为水。由氢的燃烧反应方程式可知，1.008 份氢需耗用 8 份氧，也即 1kg 燃料中已有 $\frac{1.008}{8} \times \frac{O_{ar}}{100} = \frac{0.126 O_{ar}}{100}$ kg 的氢被氧化，需要外界供给氧气而燃烧的氢仅剩 $\frac{H_{ar} - 0.126 O_{ar}}{100}$ kg，这部分氢称为自由氢。已知 1kg 氢完全燃烧需消耗 5.55m³ 的氧气，所以燃料中自由氢燃烧所需耗用的氧气体积 $V_{O_2}^{H_2O}$ 可由下式算出：

$$V_{O_2}^{H_2O} = \frac{8}{1.008} = \frac{H_{ar} - 0.126 O_{ar}}{100} \times \frac{1}{1.429}$$
$$= 0.0555(H_{ar} - 0.126 O_{ar}) \quad m^3/kg$$

式中 1.429——氧在标准状态下的密度，kg/m^3。

将 $V_{O_2}^{RO_2}$，$V_{O_2}^{CO}$ 及 $V_{O_2}^{H_2O}$ 的关系式代入式（2-83）中，则得

$$V_{O_2}^k = V_{RO_2} + 0.5 V_{CO} + 0.0555(H_{ar} - 0.126 O_{ar}) + V_{O_2} \quad m^3/kg$$

将上式代入式（2-82）中，即可得到烟气中所含氮气体积的计算式，即

$$V_{N_2} = \frac{79}{21}[V_{RO_2} + 0.5 V_{CO} + 0.0555(H_{ar} - 0.126 O_{ar}) + V_{O_2}]$$

若在两边同乘以 $\frac{100}{V_{gy}}\%$，并将式（2-78）代入上式，则有

$$N_2 = \frac{79}{21}\left[RO_2 + 0.5CO + \frac{0.0555(H_{ar} - 0.126 O_{ar})}{1.866(C_{ar} + 0.375 S_{ar})} \times 100 + O_2\right]\%$$

而 $N_2 = 100 - (RO_2 + O_2 + CO)\%$

代入后经移项整理，则得

$$21 = RO_2 + O_2 + 0.605CO + 2.35\frac{H_{ar} - 0.126 O_{ar}}{C_{ar} + 0.375 S_{ar}}(RO_2 + CO) \tag{2-84}$$

令

$$\beta = 2.35 \frac{H_{ar} - 0.126 O_{ar}}{C_{ar} + 0.375 S_{ar}}$$

代入后则有

$$21 = RO_2 + O_2 + 0.605 CO + \beta(RO_2 + CO)$$

在不完全燃烧时，如烟气中的可燃气体仅只有一氧化碳，则烟气中各组成气体之间关系将满足此式，故称它为不完全燃烧方程式。

由此不完全燃烧方程式，即可整理得出烟气中一氧化碳体积百分数含量 CO 的计算式：

$$CO = \frac{(21 - \beta RO_2) - (RO_2 + O_2)}{0.605 + \beta} \% \tag{2-85}$$

β 是一个无因次数，只与燃料的可燃成分有关，而与燃料的水分、灰分无关，也不随应用基、分析基、干燥基及可燃基等而变化，故称为燃料的特性系数。燃料中自由氢含量愈高，其值愈大。各种燃料的 β 值基本上变化不大，可查阅表 2-17。

各种燃料的特性系数 β 和烟气中 RO_2^{max} 表 2-17

燃 料	β	RO_2^{max}	燃 料	β	RO_2^{max}
无烟煤	0.05~0.1	19~20	褐煤	0.055~0.125	18.5~20
贫煤	0.1~0.135	18.5~19	重油	0.30	16
烟煤	0.09~0.15	18~19.5			

由式（2-85）可得出不完全燃烧时的 RO_2 值为

$$RO_2 = \frac{21 - [O_2 + (0.605 + \beta)CO]}{1 + \beta} \% \tag{2-86}$$

完全燃烧时，CO＝0，则上式变为

$$RO_2 = \frac{21 - O_2}{1 + \beta} \% \tag{2-87}$$

或 $$(1 + \beta)RO_2 + O_2 = 21 \tag{2-88}$$

式（2-87）称为燃料完全燃烧方程式。当燃料完全燃烧时，其烟气组成应满足此方程式指出的关系。

在理论空气量下达到完全燃烧时，$O_2 = 0$，$CO = 0$，则烟气中三原子气体体积达到最大值 RO_2^{max}，即

$$RO_2^{max} = \frac{21}{1 + \beta} \% \tag{2-89}$$

由式（2-86）及式（2-87）可知，CO 和 O_2 增加，RO_2 降低。当烟气中含有 CO，说明燃烧不完全。在燃烧正常时，一般不允许烟气中有明显的 CO 存在。

3. 过量空气系数的计算

过量空气系数直接影响炉内燃烧的好坏以及热损失的大小，是一个重要的运行指标。因此常常需要根据烟气分析结果求出过量空气系数，以便及时对燃烧进行监督和调节。

根据过量空气系数定义式（2-40），可进而演变为以下形式：

$$\alpha = \frac{V_k}{V_k^0} = \frac{V_k}{V_k - \Delta V_k} = \frac{1}{1 - \dfrac{\Delta V_k}{V_k}} \tag{2-90}$$

式中　ΔV_k——过量空气，即实际空气量 V_k 和理论空气量 V_k^0 之差，m^3/kg。

如前所述，干烟气中的氮气 V_{N_2} 可近似认为全部来自供燃料燃烧用的空气，因此实际空气量 V_k 也可用干烟气中的氮气来表示，则有

$$V_k = \frac{100}{79} V_{N_2} = \frac{100}{79} \times \frac{N_2}{100} V_{gy} = \frac{N_2}{79} V_{gy} \quad m^3/kg \tag{2-91}$$

若以 ΔO_2 表示完全燃烧时过量空气 ΔV_k 中的氧在烟气中的含量，即过量氧的含量，则过量空气可用下式计算：

$$\Delta V_k = \frac{100}{21} \Delta O_2 = \frac{100}{21} \times \frac{\Delta O_2}{100} V_{gy} = \frac{\Delta O_2}{21} V_{gy} \quad m^3/kg \tag{2-92a}$$

而完全燃烧时由烟气分析所测得的氧量 O_2 即为过量氧的含量 ΔO_2，则

$$\Delta V_k = \frac{O_2}{21} V_{gy} \quad m^3/kg \tag{2-92b}$$

当完全燃烧时，$CO = 0$，$N_2 = 100 - (RO_2 + O_2)$，并将式（2-91）及式（2-92b）代入式（2-90），可得

$$\alpha = \frac{1}{1 - \dfrac{\dfrac{O_2}{21} V_{gy}}{\dfrac{N_2}{79} V_{gy}}} = \frac{1}{1 - \dfrac{79}{21} \times \dfrac{O_2}{N_2}} = \frac{1}{1 - 3.76 \dfrac{O_2}{100 - (RO_2 + O_2)}} \tag{2-93}$$

在燃料不完全燃烧时，由烟气分析所测得的氧量 O_2 包括有过量空气中的氧和由于碳不完全燃烧未耗用的氧两部分；而碳不完全燃烧未耗用的氧量为 $0.5CO$。因此，不完全燃烧时，烟气分析仪测得的氧量 O_2 中减去 $0.5CO$ 才是过量氧，即 $\Delta O_2 = O_2 - 0.5CO$，如此

$$\Delta V_k = \frac{O_2 - 0.5CO}{21} V_{gy} \quad m^3/kg \tag{2-94}$$

而且　　　　　　　　　　$N_2 = 100 - (RO_2 + O_2 + CO)$

将其代入式（2-90），即可得到不完全燃烧时过量空气系数的计算式：

$$\alpha = \frac{1}{1 - \dfrac{\dfrac{O_2 - 0.5CO}{21} V_{gy}}{\dfrac{100 - (RO_2 + O_2 + CO)}{79} V_{gy}}} = \frac{1}{1 - 3.76 \dfrac{O_2 - 0.5CO}{100 - (RO_2 + O_2 + CO)}} \tag{2-95}$$

在锅炉实际运行中，CO 含量一般都不高，可视为完全燃烧，$CO = 0$；而干烟气含有的氮气接近 79%，即 $N_2 = 79\%$，则 α 值可用下式近似计算：

$$\alpha = \frac{1}{1 - \dfrac{79}{21} \times \dfrac{O_2}{N_2}} \approx \frac{1}{1 - \dfrac{79}{21} \times \dfrac{O_2}{79}} = \frac{21}{21 - O_2} \tag{2-96a}$$

或

$$\alpha \approx \frac{21}{21-O_2} = \frac{\frac{21}{1+\beta}}{\frac{21-O_2}{1+\beta}} = \frac{RO_2^{max}}{RO_2} \qquad (2-96b)$$

现在，有的供热锅炉采用磁性氧量计或氧化锆氧量计来测定锅炉烟气中的过量氧 O_2，应用式（2-96a）可方便地计算出过量空气系数 α，借此可作为判断燃烧及运行工况好坏和进行通风调节的依据。

复习思考题

1. 为什么燃料成分要用收到基、空气干燥基、干燥基及干燥无灰基这四种基来表示？一般各用在什么场合？

2. 什么是煤的元素分析和工业分析？各分析成分在燃烧过程中所起的作用如何？

3. 固定碳、焦炭和煤的含碳量是不是一回事？为什么？

4. 什么是煤的焦渣特性？共分几类？它对锅炉工作有何影响？

5. 为什么要测定灰的熔点？决定和影响灰熔点的因素有哪些？灰熔点的高低，对锅炉运行将产生什么影响？

6. 外在水分、内在水分、风干水分、空气干燥基水分、全水分有什么差别？它们之间有什么关系？风干水分是否就是外在水分？空气干燥基水分是否相当于内在水分？全水分怎样求定？

7. 为什么各种基的煤的挥发分及高位发热量之间的换算可用本书表 2-1 中的换算系数？而各种基的低位发热量之间的换算则不能用表 2-1 中的换算系数？

8. 液体燃料的物理性质及燃烧性质是由哪些参数或概念来表示的？

9. 供热锅炉常用的液体燃料有哪些？重油在使用中应注意哪些问题？

10. 常用气体燃料有哪几种？各有什么特性？

11. 煤的发热量怎样测定？氧弹热量计是根据什么原理把发热量测出来的？

12. 为什么同一种基的燃料的弹筒发热量最大，其次是高位发热量，再次才是低位发热量？为什么在锅炉热力计算中只能用低位发热量作为计算的依据？

13. 燃料燃烧的理论所需空气量怎样计算？过量空气系数怎样计算？各计算公式的应用条件怎样？

14. 用以计算固、液体燃料燃烧时的过量空气系数的公式，是否也适用于气体燃料的燃烧计算？为什么？

15. 燃料燃烧生成的烟气中包含有哪些成分？它们的体积怎样计算？

16. 同样 1kg 煤，在供应等量空气的条件下，在有气体不完全燃烧产物时，烟气中氧的体积比较完全燃烧时是多了还是少了？相差多少？不完全燃烧与完全燃烧所生成的烟气体积是否相等？为什么？

17. 1kg 燃料完全燃烧时所需理论空气量和生成的理论烟气量，二者哪个数值大？为什么？

18. 为什么燃料燃计算中空气量按干空气来计算，而烟气量则要按湿空气来计算？

19. 奥氏烟气分析仪为什么分析所得的为干烟气成分，而不是湿烟气成分？为什么分析时顺序不能颠倒？为什么测定 CO 一般测不准？

20. 为什么干烟气中各气体成分不论在完全燃烧或不完全燃烧时要满足一定的关系（即燃烧方程式）？为什么烟气分析中 RO_2，O_2 和 CO 之和要比 21% 小？

21. 烟道中烟气随着过量空气系数的增加，干烟气成分中 RO_2 及 O_2 的数值是增加还是减小？为什么？为什么 β 值越大，RO_2^{max} 的数值则越小？

22. 一台锅炉燃用两种不同燃料，在锅炉出口用奥氏烟气分析仪测得 RO_2 值不相同，问 RO_2 值大的那种燃料的燃烧工况是否一定好些？

23. 燃料的特性系数 β 的物理意义是什么？为什么 β 值越大，烟气分析当 CO 含量较小时，RO_2，O_2 和 CO 之和与 21% 之差就越大？

24. 怎样计算烟气的焓？当 $\alpha>1$ 时，烟焓中包含过量空气的焓，其值 $\Delta I=(\alpha-1)I_k^0=(\alpha-1)V_k^0(c\vartheta)_k\mathrm{kJ}/\mathrm{kg}$，但从教材式（2-54$b$）看，这部分过量空气的焓应为 $1.0161(\alpha-1)V_k^0(c\vartheta)_k$，这到底是怎么一回事？

25. 绘制温焓表有什么用处？怎样绘制？

习　题

1. 已知煤的空气干燥基成分：$C_{ad}=60.5\%$，$H_{ad}=4.2\%$，$S_{ad}=0.8\%$，$A_{ad}=25.5\%$，$M_{ad}=2.1\%$ 和风干水分 $M_{ar}^f=3.5\%$，试计算上述各种成分的收到基含量。

（$C_{ar}=58.38\%$，$H_{ar}=4.05\%$，$S_{ar}=0.77\%$，$A_{ar}=24.61\%$，$M_{ar}=5.53\%$）

2. 已知煤的空气干燥基成分：$C_{ad}=68.6\%$，$H_{ad}=3.66\%$，$S_{ad}=4.84\%$，$O_{ad}=3.22\%$，$N_{ad}=0.83\%$，$A_{ad}=17.35\%$，$M_{ad}=1.5\%$，$V_{ad}=8.75\%$，空气干燥基发热量 $Q_{net,ad}=27528\mathrm{kJ}/\mathrm{kg}$ 和收到基水分 $M_{ar}=2.67\%$，煤的焦渣特性为 3 类，求煤的收到基其他成分、干燥无灰基挥发物及收到基低位发热量，并用门捷列夫经验公式进行校核。

（$C_{ar}=67.79\%$，$H_{ar}=3.62\%$，$S_{ar}=4.78\%$，$O_{ar}=3.18\%$，$N_{ar}=0.82\%$，$A_{ar}=17.14\%$，$V_{daf}=10.78\%$，$Q_{net,ar}=27172\mathrm{kJ}/\mathrm{kg}$；按门捷列夫经验公式 $Q_{net,ar}=26825\mathrm{kJ}/\mathrm{kg}$）

3. 下雨前煤的收到基成分为：$C_{ar1}=34.2\%$，$H_{ar1}=3.4\%$，$S_{ar1}=0.5\%$，$O_{ar1}=5.7\%$，$N_{ar1}=0.8\%$，$A_{ar1}=46.8\%$，$M_{ar1}=8.6\%$，$Q_{net,ar1}=14151\mathrm{kJ}/\mathrm{kg}$。

下雨后煤的收到基水分变动为 $M_{ar2}=14.3\%$，求雨后收到基其他成分的含量及收到基低位发热量，并用门捷列夫经验公式进行校核。

（$C_{ar2}=32.07\%$，$H_{ar2}=3.19\%$，$S_{ar2}=0.47\%$，$O_{ar2}=5.34\%$，$N_{ar2}=0.75\%$，$A_{ar2}=43.88\%$，$Q_{net,ar2}=13113\mathrm{kJ}/\mathrm{kg}$，按门捷列夫经验公式 $Q_{net,ar2}=13297\mathrm{kJ}/\mathrm{kg}$）

4. 某工厂储存有收到基水分 $M_{ar1}=11.34\%$ 及收到基低位发热量 $Q_{net,ar1}=20097\mathrm{kJ}/\mathrm{kg}$ 的煤 100t，由于存放时间较长，收到基水分减少到 $M_{ar2}=7.18\%$，问这 100t 煤的质量变为多少？煤的收到基低位发热量将变为多大？

（煤的质量变为 95.52t，$Q_{net,ar2}=21157\mathrm{kJ}/\mathrm{kg}$）

5. 已知煤的成分：$C_{daf}=85.00\%$，$H_{daf}=4.64\%$，$S_{daf}=3.93\%$，$O_{daf}=5.11\%$，$N_{daf}=1.32\%$，$A_d=30.05\%$，$M_{ar}=10.33\%$，求煤的收到基成分，并用门捷列夫经验公式计算煤的收到基低位发热量。

（$C_{ar}=53.31\%$，$H_{ar}=2.91\%$，$S_{ar}=2.46\%$，$O_{ar}=3.21\%$，$N_{ar}=0.83\%$，$A_{ar}=26.95\%$，$Q_{net,ar}=20730\mathrm{kJ}/\mathrm{kg}$）

6. 用氧弹测热计测得某烟煤的弹筒发热量为 $26578\mathrm{kJ}/\mathrm{kg}$，并知 $M_{ar}=5.3\%$，$H_{ar}=2.6\%$，$M_{ar}^f=3.5\%$，$S_{ad}=1.8\%$，试求其收到基低位发热量。

（$Q_{net,ar}=24727\mathrm{kJ}/\mathrm{kg}$）

7. 一台 4t/h 的链条炉，运行中用奥氏烟气分析仪测得炉膛出口处 $RO_2=13.8\%$，$O_2=5.9\%$，$CO=0$；省煤器出口处 $RO_2=10.0\%$，$O_2=9.8\%$，$CO=0$。如燃料特性系数 $\beta=0.1$，试校核烟气分析结果是否准确？炉膛和省煤器出口处的过量空气系数及这一段烟道的漏风系数有多大？

（烟气分析结果准确，炉膛出口 $\alpha_l''=1.39$，省煤器出口 $\alpha''=1.88$，烟道的漏风系数 $\Delta\alpha=0.49$）

8. SZL10-1.3-WⅡ型锅炉所用燃料成分为 $C_{ar}=59.6\%$，$H_{ar}=2.0\%$，$S_{ar}=0.5\%$，$O_{ar}=0.8\%$，$N_{ar}=0.8\%$，$A_{ar}=26.3\%$，$M_{ar}=10.0\%$，$V_{daf}=8.2\%$，$Q_{net,ar}=22190\mathrm{kJ}/\mathrm{kg}$。求燃料的理论空气量 V_k^0、理论烟气量 V_y^0 以及在过量空气系数分别为 1.45 和 1.55 时的实际烟气量 V_y，并计算 $\alpha=1.45$ 时 300℃ 及 400℃ 烟气的焓和 $\alpha=1.55$ 时 200℃ 及 300℃ 烟气的焓。

（$V_k^0=5.82\mathrm{m}^3/\mathrm{kg}$，$V_y^0=6.16\mathrm{m}^3/\mathrm{kg}$；$\alpha=1.45$ 时 $V_y=8.82\mathrm{m}^3/\mathrm{kg}$；$\alpha=1.55$ 时 $V_y=9.41\mathrm{m}^3/\mathrm{kg}$；$\alpha=1.45$ 及 300℃ 时 $H_y=3688\mathrm{kJ}/\mathrm{kg}$；$\alpha=1.45$ 及 400℃ 时 $H_y=4983\mathrm{kJ}/\mathrm{kg}$；$\alpha=1.55$ 及 200℃ 时 $H_y=2581\mathrm{kJ}/\mathrm{kg}$；$\alpha=1.55$ 及 300℃ 时 $H_y=3922\mathrm{kJ}/\mathrm{kg}$）

第三章 锅炉的热平衡

锅炉热平衡是基于能量守恒和质量不灭的规律，研究在稳定工况下锅炉的输入热量和输出热量及各项热损失之间的平衡关系。研究的目的在于掌握和弄清楚锅炉燃料的热量在锅炉中的利用情况，有多少被有效利用，有多少变成了热量损失；这些损失的热量体现在哪些方面以及产生的原因。通过热平衡不单可以求出锅炉的热效率和燃料消耗量、更重要的是可以寻求提高锅炉热效率的途径。

热效率是锅炉的重要技术经济指标，它表明锅炉设备的完善程度和运行管理的水平。燃料是重要能源之一，提高锅炉热效率以节约燃料，是锅炉运行管理的一个重要方面。

为了全面评定锅炉的工作状况，必须对锅炉进行测试，这种试验称为锅炉的热平衡（或热效率）试验。通过测试进行分析概括，从而了解影响锅炉热效率的因素有哪些，得出较先进的运行经验数据，作为设计锅炉和改进运行的可靠依据。

第一节　锅炉热平衡的组成

锅炉生产蒸汽或热水的热量主要来源于燃料燃烧生成的热量。但是进入炉内的燃料由于种种原因不可能完全燃烧放热，而燃烧放出的热量也不会全部有效地利用于生产蒸汽或热水，其中必有一部分热量被损失掉。为了确定锅炉的热效率，就需要锅炉在正常稳定的运行工况下建立锅炉热量的收、支平衡关系，通常称为"热平衡"。

锅炉热平衡是以 1kg 固体燃料或液体燃料（气体燃料以 1m³）为单位组成的。对应 1kg 燃料输入锅炉的热量和锅炉有效利用热量及损失热量之间的关系可参见图 3-1。

对应 1kg 燃料的锅炉热平衡方程如下：

$$Q_r = Q_1 + Q_2 + Q_3 + Q_4 + Q_5 + Q_6 \quad \text{kJ/kg} \tag{3-1a}$$

式中　Q_r——锅炉的输入热量，kJ/kg；

Q_1——锅炉的输出热量，即锅炉有效利用热量，kJ/kg；

Q_2——排烟损失热量，即排出烟气所带走的热量，称为锅炉排烟热损失，kJ/kg；

Q_3——气体不完全燃烧损失热量，它是未燃烧完全的那部分可燃气体损失掉的热量，称为气体不完全燃烧热损失，kJ/kg；

Q_4——固体不完全燃烧损失热量，这是未燃烧完全的那部分固体燃料损失掉的热量，称为固体不完全燃烧热损失，kJ/kg；

Q_5——锅炉散热损失热量，由炉体和管道等热表面散热损失掉的热量，称为锅炉散热热损失，kJ/kg；

Q_6——灰渣物理热损失热量，kJ/kg。

锅炉如还有其他热量损失，也应考虑计及在热平衡方程中。

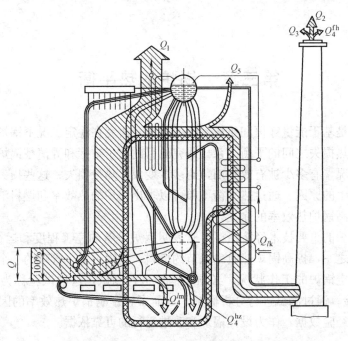

图 3-1　锅炉热平衡示意图

图 3-1 中预热空气用循环热量显示，是由于空气在预热器中接受的热量在炉膛中成为烟气焓的一部分，随后在空气预热器中又由烟气放热给空气，如此循环不已，故在计算锅炉热量平衡时不予考虑。

如果在等式（3-1a）两边分别除以 Q_r，则锅炉热平衡方程就可以占输入热量的分数来表示，即

$$q_1+q_2+q_3+q_4+q_5+q_6=100\%$$ (3-1b)

式中各项 q 分别表示有效利用热量和各项热损失分数，如

$$q_1=\frac{Q_1}{Q_r}\times100\%$$ (3-2)

$$q_2=\frac{Q_2}{Q_r}\times100\%$$

······

锅炉效率

$$\eta_{gl}=q_1=100-(q_2+q_3+q_4+q_5+q_6)\quad\%$$ (3-3)

锅炉的输入热量 Q_r，指由锅炉外部输入的热量，不包括在锅炉内循环的热量，它由以下各项组成：

$$Q_r=Q_{net,ar}+i_r+Q_{zq}+Q_{wl}\quad kJ/kg$$ (3-4)

式中　$Q_{net,ar}$——燃料收到基的低位发热量，kJ/kg；

i_r——燃料的物理显热，kJ/kg；

Q_{zq}——喷入锅炉的蒸汽带入的热量，kJ/kg；

Q_{wl}——用外来热源加热空气带入的热量，kJ/kg。

当燃料为煤时，其物理显热可按下式计算：

$$i_r = c_{ar}t_r \quad \text{kJ/kg} \tag{3-5}$$

式中　c_{ar}——收到基燃料的比热容，kJ/(kg·℃)；

t_r——燃料的温度，如燃料未经预热，t_r 取 20℃。

对于固体燃料

$$c_{ar} = 4.187\frac{M_{ar}}{100} + \frac{100-M_{ar}}{100}c_d \quad \text{kJ/(kg·℃)} \tag{3-6}$$

式中　M_{ar}——收到基燃料的水分，%；

c_d——干燥基燃料的比热容，kg/(kg·℃)。

对于固体燃料按下列数值取用：

无烟煤、贫煤	$c_d = 0.92$
烟煤	$c_d = 1.09$
褐煤	$c_d = 1.13$
页岩	$c_d = 0.88$

对于液体燃料（重油）

$$c_{ar} = 1.738 + 0.0025t_r \quad \text{kJ/(kg·℃)} \tag{3-7}$$

如果燃料未经预热，只有当燃料水分符合下述条件，即 $M_{ar} \geqslant \dfrac{Q_{ar}}{628}\%$，才考虑燃料的物理显热。

当用蒸汽雾化重油或蒸汽喷入锅炉时，还应计算蒸汽带入的热量 Q_{zq}，可按下式计算：

$$Q_{zq} = G_{zq}(h_{zq} - 2512) \quad \text{kJ/kg} \tag{3-8}$$

式中　G_{zq}——相应于 1kg 燃料的蒸汽消耗量，kg/kg；

h_{zq}——喷入蒸汽的比焓，kJ/kg；

2512——排烟中蒸汽焓的近似值，kJ/kg。

当用锅炉范围以外的废气、废热等外来热源预热空气时，随同空气进入锅炉的热量可按下式计算：

$$Q_{wl} = \beta'(H_{rk}^0 - H_{lk}^0) \quad \text{kJ/kg} \tag{3-9}$$

式中　β'——进入锅炉空气量和理论空气量之比，如果没有空气预热器，式中 β' 可用 α'_l 代替。

H_{rk}^0，H_{lk}^0——分别表示在锅炉入口处理论热空气焓和理论冷空气焓，kJ/kg，冷空气温度一般取为 20℃。

如果式（3-4）中 i_r 可忽略不计，且 $Q_{zq}+Q_{wl}$ 为零时，则锅炉的输入热量等于燃料收

到基的低位发热量，即

$$Q_r = Q_{net,ar}$$

第二节　锅炉热效率

锅炉热效率可用热平衡试验方法测定，测定方法有正平衡试验和反平衡试验两种❶。热平衡试验必须在锅炉稳定的运行工况下进行。

一、正平衡法

正平衡试验按式（3-2）进行，锅炉效率为输出热量即有效利用热量占燃料输入锅炉热量的份额，即

$$\eta_{gl} = q_1 = \frac{Q_1}{Q_r} \times 100\%$$

对应于 1kg 燃料的有效利用热量 Q_1，可按下式计算：

$$Q_1 = \frac{Q_{gl}}{B} \quad \text{kJ/kg} \tag{3-10}$$

式中　Q_{gl}——锅炉每小时有效吸热量，kJ/h；

B——每小时燃料消耗量，kg/h。

对于蒸汽锅炉，每小时有效吸热量 Q_{gl} 按下式计算：

$$Q_{gl} = D(h_q - h_{gs}) \times 10^3 + D_{ps}(h_{ps} - h_{gs}) \times 10^3 \quad \text{kJ/h} \tag{3-11a}$$

式中　D——锅炉蒸发量，t/h，如锅炉同时生产过热蒸汽和饱和蒸汽，应分别进行计算；

h_q——蒸汽焓，kJ/kg；

h_{gs}——锅炉给水焓，kJ/kg；

h_{ps}——排污水焓，即锅炉工作压力下的饱和水焓，kJ/kg；

D_{ps}——锅炉排污水量，t/h。

由于供热锅炉一般都是定期排污，为简化测定工作，在热平衡测试期间可不进行排污。

当锅炉生产饱和蒸汽时，蒸汽干度一般都小于 1（即湿度不等于零）。湿蒸汽的焓可按下式计算：

$$h_q = h'' - \frac{r\omega}{100} \quad \text{kJ/kg}$$

式中　h''——干饱和蒸汽的比焓，kJ/kg；

r——蒸汽的汽化潜热，kJ/kg；

ω——蒸汽湿度，%，供热锅炉生产的饱和蒸汽通常都有 1%～5% 的湿度。

---

❶　详见《工业锅炉热工试验规程》GB/T 10180—2003 和《生活锅炉热效率及热工试验方法》GB/T 10820—2002。

对于热水锅炉和油载热体锅炉，每小时有效吸热量 Q_{gl} 按下式计算：

$$Q_{gl} = G(h'' - h') \times 10^3 \quad \text{kJ/h} \ (\times 0.278 = W) \tag{3-11b}$$

式中 G——热水锅炉循环水量或油载热体锅炉循环油量，t/h；

h'，h''——分别为热水锅炉进、出口水的焓或油载体锅炉进、出口油的焓，kJ/kg。

不难看出，供热锅炉用正平衡来测定效率时，只要测出燃料量 B、燃料收到基低位发热量 $Q_{net,ar}$、锅炉蒸发量 D 以及蒸汽压力和温度，即可算出锅炉的热效率，是一种常用的比较简便的方法。

对于电加热锅炉输出蒸汽或热水时，只要测得其每小时的耗电量（kWh）❶，同样很方便地可以算出锅炉热效率。

二、反平衡法

显然，正平衡法只能求得锅炉的热效率，它的不足是不可能据此研究和分析影响锅炉热效率的种种因素，以寻求提高热效率的途径。因此，在实际试验过程中，往往测出锅炉的各项热损失，应用式（3-3）来计算锅炉的热效率，这种方法称为反平衡法。

反平衡法测定热效率时，q_2，q_3，q_4，q_5 及 q_6 的测定计算，将分别在下面的各节中讨论。

国家标准规定，锅炉热效率测定应同时采用正平衡法和反平衡法，其值取两种方法测得的平均值。当锅炉额定蒸发量（额定热功率）大于或等于 20t/h（14MW），由于不易准确地测定燃料消耗量等原因，用正平衡法测定有困难时，可采用反平衡法测定锅炉热效率；但其试验燃料消耗量应按式（3-10）进行反算得出。式中的锅炉热效率先行估取，当计算所得反平衡效率与估取值相差 $\pm 2\%$ 范围内，则计算结果有效。否则，应重新估取锅炉效率作重复计算。手烧锅炉允许只用正平衡法测定锅炉热效率。

在设计一台新锅炉时，必须先根据同类型锅炉运行经验选定 q_3，q_4 及 q_5，再根据选定的排烟温度和过量空气系数以及燃料的灰分，计算出 q_2 及 q_6 的数值，然后求出锅炉效率。

三、锅炉的毛效率及净效率

按式（3-2）所确定的锅炉效率，是不扣除锅炉自用蒸汽和辅机设备耗用动力折算热量的效率，称为锅炉的毛效率。通常所说的锅炉效率，指的都是毛效率。

有时为了进一步分析及比较锅炉的经济性能，要用净效率 η_j 表示。锅炉净效率是在毛效率的基础上扣除锅炉自用汽和电能消耗后的效率，可按下式计算：

$$\eta_j = \eta_{gl} - \Delta\eta \tag{3-12}$$

式中 $\Delta\eta$——由于自用汽（如汽动给水泵、预热给水和蒸汽引射二次风等用汽）和自用电能消耗（锅炉本身和辅助设备耗电量）所相当的锅炉效率降低值，可按下式计算：

$$\Delta\eta = \frac{D_{zy}(h_q - h_{gs}) \times 10^3 + 29300 N_{zy} b}{B Q_{net,ar}} \times 100 \quad \% \tag{3-13}$$

---

❶ 1kWh 的发热量折算值为 3600kJ。

式中　D_{zy}——自用汽耗汽量，t/h；

　　　N_{zy}——自用电耗量，(kWh)/h；

　　　b——生产每度电的标准煤耗量，kg/(kWh)，可取该地区供电系统平均供电标准煤耗率。目前我国火力发电标准煤耗率一般为 315～325g/(kWh)，大型机组要求不大于 272g/(kWh)。

我国现代大型锅炉的效率一般高达 90% 以上。额定蒸汽压力大于 0.04MPa，但小于或等于 3.8MPa，且额定蒸发量不小于 1t/h 的蒸汽锅炉和额定出水压力大于 0.1MPa，容量不小于 0.7MW 的热水锅炉，其热效率见表 3-1～表 3-3，这是锅炉节能产品应达到的技术条件。供热锅炉运行一段时间后，由于各种原因，实际运行热效率一般都将有所降低。表 3-1～表 3-3 中括号内的数据是对使用期两年以上锅炉的性能要求，同时要求锅炉出力不应低于额定出力的 90%。

层状燃烧锅炉热效率 表 3-1

燃料品种		燃料收到基低位发热量 $Q_{net,ar}$(kJ/kg)	锅炉容量 D(t/h)或 Q(MW)			
			$1{\leqslant}D{\leqslant}2$ 或 $0.7{\leqslant}Q{\leqslant}1.4$	$2{<}D{\leqslant}8$ 或 $1.4{<}Q{\leqslant}5.6$	$8{<}D{\leqslant}20$ 或 $5.6{<}Q{\leqslant}14$	$D{>}20$ 或 $Q{>}14$
			锅炉热效率(%)			
烟煤	Ⅱ	$17700{\leqslant}Q_{net,ar}{\leqslant}21000$	76(72.2)	78(74.1)	79(75.1)	80(76)
	Ⅲ	$Q_{net,ar}{>}21000$	78(74.1)	80(76)	81(77)	82(77.9)
贫煤		$Q_{net,ar}{>}17700$	74(70.3)	76(72.2)	78(74.1)	79(75.1)
无烟煤	Ⅱ	$Q_{net,ar}{\geqslant}21000$	63(59.9)	66(62.7)	68(64.6)	71(67.5)
	Ⅲ	$Q_{net,ar}{\geqslant}21000$	70(66.5)	74(70.3)	76(72.2)	79(75.1)
褐煤		$Q_{net,ar}{\geqslant}11500$	74(70.3)	76(72.2)	78(74.1)	80(76)

注：1. 各燃料品种的干燥无灰基挥发分（V_{daf}）范围为：烟煤：$V_{daf}{>}20\%$；贫煤：$10\%{<}V_{daf}{\leqslant}20\%$；Ⅱ类无烟煤：$V_{daf}{<}6.5\%$；Ⅲ类无烟煤：$6.5\%{\leqslant}V_{daf}{\leqslant}10\%$；褐煤：$V_{daf}{>}37\%$。

　　2. 对于层状燃烧锅炉，排烟处过量空气系数不应大于 1.75；排烟温度不应大于 170℃，无尾部受热面的锅炉，排烟温度不应大于 250℃。

循环流化床燃烧锅炉热效率 表 3-2

燃料品种		燃料收到基低位发热量 $Q_{net,ar}$(kJ/kg)	锅炉容量 D(t/h)或 Q(MW)		
			$D{\leqslant}20$ 或 $Q{\leqslant}14$	$20{<}D{\leqslant}35$ 或 $14{<}Q{\leqslant}24.5$	$D{>}35$ 或 $Q{>}24.5$
			锅炉热效率(%)		
烟煤	Ⅱ	$17700{\leqslant}Q_{net,ar}{\leqslant}21000$	81(77)	83(78.9)	85(80.8)
	Ⅲ	$Q_{net,ar}{>}21000$	83(78.9)	84(79.8)	86(81.7)
贫煤		$Q_{net,ar}{>}17700$	80(76)	82(77.9)	84(79.8)
褐煤		$Q_{net,ar}{\geqslant}11500$	81(77)	83(78.9)	85(80.5)
无烟煤	Ⅱ	$Q_{net,ar}{\geqslant}21000$	80(76)	81(77)	82(77.9)
	Ⅲ	$Q_{net,ar}{\geqslant}21000$	81(77)	82(77.9)	84(79.8)

注：各燃料品种的干燥无灰基挥发份（V_{daf}）范围为：烟煤：$V_{daf}{>}20\%$；贫煤：$10\%{<}V_{daf}{\leqslant}20\%$；褐煤：$V_{daf}{>}37\%$。Ⅱ类无烟煤：$V_{daf}{<}6.5\%$；Ⅲ类无烟煤：$6.5\%{\leqslant}V_{daf}{\leqslant}10\%$。

四、热平衡试验的要求

热平衡试验是锅炉一项最基本的热工特性试验。在锅炉新产品鉴定、锅炉运行调整和

燃料品种	燃料收到基低位发热量 $Q_{net,ar}$(kJ/kg)	锅炉容量 D(t/h)或 Q(MW)				
		不带省煤器的蒸汽锅炉		热水锅炉和带省煤器的蒸汽锅炉		
		$D≤2$	$D>2$	$D≤2$ 或 $Q≤1.4$	$20≥D>2$ 或 $14≥Q>1.4$	$D>20$ 或 $Q>14$
		锅炉热效率(%)				
轻油	—	87(85.3)	89(87.2)	89(87.2)	91(89.2)	92(90.2)
重油	—	86(84.3)	88(86.2)	88(86.2)	90(88.2)	91(89.2)
天然气	—	87(85.3)	89(87.2)	89(87.2)	91(89.2)	92(90.2)

注：对于燃油和燃气锅炉，正压燃烧时排烟处过量空气系数不应大于 1.2，负压燃烧时排烟处过量空气系数不应大于 1.3；排烟温度的要求同表 3-1。

比较设备改进或检修前后的经济效果等情况下，都需对锅炉进行热平衡试验。

锅炉热平衡试验应在锅炉热工况稳定和燃烧调整到试验工况 1h 后开始。锅炉热工况稳定系指锅炉主要热力参数在许可波动范围内其平均值已不随时间变化的状态；热工况稳定所需时间（自冷态点火开始），一般规定无砖墙（快、组装）的锅壳式燃油、燃气锅炉不小于 1h，燃煤锅炉不少于 4h；轻型和重型炉墙锅炉分别不少于 8h 和 24h。

锅炉试验所使用的燃料，应符合设计要求，并说明按工业锅炉用煤分类所属的类别。

锅炉试验期间除锅炉工况应保持稳定，尚应符合下列规定：锅炉出力的最大允许波动正负值不宜超过 7%～10%；蒸汽锅炉的压力允许波动不得小于设计压力的 85%～95%；过热蒸汽温度的波动正负值在设计温度的 20～30℃之内，且每次试验实测的过热蒸汽的最大值与最小值之差不得大于 15℃；蒸汽锅炉的实际给水温度与设计值之差宜控制在 +30℃～-20℃之间；热水锅炉进、出口水温与设计值之差不宜大于 ±10℃，且试验时压力应保证出水温度比该压力下的饱和温度至少低 20℃。

此外，热平衡试验期间安全阀不得启跳、锅炉不得吹灰、不得定期排污，连续排污一般也应关闭。

在试验结束时，锅筒水位和煤斗煤位均应保持与试验开始时一致，如不一致应进行修正。试验期间给水量、过量空气系数、给煤量、炉排速度、煤层或流化床燃烧锅炉料层高度等也应基本相同。

五、试验时间、次数和误差

热平衡试验每次正式试验时间，燃用固体燃料的层燃、室燃和流化床锅炉应不少于 4h；燃用甘蔗渣、木柴、稻壳及其他固体燃料的层燃锅炉应不少于 6h；手烧炉排、下饲炉排锅炉应不少于 5h；燃油、燃气锅炉，应不少于 2h；电加热锅炉，每次试验时间为 1h。

锅炉的新产品定型试验，应在额定出力下进行两次，其他目的热平衡试验的次数由协商而定。对于流化燃烧锅炉、水煤浆燃烧锅炉和煤粉燃烧锅炉还应进行一次不大于 70% 额定出力下的燃烧稳定性试验，时间为 4h，并允许只测正平衡效率。对额定蒸发量（额定热功率）大于或等于 20t/h（14MW）时，仍可只测反平衡效率。

每次试验的实测出力应为额定出力的 97%～105%。当蒸汽和给水的实测参数与设计不一致时，锅炉的蒸发量应按规定折算，加以修正。

对热平衡试验，在精度上有一定的要求：对只进行正平衡试验的，要求进行两次试验，前后两次测试的锅炉效率之差应不大于 3%；对同时进行正、反平衡试验的，两种方法测得的锅炉效率之差应不大于 5%；如以反平衡法进行热效率测定，两次测得的热效率之差应不大于 4%。但是，对于燃油、燃气锅炉进行各种热平衡试验，测得的效率值之差应不大于 2%。

第三节 固体不完全燃烧热损失

一、固体不完全燃烧热损失的测定与计算

固体不完全燃烧热损失是由于进入炉膛的燃料中，有一部分没有参与燃烧或未燃尽而被排出炉外引起的热损失。论其实质，是包含在灰渣（包括灰渣、漏煤、烟道灰、飞灰以及溢流灰、冷灰渣等）中的未燃尽的碳造成的热量损失。对层燃炉而言，主要由灰渣、漏煤、烟道灰和飞灰四项组成。烟道灰是指从锅炉烟道中分离出来并能连续或定期经常排除的灰，常可将它与飞灰合并计算，统称飞灰热损失。

对于运行中的锅炉，分别收集它的每小时的灰渣、漏煤和飞灰的质量 G_{hz}，G_{lm} 和 C_{fh}（kg/h），同时分析出它们所含可燃物质的质量百分数 C_{hz}，C_{lm} 和 C_{fh}（%）和可燃物的发热量 Q_{hz}，Q_{lm} 和 Q_{fh}（kJ/kg），则灰渣、漏煤和飞灰损失 Q_4^{hz}，Q_4^{lm}，Q_4^{fh} 分别为

$$Q_4^{hz} = Q_{hz} \frac{C_{hz} G_{hz}}{100B} \quad kJ/kg$$

$$Q_4^{lm} = Q_{lm} \frac{C_{lm} G_{lm}}{100B} \quad kJ/kg$$

$$Q_4^{fh} = Q_{fh} \frac{C_{fh} G_{fh}}{100B} \quad kJ/kg$$

通常灰渣、漏煤和飞灰中的可燃物质被认为是固定碳，取其发热量为 32866kJ/kg，因此总的固体不完全燃烧热损失可按下式计算：

$$Q_4 = Q_4^{hz} + Q_4^{lm} + Q_4^{fh} = \frac{32866}{100B} (G_{hz}C_{hz} + G_{lm}C_{lm} + G_{fh}C_{fh}) \quad kJ/kg \quad (3-14a)$$

$$q_4 = \frac{Q_4}{Q_r} \times 100 = q_4^{hz} + q_4^{lm} + q_4^{fh} \quad \% \quad (3-14b)$$

在热平衡试验中，飞灰量难以直接准确地测定，因为有一部分飞灰会沉积在受热面和烟道内（烟灰），有一部分飞灰会经烟囱飞出。因此，飞灰量一般是通过灰平衡法求得。所谓灰平衡，就是进入炉内燃料的总灰量应等于灰渣、漏煤及飞灰中的灰量之和，即

$$\frac{BA_{ar}}{100} = G_{hz} \frac{100-C_{hz}}{100} + G_{lm} \frac{100-C_{lm}}{100} + G_{fh} \frac{100-C_{fh}}{100} \quad (3-15a)$$

将上式两边分别乘以 $\frac{100}{BA_{ar}}$，则变为

$$1 = \frac{G_{hz}(100-C_{hz})}{BA_{ar}} + \frac{G_{lm}(100-C_{lm})}{BA_{ar}} + \frac{G_{fh}(100-C_{fh})}{BA_{ar}}$$

将右边三项分别以 a_{hz}，a_{lm} 及 a_{fh} 表示，则

$$1 = a_{hz} + a_{lm} + a_{fh} \tag{3-15b}$$

式中 a_{hz}，a_{lm}，a_{fh}——分别表示灰渣、漏煤及飞灰中灰量占燃料总灰量的份额，即

$$a_{hz} = \frac{G_{hz}(100 - C_{hz})}{BA_{ar}} \tag{3-16a}$$

$$a_{lm} = \frac{G_{lm}(100 - C_{lm})}{BA_{ar}} \tag{3-16b}$$

$$a_{fh} = \frac{G_{fh}(100 - C_{fh})}{BA_{ar}} \tag{3-16c}$$

故

$$G_{hz} = \frac{a_{hz}BA_{ar}}{100 - C_{hz}} \tag{3-17a}$$

$$G_{lm} = \frac{a_{lm}BA_{ar}}{100 - C_{lm}} \tag{3-17b}$$

$$G_{fh} = \frac{a_{fh}BA_{ar}}{100 - C_{fh}} \tag{3-17c}$$

将式（3-17）代入式（3-14）中，则

$$Q_4 = \frac{32866A_{ar}}{100}\left(\frac{a_{hz}C_{hz}}{100 - C_{hz}} + \frac{a_{lm}C_{lm}}{100 - C_{lm}} + \frac{a_{fh}C_{fh}}{100 - C_{fh}}\right) \quad \text{kJ/kg} \tag{3-18a}$$

$$q_4 = \frac{32866A_{ar}}{Q_r}\left(\frac{a_{hz}C_{hz}}{100 - C_{hz}} + \frac{a_{lm}C_{lm}}{100 - C_{lm}} + \frac{a_{fh}C_{fh}}{100 - C_{fh}}\right) \quad \% \tag{3-18b}$$

对于同一类型的炉子，经长期实践证明，燃料中灰量分配于灰渣、漏煤和飞灰中的份额变化是不大的，因此 a_{fh} 值一般可采用经验数据，见表4-3。当燃用焦结性烟煤、褐煤或泥煤时，a_{fh} 的数值可取得低一点；而燃用无烟煤时则取得高一点。

在热平衡试验中，测定 G_{hz}，G_{lm} 后可利用式（3-16a）及（3-16b）求得 a_{hz}，a_{lm}，使用式（3-15b）可求得 a_{fh}，而 C_{hz}，C_{lm} 及 C_{fh} 由取样分析求得，最后使用式（3-18b）进行 q_4 的计算。

当锅炉设计进行热平衡计算时，固体不完全燃烧热损失是按长期运行的经验数据来确定，根据不同燃料特性及燃烧方式可按表3-4选取。

二、固体不完全燃烧热损失的影响因素

固体不完全燃烧热损失是燃用固体燃料的锅炉热损失中的一个主要项目。影响固体不完全燃烧热损失的因素有燃料特性、燃烧方式、炉膛结构及运行情况等。对于气体和液体燃料，在正常燃烧情况下可认为 $q_4 = 0$。

燃料特性对 q_4 的影响：当燃用灰分含量高和灰分熔点低的煤时，它的固态可燃物被灰包裹，难以燃尽，灰渣损失就大。当燃用挥发物低而焦结性强的煤时，燃烧过程主要集中在炉排上，燃烧层温度高，较易形成熔渣，阻碍通风，既加重司炉拨火的工作量，又增加灰渣损失。当燃用水分低、焦结性弱而细末又多的煤时，特别是在提高燃烧强度而增强通风的情况下，飞灰损失就增加。

燃烧方式			燃料种类		q_3	q_4
层燃炉	手烧炉		褐煤		2	10～15
			烟煤		5	10～15
			无烟煤		2	10～15
	链条炉排炉		褐煤		0.5～2.0	8～12
			烟煤	I	0.5～2.0	10～15
				II		
				III	0.5～2.0	8～12
			贫煤		0.5～1.0	8～12
			无烟煤		0.5～1.0	10～15
	往复炉排炉		褐煤		0.5～2.0	7～10
			烟煤	I	0.5～2.0	9～12
				II	0.5～2.0	7～10
			贫煤		0.5～1.0	7～10
			无烟煤	I	0.5～1.0	9～12
	抛煤机链条炉排炉		褐煤、烟煤、贫煤		0.5～1.0	9～12
			无烟煤	III	0.5～1.0	10～15
室燃炉	固态排渣煤粉炉		烟煤		0.5～1.0	6～8
			褐煤		0.5	3
	油炉				0.5	0
	天然气或炼焦煤气炉				0.5	0
流化床炉			石煤、煤矸石	I	0～1.0	21～27
				II	0～1.5	18～25
				III	0～1.5	15～21
			褐煤		0～1.5	5～12
			烟煤	I	0～1.5	12～17
			无烟煤	I	0～1.0	18～25

　　燃烧方式对 q_4 的影响：不同燃烧方式的 q_4 数值差别很大，如机械或风力抛煤机炉的飞灰损失就较链条炉大。煤粉炉没有漏煤损失，但它的飞灰损失却比层燃炉大得多。沸腾炉在燃用石煤或煤矸石时，飞灰损失将更大。

　　炉子结构对 q_4 的影响：层燃炉的炉拱、二次风❶以及炉排的大小、长短和通风孔隙的大小等对燃烧都有影响。如炉排的通风孔隙较大而又燃用细末多的燃料时，漏煤损失就会有较大的增加。煤粉炉炉膛的高低、燃烧器布置的位置等也对燃烧有影响。如炉膛尺寸过小，烟气在炉内的流程及停留时间过短，燃料来不及燃尽而被烟气带走，使飞灰损失增大。

　　锅炉运行工况对 q_4 的影响：运行时锅炉负荷增加，相应地穿过燃料层和炉膛的气流

---

❶　二次风：在层燃炉中，习惯上从炉排下送入的空气称为"一次风"，为加强扰动而从炉膛前后墙喷入的空气称为"二次风"。在室燃炉中，随燃料进入的空气为"一次风"，为加强扰动和混合而喷入的空气称为"二次风"。

速度迅速增加，以致飞灰损失也加大。此外，层燃炉运行时的煤层厚度、链条炉炉排速度以及风量分配，煤粉炉运行时的煤粉细度及配风操作等对 q_4 也有影响。过量空气系数对 q_4 也有影响，如 a_l'' 太低，q_4 会增加；而随 a_l'' 稍增，则 q_4 会有所降低。

第四节　气体不完全燃烧热损失

一、气体不完全燃烧热损失的测定与计算

气体不完全燃烧热损失是由于烟气中残留有诸如 CO，H_2，CH_4 等可燃气体成分而未释放出燃烧热就随烟气排出所造成的热损失。

气体不完全燃烧产物是 CO，H_2，CH_4 等可燃气体，则其热损失应为烟气中各可燃气体体积与它们的体积发热量乘积的总和，即

$$Q_3 = 12501V_{CO} + 10793V_{H_2} + 35906V_{CH_4}\left(1 - \frac{q_4}{100}\right)$$

$$= V_{gy}(126.36CO + 107.98H_2 + 358.18CH_4)\left(1 - \frac{q_4}{100}\right) \quad kJ/kg \quad (3\text{-}19a)$$

$$q_3 = \frac{Q_3}{Q_r} \times 100\% \quad (3\text{-}19b)$$

式中　V_{CO}，V_{H_2}，V_{CH_4}——1kg 燃料所产生的烟气中 CO，H_2 及 CH_4 的体积，m^3/kg；

12501，10793，35906——一氧化碳、氢及甲烷的体积发热量，kJ/m^3；

V_{gy}——1kg 燃料燃烧后生成的实际干烟气体积，m^3/kg；

CO，H_2，CH_4——干烟气中 CO，H_2，CH_4 的体积分数，$\%$，在热平衡试验中通过烟气分析仪测得。

式 (3-19a) 中乘以 $\left(1 - \frac{q_4}{100}\right)$，是因为考虑到有固体不完全燃烧热损失 q_4 存在，1kg 燃烧中有一部分燃料并没有参与燃烧及生成烟气，故应对所生成的干烟气体积进行修正。

实际上烟气中含 H_2，CH_4 等气体很少，为了简化计算，可认为气体不完全燃烧产物只存在有 CO，如此 q_3 就可按下式计算：

$$Q_3 = 125.01COV_{gy}\left(1 - \frac{q_4}{100}\right)$$

将式 (2-79) 代入上式，则得

$$Q_3 = 233.3\frac{C_{ar} + 0.375S_{ar}}{RO_2 + CO}CO\left(1 - \frac{q_4}{100}\right) \quad kJ/kg \quad (3\text{-}20a)$$

$$q_3 = \frac{233.3}{Q_r} \times \frac{C_{ar} + 0.375S_{ar}}{RO_2 + CO}CO\left(1 - \frac{q_4}{100}\right) \times 100\% \quad (3\text{-}20b)$$

在热平衡试验中用式 (3-20b) 计算 q_3，而 RO_2 及 CO 通过烟气分析求得。

如无燃料元素分析成分时，也可用下列经验公式计算：

$$q_3 = 3.2\alpha CO \quad \% \tag{3-21}$$

式中　α，CO——在烟道同一测点取样测出的过量空气系数和CO的体积百分数。

在锅炉设计计算中进行热平衡计算时，q_3 根据不同燃料及不同燃烧方式按表 3-4 选取。

二、气体不完全燃烧热损失的影响因素

气体不完全燃烧热损失的大小与炉子的结构、燃料特性、燃烧过程的组织以及运行操作水平等因素有关。

炉子结构对 q_3 的影响：炉膛高度不够或炉膛体积太小，烟气流程过短，使烟气中一些可燃气体未能燃尽而离开炉子，增大 q_3。炉膛内有死角或燃料在炉内停留时间过短，也会导致 q_3 增大。当炉内水冷壁布置过多时，会使炉膛温度过低，不利于燃烧反应而增大 q_3。

燃料特性对 q_3 的影响：一般挥发份高的燃料，在其他条件相同时，q_3 相对要大一些。

燃烧过程的组织对 q_3 的影响：炉子的过量空气系数、二次风的引入和分布以及炉内气流的混合与扰动等都影响 q_3 的大小。如过量空气系数 α_1'' 过小，可燃气体因得不到充分的氧而未能燃尽，使 q_3 增大；α_1'' 过大，使炉膛温度下降，也会使 q_3 增大。因此应根据不同的燃料及燃烧方式选取合理的过量空气系数。

运行操作对 q_3 的影响：层燃炉燃料层过厚，燃料层上部会形成还原区，一氧化碳等不完全燃烧产物增多，使 q_3 增加。当负荷增加时，可燃气体在炉内停留时间减少，也会使 q_3 增加。

第五节　排烟热损失

一、排烟热损失的测定和计算

由于技术经济条件的限制，烟气离开锅炉排入大气时，烟气温度比进入锅炉的空气温度要高很多，排烟所带走的热量损失简称为排烟热损失。

排烟热损失按下式求得：

$$Q_2 = \left[H_{py} - \alpha_{py} V_k^0 (ct)_{lk} \right] \left(1 - \frac{q_4}{100} \right) \quad kJ/kg \tag{3-22a}$$

$$q_2 = \frac{Q_2}{Q_r} \times 100\% \tag{3-22b}$$

式中　H_{py}——排烟的焓，kJ/kg，由烟气离开锅炉最后一个受热面处的烟气温度 ϑ_{py} 和该处的过量空气系数 α_{py} 所决定，热平衡试验时 ϑ_{py} 值是测得的，设计计算时，ϑ_{py} 值是选定的；

α_{py}——排烟处的过量空气系数，锅炉设计计算时，α_{py} 是选定的，热平衡试验时，α_{py} 值可由烟气分析仪测定气体成分，然后计算求得；

V_k^0——每 kg 燃料完全燃烧时所需的理论空气量，m³/kg；

$(ct)_{lk}$——1m³ 干空气连同其带入的 10g 水蒸气在温度为 t℃ 时的焓，其值可查表 2-15 中 $(c\vartheta)_k$ 项，kJ/m³；

t_{lk}——冷空气温度，一般可取 20～30℃。

由于固体不完全燃烧热损失的存在，对 1kg 燃料所生成的烟气体积需乘以 $\left(1-\dfrac{q_4}{100}\right)$ 的修正值。

在热平衡试验时，为了简化计算，也可用下列经验公式计算排烟热损失：

$$q_2=(m+n\alpha_{py})\left(1-\frac{q_4}{100}\right)\frac{\vartheta_{py}-t_{lk}}{100} \quad \% \tag{3-23}$$

式中　m，n——计算系数，随燃料种类而异，可查表 3-5；

　　　ϑ_{py}，t_{lk}——排烟和冷空气温度，℃。

m 和 n 值　　　　　　表 3-5

燃料种类	木柴 $W_{ar}\approx 40\%$	泥煤 $W_{ar}\approx 45\%$	褐煤 $W_{ar}\approx 20\%$ $A_{ad}\approx 30\%$	烟煤 $V^r\approx 30\%\sim 45\%$	无烟煤	重油(机械雾化)
m	1.4	1.7	0.6	0.4	0.2	0.5
n	3.8	3.9	3.6	3.55	3.65	3.45

通常排烟热损失是锅炉热损失中较大的一项，装有省煤器的水管锅炉，q_2 约为 6%～12%；不装省煤器时，可高达 20% 以上。

二、排烟热损失的影响因素

影响排烟热损失的主要因素是排烟温度和排烟体积。

排烟温度越高，排烟热损失 q_2 越大。一般排烟温度每提高 12～15℃，q_2 将增加 1%，所以应尽量设法降低排烟温度。但是排烟温度过低经济上是不合理的，甚至技术上是不允许的（冷凝式锅炉除外）。因尾部受热面处于低温烟道，烟气与工质的传热温差小，传热较弱；若排烟温度降得过低，传热温差也就更小，换热所需金属受热面就大大增加。此外，为了避免尾部受热面的腐蚀，排烟温度也不宜过低。当燃用含硫分较高的燃料时，排烟温度应适当保持高一些。因此，必须根据燃料与金属耗量进行技术经济比较来合理确定排烟温度。近代大型电站锅炉的排烟温度约为 110～160℃；带尾部受热面的供热锅炉，排烟温度应控制在 160～200℃ 范围内。对于运行中的锅炉，受热面积灰或结渣将使排烟温度升高。所以在运行时，应注意及时吹灰、打渣，设法保持受热面的清洁，以减小 q_2。

影响排烟体积大小的因素有炉膛出口过量空气系数 α_l''，烟道各处的漏风量及燃料所含水分。如炉墙及烟道漏风严重，α_l'' 大，不仅增大排烟体积，漏入烟道的冷空气还会使烟气温度降低，从而导致漏风点后的所有受热面的传热量减小，最终使排烟温度升高；燃料水分高，则排烟体积就大，排烟损失就增加。为了减少排烟损失，必须尽力设法减少炉墙及烟道各处的漏风，在锅炉安装施工时应重视炉墙、烟道等砌筑的严密性。但炉膛出口过量空气系数 α_l'' 的大小，应注意到它不仅与 q_2 有关，还与 q_3，q_4 有关。减小 α_l''，q_2 可以降低，但会引起 q_3，q_4 增大。所以合理的 α_l'' 值（称为最佳过量空气系数）应使 q_2，q_3，q_4 三项热损失的总和最小。

第六节　散 热 损 失

一、散热损失 q_5 的计算

在锅炉运行中，锅炉炉墙、金属构架及锅炉范围的汽水管道、集箱和烟风道等的表面温度均较周围环境的空气温度为高，这样不可避免地将部分热量散失于大气，形成了锅炉的散热损失。

散热损失的大小主要决定于锅炉散热表面积的大小、表面温度及周围空气温度等因素，它与水冷壁和炉墙的结构、保温层的性能和厚度有关。

对于额定蒸发量（额定热功率）小于或等于 2t/h（1.4MW）的快装、组装锅炉，散热损失可按下式计算：

$$q_5 = \frac{1650F}{BQ_r} \quad \% \tag{3-24}$$

式中　F——锅炉散热面积，m^2；

　　1650——锅炉散热表面的散热强度，$kJ/(m^2 \cdot h)$；

　　B——锅炉燃料消耗量，kg/h；

　　Q_r——锅炉输入热量，kJ/kg。

对于额定蒸发量（额定热功率大于）2t/h（1.4MW）的锅炉，散热损失 q_5 可按表 3-6 和表 3-7 选取。

蒸汽锅炉散热损失 q_5 　　　　　　　　　表 3-6

额定蒸发量 D(t/h)	4	6	10	15	20	35	65
有尾部受热面	2.9	2.4	1.7	1.5	1.3	1.0	0.8
没有尾部受热面	2.1	1.5	—	—	—	—	—

注：本表和下表的数据均引自《工业锅炉设计计算标准方法》编委会编. 工业锅炉设计计算标准方法，北京：中国标准出版社，2003。

热水锅炉散热损失 q_5 　　　　　　　　　表 3-7

锅炉供热量(MW)	≤2.8	4.2	7.0	10.5	14	29	46
q_5	2.1	1.9	1.7	1.5	1.3	1.1	0.8

由于锅炉的散热损失要通过试验实测是相当困难的，所以通常是根据大量的经验数据而得，它直接与锅炉额定蒸发量有关。锅炉容量越大，燃料消耗量也大致成比例增加。但由于锅炉外表面积并不随锅炉容量的增大而成正比地增大，即对应于 1kg 燃料的炉墙外表面积反而变小了，所以散热损失是随锅炉容量的增大而降低。

当锅炉在非额定工况下运行时，由于锅炉外表面温度变化不大，即锅炉总的散热量变化不大。但对应于 1kg 燃料的相对散热量则有较大的变化，故当锅炉的实际蒸发量或实际供热量与额定蒸发量或额定供热量相差超过 25％时，实际散热损失 q_5 按下式计算：

$$q_5 = q_5' \frac{D'}{D} \quad \% \tag{3-25}$$

$$q_5 = q_5' \frac{Q'}{Q} \quad \% \tag{3-26}$$

式中　q_5'——额定蒸发量或额定供热量时的散热损失，％；按表 3-6 和表 3-7 查得；

　　D'，D——分别为锅炉额定蒸发量和实际蒸发量，kg/h；

　　Q'，Q——分别为锅炉额定供热量和实际供热量，MW。

影响散热损失大小的因素，主要是锅炉容量即锅炉额定蒸发量或额定供热量、锅炉负荷即锅炉实际蒸发量或实际供热量、锅炉外表面积、水冷壁和炉墙结构以及锅炉周围环境的空气温度等。如果水冷壁和炉墙结构等紧凑严密，墙体、集箱、汽水管道和烟风道有良好的保温，环境空气温度高而流动缓慢，这样锅炉的散热损失就相对较小。

二、保热系数

在锅炉热力计算时需计及各段受热面烟道的散热损失。为了简化计算，假定锅炉各段烟道的烟温、烟道结构尺寸、烟道保温情况以及烟道所处周围环境等影响因素没有差别，各段受热面烟道散热损失的大小仅与该段烟道中烟气的放热量成正比；而各段烟道散热量的总和就等于整个锅炉机组的总散热量 Q_5。这样，在各段受热面计算中可引入一个保热系数 φ 来考虑散热损失。

保热系数就是工质吸收的热量与烟气放出热量的比值，也即表示在烟道中烟气放出的热量被该烟道中的受热面吸收的程度。

如果同时还假定各段烟道和整台锅炉的保热系数是相等的，这样保热系数 φ 就可按整台锅炉求出：

$$\varphi = \frac{Q_1 + Q_{ky}}{Q_1 + Q_{ky} + Q_5} \tag{3-27a}$$

式中　Q_{ky}——空气预热器吸热量，kJ/kg。

当锅炉没有空气预热器或有空气预热器而它的吸热量与锅炉有效利用热量 Q_1 相比很小时，保热系数可按下式求得：

$$\varphi = \frac{Q_1}{Q_1 + Q_5} = \frac{\dfrac{Q_1}{Q_r}}{\dfrac{Q_1}{Q_r} + \dfrac{Q_5}{Q_r}} = \frac{\eta_{gl}}{\eta_{gl} + q_5} = 1 - \frac{q_5}{\eta_{gl} + q_5} \tag{3-27b}$$

式中　η_{gl}——锅炉热效率，%。

如该锅炉有空气预热器，保热系数也可按此近似取用。

第七节　灰渣物理热损失及其他热损失

一、炉渣物理热损失

炉渣物理热损失是由于锅炉中排出的炉渣及漏煤的温度一般都在 $600 \sim 800℃$ 以上而造成的热损失。对于层燃炉或沸腾炉，这项损失较大，必须考虑。对于固态排渣煤粉炉，只有燃料中灰分相当多（$A_{zs,ar} \geqslant 10$）时，才予以考虑。

炉渣物理热损失按下式计算：

$$Q_5 = \left(a_{hz} \frac{100}{100 - C_{hz}} + a_{lm} \frac{100}{100 - C_{lm}} \right) (c\vartheta)_{hz} \frac{A_{ar}}{100} \quad \text{kJ/kg} \tag{3-28a}$$

$$q_6 = \frac{Q_6}{Q_r} \times 100\% \tag{3-28b}$$

式中　a_{hz}，a_{lm}——灰渣及漏煤中灰分占燃料总灰分的份额；

$(c\vartheta)_{hz}$——灰渣的焓，kJ/kg，查表 2-15；

ϑ_{hz}——灰渣温度，℃，固态排渣时 $\vartheta_{hz}=600℃$，流化床炉 $\vartheta_{hz}=800℃$。

灰渣物理热损失主要与燃料的灰分含量、灰渣中可燃物含量和灰渣温度有关，也即 q_6 的大小主要取决于炉渣的量和温度。燃料灰分高且燃烧不尽完善，炉渣量就多，q_6 大；灰渣温度高，显然 q_6 也大。

二、其他热损失

其他热损失中常见的有冷却热损失。它是由于锅炉的炉膛或其他部位的某些部件采用了水冷却，而此冷却水又未接入锅炉汽水循环系统，被它吸收了锅炉的一部分热量并带出炉外，从而造成了热量损失。

冷却热损失按下式计算：

$$q_6^{lq}=\frac{Q^{lq}}{Q_r}\times 100\%$$ 　　　　(3-29a)

或

$$q_6^{lq}\approx\frac{417\times 10^3 H_{lq}}{Q_{gl}}\times 100\%$$ 　　　　(3-29b)

式中　H_{lq}——面向炉膛的水冷冷却面积，m^2；

417×10^3——无测定数据时，近似取用的冷却强度，$kJ/(m^2\cdot h)$；

Q_{gl}——锅炉总的有效吸热量，kJ/h，按式（3-11）计算。

锅炉如存在有此项热损失，通常将其并入灰渣物理热损失 q_6 中计入锅炉热平衡。

第八节　燃料消耗量

锅炉燃料消耗量有两种表述方法，即实际燃料消耗量和计算燃料消耗量。

实际燃料消耗量是锅炉在运行中单位时间内的实际耗用的燃料量，用符号 B 表示，单位为 kg/h。它的计算式可由式（3-10）转换而得：

$$B=\frac{Q_{gl}}{Q_r\eta_{gl}}\quad kg/h$$

或

$$B=\frac{Q_{gl}}{Q_{net,ar}\eta_{gl}}\quad kg/h$$ 　　　　(3-30)

对于锅炉容量等于或大于 $20t/h$ 的燃煤锅炉，燃料消耗量难以测准，热平衡试验中通常是根据计算出的锅炉输入热量 Q_r、锅炉有效利用热 Q_1 和经反平衡法求得的锅炉热效率 η_{gl}，由式（3-10）或式（3-31）求出锅炉的实际燃料消耗量 B。

计算燃料消耗量，是扣除固体不完全燃烧热损失后的锅炉燃料消耗量，即炉内实际参与燃烧反应的燃料消耗量，用符号 B_j 表示。它与锅炉实际燃料消耗量 B 之间的关系，可由下式表达：

$$B_j=B\left(1-\frac{q_4}{100}\right)\quad kg/h$$ 　　　　(3-31)

式（3-31）表明，锅炉实际燃料消耗量中的 1kg 燃料入炉，只有 $\left(1-\dfrac{q_4}{100}\right)$ 这部分燃料参与燃烧反应。所以，在锅炉热力计算中，燃料所需空气量和燃烧生成的烟气量均按计算燃料消耗量 B_j 来计算。

两种燃料消耗量各有不同的使用场合。在燃料输运系统和制粉系统的设备计算中，则以锅炉的实际燃料消耗量为依据。

【例题 3-1】 一台 KZL4-1.3 型锅炉改炉后，经热平衡试验测定结果列于表中，试求该炉热效率。

项　　目	符号	单位	数值	项　　目	符号	单位	数值
试验时间	T	h	3.5	灰渣中可燃物含量	C_{hz}	%	28.66
过热蒸汽温度	t_{gq}	℃	197	漏煤中可燃物含量	C_{lm}	%	59.42
蒸汽压力	P	MPa	0.45	飞灰中可燃物含量	C_{fh}	%	50.48
给水温度	t_{gs}	℃	9	烟气中三原子气体含量	RO_2	%	11.09
排烟温度	ϑ_{py}	℃	162	烟气中氧气含量	O_2	%	8.07
冷空气温度	t_{lk}	℃	20	燃料元素分析	C_{ar}	%	59.26
给水量	Q	m³	12.775		H_{ar}	%	3.09
燃煤量	G	kg	2173.5		O_{ar}	%	4.24
平均蒸发量	D	t/h	3.65		N_{ar}	%	0.83
平均每小时燃煤量	B	kg/h	621		S_{ar}	%	1.26
灰渣量		kg	493.5		A_{ar}	%	20.80
漏煤量		kg	23.1		M_{ar}	%	10.52
平均每小时灰渣量	G_{hz}	kg/h	141	燃料收到基低位发热量	$Q_{net,ar}$	kJ/kg	22538
平均每小时漏煤量	G_{lm}	kg/h	6.6				

【解】 列表计算如下：

项　　目	符号	单位	计算公式或数值来源	数　值
过热蒸汽焓	h_{gq}	kJ/kg	按 $P=0.45$MPa，$t_{gq}=197$℃ 查水蒸气性质表	2850
给水焓	h_{gs}	kJ/kg	按 $P=0.45$MPa，$i_{gs}=9$℃ 查水蒸气性质表	38
锅炉正平衡效率	η_1	%	$\dfrac{D(h_{gq}-h_{gs})}{BQ_{net,ar}}\times100=\dfrac{3650\times(2850-38)}{621\times22538}\times100$	73.3
锅炉煤水比	$\dfrac{D}{B}$	kg/kg	$\dfrac{D}{B}=\dfrac{3650}{621}$	5.88
炉渣中灰量占燃料总灰量的份额	a_{hz}		$\dfrac{G_{hz}(100-C_{hz})}{BA_{ar}}=\dfrac{141\times(100-28.66)}{621\times20.8}$	0.779
漏煤中灰量占燃料总灰量的份额	a_{lm}		$\dfrac{G_{lm}(100-C_{lm})}{BA_{ar}}=\dfrac{6.6\times(100-59.42)}{621\times20.8}$	0.021
飞灰中灰量占燃料总灰量的份额	a_{fh}		$1-a_{hz}-a_{lm}=1-0.779-0.021$	0.2
固体不完全燃烧热损失	q_4	%	$\dfrac{32700A_{ar}}{Q_{net,ar}}\left(\dfrac{a_{hz}C_{hz}}{100-C_{hz}}+\dfrac{a_{lm}C_{lm}}{100-C_{lm}}+\dfrac{a_{fh}C_{fh}}{100-C_{fh}}\right)$ $=\dfrac{32700\times20.8}{22538}\times\left(\dfrac{0.779\times28.66}{100-28.66}\right.$ $\left.+\dfrac{0.021\times59.42}{100-59.42}+\dfrac{0.2\times50.48}{100-50.48}\right)$	16.52

项　　目	符号	单位	计算公式或数值来源	数　　值
燃料特性系数	β		$2.35\dfrac{H_{ar}-0.126O_{ar}}{C_{ar}+0.375S_{ar}}$ $=2.35\times\dfrac{3.09-0.126\times4.24}{59.26+0.375\times1.26}$	0.101
烟气中一氧化碳含量	CO	%	$\dfrac{(21-\beta RO_2)-(RO_2+O_2)}{0.605+\beta}$ $=\dfrac{21-(1+0.101)\times11.09-8.07}{0.605+0.101}$	1.02
过量空气系数	α_{py}		$\dfrac{1}{1-3.76\dfrac{O_2-0.5CO}{100-(RO_2+O_2+CO)}}$ $=\dfrac{1}{1-3.76\dfrac{8.07-0.5\times1.02}{100-(11.09+8.07+1.02)}}$	1.55
燃料燃烧所需理论空气量	V_k^0	m^3/kg	$0.0889(C_{ar}+1.375S_{ar})+0.265H_{ar}-0.0333O_{ar}$ $=0.0889\times(59.26+0.375\times1.26)$ $+0.265\times3.09-0.0333\times4.24$	5.99
烟气中三原子气体体积	V_{RO_2}	m^3/kg	$0.01866(C_{ar}+0.375S_{ar})=0.01866\times(59.26$ $+0.375\times1.26)$	1.115
理论烟气中氮气体积	$V_{N_2}^0$	m^3/kg	$0.79V_k^0+0.008N_{ar}=0.79\times5.99+0.008\times0.83$	4.74
理论烟气中水蒸气体积	$V_{H_2O}^0$	m^3/kg	$0.111H_{ar}+0.0124W_{ar}+0.0161V_k^0=0.111\times$ $3.09+0.0124\times10.52+0.0161\times5.99$	0.57
三原子气体焓	$(c\vartheta)_{RO_2}$	kJ/m^3	$\vartheta_{py}=162℃$，查表2-15	286
氮气焓	$(c\vartheta)_{N_2}$	kJ/m^3	$\vartheta_{py}=162℃$，查表2-15	211
水蒸气焓	$(c\vartheta)_{H_2O}$	kJ/m^3	$\vartheta_{py}=162℃$，查表2-15	246
湿空气焓	$(c\vartheta)_k$	kJ/m^3	$\vartheta_{py}=162℃$，查表2-15	215
冷空气焓	$(ct)_{lk}$	kJ/m^3	$t_{lk}=20℃$	26
排烟焓	H_{py}	kJ/kg	$V_{RO_2}(c\vartheta)_{RO_2}+V_{N_2}^0(c\vartheta)_{N_2}+V_{H_2O}^0(c\vartheta)_{H_2O}+(a-$ $1)V_k^0(c\vartheta)_k=1.115\times286+4.74\times211+0.57\times246$ $+(1.55-1)\times5.99\times215$	2168
排烟热损失	q_2	%	$\dfrac{H_{py}-a_{py}V_k^0(ct)_{lk}}{Q_{net,ar}}\left(1-\dfrac{q_4}{100}\right)\times100$ $=\dfrac{2168-1.55\times5.99\times26}{22538}\times\left(1-\dfrac{16.5}{100}\right)\times100$	7.14
气体不完全燃烧热损失	q_3	%	$\dfrac{233.3}{Q_{net,ar}}\times\dfrac{C_{ar}+0.375S_{ar}}{RO_2+CO}CO\left(1-\dfrac{q_4}{100}\right)\times100$ $=\dfrac{235.9}{22538}\times\dfrac{59.26+0.375\times1.26}{11.09+1.02}$ $\times1.02\times\left(1-\dfrac{16.5}{100}\right)\times100$	4.40
散热损失	q_5	%	查表3-6	2.9
灰渣焓	$(c\vartheta)_{hz}$	kJ/kg	查表2-15，$\vartheta_{hz}=600℃$	560

项　目	符号	单位	计算公式或数值来源	数　值
灰渣物理热损失	q_6	%	$\left(a_{hz}\dfrac{100}{100-C_{hz}}+a_{lm}\dfrac{100}{100-C_{lm}}\right)(c\vartheta)_{lz}\times\dfrac{A_{ar}}{Q_{net,ar}}$ $=\left(0.779\times\dfrac{100}{100-28.66}+0.021\times\dfrac{100}{100-59.42}\right)$ $\times560\times\dfrac{20.80}{22538}$	0.59
锅炉反平衡效率	η_2	%	$100-(q_2+q_3+q_4+q_5+q_6)=100-(7.14+$ $4.40+16.52+2.9+0.59)$	68.45
锅炉正、反平衡 热效率绝对误差	$\Delta\eta$	%	$\eta_1-\eta_2=73.3-68.45=4.85<5$	4.85

【例题 3-2】 已知 SHL10-1.3/350 型锅炉的设计参数：锅炉蒸发量 $D=10\text{t/h}$，过热蒸汽压力 $P_{gq}=1.37\text{MPa}$，过热蒸汽温度 $t_{gq}=350℃$，给水温度 $t_{gs}=105℃$，冷空气温度 $t_{lk}=30℃$，锅炉排污率 $p=5\%$；燃料为山西阳泉一号煤，收到基低位发热量 $Q_{net,ar}=24626\text{kJ/kg}$，烟气焓温表见例题 2-3，试求该锅炉的热效率、燃料消耗量及保热系数。

【解】 锅炉热平衡及燃料消耗量计算列示于下表。

项　目	符号	单位	计算公式或数值来源	数　值
燃料低位发热量	$Q_{net,ar}$	kJ/kg	给定	24626
排烟温度	ϑ_{py}	℃	先假定，后校核	170
排烟焓	H_{py}	kJ/kg	根据 ϑ_{py} 及 $\alpha_{py}=1.9$ 查烟气焓温表	2948
冷空气温度	t_{lk}	℃	给定	30
冷空气理论焓	H_{lk}^0	kJ/kg	$V_k^0(ct)_{lk}=6.48\times39.6$	257
固体不完全燃烧热损失	q_4	%	由表 3-4 选取	16
气体不完全燃烧热损失	q_3	%	由表 3-4 选取	0.5
散热损失	q_5	%	由表 3-6 查得	1.7
排烟热损失	q_2	%	$\dfrac{I_{py}-\alpha_{py}I_{lk}^0}{Q_{net,ar}}\left(1-\dfrac{q_4}{100}\right)\times100$ $=\dfrac{2948-1.9\times257}{24626}\left(1-\dfrac{16}{100}\right)\times100$	8.38
炉渣及漏煤比	$a_{hz}+a_{lm}$		取用	0.8
炉渣焓	$(c\vartheta)_{hz}$	kJ/kg	由表 2-14 查得，$\vartheta_{hz}=600℃$	560
炉渣物理热损失	q_6	%	$(a_{hz}+a_{lm})(c\vartheta)_{hz}\dfrac{A_{ar}}{Q_{net,ar}}=0.8\times560\times\dfrac{19.22}{24626}$	0.36
锅炉总的热损失	$\sum q$	%	$q_2+q_3+q_4+q_5+q_6=8.38+0.5+16+1.7$ $+0.36$	27.03
锅炉热效率	η_{gl}	%	$100-\sum q=100-27.03$	72.97
过热蒸汽比焓	h_{gq}	kJ/kg	按 $P=1.37\text{MPa}$，$t_{gq}=350℃$，查水蒸气性质表	3149
饱和水比焓	h_{ps}	kJ/kg	按 $P=1.37\text{MPa}$，查水蒸气性质表	826
给水比焓	h_{gs}	kJ/kg	按 $P=1.37\text{MPa}$，$t_{gs}=105℃$，查水蒸气性质表	440
锅炉有效利用热量	Q_{gl}	kJ/h	$D(h_{gq}-h_{gs})\times10^3+pD(h_{ps}-h_{gs})\times10^3=10\times$ $(3149-440)\times10^3+0.05\times10\times(826-440)\times10^3$	27283000

项　目	符号	单位	计算公式或数值来源	数值
小时燃料消耗量	B	kg/h	$\dfrac{Q_{gl}}{Q_{net,ar}\eta_{gl}}\times100=\dfrac{27283000}{24626\times72.97}\times100$	1518
计算燃料消耗量	B_j	kg/h	$B\left(1-\dfrac{q_4}{100}\right)=1518\left(1-\dfrac{16}{100}\right)$	1275
保热系数	φ		$1-\dfrac{q_5}{\eta+q_5}=1-\dfrac{1.8}{72.97+1.8}$	0.976

复习思考题

1. 什么叫锅炉热平衡？它是在什么条件下建立的？建立锅炉热平衡有何意义？

2. 锅炉的输入热量有哪些？支出热量有哪些？怎样计算？

3. 为什么大容量供热锅炉一般用反平衡方法测定锅炉热效率，而且比较准确？而小容量供热锅炉，为什么一般使用正平衡方法测定锅炉的热效率？

4. 为什么炉膛出口过量空气系数 α_l'' 有一最佳值？如何决定？

5. 为什么在计算 q_2 及 q_3 的公式中要乘上 $\left(1-\dfrac{q_4}{100}\right)$？它的物理意义是什么？

6. 设计和改造锅炉时排烟温度如何选择？为什么小型供热锅炉排烟温度取得比大中型供热锅炉要高一些？

7. 在运行中减小锅炉炉墙漏风有什么意义？减小炉墙漏风对哪些热损失有影响？

8. 锅炉蒸发量改变对效率有什么影响？如何变化？

9. 用正平衡法测定锅炉热效率时，用容量法测定锅炉蒸发量，为什么在试验开始和结束时汽包中的水位和压力要保持一致？在层燃炉中为什么试验前后炉排上煤层厚度和燃烧工况应基本一致？

10. 层燃炉燃用较干的煤末时，司炉往往在煤末中掺入适量的水分，试分析对锅炉热效率及锅炉各项热损失会有什么影响？

11. 层燃炉漏煤及灰渣中含碳量较高，可以考虑回炉再烧，因而认为不应计入锅炉热损失，这种看法对不对？

12. 在锅炉运行中，如发现排烟温度增高，试分析其原因？怎样改进？

13. 锅炉烟道各处的过量空气系数不同，为了改善燃料燃烧，应监测、调节和控制何处的过量空气系数？为什么？

14. 何谓灰平衡？建立灰平衡的意义何在？

15. 从本书表3-6和表3-7中可以看到，散热损失 q_5 随锅炉容量的增大而变小，应怎样理解？

16. 锅炉的燃料消耗量和计算燃料消耗量有何区别？引用"计算燃料消耗量"的意义何在？

17. 为什么在计算锅炉热效率时不计入空气预热器的吸热量，而在计算保热系数时反而要计入空气预热器的吸热量？

18. 一般情况下供热锅炉热平衡中哪些热损失数值较大？如何减小这些热损失？

习　题

1. 一台蒸发量 $D=4$t/h 的锅炉，过热蒸汽绝对压力 $P=1.37$MPa，过热蒸汽温度 $t=350$℃及给水温度 $t_{gs}=50$℃。在没有装省煤器时测得 $q_2=15\%$，$B=950$kg/h，$Q_{net,ar}=18841$kJ/kg；加装省煤器后测得 $q_2=8.5\%$，问装省煤器后每小时节煤量为多少？

（节煤量 $\Delta B=77$kg/h）

2. 由热工试验测得锅炉运行参数如下：饱和蒸汽绝对压力 $P=0.93\text{MPa}$，给水温度 $t_{gs}=45℃$，3.5h 内共用煤 1325kg，$Q_{net,ar}=21562\text{kJ/kg}$，给水量 $D=7530\text{kg}$；试验期间汽动给水泵共用汽 220kg，送引风机等辅机共用电 35kWh。若试验期间不排污，试计算锅炉的毛效率及净效率。

（$\eta_{gl}=68.15\%$，$\eta_j=65.53\%$）

3. 某厂 SZP10-1.3 型锅炉燃用收到基灰分为 17.74%、低位发热量为 25539kJ/kg 的煤，每小时耗煤 1544kg。在运行中测得灰渣和漏煤总量为 213kg/h，其可燃物含量为 17.6%；飞灰可燃物含量为 50.2%，试求固体不完全燃烧热损失 q_4。

（$q_4=11.31\%$）

4. 某链条炉热工试验测得数据如下：$C_{ar}=55.5\%$，$H_{ar}=3.72\%$，$S_{ar}=0.99\%$，$O_{ar}=10.38\%$，$N_{ar}=0.98\%$，$A_{ar}=18.43\%$，$M_{ar}=10.0\%$，$Q_{net,ar}=21353\text{kJ/kg}$，炉膛出口的烟气成分 $RO_2=11.4\%$，$O_2=8.3\%$ 以及固体不完全燃烧热损失 $q_4=9.78\%$，试求气体不完全燃烧热损失 q_3。

（$q_3=0.98\%$）

5. 已知 SHL10-1.3-WⅡ型锅炉燃煤元素成分：$C_{ar}=59.6\%$，$H_{ar}=2.0\%$，$S_{ar}=0.5\%$，$O_{ar}=0.8\%$，$N_{ar}=0.8\%$，$A_{ar}=26.3\%$，$M_{ar}=10.0\%$，以及 $Q_{net,ar}=22190\text{kJ/kg}$ 和 $\alpha_{py}=1.65$，$\vartheta_{py}=160℃$，$t_{lk}=30℃$，$q_4=7\%$，试计算该锅炉的排烟热损失 q_2。

（$q_2=7.55\%$）

6. 某链条锅炉参数和热平衡试验测得的数据列于表3-8，试用正反热平衡方法求该锅炉的毛效率和各项热损失。

锅炉参数及热平衡试验数据　　　　　　　　　　　　表 3-8

序号	项目		符号	单位	数据	序号	项目		符号	单位	数据
1	蒸发量		D	t/h	36.5	12	漏煤	漏煤量	G_{lm}	t/h	0.248
2	蒸汽绝对压力		P	MPa	2.55			可燃物含量	C_{lm}	%	16.4
3	过热蒸汽温度		t_{rq}	℃	400	13	飞灰中可燃物含量		C_{fh}	%	11.5
4	给水绝对压力		P_{gs}	MPa	2.94	14	燃料消耗量		B	t/h	4.96
5	给水温度		t_{gs}	℃	150	15	收到基低位发热量		$Q_{net,ar}$	kJ/kg	22391
6	排污量		D_{pw}	t/h	0			碳	C_{ar}	%	58.30
7	排烟温度		ϑ_{py}	℃	150			氢	H_{ar}	%	3.09
8	冷空气温度		t_{lk}	℃	25			硫	S_{ar}	%	4.34
9	灰渣温度		t_{hz}	℃	600	16	煤的元素分析成分	氧	O_{ar}	%	0.74
10	排烟成分	三原子气体	RO_2	%	12.2			氮	N_{ar}	%	0.51
		氧气	O_2	%	6.9			灰分	A_{ar}	%	27.90
		一氧化碳	CO	%	0.2			水分	M_{ar}	%	5.12
11	灰渣	灰渣量	G_{hz}	t/h	1.19	17	散热损失		q_5	%	1.1
		可燃物含量	C_{hz}	%	8.8						

（正平衡 $\eta_{gl}=85.57\%$，反平衡 $\eta'_{gl}=85.65\%$，$q_2=7.12\%$，$q_3=0.97\%$，$q_4=4.51\%$，$q_6=0.65\%$）

7. 某锅炉房有一台 QXL200 型热水锅炉，无尾部受热面，经正反热平衡试验，在锅炉现场得到的数据有：循环水量 118.9t/h，燃煤量 599.5kg/h，进水温度 58.6℃，出水温度 75.49℃，送风温度 16.7℃，灰渣量 177kg/h，漏煤量 24kg/h，以及排烟温度 246.7℃ 和排烟烟气成分 $RO_2=11.2\%$，$O_2=7.7\%$，$CO=0.1\%$。

同时，在实验室又得到如下分析数据：煤的元素成分 $M_{ar}=6.0\%$，$A_{ar}=31.2\%$，$V_{ar}=24.8\%$，$Q_{net,ar}=18405\text{kJ/kg}$，灰渣可燃物含量 $C_{hz}=8.13\%$，漏煤可燃物含量 $C_{lm}=45\%$，飞灰可燃物含量 $C_{fh}=44.1\%$。

试求该锅炉的产热量、排烟处的过量空气系数、固体不完全燃烧热损失、排烟热损失（用经验公式计算）、气体不完全燃烧热损失（用经验公式计算）、散热损失（查表）以及锅炉正反热平衡效率。

$(Q=8.418\times10^6\,\mathrm{kJ/h}$, $\alpha_{py}=1.551$, $q_4=10.09\%$, $q_2=12.21\%$, $q_3=0.50\%$, $q_5=2.55\%$, $q_6=0.89\%$, 正平衡 $\eta_{gl}=76.29\%$, 反平衡 $\eta'_{gl}=73.76\%$)

8. 东北某一采暖锅炉房有三台 QXW2.9-1/130/70-A 型热水锅炉,在额定供热量 $Q=2.9\mathrm{MW}$ 下运行时,每小时耗煤 1791kg,经热量计测得燃煤的收到基低位发热量 $Q_{net,ar}=21512\mathrm{kJ/kg}$,问这三台热水锅炉的平均热效率为多少?

$(\eta_{pj}=81.29\%)$

9. 某新建化工厂预订 DZS20-1.3-Y 型燃油锅炉三台,经与制造厂联系,得知它在正常运行时热效率不低于 93%,但汽水分离装置的分离效果较差,蒸汽带水率不低于 4.5%。锅炉给水温度为 55℃,排污率为 6%,三台锅炉全年在额定蒸发量和额定蒸汽参数下连续运行,问该厂锅炉房全年最少应计划购买多少吨重油(重油 $Q_{net,ar}=41860\mathrm{kJ/kg}$)?

$(B=3858.90\mathrm{kg/h}$, $G=33803.96\mathrm{t/a})$

第四章　燃烧设备

汽锅和炉子是锅炉的两大基本组成部分。燃料在炉子中燃烧，燃烧放出的热量则为汽锅受热面吸收。一个放热，一个吸热。显而易见，放热是根本，是锅炉生产蒸汽或热水的基础。或者说，只有在燃料燃烧良好的前提下，研究汽锅受热面如何更好地吸热才有意义。

如前所述，燃烧是燃料中的可燃物质与氧进行的剧烈氧化反应，是一种复杂的物理化学综合过程。它既需要提供温度和浓度条件，又需要一定的时间和空间条件。炉子，作为锅炉的燃烧设备，就在于为燃料的良好燃烧提供和创造这些物理、化学条件，使其将化学能最大限度地转化为热能；同时也应尽可能兼顾炉内辐射换热的要求。可见，燃烧设备的配置及其结构的完善程度，将直接关系到锅炉运行的安全、可靠和经济性。

鉴于燃料有固体、液体和气体三大类别，燃烧特性差别很大；再说锅炉容量、参数又有大小高低之分，所以为适应和满足各种锅炉的需要，燃烧设备有着多种型式。按照燃烧方式的不同，它们可划分为如下三类（图 1-2）：

层燃炉——燃料被层铺在炉排上进行燃烧的炉子，也叫火床炉。它是目前国内供热锅炉中采用得最多的一种燃烧设备，常用的有手烧炉、风力-机械抛煤机炉、链条炉排炉以及往复炉排炉和振动炉排炉等多种形式。

室燃炉——燃料随空气流进入炉室呈悬浮状燃烧的炉子，又名悬燃炉，如燃用煤粉的煤粉炉，燃用液体、气体燃料的燃油炉和燃气炉。

流化床炉——这是一种介于层燃和室燃之间的燃烧方式，燃料在炉室中完全被空气流所"流化"，形成一种类似于液体沸腾状态燃烧的炉子，又名沸腾炉。它是目前能脱硫、脱氮和燃用几乎所有固体燃料的一种高效、清洁燃烧设备。

前已涉及，我国是以煤为主要能源的国家，锅炉配置的燃烧设备主要是层燃炉和煤粉炉。对于供热锅炉重点在层燃炉，并以链条炉排炉作为代表型式；对于电站锅炉，容量大参数高，通常配置煤粉炉。随着我国城市建设的需要和环境保护要求的提高，许多城市采取淘汰燃煤锅炉，进而代替的有集中供热、燃油燃气锅炉、电热锅炉等，以节约能源和改善大气环境质量。

第一节　层　燃　炉

一、煤的燃烧过程

在燃烧技术中，把从氧和燃料可燃物质的混合、扩散至发光放热的剧烈氧化反应完成的整个过程，称为燃烧过程。

试验表明，燃料的燃烧过程是一个非常复杂的物理化学过程，不可能用简单的公式来表示其微观特性。前面燃烧计算中所列举的燃烧反应方程式，仅只能从质量平衡角度说明其总的结果。但为了便于分析研究，习惯上将煤的燃烧过程划分为如下三个阶段。

1. 着火前的热力准备阶段

煤进入炉内首先被加热、干燥，当其温度升至100℃时，水分迅即汽化，直至完全烘干。随着煤的温度继续升高，挥发分开始析出，最终形成多孔的焦炭。

在这一阶段，炉子的中心任务是要及时为新入炉的煤提供足够的热量，使之迅速升温，尽快完成着火前的热力准备。对于层燃炉，煤的预热干燥热量主要来源于火焰、灼热的炉墙及灰渣等的热辐射、高温烟气的对流放热和与已燃燃料的接触传热。此外，炉子结构如前、后拱的设置等对加速新入炉煤的预热干燥也起着重要作用。

煤在炉子中预热干燥所需热量的大小和时间长短，与其特性、所含水分、炉内温度水准等多种因素有关。煤的水分越多，预热所需热量越多，干燥时间越长。挥发物越多，开始逸出的温度就较低；反之，挥发物逸出的温度就较高。显然，提高炉温或采用预热空气，都将有利煤的预热干燥。

2. 挥发物与焦炭的燃烧阶段

如前所述，挥发物是由碳氢化合物、氢、一氧化碳等组成的可燃气态物质。它在燃料加热逸出的同时就开始氧化，只是氧化进程缓慢，既无火焰，也无光亮。当析出的挥发物达到一定温度和浓度时，马上着火燃烧，发光发热，在燃料颗粒外围形成一层火膜。此时，放出的热量一部分被汽锅受热面吸收，另一部分则用来提高燃料自身温度，以致将它加热至赤红，为焦炭燃烧创造了高温条件。所以，通常把挥发物着火温度就粗略地看作燃料的着火温度。

一般说来，挥发物多的燃料，着火温度较低；反之，着火温度较高。如褐煤在350～400℃左右就可着火燃烧，而无烟煤则需加热到600～700℃才能着火燃烧。挥发物高的燃料，不但容易着火，而且也易燃烧完全。这是因为挥发物的大量析出，会使固体颗粒中的孔隙增多，有利氧气向里扩散而加速燃烧反应。

在挥发物燃烧的后期，焦炭颗粒已被加热至高温。随着挥发物的减少，燃烧产物的边界层变薄，氧气得以扩散到炭粒表面而着火燃烧。焦炭的燃烧，因其所含的固定碳含量很高，如无烟煤可燃基含碳量可达93％～95％，不仅着火温度高，所需时间长，而且燃烧的同时在表面会形成灰壳，灰壳向外还依次包围有一氧化碳和二氧化碳两层气体，空气中的氧难以扩散进入内部与碳发生氧化反应，也即焦炭要燃烧完全也相当困难。同时，又因焦炭燃烧是燃料释放热量的主要来源，因此可以说固体燃料燃烧过程进行得完善与否，在很大程度上取决于焦炭的燃烧。

不难看出，挥发物和焦炭的燃烧阶段是燃烧过程的主要阶段，其特点是燃烧反应剧烈，放出大量热能。因此，为使这一阶段燃烧完全和提高燃烧速度，除了保持炉内高温和一定空间外，更重要的是必须提供充足而适量的空气，并使之与燃料有良好的混合接触，加快氧的扩散，以提高燃烧反应速度。

3. 灰渣形成阶段

这个阶段也叫燃尽阶段。事实上，焦炭一经燃烧，灰就随之形成，给焦炭披上一层薄薄的"灰衣"。随后，"灰衣"增厚，最后会因高温而变软或熔化将焦炭紧紧包裹，空气中的下氧很难扩散进入，以致燃尽过程进行得十分缓慢，甚至造成较大的固体不完全燃烧损失。高灰分低熔点的煤，情况更甚。如果灰熔点低，还常常会形成黏性渣而将炉排通风孔堵塞，使炉子工作恶化。

煤的燃尽阶段放热量不大，所需空气也很少。在层燃炉中，为了减少固体不完全燃烧热损失，此阶段应让灰渣在较高的温度条件下，延长在炉内停留的时间，并配以拨火等操作，击破"灰衣"，使灰渣中的可燃物质烧透燃尽。

综观煤燃烧的三个阶段，为使燃烧过程顺利进行和尽可能完善，必须根据燃料的特性，为它创造有利燃烧的必需条件：第一，保持一定的高温环境，以便能产生急剧的燃烧反应；第二，供应燃料在燃烧中所需的充足而适量的空气；第三，采取适当措施以保证空气与燃料能很好接触、混合，并提供燃烧反应所必需的时间和空间；第四，及时排出燃烧产物——烟气和灰渣。

燃烧设备的任务就是要为燃料的良好燃烧创造这些客观条件。针对不同燃料在燃烧过程中具有的特性，如挥发物低的无烟煤着火比较困难，含灰多、灰熔点低的某些烟煤难以燃尽等，应采用相应的燃烧方式、燃烧设备和炉内改善燃烧的措施，以使燃料尽可能烧好燃尽。

此外，燃烧设备本身还应充分考虑到运行的安全可靠、结构简单、合理，操作、检修方便以及造价和运行费用低廉等方面的要求。

二、人工操作层燃炉

人工操作层燃炉，也即手烧炉，是最古老最简单的燃烧设备。它的加煤、拨火和除渣三项主要操作均由人力完成，劳动强度大，而且燃烧效率较低，还周期性地冒黑烟，污染环境；但由于它具有结构简单、操作方便，又基本上能适应各种煤燃烧的特点，因此目前国内在蒸发量小于1t/h的锅炉上，仍被采用。

1. **手烧炉的构造和工作特性**

手烧炉的构造如图4-1所示，煤由人工经炉门铺撒在炉排上形成燃料层，燃烧所需空气则经灰坑穿过炉排的通风孔隙进入炉内参与燃烧反应。燃烧形成的灰渣，大块的从炉门钩出，细屑碎末则漏落灰坑，由灰门耙出。高温烟气经与布置在炉内的受热面辐射换热后，进入汽锅对流管束烟道。

手烧炉的燃烧层（炉层）结构如图4-2所示，其燃烧过程是沿高度逐层进行的。新煤加在灼热焦炭层上，在上下两面受热的条件下预热、

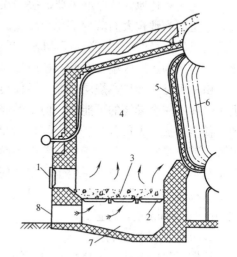

图 4-1 手烧炉构造简图

1—炉门；2—炉排；3—燃烧层；4—炉膛；5—水冷壁；6—汽锅管束；7—灰坑；8—灰门

干燥，挥发物析出，迅速完成了燃烧的热力准备阶段，进而开始着火燃烧。这一阶段由于新煤的吸热，使层间温度有所降低。焦炭层是燃料的主要燃烧区域，在 $\alpha \approx 1$ 的地方，温度可高达 1200～1600℃左右。燃尽后的灰渣呈熔融状下流，与上升的空气流相遇而被冷

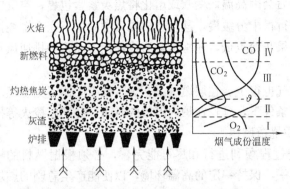

图 4-2 手烧炉燃烧层结构与层间气体成分示图
Ⅰ—灰渣区；Ⅱ—氧化区；Ⅲ—还原区；Ⅳ—新燃料区

却成固态灰渣。这样灰渣层恰将灼热焦炭层和炉排隔开，保证炉排不受高温而烧坏，同时也使进入燃烧层的空气分布更加均匀。

灼热焦炭层沿高度方向可分为氧化和还原两个区域，各种气体成分含量也随之有很大变化（图 4-2）。

空气中的氧与焦炭层下部的碳氧化反应，生成 CO_2 和少量的 CO，并放出大量热量，层间温度急速上升。随着反应的继续，氧的浓度不断下降直至接近零值，而生成的 CO_2 不断增多。当 CO_2 浓度和温度增至最大值的地方，即为氧化和还原区的分界，此处过量空气系数 $\alpha=1$。

在氧化区中，由于温度沿燃烧层高度迅速升高，碳的氧化速度很快，此时即便增大风量，氧的供应仍然远不够氧化反应的需要，以致氧化层的厚度保持不变。

在氧化区的上方，氧气几乎耗尽的气流与灼热焦炭起还原反应，部分二氧化碳被还原为一氧化碳，故称还原区。沿还原区高度方向，CO_2 浓度渐降，CO 浓度不断增高，因还原反应是吸热反应，其间如有水蒸气，尚可能产生水的分解吸热反应，所以层间温度有所下降。

氧化区和还原区的厚度主要取决于煤粒大小。煤粒越大，则氧化、还原区的厚度也越大，这是因为颗粒大而减少了化学反应面积，使反应速度缓慢的缘故。据研究，氧化区厚度约为煤粒直径的 3～5 倍，而还原区厚度约为氧化区厚度的 4～6 倍。还原区所以大于氧化区，是因为还原区温度降低，还原反应进行较慢所致。

由上可见，如果燃烧层过厚，不仅会增大通风阻力，而且势必会使 CO 气体增加，增大了气体不完全燃烧的可能性。但是燃烧层过薄，也未必合理，容易引起炉排的通风不均匀，甚至造成"火口"，空气大量窜入炉膛，降低了炉膛温度，又导致排烟热损失的增大。另外，蓄热量减小，不利于稳定着火和燃烧。合理的燃烧层厚度，应当使炉内的可燃气体含量很少，同时过量空气系数也达到合理的最低值。

煤粒大小也影响燃烧效率。一般烟煤颗粒直径以不大于 20～30mm，燃烧层厚度控制在 100～150mm 左右为宜。

2. 手烧炉的燃烧特点

按燃料供应方式，手烧炉是典型的上饲式炉子，煤自上向下抛撒在灼热火红的焦炭层上，空气则自下而上与煤相对而遇。如此，新煤在炉内不但受上方炉膛空间的火焰、高温烟气和炉墙的热辐射，还受下方灼热燃烧层的烘烤加热，形成了十分有利的"双面引火"的着火条件，使新煤在热力准备阶段可以获得足够热量。正是这种双面引火的特点，使手烧炉煤种适应性广，几乎可燃用任何品种的煤。

手烧炉的第二个特点是燃烧工况的周期性。这是由于它是间歇加煤，煤层厚度随时间变化所引起的。周期的长短，由两次投煤的时间间隔决定，通常是 3～5min。

手烧炉大多因锅炉容量小而采用自然通风，其通风强度主要取决于燃烧层的厚度（阻力），引入炉内的空气量与燃烧实际所需空气量并不相适应。手烧炉的这种空气供需不平衡的情况如图 4-3 所示。图中 ab 曲线，就表示在燃烧周期进入炉内的总空气量的变化情况。但是，由于种种原因，进入炉内的空气总有相当数量被"漏过"，实际能有效参与燃烧的空气，如图中 cd 曲线所示。在燃烧周期内，每一时刻燃烧理想所需的空气量如曲线 ef 所示。与曲线 cd 相对照就可清楚地看出手烧炉空气供需之间的矛盾。在煤进炉后，迅速被加热、干燥，紧接着挥发物大量析出而被点燃。这时需要大量空气，而实际有效参与燃烧的空气远远满足不了燃烧的需要。在严重缺氧的条件下，引起挥发物热分解而生成大量炭黑，此时炉门关闭不久，炉温尚未恢复正常，炭黑原就难以燃烧而大冒黑烟。这便是手烧炉每次投煤后，烟囱冒黑烟的原因。这不仅增大了不完全燃烧热损失，又严重地污染环境。当燃用挥发分高的烟煤和褐煤时，这种现象愈加严重。

不难看到，只有两条曲线的交点才是既没有不完全燃烧现象，同时又使过量空气达到最小的最佳工作点。图中 jk 线为焦炭燃烧所需空气量的变化曲线。

3. 改善手烧炉燃烧的措施

由图 4-3 可以看出，如能按照燃烧周期中所需空气量的变化，分阶段控制送入空气，燃烧情况将大为改善。

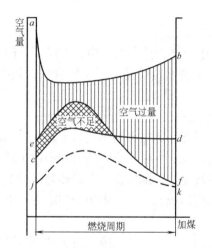

图 4-3 手烧炉燃烧周期中空气供需情况

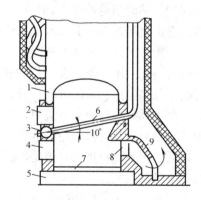

图 4-4 双层炉排手烧炉结构示意图

1—汽锅；2—上炉门；3—水冷炉排下集箱；4—中炉门；5—下炉门（灰门）；6—水冷炉排（上炉排）；7—下炉排；8—炉膛出口；9—烟气导向板

为要达到这一目的，减轻手烧炉燃烧周期性的影响，其一要提高操作技术，使燃烧层厚度的变化尽可能减小；对高挥发分燃料，投煤周期更应缩短。

其二，为改善手烧炉燃烧，也有采用间断送二次风的措施，即只在加煤周期的前期向炉内引入二次风，加强炉内气流的扰动，可有效降低气体和固体不完全燃烧热损失，减少碳氧化合物的裂解，少冒黑烟。

其三，改进炉排结构，采用摇动炉排。当需要松动燃料层时，只要将炉前控制手柄轻轻摇动几下，从而包裹在焦炭四周的灰分也会受振脱落，利于焦炭的燃尽，提高锅炉热效率。

4. 手烧炉的发展

手烧炉结构简单，有"双面引火"的着火条件和煤种适应性广的优点。但它的根本缺点是燃烧工况呈周期性变化，燃烧效率较低，黑烟对环境的污染严重和司炉劳动强度大。

从节能和保护环境的角度出发，近十余年中对手烧炉的燃烧和结构作了诸多研究和改进，相继发展了反烧法和双层炉排手烧炉等新的燃烧方式。

（1）明火反烧手烧炉

明火反烧是 20 世纪 70 年代中涌现的一种燃烧方法。它的燃烧过程是自上而下逐层进行，与传统手烧炉正好相反。

通常先在炉排上铺垫一层灰渣，然后在上面加煤，新煤煤层厚约 400～700mm。运行时，先将煤层表面引燃，而后自上向下传热，煤被预热、干燥，挥发分析出并着火燃烧，继而焦炭升温也开始燃烧，并形成氧化层。

在这种特殊的燃烧层结构中，析出的挥发物在向上流经高温焦炭燃烧层时，得到了比较完全的燃烧，不致热分解而消除了黑烟。此外，灰渣层对下部煤的燃烧产物起着过滤作用，致使排烟中的含尘浓度大为下降。再则，这种炉子不需经常开启炉门，减少了冷风的涌入，炉温较高，燃烧比较稳定；又克服了燃烧的周期性，所以燃烧效率也比传统手烧炉要高。

（2）双层炉排手烧炉

双层炉排炉的结构如图 4-4 所示，它设有上、下两层炉排和上、中、下三个炉门。上层炉排通常由直径为 51～76mm 的水管管排组成，俗称水冷炉排。下层炉排由铸铁制造，与一般手烧炉的固定炉排基本相同。

运行时，煤间歇地添加在上层炉排上，煤层厚度一般保持在 150～200mm 左右，供应燃烧的空气则也由上炉门进入。新煤受下面已燃煤层的加热得到预热、干燥，进而着火燃烧，火焰和高温烟气则向下流动，所以也叫逆向燃烧。一些燃烧着的煤粒和尚未燃尽的焦炭粒子，借自重和捅拨作用漏落到下层炉排上继续燃烧。烟气在上下炉排之间的炉膛里汇集，尔后经炉膛出口进入对流受热面的烟道。燃烧形成的灰渣，由中炉门除去，细灰漏于灰坑，下炉门出灰。

由上可见，由于上层炉排呈逆向燃烧，煤的挥发分在通过上层炉排上的灼热炉层时，基本可以烧尽；即使有少量尚未燃尽的，在掠过高温炉膛和下层炉排上火红的焦炭层表面时仍能得以燃尽，从而消除了黑烟。空气由上、下炉门进入，炉内气流扰动也比一般手烧炉强烈，固体和气体不完全燃烧热损失都比较小，使锅炉热效率有明显提高。但双层炉排炉的上层炉排着火条件较差，煤种的适应范围不如一般手烧炉广。

双层炉排手烧炉因能较好地解决传统手烧炉的烟尘污染和提高锅炉热效率，因此在手烧炉的技术改造中得到广泛应用，并已列入我国工业锅炉型谱。

三、机械化层燃炉

加煤、拨火和除渣三项主要操作部分或全部由机械代替人工操作的层燃炉，统称机械化层燃炉，其型式有机械-风力抛煤机炉、链条炉排炉、往复炉排炉、振动炉排炉和下饲燃料式炉等多种，其中以链条炉排炉在我国的应用最为广泛。

1. 机械-风力抛煤机炉

利用机械或风力代替人工投煤的炉子，早在 19 世纪末就有应用。这种炉子的加煤方式与手烧炉相仿，煤被撒落在灼热的燃烧层上，也具有"双面引火"的着火条件；煤层厚度和通风强弱则可以控制、调节，从而使燃烧过程进行得比较完善。

机械-风力抛煤机炉的结构如图 4-5 所示，主要由机械-风力抛煤机、炉膛和炉排组成。机械-风力抛煤机是以机械力为主，风力为辅的机械抛煤设备。图 4-6 所示即为抛煤机的构造简图。煤自煤斗下滑，经给煤机滑块 3 的往复推饲，顺调节板 4 下落被抛煤转子的叶片抛撒于炉中，至此完成了机械播煤的工作。辅助的风力抛煤，主要由播煤风槽 8 斜面上的一排喷口喷出的气流来完成。为防止炉内高温辐射，在转子外围的壳体中设有冷却风套 6，冷却风从风口 7 喷出，也起着部分的播煤作用，而侧面风管 9 中喷出的气流，很大程度上起着扰动混合作用。用于风力抛煤的空气均来自炉排下的送风总管，约占总风量的 20% 左右。它们在完成风力抛煤的同时，也促成炉内可燃气体和悬浮的细屑燃料的进一步燃尽，起着二次风的作用，这对没有前后拱的抛煤机炉子来说，有着特殊的意义。

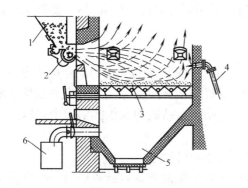

图 4-5　机械-风力抛煤机炉

1—煤斗；2—抛煤机；3—摇动炉排；4—飞灰回收再燃装置的导管；5—风室与渣斗；6—总风道

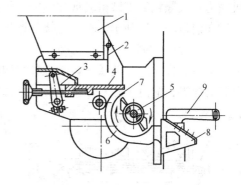

图 4-6　机械-风力抛煤机

1—煤斗；2—落煤调节板；3—给煤机滑块；4—抛煤远近调节板；5—抛煤转子及叶片；6—冷却风套；7—冷却风喷出口；8—播煤风槽及喷口；9—侧风喷口

给煤量的调节，主要通过改变给煤机滑块的往复频率或行程来实现。提高往复频率还可改善给煤的连续性和均匀性，减小燃烧脉动和炉膛负压的波动；加大滑块行程，则也有利于消除燃用湿煤时的粘结堵塞现象。抛煤的远与近，除改变转子转速，还可通过调节板的伸、缩以改变转子叶片的出煤角度来控制，调节板向后缩进，煤就抛的较远，反之较近。

这种炉子配置机械-风力抛煤机的台数，根据锅炉容量决定，一般装设 2～3 台，每台抛煤机的工作宽度为 900～1100mm。炉排通常采用摇动炉排，整个炉排以及炉排下的风室与渣斗，则依抛煤机台数进行分区，每组炉排有独立传动机构便于分组清炉及除渣。

机械-风力抛煤机炉，因抛撒和风力的作用，使相当数量的煤末细屑在炉膛中飞扬呈悬浮燃烧，所以也称"火炬-层燃炉"。因其着火条件较好，煤种适应范围广，从褐煤到无烟煤基本上都可燃用。为了保证在整个炉排上布煤均匀，抛煤机对煤的颗粒度有一定要求，对粒度变化也十分敏感。对于未经筛分的统煤，0～3mm 的细末不应大于 30%，最大煤块宜在 30～40mm 以下；应用基水分不宜超过 15%，否则易粘结而影响给煤和抛煤工作的正常进行。抛煤机炉常采用薄煤层燃烧，层厚一般仅 50mm 左右，其燃烧层温度较低，不会熔结渣块，并能较好地适应锅炉负荷的变化。

此型炉子采用开式炉膛或有前拱的炉膛，炉内气流扰动混合情况较差，悬浮的煤粒细屑往往未及燃尽就飞离炉膛，以致造成较大的飞灰损失。这不仅降低锅炉运行的经济性，还会严重污染环境。这也正是抛煤机炉目前在国内应用受到限制的重要原因之一。因此抛煤机炉最好应设置二次风，以加强气流扰动和悬浮粒子与空气的混合，同时还可延长悬浮粒子的行程，使之更好燃尽。二次风风量为总风量的 $10\% \sim 20\%$，煤末多、挥发分高的煤取大值，以二次风不破坏抛煤工作为原则。此外，抛煤机炉炉排上煤粒分布也常不均匀，细粒易堆积在前，粗粒积后，使前、后端的燃尽程度不一，影响热效率的提高。但是，此型炉子具有煤种适应性广、负荷调节灵敏以及投资和金属耗量较低等优点，而对于存在的问题是可以通过产品设计、采取相应的技术措施和提高运行操作水平来逐步解决的，因此对小型锅炉来说，它仍是一种值得探讨发展的燃烧设备。

对于蒸发量较大的锅炉，也有配置抛煤机和链条炉排相结合的燃烧设备。因抛煤机的机械力将大颗粒的煤抛得较远并集中于炉后，所以采用倒转炉排（图 5-11），即链条炉排自后向前运动，以利于燃料的燃烧与燃尽。

2. 链条炉排炉

链条炉排炉简称链条炉，是一种结构比较完善的层燃炉，至今已有百余年的历史。由于它的加煤、清渣、除灰等项主要操作都实现了机械化，运行可靠稳定，因此在我国，链条炉在中、小型电站锅炉和供热锅炉中得以广泛的应用。

（1）链条炉的构造

依照燃料供给的方式，链条炉是一种典型的前饲式炉子。煤自炉前由缓缓移动的链条炉排引入炉内，与空气气流交叉而遇。因此，无论在炉子结构上，还是燃烧过程诸方面，链条炉都有自己的特点。

图 4-7 为链条炉的结构简图。煤靠自重由炉前煤斗落于链条炉排上，链条炉排则由主动链轮带动，由前向后徐徐运动；煤随之通过煤闸门被

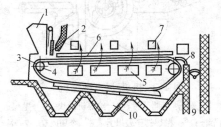

图 4-7　链条炉结构简图

1—煤斗；2—煤闸门；3—炉排；4—主动链轮；
5—分区送风仓；6—防渣箱；7—看火孔
及检查门；8—除渣板（老鹰铁）；
9—渣斗；10—灰斗

带入炉内，并逐渐依次完成预热干燥、挥发物析出、燃烧和燃尽各阶段，形成的灰渣最后由装置在炉排末端的除渣板铲落渣斗。

煤闸门可以上、下升降，是用以调节所需煤层厚度的。除渣板，俗称老鹰铁，其作用是使灰渣在炉排上略有停滞而延长它在炉内停留的时间，以降低灰渣含碳量；同时也可减少炉排后端的漏风。煤闸门至除渣板的距离，称为炉排有效长度，约占链条总长的 40%；有效长度与炉排宽度的乘积即为链条炉的燃烧面积，其余部分则为空行程，炉排在空行过程中得到冷却。在链条炉排的腹中框架里，设置有几个能单独调节送风的风仓，燃烧所需的空气穿过炉排的通风孔隙进入燃烧层，参与燃烧反应。

在炉膛的两侧，分别装置有纵向的防渣箱。它一半嵌入炉墙，一半贴近运动着的炉排而敞露于炉膛。通常是以侧水冷壁下集箱兼作防渣箱。防渣箱的作用，一是保护炉墙不受高温燃烧层的侵蚀和磨损，二是防止侧墙粘结渣瘤，确保炉排上的煤横向均匀满布，避免

炉排两侧严重漏风而影响正常燃烧。

（2）链条炉排的结构型式

链条炉排的结构型式有多种，目前我国供热锅炉常用的是鳞片式链条炉排和链带式链条炉排。

1）鳞片式链条炉排

图4-8所示为不漏煤型鳞片式链条炉排的结构图。链条炉的整个炉排面就是由这样的很多组链条和炉排片组成。在炉排宽度方向有若干根平行设置的链条1，链条上装有炉排片中间夹板5或侧密封夹板6，炉排片7就嵌插在左右夹板之间，一片紧挨一片地前后交叠成鳞片状，以减少漏煤损失，一般仅约0.15%～0.20%。两片之间有一定的缝隙作为空气进入燃烧层的通道，炉排的通风截面比约为6%。由于通风孔道略向前倾，有利于将炽热气流导向炉子前端以加速引火燃烧。

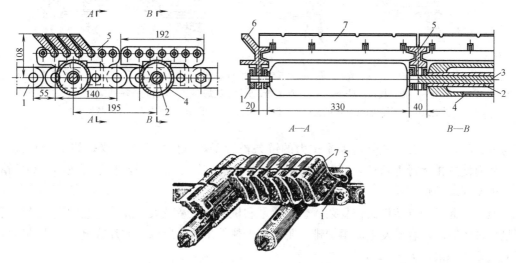

图4-8　鳞片式炉排结构

1—链条；2—节距套管；3—拉杆；4—铸铁滚筒；5—炉排中间夹板（手枪板）；

6—侧密封夹板（边夹板）；7—炉排片

嵌插炉排片的夹板是用链销固定在承受拉力的链条上的。平行工作的各根链条，借拉杆3依次相串联，拉杆外的节距套管2则用以保证各根链条平行相隔一定的距离。链条和炉排片通过套于节距套筒外的铸铁滚筒4支挂在炉排支架上，并可沿支架的支承面滚动前进（图4-9）。当炉排行至尾部并转入空行程后，炉排片借自重一片片地顺序翻转过来，倒挂在夹板间，借以卸除残留的灰渣、煤屑；在空行时也渐被冷却。

在支架的前、后端各有一轴；为把整个炉排工作面拉紧保持平整，在后轴与下导轨之间有一段下垂的炉排，其重量足以克服铸铁滚筒与炉排上部水平支架（上导轨）间的摩擦阻力。前轴为主动轴，其上的链轮带动炉排运行；后轴为从动轴，轴上有光滑的大圆滚筒，可让链条自由滚滑而过。主动轴的一端，通过一套变速装置与拖动的电动机相连，链条炉排速度一般在2～20m/h，依燃料品种和负荷大小而异。

由于鳞片式炉排采用较细的圆钢将各组链条相串，组成柔性结构。因此它具有一个重要优点：当主动轴上几个链轮之间齿形略有参差不齐时，各链条可以自行调整，仍保持链

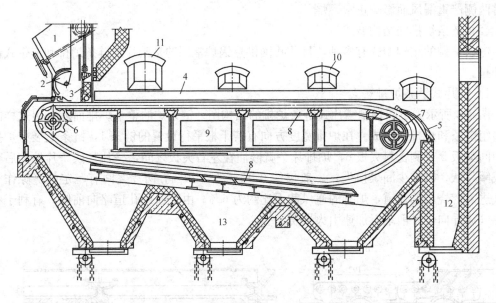

图 4-9　鳞片式炉排总图

1—煤斗；2—扇形挡板；3—煤闸门；4—防渣箱；5—老鹰铁；6—主动链轮；7—从动轮；8—炉
排支架上、下导轨；9—送风仓；10—拨火孔；11—人孔门；12—渣斗；13—漏灰斗

节与链轮的良好啮合。此外，承受拉力的链条被置于炉排面之下，免受燃烧层的直接加热，从而使炉排运行更趋安全可靠。再则，炉排片的装卸十分方便，甚至可在不停炉的情况下更换损坏的炉排片。

但是，此型炉排结构比较复杂，金属耗量和机械加工量较大。此外，它的刚性差，特别是炉排较宽时，容易发生成组炉排片脱落和卡住等事故。所以，鳞片式链条炉排的宽度不能太宽，一般不大于 4.5m。

鳞片式链条炉排，国内广泛配置于蒸发量为 $10\sim75t/h$ 的蒸汽锅炉和供热量为 $7\sim58MW$ 的热水锅炉。

2）链带式链条炉排

较小容量的供热锅炉，大多采用轻型链带式链条炉排。这种炉排的炉排片形状酷似链节（图 4-10），将这些"链节"串联成一个宽阔的环形链带，紧紧地绷绕在前、后轴轮

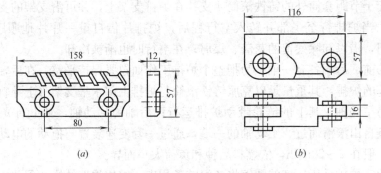

(a)　　　　　　　　　　　　　　(b)

图 4-10　轻型链带式炉排片及主动链环

(a) 链带式炉排片；(b) 主动链环（主动炉排片）

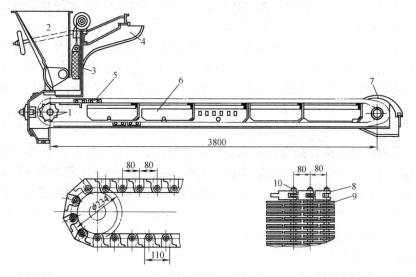

图 4-11　轻型链带式链条炉排

1—链轮；2—煤斗；3—煤闸门；4—前拱砖吊架；5—炉排；6—隔风板；
7—老鹰铁；8—主动链环；9—炉排片；10—圆钢

上。图 4-11 即为国产快装锅炉上的轻型链带式链条炉排总体图。

　　轻型链带式链条炉排是用若干圆钢 10 将众多炉排片 9 串联而成。在两侧和中间安插有由主动链环构成的链条，它直接与主动轴上的链轮相啮合。链轮转动时，通过两侧的和中间的若干链条带动整个炉排自前向后运动。可见，主动链环承受着炉排运动时的拉力，所以它也称主动炉排片，而一般炉排片只受相当于自身的运动阻力的拉力。此型炉排的通风截面比为 5.5%～12%。

　　轻型链带式链条炉排结构简单，制造加工较为方便，而且金属耗量远小于鳞片式炉排，1m² 有效炉排面重约 600～700kg，仅为鳞片式炉排重量的 2/3 左右。但此型炉排的主动链环受的拉力大，又处于高温下工作，容易拉断；其余的一般炉排片厚度很薄，也是既受力又受热，运行中有时也会断裂。由于这种炉排是用圆钢串接一体的，更换炉排片相当麻烦。此外，运行时间一长，此型炉排的通风缝隙会因磨损而变大，以致漏煤量也随之增大，影响锅炉运行的经济性。

　　除了上述轻型链带式炉排，我国在小容量锅炉中也有采用大块型炉排片的链带式炉排。这种炉排片尺寸较大，用以取代原串联于两条主动链环之间的所有薄片型炉排片，其结构如图 4-12 所示。每块炉排片的工作面上均布有两排通风孔，孔形上小下大以减少堵

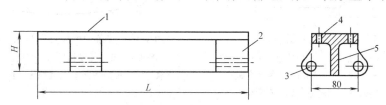

图 4-12　大块型炉排片结构

1—炉排片工作面；2—炉排片环脚；3—连接孔；4—通风孔；5—加强筋

灰。上孔孔径为 6～8mm；背面，则铸有加强筋，以加强机械强度和冷却性能。每块炉排片长度在 300～500mm 之间，常用的有 320mm、350mm 等几种。

大块型链带式链条炉排运行安全可靠，单位有效炉排面积的金属耗量比轻型链带式炉排还要少 1/4 左右。但它的自洁能力差，当通风孔内嵌有熔融灰渣时，就难以脱落除去，以致可能引起燃烧的恶化。为此，在大块型链带式炉排基础上又发展了活络芯型链带式链条炉排，通风均匀，燃烧效率较高，且有较好的自洁能力，检修、拆换也较方便。

不论哪一种型式的链条炉排，在运行时炉排的运动部分和两侧的固定墙板之间存在着相对运动，其间必须保持有必要的间隙。间隙过大，空气会大量窜入炉内，影响燃料燃烧，使炉温降低，热损失增大；间隙过小，则又可能因热膨胀而卡死炉排或加重炉排与两侧炉墙摩擦，增大动力消耗。因此，必须在炉排两侧的间隙部位装设侧密封装置。鳞片式炉排采用了接触式侧密封装置（图 4-13），用石棉绳塞住与炉外相通的间隙，用密封薄板和密封搭板阻隔由风室穿向炉内的漏风。

（3）链条炉的燃烧过程

链条炉的工作与手烧炉不同，煤自煤斗滑落在冷炉排上，而不是铺撒在灼热的燃烧层上。进入炉子后，主要依靠来自炉膛的高温辐射，自上而下地着火、燃烧。显而易见，着火条件不及手烧炉有利，是一种"单面引火"的炉子。但因整个燃烧过程的几个阶段是沿炉排长度自前至后，连续顺序地完成，所以不存在手烧炉的那种热力周期性，使燃烧工况大为改善。

链条炉的第二个特点是燃烧过程的区段性。由于煤与炉排没有相对运动，链条炉自上向下的燃烧过程受到炉排运动的影响，使燃烧的各个阶段分界面均与水平成一倾角。图 4-14 形象地显示了这一情况，燃烧层被划分为四个区域。

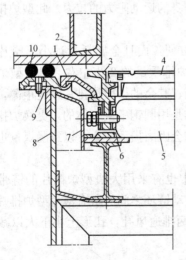

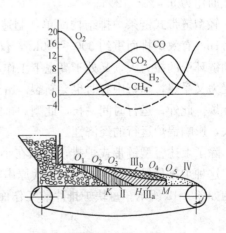

图 4-13 接触式侧密封装置
1—密封搭板；2—防焦箱；3—炉排边夹板；4—炉排片；5—铸铁滚筒；6—链节；7—密封薄板；8—炉排墙板；9—固定板；10—石棉绳

图 4-14 链条炉燃烧过程与烟气成分示图
Ⅰ—新煤区；Ⅱ—挥发物析出、燃烧区；Ⅲa—焦炭燃烧氧化区；Ⅲb—焦炭燃烧还原区；Ⅳ—灰渣形成区

煤在新煤区Ⅰ中预热干燥，从 O_1K 线所示的斜面开始析出挥发物。不同品种的煤开始析出挥发物的温度不相同，但对给定的炉前应用煤来说，这个温度大致一定，所以

O_1K 线实际上代表着一个等温面。此等温面的斜倾程度取决于炉排运动速度和自上而下的燃烧的传播速度。因为燃料层的导热性能很差，以致向下的燃烧传播速度仅为 $0.2\sim0.5\text{m/h}$，大约只有炉排速度的几十分之一。因此燃烧热力准备阶段在炉排上占据有相当长的区段。

煤在 O_1K 至 O_2H 区间内析放出全部的挥发物。O_1K 与 O_2H 两线相距不远，这是因为挥发物沿 O_1K 线析出的同时，就开始在层间空隙着火燃烧，燃烧层的温度急速上升，到挥发物析放殆尽的 O_2H 线，温度已达 $1100\sim1200℃$。

从 O_2H 线开始焦炭着火燃烧，温度上升至更高，燃烧进行得异常激烈，是煤的主要燃烧阶段。由于燃烧层厚度一般都超过氧化区的高度，因此焦炭燃烧区又可分氧化区Ⅲ$_a$ 和还原区Ⅲ$_b$ 两块。来自炉排下的空气中的氧气在氧化区中被迅速耗尽；燃烧产物中的二氧化碳和水蒸气上升至还原区，立即被灼热的焦炭所还原，此处温度略低于氧化区。

最后，是燃尽阶段，即灰渣形成区Ⅳ。链条炉是"单面引火"，最上层的煤首先点燃，因此灰渣也先在表面形成。此外，因空气由下进入，最底层的煤燃尽也较快，较早形成了灰渣。可见，炉排末端焦炭的燃尽是夹在上、下灰渣层中的，这对多灰分煤更为不利，使 O_5 点向后延伸，易造成较大的固体不完全燃烧热损失。

在链条炉中，煤的燃烧是沿炉排自前往后分阶段进行的，因此燃烧层的烟气各组成成分在炉排长度方向各不相同，其变化规律如图 4-14 所示。

在预热干燥阶段，基本不需氧气，通过燃烧层进入的空气，其含氧浓度几乎不变。自 O_1 点开始，挥发物析出并着火燃烧，O_2 浓度下降，燃烧生成的 CO_2 浓度随之增高。当进入焦炭燃烧区后，燃烧层温度很高，氧化层渐厚，以致来自炉排下的空气中的氧未穿越燃烧层就已全部被消耗殆尽，此时 $\alpha=1$，CO_2 浓度出现了第一个峰值。从此开始了还原反应，CO 逐渐增多，CO_2 浓度则逐渐降低。其时，当燃烧产物中的水蒸气进入还原区也被炽热焦炭还原，H_2 也渐有增加。在严重缺氧的情况下，甚至连挥发物中的 CH_4 等可燃气体也无法燃尽。

当 CO 和 H_2 浓度达到最大值后，由于燃烧层部分燃尽成灰，还原层渐薄，这两个成分又逐渐下降。当还原区消失时，CO_2 浓度又达到了一个新的高峰，此时氧化区尚存未尽。此后，灰渣不断增多，焦灰层厚度越来越薄，所需 O_2 量也渐少，最后在炉排末端，O_2 浓度增大，几乎达到供入氧气浓度的 21%。

显而易见，当燃烧层中出现了还原反应，就表明供应的空气量不足以适应燃烧的需要，即 $\alpha<1$，如图中含氧量曲线的虚线所示区段；在还原反应区的前后两段，燃烧层上的气体中有过剩氧，表示 $\alpha>1$。

(4) 煤的性质对链条炉燃烧的影响

链条炉是一种"单面引火"的炉子，着火条件差；燃烧层本身也无自行扰动的作用。因此，它的煤种适应范围较窄，对煤质的变化十分敏感，会直接影响它的工作和燃烧过程。

如煤的水分过高，将延长煤的着火阶段，使 O_1 点后移（图 4-14），也即在炉排有限的长度上缩短了燃烧、燃尽阶段的工作长度，易造成较大的不完全燃烧热损失。然而，煤中的水分也不宜过少，特别是燃用细末较多的煤，应适当加些水分，以使细屑结团而不被吹飞和漏落。同时，由于水分蒸发还可使煤层疏松，增大孔隙率，促成空气和煤的良好接触，有利于燃烧完全。对于粘结性较强的煤，加少许水分能减弱焦结；对高挥发分的烟煤，适量掺水还可缓和挥发物析出速度，有利于挥发物的燃尽。但是水分终将要吸收热量，也会导致排烟损失的增加，因此水分应控制适度，一般以收到基水分 8%～10% 为宜。

煤的灰分高低，对链条炉的工作和燃烧也有较大影响。在燃烧过程的分析中知道，链条炉中焦炭最后是夹在上下灰渣之间燃尽的。灰分越高，这种裹挟作用越甚，增加了氧气向可燃物质扩散的阻力，焦炭燃尽越加困难，O_5 点右移更甚，势必增大固体不完全燃烧热损失。灰分过低，会因形成的灰渣层过薄使炉排过热，工作条件变差。如若灰熔点较低，熔融的结渣还会阻塞炉排通风孔隙，恶化燃烧。为此，链条炉对燃料的灰分含量和灰熔点都有一定要求：干燥基灰分不宜大于 30%，灰的熔化温度 t_3 最好能高于 1200℃。

挥发分高低对燃烧过程的影响，主要体现在煤着火的易与难上。如挥发分低的贫煤和无烟煤，挥发物要在较高的温度下才会析出，着火困难，也即 O_1K 线右移，燃烧及燃尽的时间相对缩短；而固定碳含量又很高，所以往往会使固体不完全燃烧热损失增大。对挥发分高的煤来说，着火容易，且也易燃烧完全。但在炉膛容积热负荷较高时，气体不完全燃烧热损失将有所增大。如国内应用甚广的卧式快装锅炉，因炉膛比较低矮，在燃用高挥发分烟煤时，气体不完全燃烧热损明显增大。

在链条炉中，燃用粘结性强的煤，在高温下易在燃料层表面板结，通风严重受阻，不得不加强拨火操作，而使燃烧不够稳定。相反，燃用贫烟、无烟煤一类弱粘结和不粘结的煤时，受热时易形成细屑碎末，吹飞和漏落甚多，燃烧的经济性变差。显然，在链条炉中燃用这两类煤都不理想，一般宜掺和混烧。

此外，煤的颗粒度也直接关系炉子工作的好坏。当燃用未经筛分的统煤时，因粒度大小不一，碎屑细末会嵌填于块煤之间，使干燥阶段中产生的水蒸气不容易散逸，延缓了着火和燃烧过程；同时层间通风阻力很大，细末多的地方还易被风吹走而形成"火口"，破坏正常燃烧。粒度大小过于悬殊，还会引起在煤斗中的机械分离，粗粒大块跑边，细粒碎末居中，导致炉排两侧和中间燃烧层密实程度的很大不匀，最终是两侧穿风早已燃尽，中间却是"火龙"一条，"红火"落入渣斗，使固体不完全燃烧损失大增。

(5) 链条炉的燃烧调节

因燃烧层的层间温度很高，化学反应速度很快，燃烧速度主要取决于氧向焦炭的扩散速度和供给量，所以送风量的改变可灵敏地控制燃烧的强弱。加大风量，锅炉出力当即增大；反之，出力降低。因此，当锅炉负荷变动时，通常总是先调节风量，而后才改变给煤量，即调整炉排速度与之匹配，协同跟踪负荷的变化。

煤层厚度借煤闸门人工调节，根据煤种、煤质以及颗粒度的异同，一般控制在 100～150mm 左右。粘结性烟煤宜薄；无烟煤的贫煤略厚，使燃烧层蓄热量大，有利于着火、燃尽；高挥发物煤层要薄而供给速度要快，以减少燃烧层上方气体成分在沿炉排长度方向的不均匀性，有利可燃气体在炉膛内燃尽。反之，对高水分的劣煤，宜层厚而炉排速度放慢，这样既可保证前端着火稳定，又减少未尽焦火排入渣斗。总之，煤层合理厚度需由试验确定，定后一般不宜变动，除非煤质如水分、粒度等变化很大，或锅炉负荷有大幅度改变时，才予适当调整。

综上所述，链条炉在运行中的调节，主要是指风量和给煤量的调节，使之合理配合，以保证燃烧工况的正常与稳定。在运行工况正常时，煤在进煤闸门后 0.2～0.3m，即应开始发火点燃，在除渣板前 0.3～0.5m 处应基本燃尽；燃烧层上的火焰麦黄而匀密，燃烧层平整又无发黑或喷火穿孔的地方，烟囱排烟清淡略呈灰色。

(6) 改善链条炉燃烧的措施

根据上述对燃烧过程和燃烧层上气体成分变化规律的分析，为改善链条炉的燃烧以提高燃烧的经济性，目前链条炉在空气供应、炉膛结构及炉内气流组织等方面采取了相应的技术措施，获得到了很好的效果。

1) 分区配风

如前所述，链条炉的燃烧过程是分区段的，沿炉排长度方向燃烧所需空气量各不相同。在煤的热力准备阶段，基本上不需要空气；在灰渣形成阶段，可燃物所剩无几，需要的空气也不多。空气需要量最大的区段在炉排中段挥发物和焦炭的燃烧区域。显而易见，如果对供给的空气不加以分配和控制，也即统仓送风方式，如图 4-15 中 ab 线所示，则必然会出现前、后两端空气过量很多，而中间主燃烧区段空气严重不足，使得燃烧层上方有较多的未完全燃烧产物 CO，H_2 和 CH_4 等可燃气体，结果是既增加不完全燃烧热损失，也增大排烟热损失。所以，为改善燃烧，消除这种弊病，配风系统必须优化。

国内链条炉配风的优化，都采用"两端少、中间多"的分段配风方式，即把炉排下的统仓风室沿长度方向分成几段，互相隔开做成多个独立的小风室。每个小风室则各自装设有调节风门，可以按燃烧的实际需要调节和分配给不同的风量，如图 4-15 中虚线所示。显然，分段越多，供给的空气越符合煤的燃烧需要，只是配风结构会因此而过于复杂。所以，通常是将炉排下的风室分隔成 4～6 个小风室。

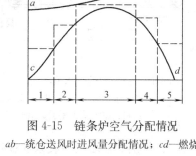

图 4-15　链条炉空气分配情况
ab—统仓送风时进风量分配情况；cd—燃烧所需空气量；---分区送风时进风量分配情况

运行实践表明，要切实做到按煤燃烧的需要配风并非易事，除小风室之间的隔离密封结构必须良好有效外，对炉排宽度方向上的配风均匀性要特别给以重视。实验证明，小风室横向配风的均匀性与进风口结构、风室内空气的轴向气流动能和风室密封性等多种因素有关，其中以进风口尺寸的影响最为显著，随进风口与风室的截面比的增大而更趋均匀。此外，对于单侧进风的链条炉，设置导风板或采用风室节流挡板装置，对改善炉排横向配风的均匀性也是有效的。对于炉排宽度较大的链条炉，则应采取双侧相对进风的方式。

采取分区配风后，炉子前后端的送风量可大幅度地调小，有效降低了炉膛中总的过量空气系数 α_l，既保持了炉膛高温，又减少了排烟损失；在需氧最多的中段主燃烧区及时得到了更多的氧气补给。但需指出，增大中段风量，只能增强燃烧，而无法消除还原区的出现，燃烧产物中依然存在有许多可燃气体。因此，如何使各燃烧区段上升的气体在炉膛空间中良好混合，保证其中所含可燃气体成分的燃尽，乃是改善链条炉燃烧的又一重要课题。目前采取的措施是：改变炉膛的形状，即在前、后炉墙下部砌筑凸向炉膛的炉拱和吹

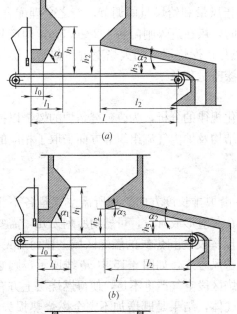

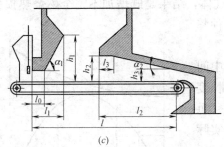

图 4-16　链条炉的炉拱形状与基本尺寸

(a) 常规炉拱形状；(b) 人字形反倾

后拱；(c) 水平出口段后拱

送高速的二次风。

2) 炉拱

炉拱在链条炉中有着相当重要的作用。它不但可以改变自燃料层上升的气流方向，使可燃气体与空气得以良好混合，为可燃气体燃尽创造条件；同时，炉拱还有加速新入炉煤着火燃烧的作用。

炉拱的形状与燃料的性质密切相关其基本尺寸（图 4-16）应根据燃用煤种并参考表 4-1 确定。通常，前、后拱同时布设，各自伸入炉膛形成"喉口"，对炉内气体有强烈的扰动作用（图 4-17）。为了保证对炉排前段有较好热辐射条件，前拱一般应有足够的开敞度。像某些老式链条炉中采用低而长的前拱，是不尽合理的。因为炉拱本身并不产生热量，它只是接受来自火焰和高温烟气的辐射热，并加以积蓄和再辐射，使之集中于刚进炉的新煤上，以加速着火。事实上，炉膛里充满着三原子气体 RO_2 和 H_2O，它们都是不透明体，只要烟气层有足够厚度，非但可以防止新煤层直接向水冷壁放热，而且高温的烟气层本身还能将热量辐射给它们。当前拱低长时，却反而挡住了拱外空间的高温烟气的热辐射，对新煤的着火并不有利。所以，容量较大的锅炉，在宽阔高大的炉膛空间里通常设置高而短的前拱，其目的主要是为了与后拱配合，造成一个扰动气流的"喉口"。前拱的长度，一般以保证喉口的烟速在 7～10m/s 为宜。

链条炉炉拱的基本尺寸　　　　　　　　　　　　　　　　　　　　　表 4-1

序号	名　　称	符号	单位	煤　　　种			
				褐煤	Ⅲ类烟煤	Ⅱ类烟煤	Ⅰ类烟煤、贫煤、无烟煤
1	前拱进口端水平段长度	l_0	mm	150～250	250～300	200～250	100～250
2	前拱覆盖率	a_1	—	0.25～0.30	0.20～0.25	0.25～0.30	0.30
3	前拱倾角	α_1	°	60	60	45～50	40～45
4	后拱尾部高度	h_3	mm	400～550	400～550	400～550	400～550
5	后拱覆盖率	a_2	—	0.40～0.50	0.55～0.60	0.60～0.65	0.65～0.70
6	后拱倾角	α_2	°	12～18	12～15	8～12	8～12
7	后拱出口端高度	h_2	mm	0.8～1.2	0.9～1.3	0.9～1.3	0.9～1.3

注：1. 炉排有效长度 l（mm）为前拱进口端水平段起点至除渣板（老鹰铁）和炉排相接处的垂直平面为止。如不设除渣板，则为前拱进口端的水平起点至炉排后轮垂直中心线的距离。l 值大者，h_1，h_2 取大值。

2. 前拱进口端水平段距炉排面的高度 h_0 约比煤层厚度高 50～80mm。

3. 对多灰或灰熔点低的煤，h_3 取大值；对挥发份 V_{daf} 低的煤，h_3 取小值。

4. 对水分高的褐煤，a_2 取大值，α_1 及 a_2 取小值；对难着火的煤，a_2 取大值。

前拱下部紧靠煤闸门处的炉拱，称为引燃拱。引燃拱距炉排高仅 300～400mm，其作用除了再辐射引燃新进入炉内的煤，同时又保护煤闸门不受高温而烧损。目前采用最多的为斜面式引燃拱，能有效和比较集中地将热量再辐射到新煤层上，引燃效果较好，见图4-18。

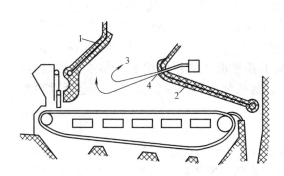

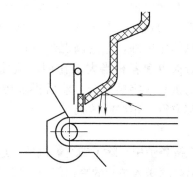

图 4-17　炉拱与喉口及二次风的关系
1—前拱；2—后拱；3—喉口；4—二次风

图 4-18　斜面式引燃拱

后拱，除了与前拱组成喉口外，并把炉排后端有较多过量氧的气体导向燃烧中心，以供可燃气体在炉膛空间进一步燃烧的需要；同时，被导向前端的这部分炽热的烟气以及为它所夹带的火红炭粒在气流转弯向上时分离下来，又恰如"火雨"一般地投落到刚进煤闸门的新煤上，都将十分有利于着火燃烧。因此，在燃用低挥发分的无烟煤时，因其着火温度较高，通常采用低而长的后拱（图4-19），利用其"火雨"来改善着火条件；有时拱的覆盖长度甚至占炉排有效工作长度的一半以上，后拱倾角一般为 8°～12°。为了便于炉排检修，除渣板处的净高不宜小于 500mm。

由后拱烟气出口端流出的烟气速度和方向对前拱区域的流体动力场有显著影响。当锅炉容量小于或等于 4t/h（2.8MW）时，后拱出口高度不宜低于 550mm；对于不易着火的煤，后拱出口段宜采用人字形后倾拱型，反倾角取 15°～18°，如图 4-16 (b) 所示；对于易着火的煤，后拱出口段也可采用水平布置，水平段长度 l_3 取为（0.12～0.16）l，如图4-16 (c) 所示。

燃用烟煤和褐煤的链条炉（图4-20），因这两种煤的挥发分都较高，着火并不困难，重要的是如何加强炉内气体的扰动混合，减少气体不完全燃烧损失。所以，一般采用高而

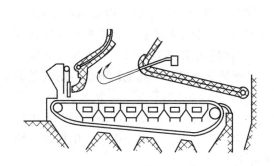

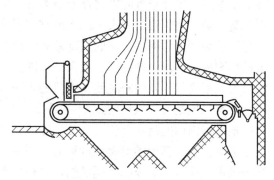

图 4-19　燃用无烟煤的链条炉

图 4-20　燃用烟煤、褐煤的链条炉

短的前拱，后拱也不必太长，但所组成的喉口应有较大扰动作用；也有在喉口处加设二次风，以使炉内气体获得更强烈的扰动和混合。

近三、四十年来我国锅炉科技人员就炉拱对不同燃料的适应性、炉拱对新燃料的预热和着火作用进行了系统的理论分析和大量的试验，积累了丰富的经验，证实了炉拱的辐射并非以镜面辐射为主，而是一个漫辐射的过程。因此，炉拱的辐射与形状无关，而与炉拱的投影面积有关。这就使炉拱的设计有了很大的灵活性。实践进一步证明，除炉拱的作用外，炉内高温烟气的冲刷和辐射对新煤（特别是着火困难的燃料）的预热和着火也起着相当大的作用，从而设计出了各种形式的拱的组合，如水平拱组合、倾斜前拱和人字拱组合、前后拱加中拱组合、前拱加倒弧形后拱组合，甚至活动拱组合等都取得了很好的效果。

3）二次风

在链条炉中，除了砌筑炉拱外，还常常布设介质为空气或蒸汽的二次风——在燃烧层上方借喷嘴送入炉膛的高速气流，以进一步强化炉内气流的扰动和混合，从而防止结焦、降低气体不完全燃烧热损失和炉膛过量空气系数。此外，布置于后拱的二次风能将高温烟气引向炉前，以增补后拱作用，帮助新燃料着火。同时，由二次风造成的烟气旋涡，一方面延长了悬浮于烟气中的细屑燃料在炉膛中的行程和逗留时间，促成更好的燃尽。另一方面，借旋涡的分离作用，把许多未燃尽的碎屑炭粒甩回炉排复燃，减少了飞灰。显而易见，这将有效地提高锅炉效率，也利于消烟除尘。此外，如二次风布置得当，还可提高炉膛内的火焰充满度，减少炉膛死角涡流区，防止炉内局部积灰结渣，保证锅炉的正常运行。

由上可见，二次风作用不在于补给空气，主要在于加强对烟气的扰动混合。因此，作为二次风的工质，可以是空气，也可用蒸汽或烟气。为了达到预想的效果，二次风必须具有一定的风量和风速。但由于层燃炉的主要燃烧过程是在炉排上进行，加上冷却炉排的需要，一次风量不宜过小；这样，为保持合理的炉膛过量空气系数，二次风量则受到限制，一般控制在总风量的 $5\% \sim 15\%$ 之间，挥发物较多的燃料取用较高值。二次风量既不能多，就要求有高的出口速度，才能获得应有的穿透深度。二次风初速一般在 $50 \sim 80 \mathrm{m/s}$，相应风压为 $2000 \sim 4000 \mathrm{Pa}$。

二次风的布置形式视锅炉类型和燃料品种而异。小容量锅炉，其炉膛深度也小，常取前墙或后墙单面布置，二次风喷嘴的位置应尽可能低些。在链条炉中燃料的挥发物大部分在前端逸出，单面布置时以装在前墙为好，喷嘴轴线通常向下倾斜 $10° \sim 25°$；对燃用无烟煤的链条炉，为了帮助着火，二次风宜装置在后拱鼻尖处。当采用前、后墙两面布置时，应尽可能利用前后喷嘴布置的高度差和不同喷射方向，避免互相干扰，使之造成一股强有力的切圆旋转气流，以提高二次风的功能。炉膛中的前后拱组成喉口时，二次风应布设在喉口处。喷嘴只数及间距应使二次风的扰动区尽可能地充满整个炉膛的横截面。对链条炉排，二次风风量为总风量的 $5\% \sim 10\%$。

最后需强调的是，上述设置分区送风、炉拱和二次风等改善燃烧工况的措施，不单适用于链条炉，在其他类似燃烧过程的炉型中，也可因炉制宜，按燃料及燃烧上的要求，恰当地采用上述全部措施或个别措施，以提高燃烧的经济性。

3. 往复推饲炉排炉

往复推饲炉排炉，简称往复炉。由于它结构简单、制造方便、金属耗量低，又能燃用低质煤和具有较好的消烟效果，因此在对手烧炉进行机械化技术改造时曾被广泛采用，目前主要配置于蒸发量 2～6t/h 的供热锅炉。

经过多年的研究和实践，往复炉的炉排结构型式和种类有了较大的发展。按炉排布置可分倾斜式和水平式往复推饲炉；按煤在炉排上运动方向可分顺行——煤的运动方向与炉排倾斜方向相同和逆行两种；按炉排冷却方式可分风冷和水冷两种；按炉排动作情况又可分为间隔动作——可动炉排片与固定炉排片间隔布置和全部动作的两种。目前国内应用最广泛的是间隔动作、风冷、顺向的倾斜式往复炉，其次为水平式往复炉。

图 4-21 所示为一倾斜式往复推饲炉排炉的结构简图。它的炉排进间隔布置的活动炉排片 1 和固定炉排片 2 组成。活动炉排片的尾部坐在活动框架 8 上，其前端直接搭在相邻的固定炉排上。整个炉排面与水平成 15°～20° 倾角，具有明显的台阶，既防止大

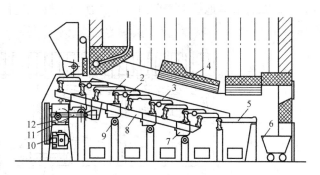

图 4-21　倾斜式往复炉结构简图
1—活动炉排；2—固定炉排；3—支承棒；4—炉拱；5—燃烬炉排；6—渣斗；7—固定梁；8—活动框架；9—滚轮；10—电动机；11—推拉杆；12—偏心轮

煤粒向下自然滑落又增加炉排的耙拨性能。活动框架与推拉杆 11 相连，由直流电动机 10 驱动的偏心轮 12 带动，使活动炉排片作前后往复运动。活动炉排片的行程为 70～120mm，往复次数可在 1～5 次/min 范围内无级调节。炉排片的通风截面比为 7%～12%。

煤从煤斗加入，借活动炉排的往复推饲作用，由前向后缓缓移动，最后落集在专为更好燃尽灰渣而设置的一段平炉排——燃尽炉排上，灰渣燃尽后排出炉外。

为改善空气的供需矛盾，在炉排下分隔几个独立的风室，以达到分区配风的目的。

往复炉的燃烧过程与链条炉一样，煤的预热干燥、燃烧和燃尽等阶段的完成由前而后地顺序进行。但链条炉的燃烧是"单面引火"，而在往复炉排上，活动炉排对燃烧层进行不断地耙动，能使在燃烧层表面已着火燃烧的"红火"被翻到煤的下层，使之成为底层着火的火源。同时还可改善燃烧层的透气性，捣碎焦块，使包裹在煤外的灰衣脱落，有利于煤的燃尽，也为加强燃烧创造了良好条件。往复炉排炉着火条件较好，又实现了加煤、除渣和拨火等三项操作的机械化，使之有可能在往复炉排炉中燃用有粘结性、多灰、难以着火的低质煤，比链条炉有较好的煤种适应性。

这种炉子的炉拱布设原则与链条炉相仿，既要较好地解决新煤的引燃着火，还要尽可能组织好炉排前端产生的可燃气体掠过中段高温燃烧区，以保证它们在离开炉膛之前燃尽烧透。

往复炉对燃烧层虽有良好耙拨作用，但其头部不断与灼热的焦炭接触，又无冷却条件，经常烧损，漏煤也较严重。此外，因整个炉排斜置，炉排片又要作水平运动，侧密封较难处理，易引起漏风。再则，炉排面倾斜，炉体较高，这给旧炉改装和新炉组装出厂都带来一定的困难。

水平式往复推饲炉排炉的结构如图 4-22 所示。它是为了降低炉体高度，进一步加强炉排对煤的挤压和耙拨作用，在倾斜式往复炉的基础上发展生产的一种燃烧设备。其工作原理与倾斜式的基本相同，只是炉排片略向上翘，倾角一般在 $12°\sim15°$，整个炉排的纵剖面呈锯齿形。当活动炉排向斜上方向推动时，固定炉排上的煤受到挤压形成一个高峰，并向下一排活动炉排上跌落，上下煤层得到良好的掺和混合。当活动炉排后退时，其头部煤层向下塌陷，形成低谷，同时得以疏松。如此，在活动炉排的往复过程中，煤层时高时低，有规律有节奏地蠕动着前进，并依次完成燃烧过程的各个阶段。

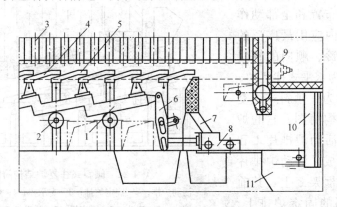

图 4-22　水平式往复推饲炉排示图

1—推拉杆；2—滚轮；3—侧水冷壁；4—活动炉排片；5—固定炉排片；6—拨动板；7—固定燃尽炉排；8—活动燃尽炉排；9—侧水冷壁下集箱；10—密封板；11—水封渣坑

与倾斜式往复炉相比，水平式往复炉因炉排片向上斜置，其推煤的推力与煤下滑的方向相反。不难看出，在煤层移动速度相同的条件下，它所需的推力要比倾斜式往复炉大，也即它对煤层的耙拨和疏松作用要强烈一些。这一特点，在煤的预热干燥和燃烧阶段对煤的着火和燃烧是有利的，可以提高燃烧强度，也适应焦结性较强和灰熔点较低的煤的燃烧。但在燃尽阶段，炉排的耙拨作用越强烈，反而使可燃物与灰渣混合得越"好"，使可燃物难于燃尽。因此，这种炉子通常在炉排面后部，特设由固定和活动炉排片相间布置组成的燃尽炉排，使之能堆积起足够厚的渣层，并维持渣层内有较高温度，以利燃尽，又能方便地将收集的灰渣连续排除。

为了适应低质煤、工业废料及生活垃圾等燃烧的需要，国外生产有一种逆行倾斜式往复炉，其炉排逆行工作的原理如图 4-23 所示。这种往复炉排的行程很大，可达 260mm 左右。由于逆向推动，煤层受到挤压和扰动强烈，以致煤在炉排上呈翻滚状态，燃烧效率较高，煤种适应性好，可燃用灰分高且易焦结或结渣的低质煤。但是，这种炉排仍有使炉排过热和烧坏的危险。逆行倾斜式往复炉在国外已有系列产品，主要用于燃烧劣质褐煤；国内也已有改装成功的先例。

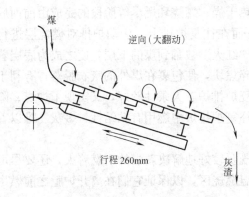

图 4-23　逆行倾斜式往复炉排工作原理示图

四、振动炉排炉

振动炉排炉是小容量锅炉采用的又一种结构简单、钢耗量和投资费用较低的燃烧设备。它的整个炉排面在交变惯性力的作用下产生振动，促使煤层在其上跳跃前进，从而实现了燃烧的机械化。

目前在供热锅炉上采用的振动炉排，主要有风冷固定支点和风冷活络支点两种型式。图 4-24 为一风冷固定支点的振动炉排，由炉排片、上框架、弹簧板、下框架和激振器等几个主要部件组成。

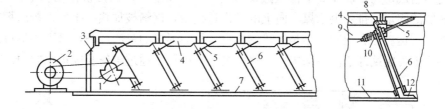

图 4-24　风冷固定支点振动炉排示图

1—激振器（偏心块）；2—电动机；3—前密封；4—炉排片；5—拉杆；6—弹簧板；7—减振橡皮垫板；8—"7"形梁；9—侧梁；10—压簧；11—下框架；12—固定支座

上框架是组成炉排面的长方形焊接框架，其前端横向焊有安置激振器的大梁，在整个长度上又横向焊接了一系列平行布置的"7"形梁。铸铁炉排片就搁置在"7"形梁上，并用拉杆钩住炉排片下的小孔，保证振动时炉排片不会脱落。

下框架由左右两条钢板和用以固定炉排墙板的型钢拼焊而成，并用地脚螺栓固定在炉排基础上。弹簧板分左右两列联结于上、下框架之间，它与水平的倾角为 55°～70°，下端采用固定支点连接于下框架，上端与"7"形梁相接支撑着上框架。

在炉排前端装有激振器，它是振动炉排的振源，由轴承座、转轴、偏心块和皮带轮等组成。当偏心块在电动机的驱动下旋转时，便产生一个周期性变化而垂直于弹簧板的作用力，此力推动上框架和整个炉排面，使之进行与水平成一夹角的往复振动。

在炉排面沿此夹角向上运动时，燃料因紧贴炉排而被加速；当偏心块变向使炉排作反方向运动时，燃料借本身的惯性力以抛物线的运动轨迹脱离炉排面，落到一个新的位置上。继而重复这个过程，这样周而复始地使整个煤层向炉后运动，间断微跃，实现了加煤、除渣的机械化。

增加偏心块的转速，振幅随之增大，通常振动炉排选在共振（偏心块转动产生的工作频率与炉排本身的固有频率相同）的状态下工作。

根据试验资料，炉排工作的振动频率一般宜在 800～1400r/min 左右，最佳振幅为3～5mm，此时煤的运动速度约 100mm/s。一般隔 1min 左右振动一次，每次振动 1～3s，取决于锅炉负荷、炉排结构和煤层厚度等因素。

振动炉排炉，也须采用分区送风、炉拱及二次风等措施。由于炉排的振动，煤层上下翻动，不易结块，拨火性较好，利于燃尽，煤种的适应性也比较广。但另一方面，振动时整个炉排类似一个筛子，漏煤量较大，约有 5%，细粒碎末易被烟气带走，造成较大的飞灰损失；振动的瞬间，还会向外喷出烟和灰，严重污染操作环境。

五、下饲式炉

下饲式炉因煤是由下而上送入炉内燃烧而得名，早在 20 世纪初就已出现。早年装在我国沿海城市的一些铸铁锅炉、船舶锅炉，有的就是配置以下饲式炉的。它因设备简单，布置紧凑，实现了机械化燃烧，特别是具有良好的消烟除尘作用，受到普遍重视，在手烧炉技术改造中得到了一定程度的应用和推广。

下饲式炉子的给煤设备有多种型式，目前国内常用的是螺旋给煤机和抽板顶升给煤机。图 4-25 所示即为装置有螺旋给煤机的下饲式炉，螺旋给煤机由饲煤槽、进煤螺杆和传动机构等组成。煤由煤斗 2 下落被进煤螺杆推入饲煤槽 8，靠推挤作用自下向上移动，翻涌到两侧的固定炉排 4 上。煤在向上的推进过程中，逐渐被加热、干燥，析出挥发物而着火燃烧，到达煤层表面时，已是灼热的焦炭；最后形成的灰渣，被推挤到两侧可翻转的活动炉排 7 上，定期卸于渣斗除去。燃烧所需空气由风室通过炉排孔隙进入炉内。

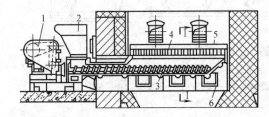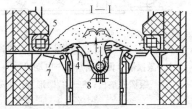

图 4-25　装置螺旋给煤机的下饲式炉

1—传动机构；2—煤斗；3—进煤螺杆；4—固定炉排；5—防渣箱；
6—风室；7—活动炉排；8—饲煤槽

下饲式炉煤的着火热源是自上向下传递的，经预热干燥后，析出的挥发物与斜向送入的空气充分混合。这种预混形成的可燃气体混合物流经灼热焦炭层时，在焦炭颗粒的间隙中进行着火和强烈燃烧，其燃烧情况与无焰燃烧相似。挥发物燃烧所放出的热量，又进一步提高焦炭的温度，并使之气化。所以，在下饲式炉中，由于挥发物在燃烧前就已与空气充分混合，并且挥发物在离开炉层时已基本燃尽，避免了冒黑烟的现象，烟气中的含尘浓度也有明显降低。

在煤的持续推饲下，灼热的焦炭向炉排两侧移动，与来自炉排下方的空气相遇。此时焦炭已经火红灼热，所以燃烧进行剧烈，并能达到较高的燃尽度。

不难看出，在这种下饲式炉子的深度方向上，燃烧过程是基本一致的；但在其炉子宽度方向，燃烧过程存在明显的区域性。当负荷稳定时，燃料层各区保持相对稳定，如图 4-26 所示。而空气也是由各区送入，有利于可燃物的烧透燃尽。

下饲式炉子在煤的推饲过程中对煤层有一定松动作用，不会形成严重焦结，可以燃用焦

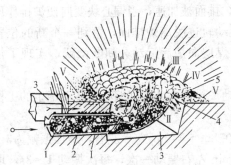

图 4-26　下饲式炉子的燃烧区域示图

1—螺旋给煤机；2—饲煤槽；3—风道；
4—固定炉排；5—活动炉排

Ⅰ—新燃料区域；Ⅱ—挥发物析出并与空气混合区域；Ⅲ—挥发物和焦炭燃烧区域；Ⅳ—焦炭燃烧区域；Ⅴ—灰渣形成区域

结性较强的煤。但对于燃用灰熔点较低的煤，因灰也被挤送到了高温的表层，易结熔渣而阻碍通风，还会影响煤向两侧播散。再则，下饲式炉也属"单面引火"，着火条件不及手烧炉优越。

下饲式螺旋给煤机容易发生机械故障，减速传动机构和进煤螺杆的加工制造也较复杂。因此，20 世纪 70 年代末出现的另一种给煤机——抽板顶升给煤机，因结构简单，运行比较可靠，且同样具有良好的消烟作用而曾在小容量立式锅炉上得到应用。

第二节 煤 粉 炉

煤粉炉和燃油炉及燃气炉，统称为室燃炉。与层燃炉相比，无论在炉子的结构上，还是燃料的燃烧方式上，室燃炉都有自己的特点。第一，它没有炉排，燃料随空气流进入炉内，燃料燃烧的各个阶段都是在悬浮状态下进行和完成的，其容量的提高不再受炉排面的制造和布置的限制。第二，燃料的燃烧反应面积很大，与空气混合良好，可以采用较小的过量空气系数，燃烧速度和效率比层燃炉高。第三，由于燃料在室燃炉中停留时间一般都很短促，为保证燃烧充分完全，炉膛体积较大。第四，燃料适应性广，可以燃用固体、液体和气体燃料。第五，燃烧调节和运行、管理易于实现机械化和自动化。

一、煤粉燃烧的特点

煤粉炉是先把煤磨成煤粉，然后用空气将煤粉喷入炉膛内呈悬浮状燃烧的炉子。煤粉与空气的混合物进入炉膛受热后，先要把所含水分蒸发，接着挥发物被挥发、点燃。这就使煤粉点燃的条件不仅要求热源（交温燃烧产物）有一定的温度，还要求它必须有足够的热容量。不然，煤粉的着火就会发生困难，即使着火了也难以稳定燃烧。

为了保证煤粉的燃烧稳定和持续，煤粉炉通常采用以下技术措施：

1. 煤粉由空气携带进入炉内，输送煤粉的空气都需经过空气预热器预热，预热空气温度一般在 200～400℃。

2. 煤粉在磨制过程中，也要用热空气或热烟气进行干燥，使煤粉在燃烧时其水分含量不大于 1％，以利着火。

3. 携带煤粉进入炉内的空气，仅是煤粉燃烧所需空气量的一部分，约占 10％～40％，称为一次风。其余的燃烧所需空气，在煤粉与一次风混合气流中的煤粉点燃后，分别通过燃烧器和直接送入炉内。经由煤粉燃烧器混入的这部分空气，称为二次风；直接送入炉膛的这部分空气，则称为三次风。

煤粉炉的一次风风量要控制得当，主要目的是减少煤粉点燃时所需的热量，利于着火。煤粉炉的一次风、二次风的含义与层燃炉不同，而三次风则与层燃炉的二次风概念相仿。

4. 组织喷出燃烧器后的煤粉气流，使之形成一个高温燃烧产物回流区，以改善和强化煤粉着火、燃烧的物理条件。

5. 提供一个容积足够大的炉膛和布置足够多的水冷壁。前者是因煤粉燃尽过程较长；后者是让炉内呈熔融状态的煤灰及时冷却、固化，以免在相遇炉墙、水冷壁和炉膛出口处受热面时结渣，影响锅炉的正常运行。

二、煤粉的性质

煤粉是由不规则形状的颗粒组成的，其粒径一般在 $500\mu m$ 以下，其中以 $20～50\mu m$

的颗粒居多。

1. 煤粉的流动性

刚研磨制备的煤粉干燥而疏松，其堆积密度在 $0.4\sim0.5t/m^3$。由于煤粉颗粒小，比表面积大，有极强的吸附空气能力；吸附了大量空气后的煤粉堆积角很小，具有很好的流动性。颗粒越细、煤粉越干，其流动性能越好，易于实现管道输送。如果制粉系统的管道和设备不严密，煤粉很容易从缝隙中外漏，会造成环境污染。

2. 自燃与爆炸性

在输送煤粉的管道中，若煤粉发生离析而沉积于管道，煤粉与空气长时间接触会发生氧化发热，使积粉层内温度升高，当温度达到着火温度后将导致自燃。

煤粉和空气的混合物在适当的浓度和温度下会发生爆炸。影响煤粉爆炸的因素有：挥发分含量、煤粉细度、煤粉浓度和温度。一般情况下，颗粒越细、煤的挥发分含量越高、含煤粉浓度越接近危险浓度（$1.2\sim2.0kg/m^3$）和含氧浓度越大，引起爆炸的可能性越大。实践证明，煤粉的干燥无灰基挥发分 $V_{daf}<10\%$ 或颗粒粒径 $>100\mu m$ 的煤粉，几乎不会发生爆炸；对于温度低于 $100℃$、含煤粉浓度高于或低于危险浓度和含氧浓度 $<15\%\sim16\%$ 的煤粉，基本上也不存在爆炸的危险。

表 4-2 所列的是煤的干燥基无灰基挥发分 V_{daf} 与煤粉的爆炸等级的关系。

煤的挥发分与其爆炸性

表 4-2

干燥无灰基挥发分 $V_{daf}(\%)$	爆炸性	干燥无灰基挥发分 $V_{daf}(\%)$	爆炸性
<6.5	极难爆炸	$>25\sim35$	易爆炸
$>6.5\sim10$	难爆炸	>35	极易爆炸
$>10\sim25$	中等爆炸性		

3. 堆积特性

煤粉通常储存在煤粉仓中，自然压紧的煤粉堆积密度为 $0.7t/m^3$。如果煤粉在煤粉仓中与空气接触并吸附其水分，则容易粘结成块，造成系统供粉的中断，直接影响炉内燃烧的稳定。因此，对于中间储仓式制粉系统，在系统设计时应考虑设置相应有效的吸潮装置。

三、煤粉细度

1. 煤粉细度

煤粉的细度是衡量煤粉品质的重要特性指标。锅炉燃用的煤粉过粗或过细都是不经济的。

煤粉的细度，一般用具有标准筛孔尺寸的筛子来测量。若煤粉试样在标准筛孔边长为 $x(\mu m)$ 的筛子上过筛，经筛分后通过筛孔的煤粉质量（称为过筛量）为 b，筛上的剩留煤粉质量（称为筛余量）为 a，则该煤粉的细度 R_x 为

$$R_x = \frac{a}{a+b} \times 100\%$$

（4-1）

煤粉细度 R_x，即为筛余量占筛分前试验煤粉质量的百分数。显而易见，对既定的标准筛来说，R_x 越小，煤粉越细，反之则煤粉越粗。

我国采用的筛子规格及煤粉细度的表示方法列于表 4-3。

筛子规格及煤粉细度表示符号 表 4-3

筛号(每厘米长的孔数)	6	8	12	30	40	60	70	80	100
孔径(筛孔的内边长,μm)	1000	750	500	200	150	100	90	75	60
煤粉细度	R_1	R_{750}	R_{500}	R_{200}	R_{150}	R_{100}	R_{90}	R_{75}	R_{60}

我国煤粉炉常用 30 号和 70 号开口筛子,用它们测得的煤粉细度则分别以 R_{200} 和 R_{90} 表示。

锅炉燃用的煤粉,从燃烧角度考虑,煤粉磨得越细越有利,但制粉的电耗及费用必将增高。因此,合理的煤粉细度,应由技术经济比较确定。不同的煤种,对煤粉细度要求各不相同,比如挥发分较多的煤,因其着火和燃尽都较容易,煤粉就可磨得粗些;反之,则要求细些。在一般情况下,烟煤的煤粉细度 R_{90} 控制在 $25\%\sim40\%$,褐煤的 $R_{90}=40\%\sim60\%$,而无烟煤的 $R_{90}=6\%\sim14\%$。

2. 煤粉的均匀性

煤粉的颗粒特性,单由一个煤粉细度 R_x 来表示是不够全面的,还应检验其均匀性。譬如,有甲、乙两种煤粉,其 R_{90} 均为 30%,煤粉细度相同;但 R_{200} 值二者不等,甲种煤粉为 20%,乙种煤粉为 10%,显然乙种煤粉的均匀性要优于甲种煤粉。

煤粉的均匀性对煤粉的质量有较大影响。煤粉越均匀,大颗粒煤粉越少,燃烧时固体不完全燃烧热损失 q_4 越小,而煤粉细颗粒越多,则磨煤设备的电耗高,金属磨损较大,影响制粉系统的经济性。

四、磨煤设备

磨煤机是煤粉制备系统的主要设备。它的作用是将具有一定尺寸的煤块干燥、破碎并磨制成煤粉。磨煤机的种类很多,常用的有竖井式磨煤机、风扇式磨煤机和筒式钢球磨煤机(又名球磨机)。供热锅炉因其容量不大,通常采用结构简单、电耗及金属耗量都较低的竖井式磨煤机或风扇式磨煤机。

1. 竖井式磨煤机

竖井式磨煤机是一种快速锤击式磨煤机,由外壳、转子和竖井组成(图 4-27)。经过预先除铁、破碎后的碎煤自进煤口送入;煤在锤子的高速打击和与外壳护甲板的撞击下变成细末煤粉,细粉被从两侧轴向进入的热空气携带经竖井由喷口进入炉膛燃烧。竖井有一定高度,粗粉由于重力作用,被分离重新落回磨煤机,继续粉碎至所需的细度。当煤粉的细度不符合要求时,还可通过改变挡板角度进行调节。为保证竖井的分离作用,其截面和高度均有一定要求。截面积取决于竖井中气流的速度,通常为 $1.5\sim3.0 m/s$;竖井高度一般不低于 4m。

气流在竖井和喷口中的流动阻力不大,可借助磨煤机转子高速旋转时产生的送风压头,省去了其他制粉系统中所必需的风机——排粉机。同时,竖井磨煤机的运行功率主要取决于磨煤量,其制粉电耗不会因负荷的降低而增大。此外,采用竖井既作为煤粉分离设备,又作为磨煤机和炉子的连接通道,结构简单而紧凑。

诚然,这种磨煤机的制粉细度较粗,运行中锤子的磨损很快,如用白口铁锤头一般只能用一星期左右;即使采用耐磨钢或耐磨合金钢堆焊制造,使用寿命通常也不过 600h 左右。因此,它比较适用于易磨和挥发物较高的燃料,如褐煤和较软的烟煤等。

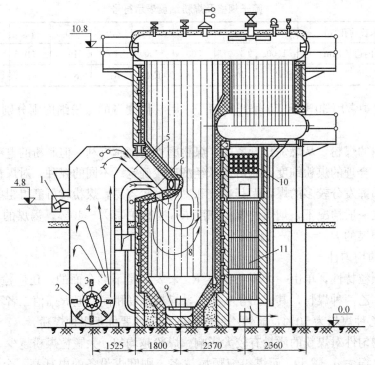

图 4-27 SZS10-1，3-W 型锅炉简图

1—振动给煤机；2—竖井磨煤机；3—磨煤机转子；4—竖井；5—煤粉与一次风；6—二次风；

7—煤粉喷口；8—炉膛；9—小炉排；10—省煤器；11—空气预热器

2. 风扇式磨煤机

风扇式磨煤机的结构形式与风机相似，主要由叶轮、蜗壳等部件组成，如图 4-28 所示。它与风机的不同之处是其叶轮上装有 8～12 个冲击板，在蜗壳内壁装有护板。冲击板

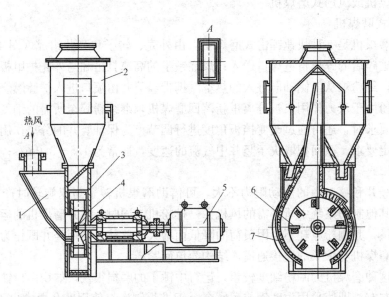

图 4-28 风扇式磨煤机

1—加煤斗；2—粗粉分离器；3—机体；4—叶轮；5—电动机；6—冲击板；7—护板

和护板均用锰钢等耐磨钢材制成。风扇磨煤机既起磨煤机作用，又起排粉机的作用，加上在其上方组装以粗粉分离器，结构十分紧凑，简化了制粉系统。

原煤随着干燥剂——热风或高温烟气从磨煤机的轴向或纵向进入风扇磨煤机，被高速旋转的冲击板打击，抛到装设在内壁的护板上再次被打碎。依靠叶轮高速旋转所产生的压力（约为1500～3500Pa），将颗粒大小不同的煤粉送往粗粉分离器，不合格的粗粉被分离下来，借自身重力回落到磨煤机内进行再次研磨，粒度合格的细煤粉被直吹至燃烧器，喷入炉内并与二次风强烈混合进行燃烧。

煤在风扇磨煤机中大部分呈悬浮状态，干燥过程强烈。若是研磨湿煤，可以在进入磨煤机前装置干燥竖井作辅助干燥。因此，风扇式磨煤机也适合研磨褐煤及高水分含量的烟煤。

由于风扇式磨煤机尺寸小，内存煤量少，适应负荷变化迅速，通常都采用直吹式系统。图4-29所示即为以热风和高温烟气作为干燥剂的风扇式磨煤机直吹式系统示意图。原煤由给煤机3供给，经下降干燥管2进入磨煤机1研磨，煤粉经粗分分离器4和煤粉分配器5被直吹至燃烧器6入炉燃烧。

采用高温烟气和热风作干燥剂使得干燥剂中氧的浓度降低，这有利于防止爆炸的发生。同时，烟气和热风混合物作为一次风进入炉膛，可以降低燃烧区的温度，防止炉内结渣和减少NO_x的生成。值得提及的是这种直吹式系统，当原煤水分较大时，在不改变总风量的条件下，可以通过调节高温烟气和热风的比例来满足干燥煤的需要。

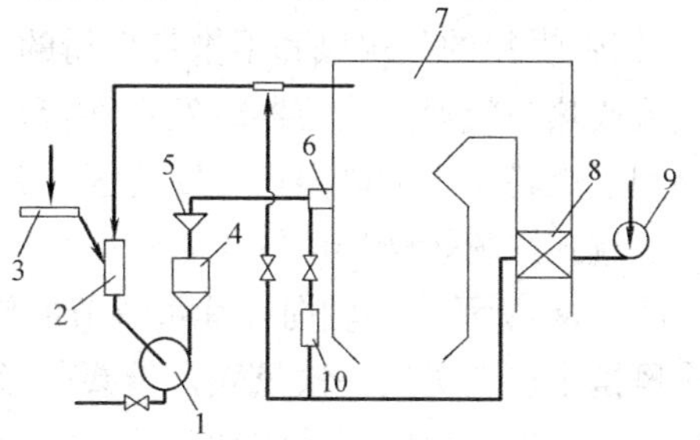

风扇式磨煤机结构简单紧凑，便于制造，初投资和电耗较低；可研磨水分较高的煤。但是，它的冲击板磨损严重，使用寿命短，需要频繁更换，运行的可靠性较差。

图4-29 风扇磨煤机直吹式系统示意图

1—磨煤机；2—下降干燥管；3—给煤机；
4—粗粉分离器；5—煤粉分配器；6—燃烧器；
7—锅炉；8—空气预热器；9—送风机；10—二次风箱

五、煤粉燃烧器

煤粉燃烧器是煤粉炉最主要的燃烧设备。它的作用是将煤粉和燃烧所需的空气送入炉内，并使二者及时、充分混合，保证煤粉进入炉膛后迅速、稳定地着火和尽可能地充满整个炉膛，完全燃尽。按煤粉燃烧器出口气流的性状，可分为直流式和旋流式两类。

1. 直流式煤粉燃烧器

直流式煤粉燃烧器由一组圆形、矩形或多边形喷口构成，煤粉和空气分别由各自的喷口喷入炉膛。燃烧所需的空气——一次风、二次风在燃烧器中均不旋转。直流煤粉燃烧器可以布置在炉膛的前后墙、顶部或炉膛的四个角上。我国设计的中、大型煤粉锅炉，常将其放置于炉膛的四角，称为角置煤粉燃烧器，其优点是燃烧稳定，对煤种变换的适应性较强。

角置直流煤粉燃烧器安装的轴线与炉膛中心的假想圆相切，一个燃烧器的火焰是射向另一个燃烧器的根部的。如此，就得到了四角上的燃烧器相互支持，气流旋转上升，在旋转上升的过程中一、二次风能很好地混合，使之燃烧充分完全。

直流式煤粉燃烧器的一、二次风都是以较高的流速直射喷出，携带煤粉的一次风会把炉膛中它周围的高温烟气吸入，加上它吸收炉内火焰的辐射热，使煤粉气流的温度迅速提高而着火燃烧。

为了使炉内火焰稳定，通常可以采用以下技术措施：增加一次风喷口的个数，增大一次风与炉内高温烟气的接触面；加大一次风与二次风喷口的距离，使一次风携带的煤粉着火后的火焰，经过一段发展后再与二次风混合；让速度较高、风量不大的二次风包围着一次风，利用这部分二次风的动能更有效地卷吸炉内的高温烟气，使其与一次风充分混合，以利着火。

运行实践证明，无论燃用挥发分含量高的煤，还是挥发分低的煤，直流式燃烧器的二次风风速范围变化不大，一次风风速的变化范围也不大。由此可见，对于一次风风量相差不多的煤种，如无烟煤与贫煤，烟煤和褐煤，直流煤粉燃烧器都有一定的通用性，也即它具有较好的煤种变换适应能力。

2. 旋流式煤粉燃烧器

旋流式煤粉燃烧器由圆形喷口构成，其中可装置多种型式的旋流发生器（简称旋流器）。携带煤粉的一次风和不携带煤粉的二次风是分别用不同管道与燃烧器连接的。当煤粉气流或热空气通过旋流器时发生旋转，从喷口射出后形成旋转射流。利用旋转射流能形成有利于煤粉着火的高温烟气回流区，并使气流强烈混合。

旋流式煤粉燃烧器使气流旋转所采用的结构、所运用的原理与旋流式油燃烧器相同。

图 4-30 所示为一轴向叶片可调节的旋流式燃烧器，其在出口装置有一蘑菇形扩散锥。一次风携带煤粉进入一次风壳，借蘑菇形扩散锥的作用，使煤粉气流一进炉膛就迅速向四周扩散。二次风由叶轮上的轴向叶片导向，造成旋转。叶轮的位置是可调的，当叶轮拉出时，叶轮和二次风壳的圆锥形壳壁之间间隙增大，部分二次风便从间隙里直流而过。这股直流二次风和叶轮中流出来的旋转二次风混合在一起，其旋转强度比全部二次风通过叶轮时的旋转强度有所减弱。因此，只要调节叶轮位置，即改变间隙大小，就可调节气流的旋

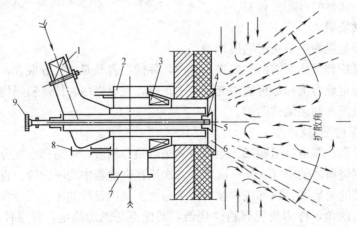

图 4-30　旋流式燃烧器

1—一次风舌形挡板；2—二次风壳；3—二次风叶轮；4—蘑菇形扩散锥；
5—油喷嘴；6—碹口；7—二次风入口；8—杆拉；9—调节手轮

转强度，调节比较灵活，调节性能也较好。

根据燃烧需要，旋转强度可调的二次风旋转射流会带动一次风旋转流动，借旋转离心力使射流迅速扩展成一锥形体。旋转射流的扩展使火焰在炉膛中的充满度完好；另一方面射流的内缘和外缘会带动周围气流一起向前流动，形成卷吸现象。由于卷吸作用，在燃烧器中心线附近造成了负压区，于是离燃烧器远处的高温烟气被回流到煤粉气流的根部来，促进和改善了煤粉的着火燃烧。旋转射流在卷吸了烟气后，其轴向速度迅速衰减，切向速度也由于射流的扩展使转动半径加大而衰减，因而射流的射程较短，不致冲到对面炉墙上而形成渣瘤，影响正常运行。

旋流式煤粉燃烧器的一次风不旋转，气流离开燃烧器后能形成的回流区较小，因此它只适宜燃用易于着火燃烧的褐煤和挥发分含量高的烟煤等煤种，也适合用作褐煤、烟煤与重油变换燃烧的燃烧器。如若用它来燃用挥发分含量较低的煤，着火有时不够稳定。

旋流式燃烧器的旋流强度易于调节，有利于燃烧的调整。它的一次风阻力较小，故可配用于竖井式磨煤机炉；但二次风阻力较大，一般约为 $700\sim1500\text{Pa}$。

六、炉膛结构

煤粉炉的炉膛，既是供煤粉燃烧的空间，又是锅炉换热的重要组成部件。与层然炉相比，煤粉炉的炉膛体积大，以使煤粉气流在炉膛中的停留时间不致太短，以满足燃烧的需要。煤粉炉的炉膛体积热负荷 q_V，通常推荐为 $140\sim235\text{kW/m}^3$，据此以确定炉膛体积的大小。对于燃用无烟煤、贫煤和灰熔点低的煤的锅炉，取较小值；对于燃用挥发分高而灰熔点高的煤，则取较大值。

煤粉炉的炉膛除了要有适当体积外，还必须有合理的几何形状。一般来说，过于瘦长的炉膛，气流充满程度虽好，但水冷壁附近的烟气温度往往过高，易造成结渣；过于矮胖的炉膛，燃烧器附近温度较低，不利煤粉着火，且火焰充满度也差，煤粉气流在炉内停留时间相对较短。因此，煤粉炉的炉膛截面热负荷 q_F 的推荐值一般为 $1860\sim2330\text{kW/m}^2$。

炉膛要便于布置水冷壁，水冷壁布置的数量应以使炉膛出口烟气温度在 $1000\sim1100\text{℃}$，略低于灰的软化温度 t_2 为宜。过高易造成受热面结渣，过低又将影响燃尽，降低锅炉经济性。

从燃烧器至炉膛出口要有足够行程，也称火焰长度，其值随煤种和锅炉容量的大小而异。对于小型供热锅炉，火焰长度也不宜短于 $6\sim7\text{m}$。至于炉膛的宽度和深度，宽深比一般在 $1\sim1.2$；在前墙或前、后墙相对布置旋流式燃烧器时，其炉膛深度不宜过小，以免火焰喷到对面炉墙而引起结渣。

由上可见，一个合理的炉膛结构，应组织好燃烧，获得较高燃烧效率，有合理的温度场，防止和避免局部热负荷过大和发生结渣现象；有良好的炉内空气动力工况，使火焰不贴壁，不冲对面炉墙，火焰充满度好；有较好的燃料适应能力，等等。

七、煤粉炉

煤粉炉的用煤被磨成煤粉后喷入炉内，与空气的接触面大为增加，这不仅改善了着火条件，也强化了燃烧，使煤粉炉的煤种适应范围较广，而且燃烧也较完全，锅炉热效率高达 90% 以上。同时，煤粉燃烧的热惰性较小，燃烧调节方便，适应负荷变化快。因此，它被广泛地应用于中、大容量的锅炉，蒸发量从 $10\sim20\text{t/h}$ 一直到 4000t/h 上下，或更大的容量。目前，我国电厂中的燃煤锅炉，大多采用这种悬浮燃烧的方式；在供热锅炉中，由于它需要配置磨煤设备，电耗大，系统也较复杂，且不能低负荷运行和压火以及飞灰多、易污染环境等原因，应用受到一定的限制。

煤粉炉可配置不同的磨煤机和燃烧器。图 4-27 所示为一配置竖井式磨煤机炉子的锅炉，炉前并排布置有两台竖井式磨煤机，单机运行能力为额定负荷的 80%，振动给煤装置在竖井的前上方。炉膛高约 10m，中间呈腰形；煤粉喷口向下，在喷口两侧，布置有二次风；煤粉燃烧火焰在炉膛中呈"U"形流动，行程较长，有利于燃尽。炉膛的底部，设置了一个小炉排，既作点火，又作低负荷时的稳定火源。

煤粉燃烧所需的空气是分别送入炉内的，一次风与煤粉混合成煤粉气流由燃烧器送入炉内，一次风温度越高越有利于着火，但必须保证制粉和输送的安全。一次风量不宜过大，否则将因煤粉气流的体积增多难以达到着火温度，而使着火延迟；过小则易形成煤粉沉积堵塞于一次风管内。通常，一次风量大致以能满足煤粉中挥发物燃烧的需要为度，即与燃煤的挥发物含量成正比（表 4-4）。煤粉气流着火的迟早，不仅与一次风风量有关，也与一次风风速有很大关系。

二次风是单独送入炉内的，煤粉着火后与二次风混合，使燃烧继续下去。二次风送入的部位和时间要适当，过早送入等于加大一次风量，不利着火；太迟又会使燃烧阶段缺氧而影响燃烧效率。此外，二次风的风速要比一次风风速高些，以获得较强烈的搅拌和扰动作用。对于不同煤种，旋流式燃烧器的一、二次风速的选用范围列于表 4-4。

旋流式燃烧器的配风条件　　　　　　　　　　　　　　　表 4-4

名　　　称	无烟煤	贫　烟	烟　煤	褐　煤
一次风出口风速(m/s)	14～16	16～20	20～27	20～30
二次风出口速度(m/s)	18～22	20～25	23～25	25～37
一次风占总风量的百分数(%)	15～20	20～25	25～40	40

煤粉炉的空气过量系数比层燃炉小，一般在炉膛出口处保持在 1.15～1.25。燃用挥发分低的煤或低负荷运行时，过量空气系数则要大一些，其最佳值需通过试验确定。

煤粉炉通常四壁都布置有水冷壁受热面。当锅炉负荷降低时，送进炉子的煤粉量减少，而水冷壁吸热量减少的幅度不大。因此对应于 1kg 煤的水冷壁吸热量有所增加，这就使炉膛平均温度降低，影响煤粉的稳定着火。如果负荷继续降低，将会导致熄火。可见，煤粉炉适应负荷变化的能力较差，通常负荷调节范围只能在 70%～100% 的区间变化，更谈不上有压火的可能性。这也是煤粉炉不太适宜用于供热锅炉的重要原因之一。

第三节　燃　油　炉

油作为一种液体燃料，有两类燃烧方式。一类为预蒸发型——燃料油先行蒸发为油蒸气，然后按一定比例与空气混合进入燃烧室燃烧，如装有化油器的汽油机；另一类为喷雾型——燃料油被喷雾器（喷嘴）雾化为油的微小油粒在燃烧室内燃烧，燃油炉采用的就是这种燃烧方式。

一、油的燃烧过程

锅炉燃用重质油时，需要预先加热以降低其黏度，再由油泵加压送至炉前，然后通过油喷嘴喷入炉内，此时油被散开并形成极细的雾状油滴，这个过程称为雾化。雾化后的油滴置于高温、含氧的介质中，吸热并蒸发为蒸气，再和喷引入炉中的空气混合，进而继续吸热而升温，当达到着火条件（一定的温度和浓度）时即着火、燃烧。

油及其蒸气都是由碳氢化合物组成的，其中高分子碳氢化合物所占的比例较大，它们如若在与氧接触前已达到高温（>700℃），则会因缺氧、受热而发生分解——热解产生固体的碳和氢，这种固体碳即为炭黑微粒。另外，如有尚未蒸发的油滴会因急剧受热发生裂化，一部分较轻的分子从油滴中飞溅而出，较重的部分可能变成固态物质——焦粒或沥青。炭黑微粒和焦粒不仅造成固体不完全燃烧热损失，而且还将污染环境。因此，必须重视油喷嘴的设计、制造，以保证油的雾化质量。

气态的碳氢化合物，包括油蒸气以及热解、裂化产生的气态产物，当与氧分子接触后并达到着火温度时便开始剧烈的燃烧反应，即便是炭黑微粒和焦粒也有可能在这种条件下开始燃烧。

油从油喷嘴向炉内喷射形成雾化炬（图 4-31），这股射流在炉膛内含氧的高温介质中，其中油蒸气和热解、裂化产物等可燃物不断向外扩散，而空气（氧分子）则不断向内扩散。当二者混合达到一定程度（化学当量）时，就开始着火燃烧并形成火焰锋面。火焰锋面上产生的热和炉膛辐射热又将微细油粒加热，继而蒸发和燃烧。

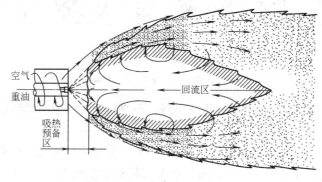

图 4-31　油的雾化与燃烧

由上述不难发现，油粒的燃烧经历着两个互相依存的过程，即一方面燃烧反应需要由油的蒸发来提供反应物质，另一方面油的蒸发又需依赖燃烧反应提供热量。如果燃烧处于稳态过程中，油的蒸发速度和燃烧速度应该相等。所以，当油蒸气和氧的混合燃烧过程强烈时，只要有油蒸气可以即刻燃尽，也即此时的燃烧速度取决于蒸发速度；如果蒸发速度很快而燃烧缓慢，显然燃烧过程的速度此时取决于油蒸气和空气混合物的燃烧速度。换言之，油的燃烧过程不单包括混合物的均相燃烧，同时还包含有对油粒表面的传热和传质过程。

二、油的雾化

如上所述，燃料油的燃烧包含三个同时发生的过程，即油的雾化、被加热气化；油蒸气和空气相互扩散和混合；可燃混合物的着火和燃烧。其中，油的雾化质量无论是对燃烧速度，还是对油的燃烧完全程度均起着至关重要的作用。雾化的目的，说到底是为了提高油的总表面积。如果将 1kg 油雾化成粒径为 $30\mu m$ 的油粒，其总面约达 $200m^2$，可以大大强化油的燃烧。

油的雾化过程是一个复杂的物理过程，需要消耗能量。按其消耗能量的来源，可分为两类。一类是依靠机械能提升油的自身压力，如机械离心式雾化油喷嘴和转杯式雾化油喷嘴等；另一类则利用诸如蒸汽和空气等雾化介质提供的能量，如蒸汽雾化油喷嘴。

油喷嘴也叫油雾化器，它的作用是先把油雾化成雾状粒子，并使油雾保持一定的雾化角和流量密度，使其与空气混合，以强化燃烧过程和提高燃烧效率。

油喷嘴的型式很多，常用的有机械雾化喷嘴、蒸汽雾化喷嘴和转杯式雾化喷嘴等多种。

1. 机械雾化喷嘴

又名离心式雾化喷嘴，分有简单压力式和回油式两种，最常用的是切向槽简单压力式雾化喷嘴（图 4-32）。经油泵升压的压力油由进油管经分流片的小孔汇合到环形槽中，然后流经旋流片的切向槽切向进入旋流片中心的旋流室，从而获得高速的旋转运动，最后由喷孔喷出。由于油具有很大的旋转动能，喷出喷孔时油不但被雾化，并形成具有一定的雾化角的圆锥雾化炬。雾化角一般在 $60°\sim100°$ 范围内，雾化后油粒的平均直径小于 $150\mu m$。

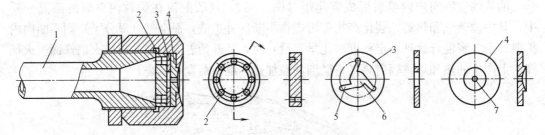

图 4-32　切向槽简单压力式雾化喷嘴
1—进油管；2—分流片；3—旋流片；4—雾化片；5—切向槽；6—旋流室；7—喷孔

试验资料表明，机械雾化喷嘴的雾化质量，与燃料油的性质、喷嘴结构特性和进油压力等因素有关。

燃料油的性质，主要是指它的黏度。黏度增大，雾化质量下降，即雾化粒子变粗。机械雾化要求油的黏度不大于 $3\sim4°E$，所以通常都将重油加热至 $110\sim130℃$ 左右使用，以降低黏度使其符合喷嘴的雾化要求。喷嘴结构特性，重要的是喷孔、旋流室和切向槽的尺寸，喷孔较小、旋流室直径较大和切向槽较长都将有利于雾化质量的提高。

这种简单压力式雾化喷嘴，主要靠油的高压把油雾化成油微的油粒，油的压力越高，动能越大，喷出后紊流脉动越加强烈，雾化得越细，质量越好。机械雾化喷嘴的设计油压通常为 $2.0\sim2.5MPa$；对于特大容量的电站锅炉，如国产的 1000t/h 直流锅炉，需用高达 $6.0MPa$ 的油压才能保证其雾化质量（油粒平均直径不大于 $100\mu m$）。当油压下降至 $1.0\sim1.2MPa$ 时，油的雾化粒子平均直径迅速增大，雾化质量急剧下降。

简单压力式机械雾化油喷嘴是依靠改变油压来调节其油量的。由于流量与压力的平方根成正比，当油压降至额定压力的一半时，喷油量才降低 30%；而油压的过大降低，雾化质量将显著下降。可见，此型喷嘴的调节性能差，只选用于带基本负荷或负荷稳定的锅炉，其最大优点是系统简单。

对于负荷变动幅度较大的供热锅炉，常采用在喷嘴中心设有回油管的回油式机械雾化喷嘴，既可扩大调节幅度而又不影响雾化质量。此型喷嘴的雾化原理与简单压力式喷嘴基本相同，不同的是它的旋流室前、后有两个油的通道，一个喷向炉内，另一个则通过回油管和回油阀流回油箱。这样，可以保持喷嘴的油压基本恒定，喷油量大小则可由回油阀来控制和调节。喷油量的调节幅度可从30％到100％，特别适用于自动调节的锅炉。

2. 蒸汽雾化喷嘴

蒸汽雾化喷嘴是利用高压蒸汽的喷射而将燃料油雾化的油喷嘴，其结构型式如图4-33所示。压力为0.4～1.0MPa的蒸汽经由蒸汽支管2进入环形套管，从头部喷孔高速喷射而出，将中心油管1中的燃料油引射带出并撞碎为细小油滴，再借蒸汽的膨胀和与热烟气的相撞进一步把油滴粉碎为更细的油雾。根据锅炉负荷，中心油管可用手轮伸前或缩后调节，以改变蒸汽喷孔的截面大小，从而实现蒸汽量和喷油量的调节，其负荷调节比较大。蒸汽雾化质量可以比机械雾化还好，平均油粒直径在$100\mu m$以下，而且比较均匀；燃烧火炬细而长。此外，高压蒸汽作为雾化介质，因温度高，能量大，因此可降低对油的黏度要求，一般为4～10°E。同时，由于中心油管有宽敞的油路，不致受阻堵塞，可以燃用质量较差的油，送油压力也不需太高，通常有0.2～0.3MPa即可。

此型喷嘴虽结构简单、制造方便、运行安全可靠，但蒸汽耗量较大，雾化1kg重油约需0.4～0.6kg蒸汽，降低了锅炉运行的经济性。同时，还会加剧尾部受热面金属的低温腐蚀和积灰堵塞。

为了减少蒸汽用量，容量较大的锅炉上采用了如图4-34所示的Y型蒸汽雾化喷嘴。蒸汽通过内管进入头部一圈小孔——汽孔，而油则由外管流入头部与汽孔一一相对应的油孔。油和汽在混合孔中相遇，相互猛烈撞击喷入炉膛而将油雾化。Y型雾化喷嘴的耗汽量很小，仅0.002～0.003kg/kg，调节比可达1：6，仍能保持良好的雾化燃烧工况。一般这种油喷嘴的额定油压为1.5MPa左右，蒸汽额定压力为1.0MPa。

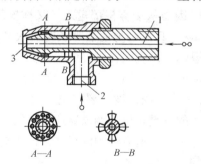

图4-33 蒸汽雾化喷嘴

1—中心油管；2—蒸汽支管；3—喷油出口

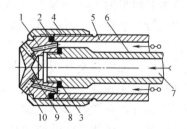

图4-34 Y型喷嘴

1—头部；2，3—垫圈；4—套嘴；5—外管（油管）；
6—内管（汽管）；7—蒸汽入口；8—油孔；
9—汽孔；10—混合孔

在小容量锅炉上，也有采用空气作为雾化介质的喷嘴，空气压头在2～7kPa，经喷嘴缩口处的空气流速可高达80m/s，也可获得良好的雾化质量。

3. 转杯式雾化喷嘴

转杯式雾化喷雾如图4-35所示，它由高速转旋的转杯和输油空心轴组成。空心轴上装置有一次风机的叶轮，产生的风压可达2.5～7.5kPa。油通过空心轴进至转杯根部，由于高速旋转运动，油沿转杯内壁向杯口方向流动，随着转杯直径的增大，内表面积也越来越大，迫使油膜越来越薄，最终在离心力的作用下甩离杯口，化为油雾。同时，一次风机鼓入的高速空气流，出口速度约40～100m/s，也有效地帮助油滴雾化得更细。显然，离心力是油雾化的根本动力，所以转杯的转速对雾化质量起着保证作用，黏度较高的重油或渣油，则要求转杯有较高的转速。

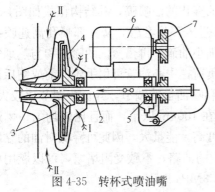

图 4-35　转杯式喷油嘴

1—转杯；2—空心轴；3—一次风机固定导流片；
4—一次风机叶轮；5—轴承；6—电动机；
7—传动皮带轮；
Ⅰ——次风；Ⅱ—二次风

转杯式油喷嘴的特点是对油的适应性较好，喷油量调节范围大，燃烧火焰短而宽。此外，因不存在喷孔的堵塞和磨损，对油中所含杂质不甚敏感；而且送油压头不高，无需装设高压油泵。但它有高速转动的部件，制造加工较为复杂，振动和噪声也尚待进一步改进解决。

三、调风器

保证燃油炉良好燃烧的决定条件是良好的雾化质量和合理配风，其关键设备是油燃烧器。油燃烧器主要由油喷嘴和调风器所组成。

调风器也叫配风器。它的作用是为已经良好雾化的燃料油提供燃烧所需的空气，并使进入炉内的空气形成有利于燃烧的气流形状和速度分布，使油雾能与空气很好地混合，促成着火容易、火焰稳定和燃烧良好的运行工况。

1. 调风器的性能要求

前已提及，油滴蒸发成的油气在高温（>700℃）、缺氧的情况下，会使碳氢化合物热分解生成炭黑粒子，造成不完全燃烧损失。为此，调风器首先要使一部分空气和油雾预先混合，以避免产生热分解。这部分空气称为一次风，因需从油雾根部送入，又称根部风，其风量约为总风量的 15%～30%，风速为 25～40m/s。其次，为使油雾及时着火和燃烧稳定，调风器应能在燃烧器出口造成一个适当的高温烟气回流区，以提供着火所需的热量和稳定火焰。但这回流区的尺寸和旋转气流强度不需要太大，因为油比煤粉易于着火和稳定燃烧。再则，油雾和空气混合要强烈。这是因为油的燃烧速度主要取决于氧的扩散速度，因此强化油雾和空气的混合就成为提高燃烧效率的关键，也即调风器还必须使二次风具有较高的流速，在燃烧器出口瞬即与油雾混合，并组织气流有强烈的扰动，强化整个燃烧过程。此外，各燃烧器间的油和空气的分布应均匀。

2. 调风器的型式与结构

按照调风器出口气流的流动工况，调风器可分旋流式和直流式两大类。

（1）旋流式调风器

旋流式调风器的结构和旋流式煤粉燃烧器相似，一般也采用旋转叶片作为二次风旋流器，一次风叶轮安装在调风器出口，以造成稳定的中心回流区，这一一次风叶轮称为稳焰器。旋流式调风器的碟口角度为 0°～30°。

叶片型旋流调风器分切向叶片型和轴向叶片型两种。

1）切向叶片型调风器

图 4-36 所示为切向叶片型调风器，它可使一次风和二次风产生旋流。此型调风器的一次风一般进入直流通道，在通道的出口处中心位置装置有一个扩散锥——稳焰器，其作用有二：一是使一次风产生一定的扩散，在火焰根部形成一个高温回流区，以点燃油雾，稳定燃烧；二是利用其锥体面上开设的多条狭长缝隙和缝后的斜翅使气流旋转，旋转方向与主气流相同。

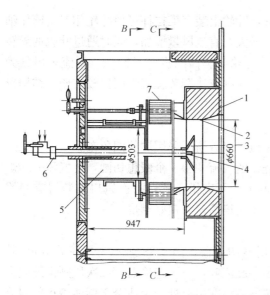
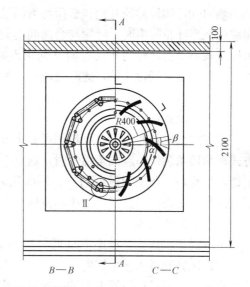

图 4-36　切向叶片型旋流燃烧器

1—后旋；2—喉口；3—稳焰器；4—油喷嘴；5—筒形一次风箱；6—压缩空气管；7—切向叶片

此型调风器的二次风通道采用切向叶片导向使气流旋转，切向叶片可以做成固定的或可调的两种。前者旋流强度一定，后者可以调节叶片和圆周切线的夹角使旋流强度改变，结构较为复杂。

叶片可调的调风器，当开度关小时，旋风强度和扩散角增大，中心回流区也随之加大。但是，旋流强度不宜过大，否则将会在油雾根部产生一个很强的高温回流，以致油雾一离开喷嘴就处于高温、缺氧的环境中，结果使其热分解形成炭黑粒子，导致不完全燃烧热损失的增加。同时，旋流强度过大，还会使回流区延伸入碴口，引起碴口内壁结焦。再则，旋流强度过大，气流衰减很快，后期混合和扰动差，使之难以在低过量空气系数下运行。

在小型的燃油炉上，一般可以采用固定式切向叶片调风器，叶片倾角为 25°～35°（燃用煤粉时 30°～45°），倾角增大，旋流强度也随之增大。

2）轴向叶片型调风器

图 4-37 所示为一轴向叶片型调风器。它的一次风常采用直流，通过位于一次风管后的环形风口进入，经头部的稳焰器旋转喷入炉内，它的旋转强度则可通过改变稳焰器的轴向位置来调节；二次风经二次风通道内设置的轴向叶片导向形成旋转气流。它的叶片与轴线平行布置，叶片出口使之弯曲并与轴线有一夹角，夹角越大，气流旋转强度越强。

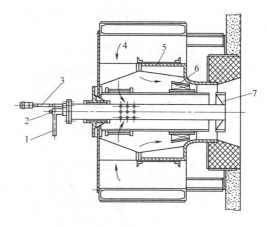

图 4-37　轴向可动叶片旋流式配风器

1—回油管；2—进油管；3—点火装置；4—空气；5—风门；6—叶轮；7—稳焰器

轴向叶片调风器的叶轮和套筒都为圆锥形，叶轮上装有推拉杆可使叶轮相对套筒作轴向移动。当叶轮拉出时，叶轮与套筒间的间隙增大，直流风量增加，同时通过叶轮的旋转风风量减小；当叶轮向相反方向推到顶点时，叶轮与套筒间没有了间隙，直流风风量为零，二次风全部通过叶轮，此时旋流强度最大。这种方法调节旋流强度比较方便，结构也不复杂。

（2）直流式调风器

直流式调风器和直流式煤粉调风器十分相似，多数情况采用炉膛四角布置，这种燃烧方式称为四角燃烧。当四角燃烧时，通常燃烧器的气流切于一个假想切圆，使气流一入炉膛即产生旋转。此型调风器的一、二次风采取上、下交错布置，一次风口内装置有稳焰器，以便使之在出口形成一个小回流区，有利于火焰稳定和良好燃烧。

（3）平流式调风器

平流式调风器是一种能进行低氧燃烧的新型调风器。图 4-38 所示为平流式调风器，一、二次风共同进入一个筒内。一次风经由中心旋流叶片——稳焰器，二次风则由外侧直流通道进入。通过稳焰器进入的一次风为旋转气流，在出口处产生适合于燃油着火的回流区，并使火焰稳定。直流二次风以 50～80m/s 的高速喷入炉膛，在离喷口较远处与未燃尽的可燃物气流强烈混合，使燃烧后期的供氧充分。

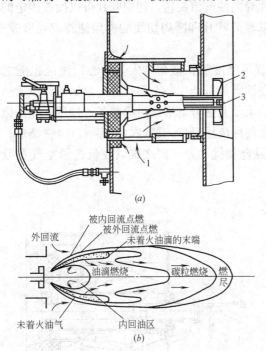

图 4-38　平流式调风器及油火焰结构
(a) 平流式调风器；(b) 火焰结构
1—二次风入口；2—稳焰器；3—点火用油喷嘴

平流式调风器按外筒筒体结构的不同，又分直筒式平流调风器和文丘里管式平流调风器。试验研究表明，这两种调风器在燃烧方面并无明显的区别，只是文丘里管式调风器的筒体在沿流动方向先收缩后扩大，中间有一个喉口，出口处筒壁呈渐扩形，可以利用喉口作为孔板测定风量，只要测出入口处和喉口后的静压差，就能计算出流经喉部的风量。换言之，可以进而利用这个静压差作为控制、调节送入平流调风器风量的信号，更可贵的是这个信号要比用一般测速方法测得的增大一倍以上，信号越大，越有利于准确测量风量，以实现低氧燃烧，从而提高锅炉效率和降低烟气中 SO_2、NO_x 等污染物的排放。

平流式调风器除了用于燃油，也适合于燃用气体燃料。

对于供热锅炉，为了保证燃烧器正常工作和炉内不结油焦，燃烧器中心和侧墙距离不应小于 1～1.2m；燃烧器中心到炉底的距离和两个喷嘴的中心距离都不宜小于 1m。当油喷嘴出力为 500～1000kg/h，炉膛深度不小于 4m；油喷嘴出力为 200～250kg/h，炉膛深度则不应小于 3m。

四、改善燃油炉燃烧的措施

对比燃煤炉，燃油炉的排烟中含灰很少，污染环境的主要有害物是 SO_2 和一部分 SO_3 以及氮氧化物 NO_x。如何抑制和减少它们的形成和产生以保护生态环境，从根本上说还得从改善燃烧着手。

1. 低氧燃烧

在油的燃烧过程中，把过量空气量尽可能压低，即让其在 α 处于低值（1.03～1.05）状态燃烧，同时注意保持炉内温度均匀，不产生局部过热现象以及改善油雾与空气的混合，加强扰动使燃烧完全。这些技术措施，可有效降低 SO_3 和 NO_x 在燃烧过程中生成。

低氧燃烧，可能增大锅炉的气体和固体不完全热损失；降低炉内温度水平也会影响燃烧效率。因此采取措施时，需要综合考虑，多方兼顾，譬如提高油的雾化质量、改善油气混合、改进燃烧器设计以及提高运行操作技术等。如果能像平流式调风器那样，采用自动调节设备监视和控制燃烧所需风量，过量空气系数压低在 1.05 的水平，燃烧效率可以保持在 95% 以上。

为切实实现低氧燃烧，国内外许多燃油锅炉采用微正压（2000～3000Pa）炉膛，有效防止炉外空气的渗入。目前，燃油炉是否实施和保持低氧燃烧已成为衡量燃油设备优劣和燃烧技术水平的重要标志之一。

2. 分级燃烧

分级燃烧，是将燃料所需的空气由不同设备和部位送入炉内供其燃烧的技术。通常，除调风器供给空气外，在距离调风器一定高度处再供给一部分空气，称为火焰上部风，以弥补经调风器送入二次风不足的 10%～20%。如此，不但可以使火焰区扩大，同时也使炉温趋于均匀并适当降低。炉温降低，十分有利于抑制和减少 NO_x 的生成，这是采取分级燃烧技术的主要目的。炉温降低，也有利于防止高温区的结渣，但或多或少影响了燃烧效率的提高。

第四节　燃　气　炉

前已论及，气体燃料是一种优质的清洁燃料，同时具有可以管道输送、使用性好以及便于调节，易实现自动化和智能化控制等优点。随着城市建设的发展、西气东输工程的实施和环保要求的提高，燃气锅炉的应用日广，因此，对气体燃料的燃烧、使用和管理的基本知识应有所了解和掌握。

一、气体燃料的燃烧

燃气炉启动时，要求它能迅速而又可靠地点燃着火。燃烧工况一旦建立，则要求在炉膛空间里火焰仍保持稳定燃烧。可以说，气体燃料的燃烧过程均由着火和稳定燃烧这两个阶段组成。

气体燃料的着火方法有两类：一类是将燃气和空气混合物预先加热，达到某一温度时便着火，称热自燃；另一类是用电火花、灼热物体等高温热源靠近可燃混合气而着火、燃烧，称为点燃或点火。事实上，这两种起因不同的着火现象有时是无法互相分割的。

气体燃料在民用和工业燃烧装置中燃烧时，会形成不同结构和形状的火焰，各自满足不同的需要。一般来说，这些不同的火焰是由于气体燃料与空气的混合方式的多样化而形成的。据此，气体燃料的燃烧可分为三类，即扩散式燃烧、部分预混式燃烧和完全预混式燃烧。

1. 扩散式燃烧

气体燃料没有预先与空气混合，燃烧所需的空气依靠扩散作用从周围空气中获得，这种燃烧方法称为扩散式燃烧，此时一次空气的过量空气系数 $\alpha_1 = 0$。扩散式燃烧的燃烧速度和燃烧完全程度主要取决于燃气与空气分子之间的扩散速度和混合的完全程度。

当燃气出口速度小，气流处于层流状态时，分子扩散缓慢而燃烧的化学反应速度很快，呈现其火焰长而火焰厚度很小，燃烧速度取决于空气的扩散速度。当燃气流量逐渐增加时，火焰中心的气流速度也随之增大，直至气体状态由层流转变紊流。此时，火焰本身开始扰动，提高了扩散速度和燃烧速度，火焰长度缩短。

扩散式燃烧的特点是燃烧稳定，热负荷调节范围大，不会回火，脱火极限也高。其次，它的过量空气量大，燃烧速度不高，火焰温度低。对燃烧碳氢化合物含量高的燃气，在高温下因火焰面内氧气供应不足，各种碳氢化合物热稳定性差，分解温度低而析出炭黑粒子，会造成气体不完全燃烧损失。再则，层流扩散的燃烧强度低，火焰长，需要较大的燃烧室，也即增大了炉膛的体积。

2. 部分预混式燃烧

燃气与燃烧所需的一部分空气预先混合而进行的燃烧，称为部分预混式燃烧，也称大气式燃烧。此时，它的一次空气系数为 $0 < \alpha_1 < 1$。燃烧速度取决于化学反应强烈程度和火焰传播速度，与燃气和空气之间的扩散与混合速度无关。

根据燃气与空气混合物出口速度不同，可形成部分预混层流火焰和部分预混紊流火焰。

部分预混层流火焰结构，由内焰、外焰及其外围不可见的高温区组成。首先，一次空气中的氧与燃气中的可燃成分在内焰反应，称为还原火焰或预混火焰。处于外焰的是一氧化碳、氢及其中间产物与周围空气发生氧化反应，称氧化火焰或扩散火焰。如果二次空气和温度等其他条件满足要求，则在此区域完成燃烧并生成二氧化碳和水蒸气。

部分预混紊流火焰结构与层流火焰相比，其长度明显缩短，而且顶部较圆，可见火焰厚度增加，火焰总表面积也相应增大。当紊流程度很大时，焰面将强烈扰动，气体各个质点飞离焰面，最后完全燃尽。这时，焰面变为由许多燃烧中心组成的一个燃烧层，其厚度取决于在该气流速度下质点燃尽所需的时间。

部分预混式燃烧的特点是，由于燃烧前预混了部分空气，克服了扩散式燃烧的某些缺点，提高了燃烧速度，降低不完全燃烧损失。另外，当一次空气系数适当时，这种燃烧方式有一定的燃烧稳定范围。随一次空气系数的增大，燃烧稳定范围变小。

3. 完全预混式燃烧

燃气与燃烧所需的全部空气预先进行混合，也即 $\alpha_1 \geqslant 1$，瞬时完成燃烧过程的燃烧方式，称为完全预混式燃烧。因它的火焰很短，甚至看不见，所以又称无焰燃烧。

为保证完全预混式燃烧的完好进行，首先是燃气与空气在着火前应预先按化学当量比混合均匀，其次是要有稳定可靠的点火源。通常，点火源是炽热的炉膛内壁、专门设置的火道、高温烟气形成的旋涡区或其他稳焰设施。

专门设置的火道对完全预混式燃烧过程的影响至关重要，它不仅能够提高燃烧的稳定性，增加燃烧强度，而且可以促成迅速燃尽。一般来说，燃气和空气混合物进入灼热发红的火道，瞬即着火燃烧。随气流的扩大，在转角处会形成旋涡区，高温烟气在此旋转循环流动。如此，灼热的火道壁和高温的循环旋转烟气又成为继续燃烧的高温点热源。此刻，只见火红灼热的火道壁，几乎不见火焰。假若火道足够长，火焰将充满火道的整个断面，燃烧稳定。显而易见，如果火道壁面温度不高，火道就失去了点燃可燃混合物的能力，所以燃气炉的燃烧室必须要有良好、可靠的保温措施。

实践表明，完全预混式燃烧的火焰传播速度快，火道的容积热负荷很高，可达 $100\sim200\mathrm{MJ/(m^3 \cdot h)}$ 或更高，并且能在很低的过量空气系数（$\alpha=1.05\sim1.10$）下达到完全燃烧，几乎不存在气体不完全燃烧损失。但火焰稳定性差，易发生回火。

原来在燃烧器喷口之外的火焰缩回到燃烧器内部燃烧的现象，称为回火，是火焰传播速度高于混合气体流速的结果。为了防止回火现象发生，必须保证燃烧器中的流速不能过低，而且其出口截面上的气流速度分布还要尽量均匀；有时也采取在燃烧器管口上加装水冷却套的措施来局部降低气流的温度，从而达到降低火焰传播速度，以避免回火的目的。反之，如果预混可燃气体在燃烧器出口处流速过高，就容易发生火焰被吹熄的燃烧不稳定（脱火）现象，这也是需要注意和防止的。

二、燃气燃烧器的分类与要求

气体燃料主要通过燃烧器燃烧释放热量而服务用户。热用户不同，有工业、商业和家庭等，对燃气燃烧的温度、火焰形状以及过量空气系数等都有各不相同的要求。因此需要各种类型的燃气燃烧器，才能满足不同的相应的使用要求。

1. 燃气燃烧器的分类

燃气燃烧器类型很多，有多种分类方法，其中常用的是按燃烧方式、空气供应方式和燃气压力进行分类。

（1）按燃烧方式分类

1）扩散式燃烧器　燃烧所需的空气不预先与燃气进行混合，也即一次空气系数为零（$\alpha_1=0$），燃气燃烧完全靠二次空气。

2）部分预混式燃烧器　燃烧所需的空气中部分与燃气预先进行混合，一次空气系数一般在 $0.2\sim0.8$ 范围（$\alpha_1=0.2\sim0.8$）。

3）完全预混式燃烧器　燃烧所需的空气全部与燃气预先进行混合，一次空气系数等于过量空气系数，约为 $1.05\sim1.15$（$\alpha_1=\alpha=1.05\sim1.15$），燃烧过程中不需要二次空气。

（2）按空气供给方式分类

1）引燃式燃烧器　空气被燃气的射流吸入或燃气被空气射流吸入。

2）鼓风式燃烧器　用鼓风设备将空气送入燃烧系统。

3）自然引风式燃烧器　依靠炉膛中的负压将空气吸入燃烧系统。

（3）按燃气压力分类

1）低压燃烧器　燃气压力≤5000Pa。

2）高（中）压燃烧器　燃气压力在 $5000\sim3\times10^5\mathrm{Pa}$ 之间。

2. 燃气燃烧器的要求

燃烧器是用以组织燃气燃烧过程并将化学能转变为热能的装置，性能质量的优劣将直接影响燃气炉（窑）等设备工作的可靠和安全。因此，在选用或设计燃烧器时，必须注意并要求其达到以下几点：

1）满足加热设备所需的热量和燃烧热强度，即具有一定的热负荷能力；

2）符合加热工艺要求，要具有所需的火焰特性（火焰形状、尺寸，发光强度，燃烧温度）和炉内气氛特性（氧化性、还原性或中性）；

3）燃烧稳定，在燃气压力、热值波动和负荷调节的正常范围内，不发生脱火和回火现象；

4）燃烧效率高，热量得以充分利用，经济性好；

5）燃烧器应配备有必要的自动调节和自动安全保护装置；

6）燃烧产物中的有害成分如 NO_x 和 CO 含量低，同时燃烧器工作时噪声小，有利于保护环境。

诚然，燃气燃烧器工作的好坏，除了自身的结构和性能外，与它的安装和操作使用技术有关，有时人为因素的影响至关重要。

三、常用的燃气燃烧器

1. 自然引风式扩散燃烧器

家庭用的煤气灶是最典型、最简单的一种自然引风式扩散燃烧器。煤气从多个小孔喷出点燃为多个小火炬，周围空气能很快地与单个小火炬的煤气混合，小火炬的长度要比不分股的单股煤气要短得多，可在较小的燃烧空间达到尽可能燃烧完全。分股后即使个别小火炬熄火，还有被其他火炬点燃的可能。所以，分股燃烧的方法虽然简单，却大大提高了燃烧的经济性和可靠性。

用于燃气锅炉，这类燃烧器通常用钢管制作成矩形管排或体育场跑道形环管，其上开若干直径为 1.0～5mm 的小孔，孔间距取 0.6～1.0 倍小管管径。这种燃气燃烧器的燃气压力分布较均匀，火焰高度大体整齐一致，燃烧稳定。但它的燃烧速度低，热负荷小，所需炉膛体积大，无法满足容量较大锅炉的燃烧需要。

自然引风式扩散燃烧器也有做成圆形多链式和炉床式的，前者燃气进入套管之间的环形空间，在端头的若干个切向缝口流出燃烧；空气靠炉膛负压（20～60Pa）吸引，一半在内管进入，一半通过外套管进入，各自均有空气的调节装置。切向燃气缝口长度一般为 5～10mm，宽度为 2mm；燃气压力为 10～30kPa。

炉床式扩散燃烧器如图 4-39 所示，它由直管燃烧器和火管组成，适合小型燃煤炉改造为燃气炉时使用。它的直管管径一般为 40～100mm，火孔直径为 2～4mm，孔间距为 6～10 倍火孔直径。火孔呈双排布置，燃用低压燃气时夹角可取 90°。

燃气燃烧所需空气由炉膛负压吸入，燃气经火孔喷出后与空气构成一定角度相遇，进行紊流扩散混合，约在离开火孔 20～40mm 处着火，在 0.5～1.0m 区段强烈燃烧。由于燃气管嵌在耐火砖砌成的开口狭缝中，灼热的耐火砖既为燃气的点火源，又因储蓄有大量热量使燃烧更加稳定。火道截面热强度可达 2.9～23MW/m²，火道最高温度可达 900～1200℃，过量空气系数为 1.1～1.3。

为了保证燃气燃烧所需的空气量，对于 2～10t/h 的锅炉，要求炉内负压不低于 20～30Pa；对于小型采暖和生活锅炉，则要求不低于 8Pa。

当燃用天然气时，火孔出口的最佳速度为 25～80m/s，空气流速为 2.5～8m/s。

2. 鼓风式扩散燃烧器

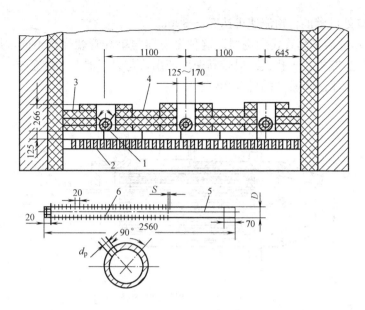

图 4-39 炉床式扩散燃烧器

1—燃烧器；2—炉算；3—石棉；4—耐火砖；5—燃气管；6—火孔

　　鼓风式扩散燃烧器是工业炉窑中常用的燃烧器，燃烧所需的空气与燃气没有预混而是在炉膛空间进行的，点燃后形成拉长的扩散火焰。这样，它不仅因排除了回火的可能性，具有极大的负荷调节范围，空气和燃气的预热温度也可得以进一步提高，而且由于混合过程不在燃烧器内部进行，可使尺寸大为缩小。此外，它可便捷地改换使用不同热值的燃气，甚至改燃气为燃油，而且在燃气热值和空气、燃气预热温度波动的情况下保持稳定的工作。

　　（1）套管式燃烧器

　　套管式燃烧器由大管和小管相套构成。通常燃气从布设在中间的一根或数根小管流出，空气则从大、小管的夹套中流出，燃气与空气在火道和炉膛边混合边燃烧。

　　图 4-40 所示的为单套管燃烧器的基本结构。它的特点是结构简单、制造容易，气流阻力小，所需燃气和空气的压力低（一般在 800～1500Pa），燃烧稳定且不会回火。它的缺点是燃气和空气的混合较差，热负荷不宜过大，不然火焰会很长，需要较大的燃烧空间和较大的过量空气系数。因此，单套管式燃烧器主要用于人工煤气的小型锅炉。

　　在单套管燃烧器前的管道中，燃气和空气的流速分别可取为 10～15m/s 和 8～10m/s。燃气在燃烧器内部管道中的流速要略高一些，可取 20～25m/s；燃气出口流速则不宜大于 80～100m/s，空气出口流速约为 40～60m/s。如

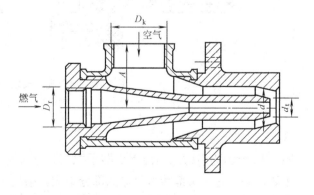

图 4-40 单套管式燃烧器

123

此，燃烧器出口处可燃混合物流速可达 25～30m/s。

图 4-41 所示的为多套管式燃烧器。这种燃烧器与单套管燃烧器不同，燃气通过数根小管流出，空气从花极（多孔极）以较高速度流出，与燃气混合比较充分，改善了着火和燃烧条件，适合用于热值较高的燃气燃烧。

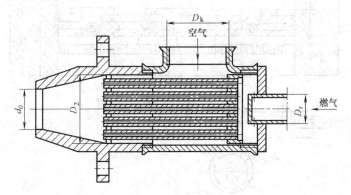

图 4-41　多套管式燃烧器

（2）旋流式燃烧器

旋流式燃烧器的结构特点是燃烧器本身带有旋流器，有中心供燃气轴向、切向叶片旋流式燃烧器和周边供燃气蜗壳旋流式燃烧器三种。图 4-42 所示为后一种蜗壳旋流式燃烧器，它主要由蜗壳配风器和三层圆柱形套筒组成。空气切向进入蜗壳，形成旋转的中心送风，进入内圆筒后继续螺旋形前进，其中一小部分空气从一排矩形孔进入外环形夹套，直接从燃烧器头部喷出。燃气则进入内环形夹套，并从圆柱形内筒周边上的 2～3 排小孔呈径向分成多股气流，以高速喷入空气的旋流中，二者强烈混合后进入火道燃烧。燃气的压力，对于焦炉煤气为 10kPa，对于天然气为 15kPa；空气压力为 1kPa，过量空气系数约为 1.05。

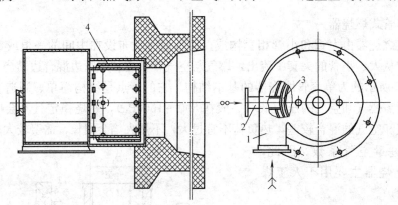

图 4-42　蜗壳旋流式燃烧器
1—空气入口；2—天然气进口短管；3—中夹套；4—送风管的内套筒

3. 引射式预混燃烧器

图 4-43 所示为引射式预混燃烧器示意图，它又称大气式燃烧器，是应用十分广泛的一种燃烧设备。它由头部和引射器两部分组成，结构十分简单。燃气以一定压力和流速从喷嘴喷出，靠引射作用将一次空气从一次空气入口吸入并使其与燃气在引射器内均匀混

合，然后由分布于头部的火孔中喷出而着火燃烧。这种燃烧器的一次空气系数 α_1 通常控制在 $0.45\sim0.75$，根据燃烧室工作状况的不同，过量空气系数在 $1.3\sim1.8$ 之间。

由于有一次空气的预混，此型燃烧器比自然引风扩散式燃烧器的火焰短，火力强，燃烧温度高。它可以燃用不同性质的燃气，燃烧比较完全，燃烧效率相对也较高；而且，所需燃气压力不高，适合燃用

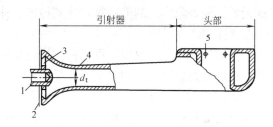

图 4-43　燃气引射式大气燃烧器示意图
1—喷嘴；2—调风口；3——一次空气入口；
4—引射器喉部；5—火孔

低压燃气。这种燃烧器适应性强，可以满足多种生产工艺需要。但当要求热负荷较大时，它的结构比较笨重。

此型燃烧器的多火孔式广泛用于家庭和公共事业中的燃气用具，单火孔的在中小型锅炉和工业炉窑中应用甚多。

4. 完全预混式燃烧器

完全预混式燃烧器是在它的内部将燃气和燃气燃烧所需的全部空气进行混合而成可燃混合物，然后在燃烧器喷头内部或在其出口处进行燃烧，形成短而急的高温火焰。其中，引射式完全预混燃烧器是广泛应用的该型燃烧器，主要由燃气喷嘴、进风装置、引射器（或称混合器）、混合气喷头及火道组成。燃气从燃气喷嘴喷出，引射燃烧所需的空气并进行混合。当燃气压力（或流量）改变时，燃气与空气的比例可以保持不变。

此型燃烧器可以在过量空气系数接近 1 的条件下实现完全燃烧并获得足够的高温；因设有火道，燃烧稳定，火道容积热强度大，可达 $29\sim28\text{MW/m}^3$ 或更高。此外，由于无需专门的空气供给设备，简化了炉子结构。但它要求保持稳定的燃气热值和密度；调节负荷范围较窄；易回火，且运行时噪声大，特别是在高压、高负荷时尤甚。

四、改善燃气炉燃烧的措施

锅炉燃用气体燃料，设备比较简单、操作方便。但与重油一样，在燃烧时如缺氧，将会热分解析出炭黑，造成不完全燃烧热损失，而且与一定量的空气混合时也具有爆炸性，操作管理上应有可靠的安全措施。

为了改善和强化燃气炉的燃烧，以期提高炉膛的容积热负荷和降低不完全燃烧热损失，可以采取的技术措施主要有以下几项：

1. 改善气流相遇的条件

改善燃气和空气两股气流的相遇条件，其目的是增大它们的接触面积。接触面积越大，就是反应面积越大，强化了燃烧。具体办法：可以把燃气和空气分成多股细流，让两股气流具有一定速度并交叉相遇；将一股气流（通常是燃气）穿过并淹没在另一股气流之中，等等。

2. 加强混合、扰动

气体燃料的燃烧是单相反应，着火和燃烧比固体燃料容易，但其燃烧速度和燃烧的完善程度与燃气和空气的混合好坏关系密切。混合越好，燃烧越迅速、完全，火焰也短。所以，只要火焰的稳定性不被破坏，应尽量提高气流出口或燃烧室中的气流速度，甚至在入

口处设置挡板等阻力大的障碍物，让其撞击、冲焰，增加气流的扰动，以加强混合。

3. 预热燃气和空气

提高燃气和空气的温度，可以强化燃烧反应。因此应利用排烟的余热预热燃气和空气温度，从而提高燃烧温度和火焰的传播速度，使燃烧过程得以强化。

4. 旋转和循环气流

促使气流旋转可以加强扰动和混合。同时，在旋转气流的中心会形成一个回流区，它引导大量烟气回流、循环，既强化了混合，也延长了烟气在炉内流动路线和逗留时间，从而减少了不完全燃烧损失。

5. 烟气再循环

为了提高燃烧反应区的温度，可以将一部分高温烟气引向燃烧器，使之与未燃的或正在燃烧的可燃混合物相混合，以提高燃烧强度。但需注意的是，再循环的烟气量不宜过大，不然会因惰性物质过多而稀释可燃混合物，反而使燃烧速度减缓，甚至缺氧热解，造成不完全燃烧损失。

第五节 流化床炉

固体粒子经与气体或液体接触而转变为类似流体状态的过程，称为流化过程，流化过程用于燃料燃烧，即为沸腾燃烧，其炉子称为沸腾炉或流化床炉。

流化床原理最早应用于化工和冶金工业，诸如用于干燥、煅烧、焙烧及气化等。流化理论用于燃烧始于 20 世纪 20 年代初的煤气发生炉，20 世纪 40 年代以后则主要在石油催化、裂化等石油化工和冶金工业中得到应用和发展。它作为一种新型燃烧技术应用于锅炉是在 20 世纪 60 年代。

在这 50 多年的时间里，全球范围由于能源紧缺和环境保护要求的日益提高，流化床炉不仅因其燃烧效率高、传热效果好以及结构简单、金属耗量低，而且它的燃料适应性广，几乎能燃用包括石煤、煤矸石、油页岩等劣质燃料在内的所有固体燃料；特别是它具有氮氧化物 NO_x 排放少、可以在炉内投放石灰石进行炉内脱硫、灰渣还可综合利用等优点，受到世界各国的普遍重视，得到了迅速的发展。除了早已广泛应用的鼓泡流化床，又成功研制开发了新一代洁净环保型流化技术——循环流化床炉。此项技术是目前公认的燃煤技术的重大创新，现已日臻成熟和完善，为流化床炉的发展目标——"大型化"提供了可靠的技术保证。目前，世界上已投运的循环流化床锅炉的最大容量达 600MW，1000MW 的正在研发之中。

在我国，流化床炉的研制工作始于 20 世纪 60 年代初。当时我国称这种燃烧方式的炉子为沸腾炉，所取得的成果在世界上处于领先水平。当年研制它的目的主要是为了扩大煤种的适应范围，使之能有效地燃用石煤、煤矸石等高灰分的劣质地方燃料。而今，我国能源安全和环境容量已面临支撑的极点，提高燃烧效率以节约能源和保护环境免受污染又成为开发研制流化床炉的新的重要课题。经科技人员的多年不懈拼搏努力，循环流化床技术在我国取得了世界瞩目的成果。2013 年 4 月，我国自主研发的世界首台最大的 600MW 超临界循环流化床锅炉，在四川白马示范电站成功地投入运行。由此标志着我国在大容量、高参数循环流化床洁净煤燃烧技术方面走在了世界前列。

1. 流化床炉及其特性

流化床燃烧是一种介于层状燃烧与悬浮燃烧之间的燃烧方式。煤预先经破碎加工成一定大小的颗粒而置于布风板上，其厚度约在 500mm 左右，空气则通过布风板由下向上吹送（图 4-46）。当空气以较低的气流速度❶通过料层时，煤粒在布风板上静止不动，料层厚度不变，这一阶段称为固定床（图 4-44a）。这正是煤在层燃炉中的状态，气流的推力小于煤粒重力，气流穿过煤粒间隙，煤粒之间无相对运动。

当气流速度增大并达到某一较高值——临界速度 W_{lj} 时，气流对煤粒的推力恰好等于煤粒的重力，也即此时床层颗粒完全由空气流托曳，不再受布风板支持；煤粒开始飘浮移动，料层高度略有增长。如气流速度继续增大，煤粒间的空隙加大，料层膨胀增高，所有的煤粒、灰渣纷乱混杂，上下翻腾不已，颗粒和气流之间的相对运动十分强烈，类似流体沸腾状态。这种处于流化状态的料床，称为流化床（图 4-44b）。这种燃烧方式，即为流化床燃烧技术。当风速继续增大并超过一定限度 W_{jx} 时，稳定的流化床工况就被破坏，颗粒将全部随气流飞走。物料的这种运动状态叫做气力输送（图 4-44c），正是煤粉在煤粉炉中随气流悬浮燃烧的情景。

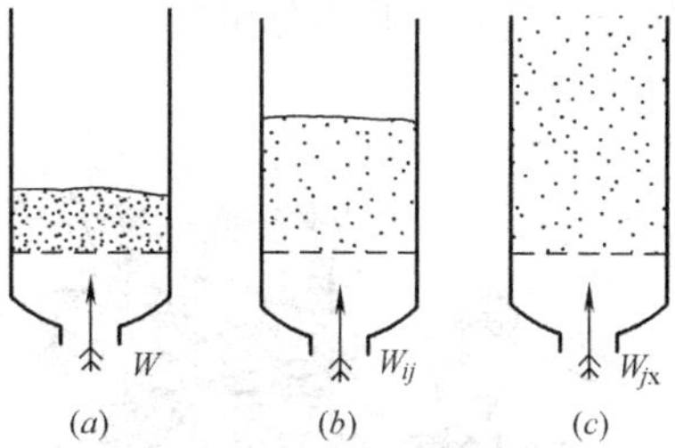

图 4-44　料层的不同状态

(a) 固定床；(b) 流化床；(c) 气力输送

料层由静止到流化状态，以至为气流携带飞走的整个过程，可用图 4-45 所示的特性曲线加以概括。当空气速度在 ab 范围内，料层高度不变，通风阻力随风速的平方关系增大。当风速增大至 b 点，料层中颗粒开始浮动，故 b 点称为临界点，对应的风速 W_{lj} 即为流化临界速度。试验研究证明，流化临界速度的大小主要取决于颗粒尺寸及其筛分级配、粒子的密度和气流的物理性质等因素。随着颗粒直径的增大、密度的增加或料层堆积的空隙率增大，临界速度 W_{lj} 增大；气流流体的运动黏度增大时，临界速度减小。

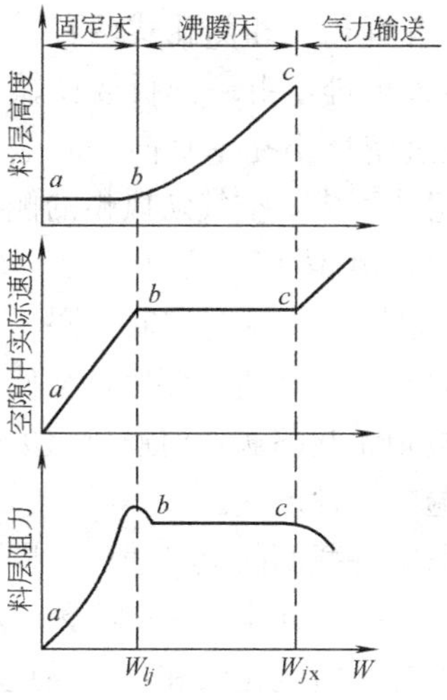

图 4-45　流化床特性曲线

在 b 至 c 的过程中，气流速度虽然继续增高，但因料层膨胀，空隙也增大，通过颗粒间隙的实际风速趋于一个常数，所以料层阻力与刚开始转入流化床时相比，变化不大。如果风速再增大超过一定限度达到 W_{jx} 时，固体颗粒即被风吹走，从流化状态转化为气力输送，料层不复存在，阻力下降。能挟带固体颗粒飞走的这个空截面气流速度 W_{jx}，称为极限速度，也叫带出速度。

显然，只有在 W_{lj} 和 W_{jx} 之间，料层才能保持稳定的流化状态。因此，流化床的运行风速和燃烧率的调节也只能限于这一范围。不过，实际在流化床中燃用的燃料总是宽筛分

---

❶　流化床炉中的气流速度不是料层中气流的真实速度，而是按不含物料的沸腾床空截面积计算的速度，称空截面气流速度或空床风速。

的，一般粒度为 0～8mm。为让较粗粒子也能被流化，气流速度就宜高些，但要考虑到细粉尽量少被吹走，减少固体不完全燃烧热损失，又宜选用低的气流速度。此外，在选择风速时，还要顾及颗粒的扰动强度和它在流化床内平均停留时间的关系，在保证良好流化床和强烈扰动条件下，尽可能降低气流速度，以使颗粒在流化床中有较长的平均停留时间。

2. 流化床炉的型式与结构

流化床炉的型式有鼓泡流化床炉和循环流化床炉两种。

（1）鼓泡流化床炉

鼓泡流化床炉是流化床炉的主要炉型，因进入流化床的空气部分以气泡形态穿过料层而得名。图 4-46 为此型炉子的结构示图，主要由给煤机、布风板、风室、灰渣溢流口以及沉浸受热面等几部分组成。

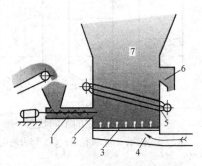

图 4-46　流化床炉结构示意
1—给煤机；2—料层；3—风帽式炉排
（布风板）；4—风室；5—沉浸受
热面；6—灰渣溢流口；7—悬浮段

鼓泡流化床炉的给煤方式，除了在料层下给煤（正压给煤），也可以在料层上的炉膛负压区给煤（负压给煤），所不同的是正压给煤飞灰较少，但需装设给煤机，以保证连续进煤，而负压给煤装置简单，飞灰不完全燃烧损失较大。

布风板是流化床炉的主要部件之一，兼有炉排（停炉时）和布风装置的作用。布风板的结构型式较多，以能达到均匀布风和扰动床料为原则，常用的有直孔式和侧孔式两种。直孔式，又名密孔板式炉排，由一钢板或铸铁板钻孔制成，空气通过密集小孔垂直向上吹送。侧孔式，又称风帽式炉排，它由开孔的布风板和蘑菇型风帽组装而成，空气从风帽的侧向小孔中送出，与上升气流呈垂直或交叉形式。在额定负荷时，风帽小孔风速一般为 30～34m/s（风温为 20℃时），如燃煤的密度较大或锅炉负荷波动较大，风速宜取上限，反之风速取下限。实验表明，直孔式布风板通风阻力小，鼓风启动时容易造成穿风，会使局部料层堆积而结焦，停炉时又易发生漏料现象；侧孔式布风板则无此弊病，但通风阻力较直孔式大些。所以，侧孔式布风板成为目前国内外应用最普遍的一种形式。

流化床炉的风室，采用较多的是等压风室结构，以使风室各截面的上升速度相同，从而达到整个风室配风均匀的目的。风室内的空气流速，一般宜控制在 1.5m/s 以下。

流化床炉的炉膛应根据燃烧和传热两方面的要求综合考虑，由流化段和悬浮燃烧段组成，其分界线即为灰渣溢流口的中心线，离布风板高度一般在 1400～1500mm。为了减小气流从流化层带出的细颗粒，减小飞灰不完全燃烧损失，即有利各种颗粒的煤的燃尽，流化段通常由等截面直段和倒锥型扩散段组成。但倒锥的倾角不宜过小，避免在炉膛折角处形成死滞区，造成结焦；一般采用倾角为 60°～70°。

在流化段内布置有相当一部分受热面，称为沉浸受热面，又名埋管。埋管的布置形式有立式和卧式两种。二者相比，卧式埋管能防止大气泡的形成，飞灰带出量较小，传热系数较大，但磨损严重，而且对流化质量也有一定干扰作用。对于自然循环锅炉，卧式埋管与水平夹角应大于 15°，其相对节距 $S_1/d \geq 2$，$S_2/d \approx 2$。

沉浸受热面布置的多少，直接关系到流化床的温度。实验研究表明，欲从料床中多吸收热量和减少烟气中的 SO_2 与 NO_x 含量，床温可控制在 900℃ 左右。为使挥发分低的无烟煤以及煤矸石一类劣质燃料更好燃尽，沉浸受热面不宜布设太多，以保证有较高的床温。

在灰渣溢流口中心线以上的悬浮燃烧段，气流速度较低，以利较大颗粒尽量地自由沉降，落回流化段燃烧，也使悬浮燃烧的细粒延长其停留时间。一般悬浮段中的热态烟气流速不宜超出 1m/s。

由于悬浮段温度不高，仅 700℃ 左右，所以即使把这部分尺寸放大，对完全燃烧的作用也不大。但为保证足够的分离空间，防止大量颗粒被带到后面的对流受热面去，悬浮段高度也不宜过低。

悬浮燃烧区域的四周，均可布置水冷壁。其后，即是燃烧室出口，热烟气携带飞灰进入对流受热面。

鼓泡流化床炉不但结构简单，煤种适应性广，包括挥发分 V_{daf} 低仅 2％～3％、灰分 A_{ar} 高达 60％～80％ 和低位发热量只有 3350～4190kJ/kg 的劣质煤，甚至含碳量在 15％ 左右的炉渣都能燃用和有较高传热系数，使锅炉金属耗量大为下降，而且可以在炉内添加石灰石或白云石一类脱硫剂，大幅度降低烟气中 SO_2 的含量；又因燃烧温度较低，燃烧中 NO_x 生成量少，有利于保护环境。由于具有以上优点，鼓泡流化床炉应用很广，是目前我国流化床炉配置的主要炉型。但是，另一方面，此型炉子在运行实践中也暴露出了一些缺点，主要有电耗高，床层总阻力高达 4000～6000Pa，风机电耗约为一般锅炉的 1.5～1.8 倍，与竖井式煤粉炉相当；飞灰多且含碳量高，致使锅炉效率较低；沉浸受热面磨损严重和炉内脱硫率低等。此外，鼓泡流化床在增大容量时床面积随之增大，据计算，一台蒸发量为 200t/h 的工业锅炉需要鼓泡流化床面面积 80～100m²，这将给锅炉布置、给煤和供风均匀性等一系列问题的处理带来极大困难，也即此型炉子难以实现大型化。

（2）循环流化床炉

循环流化床与鼓泡流化床（沸腾炉）的主要区别在于炉内气流速度得以提高。它是将炉内的颗粒燃料控制在特殊的流化状态下燃烧，细小的固体颗粒以一定的速度携带出炉膛，经由装设在炉后的气固分离器分离后，在距布分板一定高度处送回炉膛，形成足够的固体物料循环，并保持比较均匀的炉膛温度的一种燃烧设备。图 4-47 即为典型的循环流化床锅炉的烟风系统示意图。

循环流化床锅炉主要由流化床燃烧室（炉膛）和布风板、气固分离器及飞灰回送器等组成。图 4-48 为循环流化床锅炉结构

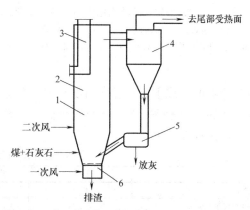

图 4-47　典型的循环流化床锅炉的烟风系统流程
1—炉膛；2—水冷壁；3—屏式受热面；
4—气固分离器；5—飞灰回送器；6—布风板

简图。炉膛不分流化段和悬原燃烧段，其出口直接与气固分离器相接。来自炉膛的高温烟气经分离器进入对流管束，而被分离下来的飞灰则经飞灰回送器重新返回炉内，

与新添加的煤一起继续燃烧并再次被气流携带出炉膛，如此往复不断地"循环"。调节循环灰量、给煤量和风量，即可实现负荷调节，燃尽的灰渣则从炉子下部的排灰口（冷灰管）排出。

循环流化床炉的炉膛由水冷壁管构成；离开气固分离器后的高温烟气经由对流管束和尾部烟道中省煤器排于炉外。对于较大型的循环流化床锅炉，尾部烟道中通常还装有蒸汽过热器和空气预热器，以至还有蒸汽再热器。

循环流化床炉是一种接近于气力输送的炉子，炉内气流速度较高，最高可达10m/s，

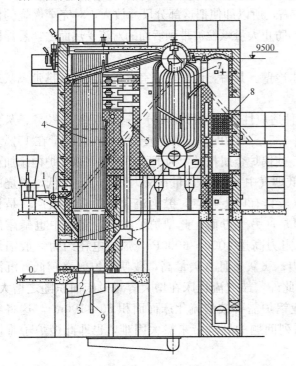

图4-48 循环流化床锅炉结构简图

1—给煤装置；2—布风板；3—风室；4—炉膛；5—气固分离器；
6—飞灰回送器；7—对流管束；8—省煤器；9—排灰口（冷灰管）

一般在稀相区的运行风速为4.5～6m/s，比起鼓泡流化床炉的1～3m/s要高出许多。因此，床内气、固两相混合十分强烈，传热传质良好，整个床内能达到均匀的温度分布（850℃左右）和快速燃烧反应。由于飞灰及未燃尽的物料颗粒多次循环燃烧，燃烧效率可达99%以上，完全可以与目前电站广泛采用的煤粉炉相比。表4-5列示了几种燃烧方式的特性比较数据。

鼓泡流化床炉虽也可实现炉内脱硫，但脱硫剂的利用率低，脱硫效果差，一般脱硫率只有30%左右。循环流化床炉中加入石灰石等脱硫剂，因与煤一起在床内多次循环，利用率高；由于烟气与脱硫剂接触时间长，脱硫效果显著，即便在钙硫比较低（约1.5左右）的条件下，脱硫率也可获得80%以上。

氮氧化物的生成主要与燃烧温度有关，燃烧温度越低，生成量越少。循环流化床炉采用分级送风和低温燃烧，炉温比煤粉炉低，仅850℃左右，可有效地抑制NO_x的产生和排放，可以满足环保要求。

循环流化床炉与其他燃烧方式的比较 表4-5

项 目	层燃炉	鼓泡流化床炉	循环流化床炉	煤粉炉
燃烧区高度(m)	0.2	1～2	15～40	27～45
截面风速(m/s)	1.2	1.5～2.5	4～6	4～6
过量空气系数	1.20～1.35	1.20～1.35	1.10～1.25	1.15～1.25
截面热负荷(MW/m²)	0.5～1.5	0.5～1.5	3～5	4～6
给煤粒度(mm)	6～32	<6	<8	<0.1
负荷调节比(%)	4:1	3:1	3:1	2:1
燃烧效率(%)	85～90	90～96	95～99	≈99
炉内脱硫率(%)	低	80～90	80～90	低

此型流化床炉在流化床内（密相区）通常不布置受热面，这就从根本上消除了磨损问题；稀相区虽布置有受热面，但因其流速低、颗粒小，磨损并不严重。此外，循环流化床炉负荷调节范围宽、速度快，锅炉能稳定运行的最低负荷为 25% 左右，负荷调节速度可达每分钟 5% 的额定负荷。

除了上述在常压下燃烧运行的流化床炉，由于流化床燃烧技术的发展，又有一种工作压力高于大气压的流化床——增压流化床燃烧装置。增压流化床锅炉排出的烟气温度为 850～900℃，经气固分离或过滤后送至燃气轮机中去推动燃气轮发电机组发电，而锅炉产生的蒸汽则送到蒸汽轮机带动发电机发电。与常压流化床炉相比，它采用压气机鼓风，具有可用深床、流化速度低（<1m/s）、燃烧效率高（>99%）、环境污染少（煤含硫量 2% 时，脱硫率可达 98%；以 NO_2 为代表的 NO_x 排放量低于 $100mg/m^3$）、煤种适应性更广和单机功率大等特点。随着环境保护问题的日益突出，增压流化床燃烧技术和整体煤气化联合循环、低 NO_x 燃烧及磁流体发电等高新技术一样，受到世界各国动力界的普遍重视，将作为最有前途的一种清洁、高效燃烧方式而得到迅速的发展。

3. 流化床炉的特点

（1）鼓泡流化床炉的特点

1）燃料适应性广

煤在流化床炉中呈流化态燃烧，料层温床一般较低，但因料层很厚，流化床犹如一个大的"蓄热池"；仅占料层颗粒总量 5% 左右的新燃料，一进入流化床就被炽热料层所"吞没"，迅速着火燃烧。如此优越的着火条件，是目前其他燃烧设备都不可比拟的。因此，适应燃用几乎所有的劣质燃料，为利用以往认为是废物的石煤、煤矸石，以至垃圾、生物质燃料等，开辟了新路。

2）燃烧反应强烈

流化床中颗粒相对运动十分激烈，煤粒不仅着火迅速，而且和空气混合也很好，过量空气系数在 1.1 时已可得到充分的氧气供应，燃烧反应速度极快，炉排热强度可比层燃炉高出 1～3 倍；流化床容积热强度近于煤粉炉的 10 倍，链条炉的 4～5 倍。此外，煤粒在床中上下翻腾不止，大于 0.5mm 的粒子不易为气流吹出炉膛，在炉内停留时间较长，有利于燃尽烧透。

3）强化了传热

流化床的床内温度相当均匀，沉浸在流化床中的受热面主要以接触方式传热，灼热的颗粒与管壁的碰撞十分强烈，而且固体粒子的热容量比气体大许多倍，强化了传热过程。再则，这种碰撞又把阻碍传热的管外灰污层刷净，热阻大为减小。所以，沉浸受热面有较高的传热系数，可达 220～350W/(m² · K)，比其他类型锅炉的对流受热面高好几倍。

传热系数的高低主要与料层颗粒的平均尺寸、浓度、空截面气流速度、受热面布置情况和床内温度等因素有关。试验结果表明，传热系数与颗粒大小成反比，与空截面气流速度、床内温度成正比。料层的中部，颗粒的浓度和温度都较高，此处传热系数最大。

4）有利于保护环境

采用炉内添加石灰石的办法，可以实现燃烧过程中脱硫，降低了二氧化硫（SO_2）排放成本。由于采用分级送风和低温燃烧（炉内温度仅为 850～900℃），能有效抑制氮氧化物（NO_x）的生成和大大减少排放对大气的污染，有利于环境保护。

此外，鼓泡流化床炉因密相区气固混合充分，可以减少给煤点，而且燃料供给系统比较简单。

但是，鼓泡流化床炉的密相区必须布置埋管受热面以降低床温，埋管的磨损较为严重。而且，它的未燃尽细粒的排放量大，使固体不完全燃烧热损失增大，即便有的采用飞灰再循环，因其返回时温度较低，加之稀相区气固混合程度差，影响了燃烧反应速度和燃烧效率。另外，用石灰石脱硫时，石灰石在炉内停留时间短暂，脱硫效率也不理想。再则，鼓泡流化床炉的截面热负荷较低（见表 4-2），难以实现流化床的大型化发展。

（2）循环流化床炉的特点

循环流化床炉同样具有上述鼓泡流化床炉的优点，同时因自身的特点克服了鼓泡流化床所固有的缺点，使之成为在保证高效燃烧基础上能有效降低污染物排放的极有生命力的新型燃烧设备。

在循环流化床炉中，大量的细灰参与了循环，使其流动、燃烧和传热诸方面均与鼓泡流化床炉有较大的区别。由于大量固体颗粒的循环，循环流化床炉沿床层高度方向温度分布趋于均匀，无需在密相区布设受热面——埋管，也就没有埋管严重磨损问题。而且，它采用了将从炉膛飞出的固体粒子捕获、收集并使之循环的技术措施，既改善和加剧了气固混合，又依靠气固分离器和回送装置形成外部循环，有效地延长了固体粒子在炉内的停留时间，为提高燃烧效率和脱硫剂的利用率创造了条件。

此外，循环流化床炉具有较高的燃烧强度，同时因它在稀相区的固体粒子浓度高于鼓泡流化床炉，大幅度地提高了稀相区受热面的传热，缩小了炉膛体积，也即提高了燃烧室的利用率，十分有利于循环流化床炉的大型化发展。

诚然，循环流化床炉也存在有结构和系统较为复杂、投资及运行费用较高等一些缺点，但终因它是一项高效、洁净环保型的新一代燃烧技术，且在发展成为大容量时具有明显的优越性和巨大的商业潜力，倍受世界各国重视，它作为最有前途的洁净环保型燃烧方式而得到迅速发展。

第六节　燃烧设备的工作强度与选型

一、燃烧设备的工作强度

燃烧设备——炉子的工作强度主要有炉排热强度和炉室热强度两个指标，用以表征燃料在炉内燃烧的强烈强度。

对于层燃炉，煤主要集中在炉排上燃烧放热，其燃烧的强烈程度常用"炉排可见热强度" q_R 来表示，意思是单位面积的炉排，在单位时间内所燃烧的煤的放热量，即

$$q_R = \frac{BQ_{net,ar}}{3600R} \quad kW/m^2 \tag{4-2}$$

式中　B——锅炉的燃料消耗量，kg/h；

$Q_{net,ar}$——煤的收到基低位发热量，kJ/kg；

R——炉排有效面积，m^2。

虽然层燃炉中大部分煤在炉排上燃烧，但挥发物和一部分飞扬的细小煤粒是在炉膛空间燃烧放热的。与炉排可见热强度相对应的，习惯上也用炉膛"体积可见热强度"q_v来表示，即

$$q_v = \frac{BQ_{net,ar}}{3600V_l} \quad kW/m^3 \tag{4-3}$$

式中　V_l——炉膛体积，m^3。

对于既定型式的燃烧设备，在燃用某一种煤时，其炉排可见热强度 q_R 和炉膛体积可见热强度 q_v 有一个合理的限值。过分提高炉排热强度，追求过小的炉排面积，势必会使煤层增厚和空气流经燃烧层的流速过高，导致不完全燃烧产物 CO、飞灰和阻力的增加，使气体和固体不完全燃烧损失增大。同样，过分提高炉膛可见热强度，会使烟气和它携带的可燃物在炉内时间缩短，也导致不完全燃烧损失增大。

层燃炉的燃烧热强度都冠以"可见"两字。这是因为在层燃炉中要分别测出燃料在炉排面上和炉膛体积中燃烧放热量是困难的，所以在炉排和体积热强度中，都假定把燃料燃烧的全部放热量作为热强度计算的基础，引入了所谓"可见"的概念，在实际使用中，为了简化称呼，也可不提"可见"两字。

根据长期生产实践的经验和科学研究成果，各种层燃炉的工作强度和主要热工特性列于表 4-6。当燃用低质烟煤和无烟煤屑时，数据近于下限；燃用不粘结、挥发分又高的优质烟煤和无烟煤时，则趋于上限数值。鼓泡流化床炉和循环流化床炉炉膛热工特性列于表 4-7 和表 4-8。

机械化层燃炉炉膛的热工特性　　　　　　　　　　表 4-6

序号	数值名称	符号	单位	往复炉排	链条炉排	抛煤机机械炉排	振动炉
				褐煤／烟煤 I类 II类／贫煤／无烟煤 I类	褐煤／烟煤 I类 II类 III类／贫煤／无烟煤 I类 II类 III类	褐煤／烟煤 I类 II类 III类／贫煤／无烟煤 III类	
1	炉排面积热负荷	q_R	$1kW/m^2$	褐煤 600~850；烟煤 760~930；无烟煤 580~810	褐煤 600~850；烟煤 700~1100；无烟煤 600~850	1050~1650	930~1170
2	炉膛容积热负荷*	q_v	$1kW/m^3$	230~350	230~350	290~460	235~350
3	炉膛出口空气过剩系数	α_l''	—	1.3~1.5	1.3~1.5	1.3~1.4	1.2~1.4
4	飞灰分额	α_{fh}	—	0.15~0.2	0.1~0.2	0.2~0.3	0.15~0.3
5	气体不完全燃烧损失	q_3	%	0.5~2.0（褐煤、烟煤）；0.5~1.0（无烟煤）	0.5~2.0；0.5~1.0	0.5~1.0	1.0~1.5
6	固体不完全燃烧损失	q_4	%	褐煤 7~10；烟煤 I类 9~12、II类 7~10；无烟煤 9~12	褐煤 8~12；烟煤 10~15；贫煤 8~12；无烟煤 10~15	8~12；无烟煤 10~15	6~10
7	送风温度	t_k	℃	常温	常温~200℃	常温~200℃	常温

注：1. 表中所列数据是根据锅炉代表煤种得到的。

　　2. 燃料颗粒度应符合相应燃烧设备的要求。

　*按炉膛和燃烬室的体积之和计算。

鼓泡流化床炉膛计算特性　　　　　　　　　　表 4-7

序号	数值名称	符号	单位	煤　种						
				I类石煤或煤矸石	II类石煤或煤矸石	III类石煤或煤矸石	I类烟煤	褐煤	I类*无烟煤	贫煤
1	流化层空气过剩系数	α_l	—	1.1~1.2			1.1~1.2	1.1~1.2	1.1~1.2	1.1~1.2
2	流化层燃烧份额	δ	—	0.85~0.95**			0.75~0.85	0.7~0.8	0.95~1.0	0.8~0.9
3	气体不完全燃烧损失	q_3	%	0~1	0~1.5	0~1.5	0~1.5	0~1.5	0~1	0~1
4	固体不完全燃烧损失	q_4	%	21~27	18~25	15~21	12~17	5~12	18~25	15~20
5	飞灰中燃烧灰分份额	α_{fh}	—	0.25~0.35	0.25~0.40	0.40~0.52	0.4~0.5	0.4~0.6	0.4~0.5	0.4~0.5
6	飞灰可燃物含量	C_{fh}	%	6~13	10~19	11~19	15~20	10~20	20~40	15~20
7	布风板下风压	p	kPa	7.3~8.7			6.7~8.7	6.7~8.0	6.0~8.7	6.7~8.7

* II类无烟煤的计算特性参考 I 类无烟煤数据确定。

** 对发热量低或挥发份低的煤种取高值。

循环流化床炉膛计算特性　　　　　　　　　　表 4-8

序号	数值名称	符号	单位	煤　种		
				煤矸石	烟煤、褐煤	贫煤、无烟煤
1	炉膛空气过剩系数	α_l	—	1.2~1.25	1.1~1.2	1.2~1.25
2	一次风占总风量的百分率	x	%	50~80	50~75	50~70
3	气体不完全燃烧损失	q_3	%	0~0.5	0~1	0~0.5
4	固体不完全燃烧损失	q_4	%	4~12	2~6	4~10
5	飞灰中燃料灰份份额	α_{fh}	%	30~70	30~70	30~70
6	飞灰可燃物含量	C_{fh}	%	<15	<10	<18
7	冷渣可燃物含量	C_{hz}	%	<3	<2	<3

在设计或改造锅炉时，根据给定的参数——蒸发量、蒸汽压力或温度，以及燃料种类等，可先估算出燃料消耗量 B，然后参考表中列出的数据，选定 q_v、q_R，利用上述公式即可得出需要的炉排面积 R 和炉膛体积 V_l。

有了必需的炉排面积，即可视具体情况选定炉子宽度和深度。对于手烧炉，考虑到投煤、拔火、出渣等都由人工操作，所以深度不宜大于 2m；抛煤机炉，炉排长度不大于 3.5m，以免抛煤不均。链条炉排的长度，在满足煤的燃烧需要的同时，也尽可能地选用和符合制造厂的定型尺寸。

炉膛体积 V_l 求得后，除以炉排面积 R，基本上可求出炉膛高度。对容量在 4~10t/h 的层燃炉，炉膛高度取 2.5~4.0m；容量在 20t/h 以上时，炉膛高度不低于 4m。链条炉一般都有前后拱，所以炉膛形状不是立方体，炉膛体积要仔细核算。

至于炉排有效面积和炉膛有效体积的计算，与锅炉本体热力计算（第七章）中有关规定相同。

炉子的工作强度，对于室燃炉仅炉膛体积热强度一个，也就无需冠以"可见"了。

在室燃炉中，炉膛体积热强度的大小反映煤粉、油和气等气流通过炉膛的时间长短。如加大 q_V，意味着气流通过炉膛的时间缩短，燃料有可能因来不及燃尽而使不完全燃烧热损失增大。但是，假如 q_V 取得太小，炉膛体积增大，增加了锅炉制造费用和散热损失。当然，首要的是保证燃烧过程的基本完成，以烧好燃尽为原则。但室燃炉单用炉膛体积热强度来表示，未能反映出炉膛的形状对燃烧的影响，如瘦长形炉膛的火炬充满情况比短胖形炉膛要好，死滞涡流区要少等。因此，对室燃炉还采用炉膛断面热强度 q_F 来表征，其表达形式为：

$$q_F = \frac{BQ_{net,ar}}{3600F} \quad kW/m^2 \tag{4-4}$$

式中　F——炉膛横截面面积，m^2。

这个指标就反映炉膛形状，如 q_F 加大，即炉膛横截面面积小，为保证一定的炉膛容积，炉膛就呈瘦长形。但 q_F 过大，使燃烧器射程受到限制，容易在燃烧器区域结渣。

室燃炉的主要热工特性列于表 4-9，同样可供在设计或改造时参考和选用。但需指出，室燃炉炉膛的几何尺寸，如宽、深等与选用的燃烧器形式、数目以及布置方式等因素有密切的关系，只有在满足燃烧器的基本要求后，才可采用推荐的炉膛体积热强度和炉膛断面热强度，来计算炉膛的体积和高度。

<table>
<tr><td colspan="4">室燃炉的热工特性　　　　　　　　　　　　　　　　　　表 4-9</td></tr>
<tr><td rowspan="2">热工特性</td><td colspan="3">炉　　型</td></tr>
<tr><td>煤粉炉</td><td>油炉</td><td>天然气炉</td></tr>
<tr><td>$q_V(kW/m^3)$</td><td>140～235</td><td>290～400</td><td>350～465</td></tr>
<tr><td>$q_F(kW/m^2)$</td><td>1860～2325</td><td></td><td></td></tr>
<tr><td>α_l''</td><td>1.2</td><td>1.1</td><td>1.1</td></tr>
<tr><td>$q_3(\%)$</td><td>0.5</td><td>0.5</td><td>0.5</td></tr>
<tr><td>$q_4(\%)$</td><td>3～5</td><td>～0</td><td>～0</td></tr>
<tr><td>$a_{f.h}$</td><td>0.85～0.95</td><td>～0</td><td>～0</td></tr>
</table>

二、燃烧设备的选型

燃烧设备的选型主要取决于燃用燃料的物理化学特性（水分、灰分、挥发分、发热量、颗粒度、灰熔点等）、锅炉的蒸发量及负荷特性、环境保护的要求等，同时也必须考虑和兼顾它在制造、安装、运行、维护诸方面的耗钢、耗煤、耗电等技术经济指标。

对于不同容量的锅炉，可以参照表 4-10 对锅炉的燃烧设备选型。

鼓泡流化床主要适用于在层燃炉中不能燃烧或不能经济燃烧的煤种。考虑到综合利用、环境保护等方面的原因，特别适用于高灰分、高硫劣质燃料，也可适用其他煤种。

对于不同的煤种，可以参照表 4-11 对锅炉的燃烧设备选型。

链条炉、往复炉排炉在燃用无烟煤及 $M_{ar}>20\%$ 或 $A_{ar}>30\%$，$Q_{net,ar}<17.7MJ/kg$ 的其他燃料时，必须采取改善着火及燃尽的相应技术措施，以保证良好的燃烧条件。

各种燃烧设备的容量适用范围 表 4-10

燃烧设备型式	锅炉蒸发量(t/h)/供热量(MW)									
	2/1.4	4/2.8	6/4.2	10/7	15/10.5	20/14	35/25	65/45	75/58	130
链条炉排		▓	▓	▓	▓	▓	▓	▓	▓	
往复炉排				▓	▓	▓	▓	▢		
抛煤机、机械炉排			▢	▓	▓	▓	▓			
鼓泡流化床		▢	▓	▓	▓	▓	▓	▓		
循环流化床					▓	▓	▓			

注：▢▢▢▢ 为不优先推荐范围。

各种燃烧设备的煤种适应性 表 4-11

燃烧设备型式	煤 种										
	石煤、矸石			无烟煤			褐煤	贫煤	烟煤		
	Ⅰ	Ⅱ	Ⅲ	Ⅰ	Ⅱ	Ⅲ			Ⅰ	Ⅱ	Ⅲ
链条炉排				√	√	√	△	√	△	√	√
往复炉排		△		√	√	√	√	√	√	√	√
抛煤机、机械炉排						△	√	√	√	√	√
鼓泡流化床	√	√	√	△	△	√	√	√	√	√	√
循环流化床	√	√	√	√	√	√	√	√	√	√	√

注：符号"√"为优先推荐，符号"△"为不优先推荐。

抛煤机炉不宜燃用外在水分高的燃料，以防止和避免抛煤机堵塞。燃料的外在水分不宜大于 12%。

为了保证煤层均匀，减少炉排漏煤和飞灰损失，取得良好的燃烧效果，所有的层燃炉对燃料颗粒度均有要求：最大煤块不超过 40mm，小于 6mm 的颗粒不超过 50%，小于 3mm 细屑不超过 30%❶。

对于鼓泡流化床炉，目前多数情况下煤的粒度为 0~10mm，其中小于 0.5mm 的颗粒不宜超过 20%。对于褐煤，粒度范围可扩大到 0~13mm；根据具体条件和情况，也可以采用其他不同粒度的燃料。

复习思考题

1. 按组织燃烧过程的基本原理和特点，燃烧设备可分几类？几种不同燃烧方式的主要特点是什么？

2. 燃料的燃烧过程分哪几个阶段？为加速、改善燃烧，在不同的燃烧阶段应创造和保持些什么

❶ 参见《链条炉排用煤技术条件》GB/T 18342—2009。

条件？

3. 煤在手烧炉中燃烧的主要特性有哪些？为什么它经常要冒黑烟？采取哪些措施可基本消除黑烟？

4. 在链条炉中，炉排上燃烧区域的划分及气体成分的变化规律如何？对这些问题的研究有何实际意义？

5. 对于链条炉、往复推饲炉排炉和振动炉排炉为什么要分段送风？

6. 层燃炉为什么既要保证足够的炉排面积，又要保证一定的炉膛容积？

7. 在链条炉和往复推饲炉排炉中，炉拱起什么作用？为什么煤种不同对炉拱的形状有不同的要求？

8. 燃用Ⅲ类烟煤的链条炉改烧Ⅱ类烟煤时，应在燃烧设备上采取哪些措施以保证燃烧较好？

9. 为什么往复推饲炉排可使劣质烟煤及褐煤得到比较好的燃烧？在上返烟时，正常运行情况下为什么往复推饲炉排可以比较好地消除烟囱冒黑烟？

10. 为什么配备双层炉排手烧炉、抽板顶升明火反烧、下饲式燃烧机等燃烧设备的锅炉出口烟尘排放浓度比较低？为什么往复推饲炉排炉的锅炉出口烟尘排放浓度较链条炉稍低？

11. 为什么煤粉炉对煤种的通用性比较广？但为什么煤粉炉对负荷调节波动幅度较大时适应性又很差？

12. 为什么机械-风力抛煤机炉宜于配倒转炉排？一般采取什么措施来解决机械-风力抛煤机炉的消烟除尘问题？

13. 燃料层中的氧化层厚度与哪些因素有关？为什么即使加大风量（风速），其氧化层厚度仍保持不变？

14. 燃料层的厚度如何决定？根据什么因素来调节？

15. 当锅炉负荷有急剧变化时，应如何进行燃烧调节？

16. 什么叫一次风和二次风？层燃炉和室燃炉中一、二次风的作用有何不同？

17. 怎样根据燃料特性、锅炉容量、锅炉运行时负荷变化和环境保护要求等来选用合适的燃烧设备？

18. 为什么锅炉在低负荷和超负荷运行时，都会使气体和固体不完全燃烧热损失增大，热效率降低？

19. 炉子的工作强度指标有哪几个？对层燃炉为什么在炉排、炉室热强度前面要冠以"可见"两字？对于室燃炉，又为什么要引出"炉膛断面热强度"这一指标？

20. 鼓泡流化床和循环流化床锅炉在结构上有何异同？

21. 试述循环流化床锅炉的优越性及其发展前景。

22. 燃油锅炉常用的油喷嘴有哪几种型式？各自有何优缺点？

23. 燃油锅炉调风器的作用是什么？如何评价其性能的优劣？

24. 燃油锅炉因油品和要求的不同有几种供油系统？它们各有何特点？

25. 常用的燃气燃烧器有哪几种？试比较它们的优缺点和使用的场合。

26. 燃油、燃气锅炉有时也会冒黑烟，为什么？有哪些措施可以改善它们的燃烧？

习　　题

1. 有一台链条炉，蒸发量为 4t/h，饱和蒸汽压力为 1.37MPa（绝对压力），给水温度为 20℃，当燃用无烟煤块时要求锅炉效率为 75%，试确定这台锅炉所需炉排面积及炉膛容积。

（$q_R = 800kW/m^2$ 时 $R = 5.01m^2$；$q_v = 300kW/m^3$ 时 $V_1 = 13.36m^3$）

2. 有一台旧式锅炉，炉排长 3m，宽 2.5m，炉膛高 5m，拟用它作为 4t/h 风力—机械抛煤机炉，每小时燃用收到基低位发热量为 21939kJ/kg 的烟煤 630kg，试判断上述基本尺寸是否合适？若不合适应如何修改？

$(q_R = 512 \text{kW/m}^2, \quad q_v = 102 \text{kW/m}^3)$

3. 某化纤厂有一台蒸发量为 10t/h 的旧式燃煤锅炉，为改善大气环境质量决定将它改造为燃油锅炉。经锅炉检验，改造后的锅炉允许最高工作压力为 1.0MPa。该厂得到计划供应的燃料为重油，其收到基低位发热量为 42050kJ/kg。改造设计时，取给水温度为 105℃，蒸汽湿度为 2.3%，热效率为 91%，并由有关资料查知，燃油锅炉的体积热强度 $q_v = 380 \text{kW/m}^3$，试确定该燃油锅炉在蒸发量不变的条件下所需的炉膛体积。

$(V_1 = 18.41 \text{m}^3)$

第五章 供热锅炉

锅炉的出现和发展迄今已有 200 余年的历史。其间，从低级到高级，由简单到复杂，随着生产力的发展和对炉锅炉容量、参数要求的不断提高，锅炉型式和锅炉技术得到了迅速发展。本章将简要叙述锅炉的发展过程与结构型式的演变，然后介绍几种我国目前生产使用的供热锅炉的典型型式和它们的基本热工性能。

第一节 锅炉结构型式的演变

随着蒸汽机的发明，18 世纪末出现了工业用的圆筒型蒸汽锅炉。由于当时社会生产力的迅猛发展，蒸汽在工业上的用途日益广泛，不久就对锅炉提出了扩大容量和提高参数的要求。于是，在圆筒型蒸汽锅炉的基础上，从增加受热面入手，对锅炉进行了一系列的研究和技术变革，从而推动了锅炉的发展。图 5-1 形象地展示了锅炉循着两个方向发展的过程和结构型式的演变。

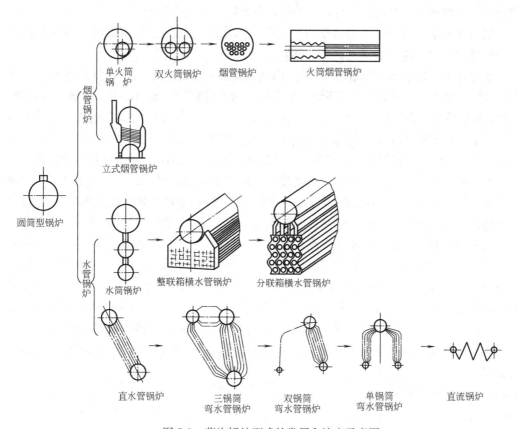

图 5-1 蒸汽锅炉型式的发展和演变示意图

第一个方向，是在锅筒内部增加受热面，形成了烟管锅炉系列。起初，先在锅筒内增设一个火筒（也称炉胆），即单火筒锅炉❶，煤在火筒内燃烧放热；后增加为两个火筒——双火筒锅炉❷。为了进一步增大锅炉容量，后来又发展到用小直径的烟管取代火筒以增加受热面，形成了烟管锅炉和火筒烟管组合锅炉，其时烟管锅炉的燃烧室也由锅筒内部移至锅筒外侧。这类锅炉，统称为烟管锅炉，其共同的特点是高温烟气在火筒或烟管内流动放热，低温工质——水则在火筒或烟管外侧吸热、升温和汽化。

显而易见，这类锅炉的炉膛一般都较矮小，炉膛四周又被作为辐射受热面的筒壁所围住，炉内温度低，燃烧条件较差；而且，烟气纵向冲刷壁面，传热效果也差，排烟温度很高，热效率低。此外，锅筒直径大，既不宜提高蒸汽压力，又增加钢耗量，蒸发量也受到了限制。诚然，这类锅炉也有一定优点，如结构简单，维修方便；水容积大，能较好适应负荷变化；水质要求低等。因此，有的结构型式至今尚被广泛采用。

第二个方向，是在锅筒外部发展受热面，形成水管锅炉系列。大约到了19世纪中叶，锅炉开始在锅筒外面增设几个直径较小些的圆筒受热面。后来发现增加圆筒数目、减小圆筒直径，以至以钢管取代圆筒等做法有利于蒸汽参数的提高和传热的改善，最后终于出现了水管锅炉。它的特点是高温烟气在管外冲刷流动而放出热量，汽、水在管内流动而吸热和蒸发。

水管锅炉的出现，是锅炉发展的一大飞跃。它摆脱了火筒、烟管锅炉受锅筒尺寸的制约，无论在燃烧条件、传热效果和受热面的布置等方面都得到了根本性的改善，为提高锅炉的容量、参数和热效率创造了良好的条件，金属耗量也大为下降。

早期出现的水管锅炉是整联箱横水管锅炉，后来改为波形分联箱结构，制造工艺复杂，金属耗量较大，这种水管锅炉已不再生产。

竖水管锅炉出现于20世纪初，最早采用的也是直水管结构。后来，发现弯水管比直水管结构富有弹性，它采用许多只锅筒做成多锅筒弯水管锅炉。此后，由于传热学的发展，对锅炉辐射换热规律有了进一步的认识，锅炉向着减少对流受热面，增大辐射受热面的方向发展。于是，演变成双锅筒、单锅筒锅炉，以至发展到现代的无锅筒锅炉——直流锅炉。与此同时，蒸汽过热器、省煤器及空气预热器受热面也相继被采用，使锅炉设备更趋完善。

在蒸汽锅炉发展的同时，由于城市建设的发展和节能的需要，另一类用于直接生产热水的热水锅炉也得到较快的发展。此外，为利用生产过程中产生的、数量相当可观的余热，余热锅炉应运而生，它作为余热回收利用设备受到世界各国的普遍重视。

纵观锅炉发展的历史，真正走上现代化道路才不过五六十年的时间。随着现代工业的发展和科学技术的进步，现代锅炉正朝着大容量、高参数方向发展。蒸发量为2000t/h左右的锅炉已相当普遍，4000t/h以上的巨型锅炉也早有多台投入运行；它们的蒸汽参数则以亚临界和超临界居多。对于供热锅炉，为了提高运行的经济性、保护环境和降低成本，锅炉正趋向于简化结构、改善燃烧技术、提高热效率、降低金属消耗和扩大燃料适应范围；为确保锅炉运行的安全，又趋向于采用先进技术，进一步提高设备的机械化、自动化和智能化。

---

❶ 俗称科尼茨锅炉。
❷ 俗称兰开夏锅炉。

第二节　蒸汽锅炉

蒸汽锅炉按其烟气与受热面的相对位置，分烟管锅炉、烟管水管组合锅炉和水管锅炉三类。烟管锅炉的特点是烟气在火筒和为数众多的烟管内流动换热；水管锅炉是水在管内流动，烟气在管外流动而进行换热；烟管水管组合锅炉，则是两者兼而有之，介于烟管锅炉和水管锅炉之间的一种锅炉。

一、烟管锅炉

烟管锅炉，也称火管锅炉。目前，它广泛使用于蒸汽需要量不大的用户，以满足生产和生活的需要。

烟管锅炉按其锅筒放置方式，分立式和卧式两类。它们在结构上的共同特点是都有一个大直径的锅筒，其内部有火筒和为数众多的烟管。

1. 立式烟管锅炉

立式烟管锅炉有竖烟管和横烟管等多种型式。因它的受热面布置受到锅筒结构的限制，容量一般较小，蒸发量大多在 0.5t/h 以下，可以配置燃煤、燃油和燃气各种燃烧设备。对于燃煤锅炉，通常配置手烧炉，为改善燃烧以节约燃料和减少烟尘对环境的污染，大多采用双层炉排手烧炉或配置简单机械加煤装置，如抽板顶升加煤机等。

（1）立式套筒锅炉

图 5-2 所示为一配置燃油炉的立式套筒锅炉❶。内筒——炉膛为辐射受热面，外筒为对流受热面。内外筒之间的两端用环形平封头围封，构成此型锅炉的汽、水空间——汽锅。油燃烧器装置在顶部，燃烧所需的空气由位于炉顶的送风机切向送入，油燃烧产生的高温烟气炉内强烈旋转并自上而下流至锅炉底部，然后往布置底部的烟气出口折返入由外筒和锅炉外壳内侧保温层（炉墙）之间的环形烟道向上，纵向冲刷带肋片的外筒受热面，最后烟气通过上部出口排于烟囱。为了延长高温烟气在炉胆的逗留时间和提高火焰的充满度，此型锅炉的炉胆内还设置有环形火焰滞留器，使之燃烧充分和强化传热。

这种锅炉结构简单，制造方便；水容量相对其他立式烟管锅炉大，能适应负荷变化，且对水质要求也不高，但烟气流程较短，排烟温度较高。为提高锅炉热效率，这种锅炉也有将外筒所带直形肋片改为螺旋形的，增加烟气扰动和延长烟气流程以改善传热。

此型锅炉的标准规格为 4 锅炉马力（63kg/h）～100 锅炉马力（1565kg/h）。

（2）立式烟管锅炉

图 5-3 所示为一配置双层炉排手烧炉的立式横烟管锅炉。水冷炉排管和炉胆内壁的一部分构成了锅炉的辐射受热面；横贯锅筒的众多烟管，为锅炉的主要对流受热面。

煤由人工通过上炉门加在水冷炉排上，在上、下炉排上燃烧后生成的烟气，经炉膛出口进入后下烟箱，而后纵向冲刷流经第一、二水平烟管管束，最后汇集于后上烟箱再经烟囱排于大气。为进一步降低排烟温度，也有在后上烟箱上方增设余热水箱的型式。

此型锅炉除横烟管外，也有布置竖烟管和横水管的组合型式。它们都具有结构紧凑占地小，不需要砖工，便于安装和搬迁等优点。但因炉膛内置，为内燃式炉子，在燃用低质

---

❶　美国富尔顿锅炉厂生产，也称富尔顿锅炉。

煤时会因炉温较低，难以燃烧和燃尽，热效率和出力都将有所降低。所以，此型锅炉只适宜燃用较好的烟煤。

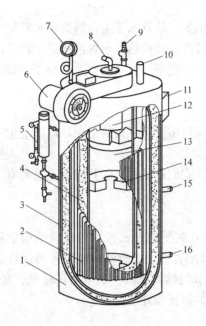

图 5-2 立式套筒锅炉

1—锅炉外壳；2—高效隔热层（炉墙）；3—外筒；

4—内筒；5—水位表；6—送风机；7—压力表；

8—进油管；9—安全阀；10—蒸汽阀；11—烟气出口；

12—燃烧器；13—炉膛；14—滞留器；

15—进水管；16—排污管

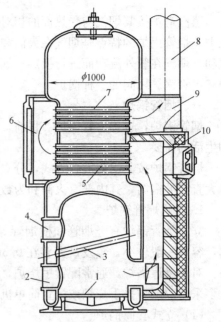

图 5-3 立式烟管锅炉

1—下炉排；2—下炉门；3—水冷炉排；

4—上炉门；5—第一烟管管束；6—前烟箱；

7—第二烟管管束；8—烟囱；9—后上烟箱；

10—后下烟箱

2. 卧式烟管锅炉

这类锅炉根据炉子所在位置，分炉子置于锅筒内的内燃式和炉子置于锅筒外的外燃式两种。目前国产的多数系内燃式，配置有链条炉、燃油炉和燃气炉等多种燃烧设备。图 5-4 所示为一配置链条炉排的 WNL 4-1.3-A 型卧式烟管锅炉。

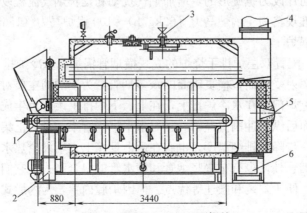

图 5-4 WNL 4-1.3-A 型锅炉

1—链条炉排；2—送风机；3—主汽阀；4—烟气出口；5—检查门；6—出渣小车

142

在卧置的锅筒内有一具有弹性的波形火筒，火筒内设置了链条炉排。锅筒左、右侧及火筒上部都布置了烟管；火筒和烟管都沉浸在锅筒内的水容积里，锅炉的上部约1/3空间是汽容积，炉排以上的火筒内壁是主要辐射受热面，而烟管为对流受热面。

烟气在锅炉内呈三个回程流动，故也称三回程锅炉。燃烧后的烟气在火筒内向后流动，为烟气第一回程。烟气经后烟箱导入左、右侧烟管，向炉前流动，是第二回程。烟气至前烟箱汇集后，进入火筒上部的烟管向后流动，即为第三回程，最后经省煤器由引风机排入烟囱。

这种锅炉的容量有 2t/h，4t/h 两种，水容量较大，能适应负荷变化；对水质要求也低。由于采用机械通风，流经烟管的烟速较高，强化了传热，锅炉热效率可达 70% 以上。此外，这种锅炉的本体、送风机、链条炉排以及变速装置等组装在底盘上整体出厂，结构紧凑，运输和安装较为方便。

但是，卧式烟管锅炉因烟管多而长，刚性大，烟管与管板的接口容易渗漏；烟管之间距离小，清除水垢困难。又由于烟管水平设置，易积烟灰，妨碍传热，通风阻力大。再则，因是内燃式炉子，燃烧条件较差，不宜燃用低质煤；炉排的装拆、维修也不甚方便。

图 5-5 所示是一配置燃油炉或燃气炉的此型锅炉，燃烧和运行工况较为良好。火筒后部采用波形结构以减少刚性。为强化传热，烟管采用 $\phi51\times3mm$ 无缝钢管碾压而成的双面螺纹管。据试验资料，当烟速为 35m/s 时，双面螺纹管的传热系数为光管的 1.42 倍，阻力为光管的 1.9 倍。

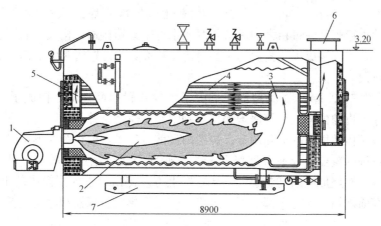

图 5-5　WNS10-1.25-Y（Q）型锅炉

1—燃烧器；2—炉膛；3—后烟箱；4—火管管束；5—前烟箱；6—烟囱；7—锅炉底座

炉膛内为微正压燃烧（约 2000Pa），锅炉可以不用引风机。

在炉膛前部，通常用耐火材料砌筑拱碹，以达到蓄热、稳定燃烧和增强辐射的目的。

图 5-6 所示的是一台与众不同的燃油锅炉。第一，同为三回程，但它的第二回程只是一根大直径钢管，仅作高温烟气由后返前的通道之用。第二，第三回程的对流管是将两根钢管套在一起经热挤压而成，里面的管子以其褶叠的纵向筋条构成一个 2.5 倍于普通钢管的受热面，因此比相同容量的锅炉，结构尺寸大为缩小。第三，它装置的燃烧器具有引导烟气再循环功能，（布设在炉板内，不占地方），有效地提高了燃烧效率和减少污染物的排放。第四，此型的供热锅炉（容量较大）是分体式的，燃烧室和对流受热面分别构建为上

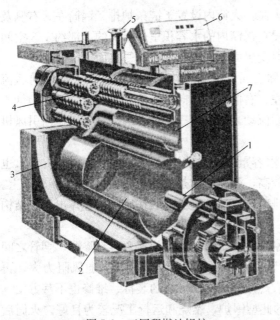

图 5-6 三回程燃油锅炉

1—燃烧器；2—燃烧室（第一回程）；3—高效隔热层；4—带鳍片多层对流烟管（第三回程）；5—主蒸汽管；6—调节装置操作仪；7—烟管（第二回程）

下两个圆筒体，可以单独搬运，特别适合空间窄小的场地安装使用。此外，它有一个带菜单引导的自控、调节操作仪和炉顶行走平台；根据用户要求，还可提供带可滑行的燃烧器滑座，以使供热锅炉的安装、维修以及燃烧器的调整十分方便。

二、烟管水管组合锅炉

烟管水管组合锅炉是在卧式外燃烟管锅炉的基础上发展起来的一种锅炉。如图 5-7 所示，它在锅筒外部增设左右两排 $\phi63.5\times4mm$ 水冷壁管，上、下端分别接于锅筒和集箱。左右两侧集箱的前后两端，分别装接有一根大口径（$\phi133\times6mm$）的下降管，与水冷壁管一起组成了一个较为良好的水循环系统。此外，在锅炉后部的转向烟道内还布置了靠墙受热面——一排后棚管，其上端与锅筒后封头相接，下端接于集箱；而后棚管的集箱则又通过粗大的短管与两侧水冷壁集箱接通，构成了后棚管的水循环系统。不难看出，烟管构成了该锅炉的主要对流受热面，水冷壁管和大锅筒下腹壁面则为锅炉的辐射受热面。

图 5-7 所示为一 DZL4-1.3-A 型锅炉，由于炉膛移置锅筒外面，构成了一个外燃炉膛，其空间尺寸不再像内燃式烟管锅炉那样受到限制，燃烧条件有所改善。它采用轻型链带式炉排，由液压传动机构驱动和调节。炉膛内设前、后拱，前拱为弧形吊拱，后拱为平拱，前后拱对炉排的覆盖率分别为 25% 和 15%。炉排下设分区送风风室，风室间用带有弹簧的钢板分隔。燃烧形成的高温烟气，从后拱上方左侧出口进入锅筒中的下半部烟管，流动至炉前再经前烟箱导入上半部烟管，最终在炉后汇集经省煤器和除尘装置，由引风机排入烟囱。烟气的流动，也是经过三个回程。燃尽后的灰渣落入灰槽，由螺旋出渣机排出；漏煤则由炉排带至炉前灰室，由人工定期耙出。

这种锅炉由于水冷壁紧密排列，为减薄炉墙和用轻质绝热材料创造了条件，使炉体结构更加紧凑，可组装出厂。因此，这种锅炉俗称快装锅炉，容量有 0.5t/h，1t/h，2t/h，4t/h 等多种规格；它曾占全国工业锅炉相当大的比例，对我国工业锅炉的技术进步和节约能源起了一定作用。但它毕竟是以众多烟管为主体的一种锅炉，限于结构等多方面的原因，原型锅炉在实际运行中普遍反映煤种适应性较差，出力不足，运行热效率偏低；炉拱形式、分段配风、侧密封以及炉墙保温结构等也都还存在一定的缺陷。

为了克服上述缺点，一种新型烟、水管卧式快装链条炉排锅炉应运而生，如图 5-8 所示。它的锅筒偏置，烟气的第二回程为水管对流管束，第三回程则由烟管束组成，尾部布置有铸铁省煤器。燃烧设备采用大块炉排片链条炉排，分仓送风；炉排传动则采用双速四

144

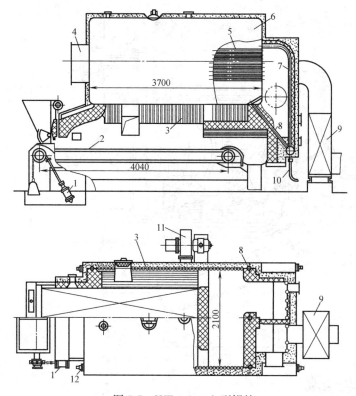

图 5-7　KZL4-1.3-A 型锅炉

1—液压传动装置；2—链带式链条炉排；3—水冷壁管；4—前烟箱；5—烟管；6—锅筒；
7—后棚管；8—下降管；9—铸铁省煤器；10—排污管；11—送风机；12—侧集箱

档调速装置。同时，该锅炉还配备有高、低水位警报和超压保护等安全保护装置。

此型锅炉由于采用偏置锅筒的结构型式，加之锅筒底部又设置护底砖衬，使锅筒下腹筒壁不再受炉膛高温的直接辐射，从而提高了锅炉的安全性。在较高大的炉膛中，设置了低而长的后拱（炉排覆盖率约为40％）及弧形前拱（覆盖率约为25％），煤种适应性较好。采用了大块炉排片，工作寿命延长，炉排漏煤损失有所减小。此外，因炉膛容积较大，第二回程又布置以烟速较低的水管对流管束烟道，使大量粗粒飞灰沉降其中，有助于降低锅炉本体出口的烟尘浓度。再有，此型锅炉的保温结构也作了较大改进，在水冷壁管外侧增砌薄型耐火墙，其外再敷以硅酸铝纤维毡，从而改善了炉体保温和密封性能。

经多年运行实践和热工复测结果表明，它结构较为合理，安全可靠性好；燃烧稳定，能保证出力，运行热效率可达77％～81％；排烟的黑度和含尘浓度都符合国家有关规定；而且，煤种适应能力也较强。所不足的是，金属耗量高，约为同容量的 KZL 型锅炉的1.5倍；制造复杂，耗工较多，以致制造成本过高，对其推广生产受到一定限制。

三、水管锅炉

水管锅炉与烟管锅炉相比较，在结构上没有特大直径的锅筒，富有弹性的弯水管替代直烟管，不但节约金属，更为提高容量和蒸汽参数创造了条件。在燃烧方面，可以根据燃用燃料的特性自如处置，从而改善了燃烧条件，使热效率有较大的提高。从传热学观点来看，可以尽量组织烟气对水管受热面作横向冲刷，传热系数比纵向冲刷的烟管要高。此外，

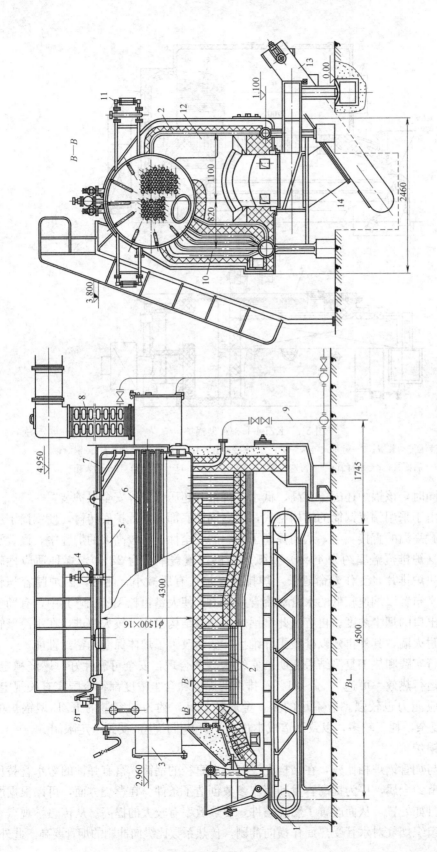

图 5-8   DZL 2-1.3-A II 锅炉

1—大块铸排片链条炉排；2—水冷壁；3—前烟箱；4—主蒸汽阀；5—汽水分离装置；6—第三回程烟管束；7—锅筒；8—铸铁省煤器；
9—排污管；10—第二回程水管对流管束；11—水位表；12—炉膛烟气出口；13—刮板出渣机；14—落渣管

因水管锅炉有良好的水循环，水质一般又都经严格处理，所以即便在受热面蒸发率很高的条件下，金属壁不致过热而损坏。加上水管锅炉受热面的布置简便，清垢除灰等条件也比烟管锅炉为好，因此它在近百年中得到了迅速发展。

水管锅炉型式繁多，构造各异。按锅筒数目有单锅筒和双锅筒之分；就锅筒放置形式则又可分为立置式、纵置式和横置式等几种。现就几种常用水管锅炉的结构和特点，分别介绍于后。

1. 立置式水管锅炉

（1）自然循环锅炉

这是一种锅筒立置、由环形的上、下集箱和焊接其间的直水管组成的燃油锅炉[1]，其结构如图 5-9 所示。直水管沿环形上下集箱圆周布置有内外两层，内层包围的空间为炉膛，内外两层之间竖直的"狭缝"为烟气的对流烟道。小容量的此型锅炉的直水管为光管，较大容量锅炉的直水管外侧焊有鳍片。

燃烧器置于炉顶，燃料油由燃烧器喷出着火在炉膛中燃烧放热，经与由内圈直管内侧管壁组成的辐射受热面换热后，烟气通过靠炉前侧的炉膛出口，分左右两路进入对流烟道并环绕向后流动，横向冲刷由内管外侧和外管内侧壁面组成的对流受热面，在炉后汇合进入出口烟箱，最后经烟囱排于大气。

锅炉的给水由下集箱进入，沿直水管向上，边流动边吸热，汽水混合物进入上集箱，蒸汽经汽水分离器分离后，通过主蒸汽阀送往用户。分离下来的水则通过下降管道流回下集箱，形成水的自然循环回路。

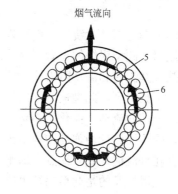

烟气流向

图 5-9　立置式水管锅炉

1—燃烧器；2—主蒸汽阀；3—汽水分离器；
4—上环形集箱；5—水冷壁管；6—对流管束；
7—下环形集箱；8—压力表；9—送风机

锅炉炉膛水冷程度大，炉内温度较低，能抑制和减少 NO_x 的形成，有利于环境保护；对流受热面因烟气横向冲刷，扰动剧烈，既强化了传热，又有清灰作用；而且结构简单，体积小，占地少，采用微电脑全自动控制，操作也十分方便。但由于它的水容量小，当外界负荷变化或间断给水时，汽压变化较大；同时对给水水质要求较高，除垢清垢困难。

此型锅炉国产产品有多种规格，蒸发量为 100～4000kg/h，蒸汽压力为 0.7～1.2MPa；外形尺寸（长×宽×高）：0.965m×0.715m×1.525m（小的），2.815m×2.230m×4.0m（大的）。

（2）强制循环直流锅炉

直流锅炉是指给水在水泵压头作用下，顺序一次通过加热、蒸发和过热各个受热面便

---

❶　上海三浦锅炉有限公司生产，也称三浦贯流锅炉。

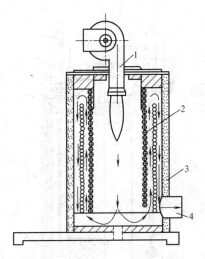

图 5-10　双套筒直流燃油锅炉

1—盘管；2—燃烧器；3—炉壳；4—烟气出口

产生额定参数的蒸汽的锅炉。工况稳定时，直流锅炉的给水量等于蒸发量，循环倍率为 1。因此，对给水水质和参数控制以及锅炉安全的要求很高，这也是以往低参数小型锅炉不采用直流锅炉的原因所在。

图 5-10 所示是一台双套筒直流燃油锅炉❶，由单根盘管旋绕成两个直径不同的同心圆筒体构成。内筒的内侧包围的空间为炉膛，其壁面为该锅炉的辐射受热面；内筒外侧面和外筒全部筒壁为对流受热面。

由图 5-10 可见，此型锅炉烟气为三回程，装置于炉顶的燃烧器向下喷雾燃烧，至炉底为第一回程，烟气折返向上在内外筒之间的通道流至炉顶为第二回程，烟气再次折返向下流经外筒与外壳保温层（炉墙）之间的通道（第三回程）后，最后由下侧出口流出至烟囱。

给水从总体上说是经历先下后上两个回程，即从外筒上端进入，盘绕向下流至外筒下端后进入内筒下端，再盘绕向上流至内筒上端成为蒸汽流出。此型锅炉的盘管管径采用内筒小、外筒大，同样较好地适应了汽水受热膨胀，从而减缓其流速和流动阻力。

不难看到，此型锅炉烟气历经三个回程，流程长，可自如地布置对流受热面；烟气与给水为逆向流动，强化了对流换热，能有效降低和控制排烟温度，提高锅炉热效率。再则，受热面设计为弹性结构由盘管组成，承受压力变化和热膨胀能力大为改善。当然，它也存在直流锅炉共有缺点，即水质要求高，泵的耗电大。

值得提及的是此型锅炉也有卧式设计的❷，炉膛部分仍为"双套筒"形式，但在炉膛后端的一段圆柱形空间里，向里、向后多布置了几层（圈）盘管作为对流（部分辐射）受热面，前视形似盘式蚊香。这些受热面接受部分辐射热，烟气横向冲刷它们后折返并分左右两路进入内、外筒组成的烟道，至炉前端再折返入外筒、外壳保温层组成的烟道，也呈三回程流动。与立式相比，燃烧器置于炉前，更便于操作和检修，而且盘管可从炉前方便地抽出，克服了直式直流锅炉吊出盘管时锅炉房需有较大高度空间的弊端。

2. 纵置式水管锅炉

（1）单锅筒纵置式水管锅炉

图 5-11 所示为一台 DZD20-2.5/400-A 型抛煤机倒转链条炉排锅炉。锅筒位于炉膛的正上方，两组对流管束对称地设置于炉膛两侧，构成了"人"字形布置型式，所以也称人字形锅炉。炉内四壁均布置有水冷壁，前墙水冷壁的下降管直接由锅筒引下，后墙及两侧墙水冷壁的下降管则由对流管束的下集箱引出；而两侧水冷壁下集箱又兼作链条炉排的防渣箱。

为了保证有足够大的炉膛体积和流经对流管束的烟速，同时也方便于运行的侧面窥视

❶ 意大利加利安尼机械有限公司生产，也称加利安尼锅炉。
❷ 德国劳斯（LOOS）国际锅炉公司生产，也称劳斯锅炉。

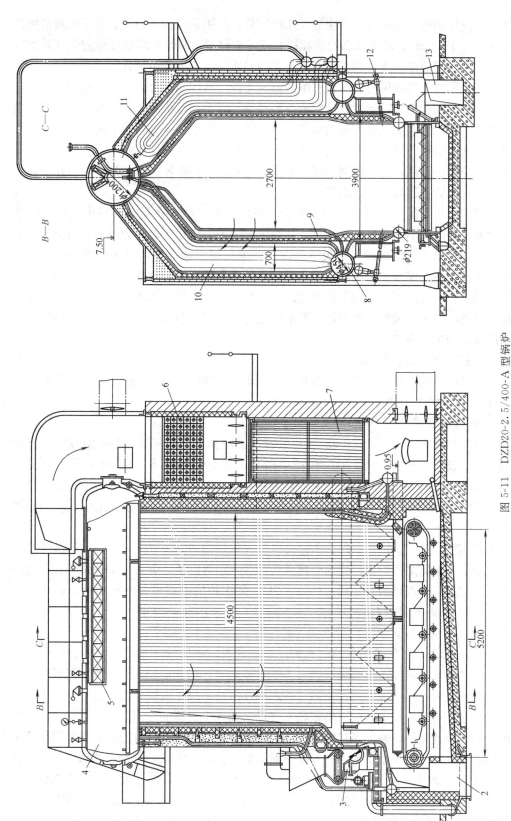

图 5-11　DZD20-2.5/400-A 型锅炉

1—倒转链条炉排；2—灰渣槽；3—机械风力抛煤机；4—锅筒；5—钢丝网汽水分离器；6—铸铁省煤器；7—空气预热器；8—对流管束下集箱；9—水冷壁管；10—对流管束；11—蒸汽过热器；12—飞灰回收再燃装置；13—风道

149

和操作，就设计制造成这种对流管束短、水冷壁管长的锅炉结构，对流管束下集箱的标高比炉排面高出 1300mm；由于高温的炉膛被对流管束包围，两侧炉墙所接触的烟气温度较低，这不但减少了散热损失，而且为配置较薄的轻质炉墙提供了可能性。

此型锅炉配置了机械风力抛煤机和倒转链条炉排，新煤大部分抛向炉膛后部，并在此开始着火燃烧。随着链条炉排的由后向前逐渐移动，煤也逐渐烧尽，最后灰渣在锅炉前端落入灰渣斗。炉内高温烟气经靠近前墙的左右两侧的狭长烟窗进入对流烟道，烟气由前向后流动，横向冲刷对流管束。蒸汽过热器就布置在右侧前半部对流烟道中，吸收烟气的对流放热。在炉后的顶部，左右两侧的烟气相汇合，折转 90°向下，依次流过铸铁省煤器和空气预热器，经除尘器最后排入烟囱。

此型锅炉采用了抛煤机，炉内不设置前、后拱，由于燃烧在抛洒过程中就已受热焦化，燃料着火条件并不明显变坏。相反，在抛煤机的风力作用下，部分细屑燃料悬浮于炉膛空间燃烧，从而可以提高炉排可见热强度，即可减缩炉排面积，但这种细屑的粒径较大，燃烧条件远不及煤粉炉优越，往往未及燃尽就飞离炉膛；在对流烟道底部虽设置了飞灰回收再燃装置，可把沉降于烟道里的含碳量较高的飞灰重新吹入炉内燃烧，飞灰不完全燃烧热损失仍旧较大。因此，此型锅炉要求配置有高效除尘装置，不然将会对周围环境造成较为严重的烟尘污染。

（2）双锅筒纵置式水管锅炉

这种水管锅炉的产品型式颇多，按照锅炉与炉膛布置的相对位置不同，可分为"D"型和"O"型两种布置结构。

1）双锅筒纵置式"D"型锅炉

此型锅炉如图 5-12 所示，它的炉膛与纵置双锅筒和胀接其间的管束所组成的对流受热面烟道平行设置，各居一侧。炉膛四壁一般均布水冷壁管，其中一侧水冷壁管直接引入上锅筒，封盖了炉顶，犹如"D"字。在对流烟道中设置折烟隔板，以组织烟气流对管束的横向冲刷。折烟隔板有垂直和水平微倾布置两种，后者多数用于少灰的燃油锅炉。

采用双锅筒"D"型布置，除了具有水容量大的优点外，对流管束的布置也较方便，只要用改变上下锅筒之间距离、横向管排数目和管间距等方法，即可把烟速调整在较为经济合理的范围内，节约燃料和金属。此外，"D"型锅炉的炉膛可以狭长布置，利于采用机械化炉排和燃油炉、燃气炉。2～6t/h 的锅炉一般采用链条炉排、往复炉排等燃烧设备；6t/h 以上的锅炉配置链条炉或燃油、燃气炉。

图 5-12 所示为一台配置链条炉的锅炉。炉膛在右，四周均布水冷壁，左右侧水冷壁管的上端直接接于上锅筒，下端则分别接于下集箱，兼作防焦箱；前后水冷壁管则分别通过上、下集箱与锅筒相连，构成四个独立的水循环回路系统。因锅炉组装出厂，为了有效降低运输高度，前后水冷壁管的上集箱是直接径向插入上锅筒的。

由于炉膛偏置一侧，燃烧条件较为优越，更具有特点的是在炉膛的后上部专门设置了卧式旋风燃尽室——一个基本上不布置受热面的烟道空间，为从炉膛出来的烟气创造了具备一定温度和逗留时间的空间环境，使烟气中夹带残存的可燃物质在此得以继续燃烧，降低不完全燃烧损失。由图 5-12 可见，燃尽室的后墙是一圆弧形壁面，这样高温烟气一出炉膛就沿切线方向高速进入燃尽室，既改善了烟气对后墙管排的冲刷，强化传热，又因离心力的

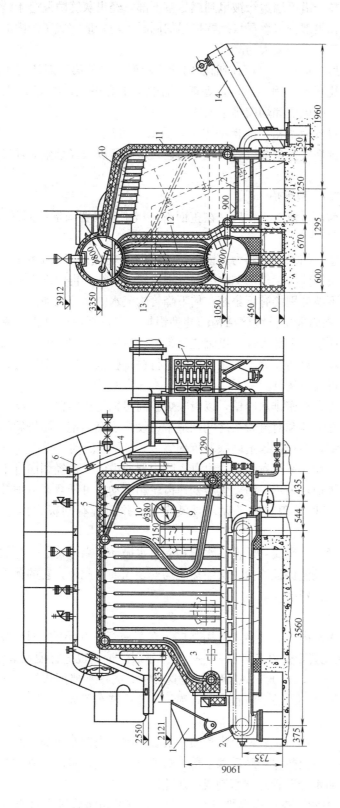

图 5-12　SZL2-1.25-A II 型锅炉

1—煤斗；2—链条炉排；3—炉膛；4—右侧水冷壁的下降管；5—燃尽室；6—上锅筒；7—铸铁管省煤器；8—灰渣斗；9—燃
尽室烟气出口；10—后墙管排；11—右侧水冷壁；12—第一对流管束；13—第二对流管束；14—螺旋出渣机

作用，烟气携带的飞灰粒子沿后墙边缘被甩到燃尽室下部，经出灰缝隙漏落于链条炉排的灰渣斗。如此，燃尽室在供部分未燃尽可燃物燃尽的同时，巧妙地完成了炉内的一次旋风除尘，使炉子出口的烟气含尘浓度大为降低。

高温烟气出燃尽室后，折转 90°自后向前横向冲刷顺列布置的第一对流管束，在前端折回又横向冲刷第二对流管束至锅炉出口，烟气从省煤器上方进入，绕 U 形烟道后又从上方引出至除尘器，后经引风机和烟囱排于大气。

此型锅炉受热面布置较为富裕，能保证出力，热效率可达 78%～80%。因炉内设置有卧式旋风燃尽室，降低烟气含尘浓度效果较为明显，从而可以减轻烟尘对环境的污染和危害。

2）双锅筒纵置式"O"型锅炉

此型锅炉的炉膛在前，对流管束在后。在正面看，居中的纵置双锅筒间的对流管束，恰呈"O"字形状。

炉膛两侧布置水冷壁，如果上锅筒为长锅筒，水冷壁上端直接接入上锅筒，呈"人"字形连接；当上锅筒为短锅筒时，则两侧水冷壁分别设置上集箱，再由汽水引出管将上集箱和锅筒沟通。水冷壁下端分别接有下集箱，借下降管构成水的循环流动。

图 5-13 所示为一上锅筒采用长锅筒结构的此型锅炉。它在制造厂组装成两大部件出厂，以锅炉受热面为主体组成上部大件，以燃烧设备为主体组成下部大件；省煤器则另外布置于锅炉后面。在现场，只需在锅炉安装位置上进行拼接就位，接上烟风道、汽水管道以及必要的仪表附件即可投入运行。

此型锅炉在炉膛四周布有密排水冷壁，以吸收炉膛高温辐射热。在其后端，上下锅筒之间布置有对流管束。在炉膛和对流管束之间烟道中，设置了燃尽室。燃烧后的高温度烟气从炉膛后侧进入燃尽室，在对流烟道内顺着折烟墙呈"U"型流动，横向冲刷管束，之后引至尾部单独布置的鳍片式铸铁省煤器，再进入除尘器而由引风机经烟囱排于大气。

燃烧设备系链条炉排炉，采用一齿差无级变速齿轮箱驱动，可任意调节炉排速度，以适应负荷波动的需要。锅炉采用双侧进风，通风均匀，并配置有刮板式出渣机以排除灰渣。

此型锅炉具有结构紧凑、金属耗量低、水容积大及水循环可靠等特点。它的制造和部件总装均在制造厂完成，既能保证质量，又缩短现场安装周期。此外，它的锅炉房可以单层布置，节省锅炉房基建投资。

3. 横置式水管锅炉

这种型式的水管锅炉国内产品很多，应用甚广，在第一章中介绍的 SHL 型锅炉（图 1-1）即为此型锅炉。在配置燃烧设备方面，它不单限于层燃炉，也适宜配置室燃炉。

图 5-14 所示为 SHS20-2.5/400-A 型锅炉，是这种锅炉的一种典型式样，它配置以煤粉炉。如果从烟气在锅炉内部的整个流程来看，锅炉本体恰被布置成"M"型，所以这种锅炉也称"M"型水管锅炉。

这台锅炉的前墙上，并排布置着两个煤粉喷燃器。炉膛的内壁全布满了水冷壁管——全水冷式，以充分利用辐射换热。炉膛后墙上部的烟气出口烟窗，水冷壁管被拉稀，形成防渣管。炉底由前、后墙水冷壁管延伸弯制成冷灰斗。

煤粉经喷燃器喷入炉膛燃烧。高温烟气穿过后墙上方的防渣管进入蒸汽过热器，转

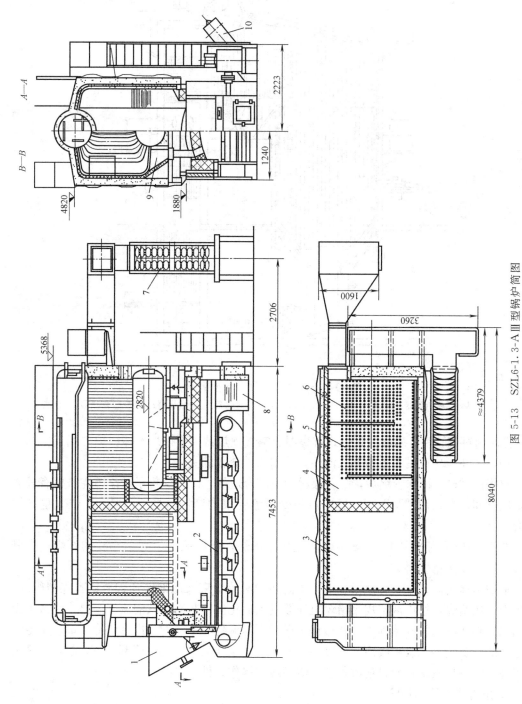

图 5-13　SZL6-1.3-AⅢ型钢炉简图

1—煤斗；2—链条炉排；3—炉膛；4—燃尽室；5—第一烟道及对流管束；6—第二烟道及对流管束；7—铸铁省煤器；8—灰渣斗；9—对流管束落灰斗；10—螺旋出渣器

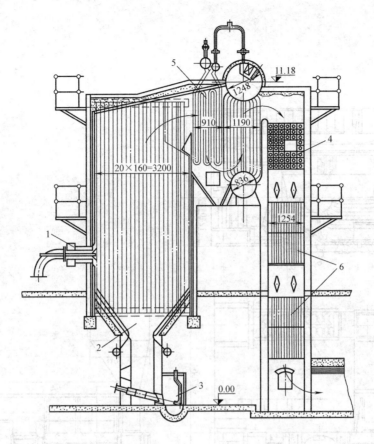

图 5-14 SHS20-2.5/400-A 型锅炉

1—煤粉燃烧器；2—冷炉斗；3—水力冲渣器；4—过热器；5—省煤器；6—空气预热器

180°再冲刷对流管束。尔后经钢管式省煤器、空气预热器离开锅炉本体。炉内烟气中的灰粒，经冷灰斗粒化后借自重滑落入渣室，用水力冲渣器除去。

双锅筒"M"型水管锅炉，配置煤粉炉是较合适的。因为煤粉呈悬浮燃烧需要有较大的炉膛空间，在采用"M"型布置时可不受对流管束的牵制。当然，燃油、烧气也同样适合。

图 5-15 所示为 SHF4-1.3-S 型鼓泡流化床锅炉，燃用粒径为 0～8mm 的石煤、煤矸石等一类低发热量燃料。

锅炉本体由流化床、悬浮段、上下锅筒间的对流管束及尾部鳍片式铸铁省煤器组成。锅炉微正压给煤，经可调速皮带给煤机连续输入流化床，灰渣则从溢流口溢出。为减少溢流出来的热灰渣的物理热损失，此型锅炉还置有与流化床串联的二次沸腾冷却室。从溢流口溢出的热灰渣经二次沸腾冷却室吸热冷却，灰渣温度可从 900℃ 降到 300℃ 左右，这不仅提高了锅炉热效率，而且还改善了出渣环境和操作条件。

4. 角管式水管锅炉❶

---

❶ 角管式水管锅炉是德国水动力专家 Vorkauf 于 1944 年发明的。我国上海四方锅炉厂率先于 1985 年从丹麦沃伦能源公司引进链条炉排燃煤角管式蒸汽锅炉和热水锅炉，后因其独特的技术优势被国家列入工业锅炉更新替代产品之一。

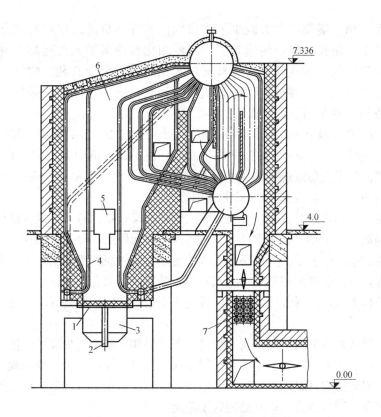

图 5-15 SHF4-1.3-S 型鼓泡流化床锅炉

1—布风板；2—放渣管；3—风室；4—埋管受热面；5—溢流口；6—悬浮段；7—省煤器

角管式水管锅炉通常只设置一个锅筒，横置或纵置。它在锅炉四角布置以 4 根大直径厚壁下降管与锅筒、水冷壁、上下集箱、旗形对流受热面以及加强梁等组成框架式结构。它利用管路系统作为整台锅炉的骨架，由其承载锅炉的全部重量，所以也称管架式锅炉或无钢架锅炉。

图 5-16 所示为一典型的角管式水管锅炉管路系统，在锅炉的四角由 4 根大直径下降管与集箱等组成锅炉承重的构架。4 根下降管的下端与锅炉受热面的所有下集箱沟通，汽水混合物沿受热面上升进入上集箱，并在其中进行汽水的初步分离，蒸汽通过上集箱顶部的引导管进入集汽管，最后进入锅筒。分离出来的饱和水经前、后下降管再供给蒸发受热面（上升管）参加下一次循环。其他类型的水管锅炉的循环倍率很大，约为 85～150，进入锅筒的汽水混合物流量相当可观，但角管式锅炉因其汽水混合物在上集箱中进行了初分离，使很大一

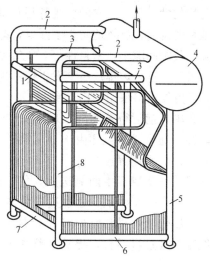

图 5-16 角管式锅炉的管路系统

1—横下集箱；2—蒸汽引导管；3—纵上集箱；
4—锅筒；5—下降管；6—纵下集箱；
7—横下箱；8—再循环管

部分饱和水不回到上锅筒，大大减少了锅筒的汽水分离负荷。在相同的分离空间和分离高度的条件下，角管式锅炉的饱和蒸汽品质相比其他锅炉大为提高。由于减少了汽水混合物对锅筒内锅水的扰动，对保持锅炉水位的稳定十分有利。此外，饱和水的动能没有在锅筒内释放，直接进入下降管或再循环管再循环，增加了循环有效压力，对提高水循环安全性也起到了积极作用。

此型锅炉的炉膛四周及中间隔墙采用膜式水冷壁全密封结构。膜式水冷壁通常由 $\phi60\times4$ 的无缝钢管与 20mm 宽的扁钢焊接而成。在对流烟道中布置有旗式对流受热面，大量对流受热面管子自后烟道中膜式水冷壁管子引出，组成形似一面面旗帜（图 5-22 中 9），旗式受热面管子一般为 $\phi38\times4$ 的无缝钢管。

显而易见，采用旗式对流受热面是角管式锅炉的又一结构特点。这种结构省却了一只下锅筒，上锅筒也不必钻开密集管孔，从而减薄了锅筒厚度、降低了钢耗。同时，旗式受热面管子与膜式水冷壁管子的焊接条件大为改善，且使锅筒置于烟道之外成为可能，不受烟气冲刷。大量旗式受热面被封闭在膜式水冷壁烟道中，没有穿墙管，也就不存在漏风情况。旗式受热面的应用，既节约了钢材，改进了工艺，降低了制造成本，还有利于提高锅炉运行效率。

由于采用膜式水冷壁全封闭结构，炉墙不与火焰和高温烟气相接触，使炉墙变得十分简单，只需在水冷壁外侧敷设一定厚度的轻质保温材料，外面再包以外护板，整台锅炉外形美观整洁。轻质保温材料还可以随水冷壁一起胀缩，避免了重型锅炉炉墙处理不当时发生开裂漏风现象，同时也为锅炉基础减轻了载荷。

角管式水管锅炉引进的链条炉排也是鳞片式炉排，但它具有自己的特点，与传统的鳞片式炉排在结构上有着很大的不同。第一，它的炉排片的高宽比较大，冷却性能好，煤种适应能力强，可以燃用烟煤，也适合无烟煤的燃用。第二，它的通风截面比较小，通风间隙分布均匀，风仓内的风压比传统鳞片式炉排的分段风室高 $100\sim200Pa$，保证了炉排送风的均匀性。第三，它的炉排片设计倾角为 $45°$，而传统的鳞片炉排片的倾角是 $60°$，因其独特的构造，有效地防止了漏煤，漏煤损失可降低一半以上。第四，它的炉排片制造精度高，装配间隙小，密封性好，能在炉排下建立起较高的风压，同时也减少了故障的发生。第五，这种炉排片极少发生掉片现象，即使发生个别炉排片掉落，也不必停止炉排运行，可方便地将备用炉排片换上。

我国目前运行着的链条炉排锅炉绝大部分采用分仓式进风结构，存在严重的配风不均匀性。通常是进风侧由于静压低进风量少，使之燃烧不完全，而另一侧则风量过剩。角管式锅炉采用等压风仓结构，鳞片式炉排的炉排面下是一个大的等压风仓，实施统仓送风。一次风经由两侧送入，等压风仓和炉排面之间布置有若干组可调节的小调风门，外面有一个手柄，通过连杆可调节一组调节风门。通过调节这些小调风门的开度，即可控制煤随炉排移动时各个燃烧阶段所需的供风量，做到合理配风。如此，既有利于控制空气过量系数，提高燃烧中心温度和燃烧效率，也有效地减少了固体不完全燃烧损失。

由于角管式锅炉独特的技术优势，特别是 DHL 系列的角管式锅炉已在我国得到广泛应用，形成了蒸汽锅炉和热水锅炉两大系列，并正向大容量方向发展。前者，容量已由 10t/h 发展到 220t/h；后者从 7MW 发展到了目前的 160MW。

第三节　热水锅炉

在供暖工程中，热煤有热水和蒸汽两种。由于热水供暖比蒸汽供暖具有节约燃料、易于调温、运行安全和供暖房间温度波动小等优点，同时国家对热媒又作了政策性规定，要求大力发展热水供暖系统。因此，作为直接生产热水的设备——热水锅炉随之得到了迅速的发展。

与蒸汽锅炉相比，热水锅炉的最大特点是锅内介质不发生相变，始终都是水。为防汽化，保证运行安全，其出口水温通常控制在比工作压力下的饱和温度低25℃左右。

正因如此，热水锅炉无需蒸发受热面和汽水分离装置，一般也不设置水位表，有的连锅筒也没有，结构比较简单。其次，传热温差大，受热面一般不结水垢，热阻小，传热情况良好、热效率高，既节约燃料，又节省钢材，钢耗量比同容量的蒸汽锅炉约可降低30%。再则，对水质要求较低（但须除氧），一般不会发生因结水垢而烧损受热面的事故；受压元件工作温度较低，又无需监视水位，热水锅炉的安全可靠性较好，操作也较简便。

热水锅炉的结构型式与蒸汽锅炉基本相同，也有烟管（锅壳式）、水管和烟、水管组合式三类。按生产热水的温度，可分低温热水锅炉和高温热水锅炉两类。前者送出的热水温度一般不高于95℃，后者出口水温则高于常压下的沸点温度，通常为130℃，高的可达180℃（表1-4）。如果按热水在锅内的流动方式，热水锅炉又可分强制流动（直流式）和自然循环两类。

一、强制流动热水锅炉

强制流动热水锅炉是靠循环水泵提供动力使水在锅炉各受热面中流动换热的。这类锅炉通常不设置锅筒，受热面由多组管排和集箱组合而成，结构紧凑，制造、安装方便，钢耗量少。我国早期生产的热水锅炉和国外大容量热水锅炉大多采用这种强制流动的方式。

此型热水锅炉以往习惯称为强制循环热水锅炉，其实水在锅内并非循环流动，而是作一次性通过的强制流动；只有在整个供热系统内，热水才是强制循环流动的。根据锅炉中水和烟气的相对流向，强制流动热水锅炉的受热面有顺流式、逆流式和混流式三种布置型式。前者锅炉中水和烟气的流动方向一致，即系统回水由锅炉前端进入，热水在尾部受热面末端引出。这种布置型式，水和烟气之间温差小，传热效果差，但尾部受热面因内侧水温较高，有利于防止低温腐蚀和积灰。逆流式热水锅炉，由尾部受热面进水，锅炉前端出水，其优缺点正好与顺流式相反。混流式热水锅炉介于二者之间，受热面布置既有顺流部分，又有逆流部分。由于烟气侧的低温腐蚀是热水锅炉有待解决的严重问题之一，所以目前生产的强制流动热水锅炉一般采用顺流式或混流式布置。

强制流动热水锅炉没有锅筒，水容积小，运行时水质又比较差，如果设计不尽完善，会发生结垢、爆管等危及锅炉安全的事故。20世纪80年代初，为贯彻国务院有关将蒸汽供暖改为热水供暖的节能指令，不少锅炉用户自行将蒸汽锅炉改造为热水锅炉；有的工业锅炉制造厂为满足社会需要，未对锅炉结构和回水连接方式、受热管中水速等水动力特性进行详细研究就批量投产，其结果是热水锅事故率超过同容量蒸汽锅炉。所以，对于强制流动热水锅炉，《热水锅炉安全技术监察规程》明确规定，必须进行水动力计算，以保证锅炉受热面布置的合理和运行的安全可靠。

设计时，要使每一回路的各平行并列管的受热均匀，尽量减少由于受热不均而造成的热偏差。由于热水锅炉的集箱效应——沿集箱长度方向静压变化是造成平行并列管流量偏差的重要因素，要正确选择连接方式，如采用分散引入及分散引出系统等；尽可能加大集箱直径，必要时可在受热管子进口处加装节流圈，以减少并联管组各管子之间的流速和出口水温偏差。为避免在管组中水可能发生流量的多值性，水冷壁则不宜采用其中水作上升—下降两行程或更多行程的结构型式。此外，强制流动热水锅炉的流动阻力要适当，不同受热面的管内平均水速一般在表 5-1 所列数值范围内选取，锅炉总阻力大体控制在 0.1～0.15MPa 之间。

不同受热面的管内平均水速　　　　　　　　　　　表 5-1

受 热 面 工 况	平均水速（m/s）
下降流动受热较弱的水冷壁	1.0～1.2
下降流动受热较强的水冷壁	1.5～1.6
上升流动的所有水冷壁	0.6～0.8
下降流动的对流受热面管	1.0～1.2
上升流动的对流受热面管	0.5～0.8

强制流动热水锅炉的受热面系统一般分串联和并联两种。串联布置时水速、流量易于控制，运行比较安全，但行程长，流动阻力较大。一些小容量热水锅炉，常采用并联方式，则要注意水流量分配的均匀性，不然个别并列管中可能会发生汽化，从而影响锅炉的正常运行。

在运行中遇到突然停电、停泵时，强制流动热水锅炉水容积小，其适应能力很差，极易由于炉子特别是层燃炉的热惰性使受热面管内的水汽化；同时锅炉及热网的压力随停泵而降低，局部地区的管网也可能发生汽化而引起水击，危及设备的安全。因此，此型锅炉应有可靠的停电保护措施。

根据长期运行经验，强制流动热水锅炉的有效停电保护措施有采用其他办法向锅炉补水、设置放汽阀放汽、选用适当的管径和加快炉膛冷却等。停电时，可采用汽动水泵补水；对低压、低温热水锅炉也可用自来水或高位水箱补水，对高压、高温热水锅炉，则可用压力罐或高位水塔补水，以降低锅内水温，减少产汽量。采用放汽阀放汽时，停电后待锅炉压力上升至一定值即开启安装在锅炉每一回路顶部的人工放汽阀或自动放汽阀，使锅炉压力保持在较低值，以便利用自来水等其他水源向锅炉补水。需要注意的是恢复供电后，要先开补给水泵充水，同时通过放汽阀将余汽排尽，再启动循环水泵投入正常运行。适当选用受热面管子直径的作用，是为使突然停电后管中水的速度降至接近于零，以利于管内的水自身形成自然对流来冷却管壁。水冷壁管内径一般要求不小于 45mm，对流受热面管的内径则应不小于 32mm。当遇上停电、停泵时，锅炉的送、引风机也停止工作。此时，应立即打开炉膛上的所有门孔、省煤器的旁通烟道等；对于小型层燃热水锅炉，还可采用压火等紧急措施以加速炉膛冷却。

图 5-17 所示为由单一盘管组成的强制循环热水锅炉❶。此型锅炉下部盘管围绕成炉腔，上部盘管则绕成重叠、交错布置的对流受热面。燃烧器置于锅炉底部，由下向上喷雾燃烧。

给水直接由炉顶对流盘管进口进入，自上而下先流经对流管束受热，然后通过炉膛部位的盘管——水冷壁管辐射换热，最后高温热水由热水出口送出。显而易见，这台锅炉的烟气与水呈逆向流动，受热面是逆流式布置的，水和烟气之间温差大，传热效果好。另外，它的受热面是单根盘管，给水在水泵压头作用下，从上一"泻"而下由低温水加热成了高温热水，这是直流锅炉的一种典型型式。

此型锅炉的结构设计有其独特之处，其一是盘管管径不是固定恒一的，采用分段变化，沿水流流动方向逐渐变大，以适应水的受热膨胀，有效调整管内工质的流动速度。其二，上部多层布置的对流盘管，上、下、

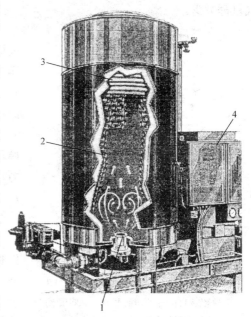

图 5-17　盘管式强制循环热水锅炉
1—燃烧器；2—水冷壁（盘管）；3—对流管束（盘管）；4—自动控制操作仪

左、右采用不同的管间距——沿烟气流向逐层递减变小，烟气流通截面积较好地与烟气因冷却体积缩小相匹配，使烟气流速控制在最佳状态，强化传热。

此外，此型锅炉的给水泵采用容积式隔膜泵，几乎不存在泄漏和磨损；配置有齐全的保护装置，如多级超压保护、熄火保护、电机过载保护以及水泵供水保护等；关键部位还安装有安全监视装置，以帮助指示锅炉故障位置和原因。当锅炉房多台锅炉布置时，可根据用户要求提供按负荷变化，锅炉逐台启、停的联动控制。

必须提到的是此型热水锅炉与它生产蒸汽的蒸汽锅炉结构无大差别，不同的仅是把热水出口改为蒸汽出口，而后接入汽水分离装置，经汽水分离后由主蒸汽阀送往用户。它的汽水分离装置布设于炉外，可保证蒸汽品质，蒸汽湿度不大于 0.5%。

图 5-18 所示为一壁挂式强制循环热水锅炉的结构简图❷。它是集供暖和生活热水供应两大功能于一体的全自动家用热水锅炉，主要由燃烧、通风、热交换、水循环及自动控制等系统组成。

此型锅炉燃用天然气或液化石油气，经由燃气调节阀调节送至燃烧器燃烧。燃烧所需空气全部从室外吸入，燃烧生成的烟气由顶部烟箱集中排至室外大气，即采用的是平衡通风方式，吸、排气筒为一同心套管，外层套管为吸入空气的通道，内管则排放热烟气，它们利用热烟气和空气的密度差作为流动循环动力，随着热负荷的大小进行自动调节。满负荷运行时，产生的烟气量大，流动压力大，吸入供燃烧的空气量也大，反之则烟气量和空

❶　美国克雷顿（Clayton）工业公司生产，也称克雷顿锅炉。
❷　意大利生产，称阿芙乐尔（Aurora）壁挂锅炉。

气量都减少。

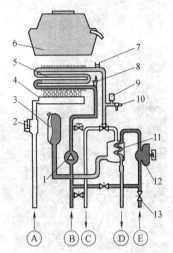

图 5-18 壁挂式热水锅炉结构示意图
A—燃气入口；B—采暖回水；C—采暖供水；
D—生活热水出口；E—冷水入口
1—循环水泵；2—燃气阀；3—膨胀水箱；4—燃烧器；
5—主换热器；6—烟箱；7—水安全恒温器；
8—排气阀；9—加热系统安全阀；10—系统排水阀；
11—热水换热器；12—水保护器；13—调节阀

此型锅炉采用大气式不锈钢制燃烧器，保证火焰燃烧充分、完全，燃烧效率在93％以上。主换热器为专利铜制复合式换热器，采用特殊结构和工艺，具有较高的传热性能和较长的使用寿命，且能减少水垢的形成，换热效率达到92.2％。锅炉内置高性能三级调速、自动排气的循环水泵，为供暖系统和生活用水提供循环动力，保证锅炉产生的热量及时、快速地输送至用户。为了给供热系统提供膨胀空间，锅炉内置有一个8L的膨胀水箱。

壁挂式燃气热水锅炉一般为满足家庭热水和供暖的需要而配置，锅炉运行的安全特别重要。因此，它设置有熄火、起压、缺水、限温、过热、防冻以及防止倒风等一系列保护和自动控制装置。水流开关向控制系统传输用户热水需求的信号，决定锅炉的工作状态，并根据水流大小的变化相应地调整火焰，确保生活热水温度的恒定；水流开关要求的最小流量为 2.5L/min。水压开关是保证系统运行的最低压力的装置，正常情况下，当系统初始压力达到 0.8～1.0bar 时，水压开关才能测到信号，锅炉才能正常启动和运行，从而始终保证锅炉处于有压运行状态。当锅炉由于运行不正常导致热交换器内部温度超过 88℃时，极限温度控制器发出指令，燃气阀门关闭，锅炉停止工作。万一极限温度控制器失灵，换热器内部温度继续上升，当超过 100℃时，还有最后一道防线——安全温度控制器启动，立即关闭燃气阀，强制锅炉停运。

该锅炉是以提供生活热水优先，兼顾供暖的壁挂式燃气锅炉。它结构紧凑、体积小，安装方便——悬挂在超过人体高度的墙壁上即可；可以省去中间换热环节带来的能量损失，也没有常规供热系统的管网和设备的漏损与散热损失，提高了能源利用率。此外，家用壁挂式锅炉燃用的是洁净的天然气或液化石油气，排放烟气中的 SO_2 和 NO_x 含量很少，有利于保护环境。

壁挂式燃气热水锅炉的容量，一般为 11.6～34.9kW。

二、自然循环热水锅炉

自然循环热水锅炉，其锅内水的循环流动是主要靠下降管和上升管中的水温不同引起密度差异而造成的水柱重力差来驱动的。但因水的密度随温度的变化率不大，且锅内水的温升又有限，与蒸汽锅炉的自然循环以水、汽的密度差为基础相比较，热水锅炉自然循环的驱动力——流动压头要小得多。因此，采用自然循环方式的热水锅炉，设计时要特别注意其水循环的可靠性。

在自然循环热水锅炉中，由下降管和上升管等组成的闭合系统称为回路。任何一台锅炉，都是由若干回路组成的。根据理论和实践经验，保证自然循环热水锅炉水循环的安全可靠，首先要合理设计循环回路，尽可能使回路结构简单。如水冷壁垂直布置，尽量直接引入锅筒，而不采用带上联箱的结构；水冷壁与对流受热面不宜共用一个下集箱；对于层燃炉，当采用前、后拱管时，应适当加大下降管和上升管的截面比，等等，其目的是有效地降低循环回路的流动阻力。其次，要合理配置锅内装置，包括回水引入管、回水分配管、热水引出管、集水管、集水孔板和隔板装置等，便于组织锅内水的混合和分配，以降低下降管入口水温和使上升管出口水温均匀并增大欠热，防止上升管内产生过冷沸腾；同时，也可使热水在锅筒长度方向上较为均匀引出。第三，要尽可能增大循环回路的高度和适当放大下降管和上升管的截面比（一般不小于 0.45），以期提高循环流动压头，加快循环流动速度。

图 5-19 所示为一台卧式烟管热水锅炉，由主要受压元件锅壳、前后管板、炉胆、折烟室、折烟凸形封头和烟管组成。

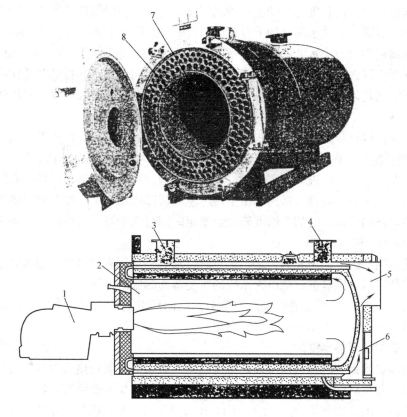

图 5-19　卧式烟管热水锅炉

1—燃烧器；2—炉膛；3—回（进）水口管；4—热水出口管；

5—烟气出口；6—凸形封头；7—烟管管束；8—炉胆

由图可见，此型锅炉的锅壳前、后端外形不同，前端为平板封头，后端为凸形封头；而且，管板与锅壳、炉胆和凸形封头之间的连接均采用焊接连接，为全焊接结构。

燃烧器置于炉前，炉膛——炉胆位于锅炉中心，作为对流受热面的众多烟管围绕炉胆四周布置。烟气流程设计也有三个，与一般三回程烟管锅炉不同的是，第二回程烟管直径要比第三回程的大，以适应烟气沿程因温降引起的体积变化，便于调整和控制其流速。

此型热水锅炉的回（进）水口设于前上方，出水口在热水温度较高的后端上方。低温回水进入锅炉后即被安装在入口处锅筒内的引射装置喷射，迅速提高温度，再次融入锅内的自然水循环中，继续均匀受热变成高温水，经由热水出口送往用户。

此型锅炉结构紧凑，受热面设计和布置合理，自动化程度高，运行安全可靠。不足的是，它为全焊接结构，承受热胀冷缩等变化的力学性能较差。

图 5-20 所示为一水管快装自然循环热水锅炉，其额定功率为 1.4MW，允许工作压力为 0.7MPa，供、回水温度分别为 95℃和 70℃，设计煤种为Ⅱ类烟煤。

这台锅炉采用单锅筒纵置式"A"型布置。锅筒居中，炉膛四周均布水冷壁，上端直接与锅筒相接，下端分别连接于前、左、右三个联箱，组成三个循环回路。锅炉的主要对流受热面分两组管束（两个循环回路）对称布置在炉膛两侧。

由图可见，在直径为 900mm 的锅筒内设置有回水引入管、隔板和集水孔板等锅内装置。纵向隔板将沿锅筒长度方向的上升管和下降管分开，使沿锅筒长度方向形成明显的冷水区（即下降管区）和热水区（即上升管区）；横向隔板则将锅筒前端的下降管与上升管分开，在锅筒前端形成冷水区。如此，当回水经回水引入管进入锅筒，可避免冷水短路，从而有效降低下降管入口水温，增大了循环流动压头。利用集水孔板的节流作用，使热水沿锅筒长度方向均匀引出，而后由热水引出管经集气罐——积聚和排除锅水加热时析出的气体，送至锅外。

该锅炉配置以链带式轻型炉排，采用栅板调节结构双侧配风。炉内设置前、后拱，其覆盖率达 76%左右；在长而矮的后拱上方设一体积庞大的燃尽室。高温烟气经烟窗进入燃尽室，从左侧烟气出口进入由左、前、右构成的槽钢形对流烟道，最后由右侧出口离开锅炉，经多管旋风除尘器排入烟囱。由于燃尽室的沉降作用，又经槽形对流烟道多次转弯的离心分离，该锅炉出口的烟尘浓度较低，鉴定时测得除尘器进出口的折算烟尘浓度分别为 818.72mg/m³ 和 109.85mg/m³。

此型热水锅炉因上锅筒充满了水，运行时要求有一外部膨胀容器（如膨胀罐）来实现对供热系统的定压，同时也容纳由于系统的水受热而膨胀的体积。

不难看出，图 5-20 所示的热水锅炉是全自然循环型锅炉，辐射受热面和对流受热面全部按自然循环工作，采用管束受热面结构。

三、半自然循环热水锅炉

自然循环热水锅炉的另一种型式是半自然循环型，即辐射受热面为自然循环，对流受热面则采用强制流动（直流）方式工作。对流受热面采用蛇形管结构，相当于蒸汽锅炉中的钢管省煤器。图 5-21 所示为一台 DHL14-1.25/130/80-AⅡ型热水锅炉，是这类锅炉的一种典型型式。

锅炉为单锅筒横置式链条炉，受热面呈"门"型布置，由自然循环的辐射受热面——水冷壁和强制循环的对流受热面——钢管省煤器叠加而成；尾部烟道设置有管式空气预热器。

炉排上部由 $\phi51\times3$mm 的水冷壁管组成约 80m³ 体积的炉膛空间。水冷壁管上端全部直接胀接于锅筒；下端，前后和左右水冷壁管分别与规格为 $\phi219\times10$mm 和 $\phi159\times7$mm 的下集箱焊接。四周水冷壁通过 16 根 $\phi108\times4$mm 的下降管组成 6 组独立的水循环回路。

对流受热面由 $\phi38\times3.5$mm 的蛇形钢管组成，沿烟道深度方向分组布置，横向节距为

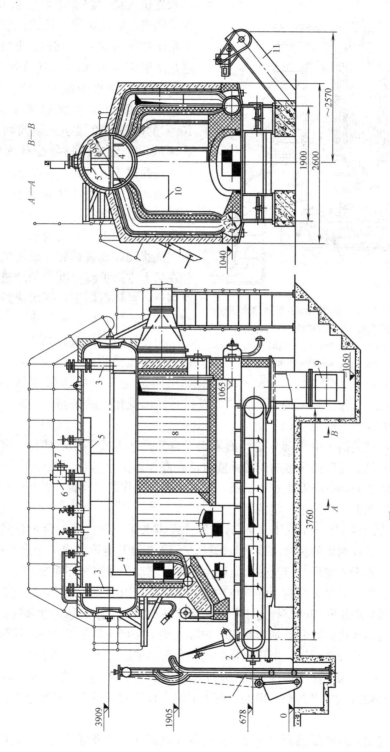

图 5-20　DZL1.4-0.7-95/70-AⅡ型自然循环热水锅炉

1—上煤装置；2—链条炉排；3—回水引入管；4—隔板；5—集水孔板；6—隔板；7—热水引出管；8—燃尽室；9—出渣口；10—烟窗；11—螺旋出渣机

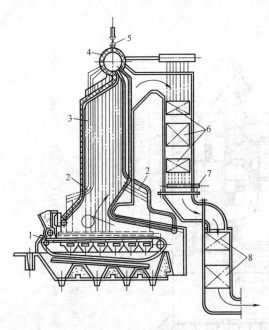

图 5-21　DHL14-1.25/130/80-AⅡ型热水锅炉
1—链条炉；2—下降管；3—辐射受热面（水冷壁）；4—锅
筒；5—热水出口；6—对流受热面（钢管省煤器）；
7—回水入口；8—空气预热器

80mm。运行时，循环水泵将约 240t/h 循环水先送入第一组管束，经 $\phi273\times16mm$ 的中间混合联箱再进入第二组管束，最后汇集于炉顶的 $\phi273\times16mm$ 出口联箱，并通过 4 根 $\phi108\times4mm$ 的连接管引入锅筒。为控制锅筒内水的流动，锅筒内设有隔板，以保证把从省煤器来的温度约为 100℃ 的循环水直接引入锅筒两端的下降管区域，强化炉内辐射受热面的自然循环，提高锅炉运行的安全可靠性。

燃烧设备采用鳞片式链条炉排，两侧进风。为适应燃料燃烧，采用了低而长的后拱（倾角为 10°），与前拱配合以达到加强气流扰动和改善炉膛充满度的目的。烟气在后上方沿炉膛宽度均匀地进入水平过渡烟道，再转折向下，依次流经对流受热面和空气预热器后排于炉外。

对于燃用含硫量较高的燃料，为防止低温区对流受热面的腐蚀，热水锅炉也可采用回水先进炉内辐射受热面——水冷壁，后经锅筒再进对流受热面的流动方式，以提高尾部受热面的壁温，同时又可避免汽化、水击事故的发生。

总的说来，这类锅炉由于部分受热面采用了自然循环方式工作，具有一定的"自补偿"特性，处于热负荷较强区域的受热面能自动提高循环流动速度以加强对管壁的冷却，从而可有效地防止局部管段发生过冷沸腾，提高了锅炉工作的可靠性。此外，因水容积较大，其停电保护能力也得到了一定的增强。

图 5-22 所示为 DHL46-1.6/130/70-AⅢ角管式热水锅炉，也是一台半自然循环型热水锅炉。布设于炉膛四周的膜式水冷壁与锅筒、下降管和下集箱组成一个自然循环系统；布设于后烟道的若干组旗形对流受热面，则由循环泵驱动为强制循环系统。

前已提及，角管式锅炉结构上的特点在于一个双重作用的管架系统，它把锅筒、下降管、集箱等水循环系统和构架支撑集于一身，无单独构架或悬吊，稳定性和抗震性好。

此型锅炉的本体由炉膛和后烟道组成，炉膛四周和中间分隔隔墙均采用膜式水冷壁，为全密封结构，几乎没有漏风，不用笨重的耐火和保温砖墙，大大减轻了锅炉的重量。单锅筒设置在炉外，不受热；锅筒内设置有隔板，以防止经由进水集箱送入的热网回水（70℃）与已加热的供水（130℃）串混。由于采用大直径的下降管，且垂直布置，水循环良好。

通道内布置旗式对流受热面，它是大量对流受热面管子自竖直的旗杆及后烟道中膜式水冷壁管引出，组成像一面面旗帜。对流弯管与旗杆采用焊接连接，上、下接口之间的旗杆中设置有节流孔板，以使水沿旗面方向流动，又不至于在旗杆中形成死区。旗式对流受

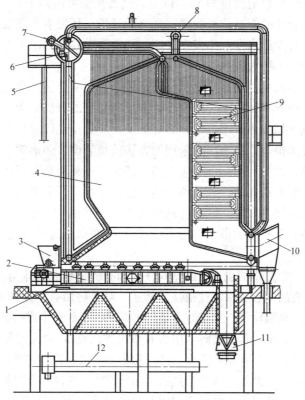

图 5-22　DHL46—1.6/130/70—AⅢ自然循环角管式热水锅炉

1—炉排；2—等压风仓；3—煤斗；4—炉膛；5—平台扶梯；6—锅筒；

7—进水集箱；8—出水集箱；9—旗式受热面；10—出口烟道；

11—除渣装置；12—除灰装置

热面的应用，不仅节约了钢材，改进和简化了制造工艺，降低了成本，也有利于提高锅炉的运行效率。

鳞片式炉排结构下设大等压风仓，已经预热的空气由两侧送入，由装置在等压风仓与炉排之间的若干组调节小风门调节。这些调节风门沿炉排宽度方向的开度都一样，其进风量和风压都相同，燃烧特别均匀，有利于控制空气过量系数，既提高了燃烧中心温度和燃烧效率，也减少了固体不完全燃烧损失。

第四节　特　种　锅　炉

顾名思义，特种锅炉是一类具有特殊功能、特殊用途、特殊燃料或者锅炉所使用的工质不是水而是其他流体的锅炉，它与常规锅炉相比，无论是结构型式、受热面布置，还是工作原理均有其独特的地方。本节所要介绍的这类特种锅炉，包括有余热锅炉、真空锅炉、冷凝锅炉、生物质锅炉、垃圾锅炉、导热油锅炉、电热锅炉和核能锅炉等。

一、余热锅炉

在现代工业中，可供利用的余热量十分可观。譬如，工业生产中使用的各种炉窑，如回转窑、加热炉、转炉、反射炉和沸腾燃烧炉等燃料耗用量很大，热效率低，其中可资利用的余热约相当于燃料总消耗量的15%以上，高者甚至可达到1/3，利用余热锅炉来加以利用，可降低工矿企业的能耗，对我国实现节能减排、环保事业发展战略意义重大。在能源紧缺和环保容量日少的当今，不仅在我国，即便是世界上其他工业发达的国家，对余热的回收利用也都给予了极大重视。

按照物态，余热源可分固体余热（如刚从炉子排出的焦炭、水泥熟料和烧结矿料等）、液体余热（如高温冷却水、化工厂中用于调节反应温度的有机或无机介质和熔融金属或熔渣等）和气体余热（如加热炉烟道气、熔炼炉及反应炉排气以及化工厂工艺气体等）三大类。回收余热的方法很多，目前广为采用的方法就是装设余热锅炉。它既可利用高温烟气和可燃废气的余热，也可利用化学反应余热，甚至还可利用高温产品的余热。

余热锅炉，一般由省煤器、蒸发器和蒸汽过热器等几部分组成，少数为汽轮机供汽的余热锅炉，还装置有回热装置。除有特殊要求外，余热锅炉一般都不配置辅助燃烧设备。余热热源的温度高、低差别也很大，低者仅200～300℃，高者可达1500℃以上，而且热源一般较为分散。

在运行条件上，余热锅炉也有它的特殊性，如有的余热载热体与燃料燃烧生成的烟气，其成分相差无几；有的则含有腐蚀性很强的物质，对受热面有腐蚀作用。又如，有色冶炼、玻璃、水泥等行业的高温尾气，携带有大量的半熔融状态的粉尘或烟烬（如硫酸厂沸腾炉出口炉气含尘量达200g/m³，石油裂解气中含有炭黑等微粒），通常需要配置较大空间的冷却室和完善的除尘设备，必须在结构上充分考虑粉尘的堵塞和冲刷磨损，以确保余热锅炉和辅助设备安全可靠地运行。此外，有的余热锅炉内外两侧均为高压高温的流体，对其密封性和材料的耐热性能均有较高要求。如果余热锅炉的各个换热器分散在生产流程的各个部位时，则还应尽可能采用自动控制系统，以保证余热锅炉可靠而持久地运行。

对于某些余热锅炉，由于要对周围其他工厂、部门或地区连续供汽，或所利用的废气中含有可燃物质，通常设置辅助燃烧装置，其负荷可以在0～100%的范围内调节。

余热锅炉就其结构特点，可分为管壳式和烟道式两类。前者常用于石油化工生产中回收余热，是一种特殊型式的管壳式换热器，主要利用高温流体（余热源）与冷却介质（水）间接换热以产生蒸汽。烟道式余热锅炉与普通蒸汽锅炉的型式相近，高温烟气（或气体）冲刷锅炉管束进行换热而获得蒸汽。

按照水循环系统的工作特性，余热锅炉又可分自然循环式和强制循环式两类。图5-23所示是一台强制循环式余热锅炉。它由锅筒、蒸发器和蒸汽过热器等组成。考虑到烟气向上流动时易沉积烟灰，第二烟道中不布置受热面，且巧妙地利用这个空间作为该余热锅炉起动时的辅助燃烧装置1。

该余热锅炉借循环泵加压的给水由蒸发器进口联箱6分配进入蒸发器的蛇形管束受热，汽水混合物汇集锅筒5。锅水被循环水泵抽出后再次送入进口联箱循环受热。蒸汽则送往蒸汽过热器3加热，最后由出口联箱4汇集送出。

图5-24所示为一与直烧蒸汽发生器相结合，用于船舶和工业设备上的余热锅炉。它的受热面全部采用盘管，多层密布，结构紧凑，体积小。烟气由下而上，水则强制循环自上而下，汽水混合物经体外的汽水分离器分离，与直烧蒸汽发生器生产的蒸汽一并送往用户。此型余热锅炉利用的废气温度在200～1700℃之间，可用于煅烧、玻璃、搪瓷和热处理等炉窑、固定式大型内燃机、船舶以及海上石油钻井平台。

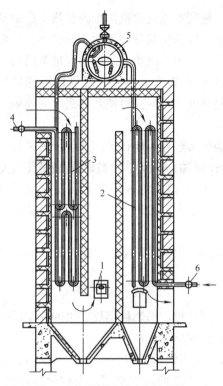

图 5-23　强制循环式余热锅炉

1—辅助燃烧装置；2—蒸发器；3—蒸汽过热器；4—过
热蒸汽出口联箱；5—锅筒；6—蒸发器进口联箱

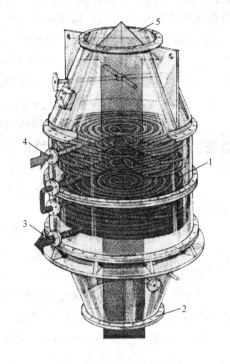

图 5-24　盘管式余热锅炉

1—受热面（盘管）；2—废气入口；3—汽水混
合物出口；4—水的入口；5—废气出口

　　图5-25所示为余热锅炉型的燃气-蒸汽联合循环汽水系统图。该联合循环发电机组是由燃气轮发电机组、余热锅炉和蒸汽轮机发电机组组成。其中，余热锅炉是联合循环系统中的重要设备之一。燃气在燃气轮机中作功后排出的烟气温度相当高，一般在400～600℃之间，且流量又非常大，因此通过余热锅炉将其热量回收生产蒸汽，再供蒸汽轮机机组发电或热电联产，可使整个循环的热效率大为提高，节约能源。

　　燃气-蒸汽联合循环发电是目前既能提高发电机组效率，又能满足环保要求最有效的清洁燃烧技术之一。燃气轮机加余热锅炉系统的发电效率可达55%～60%，若采用热电联产型式，系统效率可达85%～90%。

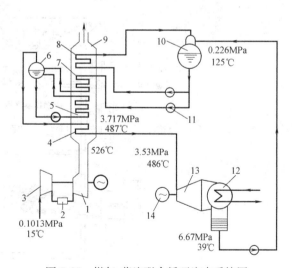

图 5-25　燃气-蒸汽联合循环汽水系统图

1—燃气轮机；2—燃烧室；3—压气机；4—高压过热器；
5—高压蒸发器；6—锅筒；7—高压省煤器；8—低压蒸发器；
9—余热锅炉；10—除氧器；11—给水泵；12—凝汽器；
13—蒸汽轮机；14—发电机

　　联合循环发电的余热锅炉按烟气侧的热源形式可分为无辅助燃烧（无补燃）锅炉和有

辅助燃烧（有补燃）锅炉两种。无补燃余热锅炉，是利用燃气轮机排烟的余热生产驱动蒸汽轮机发电机组的蒸汽，其容量和蒸汽参数取决于燃气轮机的排烟参数，而且蒸汽轮机不能单独运行。但这种余热锅炉结构简单，造价较低，适用于改造旧式的小容量蒸汽动力设备。如果将余热锅炉设计成双压或多压级的，那么就可更有效地回收燃气轮机的排烟余热，特别是在燃用清洁燃料时，对余热锅炉的低温腐蚀少，从而可使余热锅炉的排烟温度降到100℃左右，结果使发电设备具有更高的效率。

采用有补燃余热锅炉，除了回收燃气轮机排烟的余热外，还在炉内加装补燃装置——燃烧器，通过喷入一定数量的燃料（天然气或者轻柴油）燃烧，使整个炉内烟气温度升高，一般余热锅炉受热面段烟气温度控制在650～700℃范围内，炉内无需布设辐射受热面。这种余热锅炉的蒸发量大约可比无补燃余热锅炉增大一倍以上，从而大大地提高了汽轮发电机组的出力。

目前，我国在热电联产型燃气-蒸汽联合循环中常用的便是这种"有补燃"的余热锅炉，既节能又环保，应用和发展前景十分广阔。❶

二、真空锅炉

真空锅炉是利用真空状态下水的沸腾汽化与冷凝过程，将燃料燃烧产生的热量间接加热供供暖或生活所需热水的换热设备，全称为真空相变热水锅炉。

图5-26所示为真空相变热水锅炉结构示意图。此型锅炉的汽锅密闭，由自动真空装置抽吸形成一个负压腔体。它分上、下两大部分，上半部的蒸汽空间，也称负压蒸汽室，其内装置有冷凝换热器；下半部充注锅水，其结构与普通多回程烟管锅炉一样，由燃烧室和蒸发受热面组成。

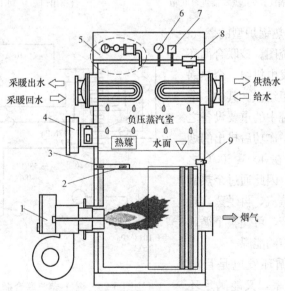

图5-26　真空相变热水锅炉结构示意图

1—燃烧器；2—缺水温度敏感器；3—过热温度敏感器；4—控制器；5—智能自动抽气装置；
6—压力表；7—压力开关；8—熔解栓；9—锅水温度敏感器

❶　根据我国2011年工业锅炉分类统计，余热锅炉按"蒸吨"计算，占工业锅炉总产量的比例已达13.87%，详见《2012年中国工业锅炉行业年鉴》。

锅炉运行时，燃料（油或气）由燃烧器喷入炉内燃烧，高温烟气经与水冷壁和对流管束换热后排于大气。锅水在真空状态下被加热至沸腾、汽化，产生相应压力下的饱和蒸汽。上升进入负压蒸汽室的蒸汽与冷凝换热器管束接触，由于换热器内的水温低，蒸汽即在其表面冷凝而放出汽化潜热，将热量间接地传递给被加热的水；热水则连续不断地送往用户供供暖和生活使用。蒸汽冷凝形成的水滴，跌落至下部的锅水之中，重新被加热、汽化。锅水就这样不断地在锅内真空状态下进行着"加热→蒸发→冷凝→再加热"的循环工作。

真空相变热水锅炉正常工作温度在90℃上下，相应的真空度为－31kPa。锅炉的锅水是预先经过软化、除盐、脱氧处理的净水，它在出厂前一次性充注完成，在封闭的锅内循环过程中不添加、不减少，也即在使用寿命内不需要补充或更换。因此，此型锅炉锅内不会结垢和腐蚀，正常使用寿命可达20年以上，比常规热水锅炉的寿命高出一倍左右。

由于此型锅炉是在负压状态下运行的，没有爆炸的危险，安全性极佳。即使冷凝换热器因外界压力产生泄漏或发生意外故障，装设其上的控制器、水温控制、过热开关以及真空压力开关等都会动作将电源自动切断，确保锅炉运行的安全。由于它不属于压力容器，就无需经压力容器规范的各种检查验证和操作人员的上岗资格审查；布设地点也不受限制，如地下室、地面层、楼层中或屋顶处均可安装运行。

低压饱和蒸汽在负压蒸汽室里与冷凝换热器进行的是相变换热，传热系数远高于常规套管式换热器水-水对流换热，换热性能好，有效地提高热效率，此型锅炉的热效率可高达90%以上。

真空相变热水锅炉由于特殊的结构型式，可一机多用，换热器回路可设计为单、双、三甚至五回路，同时提供多路及不同温差的热水，供应空调、供暖、生活热水以及泳池、宾馆酒店等热水的需要；也可为各类工矿企业提供生产工艺所需的热水。

此型锅炉可模块化设计，采用高性能换热组件，结构紧凑、机体小，易于运输和安装。

三、冷凝锅炉

在燃煤、燃油和燃气工业锅炉设计制造时，为了避免和防止锅炉尾部受热面腐蚀和堵灰，排烟温度一般不低于180℃，高者可达250℃，烟气中的水蒸气是以气态形式随烟气排于大气的；高温烟气排放不但造成大量热能的浪费，同时还给尾部烟气净化处理带来困难，不利于环境保护。

随着科学技术的发展和耐腐材料工业的进步，人们利用反向思维，干脆将锅炉的排温度降低到足够低的水平，让排烟中呈过热状态的水蒸气在换热面上冷凝而释放出汽化潜热。这种利用降低排烟温度获取显热和烟气中水蒸气冷凝放出汽化潜热的换热设备，称之为冷凝锅炉，它有效地降低了排烟热损失，锅炉的热效率得以大幅的提高。

燃料的组成成分中都含有氢元素，不论它以化合物还是以单质形式存在，燃烧过程中它将生成水（H_2O），水吸收汽化潜热后变为水蒸气而随烟气排于大气，造成了极大的热能浪费。燃料中的气体燃料（氢含量最多）燃烧时生成的烟气中水蒸气所占份数最大，液体燃料次之，固体燃烧最小。也即燃气、燃油锅炉的烟气中可资利用回收的汽化潜热最多。

以一台燃用天然气的锅炉为例，若锅炉给水或热网回水的温度为20℃，排烟温度降至 30℃以下，烟气中 80％以上的水蒸气被冷凝将释放出汽化潜热均为 3000kJ/m³；由于排烟温度比常规锅炉的低许多，还可回收烟气的显热约 1100kJ/m³，从而使锅炉热效率提高 13％左右。假若排烟温度进一步降低至烟气中的水蒸气全部冷凝放出汽化潜热，如此按燃料的低位发热量来计算，锅炉热效率可高达 109％，节能效果十分显著。

燃料燃烧会产生大量的 CO_2，SO_2 和 NO_x，它们排于大气会引起温室效应和形成酸雨，对环境产生破坏作用。对于冷凝锅炉，因在冷凝排烟中水蒸气的同时，还将吸附除去大部分 PM2.5 以下的烟尘和有害气体，对保护环境具有重要的积极作用。

与常规锅炉一样，冷凝锅炉也有多种分类方法。但由于冷凝锅炉最显著的特点是装设有将烟气中水蒸气凝结下来的换热器，通常称之为冷凝换热器。按冷凝换热的方式，它可分直接接触式和间接接触式两类。前者是指在加热过程中，冷却介质（通常为水）直接与烟气通过喷淋、浸没等方式接触，从而完成冷凝换热过程。直接接触式冷凝换热的优点在于消除了换热器壁面热阻，最大限度地实现传热传质的强化换热过程；缺点是水与烟气直接接触将烟气中的有害物质吸收，必将会增加废水处理成本，倘若处理不当还会造成二次污染。

图 5-27 所示即为一台直接接触式冷凝锅炉示意图。

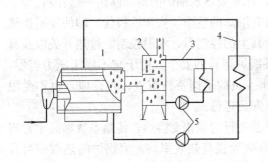

图 5-27 喷淋冷凝式锅炉示意图
1—锅炉本体；2—喷淋冷凝式锅炉；
3—二次热媒循环（环路用于游泳池水加热）；
4—供暖系统循环回路；5—泵

这台冷凝锅炉装设有喷淋式冷凝换热器，喷淋室与锅炉的二次热煤循环管路相连，喷淋水呈阶梯式下落并穿过孔板小孔与烟气逆向流动。这种喷淋式冷凝换热器可与常规锅炉配套使用，适宜用于旧锅炉改造；也可用于吸收工业窑炉或大型内燃机排气的余热，作为余热回收装置。它的缺点是冷凝换热器与配件长期与酸性喷淋水相接触，腐蚀严重，使用寿命较短，一般采用抗腐蚀的铸铁、铝合金和不锈钢制作。

间接接触式冷凝换热器，也称间壁式冷凝换热器，与常规热交换器相似。图 5-28 所示的就是这种冷凝锅炉的典型型式，其内布设有主换热器和副换热器两组换热设备。它的主换热器采用普通铸铁锅炉结构设计，燃料燃烧产生的高温烟气在管内向上流动与管内的锅水换热，后侧的副换热器采用了铝制光管和肋片管，将被冷凝的烟气则在管外向下流动进行换热，烟气最后由引风机抽引送入烟囱排于大气。

冷凝锅炉的冷凝换热段处于低温区，其冷凝释放的汽化潜热属于低温热能，要加以利用所需的换热面积要大大超过常规换热设备，设备投资费用较高；同时，冷凝液的露点腐蚀严重，也威胁着冷凝换热器和附件工作的安全。这也是传统燃油、燃气锅炉并没有对烟气中水蒸气的汽化潜热加以利用的主要原因。诚然，在目前全世界能源紧缺和环境保护容量日少的双重压力下，随着科学技术发展和高效率燃烧技术、强化传热技术及耐腐蚀材料工业的不断进步，从减排节能角度考虑，这种采用冷凝式换热的冷凝锅炉日显活力，应用前景广阔。

四、生物质锅炉

生物质锅炉是以生物质为燃料，将其燃烧产生的热量来生产蒸汽或热水的热工设备，用于供热和发电。

我国是农业大国，据 2010 年统计，农作物秸秆产量已达 7.26 亿 t；薪柴和林业废弃物资源中，可资开发利用的量每年不少于 6 亿 t。每年因无法处理的剩余农作物秸秆在田间直接焚烧的约有 2 亿 t，既造成资源的浪费，又增强温室效应和严重地污染环境。因此，我国已于 2006 年开始实施《中华人民共和国可再生能源法》，为生物质能等再生能源的经济、有效利用提供了制度和法律保证。

农作物秸秆、林业废弃物如树枝、木屑、锯末等都是密度小，体积膨松，大量堆积，难以处置。要用作锅锅炉燃料，世界上通用的办法是采用生物质成型技术，即将它们通过粉碎、干燥、机械加压等工艺过程，把松散、细碎的秸秆等农林废弃物压制成结构紧密的颗粒状或棒状的生物质燃料，称为生物质固体成型燃料（简称 BMF）。BMF 的密度较加工前大 10 倍左

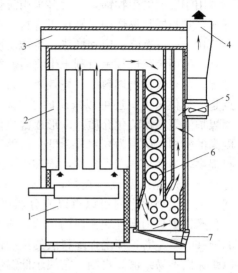

图 5-28　间壁式冷凝式锅炉
1—炉膛；2—主换热器 1；3—集水箱；4—排烟口；
5—引风机；6—副换热器 2；7—冷凝液收集装置

右，便于贮存和运输。它是一种新型的清洁燃料，没有任何添加剂和粘结剂，既可解决农村的基本生活用燃料，也可代替煤炭直接用于城市的传统锅炉。

生物质燃料的资源分布范围广而分散，带有明显的季节性；品种类别多，性质差异大；质地松软，密度小，含水率变化大；具有低灰分、低含硫量、高水分和低热值的特点。因此，它在锅炉中燃烧后排放的烟尘、SO_2、NO_x 远低于化石能源燃烧的排放量，是我国目前大力提倡的可再生能源资源。

当今用于供热和发电的生物质锅炉，采用的主要燃烧型式是层燃锅炉和流化床锅炉。层状燃烧是生物质燃料常见的燃烧方式，层燃锅炉的炉排主要有往复炉排、水冷振动炉排及链条炉排等，以前者最为适用。层燃锅炉在结构上相对于传统锅炉，炉膛空间较大，同时布置合理的二次风，更有利于生物质燃料燃烧时瞬间析出的大量挥发分的充分燃烧。由于层燃锅炉的炉排面积较大，炉排运动速度和振动频率均可以随燃烧情况即时调整，使生物质在炉内有足够的停留时间进行完全燃烧。但层燃锅炉的炉内温度一般可达 1000℃以上，因生物质燃料的灰熔点较低，易造成结渣。同时，在燃烧过程中对锅炉配风的要求较高，如处置不当将会影响锅炉的燃烧效率。

采用层燃技术研制开发的生物质锅炉，结构简单、操作方便，投资和运行费用都相对较低。图 5-29 所示为一台"室燃＋层燃"燃烧方式的生物质（秸秆）锅炉。它的燃烧设备是在角管式锅炉炉排的基础上，结合生物质燃料燃烧特性而开发的鳞片式链条炉排，燃烧所需空气由统仓等压风室提供。为了保证其对炉层有较强的穿透力以强化燃烧，等压风室的风压高于传统炉排的风压约 100～200Pa。该锅炉的独特之处还在于它采用"室燃＋层燃"的燃烧方式，即燃料在炉前进料口由可调式二次风送入炉膛，在一次风的配合下，被粉碎的秸秆在炉内呈悬浮和半悬浮状燃烧，未燃尽的秸秆回落到炉排上继续燃烧燃尽。因此，它的炉膛高度设计得比传统锅炉要高，延长燃料在炉的停留时间，以保证其悬浮燃

烧和层状燃烧的顺利进行。

用于发电的生物锅炉，大多采用流化床燃烧方式，它与层状燃烧的区别在于烧料呈颗粒状处于流化床进行燃烧反应和换热。生物质燃料水分较高，采用流化床技术有利于生物质燃料的完全燃烧，可有效提高燃料的燃烧效率。另外一个特点是，流化床锅炉还可以采用砂子、高铝砖屑、燃煤炉渣等充作流化介质，以形成蓄热量大、温度高的密相床层，为高水分、低热值的生物质燃料提供较为优越的着火条件，依靠床层内剧烈的传热传质过程以及燃料在炉内有较长的逗留时间，如此生物质燃料可以得以充分燃尽。此外，流化床锅炉内温度比常规锅炉低，通常维持在850～900℃左右，加之伴随料层的扰动作用，所以炉床内不易结渣。再则，它属于低温燃烧，这样既有利于渗混入的石灰石与燃烧中的硫发生反

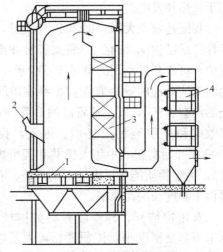

图 5-29　75t/h 炉排型秸秆锅炉
1—链条炉排；2—加料口；
3—省煤器；4—空气预热器

应，达到最佳的脱硫效果；空气的分级送入又造成低温缺氧的燃烧环境，降低了 NO_x 的生成量。

生物质流化床锅炉对送入锅内燃烧的燃料尺寸有严格的要求，同时需要对生物质燃料进行干燥、粉碎或压制等一系列预处理，使其形状、尺寸均一化，以保证生物质燃料在炉内的正常流化运行。对于诸如谷壳、花生壳、木屑锯末一类密度小、结构松软的生物质燃料，为保证炉内有足够的蓄热料层，常需不间断地添加石英砂、高铝砖屑或炉渣等添加物，因此燃尽后的飞灰具有较高的硬度，会加剧铝炉受热面的磨损。此外，为了维持一定的床料流化速度，锅炉风机的耗电量较大，运行成本相对较高。

生物质燃烧技术和燃烧设备的研究开发最早始于北欧一些国家。随后是美国和日本，在 20 世纪 30 年代分别研制出螺旋压缩机、机械活塞式成型机及相应的燃烧设备。到了 20 世纪 90 年代，日本、美国和欧洲一些国家生物质成型燃料锅炉已经定型，形成了产业化，推广应用于加热、干燥、供热和发电等多个领域。我国起步较晚，从 20 世纪 80 年代引进螺旋推进式秸秆成型机开始，生物质压缩成型技术和燃烧设备的研究开发也已有三十多年的历史。特别是近年来，由于我国环境保护要求日益严格和能源紧缺，生物质燃烧锅炉的研制工作加快了步伐，现取得了实质性的进展。表 5-2 列示了我国部分生物质锅炉生产企业和产品状况。

我国生物质锅炉生产状况　　　　　　　　　　　　　　　表 5-2

锅炉类型	额定蒸发量(t/h)	生产企业
稻壳流化床锅炉	35	无锡华光锅炉厂
秸秆水冷振动排炉	75	无锡华光锅炉厂
秸秆悬燃＋层燃链条炉	75	上海四方锅炉厂
秸秆水冷振动炉排炉	45～130	济南锅炉厂
秸秆循环流化床锅炉	75	南通锅炉厂
秸秆水冷振动炉排炉	75	东方工业锅炉公司

五、垃圾锅炉

随着我国经济的迅速发展和城市人口的日益增多，城市生活垃圾产量在急剧增加，如

何妥善处理城市生活垃圾已成为当前社会迫切需要解决的重大课题。

目前，我国以至国外广泛应用的城市生活垃圾处理方法有三种：填埋、堆肥和焚烧。以往传统的填埋处理占了相当大的比例，它不仅要占用大量的土地，其渗滤液和挥发性气体还会对土壤、水源和空气造成污染，破坏环境和生态平衡。自 20 世纪 70 年代中期起，人们逐渐认识到垃圾是一种可资利用的资源。特别是在世界性的能源紧缺的压力下，发达国家更加重视城市生活垃圾的资源化、能源化利用，大力推行垃圾分类收集，着力发展垃圾焚烧发电或供热、填埋气体回收以及垃圾综合利用等技术，形成了城市生活垃圾资源化产业，并得到了迅速发展。

鉴于能源和土地资源的日益紧缺，对城市生活垃圾采取焚烧处理并利用余热的方法倍受重视，应用日广。与传统的卫生填埋和堆肥相比，垃圾焚烧发电或供热的处理方法能有效减少垃圾重量和体积在 80％～85％以上，节约填埋用地，降低污染，并取得能源效益，实现城市生活垃圾的减量化、无害化和资源化。焚烧技术作为一种有效的垃圾处理工艺，预计在相当长的时期内将是垃圾处理的主导技术之一。

垃圾锅炉，也称垃圾焚烧锅炉，它是根据生活垃圾的物状、成分和燃烧特性而设计的专用热工设备。目前城市生活垃圾焚烧锅炉主要有循环流化床锅炉和往复炉排锅炉两种型式。前者因其燃料适应性强、燃烧效率高、燃烧稳定、低 NO_x 排放等优点被广为应用。但它在焚烧生活垃圾时，要求垃圾的颗粒和重度的差异不能太大；对高黏度半流体状的污泥、厨余等生活垃圾难以实现流化床燃烧。因此，流化床焚烧锅炉为保证入炉垃圾顺利产生流态化和正常运行，对生活垃圾要进行严格的预处理，即需装备一套完备的垃圾预处理装置。此外，供应燃烧所需空气的风压要求较高，风机电耗大；投资高，运行操作复杂。

垃圾焚烧锅炉常采用往复炉排为燃烧设备，主要考虑到城市垃圾在加热、干燥过程中，当温度达到一定值时会发生软化变形、阻碍燃料层间的通风，恶化燃烧。而倾斜往复炉排在推动燃料向前运动的过程中有十分有效的自翻身拨火作用，且能使垃圾层均匀，燃烧稳定，也易于燃尽。而且，这种焚烧方式无需对入炉垃圾作严格的预处理，垃圾处理效率很高，比较适合于城市垃圾焚烧处理。

图 5-30 所示是一台日处理垃圾量为 160t、额定蒸发量为 10t/h、额定蒸汽压力为 2.5MPa、额定蒸汽温度为 370℃、给水温度为 105°及冷空气温度为 25℃/120℃（蒸汽—空气加热器）的垃圾焚烧锅炉总体结构图。它的主要燃料为城市生活垃圾，其设计燃料的收到基水分和灰分分别为 48.00％和 15.55％，低位发热量为 5024kJ/kg。

这台垃圾锅炉采用单锅筒自然循环膜式水冷壁结构。垂直烟井内布置高、中、低温蒸汽过热器，尾部烟道则布置有省煤器和空气预热器，其燃烧设备为逆推式往复炉排。

为了保证入炉垃圾的迅速干燥、燃烧和稳定，炉膛下部采用绝热炉膛，以维持炉内高温环境，并配以前、后拱和二次风，组织合理的炉内空气动力场。炉膛四周布置膜式水冷壁作为辐射受热面吸收高温烟气的热量来产生蒸汽。膜式水冷壁外敷保温层和金属波纹外护板，密封性能好，外形美观。

垂直烟井内的高、中、低温过热器，将饱和蒸汽进一步加热至额定温度（370℃）以满足汽轮机进汽质量的要求。在高、中、低温过热器之间，还装置有二级喷水减温器，以便在生活垃圾热值或外界负荷波动时用以调节蒸汽温度。

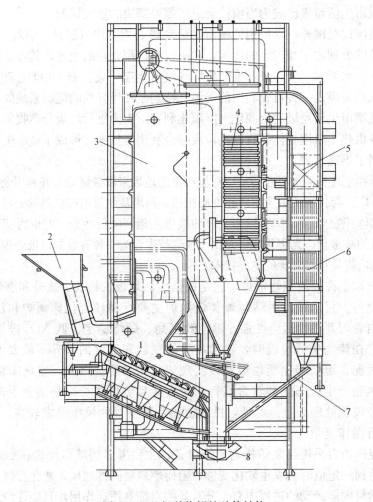

图 5-30　垃圾焚烧锅炉总体结构

1—逆推式往复炉排；2—垃圾料斗；3—炉膛；4—蒸汽过热器；5—省煤器；

6—空气预热器；7—落灰管；8—马丁出渣机

　　按尾部烟气流程，省煤器布置在先，其后为空气预热器，以充分利用烟气余热加热给水，既考虑到避免金属的低温腐蚀又有效降低排烟温度。布置其后的空气预热器，采用大口径铸铁管制造，抗腐蚀能力强，不易堵灰。冷空气经蒸汽-空气加热器加热到 120℃后，40％的空气直接作为二次风送入炉膛，剩下的 60％则再经铸铁式空气预热器进一步加热到 250℃后，送到炉排下风室作为一次风供燃料燃烧。

　　为保持锅炉受热面清洁和减轻积灰，在蒸汽过热器和省煤器处均布置有蒸汽吹灰器。进料装置由料斗、关断门和喉口组成。锅炉出渣，采用液压传动的马丁式出渣装置。

　　该垃圾焚烧锅炉的特点，在于针对垃圾热值较低，水分偏高的实际情况，采取了以下一些特殊措施：其一，设计时布置蒸汽-空气加热器，提高一次风的温度（250℃），以促使垃圾及时干燥、着火燃烧；其二，采用逆推式往复炉排，其炉排倾为 26°，在逆推往复运动时使得垃圾层整体在沿炉排下落位移过程中，经历强有力的搅拌松动、干燥、主燃烧、后燃烧等阶段，从而强化了燃烧；其三，炉膛下部采取绝热措施以维持炉内较高的烟气温度，因炉体较高，使其在炉内停留时间延长（1～3s），有利于消除烟气中的有害物质；其四，烟气在炉内流经四个回程，有利于捕集烟气中的灰粒，即相当于起着炉内除尘器的作用，减轻了尾部受热面的磨损，也有效地降低了锅炉本体的烟尘原始排放浓度；其五，采用在三级蒸汽过热器中间设置二级喷水减温，第一级为粗调，第二级为细调，从而确保汽轮机要求的过热蒸汽温度，有利于提高汽轮发电机组的热效率。

通过采取以上技术措施，垃圾锅炉保证垃圾的燃尽率大于97％，生活垃圾热值在3980～6280kJ/kg 范围内，可以不设置燃油辅助装置稳定燃烧，保证蒸汽参数。

六、导热油锅炉

导热油锅炉，也称有机热载体锅炉。常规锅炉的工质是水，导热油锅炉的工质是导热油，又名有机载热体或热传导液，是用于间接传热目的的所有有机物质的统称。按其产品来源，导热油分矿物型和合成型两类。前者为石油精制过程某一馏程的产物，特点为黏度大，可使用寿命短，易结垢、结焦；后者是通过化学工艺合成的，成分物质相对单一，具有热稳定性好、使用温度范围大、寿命长及可再生等特点。按其热稳定性，导热油的划分列于表5-3。

导热油热稳定性划分表❶

表 5-3

项目	质 量 标 准						
	L-QB		L-QC		L-QD		
最高允许使用温度(℃)	280	300	310	320	330	340	350
热稳定性(最高允许使用温下恒温)(h)	720				1000		
外观	透明,无悬浮物和沉淀						

导热油锅炉主要是为工农业生产工艺提供间接加热的一种直流式特种热工设备。按导热油在锅炉内工作的物态不同，它分液相导热油锅炉和气相导热油锅炉两种。前者与热水锅炉相似，导热油在锅内被加热的过程中不发生相变，当加热到预定温度后仍呈液相被送往热用户，在管内以自身的显热与管外介质或物料进行换热，而后流回锅炉再次被加热，如此循环往复地工作。气相导热油锅炉则与蒸汽锅炉相似，导热油被加热后会汽化生成导热油蒸汽，与外界换热时被冷凝而释放出汽化潜热，冷却后的导热油重回锅炉加热、汽化，周而复始，循环不已地运行。由于液相闭路循环的换热系统不渗漏，热损小，节能效果显著和运行成本低等原因，因此应用最广最多的是液相导热油锅炉。

导热油锅炉及其供热系统，最大的特点是在几乎常压的条件下可获得很高的工作温度。它在常压下加热到340℃而不汽化，要是用常规锅炉使蒸汽达到相同的温度，饱和压力为14.93MPa（表压力），也即可以大大降低高温加热系统的工作压力和安全要求，提高了锅炉和供热系统运行的可靠性。而且，它可以在更宽的温度范围内满足不同温度加热、冷却的工艺需求，或在同一个系统中用一种导热油同时实现高温加热和低温冷却的工艺要求，从而可以降低系统和操作的复杂性。

与蒸汽锅炉相比较，导热油锅炉液相循环加热，无冷凝排放热损失，供热系统的效率

---

❶ 详见《有机载热体》GB 23971—2009。

高，可节能 34%~45%。其水处理设备及系统可以简化或省略，可以代替水资源贫缺地区的以水为介质的蒸汽锅炉供热。

其次，导热油锅炉加热稳定，并能精确地调控温度，在锅炉和管路中的热载体（导热油）温度稳定，没有像蒸汽锅炉系统中蒸汽温度波动较大的情况发生。

再则，作为热载体的导热油，无毒、无味，也无环境污染，使用寿命长。而且，此型锅炉投资小，易于制造，运行费用也低。因此，导热油锅炉现已广泛应用于诸如石化、纺织印染、轻工、建材、食品制药、筑路沥青及蔬菜脱水等需要高温的工农业生产领域。据我国 2011 年工业锅炉分类统计，导热油锅炉占总产量（蒸吨）比例已达 8.81%❶。

导热油锅炉的燃料可以是煤、油、气或电能，导热油为热载体由循环泵驱动强制液相循环，将其热能输送给用热设备，经间接换热降温后，继而返回锅炉重新加热，是一种典型的直流式特种锅炉。它的结构型式、燃烧方式、受热面布置和传热过程与传统锅炉相同，也分立式和卧式两个大类。

图 5-31 所示为一卧式燃油的导热油锅炉结构示图。它采用进口的低 NO_x 燃烧器，燃油在炉内充分燃烧燃尽；受热面为盘管结构，富有弹性，可以自由胀缩；高温烟气经三回程流动进行换热后离开炉体，其后可布设尾部受热面将烟气温度进一步降低以节约能源。

图 5-31　燃油导热油锅炉结构示图
1—燃烧器；2—导热油进口集箱；3—排烟出口；4—对流受热面；5—导热油出口集箱；
6—辐射受热面；7—炉膛

此型导热油锅炉选用有先进的触摸屏电脑控制器和数码电脑控制器进行全自动控制，具有自动点火、自动温度调节和液位极值、超温、熄火保护等功能。它整体快装出厂，外形简洁美观。

液相导热油锅炉供热系统的组成和工作流程列示于图 5-32 中。

七、电热锅炉

电热锅炉是将电能转化为热能，把水加热至有压力的热水或蒸汽，或将有机载热体

---

❶　详见《2012 年中国工业锅炉行业年鉴》。

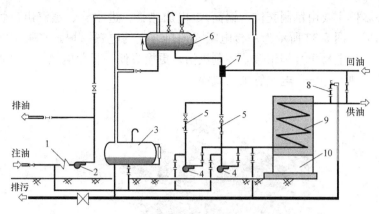

图 5-32　液相导热油锅炉供热系统

1—Y 形油过滤器；2—齿轮注油泵；3—储油罐；4—循环油泵；5—油过滤器；6—膨胀箱；

7—油气分离器；8—安全阀；9—锅炉受热面；10—导热油锅炉

（导热油）加热到一定参数（温度、压力）向外输出具有额定能质的一种热工设备。世界上第一台电热锅炉于 20 世纪 40 年代末在美国研制成功并设计生产，到 20 世纪五六十年代，电热锅炉已在先进发达国家普遍应用。我国起步稍晚，到 20 世纪 80 年代中期才开始投入生产，应用于供暖、中央空调和热水供应。

电热锅炉按其结构型式，可分为立式和卧式两种。按其电热元件的不同，有电阻式、电极式和电磁感应式三种。

电阻式电热锅炉，是利用电流通过电阻产生热量来加热锅水，以生产热水或蒸汽。目前国内采用最多的是这种电阻式电加热元件——电热管。它的绝缘要求高，冷态绝缘电阻 $\geqslant 10\text{M}\Omega$，热态泄漏电流 $\leqslant 10\text{mA/kW}$；应能承受 50Hz，1500V 交流电压，1min 不被击穿。电热管单位表面积的功率在 $3\sim8\text{W/cm}^2$ 之间，一般较大容量的电热管做成多头形式，功率可达 30kW。它的优点是结构简单，对于纯电阻型的，其转换过程中没有能量损失。显而易见，电热管是该型电热锅炉的核心，它的性能质量高低将直接影响电热锅炉的运行可靠性和使用寿命。

电极式电热锅炉，是电流从一个电极引入并通过锅水到另一个电极，锅水就相当于一个通电的电阻被加热或沸腾汽化产生蒸汽。调节电极沉浸锅水中的深度，即可改变输入的功率；当锅水水面低于电极时，输入的电功率为零，即电极没有电流通过，所以锅炉不会烧干锅。

与电阻式电热锅炉相比较，电极式电热锅炉有诸多优势：锅炉锅筒内没有众多的电热管，使得锅炉体积大幅度减小；锅炉容量不再受电热管数量的限制；发热面积特别大，无论水容积多大，锅炉启动都十分迅速；锅筒内不再需要电热管的支撑和固定装置，结构简单，制造成本低，售价可降低约 1/3，有强大的市场竞争优势；电极不是发热元件，锅筒内不易结垢，锅炉运行安全性高，使用寿命也长；由于是以锅炉水作为导电介质，电极式锅炉对水质要求低，一般无需进行水的软化处理，节省了用户的运行费用。

电磁感应式电热锅炉，是利用电流流过带有铁芯的线圈产生交变磁场，在不同的材料中产生涡流电磁感应而发生热量来加热水或生产蒸汽。由于它存在感抗，转换中产生无功功率，功率因素<1，一般只适用于小容量的电热锅炉。

电热锅炉本体主要由钢制壳体（锅筒）、电加热管、进水管、蒸汽出口管、安全阀及检测仪表等组成。图 5-33 所示为一台电阻式加热方式的电热锅炉。它采用电阻式管状电热元件加热，结构上易于叠加组合，控制灵活，更换方便。目前电热锅炉基本上都采用这种电阻式管状电热元件——电热管加热式锅炉。

图 5-33　电阻式电热锅炉结构示图
1—前盖板（封头）；2—电热元件；3—安全阀；4—主蒸汽阀；5—给水泵；
6—炉体保温层；7—电热管束

采用电热管加热的电热锅炉，其电气特点是锅水不带电。只有当锅炉电热管漏水或爆裂时，才会使锅水带电，称为漏电。另外，受电热锅炉电热管绝缘层绝缘程度的影响，也会存在一定的漏电电流。根据国家标准，电热锅炉的漏电电流应不大于 0.5mA。所以，电热锅炉电气线路上都应设置漏电保护装置，确保锅炉运行安全。

电热管是电热锅炉的核心组件。它由金属管、电阻丝、填料、引出棒和连接固定座等组成。金属管采用镍铬不锈钢管材，其内填充高温无机 MgO 粉作为绝缘材料，使用寿命一般超过 5000h，可保证电热锅炉运行 3 个供暖季，并耐硬水、酸和热冲击腐蚀。当前最为重要的课题是要尽快改善国产电热管的质量和提高其使用寿命，使之寿命能接近或达到世界先进水平（8000～10000h），保证电热管使用 5 个供暖季以上，为开拓高质量的电热锅炉产品市场空间打下坚实的基础。

随着改革的深入和产业结构调整，我国供电峰谷差值逐年加大，必须"削峰填谷"，决定实行峰谷不同电价的政策，大幅度降低低谷电价。这为电热锅炉的应用和发展提供了有力的技术经济和政策的支持。因此，蓄热式电热锅炉得到大力推广和应用。

蓄热式电热锅炉分整体式和分散式两类。前者是将电热锅炉、蓄热器、蒸馏水生产装置等结合为一体。锅炉筒体下部插入电热管，上部为蒸汽空间，结构紧凑。利用蒸汽降压时自发产汽的原理，贮存多余蒸汽或供应所贮蒸汽。供热系统蓄水温度一般在 180～200℃之间，蒸汽压力为 1～1.4MPa。它体积小，蓄热能力大，特别适用于医院、学校、宾馆酒店和制药企业等需要蒸汽、开水、蒸馏水及供暖等多种负荷的场所。

分散式蓄热式电热锅炉，实际上是除锅炉本体外再置一台蓄热器。当供电负荷处于低谷时段，电热锅炉满负荷运行，此时产生热能的富裕部分贮存于蓄热器；当供电负荷增大并处于高峰时段，电热锅炉让其低负荷运行或停止运行，由贮存在蓄热器中热水或蒸汽向供热系统供热。这样，它既能起到削峰填谷的部分作用，又充分利用廉价的低谷电力，降低了运行费用，达到经济运行的目的。

与传统的燃煤、燃油和燃气锅炉相比较，电热锅炉的主要优点是结构简单，仅是装有电加热管的容器，即只有"锅"，没有"炉"——燃烧设备；最洁净，无任何烟尘和有害气体排放，对环境为"零"污染；热效率高，比燃油、燃气锅炉还高，通常在95％以上；无噪声，没有鼓、引风机及燃烧器产生的噪声；维修费用和维修难度低，没有较多的转动机械；自动化程度高且易于实现；运行安全可靠，具有超压、超温、超电流、短路、缺相和断水等多项自动保护。但它也有缺点，首先是高级能源——电能转化为低级能源——热能；其次，初投资较高，它牵涉到电网改造及设备配置等工程和安装分时计度电表两个方面；再次，运行费用目前还较高，虽可充分利廉价的低谷电价进行蓄热运行，但许多城市条件尚不具备或制定了优惠政策，终因种种原因未能得到实施和推广。❶

八、核能锅炉

核能在人类生产和生活中的应用主要形式是核能发电。这是利用核裂变所释放出的热能进行发电的方式，它与火力发电极其相似，只是以核反应堆及蒸汽发生器来代替火力发电的锅炉，以核裂变能代替矿物燃料的化学能。

核电厂由核岛（主要是核蒸汽供应系统）、常规岛（主要是汽轮发电机系统）和电站配套设施三大部分组成。图5-34所示的即为压水堆核电站发电原理和总体构成。

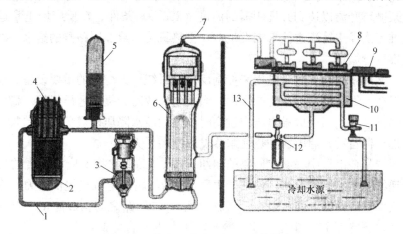

图5-34　核电厂发电原理和总体构成图

1——回路系统；2——核反应堆；3——主冷却剂泵；4——控制棒及驱动机构；5——稳压器；6——蒸汽发生器；

7——二回路系统；8——汽轮机；9——发电机；10——凝汽器；11——冷却泵；12——给水泵；13——循环水管

核岛，实际上就是一台核能锅炉，利用核能生产蒸汽。它主要由核反应堆、主冷却剂泵、稳压器、蒸汽发生器以及安全壳等组成。

---

❶　根据2011年工业锅炉分类统计，电热锅炉占总产量（蒸吨）的比例仅为0.56％，详见《2012年中国工业锅炉行业年鉴》。

核反应堆,又称原子反应堆,因其能承受高压,所以也叫反应堆压力容器。它通常是个圆柱体,放置堆芯和堆内构件,防止放射性外泄的高压设备,其寿命决定了核电站的寿命。

堆芯又称活性区,是压水反应堆的心脏,可控的链式裂变反应在这里进行,同时它也是个强放射源。堆芯结构主要由核燃料组件和控制棒组件等组成。核燃料组件内的燃烧元件棒(铀-235)按正方形排列,按一定间距垂直安放在堆芯的下栅栏板上。以广东大亚湾核电站900MW级压水堆为例,该堆芯共有157个横截面呈正方形的燃料组件,其中53个核燃料组件中插有控制棒组件。控制棒组件是控制参与核反应的中子数量,即控制核反应功率的物件。它由驱动机构将其提升或插入来实现核电厂启动、负荷改变和停闭(停堆)等工况——快速的反应性变化。

核燃料在堆芯内发生可控裂变反应产生大量的热能(相当于锅炉的炉子),由主冷却剂泵将冷却剂(通常为水)强制循环通过堆芯被加热至327℃、15.5MPa的高温高压水,载出堆芯热能的高温、高压水被送往蒸汽发生器(相当于锅炉的汽锅),流经装置其内的立式倒U形管束(也有直管和螺旋管的),通过管壁将热传递给U管束外的二回路冷却水。释放热量后的主冷却剂又被主泵送回堆芯重新加热,再次送到蒸汽发生器。主冷却剂这样不断地在密闭的回路中循环流动,它被称为一回路。

一回路压力,目前一般取值在14.7~15.7MPa之间,通常以稳压器内蒸汽压力为准。一回路冷却剂进反应堆压力容器的温度一般为280~300℃,出口温度为310~330℃;进出口的温升控制在30~40℃。当单个环路的电功率为300MW时,一回路冷却剂流量可达5000~24000t/h。

主冷却剂泵(主泵)是反应堆的"心脏"。在主系统充水时,利用主泵赶气;在开堆前,利用主泵循环升温以达到开堆所需的温度(280℃)条件。在反应堆正常运行时,冷却剂由反应堆流出经主管道送往蒸汽发生器,把热量传递给二回路侧的给水,然后再由主泵送回反应堆进行循环。

稳压器,又称压力平衡器,是用来控制反应堆系统压力变化的重要设备。在正常运行时,它起着保持一回路冷却剂压力的作用;当发生事故时,提供超压保护。稳压器里装设有加热器和喷淋系统,当反应堆里压力过高时,喷洒冷水降压以避免容积沸腾;当堆内压力过低时,加热器自动开启电源加热使水蒸发以增高压力。

蒸汽发生器是核电厂中一、二回路的枢纽(图5-35)。它将反应堆产生的裂变热量通过冷却剂传递给二回路侧的给水,使其产生蒸汽❶为汽轮发电机组提供动力,将热能转化为电能。蒸汽发生器的另一作用是在一(放射性)、二回路之间构成防止放射性外泄的第二道防护屏障,倒置U形管束是反应堆冷却剂压力边界的组成部分。

蒸汽发生器内二回路水为自然循环,其倒U型管束套筒将二回路水分隔为上升通道和下降通道。下降通道内为低温给水与汽水分离器分离出来的饱和水的混合物;上升通道内为汽水混合物。凭借单相与两相液体之密度差导致套筒两侧产生压差,以驱动下降通道中水不断流向上升通道。

从构造组成看,蒸汽发生器分预热段、蒸发段、过热段及汽水分离段几部分。蒸发段

---

❶ 以大亚湾核电站的反应堆机组为例,在额定功率运行工况下,蒸汽发生器的出口蒸汽参数:压力为6.71MPa,温度为283℃。

装设有外径为 19.05mm 的传热管近约 5000 根，重达 50t；管束套筒下端用支承块支承，使之套筒下端留有空隙，供下降通道的水进入管束区。汽水分离段布置有一级和二级分离器，前者为旋叶式，后者为六角形带钩波形板分离器。

二回路汽水进入蒸汽发生器是通过给水环形管分配，其中 80% 给水流向热侧，20% 给水流向冷侧。为减轻蒸汽发生器内部腐蚀，设有排污系统进行连续排污。

安全壳，也即核反应堆厂房，是核电站的标志性建筑，核蒸汽供应系统的所有带强反射性的关键设备、阀门及管道全部装置其中。它是用来控制和限制放射性物质从反应堆扩散出去。万一发生罕见的反应堆一回路水外泄事故时，安全壳是防止裂变产物外逸的最后一道屏障。它能承受地震、飓风、飞机坠落等多种冲击，是核电站的"保护神"，一般为内衬钢板的预应力混凝土厚壁容器。

由于核能发电不会造成大气污染和增加地球温室效应的 CO_2，而且核燃料能量密度大[1]、体积小，运输与储存方便等原因，在全球范围内核能发电装机容量日增。截至 2012 年 11 月，全世界在运行的机组总装机容量达 371762MW。我国自第一座秦山核电站于 1991 年 12 月首次并网发电以来，核电发展迅速，截至 2011 年 3 月底，已有 6 座核电站 13 台机组投入商业运行，装机容量为 10808MW。根据规划到 2020 年，我国运行核电装机总容量将达 40000MW，未来我国核电发展年均增速为 29.9%[2]。

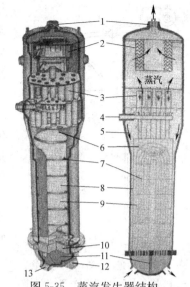

图 5-35　蒸汽发生器结构

1—蒸汽出口管；2—蒸汽干燥器；3—旋叶式汽水分离器；4—给水管；5—水流；6—防振条；7—管束支撑板；8—管束围板；9—倒 U 形管束；10—管板；11—隔板；12—冷却剂出口；13—冷却剂入口

第五节　辅助受热面

锅炉本体中除汽锅和炉子两大基本组成部分外，还设置有辅助受热面——蒸汽过热器、省煤器和空气预热器。显然，各辅助受热面是根据具体情况，按实际需要选择增设的。譬如，供热锅炉除生产工艺有要求或热电联供，一般较少设置蒸汽过热器，而省煤器则已作为节能装置被普遍采用。对于中、大型锅炉来说，这些辅助受热面都已成为不可缺少的重要组成部分。

一、蒸汽过热器

蒸汽过热器是为把饱和蒸汽加热成为具有一定温度的过热蒸汽的装置，同时在锅炉允许的负荷波动范围内以及工况变化时保持过热蒸汽温度正常，并处在允许的波动范围之内。电站锅炉的过热蒸汽温度根据技术经济比较确定，如压力为 34.5MPa 的超临界压力

---

[1]　1g 铀-23s 完全发生核裂变后释放出的能量相当于燃烧 2.5t 煤所产生的能量。
[2]　详见我国《核能中长期发展规划（2011～2020 年）》。

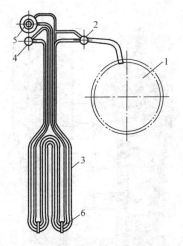

图 5-36　垂直式蒸汽过热器构造简图
1—锅筒；2—进口集箱；3—蛇形管；
4—中间集箱；5—出口集箱；6—夹紧箍

锅炉，过热蒸汽温度可高达 650℃ 左右。供热锅炉的过热蒸汽温度较低，一般不超过 400℃，其允许波动范围为 +10～-20℃，因而所需受热面不多，也无需采用耐热钢。

蒸汽过热器的结构如图 5-36 所示。它是由蛇形无缝钢管管束和进、出口及中间集箱等组成。由汽锅生产的饱和蒸汽引入过热器进口集箱，然后分配经各并联蛇形管受热升温至额定值，最后汇集于出口集箱由主蒸汽管送出。

根据布置位置和传热方式，过热器可分为对流式、半辐射式和辐射式三种。对流式过热器位于对流烟道，吸收对流放热；半辐射式（屏式）过热器位于炉膛出口，呈挂屏型，吸收对流放热和辐射放热；辐射式（墙式）过热器位于炉膛墙上，吸收辐射放热。供热锅炉采用的都为对流式过热器。

对流式蒸汽过热器按蛇形管的放置形式可分立式和卧式两种。国内目前以采用立式放置的居多，它支吊比较简便、可靠，也不易积灰或结渣，但疏水和排气性差，停炉时易积水腐蚀管壁，启动时管内空气积滞易烧坏管子。卧式过热器则正好相反，疏水排气方便，支吊困难。如果按管子排列方式，过热器分顺列和错列两种，顺列布置传热系数小于错列布置，错列布置管壁磨损比顺列严重。如果按照蒸汽与烟气的流动方向，过热器又有顺流、逆流、双逆流和混合流等多种型式（图 5-37），其中以逆流布置的传热温差最大，但因出口管段所处的烟温和内侧气温都最高而工作条件较差；顺流式传热温差最小，又使金属耗量增大。所以，要综合考虑确定，一般常采用混合流的形式。

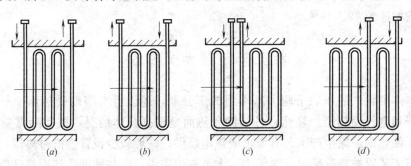

图 5-37　根据烟气与蒸汽相对流动方向划分的过热器型式
（a）顺流式；（b）逆流式；（c）双逆流式；（d）混流式

由于蒸汽过热器内侧流过的是过热蒸汽，它不单是锅炉各受热面中温度最高的工质，而且放热系数也最小，其工作条件最差。为改善过热器金属材料的工作条件，力免使用昂贵的合金管材，过热器不应布置在烟温很高的区域；另一方面又应兼顾到保持有合理的传热温差，供热锅炉的过热器一般布置在烟温为 850～950℃ 的烟道中。

过热器并联蛇形管的数目与管外烟气流速和管内蒸汽流速有关。烟气流速以管子少受磨损和不易积灰的原则来选定，一般在 10～15m/s；而蒸汽流速则以保证管壁金属有足够良好的冷却，流动阻力又不宜过大的原则来选取，供热锅炉一般为 15~25m/s。由于蒸汽冷却金属的能力不仅取决于蒸汽速度，也与其密度有关，因此采用流速和密度的乘积——质量流速作为指标是最为合理的。当过热器置于烟温较高的烟道或过热蒸汽温度较高时，采用较高的流速，但以总的蒸汽压力降应不超过过热蒸汽压力的 8％~10％ 为宜。

过热器蛇形管一般采用外径 28~42mm 的无缝钢管制作，呈顺列布置，其横、纵向节距与管径之比分别在 2.2~3.4 和 2.5~5.0 之间。各根蛇形管组成的平面布置成与前墙平面垂直，这样使各平行蛇形管沿烟道深度方向的吸热相同，并消除沿烟道高度的烟温偏差。有时，也将过热器分成两级、中间设置集箱，并将蒸汽左右交叉混合，以减少烟道宽度方向温度偏差的影响。在小型锅炉中，如烟道宽度较大，为提高管内蒸汽流速，可将过热器受热面沿烟道宽度分成串联的几段，同时也减少了沿烟道宽度的温度偏差。

二、省煤器

省煤器是锅炉给水的预热设备，利用锅炉尾部烟气的热量来加热锅炉给水。它是现代锅炉中不可缺少的受热面，通常装置在锅炉尾部烟道中，吸收烟气的对流热，个别的情况有与水冷壁相间布设的，以吸收炉膛的辐射热。

装设省煤器可有效降低排烟温度，减少排烟热损失而提高锅炉热效率，节约燃料。同时，由于提高了给水温度，就减少了锅筒壁与给水之间的温差而引起的热应力，改善了锅筒的工作条件，有利于提高锅筒的使用寿命。再则，对于供热锅炉，省煤器一般采用铸铁制造，可降低锅炉造价。

我们知道，进入省煤器的给水温度一般都不高，仅 30~50℃，即便是采用大气式热力除氧的给水，水温虽已达 105℃ 左右，但省煤器中的平均水温仍然要比汽锅中饱和水温度低几十度。在相同烟温下，装置省煤器比依靠增大蒸发受热面——对流管束可获得较大的传热温差。同时，省煤器中的水是借水泵强制流动，使它布置得很紧凑，水流自下而上与烟气呈逆向流动，加之省煤器可采用带鳍片铸铁管或小直径钢管，传热系数也大。由于传热系数和温差的提高，当需降低数值相同的尾部排烟温度时，所需的省煤器受热面仅约为蒸发受热面的一半，且单位受热面的价格也较低廉。所以，现在国内凡蒸发量 $D \geqslant 1t/h$ 的锅炉，出厂时都随带省煤器；蒸发量小于 1t/h 的锅炉，用户一般也常自行装置省煤器或余热水箱。

省煤器按制造材料的不同，可分铸铁省煤器和钢管省煤器；按给水被预热的程度，则又可分沸腾式和非沸腾式两种。在供热锅炉中使用得最普遍的是铸铁省煤器，它由一根根外侧带有方形鳍片的铸铁管通过 180° 弯头串接而成，如图 5-38 和图 5-39 所示。水从最下层排管的一侧端头进入省煤器，水平来回流动至另一侧的最末一根，再进入上一层排管，如此自下向上流动受热后送入上锅筒。烟气则由上向下横向冲刷管簇，与水逆流换热。

水在省煤器中受热的过程中，溶于水中的气体会析出形成气泡。为了能及时将气泡带出，非沸腾式省煤器中水速一般不得低于 0.3m/s；对于沸腾式省煤器，水速不宜低于 1m/s。当省煤器一路进水时，如流速过大，可连接两个或更多的进水口，组成并联进水管路，将水速调整到合理值。流经省煤器的烟气速度，通常是在布置省煤器时，通过选择合理的横向管排数和管长加以调整，烟速一般在 8~11m/s，它已兼有一定的吹扫积灰能力。

铸铁省煤器因铸铁性脆，承受冲击能力差而只能用作非沸腾式省煤器，其出口水温至少应比相应压力下的饱和温度低 30℃，以保证工作的安全可靠。铸铁省煤器还由于铸造工艺的局限，管壁较厚，体积和重量都大，鳍片间毛糙容易积灰、堵灰而难于清除。此

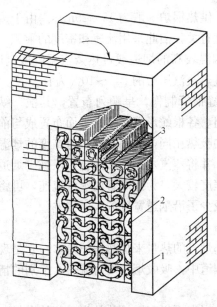

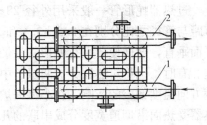

图 5-38　铸铁省煤器安装组合简图　　　　　图 5-39　铸铁省煤器组件
1—省煤器进水口；2—铸铁连　　　　　　　1—进水管；2—出水管
接弯头；3—铸铁鳍片管

外，它的所有铸铁管全靠法兰弯头连接，不仅安装工作繁重，又易渗水漏水。但是，铸铁省煤器对管内水中溶解氧和管外烟气中的硫氧化物一类腐蚀性气体有较好的抗蚀能力，对高速灰粒也有较强的耐磨性能。这又成为铸铁省煤器独具的优点。

为了保证、监督铸铁省煤器的安全运行，在其进口处应装置压力表、安全阀及温度计；在出口处应设安全阀、温度计及放气阀；在进、出口之间装设旁路管，如图 5-40 所示。进口安全阀能够减弱给水管路中可能发生水击的影响；出口安全阀能在省煤器汽化、超压等运行不正常时泄压，以保护省煤器。放气阀，则用以排除启动时省煤器中的大量空气。

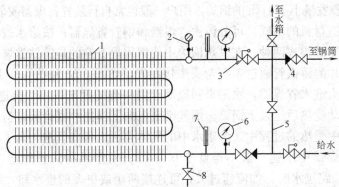

图 5-40　铸铁省煤器附件及管路
1—省煤器管；2—放气阀；3—安全阀；4—止回阀；5—旁路管；6—压力表；
7—温度计；8—排污阀

在锅炉启动时，也即从锅炉升火到送出蒸汽这段时间内，常常是不连续进水的。为保护省煤器不致过热而损坏，按理应在省煤器入口与上锅筒之间装设不受热的再循环管，使锅筒、再循环管、省煤器和锅筒之间形成自然循环。供热锅炉一般都不设置这一再循环管，而是让烟气从旁通烟道绕过省煤器或从省煤器出口接一再循环管，将省煤器出水送回给水箱。假若不装再循环管，则只有打开锅炉排污阀放水，这将造成热量的浪费。

当省煤器损坏、漏水而锅炉又不能马上停炉时，省煤器应能和汽锅切断隔绝，给水则改由另设的旁路管直接送往锅筒，确保给水的供应。

在容量较大的供热锅炉上，采用给水热力除氧处理或给水温度较高时，铸铁省煤器加热温度就受到了限制；另外，给水除氧既然解决了金属腐蚀问题，此时可采用钢管省煤器，优点是工作可靠，体积小，重量轻。

钢管省煤器由并列的蛇形管组成（图 5-41），通常用外径为 25～42mm 的无缝钢管制作，呈错列布置，上、下端分别与出口集箱和进口集箱连接，再经出水引出管直接与锅筒连接，中间不设置阀门。由于钢管的承压能力好，钢管省煤器可以用作沸腾式省煤器，但最大沸腾度应不超过 20%，否则流动阻力太大。

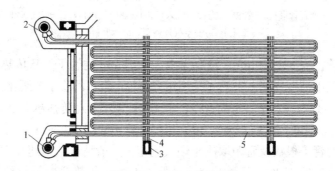

图 5-41　钢管式省煤器
1—进口联箱；2—出口联箱；3—支撑梁；4—支架；5—蛇形钢管

三、空气预热器

空气预热器，简称空预器，是一利用锅炉尾部烟气的热量加热燃料燃烧所需空气的换热设备。

当锅炉给水采用热力除氧或锅炉房有相当数量的回水时，因给水温度较高而使省煤器的作用受到限制，省煤器出口烟温较高，此时设置空气预热器，可以有效降低排烟温度，减少排烟热损失；同时提高燃烧所需空气的温度，又可改善燃料的着火和燃烧过程，从而降低各项不完全燃烧损失，提高锅炉热效率。这对燃烧难以着火的煤，如多水分、多灰分以及低挥发分等一类煤，其作用越加明显。此外，由于排烟温度的降低，它也改善了引风机的工作条件，可以降低引风机的电耗。

空气预热器按传热方式可分导热式和再生式两类。导热式空预器，烟气和空气各有自己的通道，热量通过传热壁面连续地由烟气传给空气。在再生式空预器中，烟气和空气交替流经受热面，烟气流过时将热量传给受热面并积蓄起来，随后空气流过时，受热面将热量传给空气。导热式空预器有板式和管式两种，供热锅炉大多采用的是导热式的管式空气预热器。

管式空预器有立式和卧式之分。图 5-42 所示为一立式空预器，它是由许多竖列的有缝薄壁钢管和管板组成。管子上、下端与管板焊接，形成方形管箱结构。烟气在管内自上而下流动，空气则在管外作横向冲刷流动。如果空气需要作多次交叉流动，则可在管箱中间设置相应数目的中间管板作为间隔。

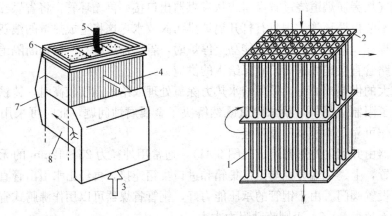

图 5-42　空气预热器结构示意图
1—烟管管束；2—管板；3—冷空气入口；4—热空气出口；5—烟气入口；
6—膨胀节；7—空气连通罩；8—烟气出口

空预器常用管径为 30～40mm、壁厚为 1.2～1.5mm 的管子。从传热观点来看，管径越小越好，但管径小易造成堵灰。管子采用错列布置，常用的管子节距比为：$S_1/d=1.5$～1.75，$S_2/d=1.0$～1.25。对于一定的管径，S_1 和 S_2 越小，对传热越有利，结构也越紧凑。当管径为 40mm 时，管箱高度应不高于 5m，以保证管箱的刚度并便于管内清理。

空气预热器的管子根数及管距取决于烟气流速。一般情况，烟速在 10～14m/s，空气流速一般取烟气流速的 45%～55%。烟速过低，不利于传热，也易导致烟灰沉积；烟速过高，流动阻力增大，使通风设备电耗增加。为了使烟气对管壁的放热系数接近于管壁到空气的放热系数，以获得空预器最高的传热系数，设计时烟气流速应尽可能调整到空气流速的两倍左右。

空预器的管箱是通过下管板支承在空预器的框架上，框架又再与锅炉构架相连。在运行时，管子直接受热温度较高，其膨胀伸长量要比外壳大，而外壳则又比锅炉构架的伸长量大。因此，管板与外壳、外壳与锅炉构架之间都必须装设由薄钢板制作的补偿器，又名膨胀节，以补偿部件间的不同伸缩，既允许各部件相对移动，又能有效防止漏风。

卧式空预器由水平管簇组成，空气在管内流动，烟气则在管外横向掠过，使管外积灰便于清除，有时也可用水冲洗。

四、尾部受热面烟气侧的腐蚀

烟气中含有水蒸气和硫酸蒸气。当烟气进入尾部烟道时，因烟温降低可能使蒸汽凝结，也可能蒸汽遇到低温受热面——省煤器和空预器的金属壁而冷凝。水蒸气在受热面上冷凝会引起氧腐蚀，硫酸蒸气的凝结液与金属接触则发生酸腐蚀，这两种腐蚀称为低温腐蚀。

低温腐蚀主要发生于空气预热器中的冷空气入口段。对于供热锅炉，由于给水温度一般都比较低，在省煤器中也会发生低温腐蚀。低温腐蚀的程度与燃料成分、燃烧方式、受热面布置以及工质参数等多种因素有关。

硫是燃料中的有害元素，燃烧时生成 SO_2，其中约有 0.5%～7% 会进一步转化为 SO_3。随着烟气的流动，SO_3 又同烟气中水蒸气结合生成硫酸蒸气，如凝成酸液将对受热面产生严重腐蚀。可见，燃料的含硫量越高，引起金属腐蚀的可能性就越大。

水蒸气的露点温度，随烟气中水蒸气含量的高低而变，但一般都不高，在 $30 \sim 60℃$ 之间。可是，当烟气中含有 SO_3 时，哪怕含量仅为 0.005% 左右，它与水蒸气形成的硫酸蒸气的露点就会很高，甚至达 150℃ 左右。这样，当尾部受热面的壁温低于酸露点时，硫酸蒸气就会凝结，引起这部分受热面金属的严重腐蚀，可能导致空气泄漏，大量空气经泄漏点短路进入烟气中，影响燃烧所需空气量，并使送、引风机负荷增加，增大电耗。此外，硫酸液还会与受热面上的积灰起化学反应，形成硫酸钙为基质的水泥状物质，这样的积灰呈硬结状，会堵住管子或管间通道，引风机阻力增大；还会使排烟温度升高，锅炉出力下降；严重时导致被迫停炉。

根据研究，烟气中 SO_3 形成的数量，不仅与燃料含硫量有关，还与燃烧温度、空气过量系数、飞灰性质和数量等有关。当燃烧温度高，空气过量系数又大时，由于火焰中氧原子浓度高，烟气中 SO_3 含量就大为增多。而烟气中飞灰的粒子则具有吸收 SO_3 的作用；所以在燃油炉中，因飞灰少，炉膛温度高，特别是当烟气中含有较多的钒氧化物时，它对 SO_2 继而氧化成 SO_3 的反应起有催化作用，这些都将使炉膛中形成的 SO_3 含量增多，致使尾部受热面低温部分发生严重腐蚀。

由上可知，锅炉低温受热面腐蚀的根本原因是烟气中存在有 SO_3 气体，发生腐蚀的条件是金属壁温低于烟气露点温度。因此，必须采取技术措施，如进行燃料脱硫，控制燃烧以减少产生 SO_3，使用添加剂（如石灰石、白云石等）加以吸收或中和烟气中的 SO_3 以及提高金属壁温，避免结露，都可有效地减轻和防止低温腐蚀与堵灰。但由于技术和经济的原因，目前国内采用最多的办法是提高壁温，即相应提高排烟温度。严格地讲，如要避免受热面金属腐蚀，壁温应比酸露点高出 10℃ 左右。这样，排烟温度将大为提高，显然是不经济的。因此，目前为了减轻尾部受热面腐蚀，只能要求受热面的壁温不低于烟气中水蒸气露点。

在供热锅炉中，空气预热器最下端的金属壁温最低，此处烟气温度为排烟温度，入口空气温度是冷空气温度。由于排烟温度受经济性的制约不可随意提高，常采取把空气预热器进风口高置于炉顶的做法，使进风温度增高，从而提高金属壁温以减少腐蚀。此外，也有将空气预热器的最底下一节，即空气的第一通道与其他部分分开制作，便于受腐蚀后修补或调换更新。

第六节　锅炉安全附件

根据《锅炉安全技术监察规程》，锅炉必须安装锅炉安全附件，包括安全阀、压力测量装置、水（液）位测量与示控装置、温度测量装置、排污和放水装置等安全附件，以及安全保护装置和相关的仪表等[1]。其中，安全阀、压力测量装置——压力表和水（液）测量与示挖装置——水位表是保证锅炉安全运行的基本附件，统称锅炉三大安全附件，也是操作人员进行正常操作的耳目。

---

[1]　详见《TSG 特种设备安全技术规范》TSG G0001—2012。

一、安全阀

安全阀是一种自动泄压报警装置。当锅炉工作压力超过允许工作压力时，安全阀会自动开启，迅速泄放出足够多的蒸汽，同时发出音响警报，警告司炉人员，以便采取必要措施，降低锅炉压力。当锅炉压力下降到允许工作压力时，安全阀又会自动关闭，从而使锅炉能在允许的工作压力范围内安全运行，防止锅炉因超压而引起爆炸。在热水锅炉上安装安全阀，是当锅炉因汽化等原因引起超压时，能够起到泄压、报警作用。可见，如安全阀选配得当，操作正确，就可避免发生锅炉超压事故。

根据规程，每台锅炉至少应当装设两个安全阀（包括锅筒和蒸汽过热器安全阀）。对于额定蒸发量≤0.5t/h的蒸汽锅炉、额定蒸发量<4t/h且装设有可靠的超压联锁保护装置的蒸汽锅炉和额定热功率≤2.8MW的热水锅炉，可以只装设一个安全阀。此外，在蒸汽再热器出口、直流蒸汽锅炉过热器系统中两级间的连接管截止阀前以及多压力等级余热锅炉的每一压力等级的锅筒和蒸汽过热器上，也应当装置安全阀。

安全阀应当铅直安装，并且应当安装在锅筒、集箱的最高位置。为了不影响安全阀动作的准确性，在安全阀和锅筒之间或者安全阀与集箱之间，不应当装设有取用蒸汽或热水的管路和阀门。当采用螺纹连接的弹簧安全阀时，安全阀应当与带有螺纹的短管相连接，而短管与锅筒或者集箱筒体的连接应当采用焊接结构。

安全阀有静重式、弹簧式、杠杆式和控制式（脉冲式、气动式、液压式和电磁式等）等多种型式。对于额定工作压力≤0.1MPa的蒸汽锅炉，一般可以采用静重式安全阀或者水封安全装置；热水锅炉上装设有水封安全装置时，可以不装设安全阀。但需注意的是，水封安全装置的水封管内径不得小于25mm，其上不应装设阀门，且应采取防冻措施。

杠杆式安全阀和弹簧式安全阀是供热锅炉最为常用的。前者是利用杠杆原理制作而成（图5-43）。它通过阀杆将重锤的重力作用在阀芯上，当锅炉蒸汽压力大于重锤和力臂的乘积时，阀芯就被顶起，蒸汽排出。反之，阀门关闭，排汽停止。此型安全阀的开启压力，可借移动重锤与阀芯距离来调整。由于它结构简单，动作灵活准确，又易于调节，因此应用甚广，甚至连大型高压锅炉也常配置使用。但此型安全阀装设时需保持杠杆水平。

弹簧式安全阀如图5-44所示。它是利用弹簧变形时产生的弹力通过阀杆作用在阀芯

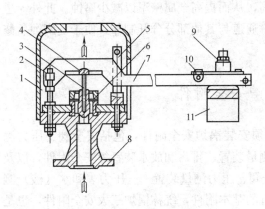

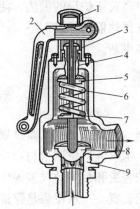

图5-43　重锤杠杆式安全阀

1—阀罩；2—支点；3—阀杆；4—力点；
5—导架；6—阀芯；7—杠杆；8—阀座；
9—固定螺丝；10—调整螺丝；11—重锤

图5-44　弹簧式安全阀

1—阀帽；2—提升手柄；3—调整螺丝；
4—阀杆；5—上压盖；6—弹簧；
7—下压盖；8—阀芯；9—阀座

上而制成的安全阀，其弹簧的弹力大小则靠调节螺丝的松紧来加以调整。当锅炉蒸汽压力超过弹簧弹力时，弹簧即被压缩，阀杆上升而阀门开启，蒸汽迅即排出。

弹簧式安全阀结构紧凑，灵敏轻便，可在任意位置安装，能承受振动而不泄漏。但由于弹簧的弹性会随时间和温度的变化而改变，可靠性较差。

弹簧式安全阀按其阀芯在开启时的提升高度，又可分为全启式安全阀和微启式安全阀两种。如以 d 表示安全阀的阀座内径，h 为阀芯的提升高度，则 $h \geqslant \dfrac{d}{4}$ 的称为全启式，当 $h \leqslant \dfrac{d}{20}$ 时，称为微启式。

微启式安全阀的阀芯外径与阀座密封面外径一致或略大。当蒸汽流出时，阀芯受到向上的托力小，只升高 $1.2 \sim 2$mm；而全启式安全阀在其阀芯上都有较大阀盘，当蒸汽流出时，可产生的上托力较大，使阀芯升高较多，如图 5-45 所示。因此，全启式安全阀的启闭比较缓和，排汽量大，回座性好，适用气体介质的泄压；而微启式安全阀阀芯启闭动作快速，一般适合液体介质的泄压。所以，在应用上，蒸汽安全阀都采用全启式安全阀，省煤器或其他水管系统上则采用微启式安全阀。

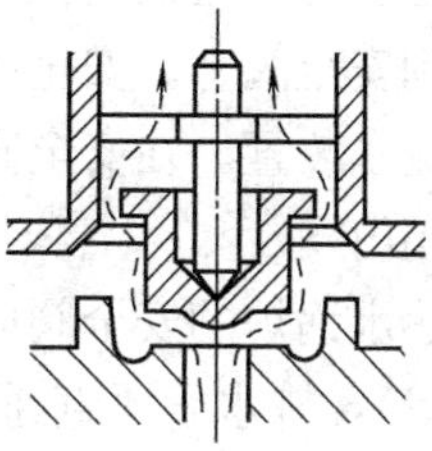

图 5-45　全升式阀阀
芯的开启

蒸汽锅炉锅筒和过热器上的安全阀的总排放量，应当大于额定蒸发量，对于电站锅炉应大于锅炉最大连续蒸发量，并保证在锅筒和蒸汽过热器与所有安全阀开启后，锅筒内的蒸汽压力不得超过设计时计算压力的 1.1 倍。

蒸汽过热器和再热器出口处的安全阀的排放量，应能保证在该排放量下过热器和再热器有足够的冷却，不致将其烧损。

为了保证在安全阀排汽后锅炉压力不致继续升高，蒸汽锅炉安全阀流道直径应当 $\geqslant 20$mm。

对于热水锅炉，其安全阀的泄放能力，与蒸汽锅炉一样应当满足所有安全阀开启后锅炉内的压力不超过设计压力的 1.1 倍。

蒸汽锅炉安全阀和热水锅炉安全阀的整定压力应分别按照表 5-4 和表 5-5 的规定进行调整和校验。

安全阀启闭压力差一般应为整定压力的 4%～7%，最大不超过 10%。如整定压力小于 0.30MPa 时，最大启闭压力差为 0.03MPa。

蒸汽锅炉安全阀整定压力

表 5-4

额定工作压力（MPa）	安全阀整定压力（MPa）	
	最　低　值	最　高　值
$p \leqslant 0.8$	$p+0.03$	$p+0.05$
$0.8 < p \leqslant 5.9$	$1.04p$	$1.06p$
$p > 5.9$	$1.05p$	$1.08p$

注：p 为锅炉工作压力，MPa。它是指安全阀装置地点的工作压力，对于控制安全阀是指控制源接出地点的工作压力。

最低值(MPa)	最高值(MPa)
$1.1p$,但不小于 $p+0.07$	$1.12p$,但不小于 $p+0.10$

根据《蒸汽锅炉安全技术监察规程》规定，锅炉上必须有一个安全阀——所谓"控制安全阀"，按表 5-4 中较低的整定压力进行调整；对有蒸汽过热器的锅炉，控制安全阀则必须装置在过热器出口集箱上，以保证安全阀开启时过热器的安全阀先开启，并有蒸汽流过，避免过热器烧损。为防止安全阀的阀芯与阀座粘住，应定期对安全阀做手动排放试验。试验时，锅筒内的压力应不小于安全阀开启压力的 75%。

此外，蒸汽锅炉安全阀应装设排汽管，且应当直通安全地点，以防止排汽伤人；同时要有足够的流通截面积，保证排汽畅通；还应将其固定，不应当有任何来自排汽管的外力施加到安全阀上。安全阀排汽管上如果装有消声器，其结构应当有足够的流通截面积和可靠的疏水装置。在安全阀排汽管的底部，应装有接到安全地点的疏水管，在疏水管上不应装设阀门。

热水锅炉的安全阀应当装设排水管（如果采用杠杆式安全阀，应当增加阀芯两侧的排水装置），排水管要直通安全地点，其上不允许装设阀门，并且应有防冻措施。

在用锅炉的安全阀每年至少校验一次，校验一般在锅炉运行状态下进行。校验项目为整定压力、回座压力和密封性等，校验后，上述校验结果应当记入锅炉安全技术档案。

锅炉上的任一安全阀经校验后，应当加锁或铅封，校验后的安全阀在搬运或安装过程中，不能摔、砸和碰撞。

锅炉运行中安全阀应当定期进行排放试验，试验间隔一般不得大于一个小修间隔。运行中的锅炉安全阀不允许解列，严禁采用加重物、移动重锤位置或将阀芯卡死等手段任意提高安全阀的整定压力或者使安全阀失效，危及锅炉的安全。

二、压力表

压力表是用以测量和显示锅炉汽、水系统工作压力的仪表。根据《蒸汽锅炉安全技术监察规程》规定，蒸汽锅炉必须装有与锅筒蒸汽空间直接相通的压力表，以监视锅炉在允许的工作压力下安全运行。在给水管的调节阀前、可分式省煤器出口、过热器和主蒸汽阀之间，都应装置压力表。

对于热水锅炉，除锅筒上，在进水阀出口、出水阀进口、循环泵的进出口都应装设压力表。对于燃油锅炉、燃煤锅炉的点火油系统的油泵进口（回油）及出口；燃气锅炉、燃煤锅炉的点火气系统的气源进口及燃气阀组稳压阀（调压阀）后均应装设压力表，以监视其运行状况，便于调整，保证锅炉的正常安全运行。

锅炉常用的压力表为弹簧管式压力表，它构造简单、准确可靠，安装和使用也很方便。为了目视清晰，压力表的安装位置距操作平面不超过 2m 时，压力表的表盘直径应不小于 100mm。压力表的量程应根据工作压力选用，一般为工作压力的 1.5~3.0 倍，最好选用 2 倍。压力表的精度应不低于 2.5 级，对于 A 级锅炉，压力表精度应不低于 1.6 级。而且，压力表应装设在便于观察和吹洗的位置，并且应当防止受到高温、冰冻和震动的影响，同时保证有足够的照明亮度。

锅炉蒸汽空间设置的压力表应有存水弯管或者其他冷却蒸汽的措施；热水锅炉的压力

表也应有缓冲弯管，弯管内径不应小于 10mm。压力表与弯管之间应装设三通阀门，以便吹洗管路、卸换和校验压力表。

压力表的装置、校验和维护应符合国家计量部门的规定。压力表装用前应校验，并在刻度盘上划红线指示工作压力；压力表装用后每半年至少校验一次，校验后必须铅封，并注明下次校验的日期。

三、水位表

水位表是用以显示锅炉水位的一种安全附件。操作人员通过水位表监视锅炉水位，控制和调节锅炉进水，或凭此调整和校验锅炉给水自控系统的工作，避免发生缺水和满水事故。

每台蒸汽锅炉的锅筒上至少应当装设两个彼此独立的直读式水位表。额定蒸发量 ≤0.5t/h 的锅炉、额定蒸发量 ≤2t/h 且装有一套可靠的水位示控装置的锅炉和装有两套各自独立的远程水位测量装置的锅，可以只装设一个直读式水位表。

常见的水位表有玻璃管和平板式两种。玻璃管水位表由汽、水连接管、汽、水旋塞，玻璃管及放水旋塞等部件组成。它结构简单，价格低廉，但容易破裂，因此必须加装安全防护罩，以免万一玻璃管破裂时汽水伤人。用于锅炉上的这种水位表，玻璃管的公称直径有 15mm 和 20mm 两种。

玻璃板式水位表是由金属框盒、玻璃板、汽和水旋塞以及排水旋塞组成。这种玻璃板具有耐热、耐碱腐蚀的性能，而且在内外温差较大情况下，能承受其弯曲应力，加之在玻璃板观察区域的平面上又制作有几条纵向槽纹，形成加强筋肋，所以不易横向断裂，比较安全可靠，不再需要装设防护罩。

由于锅炉水位正常与否，直接影响着锅炉的安全运行，所以水位表上应醒目地刻画有最高和最低安全水位的标记。水位表的最高和最低水位，应严格依据锅炉结构设计的规定，不得任意更动。

为了防止形成假水位，水位表和锅筒之间的汽、水连接管的内径不得小于 18mm。当连接管长度大于 500mm 或有弯曲时，内径应适当放大，以保证水位表的灵敏、准确。对于汽连接管，应能自动向水位表疏水，水连接管则应朝锅筒方向倾斜，使之能自动向锅筒疏水，防止形成假水位。通常，在汽、水连接管上应装置阀门，正常运行时则必须把阀门全开，确保水位指示的可靠性。

水位表应安装在便于观察的地方，且要有良好的照明，易于检查和冲洗。如水位表距离操作面高于 6m 时，应加装远程显示装置或者水位视频监视系统，其信号应当各自独立取出。用远程显示装置监视水位的锅炉，控制室内应有两个可靠的远程水位显示装置，运行中还必须保证有一个直读式水位表正常工作。

锅炉运行时，水位表需经常冲洗，水位表应有放水旋塞和接到安全地点的放水管，防止汽水烫人事故的发生。

四、高低水位警报器

高低水位警报器，是一种当锅内水位达到最高或最低允许限度时，能自动发出报警信号的装置。高低水位警报器的构造型式有多种，按照所装部位的不同，可分装在锅筒内的和锅筒外的两类。但它们的工作原理都是利用浮体随锅内水位的升降变化而自动发出警报信号的，从而提醒操作人员注意水位的变化，及时采取有效措施，防止发生缺水和满水

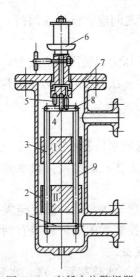

图 5-46 高低水位警报器
1—连杆；2—重锤Ⅱ；
3—重锤Ⅰ；4—吊架；
5—限位杆；6—汽笛；
7—针形阀；8—杠杆；
9—竖杆

事故。

图 5-46 所示为一装置于锅筒外的高低水位警报器，由筒体内的杠杆、竖杆、连杆、重锤、吊架、限位杆、针形阀和汽笛等部件组成。重锤Ⅰ被固定在左侧竖杆上，而重锤Ⅱ则被固定在右侧竖杆上；上下重锤Ⅰ、Ⅱ体积相等，质量不同，Ⅱ略大于Ⅰ。

当锅内水位处于正常水位时，重锤Ⅱ沉浸于水中，重锤Ⅰ悬于蒸汽空间，杠杆保持平衡，针形阀处于关闭状态，汽笛无声响。当锅内水位上升到最高水位时，重锤Ⅰ浸入水中受到水的浮力作用而将左侧竖杆向上堆，使杠杆左端上翘，从而打开针形阀，汽笛啸叫发出警报。当锅内水位下降至最低水位时，重锤Ⅱ露出水面，浮力减小，此刻重锤Ⅱ下沉而将右侧竖杆向下拉，杠杆右端下降，针形阀开启使汽笛鸣响，发出报警信号。

不难看到，这种警报器不论锅水是到达最高水位还是最低水位，都由同一个汽笛发声警报，因此要求操作人员首先要认真检查和判别，严防误操作造成事故。

此外，还有电导式水位报警器，其原理是借锅水的导电性，使继电器回路闭合，输出信号作为报警及控制之用。

复习思考题

1. 从锅炉型式的发展上来看，为什么要用水管锅炉来代替火管或烟管锅炉？但是为什么现在有些小型锅炉中仍采用了烟管或烟水管组合形式？

2. 从锅炉型式的发展上来看，为什么要从单火筒锅炉演变为烟火管锅炉？为什么要从多锅筒水管锅炉演变为单锅筒或双锅筒水管锅炉？

3. 锅筒、集箱和管束在汽锅中各自起着什么作用？

4. 立式火管锅炉采用手烧炉排，为什么只宜燃用好的烟煤？

5. 具有双锅筒的水管锅炉，锅筒的横放与纵放各有什么优缺点？

6. 水管锅炉"O"型、"D"型及人型布置中，燃烧室及对流受热面布置的相对位置有什么区别？为什么现代锅炉大多采用"M"型布置？

7. 试述余热锅炉、真空锅炉、冷凝锅炉、生物质锅炉、垃圾锅炉、导热油锅炉、电热锅炉和核能锅炉研制和设计生产的背景，它们各自在结构和性能上有何特点？对节能减排的作用如何？

8. 从传热效果来看，对蒸汽过热器、锅炉管束、省煤器和空气预热器，应尽可能使烟气与工质呈逆向流动，但蒸汽过热器却很少采用纯逆流的布置型式，为什么？

9. 为什么组成蒸汽过热器的各组并联的蛇形管平面，都采取与烟气流向相平行的布置型式？

10. 水冷壁、凝渣管及对流管束的结构、作用和传热方式有何异同？

11. 为什么锅炉受热面希望尽可能用小管径代替大管径？

12. 为什么将未饱和水预热的任务希望尽可能在省煤器中完成，而不希望在对流管束中完成？

13. 一般说来，装置省煤器来降低排烟温度是比较经济有效的，但在哪些情况下采用省煤器并不合适？怎么办？

14. 省煤器的进、出口集箱上应装置哪些必不可少的仪表、附件？各自起着什么作用？

15. 在布置省煤器时，通常采用什么办法来调整水速和烟速，使之符合规范？进出水温有何限制？为什么？

16. 为什么在锅炉启动及停炉过程中要对蒸汽过热器及省煤器进行保护？如何保护？对其他受热面为什么不需要采取保护？

17. 蒸汽锅炉改烧热水应注意些什么问题？相应应采取些什么措施？

18. 影响尾部受热面烟气侧腐蚀的主要因素有哪些？为什么燃油炉要采用低氧燃烧？

19. 高压锅炉与低压锅炉在受热面的布置原则上有何不同？为什么？

20. 为什么说热水锅炉要比蒸汽锅炉节能？

21. 强制循环热水锅炉与自然循环热水锅炉有哪些区别？怎样选用？

第六章　锅炉水循环及汽水分离

在蒸汽锅炉中，给水进入汽锅后就按一定的循环路线流动不已。在循环不息的流动过程中，水通过蒸发受热面被加热、汽化，产生蒸汽；而受热面——金属壁则靠水循环及时将高温烟气传递的热量带走，使壁温保持在金属的允许工作温度范围内，从而保证蒸发受热面能长期可靠地工作。但是，如果水循环组织不好，循环流动不良，即便是热水锅炉，也将会造成种种事故。例如，当水冷壁正常的冷却水膜被破坏而直接与蒸汽相接触时，管壁壁温会显著增高，当温度超过金属允许极限时，会发生爆管事故。

由各蒸发受热面汇集于锅筒的汽水混合物，在锅筒的蒸汽空间中借重力或机械分离后，蒸汽引出。如果汽水分离效果不佳，蒸汽将严重带水，导致蒸汽过热器内壁沉积盐垢，恶化传热以致过热而被烧损。对于饱和蒸汽锅炉，蒸汽带水过多也难以满足用户需要，还会引起供汽管网的水击和腐蚀。

可见，锅炉水循环组织得好坏、汽水分离装置性能的优劣都直接关系着锅炉工作的可靠性。因此，对水循环的基本规律、汽水分离的原理以及影响因素应有所了解，以便在今后的专业实践中，指导锅炉的运行管理和技术改造工作。

第一节　锅炉的水循环

水和汽水混合物在锅炉蒸发受热面回路中的循环流动，称为锅炉的水循环。由于水的密度比汽水混合物的大，利用这种密度差所产生的水和汽水混合物的循环流动，叫做自然循环；借助水泵的压头使工质流动循环的叫强制循环。在供热锅炉中，除热水锅炉外，蒸汽锅炉几乎都采用自然循环。

一、自然循环的基本概念

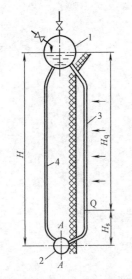

图 6-1　自然循环回路示意图
1—上锅筒；2—下集箱；
3—上升管；4—下降管

图 6-1 所示为蒸汽锅炉的蒸发受热面自然循环回路示意图，它由锅筒、集箱、下降管和上升管（水冷壁管）所组成。下降管在炉外不受热，管内为饱和水或未饱和水，密度较大，而上升管在炉内受热，管内的水会被加热到饱和温度并产生一部分蒸汽。因此上升管中的汽水混合物的密度小于下降管中水的密度，在下集箱中心的两侧将产生液柱的重位差。这个压差推动汽水混合物沿上升管向上流动进入锅筒，锅水则沿下降管向下流动至下集箱，如此形成了水的自然循环。任何一台蒸汽锅炉的蒸发受热面，都是由这样的若干个自然循环回路所组成。

由图可见，在循环回路中不同高度的工质，所受压力因水柱重量的不同而不等。越靠近下集箱的上升管管段，工质压力超过锅筒中的压力值越大。也就是说，锅筒中的水即便是已达到相应压力下的饱和温度，当流进上升管的下端时，水温离该处压力下的饱和温度尚存在一个差值，需要继续受热才能达到沸点，也即需要上升一段高度 H_s 后方会开始沸腾汽化。实际上，由锅筒进入下降管的水不一定达到饱和温度，也即锅水尚具有一定的欠焓，或叫欠热，所以上升管下端 H_s 这一区段加热水总是存在的。

上升管内的水在向上流动的过程中，一边受热一边减压，当到达汽化点 Q 时，水温等于该点压力下的饱和温度，开始沸腾汽化。在 Q 点以后，压力继续降低，汽化更烈，工质中含汽量随上升流动越来越多。因此，Q 点以后的这段 H_q，便是上升管的含汽区段，也即汽水混合物区段。

如此，循环回路的总高度 H 即为加热水区段 H_s 和含汽区段 H_q 之和，即

$$H = H_s + H_q \quad \text{m} \tag{6-1}$$

在水循环稳定流动的状态下，作用于图 6-1 中集箱 A-A 截面两边的力平衡相等。假设此回路中没有装置汽水分离器；H_s 区段加热水的密度和下降管中的水一样，都近似等于锅筒中蒸汽压力 P_g 下的饱和水密度 ρ'，则 A-A 截面两边作用力相等的表达式可写为

$$P_g + (H_s + H_q)\rho'g - \Delta P_{xj} = P_g + H_s\rho'g + H_q\bar{\rho}_q g + \Delta P_{ss} \quad \text{Pa} \tag{6-2}$$

式中　　P_g——锅筒中蒸汽压力，Pa；

　　　　ρ'——下降管和加热水区段饱和水的密度，kg/m^3；

　　　　$\bar{\rho}_q$——上升管含汽区段中汽水混合物的平均密度，kg/m^3；

　　　　g——重力加速度，m/s^2；

ΔP_{xj}，ΔP_{ss}——分别为下降管系统和上升管系统的流动阻力，Pa。

经移项整理，便可得到下式：

$$H_q g(\rho' - \bar{\rho}_q) = \Delta P_{xj} + \Delta P_{ss} \quad \text{Pa} \tag{6-3}$$

上式左边是下降管和上升管中工质密度差引起的压头差，也就是自然循环回路的堆动力，称为水循环的运动压头。等式的右边，恰好是循环回路的流动总阻力。这样，此式的物理意义十分明确：当回路中水循环处于稳定流动时，水循环的运动压头等于整个循环回路的流动阻力。

由式可见，自然循环的运动压头取决于上升管中含汽区段的高度和饱和水与汽水混合物的密度差。显然，增大循环回路的高度，含汽区段高度也增加；上升管吸热越多，可使其中含汽率越高，这些都会使运动压头增高。当锅炉压力增高时，水、汽密度差减小，组织稳定的自然循环就趋困难，所以高压锅炉总是设法提高循环回路的高度，以便获得必要的运动压头，或采用强制循环。

自然循环的运动压头，扣除上升管系统阻力后的剩余部分，称为循环回路的有效压头，以 P_{yx} 表示，它是用来克服下降管系统阻力的。在稳定流动工况下，有效压头应与下降管系统的阻力相等，即

$$P_{yx} = H_q g(\rho' - \bar{\rho}_q) - \Delta P_{ss} = \Delta P_{xj} \quad \text{Pa} \tag{6-4}$$

自然循环回路的有效压头越大，可用以克服的下降管阻力的压头就越大，也即工质循环的流速和水量越大，水循环越强烈和安全。

二、水循环的可靠性指标

1. 循环流速

锅炉水循环的可靠性是要求所有受热的上升管都毫无例外地保证得到足够的冷却。具体地说，必须保证上升管管内有连续的水膜冲刷管壁，并保持一定的循环流速，以防止管壁超温和结盐。

循环流速，通常指的是循环回路中水进入上升管时的速度，用符号 w_0 表示，其计算式为

$$w_0 = \frac{G}{3600\rho' f_{ss}} \quad \text{m/s} \tag{6-5}$$

式中　G——进入上升管的水流量，即循环水质量流量，kg/h；

　　　ρ'——水进入上升管时的密度，近似取锅炉压力下的饱和水密度，kg/m³；

　　　f_{ss}——循环回路的上升管总截面积，m²。

循环流速的大小，直接反映管内流动的水将管外传入的热量和管内产生的蒸汽泡带走的能力。循环流速越大，工质放热系数越大，带走的热量越多，也即管壁的冷却条件越好，管壁金属就不会超温。所以，循环流速是用以判断锅炉水循环可靠性的重要指标之一。

对于供热锅炉，由于工作压力低，汽、水的密度差大，对自然循环是有利的。水冷壁的循环流速，一般在 0.4～2m/s，锅炉对流管束的循环流速约为 0.2～1.5m/s。

2. 循环倍率

由循环流速的定义知道，它是按进入上升管的水流量 G 进行计算的。但是，对于热负荷不同的上升管，即使循环流速相同，由于管内产汽量不同，在其出口处的汽水混合物中水的流量却不相同。上升管的热负荷越大，产汽量越多，到出口处时的水量就越少，以致在管壁上有可能维持不住连续的水膜；另一方面，产汽量越多，汽水混合物的流速越大，也有可能在高速汽水流的冲刷下将水膜撕碎，从而造成传热恶化，使管壁超温。因此，为了保证在上升管中有足够的水来冷却管壁，在每一循环回路中由下降管进入上升管的水流量 G 常常是几倍、甚至上百倍地大于同一时间内在上升管中产生的蒸汽量 D。两者之比，称为循环回路的循环倍率，这是另一个用以说明水循环好坏的重要指标，常用符号 K 表示，其表达式为

$$K = \frac{G}{D} \tag{6-6}$$

不难看出，循环倍率 K 的倒数即为上升管的含汽率，或汽水混合物的干度，以 x 表示，则有

$$x = \frac{D}{G} = \frac{1}{K} \tag{6-7}$$

循环倍率的物理意义是单位质量的水在此循环回路中全部变成蒸汽，需经循环流动的次数。循环倍率 K 越大，干度 x 越小，它表示上升管出口处汽水混合物中水的份额越大，冷却条件越好，水循环越安全。

由于水的汽化潜热是随压力的增高而降低的，在上升管受热情况相同的条件下，压力越高，K 值越小。蒸发量大的锅炉，上升管受热长度一般都较长或者上升管的热负荷较高，则 K 值也较小。基于供热锅炉的压力和容量都较小，上升管热负荷也不高，所以其循环倍率一般都很大，约在 50～200 这一范围内变动，无需多虑循环倍率过低的问题。对于某些燃油燃气锅炉所采用的双面曝光水冷壁回路，因其热负荷很高，应当注意不使该回路的 K 值过大。增大循环倍率的结构措施，通常是加大该回路的下降管总截面积和使上

升管受热长度与直径之比不宜过大。

对于自然循环的热水锅炉，其受热面的"循环倍率"的含义与自然循环的蒸汽锅炉不同。它的含义是指受热面在吸热量和锅炉的循环水流量及供、回水温度相同的工作条件下，按自然循环工作时通过受热面的流量与按直流工作时通过的流量之比。对一台热水锅炉来说，它有若干个自然循环回路，并且有着相同的供、回水温度，但是它们各自的吸热量和温升值是不同的。所以，自然循环热水锅炉的全炉循环倍率，应为各回路循环倍率按吸热量比例的加权平均值。

如前所述，蒸汽锅炉的自然循环回路中，循环倍率都大于1。但在热水锅炉中，不管是回路循环倍率，还是全炉循环倍率，都有可能大于1，也有可能小于1。这是热水锅炉自然循环的特点之一。如图 5-21 所示的半自然循环热水锅炉，因有大量的自然循环对流（管束）受热面，其全炉循环倍率大于1，对流（管束）受热面的循环倍率也大1，而水冷壁循环倍率则可能大于1，也可能小于1。

3. 循环回路的特性曲线

图 6-2 所示为循环回路的特性曲线，表示在一定的热负荷下，有效压头 P_{yx}、阻力 ΔP_{xj} 和流量（或相应的循环流速）之间的关系。

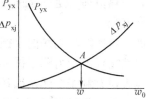

对于结构已定的循环回路，下降管系统的阻力是水循环流速 w_0 的函数，w_0 增大，ΔP_{xj} 也增大。对上升管而言，在一定热负荷下，增大 w_0 时，使管内含汽率减小，上升管含汽区段中汽水混合物的平均密度 $\bar\rho_q$ 增大。这样，用于克服下降管阻力的有效压头 P_{yx} 下降。只有在 P_{yx} 与 ΔP_{xj} 之间取得平衡时，即两曲线的交点 A 才是

图 6-2　水循环特性曲线

水循环的工作点。这与通风系统中，风机特性曲线与管路特性曲线相交而得出工作点的原理一样。在水循环回路工作点处可得出实际的循环流速 w_0，可用以与一般的推荐值对照，并对水循环工作的可靠性进行校核，以检查个别管子有无可能发生水循环故障。

三、影响自然循环推动力的因素

由水动力学基本方程式可知，自然循环推动力的影响因素主要有锅炉的工作压力、上升管（水冷壁）的热负荷、循环回路的高度和阻力，它们直接影响着锅炉水循环回路的工作特性。

当锅炉工作压力升高，饱和水和饱和蒸汽的温度随之升高，而汽水密度差减小，也即自然循环推动力减弱。锅炉工作压力越低，汽水密度差越大，使运动压头增大，其可供克服循环回路阻力的能力越大。在自然循环回路的结构特性和热负荷不变时，工作压力低会使循环流速加快，有利于受热面冷却和运行安全。对于供热锅炉，工作压力一般不大于2MPa，属于低压锅炉，其汽水密度差较大，对自然循环回路的正常工作是有利的。

上升管（水冷壁）的热负荷，是指上升管受热面的受热强弱。受热面受热程度越高，即热负荷越大，上升管中工质的含汽量越多，工质的平均密度越小，下降管与上升管之间的工质密度差值越大，驱动自然循环流动的运动压头越大，通过上升管中的循环流量越多，上升管被冷却的程度越好。这不是说上升管的热负荷越大越好，当超过一定限度后，上升管管壁的冷却反为恶化，有害上升管工作的安全。对于供热锅炉，布设于炉膛的水冷壁的热负荷最高，可达 $180kW/m^2$。但因自然循环锅炉具有上升管热负荷越大，其循环流量也越大的自补偿特性，所以水冷壁管仍能得到良好的冷却和保护，运行是安全可靠的。

循环回路高度对自然循环推动力的影响，可以由式（6-3）看到，左边一项就是自然循环回路的推动力——运动压头，循环回路高度 H_g 越大，运动压头越大，越有利于循环流动。因此，为了保证自然循环锅炉工作的可靠性，则要求循环回路有足够的高度。根据计算和运行的实际经验，通常对于工作压力为 0.8MPa 和 1.3MPa 的蒸汽锅炉，其水冷壁高度分别不应低于 2.0m 和 3.5m。如果炉膛高度受到制约，不能满足锅炉水循环的要求时，则必须另想办法，采取行之有效的技术措施予以补救，以保证锅炉的运行安全。

自然循环锅炉的回路阻力，包括上升管系统的阻力和下降管系统的阻力两部分，其大小取决于循环回路管道的结构特性和管内工质流动的速度（流量）。回路管道的结构特性，指的是管道长度、弯头和管径等，一旦结构确定，则各部分的阻力系数也就确定。阻力系数越大，循环回路的阻力也越大。另外，管内工质的流速（流量）越大，循环回路的阻力也越大。对于上升管，由于工质是处于汽水两相状态，它的阻力大小还与汽水两相流体的分布有关。总的来说，供热锅炉上升管受热强度不是很高，管内工质的含汽率较低，汽水两相流体对回路阻力的影响通常都是在结构设计中予以考虑。由式（6-4）可以看出，要增大循环回路的有效压头，则应设法减小上升管的阻力，以增大克服下降管阻力的能力。如此，在热负荷一定的条件下，工质在循环回路中的流速和流量增大，锅炉的水循环越趋强烈和安全。

四、自然循环锅炉的水循环故障

自然循环的动力源于循环回路的运动压头。当回路高度一定时，锅炉压力越低，运动压头越大，有利于自然水循环。供热锅炉压力并不高，按理容易保证良好的水循环。但在实际运行中，发生水循环故障的却不乏其例，常见的除上升管产生循环停滞、倒流和汽水分层之外，还有下降管带汽，它们都将会严重影响锅炉工作的安全和正常运行。因而有必要对这些主要故障的产生原因进行分析，然后针对实际情况找出防止和消除这些故障的方法。

1. 循环的停滞和倒流

一个循环回路，如水冷壁受热面，它总是由并联的许多根上升管和几根下降管连接于锅筒和集箱而工作的。在同一循环回路中，每根上升管的受热强度并非相同，有时甚至相差悬殊。这种受热的不均匀性，主要是由于炉膛和燃烧设备的结构特性、管外挂渣积灰和管子受热段的长短不一等原因造成的。很明显，如果个别上升管的受热情况非常不良，则会因受热微弱产生的有效运动压头不足以克服公共下降管的阻力，以致可能该上升管的循环流速趋近于零，这种现象称为循环停滞。

在停滞管中仍会产生蒸汽，汽泡因有浮力而上升进入锅筒；同时由该上升管上、下口向管内补水，其循环倍率接近于 1。由于流速很小，在循环停滞管的倾斜管段转弯及接头焊缝处，将会积聚汽泡，并析出和沉积水垢。假若该上升管恰好处于高温烟气区段，管子还会有被烧坏的危险。

如果发生循环停滞的上升管接于锅筒的蒸汽空间，水将停留在上升管的某一部位，水面以上全为蒸汽，形成如图 6-3 所示的"自由水面"。在自由水面以上的管段中仅有蒸汽在缓缓流动，其冷却情况很差，易引起管壁过热而烧坏；同时又因水面微微波动，水面附近这段管子壁温也随之波动，产生温差应力，也易沉积盐垢，同样可能引起管子的损坏。

由图 6-3 可见，即便是没有发生循环停滞的上升管，当它连接于锅筒的汽空间时，于自然循环也是不利的。在上升管高出锅内水位的高度 h 的区段中，其内仍是汽水混合物，而与此管段相对应的所谓"下降管"段内的工质不是水，而是锅筒水面以上空间中的饱和蒸汽。因此在 h 区段内产生的流动压头是一负值，也即等于上升管中增加了一个阻力。所以，上升管或水冷壁上集箱的汽水引出管要尽可能地接于锅筒的水空间；如果必须在汽空间引入时，也应尽量使超过最高水位的这段高度降低，以减少对水循环不利的影响。

显然，当上升管接入锅筒水空间时，即使发生循环停滞现象也不会出现稳定的自由水面。这时，上升管中仍产生蒸汽，水从上升管的上端或下端流入以补充蒸发的需要。

如果接入锅筒水空间的某根上升管受热极差，其运动压头小于共同下降管阻力时，将会发生循环倒流现象。由式（6-4）可以看出，只有当上升管的流动阻力为负值时才能达到平衡，也即表示水的流向颠倒，该上升管变成了一根受热的下降管。此时，如倒流速度较大，上升管中产生的气泡将被带着向下流动，这不会发生什么危险；但是，如果倒流速度较小时，气泡会停滞积聚，在管内形成"汽塞"，会导致管子烧损。在供热锅炉中，有时水冷壁管有上集箱汇集，再用汽水引出管引入锅筒（图 6-4）。在此情况下，不论引出管引入锅筒汽空间还是水空间，受热极差的上升管在上、下集箱之间都有可能形成停滞或倒流现象。

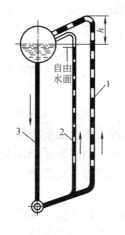

图 6-3　自由水面
1—受热强的上升管；2—受
热弱的上升管；3—下降管

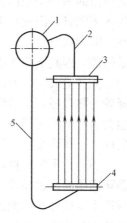

图 6-4　带上下集箱的水
冷壁结构示意图
1—上锅筒；2—汽水引出管；3—水冷壁上集箱；
4—水冷壁下集箱；5—下降管

为防止循环的停滞和倒流，常采用加大下降管截面积和引出管截面积的办法，以减少循环回路的阻力。诚然，要从根本上消除这一弊病，那只有设法减少或避免并联的各上升管受热的不均匀性。

2. 汽水分层

在水平或微倾斜的上升管段，由于水、汽的密度不同，水倾向于下面流，汽则倾向于在上部空间流。当流速很低时汽水会分开出现一个分界面，即汽水分层流动。汽水分层的程度取决于流动工况，是否会造成危害则要看这管段的受热情况。当汽水分层管段受热时，会引起管壁上下温差应力和汽水交界面的交变应力；管壁上部会结盐垢，使热阻变大，壁温升高。所以在布置锅炉炉膛的顶棚管、前后拱上的水冷壁以及燃油、燃气锅炉的冷炉底受热面时，需特别予以注意，尽可能避免布置倾角小于 15°的蒸发管。

发生汽水分层的可能性，随着蒸汽压力的升高和蒸发部分管子直径的增大而增加。据研究，供热锅炉压力不高，只要循环流速不低于 $0.6\sim0.8\text{m/s}$，就不会产生汽水分层现象。为进一步提高锅炉工作的可靠性，管子与水平线之间倾角不宜小于 $15°$。但对此必须针对实际情况作具体分析，如管子上端（出口端）受高温，则要求倾斜角更大；反之，如在燃用低质煤时，炉子后拱的管子倾角有时仅 $8°\sim10°$，但因后拱水冷壁管外包有耐火泥或耐火砖衬，受热较弱，又处于含汽量较少的管段，所以还是允许的。在链条炉中，两侧的防渣箱是水平布置的，但要尽量避免流动死角。下降管最好由防渣箱两头引入，假若一端实在不便布置下降管时，那么此端也应有上升管引出；而水冷壁管则须由防渣箱的顶部引出。

3. 下降管带汽

锅炉中的锅水虽都处于或接近饱和状态，但由于水静压的作用，进入下降管的水一般不会沸腾汽化，也即在工况正常时，下降管入口的水不会汽化而使下降管带汽。但如果下降管入口阻力较大，产生压降，水则可能汽化造成下降管带汽，从而使其平均体积流量增大，阻力增加，对水循环不利。

造成下降管带汽的另一个原因，是下降管管口距锅筒水位面太近，上方水面形成旋涡漏斗而将蒸汽吸入下降管。因此，下降管应尽量接于锅筒底部或保证下降管口上方有一定的水位高度；在下降管入口处加装格栅或十字板，这样可以有效破坏旋涡漏斗的形成。

对于高参数锅炉，因其下降管中的流速很高，且通常又是采用大直径集中下降管，形成下降管带汽的可能性更大。

此外，下降管受热较强、上升管出口和下降管入口之间的距离太近而又无良好的隔离装置等情况，也会引起下降管带汽。不难看出，无论何种原因引起的下降管带汽，所造成的后果都是相同的。下降管带汽不仅自身阻力增大，使循环回路的运动压头降低，减弱了水的循环流动，从而增大了出现循环停滞、倒流和自由水面等不正常流动现象的可能性。

五、自然循环回路的合理布置

通过上述对产生水循环故障原因的分析，在自然循环锅炉水循环回路的布置时，应以改善各上升管受热均匀性，提高循环回路运动压力，降低上升管、下降管和汽水引出管阻力以及防止汽水分层等为原则，采取相应的必要措施，以保证循环流动的良好、可靠。显然，这些都与锅炉结构和运行条件有关。

1. 循环回路的设计布置

上升管的受热不均匀是造成水循环故障的基本原因。因此，在设计布置循环回路时，并联管子的总长度、受热管段长度、受热负荷以及几何形状等应尽可能地近似，也即应按受热情况划分循环回路。譬如，图 1-1 所示的链条炉，其前、后和两侧的水冷壁的几何形状和受热强度等都有明显差别，所以设计时一般将它们分别组成独立的循环回路，且每个循环回路都设置有自己独立的下降管和汽水引出管，以提高水循环的可靠性。

如前所述，自然循环运动压头与回路的高度及汽、水密度差成正比。锅炉工作压力越高，汽、水密度差越小，则要求有较高的回路高度。对于供热锅炉，压力不高，如压力 $P<0.8\text{MPa}$，要求循环回路高度不低于 $2\sim3\text{m}$；$P\geqslant0.8\text{MPa}$ 的锅炉，则要求回路高度为 $4\sim6\text{m}$。但对于诸如快装锅炉一类高度受到结构限制的锅炉，就采用设法降低循环回路的阻力，包括选用阻力较低的汽水分离装置等措施来保证正常的水循环。

2. 上升管的布置

为了避免产生自由水面和蒸汽带入下降管，上升管或来自水冷壁上集箱的汽水引出管，都应尽可能地在锅筒水空间接入，且需注意与下降管入口保持必要距离，或装设隔板加以有效的隔离。如果上升管和上集箱汽水引出管在锅筒蒸汽空间引入，也应尽量压低此管段最高点与水位间的距离。

上升管和上集箱汽水引出管不宜有过多或急剧转弯的弯头。汽水引出管可采用内径为 $80\sim150$mm 的管子，其截面积，供热锅炉一般控制在上升管截面积的 35% 左右，使之阻力不致过大。

循环回路中的各上升管，一般都不宜有水平布置的管段；上升管受热段的倾斜部分，其倾角不宜小于 $15°$。

上升管采用的管径，一般需根据水质、水循环的可靠性、管子强度及金属耗量等多种因素来选择。管径小，可以增大上升管单位流通截面蒸发量，即管内含汽率增高，使循环回路的运动压头提高，对水循环有利。当然，管径过小也是不合理的，不仅阻力增大，对水质要求也将提高。根据不同压力和容量的锅炉，水冷壁管径有一定的推荐值，供热锅炉常用管径有 $\phi51\times2.5$mm，$\phi63.5\times3$mm 和 $\phi70\times3$mm 等几种。

对于热水锅炉，自然循环流动压头小，除上述要求外，水冷壁宜采用垂直上升结构，循环回路应尽量采用简单回路；水冷壁与对流受热面不宜共用一个下集箱，以防热负荷相差过大，造成水循环故障；上升管内径应不小于 44mm。当锅炉采用上集箱结构时，为减少引出管阻力，管径应尽量取大一些，长度尽量短，弯头数应少；上集箱的连接管与上升管截面比应大于 0.8。

3. 下降管的布置

减少下降管阻力，是良好水循环的重要保证因素之一。为此，下降管应采用较大管径，同时在结构上要特别注重它的合理布置。

下降管的形状要力求简单，不设中间集箱，不用不同管径的管段串接，也不允许有水平管段和锐角弯头。每一独立回路的下降管数目要少，但又不宜少于两根，以防配水不均和偶然堵塞的事故。

下降管应尽可能由上锅筒的底部引出；下降管入口与锅筒最低水位间要保持有足够高度，一般不低于下降管径的 4 倍。下降管口与上升管或汽水引出管之间应保持有一定距离，或用隔板隔开，以防蒸汽被下降管吸入。

下降管与上升管的下集箱连接时，应与上升管之间有一接近 $90°$ 的交角，且二者的轴线应不相重合（图 6-5），以使上升管供水比较均匀。同样，下集箱的排污管也不应与任何一根上升管在同一轴线上，否则排污时，正对排污管孔的上升管会发生缺水现象而烧损。在结构上也有在排污管孔上方设置一隔板的措施。

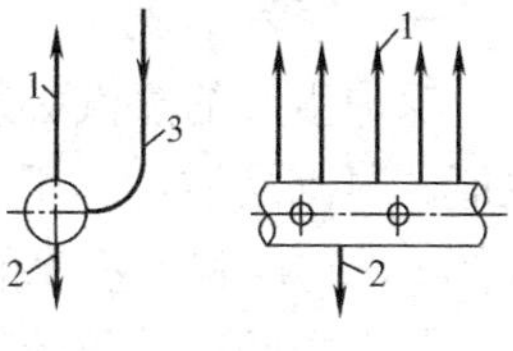

下降管不宜受热，一般多置于炉外；但应包扎绝热材料，以减少散热损失，同时不使回路的加热水区段增长过多。

图 6-5　下降管与下集
箱的连接
1—上升管；2—排污
管；3—下降管

下降管管径一般选用 $80\sim140$mm，其截面积，一般不应小于上升管截面积的 25%～30%。

对于自然循环的热水锅炉，不宜采用集中下降管，以免水力偏差引起水量分配不均。下降管与上升管截面比 f_{xj}/f_{ss}，根据循环高度的不同可由表 6-1 选取。

热水锅炉下降管与上升管的截面比				表 6-1
循环高度(m)	>2	>4	>5	>10
截面比	0.65	0.6	0.55	0.45

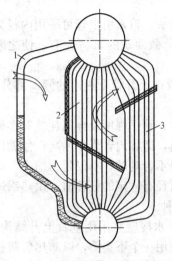

图 6-6　对流管束的布置
1—第一管束；2—第二
管束；3—第三管束

4. 供热锅炉对流管束的水循环分析

图 6-6 所示为 SHL10-1.3/350 型锅炉的对流管束简图，现以此为例，来分析供热锅炉对流管束水循环的组织。

供热锅炉的对流管束部分，同一回路的并联上升管的吸热不均匀性一般都比较大。如图 6-6 中的第一管束，因处于炉膛出口，受热最强，第二管束次之，第三管束受热最弱。因此，在对流管束的水循环回路中，第一、第二管束基本上是上升管，第三管束是下降管。但在同一管束中，各排管子的吸热强度也存在着差异。第二管束的后几排及第三管束的前几排的循环工况是变化的。如在高负荷运行时，炉子出口烟气温度较高，第二、第三管束所受的热负荷就大，第三管束的前几排管子可能会变成上升管。反之，在低负荷时，第二管束的后几排管子会变成下降管，甚至个别管子会出现循环停滞。因此，布置循环回路时，要注意循环工况有变化的管子应与上锅筒的水空间相接，并尽可能接近锅筒底部，以免倒流时带进蒸汽；同时，将这几排管子尽可能布置于烟温不高区域，尤其是管子的上部宜置于烟气流程的末尾，以免在产生短时间的循环停滞时烧损管子，并尽量减少这几排管子的弯头，以减少流动阻力。

第二节　蒸汽品质及其影响因素

一、蒸汽品质

锅炉生产的蒸汽必须符合规定的压力和温度，同时其中的杂质含量也不能超过一定的限值。蒸汽品质，一般用单位质量蒸汽中所含杂质的数量来衡量，其单位为 μg/kg 或 mg/kg，它反映了蒸汽的洁净程度。

蒸汽中的杂质包括气体杂质和非气体杂质两部分。前者主要有氧、氮、二氧化碳和氨气等，它们将对金属产生腐蚀作用。后者是蒸汽中所含的主要杂质，包括各种盐类、碱类及氧化物，其中主要占比最大的是盐类物质。因此，通常用蒸汽含盐量的大小来表示蒸汽的洁净程度。

蒸汽中的含盐量主要来源于蒸汽带水，高压蒸汽也能直接溶解某些盐类，当超过一定量时，会严重影响用汽设备的运行安全。譬如，饱和蒸汽的含盐会在蒸汽过热器中沉积，将影响蒸汽流动和恶化传热，致使过热器管壁超温而烧损；过热蒸汽的含盐会沉积在输汽管道、阀门上，使流动阻力增大，阀门关闭不严和动作失灵；沉积在汽轮机中，会改变叶片线型，影响其出力和效率，以至酿成重大事故。

供热锅炉对蒸汽品质的要求比电站锅炉低得多，但为了保证满足用户的基本要求，对蒸汽中的带水量还是有一定的规定值，也即以饱和蒸汽湿度大小作为供热锅炉的蒸汽品质指标。对于装设有蒸汽过热器的锅炉，其饱和蒸汽湿度规定应不大于 1%；对无过热器的锅炉，饱和蒸汽湿度应不大于 3%；对于无过热器的锅壳式锅炉，饱和蒸汽湿度应不大于 5%。

二、蒸汽带水的原因及其影响因素

1. 蒸汽带水的原因

由锅筒引出的蒸汽中含有微细水滴的现象，称为蒸汽带水。对于供热锅炉，蒸汽品质的好坏主要取决于蒸汽带水的多少。因为蒸汽含盐的唯一原因是蒸汽带水，它所携带的微细水滴是含盐浓度很高的锅水。

如前所述，由上升管进入锅筒的汽水混合物，有的被引入水空间，有的则被引入蒸汽空间。它们在进入时，一般都具有较高的流速。蒸汽带水的微细水滴的来源，不外乎以下几方面：当上升管引入锅筒水空间时，蒸汽泡上升逸出水面，破裂并形成飞溅的水滴；当上升管引入锅筒汽空间时，向锅筒中心汇集的汽水流冲击水面或几股平行的汽水流互相撞击而形成水滴；锅筒水位的波动、振荡也会激起水滴。

这些水滴，如颗粒较大，由于自身重力的作用而重新下落到锅水之中；那些细小水滴则被具有一定流速的引出蒸汽带走，造成蒸汽带水。

2. 影响蒸汽带水的因素

影响蒸汽带水的因素是很复杂的，但主要因素是锅炉的负荷、蒸汽压力、蒸汽空间高度和锅水含盐量。

为了便于分析，可先看看水滴在蒸汽空间中的受力情况：

球形水滴向下坠落的力 G 等于重力与浮力之差，即

$$G = \frac{1}{6} \pi d^3 g (\rho' - \rho'') \quad \text{N} \tag{6-8}$$

具有速度 w 的蒸汽流对球形水滴的提升力 F 为

$$F = \frac{\zeta w^2}{2} \rho'' \times \frac{\pi d^2}{4}$$

$$= \frac{\pi}{8} \zeta w^2 \rho'' d^2 \quad \text{N} \tag{6-9}$$

当这两个力相等时，水滴即可被此蒸汽流托住。所以，卷起、托住水滴所需的最小流速为

$$w = 2 \sqrt{\frac{g (\rho' - \rho'') d}{3 \zeta \rho''}} \quad \text{m/s} \tag{6-10}$$

式中 ρ'，ρ''——锅炉工作压力下的饱和水和饱和蒸汽的密度，kg/m^3；

$\quad\quad d$——球形水滴的直径，m；

$\quad\quad \zeta$——球形水滴在汽流中的流动阻力系数。

由式可见，水滴的直径越小，带出水滴所需蒸汽流速度也越小；锅炉工作压力增高，水与汽的密度差减小，同样的流速可带出更大直径的水滴；如增大蒸汽流速度，则蒸汽带水的能力也随之增大。

（1）蒸汽负荷的影响

在锅炉运行中，蒸汽负荷不是十分平稳的。当负荷增大时，产汽量增加，进入锅筒的汽水混合物动能增大，从而导致蒸汽在锅筒内上升速度增大，能带动向上运动的水滴增多。同时，水空间的含汽量增加，使锅筒水位增高，相应降低了蒸汽空间的高度，致使蒸汽带水量增多。另外，锅炉负荷的增加，也使锅筒蒸汽空间的蒸汽流速度增大，蒸汽携带的水滴增多。

在锅筒蒸汽空间的蒸汽平均上升速度，它也代表着蒸汽携带水滴的能力，通常可用蒸汽穿过蒸发面的折算流量来表示，即所谓蒸发面负荷 R_s：

$$R_s = \frac{Dv''}{F} \quad m^3/(m^2 \cdot h) \tag{6-11}$$

式中　D——通过锅筒蒸发面的蒸汽流量，kg/h；

　　　v''——饱和蒸汽比容，m^3/kg；

　　　F——锅筒蒸发面面积，取锅筒高水位处的水面面积，m^2。

一般取 $R_s = 400 \sim 1200 m^3/(m^2 \cdot h)$。对于供热锅炉，$R_s$ 值通常就在这范围，基本都能满足要求。但在锅炉改造时，如利用原有锅筒来提高蒸发量，则应再核算一下锅筒蒸汽空间的容积负荷 R_V：

$$R_V = \frac{Dv''}{V} \quad m^3/(m^3 \cdot h) \tag{6-12}$$

式中　V——锅筒蒸汽空间的体积，m^3。

蒸汽空间的容积负荷 R_V，其单位为 $m^3/(m^3 \cdot h)$ 或 L/h，它表示蒸汽在锅筒汽空间中逗留时间的倒数。显而易见，R_V 越小表示蒸汽逗留时间越长，这样蒸汽中的水滴可能有更多的机会重新落回到水空间。

蒸发面负荷和蒸汽空间负荷大，说明锅筒尺寸相对较小，汽水分离条件变坏；相反，则说明锅筒尺寸相对较大，也是不经济的。合理的蒸汽空间的容积负荷 R_V 可按表 6-2 所列的推荐值选取。当锅筒内无汽水分离设备或只有匀汽设备时，R_V 应取表中较小值；当汽水混合物由水空间引入时，R_V 也取较小值。如果校验的结果，在锅炉工作压力下超出表 6-2 所示的数值，则应设法进一步改进汽水分离装置，或者运行时，在保证安全的前提下，适当降低水位。

蒸汽空间的容积负荷 R_V 推荐值　　　　　　　　　　　　　　　　表 6-2

锅炉工作压力(MPa)	0.4	0.7	1.0	1.3	1.6	2.5
$R_V[m^3/(m^3 \cdot h)]$	630~1310	610~1280	610~1250	580~1200	570~1150	540~1080

（2）蒸汽压力的影响

锅炉工作压力升高时，由于汽、水密度差减小等因素，使汽水重力分离作用减弱。由式（6-10）也可以看出，此时既定直径的水滴只要较低的汽流速度便可携出，使蒸汽更容易带水。其次，汽压高，饱和水温也高，水分子的热运动加强，相互间的引力减小，水更容易被打碎而成细微水滴，增大蒸汽带水量。因此，当锅炉工作压力增高时，容许的 R_V 值降低（表 6-2）。

但需指出，降低汽压对汽水重力分离有利的说法，是以蒸汽流速相同为前提的。当锅炉降压运行而仍保持原来的蒸发量时，尽管由于汽、水密度差增大有利于汽水重力分离，但由于降压后使蒸汽比容 v'' 增大而使锅筒内的蒸汽流速提高，从而又不利于水滴分离。对于运行中的锅炉，当压力骤降时，锅水将会急剧沸腾，因锅水的储热能力会产生一定量的附加蒸汽，从而使穿出蒸发面的蒸汽量增多，蒸汽空间的汽流速度加快，其结果使蒸汽大量带水，造成蒸汽品质的恶化。

（3）汽空间高度的影响

汽空间的高度，指的是锅筒水位面到蒸汽引出管口的垂直高度。锅筒中水位的高低影响蒸汽空间的高度，因而也将影响到蒸汽带水量。

由式（6-10）可知，当蒸汽流速一定时，就仅能带动相应大小的水滴，至于更大的水滴，当借初始动能飞溅到一定高度后，会因自重而重新落回水中。如果汽空间太低，水滴可能飞溅到蒸汽引出管口附近，未来得及沉降就被汽流携带而出，使蒸汽带水增多。但大颗粒水滴的飞溅高度是有限度的，当汽空间超过一定高度后，对水滴的重力分离作用已不再有明显影响，蒸汽湿度降低甚微而趋于平稳。所以，这个高度过大也是不必要的，否则只会增大锅筒的金属耗量和制造成本。

为了保证有足够的蒸汽空间高度，通常锅筒的正常水位应在锅筒中心线以下 $100\sim200mm$，其波动范围为 $\pm(50\sim75)$ mm。当然，严格地说锅炉的最高允许水位应用热化学试验确定。对于供热锅炉，汽空间的高度可取 $0.4\sim0.6m$，蒸汽流速低的，此高度可选用较小值。

（4）锅水含盐量的影响

给水进入锅炉后，因不断循环汽化，使锅水浓缩，其含盐量逐渐增大。当含盐量在一定范围内继续增大时，蒸汽湿度基本保持不变，但蒸汽的含盐量因锅水含盐量的增大而增多。

随着锅水含盐量的增大，水的表面张力减小而黏度增加，生成的汽泡变小、液膜强度增大，且不易合并成大汽泡。汽泡越小，相对于水的速度减慢，以致使锅筒水空间中的含汽率增多，促使水位胀起升高，蒸汽空间高度减小。与此同时，汽泡间液体的黏度增大，沿汽泡表面水层流动摩擦力也随之增大，浮至水面的汽泡不易破裂，需在水面停留一段时间待水膜变薄后才破裂。如此，水面上就形成"泡沫层"，也使蒸汽空间高度减小，二者的结果都将使蒸汽带水量增加，严重污染蒸汽，使蒸汽品质下降。

锅水含盐量如果再增大，泡沫层可能会充满蒸汽空间，此时汽、水将同时被吸入蒸汽引出管，蒸汽大量带水。这种现象称为汽水共腾，是运行锅炉的事故之一，是不允许发生的。

另一方面，锅水含盐量越高，其表面张力越大，汽泡只有在液膜很薄时破裂；液膜越薄，破裂时生成的水滴越细微，则更容易被蒸汽带出，使蒸汽湿度增大。此外，锅水含盐量高时，即使是同样的蒸汽湿度，蒸汽带出的盐量也增多，这对有蒸汽过热器的锅炉特别不利。所以，锅炉水质标准中对各种锅炉的锅水含盐量都作了严格的规定。

图 6-7 表示出了锅水含盐量与蒸汽湿度的关系。最初二者成水平直线关系，蒸汽湿度不变，

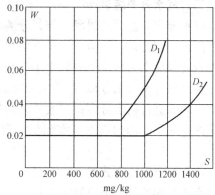

图 6-7 锅水含盐量与蒸汽湿度的关系（$D_1 > D_2$）

仅只蒸汽含盐随锅水含盐量的增大而增加。但当锅水含盐增大到某一数值时，蒸汽湿度突然急剧上升。锅水的这一含盐量称为临界含盐量。图中表示了不同负荷时的两条曲线，随着锅炉负荷的提高，水空间的含汽率增高，水位胀起更甚，因而使锅水临界含盐量降低。对具体锅炉来说，临界含盐量应通过热化学试验来确定，而实际的允许锅水含盐量则要比临界含盐量低得多。要控制锅水含盐量，除了对给水水质有所要求外，一般采用增大锅炉排污的方法来达到。

尽管影响蒸汽带水的原因很多，但锅水含盐量的影响是主要的，它是使蒸汽品质变坏的主要根源。

第三节　汽水分离装置

从锅炉水的汽化过程及水循环中可以清楚地知道，各蒸发受热面产生的蒸汽是以汽水混合物的形态连续汇集于锅筒的。要引出蒸汽，尚需要有一个使蒸汽和水彼此分离的过程，锅筒中的蒸汽空间及汽水分离装置就是为此目的而设置的。

汽水分离装置的任务，就是使饱和蒸汽中带的水有效地分离出来，提高蒸汽干度，以保证锅炉运行的可靠和满足用户的需要。

一、汽水分离装置的设计原则

汽水分离装置的设计，根据对蒸汽带水原因及其影响因素的分析，应考虑以下一些原则：

（1）应尽可能避免锅筒蒸发面和汽空间的局部负荷增高，使蒸汽均匀地穿出水面和引出。

（2）应能有效地削弱进入锅筒的汽水混合物的动能，缓和它对水面的冲击。

（3）使汽水混合物具有急转多折的流动路线，以充分利用离心和惯性的分离作用。此外，并应注意及时把分离下来的水导走，以免再次被蒸汽携带。

（4）创造大量的水膜表面积，以粘附更多的水滴，等等。

同时，在设计汽水分离装置时，也应考虑水循环工况的良好，使它的阻力不能过大，并应注意到便于制造、安装和检修。

二、汽水分离装置

汽水分离装置型式很多，按其分离的原理可分自然分离和机械分离两类。自然分离是利用汽水的密度差，在重力作用下使水、汽得以分离；机械分离则是依靠惯性力、离心力和附着力等使水从蒸汽中分离出来。按其工作过程，汽水分离装置又可分一次分离（粗分离）和二次分离（细分离）。一次分离器的任务是消削进入汽锅的汽水混合物的动能，并将蒸汽和水进行初步分离；二次分离器的作用是将蒸汽中携带的细小水滴分离出来，使蒸汽从汽锅的上部均匀送出。实际上，常有将它们分别组合使用的，以期获得更好的分离效果。

汽水分离器的型式很多，目前供热锅炉中常用的有水下孔板、挡板、集汽管、蜗壳式及匀汽孔板和波纹板分离器等多种。

1. 水下孔板

蒸汽锅炉的上升管或汽水引出管，一般都尽可能地引接于锅筒的水空间。为使蒸发面上各处的蒸汽发生量分配得均匀一些，常采用在水面以下装设开有许多孔的孔板（图6-8）。当蒸汽上升时，水下孔板使蒸汽汽流受到一定的阻力，以减缓汽流的上升速度，并在孔板下形成稳定的汽垫，有效地削弱了汽水混合物的动能。这样，蒸汽就可比较均匀地通过孔板，锅筒中水面也较平稳，从而减少了飞溅的水滴细沫。但蒸汽穿孔的流速也不宜过大，否则阻力太大，会形成过厚的汽垫容易引起下降管带汽。

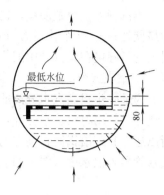

图 6-8　水下孔板

水下孔板除能均匀分布蒸汽外，还可以减小水位的胀高，使蒸汽空间的高度较少受到影响。

水下孔板通常用 3～4mm 的钢板制成，其上均布孔径为 8～10mm 的小孔，小孔的中心距为小孔孔径的 1.2～2.0 倍。孔径过小易于堵塞，过大则会造成汽流分布不匀。在供热锅炉中，通过孔板的蒸汽流速可按工作压力的不同，在 3.5～8.5m/s 之间选取；压力低的锅炉取用较高值。

水下孔板一般应水平装置于锅筒最低水位下 100mm 处，以保证在最低水位时仍能起到均匀蒸发面负荷的作用。水下孔板的长度不宜小于 2/3 的锅筒直段长度，应尽量使引入水空间的蒸汽全部通过水下孔板。同时，孔板与筒壁之间应留有 150～200mm 的间隙，以便给水能畅快地流下。为防止蒸汽短路，在孔板边缘加装高为 100～150mm 的水封栏板。而给水则均匀地在孔板上面送入，既有利于破沫又保证了对蒸汽的冲洗作用。

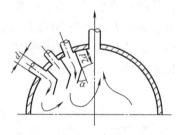

图 6-9　挡板

2. 挡板

当汽水混合物被引入锅筒汽空间时，在汽水引入管的管口可装设挡板（图6-9），以形成水膜和削减汽水流的动能；蒸汽在流经挡板间隙时因急剧转弯，又可从汽流中分离出部分水滴，起着汽水的粗分离作用。

汽水混合物的引入速度不宜过大，否则易把水膜冲碎成细小水滴，于分离不利。为减慢抵达挡板时流速，挡板与管口之间应保持有不小于两倍引入管管径的距离。两挡板间应有合适的空隙截面，以使此处蒸汽速度保持在1.5～4.5m/s 之间。此外，挡板与汽水流动方向的夹角 α 应小于 45°，以平稳地消除动能；从挡板处流出的汽流速度应保持在 1.0～1.5m/s，以防止沿挡板流下的水膜再次被汽流冲破而形成水滴飞溅。

3. 集汽管

在小型锅炉中，蒸汽引出管有时只有一根，为了均匀汽流又简化结构，可采用集汽管（包括缝隙式集汽管和抽汽孔管），以分离汽水。

图 6-10 所示为一缝隙式集汽管。它沿着锅筒长度（纵向）布置，吊挂在汽空间的顶部，两端封闭，并设有排水管。蒸汽在流入集气管后，由于汽流速度和方向的变化而把水滴分离出来，也可防止出汽口蒸汽附近蒸汽流速过大而带水。这种集汽管中的蒸汽流速一般在 10～25m/s 之间。

抽汽孔管与缝隙式集汽管一样，装于汽空间顶部，长度不宜小于锅筒长度的 2/3，所开的小孔孔径一般取 8～12mm。

集汽管可以单独使用，也可与蜗壳式汽水分离器配合使用。单独使用时，应在集汽管的最低处开1～2个孔径为5mm的小孔，或装设疏水管，以不断排除分离下来的水。蒸汽引出管最好接在集汽管中间位置，正对引出管的入口处不应开缝或开孔，以使抽汽均匀。

4. 蜗壳式分离器

为进一步提高汽水分离的效果，可在集汽管上加装蜗壳。饱和湿蒸汽切向进入蜗壳，靠离心力作用将汽、水分开，起到细分离的作用。此外，由于分离器内部还装有集汽管，所以还能起到沿锅筒长度方向均匀蒸汽空间负荷的作用。分离出来的水，流经装置底部的疏水管导入锅水中（图6-11）。

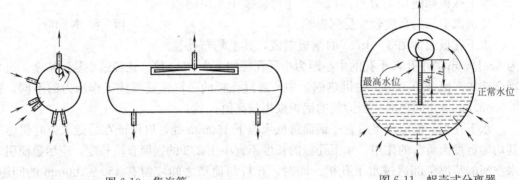

图 6-10　集汽管　　　　　　　　　　　　　　图 6-11　蜗壳式分离器

需要注意的是，由于蒸汽流经分离装置时发生节流而使压力下降 ΔP，也即存在有阻力损失。因此，集汽管内的蒸汽压力必然低于锅筒中压力，这就使得疏水管中的水位高于锅筒水位。如此，在使用此型汽水分离器时，其蒸汽进口速度不宜过大，否则会因阻力损失 ΔP 过大而导致疏水管中的水位上升至蜗壳内，疏水管反而变成了吸水管，造成蒸汽大量带水，这是不允许的。所以必须严格控制安装高度和满足使用条件，以限制疏水管内的水位，确保安全。

5. 波纹板分离器

波纹板分离器又称百叶窗分离器，它是一种广泛应用的二次分离器，其结构如图6-12所示。

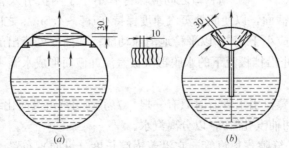

图 6-12　波纹板分离器
(a) 水平式波纹板分离器；(b) 竖立式波纹板分离器

波纹板分离器由多块波纹板相间排列组成，有水平式和竖立式两种。经粗分离后的饱和湿蒸汽在波纹板组成的曲折通道中通过时，水滴受惯心力的作用被甩到波纹板上，靠重力下流而达到汽水分离的目的。蒸汽通过波纹板而流速不宜过大，否则会撕破水膜致使蒸汽再次带水。

波纹板用 0.8～1.2mm 的钢板压成，边框用 2～3mm 的钢板制作，每组波纹板大小以能通过锅筒上的人孔为限。波纹板的线型要圆滑畅顺，相邻两块波纹板的间距为 10mm。水平式布置时，其长度要求超过锅筒直段长度的 2/3；竖立式布置时，应尽可能使蒸汽在汽空间的行程长些，波纹板组件应矮而长，以增加蒸汽空间的高度。

立式波纹板的底部应加装疏水管，且应延伸到锅筒最低水位线以下。

波纹板应与匀汽孔板配合使用，蒸汽先经波纹板再经过匀汽孔板。为获得较好分离效果，波纹板的上沿与匀汽孔板之间应保持一定距离，一般取 30～40mm。

6. 匀汽孔板

匀汽孔板（图 6-13）与水下孔板的工作原理相似，是借小孔节流作用使锅筒汽空间各处负荷均匀。通常孔板均匀开孔，孔径可取 8～10mm，孔间间距不宜大于 50mm。蒸汽穿过小孔流速应控制在 13～27m/s 之间，当锅炉工作压力较高时，蒸汽流速可取较低值。

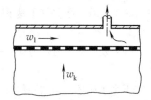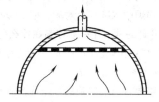

图 6-13　匀汽孔板

为了提高锅筒汽空间的重力分离效果，孔板尽可能安装得高些，以增加蒸汽空间的有效分离高度。但是，另一方面要兼顾孔板顶上空间的纵向蒸汽流速，使之不宜过大，一般应控制在低于蒸汽穿孔流速的一半，即 $w_1 < \frac{1}{2} w_k$。假若锅筒顶部的蒸汽引出管子数目不多，为使锅筒汽空间负荷分配均匀，则可采用不均匀开孔的孔板，也即在远离蒸汽引出管的部位多开孔，靠近引出管的部位则少开孔。

7. 钢丝网分离器

这是由一层或数层钢丝网和拉网钢板间隔排列而成的一种分离器（图 6-14）。这种分离器与汽流的接触面积很大，汽流中水滴易于吸附在钢丝网上，以达到汽水分离的目的。通过钢丝网分离器的空截面速度可取 1～1.5m/s 左右。分离器的疏水管如图中 2 所示。这种分离器结构简单，阻力较小。在无除氧设备的小型锅炉上，钢丝网宜用不锈钢丝制成，否则腐蚀较快，氧化物又易堵住网孔。

此外，也有利用许多小瓷环来替代钢丝网的，同样是利用大量接触面积的附着作用，以达到汽水分离的目的。

长期以来，供热锅炉锅内装置的设计无统一的计算方法和数据，情况比较混乱。随着供热锅炉的需求量日益增多，集中供热和热电联产也逐渐得到发展，对供热锅炉的蒸汽品质提出了一定的要求，为此我国统一制定了供热锅炉锅内装置设计导则。导则中，对不同类型锅炉生产的饱和蒸汽质量标准作了明

图 6-14　钢丝网分离器
1—钢丝网组件；2—疏水管

确规定。

根据运行实践和一些测试数据，若采用水下孔板加匀汽孔板或水下孔板加蜗壳式分离器，饱和蒸汽湿度为 $0.5\%\sim1\%$，可满足装有蒸汽过热器锅炉的标准要求。对于无过热器的水管锅炉，如采用水下孔板加集汽管，其湿度一般不大于 $1.5\%\sim2\%$；锅壳式锅炉常用集汽管作为汽水分离装置，蒸汽湿度一般不大于 $5\%\sim6\%$。

复习思考题

1. 什么叫锅炉的水循环？通常分几种？水循环的良好与否为什么对锅炉安全运行有重大意义？

2. 自然水循环的流动压头是怎么产生的？水循环的流动压头与循环回路的有效流动压头有无区别？怎样计算？

3. 为什么说循环倍率和循环流速是锅炉水循环的重要特性指标？它们的大小取决于什么？对锅炉工作有何影响？

4. 自然循环蒸汽锅炉哪些受热面中的工质作自然循环流动？哪些受热面中的工质作强制循环流动？

5. 单锅筒或双锅筒的自然循环蒸汽锅炉中锅筒起什么作用？为什么上锅筒直径一般不小于 900mm？

6. 自然循环蒸汽锅炉中水冷壁及对流管束中哪些管子是上升管？哪些管子是下降管？为保证水循环的可靠，下降管与上升管的截面比一般控制在什么范围？

7. 常见的水循环故障有哪些？自然循环蒸汽锅炉中水循环发生故障时，为什么一般是受热弱的上升管而不是受热强的上升管容易烧坏或过热？

8. 每个水循环回路要有数根单独的下降管，而不是若干个水循环回路共用数根下降管；而且，下降管一般不宜受热，却必须保温，这是为什么？

9. 具有过热器的蒸汽锅炉可以在过热器中将锅筒出来的含有水分的湿蒸汽烘干过热，为什么还要在锅筒中装置汽水分离器，汽水分离的要求反而比生产饱和蒸汽的锅炉更严更高？

10. 蒸汽带水的原因是什么？带水的多少主要受哪些因素影响？

11. 供热锅炉中常用的汽水分离装置有哪几种？它们的结构和分离原理怎样？有无办法进一步提高它们的汽水分离效果呢？

12. 允许蒸汽空间容积负荷为什么随蒸汽压力的升高而下降，而允许蒸汽空间质量负荷却随蒸汽压力的升高而升高呢？锅炉蒸发量不变而降压运行时，锅筒出口蒸汽湿度是增高还是减小？为什么？

13. 现代锅炉在结构上采取哪些措施来保证水循环工作的可靠性？

14. 在自然循环的蒸汽锅炉中，水循环发生故障时有人说受热强的上升管管壁最容易过热或烧坏，对不对？为什么？

第七章　锅炉本体的热力计算

锅炉本体的热力计算是在燃料燃烧计算和锅炉热平衡计算的基础上进行的，其目的是确定锅炉各受热面与燃烧产物和工质参数之间的关系。根据锅炉各种受热面的传热特点，锅炉热力计算分炉膛水冷壁的辐射换热计算和炉膛出口后对流受热面的对流换热计算两大部分。按热力计算的方法，则又分设计计算和校核计算，在实际工程中，大多为校核计算。

本专业学习锅炉热力计算，主要是为了在锅炉燃用的燃料与锅炉原设计的燃料有较大改变时，以核定炉膛出口、各对流受热面出口烟气温度以及锅炉过热器出口过热蒸汽温度等。此外，为提高原有锅炉的出力或提高锅炉的热效率，有时需要对它进行技术改造或加装尾部受热面，热力计算则是锅炉技术改造的依据；为合理配置锅炉通风装置，需对锅炉进行空气动力计算，而热力计算是空气动力计算的基础。

第一节　炉膛传热过程及计算

炉内传热过程是与炉内燃烧过程和烟气流动过程同时进行的，也即炉内既有燃烧反应的化学过程，又有物质交换的物理过程，因此炉膛传热过程十分复杂，影响因素很多。迄今为止，尚不可能直接用理论分析方法来进行炉膛的传热计算，而是作不同程度的简化，进行近似计算的。

目前，我国采用的炉膛传热计算方法是半经验法，即运用相似理论分析，并通过大量试验而综合得出半经验公式。它假定传热过程和燃烧过程分开，在必须考虑燃烧工况影响时，引入经验系数进行修正；炉内的对流传热忽略不计；火焰和烟气的辐射传热量按某一平均温度计算；只引用辐射传热和热平衡两个代数方程式。此计算方法虽简便，但大致已反映了炉内辐射换热的基本规律。

近年来，随着电子计算技术的发展，试图借助数学模型用解析法来研究和计算炉膛换热过程，已取得了一定的进展。

本专业所涉及的供热锅炉绝大多数都是层燃炉，因此本章将针对层燃炉来介绍炉膛的几何特性及炉膛热力计算方法。

一、炉膛几何特性

它包括炉膛容积，炉膛周界面积、有效辐射面积等的计算方法。

1. 层燃炉炉膛容积 V_1 是由炉子火床表面至炉膛出口烟窗之间的容积。

炉膛容积的周界：底部为火床表面；四周及顶部为水冷壁中心线所在的表面，若水冷壁覆盖有耐火涂料层或耐火砖，则周界为涂层或火砖的向火表面，在未布置水冷壁的炉墙处，则为墙的内表面；炉膛出口截面为出口烟窗第一排水管中心线的所在表面。

在计算火床表面时，炉排上的燃料层厚度一般取为150mm；有挡渣器的链条炉排，火床长度计算到挡渣器与炉排接触点的垂直平面为止；对未装挡渣器的炉排，计算到炉排末端的垂直平面处。

2. 炉膛周界面积 F_l 是包围上述炉膛容积的所有周界封闭面积的总和，它包含火床面积 R、全部水冷壁面积、炉墙面积和出口烟窗面积。

对于靠墙敷设的水冷壁，其所占的面积为水冷壁管中心线所在的面积，它等于水冷壁边界管中心线的间距 b 和水冷壁管受热长度 l 的乘积，即

$$F = bl \quad \text{m}^2 \tag{7-1}$$

如炉膛内布置有双面水冷壁时，其所占面积也是炉膛周界面的组成部分，应作为炉壁面积计算，它按单面水冷壁所在面积的两倍计算，即

$$F = 2bl \quad \text{m}^2 \tag{7-2}$$

炉膛周界总面积为上述面积的总和，即

$$F_l = R + F_{bz} \quad \text{m}^2 \tag{7-3}$$

式中　F_{bz}——除火床面积以外的其余炉膛周界总面积。

3. 有效辐射受热面 H_f

炉膛内换热是借辐射受热面即水冷壁来完成（图 7-1）。但水冷壁的辐射受热面积并

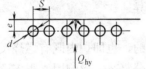

图 7-1　水冷壁管辐射受热示意

不等于水冷壁的表面积，水冷壁管因靠炉墙布置，只有向火的一面直接受到炉内火焰的辐射，而其背火的一面只受到炉墙的反射辐射。

设火焰向炉墙总的投射热量为 Q_{hy}，而一次投落到管子壁面上的热量为 Q'，则能量投射的份额（即传热学中的辐射角系数）为：

$$\varphi = \frac{\text{投落到管壁的一次热量}}{\text{投射到炉墙的热量}} = \frac{Q'}{Q_{hy}}$$

由传热学知道，角系数纯粹是一几何因子，仅取决于两辐射物体的相对位置和表面形状，可用几何方法计算求得。

但是，水冷壁并非一连续平面，当投射热投来时，会有一部热量 $(1-\varphi)Q_{hy}$ 穿过管间，这部分热量碰到作为绝热体的炉墙，又会反射回来落到管子的背面。同样，落到管子背面的热量不是反射热的全部，仅仅是其中的一部分，即

$$Q'' = \varphi(1-\varphi)Q_{hy}$$

因此，投射到管子的总热量为一次、二次热量的总和：

$$Q = Q' + Q'' = \varphi Q_{hy} + \varphi(1-\varphi)Q_{hy} = (2\varphi - \varphi^2)Q_{hy}$$

火焰投射到管壁受热面的总热量与投射到炉墙的热量之比，称为有效角系数，即

$$x = Q/Q_{hy} = 2\varphi - \varphi^2$$

它计及了火焰辐射与炉墙反射作用，x 的数值与管子的相对节距 S/d 及管子中心线离

开炉墙的相对距离 e/d 有关（图 7-2）。在一定的 S/d 下，增加 e/d，则被炉墙反射后再落到水冷壁管子上的辐射热量也增加，即增大了有效角系数。但当 $e/d \geqslant 1.4$ 后，被炉墙反射后落到水冷壁管上的辐射份额不再变化。在一定的 e/d 下，增加 S/d，火焰落到水冷壁管上的份额减少，即 x 值下降。

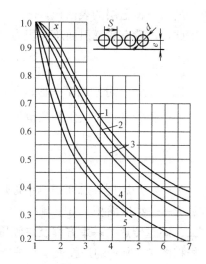

图 7-2　单排光管水冷壁的有效角系数
1—考虑炉墙辐射，$e \geqslant 1.4d$；2—考虑炉墙辐射，$e=0.8d$；3—考虑炉墙辐射，$e=0.5d$；4—考虑炉墙辐射，$e=0$；5—不考虑炉墙辐射

对于膜式水冷壁，相当于管子靠管子（$S/d=1$），火焰辐射热量全部落到水冷壁上，有效角系数为 1。

此外，S 的增大使炉墙上布置的管子数目减少，减少了炉膛辐射受热面，并使炉墙内表面温度增高；距离 e 过大也会减弱水冷壁保护炉墙的作用。如果 S 太小，使单位受热面积的吸热量减少，金属利用率差，而炉墙结构可以减薄。当然，炉膛辐射受热面的多少，还得保证有足够高的炉膛出口温度，以使燃料在炉内燃烧完全。

对层燃的供热锅炉水冷壁管径一般为 $51 \sim 60$ mm；通常水冷壁的 $S/d=2.5$，$e/d=0.5 \sim 1.5$；对于快装锅炉，为了减轻炉墙重量，水冷壁常采用鳍片管或密布光管。

炉膛出口烟窗对炉膛而言，可取 $x=1$，这是因为炉膛火焰投射在出口烟窗上的辐射热，陆续通过烟窗后各排管子，不再有反射，即全部被吸收。

对炉膛出口处布置的管排而言，x 不能认为等于 1，如当出口的排管为三排时，各排的热量分配为：

	热量投落份额	热量透过份额
第一排	x_1	$1-x_1$
第二排	$(1-x_1)x_2$	$1-[x_1+(1-x_1)x_2]=(1-x_1)(1-x_2)$
第三排	$(1-x_1)(1-x_2)x_3$	$1-[x_1+(1-x_1)x_2+(1-x_1)(1-x_2)x_3]$ $=(1-x_1)(1-x_2)(1-x_3)$

其中，x_1，x_2，x_3 分别为第一排、第二排和第三排管的有效角系数，按图 7-2 中曲线 5 查得。

因此，炉膛火焰对烟窗出口三排管束的有效角系数 x_{gs} 为三排管子热量投落份额之和或者是（1—第三排管透过热量的份额），即

$$x_{gs}=1-(1-x_1)(1-x_2)(1-x_3) \tag{7-4}$$

对于覆盖有耐火涂层或耐火砖的水冷壁，诸如末燃带、炉拱等，其辐射受热面面积 H_{ff} 可按下列公式折算：

覆盖耐火涂层时　　　　　　　　　$H_{ff}=0.3F_f$　m^2 　　　　　　　　　(7-5)

覆盖耐火砖时　　　　　　　　　　$H_{ff}=0.15F_f$　m^2 　　　　　　　　(7-6)

式中 F_f——覆盖层的表面积，m^2。

由此，炉膛有效辐射面总面积为

$$H_f = \sum H_{fi} + H_{ff} = \sum x_i F_{bi} + H_{ff} \quad m^2 \tag{7-7}$$

式中 F_{bi}，x_i——分别为某一区段的炉壁面积（m^2）和其相应的有效角系数。

整个炉膛的平均有效角系数也称为炉膛水冷程度 χ，即

$$\chi = \frac{H_f}{F_l - R} \tag{7-8}$$

式中 F_l——炉膛周界总面积，也称炉膛包覆面积，m^2；

R——火床面积，m^2。

二、炉膛传热的基本方程及炉膛黑度

根据图 7-3 所示的炉膛火焰与炉壁之间辐射换热的简化模型，可方便地推导出炉膛换

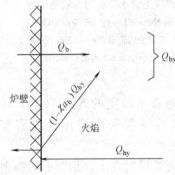

图 7-3 炉膛火焰与炉壁之间辐射
换热的简化模型

热计算公式。所谓炉壁是指水冷壁及其背后的炉墙。假定水冷壁分布均匀，并以整个炉膛看作一个整体；火焰和炉壁是物性均匀的灰体；炉墙又为绝热。

从图 7-3 中可见，火焰的有效辐射 Q_{hy} 投射到炉壁上，其中 χQ_{hy} 投射到水冷壁受热面上，而被水冷壁吸收的热量为 $\chi a_b Q_{hy}$，其余 $(1-\chi a_b)Q_{hy}$ 又返回给火焰。这部分从水冷壁返回的热量再加上水冷壁的本身辐射，构成了炉壁的有效辐射 Q_{by}。火焰的有效辐射是火焰的本身辐射 Q_h 再加上由炉壁有效辐射被火焰吸收后余下的热量 $(1-a_h)Q_{by}$，即

$$Q_{by} = Q_b + (1-\chi a_b)Q_{hy} \tag{7-9}$$

$$Q_{hy} = Q_h + (1-a_h)Q_{by} \tag{7-10}$$

由此，火焰与炉壁之间的辐射换热量 Q_f 为

$$Q_f = Q_{hy} - Q_{by} \tag{7-11}$$

式中 χ——炉膛平均有效角系数，也是炉膛水冷程度，$\chi = H_f / F_{bz}$；

a_b——水冷壁的表面黑度，可取 $a_b = 0.8$；

a_h——火焰黑度。

由式（7-9）和式（7-10）联立求解，可得

$$Q_{hy} = \frac{Q_h + (1-a_h)Q_b}{1-(1-a_h)(1-\chi a_b)}$$

$$Q_{by} = \frac{Q_b + (1-\chi a_b)Q_h}{1-(1-a_h)(1-\chi a_b)}$$

将以上两式代入式（7-11）后，得

$$Q_f = \frac{\chi a_b Q_h - a_h Q_b}{1-(1-a_h)(1-\chi a_b)} = \frac{\dfrac{Q_h}{a_h} - \dfrac{Q_b}{\chi a_b}}{\dfrac{1}{\chi a_b} + \dfrac{1}{a_h} - 1} \qquad (7\text{-}12)$$

水冷壁本身辐射为

$$Q_b = \sigma_0 a_b H_f T_b^4 = \sigma_0 a_b \chi F_{bz} T_b^4$$

式中　σ_0——绝对黑体辐射常数，$kW/(m^2 \cdot K^4)$；

　　　T_b——水冷壁表面温度，K。

火焰的本身辐射为

$$Q_h = \sigma_0 a_h F_{bz} T_h^4$$

式中　T_h——火焰的平均温度，K。

将 Q_b 和 Q_h 的关系式代入式（7-12），得

$$Q_f = \frac{\sigma_0 F_{bz}(T_h^4 - T_b^4)}{\dfrac{1}{\chi a_b} + \dfrac{1}{a_h} - 1} = \frac{\sigma_0 H_f(T_h^4 - T_b^4)}{\dfrac{1}{a_b} + \chi\left(\dfrac{1}{a_h} - 1\right)}$$

上式也可写成

$$Q_f = \sigma_0 a_l H_f(T_h^4 - T_b^4) \qquad (7\text{-}13)$$

式中　a_l——炉膛的系统黑度。

$$a_l = \frac{1}{\dfrac{1}{a_b} + \chi\left(\dfrac{1}{a_h} - 1\right)} \qquad (7\text{-}14)$$

式（7-13）是炉膛传热计算方法中普遍采用的基本公式，又称四次方温差公式。该公式是建立于室燃炉火焰与炉壁之间辐射换热的简化模型，所以它表示的炉膛系统黑度仅适用于室燃炉。

对于层燃炉，不仅有火焰的本身辐射，还有灼热的火床表面也向水冷壁受热面辐射热量。只是火床的辐射流在穿越炉膛空间时，会有部分被火焰吸收，余下的部分再投射到水冷壁受热面上。假定火床是黑体，且温度等于火焰平均温度，这样，火焰的本身辐射就包括了火焰及火床两部分的辐射，即

$$Q_h' = a_h \sigma_0 F_{bz} T_h^4 + (1-a_h)\sigma_0 R T_h^4$$
$$= \sigma_0 F_{bz} T_h^4 [a_h + (1-a_h)R/F_{bz}]$$

而原来简化模型的火焰本身辐射为

$$Q_h = \sigma_0 a_h F_{bz} T_h^4$$

从两式比较后，如果将后一式中的 a_h 用 $a_h + (1-a_h)R/F_{bz}$ 代替，即可反映层燃炉炉膛辐射的特点。

将式（7-14）炉膛系统黑度中的 a_h 以 $a_h + (1-a_h)R/F_{bz}$ 代替，并以 $\rho = R/F_{bz}$ 表示，则层燃炉的炉膛系统黑度 a_l 就可写成

$$a_l = \frac{1}{\dfrac{1}{a_b} + \chi \dfrac{(1-a_h)(1-\rho)}{1-(1-a_h)(1-\rho)}} \qquad (7\text{-}15)$$

从上式可见，层燃炉系统黑度 a_1 是综合黑度，它不仅与火焰黑度 a_h、水冷壁壁面黑度 a_b 有关，而且还与炉膛几何特性中水冷程度 χ、火床与炉壁面积之比 ρ 相联系。

三、火焰黑度

炉膛火焰中具有辐射能力的介质是三原子气体、灰粒、焦炭粒等，它们沿着火焰的行程其成分和浓度也是有变化的，并且随燃料种类、燃烧方法和燃烧工况的不同而各异。在炉膛换热计算中，只能以平均的火焰黑度为准，并以炉膛出口处的烟温和成分作为计算依据。

传热学中，火焰黑度可按布格尔定律由下式计算：

$$a_h = 1 - e^{-kp\delta} \tag{7-16}$$

式中　k——火焰辐射减弱系数，是火焰中各辐射介质减弱系数的总和，$1/(m \cdot MPa)$；

　　　p——炉膛内介质的压力，对一般供热锅炉，都在常压下燃烧，$p=0.1MPa$；

　　　δ——有效辐射层厚度，m；对于炉膛：

$$\delta = 3.6 \frac{V_l}{F_l} \quad m \tag{7-17}$$

　　　V_l——炉膛容积，m^3；

　　　F_l——炉膛包覆面积，m^2。

在燃烧固体燃料时，火焰减弱系数 k 由三原子气体减弱系数 k_q 和固体颗粒（灰粒和焦炭粒）减弱系数 k_g 所组成，即

$$k = k_q + k_g \quad 1/(m \cdot MPa) \tag{7-18}$$

三原子气体减弱系数 k_q，按下式计算：

$$k_q = 10\left(\frac{0.78+1.6r_{H_2O}}{\sqrt{10r_q p\delta}} - 0.1\right)\left(1 - 0.37\frac{T''_l}{1000}\right)r_q \quad 1/(m \cdot MPa) \tag{7-19}$$

式中　T''_l——炉膛出口烟温，K；

　　　r_q——三原子气体容积份额，为水蒸气和二氧化碳、二氧化硫气体容积份额的总和，即

$$r_q = r_{H_2O} + r_{RO_2}$$

式（7-19）可写成：

$$k_q = k_q^* r_q \quad 1/(m \cdot MPa)$$

其中，k_q^* 可由线算图 7-4 中查取。

固体颗粒减弱系数 k_g 是由灰粒减弱系数 k_h 和焦炭粒等的修正系数 C 组成，即

$$k_g = k_h + C \quad 1/(m \cdot MPa) \tag{7-20}$$

灰粒减弱系数按下式计算：

$$k_h = k_h^* \mu_h = \frac{43000\rho_y}{\sqrt[3]{T''^2_l d_h^2}}\mu_h \quad 1(m \cdot MPa) \tag{7-21}$$

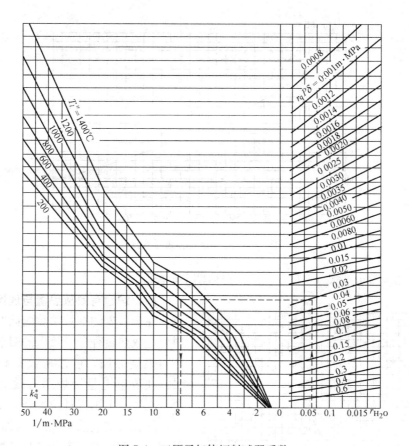

图 7-4 三原子气体辐射减弱系数

式中 d_h——火焰中灰粒平均直径，对层燃炉 $d_h=20\mu m$；

ρ_y——烟气密度，可取 $\rho_y=1.3kg/m^3$；

μ_h——火焰中灰粒的无因次浓度，按下式计算：

$$\mu_h=\frac{A_{ar}a_{fh}}{100G_y}\quad kg\,灰/kg\,烟气\qquad(7-22)$$

式中 A_{ar}——燃料应用基灰分，%；

a_{fh}——飞灰占燃料灰分的份额，对层燃炉 $a_{fh}=0.15\sim0.30$；

G_y——每 1kg 燃料燃烧生成的烟气重量，kg/kg，可由下式计算：

$$G_y=1-\frac{A_{ar}}{100}+1.306aV_b^0$$

其中，1.306 为湿空气（含湿量为 10g/kg 干空气）在标准状态下的密度，kg/m^3。

式 (7-21) 中的 k_h^* 可由线算图 7-5 中查得。

煤粒燃烧后形成焦炭粒等的修正系数 C，根据不同煤种，可按以下数据选取：

对低挥发分煤种（无烟煤、贫煤），$C=0.3$；

对高挥发分煤种（烟煤、褐煤和页岩），$C=0.15$。

火焰减弱系数中各项按公式计算或按图查得并汇总后，即 $k=k_q+k_g=k_q^* r_q+k_h^* \mu_h$

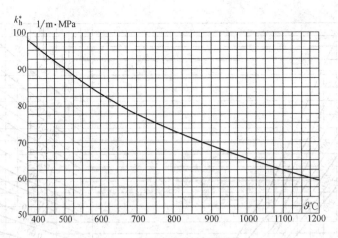

图 7-5　灰粒的辐射减弱系数

+C，火焰黑度就可按式（7-16）求取，或由图 7-6 查得。

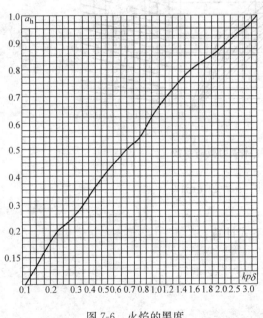

图 7-6　火焰的黑度

四、炉膛有效放热量与理论燃烧温度

在运行着的锅炉炉膛内同时进行着燃料燃烧放热过程和受热面的吸热过程。在燃料燃烧方面，可以从数量和质量上衡量。在数量上是用炉膛有效放热量来表征，在质量上则以理论燃烧温度来表示。

炉膛有效放热量 Q_l，也称入炉热量，是相应于 1kg 真正参与燃烧的燃料所带入炉膛的热量，它计及了随它一起加进炉膛的其他热量，即

$$Q_l = Q_r \frac{100 - q_3 - q_4 - q_6}{100 - q_4} + Q_k \quad kJ/kg$$

(7-23)

式中，Q_r，q_3，q_4，q_6 各项的含义已在第三章中有了说明；Q_k 是燃烧需要的空气所带进炉膛的热量。

Q_r 是每 1kg 燃料带入炉膛的热量，在燃烧中由于有一定热损失，所以燃烧后的有效放热量为

$$Q_r \frac{100 - q_3 - q_4 - q_6}{100}$$

而折算到每 1kg 计算燃料时，燃料在炉膛内有效放热量为

$$Q_r \frac{100 - q_3 - q_4 - q_6}{100 - q_4} = Q_r \left(1 - \frac{q_3 + q_6}{100 - q_4} \right)$$

通常，Q_r 可以认为就是燃料的收到基低位发热量 Q_{ar}。

至于炉膛有效放热量中的 Q_k，则有两种情况：

当燃料燃烧不用预热空气时：

$$Q_k = \alpha''_l V_k^0 (ct)_{lk} \quad kJ/kg \tag{7-24}$$

当锅炉装有空气预热器向炉内送热空气时：

$$Q_k = (\alpha''_l - \Delta a_l) V_k^0 (ct)_{rk} + \Delta a_l V_k^0 (ct)_{lk} \quad kJ/kg \tag{7-25}$$

根据炉膛有效放热量 Q_l 就可求出炉膛理论燃烧温度。所谓理论燃烧温度，是假定在绝热情况下将 Q_l 作为烟气的理论焓而得到烟气理论温度 ϑ_{ll}，由

$$Q_l = V_y c_{pj} \vartheta_{ll} \quad kJ/kg$$

即得

$$\vartheta_{ll} = \frac{Q_l}{V_y c_{pj}} \quad ℃ \tag{7-26}$$

或

$$T_{ll} = \vartheta_{ll} + 273 \quad K$$

式中 V_y——在 a''_l 情况下 1kg 燃料燃烧后的烟气容积，m^3/kg；

c_{pj}——烟气从 0℃ 到 ϑ_{ll} 温度范围内的平均容积比热，$kJ/(m^3 \cdot ℃)$。

由式（7-23）求得 Q_l 后，根据 a''_l 可方便地从燃料燃烧计算所得的烟气焓温表中求得 ϑ_{ll}。

显然，ϑ_{ll} 越高，反映了炉膛温度水平越高，有利于改善燃烧和增强传热；对发热量高的燃料 ϑ_{ll} 也较高。对一定的燃料而言，减少 a''_l，提高送风温度也都有利于提高 ϑ_{ll}。不过应当指出，由于炉膛内传热过程的存在，燃料燃烧并不是在绝热条件下进行的，故实际上的炉膛烟气温度达不到理论燃烧温度，它仅作为炉膛传热计算中的一个参数而已。

五、火焰平均温度及水冷壁管外积灰层表面温度

在炉膛换热计算中，火焰平均温度是一个重要参数。前已提及，如果燃料在进入炉膛的瞬时就完全燃烧，且热量全部保存在燃料燃烧产物中而未散失，此时的烟气温度即为绝热燃烧温度或称理论燃烧温度 T_{ll}。然后，由于炉膛吸热，烟气温度沿流程逐渐降低，到达炉膛出口处，温度降至 T''_l。

事实上，燃烧总有一个过程，且边燃烧边换热，烟气温度的变化规律取决于燃烧放热量和辐射换热量之间的动态平衡。在燃烧开始阶段，前者大于后者，烟气温度升高，并达到炉膛烟气温度最高值 T_m；以后，后者大于前者，烟气温度逐渐下降。烟气温度最高值 T_m 及其所处烟气流程的位置，决定于燃烧及换热的条件。

图 7-7 所示是炉膛内烟温的变化情况，通常称它为火焰温度的简化模型。图中横坐标 L 是沿烟气流程的某处行程与烟气总行程的相对位置，当 $L=1$ 即为炉膛出口处。曲线 1 为瞬时燃烧工况；曲线 2 是某一实际燃烧工况，其最高火焰温度 T_m 位于 L_m 处。$\overline{T}$ 为瞬时燃烧工况下的平均温度，而 T_h 为实际燃烧工况下的

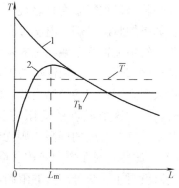

图 7-7　炉内的温度场
1—绝热燃烧；2—实际情况

火焰平均温度。不难理解，必然有下列关系：

$$T''_l < T_h < T_m < T_u；T_h < \overline{T}$$

在实际工况下，可以认为

$$T_h = f(T_u，T''_l，燃烧工况)$$

本章炉膛换热计算中，火焰平均温度按卜略克—肖林公式计算，即

$$T_h^4 = T_u^{4(1-n)} T''^{4n}_l \quad K \tag{7-27}$$

上式中指数 n 反映了燃烧工况对炉膛内火焰温度场的影响。它是由大量实验数据归纳后得出的，对于层燃炉，取 $n=0.7$。

水冷壁管外积灰层表面温度 T_b，可按下式计算：

$$T_b = \varepsilon q_f + T_{gb} \quad K \tag{7-28}$$

式中　　T_{gb}——水冷壁管金属壁温，因壁厚较薄，金属导热系数大，可视为管内工作压力下介质的饱和温度，K；

　　　　ε——管外积灰层热阻，它取决于燃料性质和炉内燃烧工况，一般可取 $\varepsilon=2.6$ m²·℃/kW；

　　　　q_f——水冷壁受热面辐射热流密度，由下式计算：

$$q_f = \frac{B'_j Q_f}{H_f} \quad kW/m^2$$

　　　　B'_j——每秒钟的计算燃料量，kg/s。

显然，影响积灰层热阻的物理、化学因素很多，其规律性尚不很清楚，但利用积灰层热阻考虑对换热的影响，物理概念是明确的。

六、炉膛出口烟气温度

在进行炉膛热力计算时，炉膛出口烟气温度 ϑ''_l（℃）或 T''_l（K）的选择至关重要。所谓炉膛出口烟温一般是指防渣管前进对流管束时的烟气温度。当防渣管的排列很稀（$S_1 < 4d$）时，可把防渣管后的烟气温度作为炉膛出口烟气温度，但此时应注意，要把拉稀的防渣管受热面计入炉内辐射受热面。

炉膛出口烟气温度是燃烧产物经过炉内换热后的温度。在本章的开始我们已经提到过，如果炉膛出口烟气温度过高，即炉内的辐射受热面布置得太少，对燃用固体燃料时，由于烟气中夹带着熔融状态的灰粒，还会使炉子出口处的对流受热面产生结渣，使气流不畅甚至堵塞烟道，影响锅炉的正常工作。反之，如这一温度过低，即炉内的辐射受热面布置得太多，则相应的炉温也低，影响燃烧及换热强度，甚至会烧不起来。因此，对燃用固体燃料时，这个温度的高限应比灰分开始软化温度 t_2 低 100℃ 左右，一般为 1100～1150℃。这个温度的低限，则无论如何要保证炉内必须的充分燃烧，一般应大于 800～900℃。诚然，对于燃用液体（重油、渣油除外）和气体燃料的锅炉来说，炉子出口温度的高限就不受灰分结渣的限制，可由技术经济比较确定。

炉膛出口烟温的高低，决定着锅炉辐射受热面及对流受热面吸热量的比例关系，炉膛辐射受热面处于烟气高温区段，辐射换热量是与烟温四次方成正比的，因此，辐射受热面

热负荷比对流受热面高得多。这样，吸收同等热量时，辐射受热面所需的受热面积及金属耗量就比对流受热面少。但是过多增加辐射受热面后，炉子出口温度降得太低，也即炉内温度水平较低，这不仅影响燃烧的顺利进行，而且辐射热负荷因此减低，节省金属的优越性就不能充分体现。因此可见，必定存在一个最经济的炉子出口温度值，此时总的受热面金属耗量为最少。对于液体、气体燃料，根据有关资料，推荐 $\vartheta'_l=1200\sim1400℃$；对燃重油的锅炉，因会出现对流过热器管的结渣及高温腐蚀问题，一般 ϑ'_l 取用推荐值的低限。对气体燃料，因其燃烧产物的发光性差，辐射较弱，故应充分发挥其对流换热作用，且在提高对流受热面中的烟速时也不受磨损的制约，所以炉子出口烟温可取较高值，但当布置对流蒸汽过热器时，需考虑过热器的管壁温度掌控在材料强度允许的范围内。

七、炉膛换热计算

前已述及，炉膛换热的基本方程是辐射换热四次方温差公式，对每 1kg 计算燃料而言，式（7-13）则可写成：

$$Q_f=\frac{\sigma_0 a_l H_f}{B'_j}(T_h^4-T_b^4)\quad kJ/kg$$

式中　σ_0——绝对黑体辐射常数，$\sigma_0=5.67\times10^{-11}kW/(m^2\cdot K^4)$；

　　　B'_j——每秒钟计算燃料量，kg/s；

　　　a_l——炉膛系统黑度，层燃炉按式（7-15）计算；

　　　H_f——炉膛有效辐射受热面总面积，m^2，按式（7-7）计算；

　　　T_h——炉膛火焰平均温度，K，按式（7-27）计算；

　　　T_b——水冷壁管外积灰层温度，K，按式（7-28）计算。

四次方温差公式如以辐射热流密度表示，则

$$q_f=\frac{B'_j Q_f}{H_f}=\sigma_0 a_l(T_h^4-T_b^4)\quad kW/m^2$$

$$q_f+\sigma_0 a_l T_b^4=\sigma_0 a_l T_h^4$$

$$q_f=\frac{\sigma_0 T_h^4}{\frac{1}{a_l}+\frac{\sigma_0}{q_f}T_b^4}\tag{7-29}$$

令

$$m=\frac{\sigma_0}{q_f}T_b^4=\frac{\sigma_0}{q_f}(\varepsilon q_f+T_{gb})^4$$

得

$$q_f=\frac{\sigma_0 T_h^4}{\frac{1}{a_l}+m}\tag{7-30}$$

另外，炉膛辐射换热量可从炉膛烟侧热平衡公式得出，即

$$Q_f=\varphi V_y c_{pj}(T_{ll}-T''_l)\quad kJ/kg\tag{7-31}$$

式中　φ——保热系数；

　　　$V_y c_{pj}$——在 T_{ll} 和 T''_l 的温度区间内，1kg 燃料所产生烟气的平均热容量，$kJ/(kg\cdot K)$；

$$V_y c_{pj} = \frac{Q_l - I''_l}{T_{ll} - T''_l} \quad \text{kJ/(kg · ℃)} \tag{7-32}$$

式中　I''_l——炉膛出口烟焓，kJ/kg；根据 $T''_l(\vartheta''_l)$ 及 α''_l 从烟气焓温表中查得。

从式（7-31），可改写成：

$$q_f = \frac{B'_j Q_f}{H_f} = \frac{B'_j \varphi V_y c_{pi}}{H_f}(T_{ll} - T''_l) \tag{7-33}$$

由式（7-30）与式（7-33）结合，即得

$$\frac{\sigma_0 T_h^4}{1/a_l + m} = \frac{\varphi B'_j V_y c_{pi}}{H_f}(T_{ll} - T''_l) \tag{7-34}$$

令上式中　$Bo = \dfrac{\varphi B'_j V_y c_{pi}}{\sigma_0 H_f T_{ll}^3}$——波尔茨曼准则；

$\theta_h = \dfrac{T_h}{T_{ll}}$——火焰无因次温度；

$\theta'_l = \dfrac{T''_l}{T_{ll}}$——炉膛出口无因次温度。

将波尔茨曼准则和两个无因次温度代入式（7-34），并计入式（7-27）的关系式后，式（7-34）可写成炉膛换热的无因次方程式：

$$Bo\left(\frac{1}{a_l} + m\right) = \frac{\theta_h^4}{1 - \theta'_l} = \frac{\theta_l''^{4n}}{1 - \theta'_l} \tag{7-35}$$

式中 m 值主要考虑 T_b 的影响，根据层燃炉炉膛中辐射热流密度 q_f 的范围以及对不同压力参数供热锅炉作了计算，说明 q_f 对 m 的影响不大，而 T_{gb} 的影响较大。为便于计算，对不同工作压力的锅炉取相应的 m 值（表7-1）。

m　值　　　　　　　　　　　　　　　　　　　　　　表 7-1

锅炉工作压力（表压）(MPa)	0.7	1.0	1.3	1.6	2.5
m 值	0.13	0.14	0.15	0.16	0.18

为计算方便，将式（7-35）制成线算图7-8，在求得 $Bo\left(\dfrac{1}{a_l} + m\right)$ 值后，直接得出炉膛出口烟温无因次数。

八、炉膛换热计算步骤

炉膛换热计算，按照计算的目的可分为设计计算和校核计算两种。设计计算是先选定炉膛出口烟气温度 ϑ''_l，然后计算需要布置的辐射受热面 H_f。但是，通常遇到的是校核计算，即在已布置好辐射受热面的情况下，校核炉膛出口烟气温度 ϑ''_l，看其是否在合理的范围内。如 ϑ''_l 过高，则应考虑增加辐射受热面，反之则应减少辐射受热面。即使是设计新锅炉时，也可以根据经验预先布置好辐射受热面，然后进行校核计算。实践证明，校核计算较为方便，但无论何种方法，本质是相同的，只是已知数和未知数不同而已。

炉膛换热计算是在燃料燃烧计算和热平衡计算之后进行的，炉膛换热计算（校核计

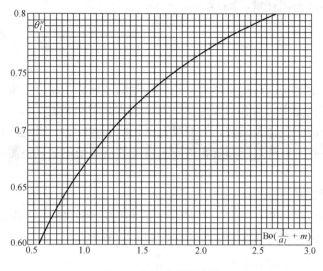

图 7-8　炉膛传热计算

算）的步骤如下：

（1）根据已有锅炉的图纸（校核计算）或根据预先拟定的炉膛布置草图（设计计算）确定炉膛几何特性：计算炉膛各面炉墙面积 F_{bi}，炉膛周界面积 F_l 和炉膛容积 V_l；确定水冷壁的几何特性并计算炉膛有效辐射受热面总面积 H_f、炉排面积 R、炉膛水冷程度 χ 以及炉膛有效辐射层厚度 δ。

（2）计算炉内有效放热量 Q_l，在选定炉子出口过量空气系数 α_l'' 的情况下，由焓温表求得理论燃烧温度 ϑ_{ll}。

（3）先假定一个炉膛出口温度 ϑ_l'，在焓温表中求得相应的炉膛出口的焓 H_l''，从而可计算烟气的平均热容量 $V_y c_{pi}$。

（4）计算炉膛火焰黑度 a_h、炉膛系统黑度 a_l 和波尔茨曼准则 Bo。

（5）选取 m 值，计算 $Bo\left(\dfrac{1}{a_l}+m\right)$ 值后由线算图 7-8 中查取 ϑ_l''。

（6）所得炉膛出口温度 ϑ_l'' 应与所假定的炉膛出口温度基本相近，其相差值不应大于 100℃，否则重新假定 ϑ_l'' 后再次计算，直至差值小于 100℃ 为止，最后以计算所得的 ϑ_l'' 为准。

（7）计算炉膛辐射受热面平均热流密度：

$$q_f=\frac{B_j'Q_f}{H_f}\quad kW/m^2$$

（8）计算炉膛容积热强度、炉排热强度：

$$q_v=\frac{B_j'Q_{dw}^y}{V_l}\quad kW/m^3$$

$$q_R=\frac{B_j'Q_{dw}^y}{R}\quad kW/m^2$$

式中　B'_j——每秒燃料消耗量，kg/s。

第二节　对流受热面的传热计算

锅炉对流受热面是指以对流换热为主的对流蒸汽过热器、锅炉管束、省煤器、空气预热器等。在这些受热面中，高温烟气主要以对流的方式进行放热，所以称为对流受热面。由于烟气中含有三原子气体及飞灰，它们具有一定的辐射能力，因此除对流放热外，还要考虑烟气的辐射放热。此外对于布置在炉膛出口处的对流受热面，还需考虑来自炉膛的辐射热量。

一、基本方程式

对流受热面的传热计算，都是以燃烧 1kg 燃料时，烟气的放热量或工质的吸热量为计算基础的。由此可得出对流受热面的传热方程和热平衡方程。

传热方程式：

$$Q_{cr} = \frac{KH\Delta t}{B'_j} \quad \text{kJ/kg} \tag{7-36a}$$

热平衡方程式：

烟气侧：
$$Q_{rp} = \varphi(H' - H'' + \Delta\alpha H_k^0) \quad \text{kJ/kg} \tag{7-36b}$$

工质侧：
$$Q_{rp} = \frac{D'(h'' - h')}{B'_j} - Q_f \quad \text{kJ/kg} \tag{7-36c}$$

式中　Q_{rp}——在某一对流受热面中，1kg 计算燃料产生的烟气放给受热面的热量，在稳定传热情况下，它等于工质的吸热量，也就是经过受热面的传热量 Q_{cr}，kJ/kg；

　　　K——在某一对流受热面中，由管外烟气至管内工质的传热系数，kW/(m²·℃)；

　　　H——某一对流受热面的计算传热面积，m²；

　　　Δt——平均温差，℃；

　　　B'_j——每秒计算燃料消耗量，kg/s；

　　　φ——保热系数；

H' 和 H''——烟气进入和离开此受热面时的焓，kJ/kg；

h' 和 h''——工质在受热面进口和出口处的比焓，kJ/kg；

　　　D'——每秒钟工质的流量，kg/s；

　　　Q_f——工质所吸收来自炉膛的辐射热量，kJ/kg。

式（7-36a，b，c）是对流受热面计算的基本方程式，在已知对流受热面的传热面积情况下，需要确定烟气经放热后的焓 I'' 及相应的温度 ϑ''，这时计算的关键在于确定传热系数 K。

对炉膛出口烟窗后的对流受热面，接受来自炉膛的辐射热 Q'_f 可按下式计算：

$$Q'_f = \frac{\eta_{ch} q_f F_{ch} x_{gs}}{B'_j} \quad \text{kJ/kg} \tag{7-36d}$$

式中　q_f——炉膛辐射受热面的平均热流密度（热负荷），kW/m²；

224

η_{ch}——烟窗部位的热流密度分布不均匀系数，如烟窗设在整片炉墙的上部，$\eta_{ch}=0.6$；如烟窗设在炉墙的一侧，且沿整片炉墙高度上，$\eta_{ch}=0.8$；

F_{ch}——烟窗面积，m^2；

x_{gs}——管束的有效角系数，见式（7-4）。

二、传热系数

我们知道，对流受热面的一侧是烟气，另一侧是工质——水、蒸汽或空气。而烟气侧的表面上不可避免地有一层积灰，水或蒸汽侧的表面上还有水垢，这就增加了传热热阻，锅炉对流受热面的传热系数可用下式表示：

$$K=\dfrac{1}{\dfrac{1}{\alpha_{1h}}+\dfrac{\delta_h}{\lambda_h}+\dfrac{\delta_b}{\lambda_b}+\dfrac{\delta_{sg}}{\lambda_{sg}}+\dfrac{1}{\alpha_{2sg}}}\quad kW/(m^2\cdot ℃)\qquad(7\text{-}37a)$$

式中　α_{1h}——烟气对有积灰层管壁的放热系数，$kW/(m^2\cdot ℃)$；

$\dfrac{\delta_h}{\lambda_h}$——积灰层的热阻，$m^2\cdot ℃/kW$；

$\dfrac{\delta_b}{\lambda_b}$——金属管壁的热阻，$m^2\cdot ℃/kW$；在传热计算中往往可以略去不计；

$\dfrac{\delta_{sg}}{\lambda_{sg}}$——管壁内表面水垢层的热阻，$m^2\cdot ℃/kW$；在锅炉正常工作时，不允许有较厚的水垢存在，因此在传热计算中可忽略不计算；

α_{2sg}——水垢层对内部工质的放热系数，由于锅炉正常运行不允许有较厚水垢层，因此可采用干净管壁对工质的放热系数 α_2 来代替 α_{2sg}。

如此，式（7-37a）可简化为

$$K=\dfrac{1}{\dfrac{1}{\alpha_{1h}}+\dfrac{\delta_h}{\lambda_h}+\dfrac{1}{\alpha_2}}\quad kW/(m^2\cdot ℃)\qquad(7\text{-}37b)$$

由于烟气对积灰层的放热热阻$\dfrac{1}{\alpha_{1h}}$以及积灰层的热阻$\dfrac{\delta_h}{\lambda_h}$都很难单独测定，因此计算时用灰污系数 ε 在数值上表示管壁积灰后所引起热阻的增加，即

$$\varepsilon=\dfrac{1}{K}-\dfrac{1}{K_0}$$

式中　$\dfrac{1}{K}=\dfrac{1}{\alpha_{1h}}+\dfrac{\delta_h}{\lambda_h}+\dfrac{1}{\alpha_2}$ 表示有积灰时的传热热阻，$m^2\cdot ℃/kW$；

$\dfrac{1}{K_0}=\dfrac{1}{\alpha_1}+\dfrac{1}{\alpha_2}$ 表示无积灰时的传热热阻（α_1 是无积灰时烟气对管壁的放热系数），$(m^2\cdot ℃)/kW$。

所以

$$\varepsilon=\dfrac{1}{K}-\dfrac{1}{K_0}=\dfrac{1}{\alpha_{1h}}+\dfrac{\delta_h}{\lambda_h}-\dfrac{1}{\alpha_1}$$

$$\dfrac{1}{\alpha_1}+\varepsilon=\dfrac{1}{\alpha_{1h}}+\dfrac{\delta_h}{\lambda_h}$$

把这个关系代入式（7-37b）可得：

$$K=\frac{1}{\frac{1}{\alpha_1}+\varepsilon+\frac{1}{\alpha_2}} \quad kW/(m^2 \cdot ℃) \tag{7-38a}$$

如近似地认为 $\alpha_{1h} \approx \alpha_1$，则 $\varepsilon \approx \frac{\delta_h}{\lambda_h}$，上式可写成：

$$K \approx \frac{1}{\frac{1}{\alpha_1}+\frac{\delta_h}{\lambda_h}+\frac{1}{\alpha_2}} \approx \frac{\alpha_1}{1+\left(\frac{\delta_h}{\lambda_h}+\frac{1}{\alpha_2}\right)\alpha_1} \tag{7-38b}$$

灰污系数的影响因素很多，除与烟气流速有关外，还与管束结构特性、燃料种类、运行工况等有关。它不可能用简单的数学公式来描绘，暂且用工业试验加以确定并逐步完善。

三、有效系数 ψ

既然用灰污系数来修正对传热的影响仍要依靠大量试验，也就提出采用别的系数直接修正理论传热系数，从而引出了有效系数 ψ：

$$\psi=K/K_0$$

或

$$K=\psi K_0=\psi \frac{1}{\frac{1}{\alpha_1}+\frac{1}{\alpha_2}}=\frac{\psi \alpha_1}{1+\frac{\alpha_1}{\alpha_2}} \quad kW/(m^2 \cdot ℃) \tag{7-39}$$

比较式（7-38a）与式（7-39），就可得出灰污系数与有效系数之间的关系，即

$$\frac{1}{\frac{1}{K_0}+\varepsilon}=\psi K_0$$

也即

$$\psi=\frac{1}{1+\varepsilon K_0} \tag{7-40a}$$

或

$$\psi \approx \frac{1+\frac{\alpha_1}{\alpha_2}}{1+\frac{\alpha_1}{\alpha_2}+\frac{\delta_h}{\lambda_h}\alpha_1} \tag{7-40b}$$

在实用上，有效系数不仅与管壁积灰有关，还考虑到烟气对管束冲刷的情况，通常情况下可按不同受热面分别取用，即

对蒸汽过热器，$\psi=0.60 \sim 0.70$；

对锅炉管束及钢管省煤器，$\psi=0.55 \sim 0.65$；

对管式空气预热器，$\psi=0.75 \sim 0.80$。

在积灰少、冲刷条件好的情况下，ψ 值可取上限；对有中间管板的管式空预器，ψ 值取下限。

烟气对洁净管壁的放热系数 α_1 可写成：

$$\alpha_1=\alpha_d+\alpha_f \tag{7-41}$$

式中 α_d——烟气对管壁的对流放热系数，$kW/(m^2 \cdot ℃)$；

α_f——烟气对管壁的辐射放热系数，kW/(m² · ℃)。

对于锅炉对流管束和省煤器，由于 α_2 值很高（$\alpha_2 \gg \alpha_1$），传热系数可写成：

$$K = \psi\alpha_1 = \psi(\alpha_d + \alpha_f) \quad kW/(m^2 \cdot ℃) \tag{7-42}$$

空气预热器一般布置在烟温较低的烟道内，可不考虑烟气的辐射影响，其传热系数为

$$K = \frac{\psi\alpha_d\alpha_2}{\alpha_d + \alpha_2} \quad kW/(m^2 \cdot ℃) \tag{7-43}$$

当对流受热面管束受到来自炉膛的辐射时，会使管壁积灰层表面温度升高，导致烟气对管壁的对流放热有所减少，即使对流传热系数有所降低。其影响分析如下：

对 1m² 对流受热面而言，管壁积灰层表面得到的热流密度为

$$q = q_d + q_f = \alpha_{1h}(\vartheta - t_{hb}) + q_f \tag{a}$$

式中 q_d——对流换热的热流密度，kW/m²；

q_f——辐射换热的热流密度，kW/m²；

ϑ——烟气温度，℃；

t_{hb}——积灰层表面温度，℃。

通过积灰层的热流量为（见图 7-9）

$$q = \frac{\lambda_h}{\delta_h}(\zeta_{hb} - t_b) \tag{b}$$

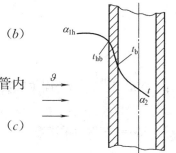

式中 t_b——管壁金属表面温度，℃

如忽略金属壁及管内壁水垢层热阻时，从金属壁传给管内工质的热流量为

$$q = \alpha_2(t_b - t) \tag{c}$$

从式（a）、式（b）、式（c）可得

$$\vartheta - t_{hb} = \frac{q - q_f}{\alpha_{1h}} \tag{d}$$

图 7-9 通过积灰层的热流示意图

$$t_{hb} - t_b = q\frac{\delta_h}{\lambda_h} \tag{e}$$

$$t_b - t = q\frac{1}{\alpha_2} \tag{f}$$

将式（d）、式（e）、式（f）三式相加后得

$$\vartheta - t = q\left[\frac{1}{\alpha_{1h}} + \frac{\delta_h}{\lambda_h} + \frac{1}{a_2}\right] - \frac{q_f}{a_{1h}}$$

$$= (q_d + q_f)\left[\frac{1}{\alpha_{1h}} + \frac{\delta_h}{\lambda_h} + \frac{1}{\alpha_2}\right] - \frac{q_f}{\alpha_{1h}} \tag{g}$$

根据对流换热方程式：$q_d = K(\vartheta - t)$，并取 $\alpha_{1h} \cong \alpha_1$，则有 $K = \dfrac{q_d}{\vartheta - t}$ $\quad (h)$

以式（g）代入式（h），可得：

$$K = \frac{\alpha_1}{1 + \left(1 + \frac{q_f}{q_d}\right)\left(\frac{\delta_h}{\lambda_h}\alpha_1 + \frac{\alpha_1}{\alpha_2}\right)} = \frac{\alpha_1}{1 + \left(1 + \frac{Q'_f}{Q_d}\right)\left(\frac{\delta_h}{\lambda_h}\alpha_1 + \frac{\alpha_1}{\alpha_2}\right)} \qquad (i)$$

式中　Q'_f，Q_d——辐射、对流换热量，kJ/kg。

如以式（7-40b）代入式（i）可得：

$$K = \frac{\psi\alpha_1}{\left(1 + \frac{Q'_f}{Q_d}\right)\left(1 + \frac{\alpha_1}{\alpha_2}\right) - \frac{Q'_f}{Q_d}\psi} \quad \text{kW/(m}^2 \cdot \text{℃)} \qquad (7\text{-}44)$$

对蒸发受热面（锅炉对流管束），$1/\alpha_2 \approx 0$，式（7-44）就可写成：

$$K = \frac{\psi\alpha_1}{1 + \frac{Q'_f}{Q_d}(1-\psi)} \quad \text{kW/(m}^2 \cdot \text{℃)} \qquad (7\text{-}45)$$

第三节　对流放热系数

由传热学得知，在受迫流动情况下，放热的准则关系式为

$$Nu = f(Re, Pr)$$

即

$$\frac{\alpha_d d}{\lambda} = f\left(\frac{wd}{\nu}, \frac{\mu g c_p}{\lambda}\right)$$

式中　$Nu = \dfrac{\alpha_d d}{\lambda}$ 称为努谢尔特数；

$Re = \dfrac{wd}{\nu}$ 称为雷诺数；

$Pr = \dfrac{\mu g c_p}{\lambda}$ 称为普朗特数。

根据相似原理，通过大量试验研究，可以得到各种不同冲刷换热条件下准则之间的关系式，从而可以求出相应的对流放热系数 α_d。

从上述的函数式可以看出，影响 α_d 的因素是：受热面的定性尺寸 d，介质的流速 w 及其物理性质诸如导热系数 λ、黏性系数 μ、密度 ρ、定压比热容 c_p 等。

现在就不同冲刷情况的 α_d 以及和计算 α_d 有关的一些数据确定其计算方法，简述如下。

一、横向冲刷管束时的对流放热系数

锅炉受热面中，介质横向冲刷管束的情况，如烟气横向冲刷锅炉管束、过热器、省煤器等；在立式的管式空气预热器中空气对管束的冲刷也属横向冲刷。

（1）横向冲刷管束为错列布置时，对流放热系数用下式来计算：

$$\alpha_d = c_s c_c \frac{\lambda}{d}\left(\frac{wd}{\nu}\right)^{0.6} Pr^{0.33} \quad \text{kW/(m}^2 \cdot \text{℃)} \qquad (7\text{-}46)$$

式中　λ——介质在平均温度下的导热系数，kW/(m·℃)；

ν——介质在平均温度下的运动黏度，m^2/s；

d——管子外径，m；

w——介质在最窄断面处的平均流速，m/s；

Pr——介质在平均温度下的普朗特数；

c_s——管束结构特性$\left(\dfrac{S_1}{d}, \dfrac{S_2}{d}\right)$修正系数；

c_c——管束的排数（Z_2）修正系数。

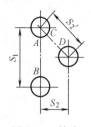

图 7-10 管束结构特性

试验研究表明：c_s 值取决于横向管间流通断面 AB 与斜向管间流通断面 CD 之比值 φ_σ（图 7-10），即

$$\varphi_\sigma = \frac{AB}{CD} = \frac{S_1 - d}{S_2' - d} = \frac{\dfrac{S_1}{d} - 1}{\dfrac{S_2'}{d} - 1} = \frac{\sigma_1 - 1}{\sigma_2' - 1}$$

$$\text{而} \quad \sigma_2' = \frac{S_2'}{d} = \frac{\sqrt{\left(\dfrac{S_1}{2}\right)^2 + S_2^2}}{d} = \sqrt{\frac{1}{4}\left(\frac{S_1}{d}\right)^2 + \left(\frac{S_2}{d}\right)^2} = \sqrt{\frac{1}{4}\sigma_1^2 + \sigma_2^2}$$

上式中，σ_1，σ_2，σ_2'——横向、纵向和对角线向的相对节距。

当 $0.1 < \varphi_\sigma \leqslant 1.7$ 时 $\qquad c_s = 0.34\varphi_\sigma^{0.1}$ $\qquad\qquad$ (7-47a)

$1.7 < \varphi_\sigma \leqslant 4.5$，$\sigma_1 < 3$ 时 $\qquad c_s = 0.275\varphi_\sigma^{0.5}$ $\qquad\qquad$ (7-47b)

$\sigma_1 \geqslant 3$ 时 $\qquad\qquad c_s = 0.34\varphi_\sigma^{0.1}$ $\qquad\qquad$ (7-47c)

至于管束排数修正系数 c_c，最初几排放热较弱，以后逐渐增强：

当 $Z_2 < 10$，$\sigma_1 < 3$ 时 $\qquad c_c = 3.12Z_2^{0.05} - 2.5$ $\qquad\qquad$ (7-48a)

当 $Z_2 < 10$，$\sigma_1 \geqslant 3$ 时 $\qquad c_c = 4Z_2^{0.02} - 3.2$ $\qquad\qquad$ (7-48b)

$Z_2 \geqslant 10$ 时 $\qquad\qquad c_c = 1$ $\qquad\qquad$ (7-48c)

式（7-46）可以简化成线算图，这样便可利用图 7-11 来简化计算，其计算式为

$$\alpha_d = \alpha_0 c_c c_s c_w \qquad\qquad (7-49)$$

式中 α_0——在标准烟气（成分 $r_{H_2O} = 0.11$，$r_{CO_2} = 0.13$）条件下所得到的对流放热系数；

c_w——介质（烟气、空气）物理特性修正系数。

必须指出，在求横向冲刷错列管束的对流放热系数时，如用式（7-46）计算，则式中系数 c_s 等也得用式（7-47）计算求得；如采用线算图求放热系数时，则式（7-49）中的有关系数都在线算图中查取。

（2）横向冲刷管束为顺列布置时，对流放热系数用下式来计算：

$$\alpha_d = 0.2 c_c c_s \frac{\lambda}{d}\left(\frac{wd}{\nu}\right)^{0.65} Pr^{0.33} \quad kW/(m^2 \cdot \text{℃}) \qquad\qquad (7-50)$$

式中符号意义同式（7-46）。

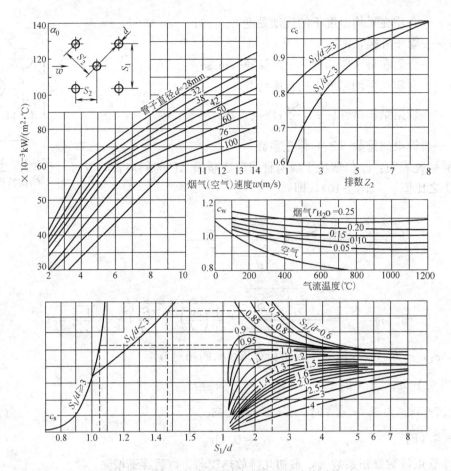

图 7-11　横向冲刷错列管束时的对流放热系数

沿气流深度方向管排数 Z_2 的修正系数 c_c，可按下式计算：

$$当\quad Z_2 < 10时\quad c_c = 0.91 + 0.0125(Z_2 - 2) \tag{7-51a}$$

$$Z_1 \geqslant 100 时\quad c_c = 1 \tag{7-51b}$$

顺列管束的结构特性修正系数 c_s 按下式计算：

$$c_s = \left[1 + (2\sigma_1 - 3)\left(1 - \frac{\sigma_2}{2}\right)^3\right]^{-2} \tag{7-52}$$

当 $\sigma_2 \geqslant 2$ 和 $\sigma_1 \leqslant 1.5$ 时，$c_s = 1$；

当 $\sigma_2 < 2$ 和 $\sigma_1 > 3$ 时，取 $\sigma_1 = 3$；c_s 可从图 7-12 中查得。

式（7-50）也可作成线算图，如图 7-12 所示，其计算式为：

$$\alpha_d = \alpha_0 c_c c_s c_w \quad kW/(m^2 \cdot ℃) \tag{7-53}$$

如果管束中一部分管子为错列布置，另一部分为顺列布置时，则应按整个管束的平均温度及速度，先求出各部分的对流放热系数，然后再按各部受热面积大小比例计算其平均对流放热系数，即

$$\alpha_{d,pj} = \frac{\alpha_{dc}H_c + \alpha_{ds}H_s}{H_c + H_s} \tag{7-54}$$

式中，α_{dc} 和 α_{ds} 分别为错列和顺列布置的对流放热系数，它们的受热面积分别为 H_c 和 H_s。

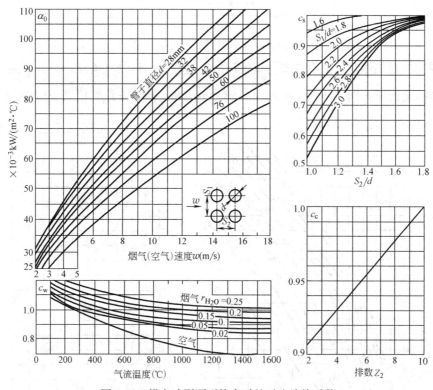

图 7-12　横向冲刷顺列管束时的对流放热系数

如果错列（或顺列）布置的管子受热面超过总受热面的 85%，则整个管束可按错列（或顺列）计算。

二、纵向冲刷管束时的对流放热系数

纵向冲刷有两种情况，一种属于管内冲刷，如管壳式锅炉中，烟管内的烟气、锅炉蒸汽过热器中的蒸汽以及立式管式空气预热器中的烟气，都属管内流动冲刷；一种是锅炉中的某些对流管束，烟气在管外纵向冲刷。

纵向冲刷管束时，通常工质的流动处于紊流状态（$Re > 10^4$），此时的放热系数可由下式求得

$$\alpha_d = 0.023\frac{\lambda}{d_{dl}}\left(\frac{wd_{dl}}{\nu}\right)^{0.8}Pr^{0.4}c_tc_sc_l \quad kW/(m^2 \cdot ℃) \tag{7-55}$$

式中，d_{dl} 为当量直径。当气流在圆管内流动时，当量直径即是管子的内径；当气流在非圆形管内流动时，则

$$d_{dl} = \frac{4F}{U} \quad m \tag{7-56a}$$

其中，F 为烟道流通截面积，U 为湿周周长。如截面尺寸为 a、b 的矩形烟道，则

$$d_{dl} = \frac{4ab}{2(a+b)} = \frac{2ab}{a+b} \quad \text{m} \tag{7-56b}$$

当矩形烟道内布置有 Z 根管子而烟气在管外纵向冲刷时，则

$$d_{dl} = \frac{4\left(ab - Z\frac{\pi d^2}{4}\right)}{2(a+b) + Z\pi d} \quad \text{m} \tag{7-56c}$$

在式（7-55）中，c_t 为热流方向的修正系数，它是考虑热流方向不同对放热的影响。当烟气或空气被加热时，由于管壁附近气流的黏度较大，该处气流流速减低，温度梯度减小，使放热系数比在烟气或空气被冷却时的要小一些，故 $c_t = \left(\frac{T}{T_b}\right)^{0.5}$，是小于 1 的系数，其中的 T 和 T_b 分别表示烟气（或空气）与管壁的温度，K；而烟气或空气被冷却时的

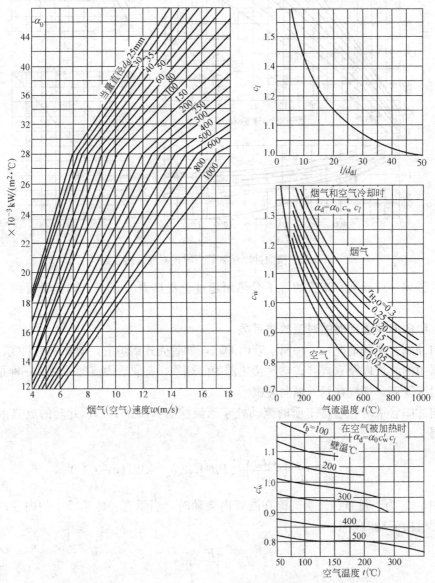

图 7-13 空气或烟气在纵向冲刷时的对流放热系数

$c_t=1$；当蒸汽和水在管内流动时，由于壁温和介质的温度较为接近，故 $c_t \approx 1$。

在纵向冲刷管束时，由于在进口处层流边界层尚未形成，该处的局部放热系数最大，随着边界层厚度的增加，放热系数逐渐减少，待到边界层转化为湍流状态时，放热系数又趋增大并趋于稳定。式（7-55）中给出的放热系数是整个受热面长度的平均值。因此，从受热面入口到非稳定段，对平均放热系数的影响用修正系数 c_1 来考虑，其值取决于管束长度和当量直径的比值，当 $\dfrac{l}{d_{dl}} \geqslant 50$ 时，$c_l = 1$，而当 $\dfrac{l}{d_{dl}} < 50$ 时，$c_l > 1$，其值可由线算图（图 7-13）查得。

式（7-55）中的 c_d 是管径的修正系数。

为方便起见，上述计算方法可编制成线算图，即图 7-13、图 7-14 和图 7-15。

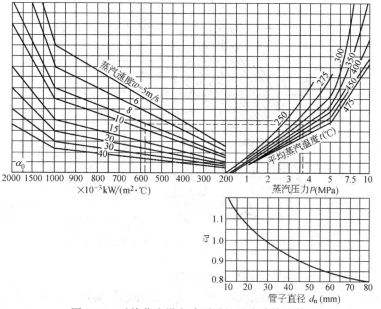

图 7-14　过热蒸汽纵向冲刷时的对流放热系数

（1）当烟气（或空气）纵向冲刷管束时，α_d 可按图 7-13 查取。

当烟气（或空气）被冷却时

$$\alpha_d = \alpha_0 c_w c_l \quad kW/(m^2 \cdot ℃) \tag{7-57a}$$

当空气被加热时

$$\alpha_d = \alpha_0 c'_w c_l \quad kW/(m^2 \cdot ℃) \tag{7-57b}$$

上式中 c'_w 不仅考虑了介质的物理特性，而且把 c_t 的修正值也综合在一起，在查取 c'_w 时，先要求得壁温，它等于空气和烟气平均温度的平均值。

（2）当过热蒸汽纵向冲刷时，α_d 可按图 7-14 查取，图中

$$\alpha_d = \alpha_0 c_d \quad kW/(m^2 \cdot ℃) \tag{7-58}$$

（3）当非沸腾水纵向冲刷时，α_d 可由图 7-15 查取，图中

$$\alpha_d = \alpha_0 c_t \quad kW/(m^2 \cdot ℃) \tag{7-59}$$

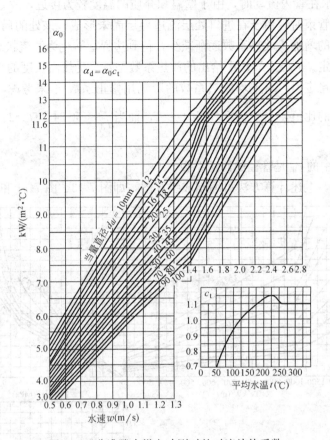

图 7-15 非沸腾水纵向冲刷时的对流放热系数

三、横向-纵向混合冲刷管束时的传热系数

在中、小型锅炉中，锅炉管束常有被烟气混合冲刷的情况，如图 7-16 所示。在这种情况下计算传热系数时可按以下原则：（1）烟气流量和烟气温度，可取整个管束的平均值，以简化计算；（2）烟气速度对放热影响较大，而且不同冲刷时速度变化也较大，因此速度应按横向冲刷部分和纵向冲刷部分分别计算。按不同的速度和平均温度，借助于相应的公式和线算图，分别先求出各部分受热面的放热系数，然后计算它们各自的传热系数，再按下式得到整个管束的平均传热系数：

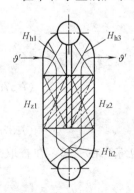

图 7-16 锅炉管束被烟气
混合冲刷

$$K_{pj}=\frac{K_h H_h + K_z H_z}{H_h + H_z} \quad \text{kW/(m}^2 \cdot \text{℃)} \qquad (7\text{-}60)$$

式中，K_h 及 K_z 分别为横向和纵向冲刷部分的传热系数，它们对应的受热面积分别为 H_h 和 H_z。

四、平均流速和计算截面积

当用公式或线算图来确定对流放热系数时，都必须知道烟气或工质的平均流速 w，它可用下式计算：

$$w = \frac{V}{F} \quad \text{m/s} \tag{7-61}$$

式中　V——容积流量，m^3/s；

　　　F——通道截面积，m^2。

下面分别讨论 V 和 F 的确定方法。

1. 容积流量 V 的计算

对于烟气
$$V = \frac{B_j' V_y (\vartheta + 273)}{273} \quad \text{m}^3/\text{s} \tag{7-62a}$$

对于蒸汽或水
$$V = D' v_{pj} \quad \text{m}^3/\text{s} \tag{7-62b}$$

对于空气
$$V = \frac{B_j' \beta_k V_k^0 (t + 273)}{273} \quad \text{m}^3/\text{s} \tag{7-62c}$$

式中　V_y——标准状态下，对 1kg 燃料，按受热面平均过量空气系数计算所得的烟气容积，m^3/kg；

　　　v_{pj}——在平均温度和平均压力下蒸汽或水的比容，m^3/kg；

　　　β_k——通过空气预热器的空气量与理论空气量的比值（将在本章第六节中叙述）；

　　　ϑ——烟气计算温度，为被加热介质的平均温度加上传热平均温差值（$\vartheta = t + \Delta t$），

　　　Δt 见本章第五节；当烟温降 $\leqslant 300\,^\circ\mathrm{C}$ 时，烟气计算温度按 $\frac{1}{2}(\vartheta' + \vartheta'')$ 来求得。

2. 通道截面积 F 的计算

(1) 当烟气横向冲刷光管管束时：
$$F = ab - Z_1 d_l \quad \text{m}^2 \tag{7-63}$$

式中　a，b——烟道的长与宽，m；

　　　Z_1——在所计算截面上的管子根数；

　　　d——管子外径，m；

　　　l——管子在计算截面上的投影长度，m。

(2) 当烟气纵向冲刷时，有以下两种类型：

1) 管内纵向冲刷
$$F = Z \frac{\pi d_n^2}{4} \quad \text{m}^2 \tag{7-64}$$

2) 管外纵向冲刷
$$F = ab - Z \frac{\pi d^2}{4} \quad \text{m}^2 \tag{7-65}$$

式中符号与式（7-63）相同，Z 为并联管子数；d_n 为管子内径，m。

(3) 当在烟道内有几段结构特性和冲刷特性相同的受热面，而各段的通道截面积有所不同时，则平均通道截面积可用下式计算：

$$F_{pj} = \frac{H_1 + H_2 + \cdots\cdots}{\dfrac{H_1}{F_1} + \dfrac{H_2}{F_2} + \cdots\cdots} \tag{7-66}$$

式中，H_1，H_2……，F_1，F_2……分别为相应的受热面积和通道截面积，m^2。

如果烟道截面逐渐变化，进口及出口截面分别为 F' 及 F''，则平均通道截面积用进、出口截面上的流速平均来计算求得：

$$F_{pj} = \frac{2F'F''}{F'+F''} \tag{7-67}$$

为简化起见，当截面改变不大于 25% 时，可按算术平均法计算平均通道截面积。

还须加以说明的是，有时会遇到在烟道的宽度和深度方向上管子的节距、管径不相同的情况，可用下式来计算平均节距并以此进行对流放热系数的计算。

$$S_{pj} = \frac{S'H' + S''H'' + \cdots\cdots}{H' + H'' + \cdots\cdots} \tag{7-68}$$

式中 H'，H''——管束中对应于节距为 S'，S'' 的受热面面积，m^2。

当管束各部分的管径不同，而冲刷条件相同时，则可用下述方法对管径计算平均值，然后按此值进行各种计算。

由于 $\sum H = H' + H'' + \cdots\cdots = n_1 \pi d_1 l_1 + n_2 \pi d_2 l_2 + \cdots\cdots = d_{pj}(n_1 \pi l_1 + n_2 \pi l_2 + \cdots\cdots)$

图 7-17 管束被斜向冲刷

所以 $$d_{pj} = \frac{H' + H'' + \cdots\cdots}{n_1 \pi l_1 + n_2 \pi l_2 + \cdots\cdots} = \frac{H' + H'' + \cdots\cdots}{\dfrac{H'}{d_1} + \dfrac{H''}{d_2} + \cdots\cdots} \tag{7-69}$$

当管束被斜向冲刷时（图 7-17），气流的流速应按通过管轴的截面积 F_j 来计算。斜向冲刷时的放热系数仍按横向冲刷来求得，不过对顺列管束当 $\beta < 80°$ 时，要将结果乘以修正值 1.07；对于错列管束就不用修正。

第四节　辐射放热系数

在本章第二节中曾提到过辐射放热系数，特别是对锅炉管束、过热器等受热面，在热力计算中必须考虑高温烟气的辐射影响。辐射换热量是与烟气温度及管壁温度的四次方之差成正比的，而对流换热量则与温差的一次方成正比，因此要合并计算时，就需要把辐射换热量计算到对流换热中去。

对流受热面管壁表面的黑度较大（0.8～0.9），烟气与管壁之间的辐射换热可作为一次性吸热，而多次性反射和吸收的部分可用增大管壁表面黑度来弥补，即管壁黑度为 $\dfrac{a_b + 1}{2}$。

如烟气为含灰气流，可作为灰体，则管壁吸热的辐射热流密度为

$$q_f = a_y \sigma_0 T_y^4 \frac{a_b + 1}{2} - \frac{a_b + 1}{2} \sigma_0 T_{hb}^4 a_y = a_y \frac{a_b + 1}{2} \sigma_0 (T_y^4 - T_{hb}^4) \tag{7-70a}$$

式中 a_y，a_b——烟气及管壁的黑度；

T_y，T_{hb}——烟气及管壁积灰表面温度，K。

如果把式（7-70a）用对流换热的方式来表达，则

$$q_{\mathrm{f}}=\alpha_{\mathrm{f}}(\vartheta-t_{\mathrm{hb}})=\alpha_{\mathrm{f}}(T_{\mathrm{y}}-T_{\mathrm{hb}}) \tag{7-70b}$$

比较式（7-70a）和式（7-70b），可得辐射放热系数为

$$\alpha_{\mathrm{f}}=\frac{a_{\mathrm{y}}\dfrac{a_{\mathrm{b}}+1}{2}\sigma_0(T_{\mathrm{y}}^4-T_{\mathrm{hb}}^4)}{T_{\mathrm{y}}-T_{\mathrm{hb}}}=a_{\mathrm{y}}\frac{a_{\mathrm{b}}+1}{2}\sigma_0 T_{\mathrm{y}}^3\frac{1-\left(\dfrac{T_{\mathrm{hb}}}{T_{\mathrm{y}}}\right)^4}{1-\left(\dfrac{T_{\mathrm{hb}}}{T_{\mathrm{y}}}\right)}\quad \mathrm{kW/(m^2\cdot ^\circ\!C)} \tag{7-70c}$$

当锅炉燃用气体燃料、重油以及层燃炉时，烟气中主要是三原子气体，属不含灰气流。由于它对辐射有显著选择性，不能视为灰体，也就是它的吸收率 A_{y} 不等于黑度 a_{y}，其关系式为

$$A_{\mathrm{y}}\approx a_{\mathrm{y}}\left(\frac{T_{\mathrm{y}}}{T_{\mathrm{hb}}}\right)^{0.4}$$

这样，管壁吸收的辐射热流密度为

$$q_{\mathrm{f}}=a_{\mathrm{y}}\sigma_0 T_{\mathrm{y}}^4\frac{a_{\mathrm{b}}+1}{2}-\frac{a_{\mathrm{b}}+1}{2}\sigma_0 T_{\mathrm{hb}}^4 a_{\mathrm{y}}\left(\frac{T_{\mathrm{y}}}{T_{\mathrm{hb}}}\right)^{0.4}$$

$$=a_{\mathrm{y}}\frac{a_{\mathrm{b}}+1}{2}\sigma_0(T_{\mathrm{y}}^4-T_{\mathrm{y}}^{0.4}T_{\mathrm{hb}}^{3.6}) \tag{7-70d}$$

同样，比较（b），（c）两式，可得不含灰气流的辐射放热系数为

$$a_{\mathrm{f}}=a_{\mathrm{y}}\frac{a_{\mathrm{b}}+1}{2}\sigma_0 T_{\mathrm{y}}^3\frac{1-\left(\dfrac{T_{\mathrm{hb}}}{T_{\mathrm{y}}}\right)^{3.6}}{1-\left(\dfrac{T_{\mathrm{hb}}}{T_{\mathrm{y}}}\right)}\quad \mathrm{kW/(m^2\cdot ^\circ\!C)} \tag{7-70e}$$

为简化起见，α_{f} 也可用图 7-18 来计算，其计算式为

对含灰气流：

$$\alpha_{\mathrm{f}}=\alpha_0 a_{\mathrm{y}}\quad \mathrm{kW/(m^2\cdot ^\circ\!C)} \tag{7-71a}$$

对不含灰气流：

$$\alpha_{\mathrm{f}}=\alpha_0 a_{\mathrm{y}}c_{\mathrm{y}}\quad \mathrm{kW/(m^2\cdot ^\circ\!C)} \tag{7-71b}$$

式中　α_0——当含灰气流黑度 $a=1$ 时的辐射放热系数；

　　　c_{y}——不含灰气流的辐射修正系数，用来修正烟气中不含灰而导致烟气辐射的减弱；

　　　a_{y}——烟气黑度（$a_{\mathrm{y}}=1-e^{-kp\delta}$）。

与本章第一节中介绍的火焰黑度计算方法一样，一般非正压燃烧炉子 $P\approx 0.1\mathrm{MPa}$，气体的减弱系数 k 值可按式（7-18）及相应的线算图（图 7-4、图 7-5）求得。

对不含灰气流，可以略去 k_{g} 项。在计算或查图时，烟气温度应取烟道中气流的平均温度。至于辐射层厚度 δ，对于较大的气流空间，烟气向周围壁面的辐射仍可按 $\delta=3.6\dfrac{V}{F}$ 计算，在对流烟道中管束中的有效辐射层厚度为

$$\delta=0.9d\left(\frac{4}{\pi}\frac{S_1 S_2}{d^2}-1\right)\quad \mathrm{m} \tag{7-72}$$

式中　S_1，S_2——管束的横向及纵向管距，m；

　　　d——管子外径，m。

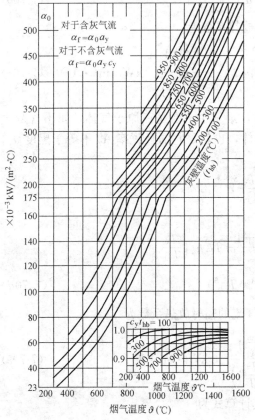

图 7-18　辐射放热系数

对于鳍片管，式（7-72）的结果应再乘以 0.4。

对于火管锅炉的烟管：

$$\delta = 0.9 d_n \qquad (7-73)$$

式中　d_n——管子的内径，m。

在求得 $kP\delta$ 后，仍可用图 7-6 以求得烟气的黑度 a_y。

为了计算辐射放热系数 α_f，还必须确定管壁积灰层表面的温度 T_{hb} 或 t_{hb}，对于过热器可用下式来求得：

$$t_{hb} = t + \frac{B'_j(Q+Q_f)}{H}\left(\varepsilon + \frac{1}{\alpha_2}\right) \quad ℃ \qquad (7-74)$$

式中　t——管内介质的平均温度，℃；

α_2——管壁向蒸汽的放热系数，kW/(m²·℃)；

Q——燃烧 1kg 燃料时，其烟气对受热面的放热量，kJ/kg；根据预先假定的终温用热平衡方程计算而得；

Q_f——受热面从炉膛辐射所得的热量，kJ/kg；

H——受热面面积，m²；

ε——灰污系数，m²·℃/kW。

对于燃用固体燃料时，蒸汽过热器的灰污系数 $\varepsilon = 4.3$(m²·℃)/kW。

对其他受热面的积灰层表面温度可按下式求得：

$$t_{hb} = t + \Delta t_h \qquad (7-75)$$

式中　Δt_h——积灰层两侧的温差，℃。

对于炉膛出口处的防渣管，$\Delta t_h = 80℃$；对于锅炉管束，布置在高温区（$\vartheta' > 400℃$）的省煤器，$\Delta t_h = 60℃$；对于低温区（$\vartheta' \not> 400℃$）省煤器，$\Delta t_h = 25℃$。

第五节　平　均　温　差

在对流受热面的传热计算中，除了需要确定传热系数 K 以外，还须确定传热温差 Δt。由于换热介质沿受热面有着温度变化，因此它们之间的温差是不等的，在实际计算中，就需要确定平均温差。由传热学知道，平均温差是和受热面两侧介质的相对流向有关。

对于单纯的顺流或逆流，可采用对数平均温差：

$$\Delta t = \frac{\Delta t_{max} - \Delta t_{min}}{\ln \dfrac{\Delta t_{max}}{\Delta t_{min}}} \quad ℃ \qquad (7-76)$$

式中 $\Delta t_{\max}$，$\Delta t_{\min}$——受热面进、出口处温差的最大值和最小值，℃。

当 $\dfrac{\Delta t_{\max}}{\Delta t_{\min}} \leqslant 1.7$ 时，采用算术平均值，已足够精确了，此时

$$\Delta t = \frac{\Delta t_{\max} + \Delta t_{\min}}{2} = \vartheta - t \quad ℃ \tag{7-77}$$

式中 ϑ，t——分别为两种介质的平均温度，℃。

在相同的进、出口温度条件下，逆流具有最大的平均温差，而顺流的平均温差最小。在实际的对流受热面布置中，往往不是纯逆流，通常采用的是混合流动系数（图7-19c），此时的平均温差则介于逆流与顺流二者之间。因此，可以写出各种混合系统的平均温差计算式：

$$\Delta t = \psi_t \Delta t_{nl} \quad ℃ \tag{7-78}$$

式中 Δt_{nl}——把计算系统看作逆流时的平均温差，℃；

ψ_t——考虑到系统不是逆流的温差修正数。

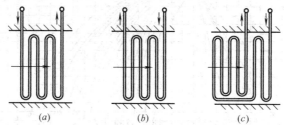

图7-19 受热面两侧介质的相对流向

(a) 顺流；(b) 逆流；(c) 串联混流

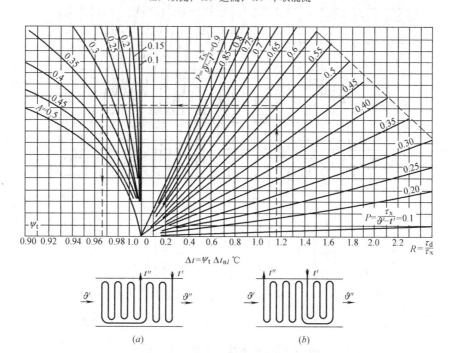

图7-20 串联混流系统的平均温差

(a)，(b) 串联混流的两种流动方式举例

注：1. 凡不同于本书所示的串联混流系统，本线算图不能应用；

2. 本线算图不能外推，如所用的具体情况超出本线算图范围，则应分段计算 Δt。

对于任何系统，如能符合下列条件：

$$\Delta t_{sl} \geqslant 0.92 \Delta t_{nl} \quad ℃ \tag{7-79}$$

则可用下式计算平均温差：

$$\Delta t = \frac{\Delta t_{nl} + \Delta t_{sl}}{2} \tag{7-80}$$

式中 Δt_{sl}——把系统作顺流时的平均温差，℃。

如果不符合式（7-79）的条件，则须根据具体的流动系统来确定 ψ_t 值，然后用式（7-78）计算平均温差。为了方便起见，ψ_t 值可用线算图（图7-20、图7-21、图7-22）来

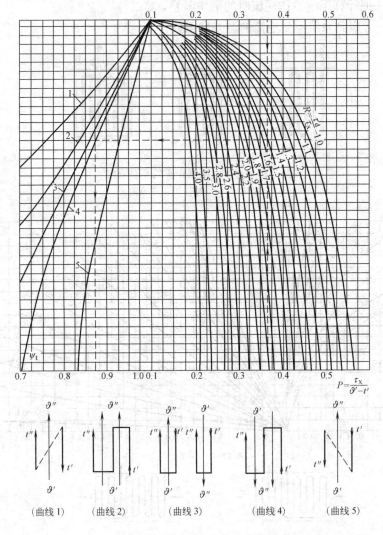

（曲线1）　　（曲线2）　　（曲线3）　　（曲线4）　　（曲线5）

图7-21　并联混流系统的平均温差

1—多行程介质的两个行程均为顺流；2—多行程介质的三个行程中，两个为顺流，一个为逆流；
3—多行程介质的两个行程中，一个为逆流；一个为顺流；4—多行程介质中的三个
行程中，两个为逆流，一个为顺流；5—多行程介质的两个行程均为逆流

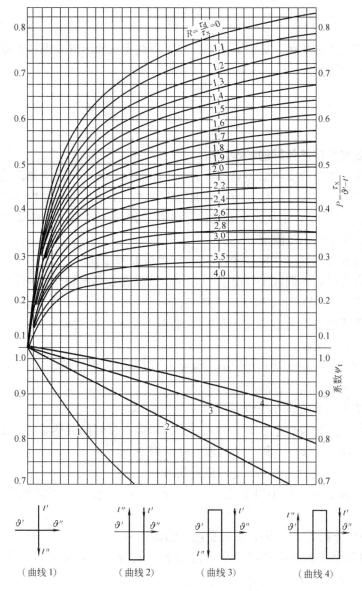

图 7-22 交叉流动系统的平均温差

1——一次叉流；2——二次叉流；3——三次叉流；4——四次叉流

确定。在利用这几张线算图时，首先要算出两个无因次的辅助参数：

$$P=\frac{\tau_x}{\vartheta'-t'}; \quad R=\frac{\tau_d}{\tau_x}$$

式中　τ_d，τ_x——两种介质本身温差（$\vartheta'-\vartheta''$）及（$t''-t'$）中的"大温差"和"小温差"，即大的为 τ_d，小的为 τ_x。

对蛇形管受热面（如过热器），当交叉次数多于 4 次时，则可按顺流（图 7-19a）或逆流（图 7-19b）来计算平均温差。当过热器系串联混流（图 7-19c）布置，在查图 7-20 确定 ψ_t 值时，尚涉及辅助参数——蛇形管过热器顺流部分的受热面与总受热面的比值 A，即

$$A = \frac{H_{sl}}{H}$$

最后需要特别指出的是，如果其中的一种工质在受热面中温度保持不变（如防渣管及锅炉管束），则平均温差与流动方向无关。

第六节　对流受热面传热计算方法提要

一、对流受热面传热计算的步骤

以上我们学习了对流受热面传热计算的基本原理和方法，对流受热面的传热计算通常也是采用校核计算的方法，即已知受热面的结构特性、工质的入口温度（对过热器、省煤器等）、计算燃料消耗量、烟气入口温度、漏风系数和漏风焓等，需要确定的是受热面的传热量和烟气、工质的出口温度。

对流受热面的传热计算（校核计算），一般可按如下步骤进行：

（1）先假定受热面的烟气出口温度 ϑ_I''，并由焓温表查得出口烟焓 H_I''，然后按烟气侧的热平衡方程式（7-36b）算出烟气放热量 Q_{rp}。

（2）按工质侧的热平衡方程式（7-36c）求得工质出口比焓 h''，并由水蒸气表查得相应出口温度 t''（对过热器）。

（3）求得烟气平均温度 ϑ 和工质平均温度 t，以及烟气平均流速和工质平均流速 w。

（4）按本章第三节所述方法确定 α_d。

（5）按本章第四节所述方法确定 α_f。

（6）确定烟气侧的放热系数 α_1，并在需要时求取工质侧的放热系数 α_2。

（7）根据不同情况按本章第二节选取有效系数 ψ。

（8）按本章第二节所述方法确定传热系数 K。

（9）按烟气和工质的进出口温度 ϑ'，ϑ''，t'，t'' 以及它们的相对流向，确定平均温差 Δt。

（10）按传热方程式（7-36a）求得受热面的传热量 Q_{cr}。

（11）检验某受热面的烟气出口温度的原假定是否合理，可按下式计算烟气放热量 Q_{rp} 和传热量 Q_{cr} 的误差百分数，即

$$\delta Q = \left| \frac{Q_{rp} - Q_{cr}}{Q_{rp}} \right| \times 100\%$$

当防渣管 $\delta Q < 5\%$、无减温器的过热器 $\delta Q < 3\%$、其他受热面 $\delta Q < 2\%$ 时，则可认为假定的烟气出口温度是合理的，该部分受热面的传热计算可告结束。此时，温度和焓的最终数值应以热平衡方程式中的数值为准。当 δQ 不符合上述要求时，必须重新假定烟气出口温度 ϑ_{II}''，再次进行计算。如果第二次假定的 ϑ_{II}'' 和第一次假定的 ϑ_I'' 相差小于 $50℃$，则传热系数可不必重算，只需重算平均温差 Δt 以及 Q_{rp} 和 Q_{cr}，然后再校核 δQ，直到符合要求为止❶。

---

❶　摘自《工业锅炉设计计算标准方法》编委会编. 工业锅炉设计计算标准方法. 北京：中国标准出版社，2003。

为了避免多次重算的麻烦，在实用上也可采用图解法。可先假定三个烟气出口温度——ϑ''_I，ϑ''_{II}，ϑ''_{III}，然后按传热方程和热平衡方程式分别算出这三个假定温度下的 Q 值，连接热平衡方程式的解 1，3，5 及传热方程式的解 2，4，6 则可得两线的交点，这交点所示的温度即为实际的烟气出口的温度 ϑ''（图 7-23）。

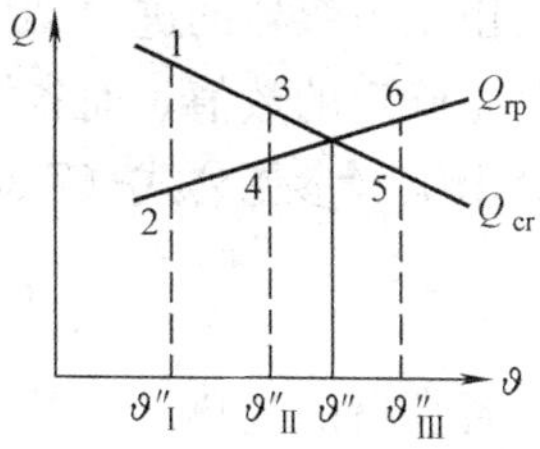

图 7-23　烟气出口温度与传热量的关系

二、对各对流受热面传热计算特点

1. 防渣管及锅炉管束

由于管内工质系沸腾的汽水混合物，其温度恒等于工作压力下的饱和温度，故工质侧的热平衡方程式（7-36c）可不用。烟气和工质的平均温差可按式（7-77）计算。

防渣管或对流第一管束受到炉膛辐射，但管束总受热面并不扣除受炉膛辐射的有效受热面，仍作为全部参与对流换热，只是在传热系数中予以修正［见式（7-45）］。当防渣管排数 $Z_2 \geqslant 5$ 时，可认为炉膛辐射在管束上的热量全部被管束吸收掉，而不再透到后面的对流管束上去；如 $Z_2 < 5$ 时，就应计算穿过防渣管束投到其后受热面上的辐射热量，其计算公式为

$$Q'_f = \frac{(1-x_{gs})n_{ch}q_f F_{ch}}{B'_j} \quad kJ/kg \tag{7-81}$$

式中符号与式（7-36d）相同。然后仍按式（7-45）修正传热系数。

2. 过热器的传热计算

蒸汽过热器的计算根据已知条件也可分两种：其一是已知过热蒸汽的参数，需要确定过热器的受热面积；其二是已知过热器的受热面积，需要核算过热蒸汽可以达到的温度以及烟气在流经过热器后的温度。

过热器的传热计算仍是以式（7-36a）、式（7-36b）为基础，同时应补充工质侧的吸热方程式（7-36c），即过热器以对流传热方式的吸热量为

$$Q^d_{gr} = \frac{D'(h''-h')}{B'_j} - Q^f_{gr} \quad kJ/kg$$

当需要确定过热器受热面时，则蒸汽的出口及入口参数 h''，h' 均为已知，在求得过热器接受来自炉膛的辐射热 Q^f_{gr} 的情况下按上式可求得过热器的对流吸热量 Q^d_{gr}，此热量也等于烟气流经过热器的放热量。这样就可求得过热器的出口烟焓及烟温，再从传热方程中求得所需的受热面积。不过，在求传热系数 K 时，必须先参考有关资料，预定过热器的结构布置以及大致的尺寸进行试算。最后应使传热方程所得的热量和热平衡方程所得的结果基本一致，相差不超过 3%。

当过热器布置在对流烟道时，如未接受到来自炉膛的辐射热时，则 $Q^f_{gr} = 0$。

3. 烟气侧及水侧的热平衡

锅炉受热面设计计算的过程中，在炉膛、防渣管过热器及锅炉管束的传热计算后，为了检验前面的计算是否正确，可以对省煤器先进行烟气侧及水侧的热平衡计算。由于在锅炉的设计计算中，省煤器及空气预热器的吸热量是已知的，因此此项热平衡计算可以先进行。

由于省煤器的进口烟焓就是省煤器前锅炉管束的出口烟焓 H'_{sm}，经过管束的传热计算已是确定的数值，而省煤器的出口烟焓 $H''_{sm}=H'_{ky}$ 可以通过空气预热器中空气的吸热量推算出来（参见公式（7-88）），因此省煤器烟气侧的热平衡式为

$$Q^y_{sm}=\varphi(H'_{sm}-H''_{sm}+\Delta\alpha_{sm}H^0_{Hk}) \quad kJ/kg \qquad (7-82)$$

省煤器的吸热量也可从水侧的热平衡式求得，即

$$Q^s_{sm}=\frac{Q_{gl}}{B^r_j}-(Q_f+Q^d_{fz}+Q^d_{gs}+Q^d_{gr}) \quad kJ/kg \qquad (7-83)$$

式中　　Q^y_{sm}——烟气经省煤器的放热量，kJ/kg；

Q^s_{sm}——省煤器中工质的吸热量，kJ/kg；

H'_{sm}——省煤器进口的烟气焓，也就是烟气离开对流管束时的焓即 I''_{gs}，kJ/kg；

H''_{sm}——烟气离开省煤器的焓，也就是空气预热器进口的烟气焓即 I'_{ky}，kJ/kg；

H^0_{lk}——理论冷空气的焓，kJ/kg；

Q_{gl}——锅炉本体的有效利用热量，kW；

Q_f——炉内辐射换热量，kJ/kg；

Q^d_{fz}，Q^d_{gs}，Q^d_{gr}——分别为防渣管、锅炉管束和过热器从烟气中吸收的热量，kJ/kg。

显然，Q^y_{sm} 和 Q^s_{sm} 按理是应该相等的，但计算中总会有误差，如能达到以下要求则计算精度可认为足够了，即

$$\frac{Q^y_{sm}-Q^s_{sm}}{Q_r}\times100\leqslant\pm0.5\%$$

4. 省煤器的传热计算

在计算时通常已知进入省煤器的烟气温度、省煤器的进水温度和预定的出省煤器的烟气温度，因此从烟气侧的热平衡方程式（7-36b）可以求得烟气放热量，此热量即是经省煤器给水的吸热量，由此可根据下式求得给水经省煤器的出口焓和相应温度：

$$Q_{sm}=\frac{D'_{sm}(h''_{sm}-h'_{sm})}{B'_j} \quad kJ/kg \qquad (7-84)$$

式中　D'_{sm}——进省煤器的给水量，应考虑到锅炉的排污量，所以它比锅炉的蒸发量要稍大些 $(D'_{sm}=D'+D'_{ps})$，kg/s；

h''_{sm}，h'_{sm}——省煤器出口和入口的给水焓值，可以近似地认为等于给水的出口和入口温度的数值。

然后根据传热方程式（7-36a）来确定所需的受热面积。对供热锅炉常用的铸铁鳍片省煤器在不同烟气流速时的传热系数 K 值，可由下式计算：

$$K=K_0{}^{c_\vartheta} \qquad (7-85)$$

式中　c_ϑ——烟气温度修正系数；

K_0——铸铁鳍片省煤器的基本传热系数，其数值可由图 7-24 查得。图中方形鳍片铸铁省煤器的曲线是考虑经常吹灰的，当不吹灰时传热系数应减小 20%。

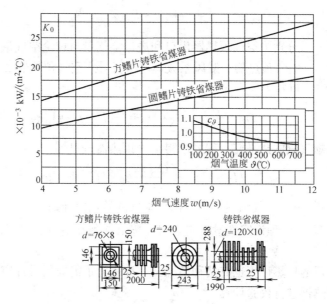

图 7-24　铸铁鳍片省煤器传热系数

注：在燃用重油时，鳍片铸铁煤器的传热系数要减低 25%

铸铁鳍片省煤器常用的规格及其结构特性见表 7-2。

铸铁鳍片省煤器的结构特性　　　　　　　　　　　　　　　　　　　　表 7-2

每根管子特性	符号	单位	方形鳍片铸铁省煤器				圆形鳍片省煤器
长度	L	mm	1500	2000	2500	3000	1990
烟气侧受热面	H_{sm}	m²	2.18	2.95	3.72	4.49	5.50
烟气流通截面	F	m²	0.088	0.120	0.152	0.184	0.21
理论质量	G	kg	52	68.6	84.9	100.8	

5. 空气预热器的传热计算

空气预热器的传热计算除了应用传热方程式和烟气侧的热平衡方程式以外，还用到预热空气侧的热平衡方程式，以求得空气预热器的吸热量 Q_{ky}，即

$$Q_{ky} = \beta_k(H_k^{0}{}'' - H_k^{0}{}') \quad kJ/kg \tag{7-86}$$

式中　$H_k^{0}{}'$，$H_k^{0}{}''$——分别为进、出空气预热器理论空气量的焓，kJ/kg；

β_k——空气预热器中平均空气量与理论空气量之比（与炉膛传热计算中的过量空气系数意义相同）。

由于空气预热器中不可避免地有部分漏风，会使部分空气漏至烟气中去，因此对空气预热器而言：

$$\beta_k = \frac{\beta_k'' + \beta_k'}{2}$$

而 $\beta_k' = \beta_k'' + \Delta\alpha_{ky}$ 代入上式，可得：

$$\beta_k = \beta_k' + \frac{\Delta\alpha_{ky}}{2} \tag{7-87}$$

式中　β_k'，β_k''——分别为空气预热器出口和进口空气量与理论空气量之比；

　　　　$\Delta\alpha_{ky}$——空气预热器的漏风系数，对单级管式空气预热器 $\Delta\alpha_{ky} = 0.05$。

因此，式（7-86）可写为

$$Q_{ky} = \left(\beta_k'' + \frac{\Delta\alpha_{ky}}{2}\right)(H_k^{0}{}'' - H_k^{0}{}')　\text{kJ/kg} \tag{7-88}$$

于是，可应用烟气侧的热平衡方程式求得空气预热器进口烟焓，即

$$H_{ky}' = H_{ky}'' + \frac{Q_{ky}}{\varphi} - \Delta\alpha_{ky}H_k^{0}　\text{kJ/kg} \tag{7-89}$$

式中　H_{ky}'，H_{ky}''——空气预热器进、出口烟气的焓，kJ/kg；

　　　　H_k^{0}——理论空气量的焓，它应按空气预热器进、出口的空气平均温度来计算，kJ/kg。

　　空气预热器的传热计算也有两种情况：一种是为了需要新设计空气预热器；另一种对已有的空气预热器进行校验计算。

　　在新设计时，由于空气预热器是布置在最后的尾部受热面，进空气预热器的冷空气温度及离开空气预热器的排烟温度均属已知。为了得到一定温度的热空气而必须求出空预器应有的受热面积，此时，可由式（7-86）先求得 Q_{ky}，再由烟气侧的热平衡方程式求得进入空预器的烟气焓 H_{ky}'，从而也确定了相应的烟气温度 ϑ_{ky}'，而此温度也就是在设有省煤器时烟气离开省煤器的温度 ϑ_{sm}''，即 $\vartheta_{ky}' = \vartheta_{sm}''$。在这样的情况下，即省煤器后再设空气预热器时，应该先计算空气预热器，最后再根据已确定的 ϑ_{sm}'' 来计算省煤器。需要注意的是对管式空气预热器来说，受热面积应按平均管径来计算的。

　　在校验计算时，空气预热器的进口烟温已由省煤器计算中求得，进口空气温度和受热面积 H_{ky} 已知，因此，要求校核计算的是离开空气预热器的排烟温度 ϑ_{py} 和出口热空气温度，可采用试算法或图解法来求得。

　　在试算校核时，对误差的要求是：①计算所得排烟温度与在热平衡计算中已预定的温度之差不应大于 $\pm10℃$；②按传热方程式和热平衡方程式算出的热量之差，不应超过 2.0%；③计算所得预热空气温度与炉膛计算中所选用的热空气温度之差，不应超过 $\pm40℃$。如果排烟温度和热空气温度与原先估计值超过上述规定，则应重新假定排烟温度和热空气温度，重复计算过程，直到满足要求为止。如果前后两次计算中，因排烟温度不同引起计算耗煤量的变动不超过 $\pm2\%$，则在后一次计算时，可不重复计算各个对流受热面的传热系数，只需校准温度、温压及吸热量。

　　在结束热力计算时，对层燃炉可按下式确定热力计算的误差：

$$\Delta Q = Q_r\frac{\eta}{100} - (Q_l + Q_{gr} + Q_{gs} + Q_{sm})\left(1 - \frac{q_4}{100}\right)　\text{kJ/kg} \tag{7-90}$$

式中　　　　　　　　　　η——锅炉热效率，%；

Q_r，Q_l，Q_{gr}，Q_{gs} 和 Q_{sm}——锅炉输入热量和炉膛、蒸汽过热器、锅炉管束和省煤器的吸热量，kJ/kg；

　　　　　　　　　　q_4——固体不完全燃烧热损失，%。

如果计算正确，应当满足下列条件：

$$\frac{|\Delta Q|}{Q_r}\times 100\% \leqslant 0.5\% \text{❶}$$ (7-91)

【例题 7-1】 仍以 SHL10-1.3/350 型锅炉为对象，在例题 2-3（求得各烟道烟气体积及焓温表）和例题 3-2（求得锅炉效率及燃料消耗量）的基础上，对锅炉的炉膛进行热力校核计算。炉膛的结构尺寸见图 7-25。

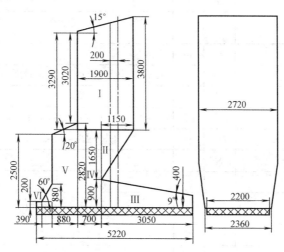

图 7-25　炉膛的结构尺寸

【解】 一、炉膛结构特性计算（图 7-25）

名　　称	符号	单位	计 算 公 式 或 依 据	数值
侧墙总面积	F_{bcq}	m²		14.01
前墙总面积(包括炉顶)	F_{bqq}	m²		23.2
后墙总面积	F_{bhq}	m²		25.27
火床面积(炉排有效面积)	R	m²	5.22×2.2	11.48
炉膛包覆面积	F_l	m²	$2F_{bcq}+F_{bqq}+F_{bhq}+R$	87.97
炉膛容积	V_l	m³	$F_{bcq}\times 2.72$(炉膛宽度)$=14.01\times 2.72$	38.11
炉壁总面积	F_{bz}	m²	$F_l-R=87.97-11.48$	76.49
水冷壁管管径	d	m		0.051
前水冷壁　节距	S	m		0.17
前水冷壁　水冷壁管中心到墙距离	e	m		0.0255
前水冷壁　根数	n	根		16
前水冷壁　有效角系数	x		$\left(\dfrac{S}{d}\right)_q=3.33;e=0.5d$，查图 7-2	0.59
前水冷壁　曝光长度	l'	m		4.9
前水冷壁　有效辐射受热面积	H'_{fq}	m²	$(n-1)Sl'x=(16-1)\times 0.17\times 4.9\times 0.59$	7.37
前水冷壁　覆盖耐火泥长度	l''	m		3.446
前水冷壁　有效辐射受热面积	H''_{fq}	m²	$(n-1)Sl''\times 0.3=(16-1)\times 0.17\times 3.446\times 0.3$	2.64

❶　锅炉校核计算的误差要求，摘自《工业锅炉设计计算标准方法》编委会编. 工业锅炉计算标准方法. 北京：中国标准出版社，2003。

名 称	符号	单位	计 算 公 式 或 依 据	数值
前水冷壁有效辐射受热面积	H_{fq}	m²	$H'_{fq}+H''_{fq}=7.37+2.64$	10.01
后水冷壁 · 节距	S	m		0.17
后水冷壁 · 水冷壁管中心到墙距离	e	m		0.0255
后水冷壁 · 根数	n	根		16
后水冷壁 · 有效角系数	x			0.59
后水冷壁 · 曝光长度	l'	m		4
后水冷壁 · 有效辐射受热面积	H'_{fh}	m²	$(n-1)Sl'x=(16-1)\times0.17\times4\times0.59$	6.02
后水冷壁 · 覆盖耐火泥长度	l''	m		4.402
后水冷壁 · 有效辐射受热面积	H''_{fh}	m²	$(n-1)Sl''\times0.3=(16-1)\times0.17\times4.402\times0.3$	3.37
后水冷壁有效辐射受热面积	H_{fh}	m²	$H'_{fh}+H''_{fh}=6.02+3.37$	9.39
侧水冷壁 · 节距	S	m		0.105
侧水冷壁 · 水冷壁管中心到墙距离	e	m		0.065
侧水冷壁 · 有效角系数	x		$\left(\dfrac{S}{d}\right)_o=2.06, e=1.275d$ 查图 7-2	0.87
侧水冷壁 · 有效辐射受热面积	H'_{fc}	m²	7.76×0.87	6.75
侧水冷壁 · 覆盖耐火泥部分有效辐射受热面积	H''_{fc}	m²	0.93×0.3	0.28
侧水冷壁有效辐射受热面积	H_{fc}	m²	$H'_{fc}+H''_{fc}=6.75+0.28$	7.03
烟窗 · 节距	S	m		0.34
烟窗 · 有效角系数	x			1
烟窗 · 管长	l	m		1.5
烟窗 · 根数	n	根		8
烟窗有效辐射受热面积	H_{fch}	m²	$(n-0.5)Slx=(8-0.5)\times0.34\times1.5\times1$	3.83
总有效辐射受热面积	H_f	m²	$H_{fq}+H_{fh}+2H_{fc}+H_{fch}$ $=10.01+9.39+2\times7.03+3.83$	37.29
炉膛有效辐射层厚度	δ	m	$3.6\dfrac{V_1}{F_1}=3.6\dfrac{38.11}{87.97}$	1.56
燃烧面与炉墙面积之比	ρ		$\dfrac{R}{F_{bz}}=\dfrac{11.48}{76.49}$	0.150

二、炉膛热力计算

名 称	符号	单位	计 算 公 式 或 依 据	数值
收到基燃料低位发热值	$Q_{net,ar}$	kJ/kg	见例 2-3	4626
燃料消耗量	B'	kg/s	见例 3-2 $B=1518$kg/h	0.422
计算燃料消耗量	B'_j	kg/s	见例 3-2 $B_j=1275$kg/h	0.354
保热系数	φ		见例 3-2	0.976
炉膛出口过量空气系数	α''_l		见例 2-3	1.6
炉膛漏风系数	$\Delta\alpha_l$		见例 2-3	0.1
冷空气焓	H^0_{lk}	kJ/kg	见例 3-2	257

名　称	符号	单位	计算公式或依据	数值
热空气温度	t_{rk}	℃	先假定,再校核	150
热空气焓	H_{rk}^0	kJ/kg	见例 2-3 中焓温表	1289
空气带入炉内热量	Q_k	kJ/kg	$(a_l''-\Delta a_l)H_{rk}^0+\Delta a_l H_{lk}^0$ $=(1.6-0.1)\times1289+0.1\times257$	1959
炉膛有效放热量	Q_l	kJ/kg	$Q_{dw}^y\dfrac{100-q_3-q_4-q_6}{100-q_4}+Q_k$ $=24626\dfrac{100-0.5-16-0.35}{100-16}+1959$	26337
理论燃烧温度	ϑ_{ll}	℃	查例 2-3 焓温表	1545
理论燃烧绝对温度	T_{ll}	K	$\theta_{ll}+273$	1818
炉膛出口烟温	ϑ_l''	℃	先假定,后校核	980
炉膛出口烟焓	H_l''	kJ/kg	$a=1.6$ 查焓温表(例 2-3)	15935
炉膛出口绝对温度	T_l''	K	$\theta_{ll}''+273$	1253
烟气平均热容量	$V_y c_{pj}$	kJ/(kg·℃)	$\dfrac{Q_l-\theta_l'}{T_{ll}-T_l''}=\dfrac{26337-15985}{1818-1253}$	18.41
烟气中水蒸气容积份额	r_{H_2O}		见例 2-3 中烟气特性表	0.052
三原子气体的容积份额	r_q		见例 2-3 中烟气特性表	0.166
三原子气体总分压力	p_q	MPa	$p_q=r_q p=0.166\times0.1$	0.0166
三原子气体辐射力	$p_q\delta$	m·MPa	$p_q\delta=0.0166\times1.56$	0.0252
三原子气体辐射减弱系数	$K_q r_q$	1/(m·MPa)	$10\left(\dfrac{0.78+1.6r_{H_2O}}{\sqrt{10p_q\delta}}-0.1\right)\left(1-0.37\dfrac{T_l''}{1000}\right)r_q$ $=10\left(\dfrac{0.78+1.6\times0.052}{\sqrt{10\times0.0252}}-0.1\right)$ $\times\left(1-0.37\times\dfrac{1253}{1000}\right)\times0.166$	1.44
烟气密度	ρ_y	kg/m³	取定值	1.3
烟气灰粒平均直径	d_h	μm	取定值	20
每 1kg 燃料烟气量	G_y	kg/kg	$1-\dfrac{A^y}{100}+1.306aV_k^0$ $=1-\dfrac{19.22}{100}+1.306\times1.6\times6.475$	14.35
烟气中灰粒的无因次浓度	μ_h		$\dfrac{A^y a_{jh}}{100G_y}=\dfrac{19.22\times0.2}{100\times14.35}$	0.00268
灰粒的减弱系数	k_h	1/(m·MPa)	$\dfrac{43000\rho_y\mu_h}{\sqrt[3]{T_l''^2 d_h^2}}=\dfrac{43000\times1.3\times0.00268}{\sqrt[3]{1253^2\times20^2}}$	0.175
焦炭粒等的修正系数	c	1/(m·MPa)		0.3
固体颗粒减弱系数	k_g	1/(m·MPa)	$k_h+c=0.175+0.3$	0.475
气体介质吸收力	$kp\delta$		$(k_q+k_g)p\delta=(1.44+0.475)0.1\times1.56$	0.299
火焰黑度	a_h		$1-e^{-kp\delta}=1-e^{-0.299}$	0.258
炉膛水冷程度	χ		$H_f/F_l R=\dfrac{37.29}{76.49}$	0.488

名　　称	符号	单位	计 算 公 式 或 依 据	数值
炉膛系统黑度	a_1		$\dfrac{1}{1/a_b+\chi\left[\dfrac{(1-a_h)(1-\rho)}{1-(1-a_h)(1-\rho)}\right]}$ $=\dfrac{1}{1/0.8+0.488\left[\dfrac{(1-0.258)(1-0.15)}{1-(1-0.258)(1-0.15)}\right]}$	0.480
波尔茨曼准则	B_0		$\dfrac{\varphi B_j'V_o}{\sigma_o H_f T_{ll}^3}=\dfrac{0.976\times0.354\times18.41}{5.67\times10^{-11}\times37.29\times1818^3}$	0.501
管外壁灰污系数	ε	(m²·℃)/kW	取用	2.6
炉膛辐射受热面吸热量	Q_f	kJ/kg	$\varphi(Q_l-H_l'')=0.976(26337-15935)$	10152
辐射受热面热流密度	q_f	kW/m²	$\dfrac{B_j'Q_f}{H_f}=\dfrac{0.354\times10152}{37.29}$	96.37
水冷壁管外积灰层表面温度	T_b	K	$\varepsilon q_f+T_{gb}=2.6\times96.37$ $+(194.13+273)$	717.7
系数	m		$\dfrac{\sigma_0}{q_f}(\varepsilon q_f+T_{gb})^4=\dfrac{5.67\times10^{-11}}{96.37}\times717.7^4$	0.156
计算值	$B_0(1/a_l+m)$		$B_0(1/a_l+m)=0.501(1/0.48+0.156)$	1.122
无因次炉膛出口烟温	θ_l''		查线算图7-8	0.687
烟膛出口绝对烟温	T_l''	K	$\theta_l''T_{ll}=0.687\times1818$	1249
炉膛出口烟温	ϑ_l''	℃	$T_l''-273$	976
炉膛出口烟焓	H_l''	kJ/kg	$\alpha_l''21.6$ 查焓温表(例2-3)	15864
炉膛辐射换热量	Q_f	kJ/kg	$\varphi(Q_l-H_l'')=0.976(26337-15864)$	10222
燃烧面热强度	q_R''	kW/m²	$\dfrac{B'Q_{dw}^y}{R}=\dfrac{0.422\times24626}{11.48}$	905
燃烧室热强度	q_v''	kW/m³	$\dfrac{B'Q_{dw}^y}{V_l}=\dfrac{0.422\times24626}{38.11}$	273
实际辐射受热面热流密度	q_f	kW/m²	$\dfrac{B_j'Q_f}{H_f}=\dfrac{0.354\times10222}{37.27}$	97.09

【例题 7-2】 在例题 7-1 的基础上，如给出 SHL10-1.3/350 型锅炉在锅炉对流管束进口处的烟气温度，对对流管束进行热力校核计算。结构尺寸见图 7-26。

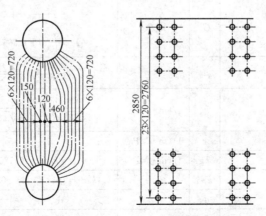

图 7-26　锅炉管束结构

【解】 一、锅炉管束结构计算（图7-26）

名　称	符号	单位	计算公式或依据	数值
管径	d	m		0.051
横向节距	S_1	m		0.12
纵向节距	S_2	m		0.12
受热面面积	H	m^2	$n\pi dl = 24 \times 3.14 \times 0.051 \times 61.8$	238
烟气流通截面平均高度	a	m		1.05
烟气流通截面面积	F	m^2	$ab - nda = 1.05 \times 2.85 - 24 \times 0.051 \times 1.05$	1.707
管间有效辐射层厚度	δ	m	$0.9d\left(\dfrac{4}{\pi} \times \dfrac{S_1 S_2}{d^2} - 1\right)$ $= 0.9 \times 0.051\left(\dfrac{4}{\pi} \times \dfrac{0.12 \times 0.12}{0.051^2} - 1\right)$	0.278
比值	σ	—	$\dfrac{S}{d} = \dfrac{0.12}{0.051}$	2.35

二、锅炉管束热力计算

名　称	符号	单位	计算公式或依据	数值		
进口烟温	ϑ'	℃	过热器出口烟温	775		
进口烟焓	H'	kJ/kg		12681		
出口烟温	ϑ''	℃	先假定,后校核	410	350	300
出口烟焓	H''	kJ/kg	$a=1.75$ 查焓温表	6596	5741	4885
烟气侧放热量	Q_{rp}	kJ/kg	$\varphi(H' - H'' + \Delta\alpha H_{lk}^0)$ $= 0.976(12681 - 6596 + 0.1 \times 257)$	5964	6799	7634
管内工质温度	t	℃	$P=15$ 大气压时的饱和温度	197		
最大温差	Δt_{max}	℃	$\vartheta' - t$	578		
最小温差	Δt_{min}	℃	$\vartheta'' - t$	203	153	103
平均温差	Δt	℃	$\dfrac{\Delta t_{max} - \Delta t_{min}}{\ln\dfrac{\Delta t_{max}}{\Delta t_{min}}} = \dfrac{578 - 208}{\ln\dfrac{578}{203}}$	358	320	275
平均烟温	ϑ_{pj}	℃	$t + \Delta t = 197 + 358$	555	517	472
烟气流速	w	m/s	$\dfrac{B_j' V_y(\vartheta_{pf} + 273)}{F \times 273}$ $= \dfrac{0.354 \times 11.462(588 + 273)}{1.707 \times 273}$	7.22	6.89	6.49
烟气中水蒸气容积份额	r_{H_2O}		见例2-3中烟气特性表	0.05		
三原子气体的容积份额	r_q		见例2-3中烟气特性表	0.157		
条件对流放热系数	α_0	kW/ $(m^2 \cdot ℃)$	查图7-12	0.0564	0.0552	0.0541
修正系数	c_s		$\sigma_1 = \sigma_2 = 2.35$,查图7-12	1		
	c_c		$Z_2 > 10$,查图7-12	1		
	c_w		查图7-12	0.95	0.955	0.96

名　　称	符号	单位	计　算　公　式　或　依　据	数　值		
对流放热系数	α_d	$kW/(m^2 \cdot ℃)$	$\alpha_0 c_s c_c c_w = 0.0564 \times 1 \times 1 \times 0.95$	0.0536	0.0527	0.0519
管壁积灰层表面温度	t_{hb}	℃	$197 + 60$	257		
条件辐射放热系数	α_0	$kW/(m^2 \cdot ℃)$	查图 7-18	0.0733	0.0686	0.0651
修正系数	c_y		查图 7-18	0.99	0.985	0.98
三原子气体总分压力	p_q	MPa	$r_q p = 0.157 \times 0.1$	0.0157		
三原子气体辐射力	$p_q \delta$	$m \cdot MPa$	$p_q \delta = 0.0157 \times 0.278$	0.00436		
三原子气体辐射减弱系数	$k_q r_q$		$10 \left(\dfrac{0.78 + 1.6 r_{H_2O}}{\sqrt{10 p_q \cdot \delta}} - 0.1 \right) \times \left(1 - 0.37 \dfrac{\vartheta_{pj} + 273}{1000} \right)$ $\times r_q = 10 \times \left(\dfrac{0.78 + 1.6 \times 0.05}{\sqrt{10 \times 0.00436}} - 0.1 \right)$ $\times \left(1 - 0.37 \dfrac{555 + 273}{1000} \right) \times 0.157$	4.30	4.36	4.42
气体介质吸收力	$kp\delta$		$k_q r_q p\delta = 4.3 \times 0.1 \times 0.278$	0.12	0.121	0.123
烟气黑度	a_y		$1 - e^{-kp\delta} = 1 - e^{-0.12}$	0.113	0.114	0.116
辐射放热系数	α_f	$kW/(m^2 \cdot ℃)$	$\alpha_0 a_y c_y = 0.0733 \times 0.113 \times 0.99$	8.20×10^{-3}	7.71×10^{-3}	7.40×10^{-3}
利用系数	ξ			0.95		
烟气对管壁对流放热系数	α_l	$kW/(m^2 \cdot ℃)$	$\xi(\alpha_d + \alpha_f) = 0.95(0.0536 + 0.0082)$	0.0587	0.0574	0.0563
有效系数	ψ			0.6		
传热系数	K	$kW/(m^2 \cdot ℃)$	$\psi \alpha_l = 0.6 \times 0.0587$	0.0352	0.0344	0.0338
传热量	Q_{cr}	kJ/kg	$\dfrac{KH\Delta t}{B_j'} = \dfrac{0.0352 \times 238 \times 358}{0.354}$	8472	7401	6249
出口烟温	ϑ''	℃	作图法(见图 7-27)	335		
出口烟焓	H''	kJ/kg	$\alpha = 1.75$ 查焓温表	5484		
锅炉管束吸热量	Q	kJ/kg	$\varphi(H' - H'' + \Delta a H_{lk}^0) = 0.976(12681 - 5484 + 0.1 \times 257)$	7049		

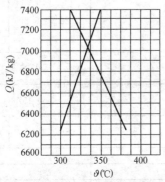

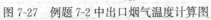

图 7-27　例题 7-2 中出口烟气温度计算图

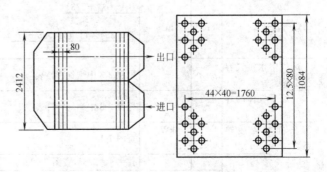

图 7-28　空气预热器的结构尺寸

【例题 7-3】 在前面计算的基础上，如给定 SHL10-1.3/350 型锅炉空气预热器进口的烟温，对空气预热器进行热力校核计算。空气预热器的结构尺寸见图 7-28。

【解】 一、空气预热器结构计算（图 7-28）

名　称	符号	单位	计 算 公 式 或 依 据	数值
管径	d	m		0.04/0.037
横向节距	S_1	m		0.08
纵向节距	S_2	m		0.04
管子长度	l	m		2.4
管子根数	n	根	$23\times13+22\times13$	585
受热面面积	H	m^2	$n\pi d_o pl=585\times\pi\times0.0385\times2.4$	170
烟气流通截面积	F	m^2	$n\dfrac{\pi}{4}d^2=585\times\dfrac{\pi}{4}\times0.037^2$	0.629
空气流通截面积	f	m^2	$\dfrac{l}{2}(a-dn')=\dfrac{2.4}{2}(1.084-0.04\times13)$	0.677
比值	σ_1		$S_1/d=80/40$	2
比值	σ_2		$S_2/d=40/40$	1

二、空气预热器热力计算

名　称	符号	单位	计 算 公 式 或 依 据	数值		
进口烟温	ϑ'	℃	省煤器出口烟温	257		
进口烟焓	H'	kJ/kg		4390		
出口烟温	ϑ''	℃	先假定、后校核	180	170	160
出口烟焓	H''	kJ/kg	$\alpha=1.9$ 查焓温表	3123	2948	2773
空气预热器平均空气量与理论空气量之比	β		$\alpha''_l-\Delta\alpha_l+\dfrac{\Delta\alpha_{ky}}{2}=1.6-0.1+\dfrac{0.05}{2}$	1.525		
热空气出口热焓	H^0_{rk}	kJ/kg	$\dfrac{H'-H''+\left(\dfrac{\beta}{\varphi}+\dfrac{\Delta\alpha_{ky}}{2}\right)l^0_{l k}}{\dfrac{\beta}{\varphi}-\dfrac{\Delta\alpha_{ky}}{2}}$ $=\dfrac{4390-3123+\left(\dfrac{1.525}{0.976}+\dfrac{0.05}{2}\right)\times257}{\dfrac{1.525}{0.976}-\dfrac{0.05}{2}}$	1089	1203	1317
热空气出口温度	t_{rk}	℃	查焓温表	127	140	153
烟气放热量	Q	kJ/kg	$\varphi\left(H'-H''+\Delta\alpha_{ky}\dfrac{H^0_{rk}+H^0_{lk}}{2}\right)$ $=0.976\left(4390-3123+0.05\dfrac{1089+257}{2}\right)$	1269	1443	1617
平均烟温	ϑ_{pj}	℃	$\dfrac{\vartheta'+\vartheta''}{2}=\dfrac{257+180}{2}$	219	214	209

名　称	符号	单位	计　算　公　式　或　依　据	数值		
烟气流速	w_y	m/s	$\dfrac{B''_f V_y(\vartheta_{pj}+273)}{F273}$ $=\dfrac{0.354\times12.613(219+273)}{0.629\times273}$	12.8	12.7	12.5
烟气纵向冲刷放热系数	α_0	kW/(m²·℃)	查图 7-13	0.0413	0.0409	0.0407
管长修正系数	c_l		当 $\dfrac{l}{d_{dl}}=\dfrac{2.4}{0.037}=65$ 查图 7-13	1		
烟气物理特性系数	c_w		查图 7-13	1.08	1.08	1.08
烟气侧对流放热系数	α_l	kW/(m²·℃)	$\alpha_0 c_l c_w=0.0413\times1\times1.08$	0.0446	0.0442	0.0440
平均空气温度	t_{pj}	℃	$\dfrac{t_{rk}+t_{lk}}{2}=\dfrac{127\times20}{2}$	79	85	92
空气流速	w_k	m/s	$\dfrac{B'_j\beta V^0_k(t_{pj}+273)}{f273}$ $=\dfrac{0.354\times1.525\times6.475(79+273)}{0.677\times273}$	6.67	6.78	6.91
空气横向冲刷放热系数	α_0	kW/(m²·℃)	查图 7-11	0.0675	0.0686	0.0698
管排修正系数	c_o		查图 7-11	1		
管距修正系数	c_s		查图 7-11	1.2		
空气物理特性修正系数	c_w		查图 7-11	1.01	1.005	1
空气侧对流放热系数	α_2	kW/(m²·℃)	$\alpha_0 c_o c_s c_w=0.0675\times1\times1.2\times1.01$	0.0818	0.0827	0.0838
利用系数	ξ			0.85		
传热系数	K	kW/(m²·℃)	$\xi\dfrac{\alpha_1\alpha_2}{\alpha_1+\alpha_2}=0.85\left(\dfrac{0.0446\times0.0818}{0.0446+0.0818}\right)$	0.0252	0.0245	0.0245
最小温差	Δt_{min}	℃	$\vartheta'-t_{rk}=257-127$	130	117	104
最大温差	Δt_{max}	℃	$\vartheta''-t_{lk}=180-30$	150	140	130
逆流温差	Δt_{pj}	℃	$\dfrac{\Delta t_{max}+\Delta t_{min}}{2}=\dfrac{150+130}{2}$	140	129	117
温差修正系数	P		$\dfrac{\tau_x}{\vartheta'-t'}=\dfrac{\vartheta'-\vartheta''}{\vartheta'-t_{lk}}=\dfrac{257-180}{257-30}$	0.339	0.383	0.427
	R		$\dfrac{\tau_d}{\tau_x}=\dfrac{t_{rk}-t_{lk}}{\vartheta'-\vartheta''}=\dfrac{127-30}{257-180}$	1.259	1.264	1.268
	ψ_t		查图 7-22	0.985	0.975	0.97
平均温差	Δt	℃	$\psi_t \Delta t_{pj}=0.985\times140$	138	126	113
传热量	Q_{cr}	kJ/kg	$\dfrac{KH\Delta t}{B'_j}=\dfrac{0.0252\times170\times138}{0.345}$	1714	1521	1364
出口烟温	ϑ''	℃	作图法(参照例题 7-2,见图 7-29)	169		

名　　称	符号	单位	计 算 公 式 或 依 据	数值
出口烟焓	H''	kJ/kg	$a=1.9$ 查焓温表	2931
空气出口热焓	H^0_{rk}	kJ/kg	$\dfrac{4390-2931+\left(\dfrac{1.525}{0.976}+\dfrac{0.05}{2}\right)257}{\dfrac{1.525}{0.976}-\dfrac{0.05}{2}}$	1214
热空气温度	t_{rk}	℃		141
空气预热器吸热量	Q_{ky}	kJ/kg	$\varphi\left(H'-H''+\Delta a_{ky}\dfrac{H^0_{rk}+H^0_{lk}}{2}\right)$ $=0.976\left(4390-2931+0.05\dfrac{1214+257}{2}\right)$	1460

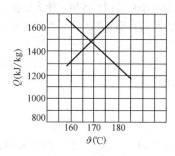

图 7-29　例题 7-3 中出口烟气温度计算图

复习思考题

1. 锅炉本体的热力计算分设计计算和校核计算两种，它们各自的目的、已知条件和计算方法有何不同？

2. 在锅炉本体的热力计算中，锅炉热平衡中的各项热损失在热量平衡中是如何扣除的？（提示：如固体不完全燃烧热损失 q_4 在热量平衡中是将实际燃料消耗量变为计算燃料消耗量来扣除的）

3. 炉内有效放热量为什么要对 1kg 计算燃料而言？有人认为理论燃烧温度是指 1kg 燃料完全燃烧时所能达到的绝热温度，因系完全燃烧，故称理论燃烧温度，这种看法对不对？为什么？

4. 既然在计算燃料消耗量中已经扣除了固体不完全燃烧热损失 q_4，为什么在炉内有效放热量的计算式中重又出现扣除 q_4 的现象呢？这里表示的意思到底是什么？

5. 燃料收到基低位发热量 $Q_{net,ar}$、1kg 燃料带入锅炉的热量 Q_r 和炉内有效放热量三者的区别何在？又有何内在联系？

6. 在其他条件相同时：（1）为什么使用相同燃料，有预热空气的比没有预热空气的理论燃烧温度要高？（2）同一燃料收到基水分不同，问什么情况下理论燃烧温度要高？（3）无灰干燥基成分相同的燃料，因干燥基灰分及收到基水分不同，问在什么情况下理论燃烧温度要高？（4）是否收到基低位发热量低的燃料理论燃烧温度一定低？（5）炉膛出口过量空气系数对理论燃烧温度有什么影响？

7. 辐射角系数 φ，有效角系数 x，沾污系数 ζ，热有效系数 ψ 各有什么物理意义？它们之间各有什么关系？

8. 火焰黑度及炉子黑度各有什么物理意义？它们之间有什么关系？

9. 炉膛出口烟气温度如何选择？它的上下限各受什么因素所制约？

10. 什么叫火焰平均有效温度？它的物理意义是什么？它与炉膛出口烟气温度有什么关系？

11. 炉内传热计算中炉膛出口烟气温度的假定值与计算值允许相差不超过100℃，这时不必重算，为什么？相差超过100℃时，主要对计算中什么数值的决定会有影响？

12. 炉内传热计算的原理和基本方程式是什么？校核热力计算的步骤是什么？

13. 灰污系数 ε，有效系数 ψ'，利用系数 ξ 各有什么物理意义？各使用在什么场合？

14. 为什么液体燃料的有效系数 ψ 随烟气流速的增加反而有所减小呢？

15. 对流受热面的计算中为什么空气预热器按平均管径计算受热面？而凝渣管、过热器、对流管束及省煤器则按外径计算受热面？烟管则按烟气侧管径计算受热面？

16. 在烟温不同的烟道中，对流平均传热温差的计算方法是否相同？怎样计算？

17. 怎样计算烟气到管壁和管壁到受热工质的放热系数？计算管间辐射放热系数时，为什么要采用灰壁温度？

18. 灰污对传热的影响是怎样加以修正的？处于不同烟道中的受热面为什么要采用不同的修正系数？

19. 烟气辐射和火焰辐射在概念上有没有差别？各用在什么场合？

20. 对流受热面热力计算的基本方程式有哪几个？式中各项的意义是什么？怎样进行对流受热面的热力计算（计算步骤）？

21. 校验锅炉本体的热力计算时，有哪些相关的允许误差值的规定？当计算误差超过规定的允许值时，怎样进行简化重算？计算结果如何取用？

习　题

1. SHL6-25-AⅡ型锅炉额定蒸发量 $D=6t/h$，饱和蒸汽绝对压力 $P=2.55MPa$，给水温度 $t_{gs}=20℃$，冷空气温度 $t_{lk}=30℃$，排污率为5%。

设计燃料为山东良庄Ⅱ类烟煤，应用基燃料特性：$C^y=46.55\%$，$H^y=3.06\%$，$S^y=1.94\%$，$O^y=6.11\%$，$N^y=0.86\%$，$A^y=32.48\%$，$W^y=9.0\%$，$V^r=38.5\%$，$Q^y_{dw}=17693kJ/kg$。

炉膛出口过量空气系数 $\alpha''_l=1.40$，炉膛漏风系数 $\Delta\alpha=0.1$。炉膛烟气空积 $V_y=7.17m^3_N/kg$，RO_2 容积份额 $r_{RO_2}=0.123$，水蒸气容积份额 $r_{H_2O}=0.078$，三原子气体容积总份额 $r_q=0.201$，烟气质量 $G_y=9.47kg/kg$，飞灰浓度 $\mu_{fh}=0.00686kg/kg$。

温度100℃时理论空气的焓 $H^l_k=636kJ/kg$，在过量空气系数 $\alpha=1.4$ 时烟气的焓 H_y 如表7-3所示。

$\alpha=1.4$ 时烟气的焓 H_y (kJ/kg)　　　　　　表7-3

烟气温度 ϑ(℃)	800	900	1000	1500	1600
烟气热焓 H_y(kJ/kg)	8545	9726	10926	17112	18382
ΔH_y(kJ/kg)	1181		1200		1270

锅炉排烟热损失 $q_2=8.61\%$，气体不完全燃烧热损失 $q_3=1\%$，固体不完全燃烧热损失 $q_4=13\%$，散热损失 $q_5=2.3\%$，其他热损失 $q_6=0.82\%$，锅炉效率 $\eta_{gl}=74.27\%$，保热系数 $\varphi=0.97$，耗煤量 $B=1260kg/h$。

炉膛容积 $V=19.92m^3$，炉墙面积 $F_{bz}=47.43m^2$，炉排有效面积 $R=8.27m^2$，辐射受热面面积 $H_f=30.6m^2$，水冷壁平均有效角系数 $\chi=0.6452$，水冷壁平均沾污系数 $\zeta=0.5206$。

锅炉无空气预热器。

试用校核计算方法求炉膛出口烟气温度及炉内辐射传热量，并计算辐射受热面热强度、燃烧室热强度及炉排热强度。

（炉膛出口烟气温度 $\vartheta''_l=921℃$，炉内辐射传热量 $Q_f=7384kJ/kg$，辐射受热面热强度 $q_f=73.5kW/m^2$，燃烧室热强度 $q_V=310.9kW/m^3$，炉排热强度 $q_R=748.8kW/m^2$）。

2. 本题拟分五个小题进行 SZS10-1.3-WⅡ型锅炉本体受热面的校核热力计算。现将有关数据给出或列于表7-4～表7-7中。

烟道各处漏风系数　　　　　　　　表7-4

名称	漏风系数 $\Delta\alpha$	过量空气系数		名称	漏风系数 $\Delta\alpha$	过量空气系数	
		入口处 α'	出口处 α''			入口处 α'	出口处 α''
炉膛	0.1	1.25	1.35	省煤器	0.1	1.45	1.55
凝渣管	0	1.35	1.35	空气预热器	0.1	1.55	1.65
对流管束	0.1	1.35	1.45				

各受热面中烟气平均容积　　　　　　　　表7-5

名　　称	符　号	单位	炉　膛	防渣管	对流管束	省　煤器	空气预热器
烟气容积	V_y	m³/kg	7.93	8.23	8.52	9.12	9.71
RO_2 容积份额	r_{RO_2}	—	0.141	0.136	0.131	0.122	0.115
水蒸气容积份额	r_{H_2O}	—	0.059	0.058	0.056	0.053	0.051
三原子气体容积份额	r_q	—	0.200	0.194	0.187	0.175	0.166
烟气质量	G_y	kg/kg	10.62	11.00	11.38	12.13	12.89
飞灰浓度	μ_{fh}	kg/kg	0.0235	0.0227	0.0220	0.0206	0.0194

理论空气的焓　　　　　　　　表7-6

温度(℃)	理论空气焓 H_k^0(kJ/kg)	温度(℃)	理论空气焓 H_k^0(kJ/kg)
100	770	200	1550

不同过量空气系数下烟气的焓　　　　　　　　表7-7

烟气温度 ϑ(℃)	烟　气　焓 H_y(kJ/kg)							
	$\alpha=1.35$		$\alpha=1.45$		$\alpha=1.55$		$\alpha=1.65$	
	H_y	ΔH_y	H_y	ΔH_y	H_y	ΔH_y	H_y	ΔH_y
100							1354	
200					2582		2737	1418
300			3686		3921	1339	4155	
400			4981	1295	5296			
500			6311	1330				
900	11183							
1000	12561	1378						
1100	13953	1392						
1200	15350	1397						
1700	22583							
1800	24048	1465						
1900	25542	1494						

SZS10-1.3-WⅡ型锅炉额定蒸发量 $D=10$t/h，蒸汽绝对压力 $P=1.37$MPa，饱和温度，给水温度 $t_{gs}=105℃$，冷空气温度 $t_{lk}=30℃$，热空气温度 $t_{rk}=160℃$，排污率5%，制粉系统采用锤击式磨煤机竖井式直吹系统。

收到基燃料特性：$C_{ar}=59.6\%$，$H_{ar}=2.0\%$，$S_{ar}=0.5\%$，$O_{ar}=0.8\%$，$N_{ar}=0.8\%$，$A_{ar}=26.3\%$，$M_{ar}=10.0\%$，$V_{daf}=8.2\%$，$Q_{net,ar}=22190$kJ/kg；灰的变形温度 $t_1=1345℃$，理论空气量 $V_k^0=5.82$m³/kg，理论烟气量 $V_y^0=6.16$m³/kg。

锅炉排烟热损失 $q_2=7.55\%$，气体不完全燃烧热损失 $q_3=0$，固体不完全燃烧热损失 $q_4=7\%$，散热

损失 $q_5 = 1.75\%$，其他热损失 $q_6 = 0$，锅炉效率 $\eta_{gl} = 83.7\%$，保热系数 $\varphi = 0.9795$，耗煤量 $B = 1274\text{kg/h}$。

(1) SZS10-1.3-WⅡ型锅炉炉膛体积 $V_l = 47.4\text{m}^3$，炉墙面积 $F_{bz} = 99.3\text{m}^2$，辅助炉排面积 $R = 2.1\text{m}^2$，辐射受热面面积 $H_f = 47.8\text{m}^2$，水冷壁平均有效角系数 $\chi = 0.492$，燃烧器高度 $h_r = 4.15\text{m}$，炉膛高度 $H_l = 9.0\text{m}$。试用校核计算方法求炉膛出口烟气温度及炉内辐射传热量。

注意：在竖井煤粉炉中最高温度的位置与进入炉膛的燃料—空气混合物的流束方向有关。当没有分流器而将流束的基本部分向下导流时，$X_{max} = \dfrac{h_r}{H_l} - 0.15$，本题即属于这一种情况。

($\vartheta_l'' = 1003℃$，$Q_f = 10929\text{kJ/kg}$)

(2) SZS10-1.3-WⅡ型锅炉凝渣管外径为51mm，横向管距 $s_1 = 190\text{mm}$，纵向管距 $s_2 = 210\text{mm}$，横向管排数 $m_1 = 9.5$，纵向管排数 $n_2 = 2$，受热面面积 $H = 6.45\text{m}^2$，烟气流通截面积 $F = 1.749\text{m}^2$，管子为错排，冲刷系数 $\omega = 1.0$，凝渣管入口烟温为1003℃，试用校核计算方法校核凝渣管出口烟气温度及凝渣管对流传热量。

($\vartheta'' = 950℃$，$Q_{nz} = 716\text{kJ/kg}$)

(3) SZS10-1.3-WⅡ型锅炉对流管束外径为51mm，横向管距 $s_1 = 120\text{mm}$，纵向管距 $s_2 = 110\text{mm}$，平均纵向管子排数 $z_2 = 12$，受热面面积 $H = 189.2\text{m}^2$，烟气流通截面 $F = 1.362\text{m}^2$，对流管束前烟气空间深度为0.33mm，对流管束深度为2.52m，对流管束为顺排，冲刷系数 $\omega = 1.0$，入口烟温为950℃。试用校核计算方法求对流管束出口烟气温度及对流管束传热量。

($\vartheta'' = 324℃$，$Q_{gs} = 7736\text{kJ/kg}$)

(4) SZS10-1.3-WⅡ型锅炉采用方型鳍片铸铁省煤器，受热面面积 $H = 70.8\text{m}^2$，烟气流通截面积 $F = 0.72\text{m}^2$，水流通截面积 $f = 0.005655\text{m}^2$，给水绝对压力 $P = 1.52\text{MPa}$，入口烟温为324℃，试校核计算铸铁省煤器出口烟气温度及吸热量。

($\vartheta'' = 246℃$，$Q_{sm} = 805\text{kJ/kg}$)

(5) SZS10-1.3-WⅡ型锅炉管式空气预热器管子外径为40mm，内径为37mm，管长 $l = 2.265\text{m}$，横向管距 $s_1 = 73\text{mm}$，纵向管距 $s_2 = 44\text{mm}$，空气行程数为3，每个行程中沿空气流动方向管子排数 $n_2 = 41$，受热面面积 $H = 202.7\text{m}^2$，烟气流通截面积 $F_y = 0.5075\text{m}^2$，空气流通截面积 $F_k = 0.497\text{m}^2$，入口烟气温度为246℃，入口冷空气温度为30℃。试用校核计算方法决定排烟温度、空气预热温度和空气预热器吸热量。

($\vartheta_{gy} = 152℃$，$t_{rk} = 151℃$，$Q_{ky} = 1168\text{kJ/kg}$)

3. 一台蒸发量为10t/h的抛煤机锅炉，炉排面积 $R = 9.9\text{m}^2$，炉膛四周炉墙面积 $F_{bz} = 72\text{m}^2$，各墙水冷壁结构特性如题表7-8所示，试求此锅炉炉膛的总有效辐射受热面面积及炉膛平均热有效系数。

水冷壁结构特性　　　　　　　　　　　　　　　　　　　表 7-8

名　称	符号	单位	前墙	两侧墙	后墙	炉膛出口烟窗
管子外径	d_w	mm	51	51	51	51
管子节距	S	mm	130	80	80	130
管子中心与墙距离	e	mm	100	40	40	—
炉墙面积	F	m^2	7.6	39.5	13.4	1.6

($H_f = 56.77\text{m}^2$，$\psi_l = 0.473$)

4. 有一台SZP6.5-1.3-A型锅炉，其燃尽室体积 $V_{rj} = 3.64\text{m}^3$，包覆面积 $F_l = 18.69\text{m}^2$，有效辐射受热面面积 $H_f = 8.3\text{m}^2$，漏风系数 $\Delta\alpha_{rj} = 0$。由炉膛热力计算得知：炉膛出口烟气温度 $\vartheta_l'' = 930℃$，出口烟焓 $H_l'' = 9948\text{kJ/kg}$；在炉膛出口过量空气系数 $\alpha_l'' = 1.5$ 时，水蒸气容积份额 $r_{H_2O} = 0.082$，三原子气体容积份额 $r_q = 0.123$；烟温为850℃时的烟气焓 $H_y = 8870\text{kJ/kg}$，计算燃料消耗量 $B_j = 1149\text{kg/h}$，由

炉膛投射到燃尽室的辐射热量 $Q_l^f = 81.6$kJ/kg，保热系数 $\varphi = 0.969$，试计算燃尽室辐射受热面所吸收的热量和烟气出口温度。

（$Q_{cr} = 1091$kJ/kg，$\vartheta'' = 846$℃）

5. 在 SHL20-1.3/350-A 型锅炉的尾部烟道中装有管式空气预热器，其管径为 40/37mm，管长 3.5m，由中间管板分成两节，受热面面积为 400m²；管子呈错排，横向管距为 78mm，纵向管距为 43mm，纵向管排为 19，烟气流通截面积 $F_y = 1.01$m²，空气流通截面积 $F_k = 1.34$m²；计算燃料消耗量 $B_j = 2990$kg/h，理论空气量 $V_k^0 = 5.61$m³/kg，炉膛出口过量空气系数 $\alpha_l'' = 1.4$，炉膛漏风系数 $\Delta\alpha = 0.1$；流经空气预热器的平均烟气容积 $V_y = 9.66$m³/kg，水蒸气容积份额 $r_{H_2O} = 0.071$；烟气进口温度为 265℃，烟焓 $H_y = 3496$kJ/kg；在排烟过量空气系数下对应烟温 175℃ 和 155℃ 的烟焓为 2349kJ/kg 和 2081kJ/kg。若冷空气温度为 30℃，要求出口热空气温度为 160℃，保热系数 $\varphi = 0.9836$，试对此空气预热器作校核热力计算。

（$\vartheta'' = 170$℃，$Q_{ky} = 1265$kJ/kg）

第八章　锅炉设备的通风计算

锅炉设备的通风计算，实际上就是锅炉的烟、风阻力计算，其目的在于确定锅炉烟、风系统的全压降，为选择送、引风机提供可靠依据。锅炉烟、风系统各部分介质流量、温度以及流通截面等相关数据，均依据锅炉额定负荷下的热力计算数据确定。

我国工业锅炉烟、风阻力计算一直沿用原苏联的烟风阻力计算方法，具有系统、完整的优点，与美国、德国等国家锅炉厂商所使用的锅炉烟风阻力计算方法在原理上是相同的。所以，到目前为止，我国工业锅炉仍然采用原苏联 1977 年版《锅炉设备动力计算（标准方法）》体系，仅结合了国内引进和消化吸收国外工业锅炉先进技术过程中的经验和教训，以及自主开发和设计的技术成果，从实用性的角度对其作了必要简化，删去其中有关大容量电站锅炉的部分内容，补充和更新了部分内容。

第一节　通风的作用和方式

锅炉在运行时，必须连续地向锅炉供入燃烧所需要的空气，并将生成的烟气不断引出，这一过程被称为锅炉的通风过程。通风一旦停止，锅炉就将停止运行；通风力不足会使燃烧强度减弱，烟气温度和流速也相应降低，锅炉出力就下降。因此，通风是锅炉的"呼吸"器官，也是调整锅炉出力的手段。只有合理地设计通风系统和选用通风设备，才能保证锅炉的燃烧和传热过程正常进行。

根据锅炉类型和容量大小的不同，各种锅炉采用的通风方式是不相同的，可以是自然通风，也可以采用机械通风。

对于小型无尾部受热面的锅炉，如立式火管锅炉，烟气阻力不大，通常采用自然通风，即仅利用烟囱中热烟气和外界冷空气的密度差来克服锅炉通风流动阻力。

对于设置尾部受热面和除尘装置的小型锅炉，或较大容量的供热锅炉，因烟、风道的流动阻力较大，必须采用机械通风，即借助于风机所产生的压头去克服烟、风道的流动阻力。

目前采用的机械通风方式有以下三种。

一、负压通风

除利用烟囱外，还在烟囱前装设引风机用于克服烟、风道的全部阻力。这种通风方式对小容量、烟风系统的阻力不太大的锅炉较为适用。如烟、风道阻力很大，采用这种通风方式必然在炉膛或烟、风道中造成较高的负压，从而使漏风量增加，降低锅炉热效率。

二、平衡通风

在锅炉烟、风系统中同时装设送风机和引风机。从风道吸入口到进入炉膛（包括通过空气预热器、燃烧设备和燃料层）的全部风道阻力由送风机克服；而炉膛出口到烟囱出口（包括炉膛出口负压、锅炉防渣管以后的各部分受热面和除尘设备）的全部烟道阻力则由引风机来克服。这种通风方式既能有效地送入空气，又使锅炉的炉膛及全部烟道都在负压下运行，使锅炉房的安全及卫生条件较好。若与负压通风相比，锅炉的漏风量也较小。目前在供热锅炉中，大都采用平衡通风。图 8-1 所示为锅炉采用平衡通风时烟、风道的正负压分布图。

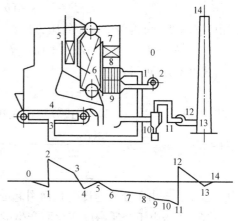

图 8-1　平衡通风沿程的风压变化图

三、正压通风

在锅炉烟、风系统中只装设送风机，利用其压头克服全部烟风道的阻力。这时锅炉的炉膛和全部烟道都在正压下工作，因而炉墙和门孔皆需严格密封，以防火焰和高温烟气外泄伤人。这种通风方式提高了炉膛燃烧热强度，使同等容量的锅炉体积较小。由于消除了锅炉炉膛、烟道的漏风，提高了锅炉的热效率。正压通风，目前国内在燃油和燃气锅炉上已有应用。

锅炉通风一般采用平衡通风方式和微正压通风方式。

第二节　通风计算的原理和基本方法

一、通风计算原理

从流体力学可知，当空气或烟气在风道或烟道中从第一截面流向第二截面（图 8-2）时，其流动能量方程（即伯努利方程）可表示为

$$P_1+\frac{\rho w_1^2}{2}+\rho g Z_1 = P_2+\frac{\rho w_2^2}{2}+\rho g Z_2+\Delta h_{sl}$$

也即

$$P_2-P_1+\frac{\rho(w_2^2-w_1^2)}{2}+\rho g(Z_2-Z_1)+\Delta h_{sl}=0 \qquad (8\text{-}1)$$

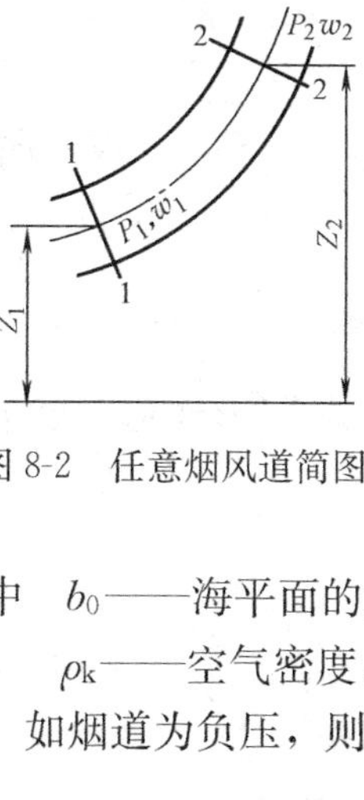

式中　P_1，P_2——相对于截面 1，2 处的绝对压力，Pa；

　　　Z_1，Z_2——相对于截面 1，2 处的海拔高度或离某一基准面的高度，m；

　　　ρ——为截面 1，2 处的介质平均密度，kg/m³；

　　　w_1，w_2——相对于截面 1，2 处的介质流速，m/s；

　　　Δh_{sl}——为两截面之间介质的流动阻力，Pa。

图 8-2　任意烟风道简图

在任一截面处介质的绝对压力 P 等于其表压力 h_z 和大气压力 b 之和，即

$$P=h_Z+b=h_Z+(b_0-\rho_k g Z) \quad \text{Pa} \qquad (8\text{-}2)$$

式中　b_0——海平面的大气压力，Pa；

　　　ρ_k——空气密度，kg/m³。

如烟道为负压，则该截面绝对压力等于大气压力减去其真空度 s，即

261

$$P=b-s=(b_0-\rho_k gZ)-s \quad \text{Pa} \tag{8-3}$$

由式（8-2）可得两个截面的压力差：

$$P_1-P_2=(h_{Z_1}-h_{Z_2})+(b_1-b_2)=(h_{Z_1}-h_{Z_2})+\rho_k g(Z_2-Z_1) \quad \text{Pa} \tag{8-4}$$

由式（8-3）可得：

$$P_1-P_2=(s_2-s_1)+\rho_k g(Z_2-Z_1) \quad \text{Pa} \tag{8-5}$$

将式（8-4）、式（8-5）两式分别代入式（8-1）中，可得任意两截面的总压降：

$$\Delta H=h_{Z_1}-h_{Z_2}=\Delta h_{sl}+\frac{\rho(w_2^2-w_1^2)}{2}-(\rho_k-\rho)g(Z_2-Z_1)=\Delta h_{s_1}+\Delta h_{sd}-h_{zs} \quad \text{Pa} \tag{8-6}$$

或

$$\Delta H=s_2-s_1=\Delta h_{sl}+\Delta h_{sd}-h_{zs} \quad \text{Pa} \tag{8-7}$$

式中　Δh_{sd}——由于介质速度变化而引起的压头损失，称速度损失，Pa；

h_{zs}——由于介质密度变化而产生的流动压头，通常叫自生通风力（自生风），Pa。

速度损失 Δh_{sd} 是由于通道截面变化或介质温度变化而引起的。通常把通道截面变化归之于局部阻力损失，而在速度损失中仅考虑由于温度变化而引起的损失。但在实际上，由于该项数值很小，在锅炉通风计算中常常予以忽略。

由于烟道（包括热风道）中的介质密度 ρ 总是小于大气密度 ρ_k，这种密度差所产生的流动压头，即为锅炉自生风。自生通风力 h_{zs} 可由下式求得：

$$h_{zs}=(\rho_k-\rho)g(Z_2-Z_1) \quad \text{Pa} \tag{8-8}$$

在气流上升的烟、风道中，自生风是正值，可以用来克服流动阻力，有助于气流流动；相反，在气流下降的烟、风道中，自生风是负值，因而要消耗外界压头，阻碍气流的流动。显然，在水平烟、风道中，自生风等于零。

二、阻力计算

在平衡通风方式下，锅炉烟、风通道系统的阻力，按空气通道和烟气通道两部分分别计算。

在锅炉通风计算中，烟、风道阻力分为沿程摩擦阻力和局部阻力。纵向冲刷管束的阻力包括在沿程摩擦阻力的计算中，横向冲刷受热面管束的阻力另行计算。

1. 通道沿程摩擦阻力的计算

摩擦阻力是气流在通过等截面的直通道，包括纵向冲刷管束时产生的。在一般情况下，即当有热交换时，摩擦阻力按下式计算：

$$\Delta h_{mc}=\lambda\frac{l}{d_{dl}}\frac{\rho w^2}{2}\left(\frac{2}{\sqrt{\frac{T_b}{T}}+1}\right)^2 \quad \text{Pa} \tag{8-9}$$

式中　λ——沿程摩擦阻力系数，依据通道类型按表8-1选取；

l——通道长度，m；

d_{dl}——通道截面的当量直径，对于圆形通道取为直径，m；非圆形通道，可按式（7-56）计算；

w——气流的速度，m/s；

ρ——气体的密度，kg/m³；

T,T_b——分别表示气流及管壁的平均温度，K。

若介质温度变化不大或没有变化时，式（8-9）可简化为

$$\Delta h_{mc} = \lambda \frac{l}{d_{dl}} \frac{\rho w^2}{2} \quad \text{Pa} \tag{8-10}$$

式（8-9）中括号的平方值为非等温修正值。在锅炉设备通风计算中只有管式空气预热器需要修正，而其差值也不超过 10%。因此在计算一般锅炉的区段阻力时，可按等温公式（8-10）计算，可不考虑对热交换影响的修正。

摩擦阻力系数 λ 与雷诺数 Re 和管壁的相对粗糙度 K/d_{dl}（d_{dl} 见第七章）有关。

对于管式空气预热器，其 $d_{dl} = 20 \sim 60\text{mm}$，当温度 $t \leqslant 300\text{℃}$，流速 $w = 5 \sim 30\text{m/s}$ 以及 $t > 300\text{℃}$ 和流速不超过 45m/s 时，λ 值可按以下近似公式计算：

$$\lambda = 0.335 \left(\frac{K}{d_{dl}} \right)^{0.17} Re^{-0.14} \tag{8-11}$$

纵向冲刷管束的摩擦阻力系数不但与 Re 数及管子粗糙度有关，而且还与管束中管子的相对节距有关。由于阻力不大，可按管束的当量直径由图 8-3 查得。

在计算锅炉的烟、风道阻力时，由于摩擦阻力在通道总阻力中所占的份额不大，可近似地取 λ 为常数，而与 Re 数无关，其数值见表 8-1。

沿程摩擦阻力系数 λ 　　表 8-1

通 道 种 类	λ
纵向冲刷光滑管束	0.03
无耐火衬的钢制烟、风道	0.02
有耐火衬的钢制烟、风道,砖或混凝土制烟道	
当 $d_{dl} \geqslant 0.9\text{m}$	0.03
当 $d_{dl} < 0.9\text{m}$	0.04
砖砌和钢筋混凝土烟囱	0.05
金属烟囱	
当 $d_2 \geqslant 2\text{m}$	0.015
当 $d_2 < 2\text{m}$	0.02

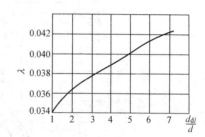

图 8-3　纵向冲刷光管管束的摩擦阻力系数

在计算摩擦阻力时，式（8-9）中的动压头：

$$h_d = \frac{\rho w^2}{2} \quad \text{Pa} \tag{8-12}$$

可由图 8-4 查得。

在计算管式空气预热器的烟气侧摩擦阻力时，已将式（8-10）及式（8-11）绘制成了线算图 8-5，并以下式计算：

$$\Delta h_{mc} = \Delta h_{mc}^i cl \quad \text{Pa} \tag{8-13}$$

式中　Δh_{mc}^i——每 m 长度的摩擦阻力，Pa/m；

　　　c——修正系数；

　　　l——管长，m。

图 8-5 中，k 为管子的粗糙度。

需要注意的是，在阻力计算时，所有的线算图都是按标准大气压下的干空气绘制的，因此，按线算图计算所得的阻力值还需要进行修正，详见本章第三节内容。

2. 横向冲刷管束阻力的计算

当介质气流横向冲刷锅炉受热面管束（包括悬吊式蒸汽过热器、蒸发管束和省煤器）时，其流动阻力均用下式计算：

$$\Delta h_{\mathrm{hx}} = \zeta \frac{\rho w^2}{2} \quad \mathrm{Pa} \tag{8-14}$$

式中的 ζ 为阻力系数，其值与管束的结构形式、沿介质流动方向的管子排数和雷诺数 Re 等有关。介质进入和流出管束时由于截面收缩和扩大所引起的压头损失也计入其中，不再另行计算。式中的动压头可由图 8-4 查得，气流速度是按管子轴向平面处烟道的有效截面来确定的。

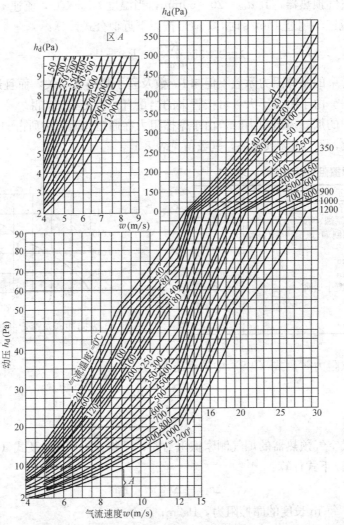

图 8-4　标准大气压（101325Pa）下空气的动压头

换算公式：$h_{\mathrm{d}_2} = h_{\mathrm{d}_1} \left(\dfrac{w_2}{w_1} \right)^2 \quad \mathrm{Pa}$

（1）顺列管束阻力系数

光滑管顺列管束排列形式如图 8-6 所示。图中，Z_2 为沿气流方向（即管束深度方向）的管子排数；S_1，S_2 为管束的横向、纵向管距，m；d 为管子外径，m。管束的阻力与 $\dfrac{S_1}{d}$，$\dfrac{S_2}{d}$，$\psi = \dfrac{S_1 - d}{S_2 - d}$ 以及雷诺数 Re 值有关。

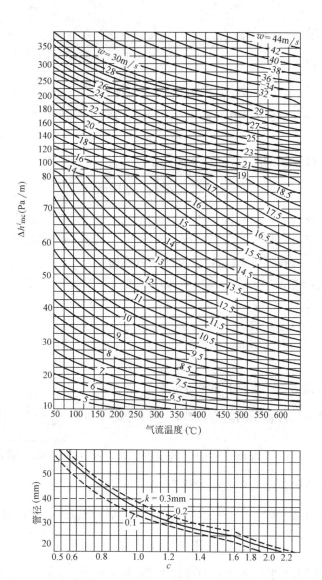

图 8-5 空气预热器纵向冲刷时的摩擦阻力

$$\Delta h_{mc} = \Delta h^i_{mc} cl \quad \text{Pa};\quad \text{换算公式：}\ \Delta h_{mc_2} = \Delta h_{mc_1} \left(\frac{w_2}{w_1}\right)^{1.20}$$

当$\dfrac{S_1}{d} \leqslant \dfrac{S_2}{d}$或当$\dfrac{S_1}{d} > \dfrac{S_2}{d}$且$1 < \psi \leqslant 8$时，管束的阻力系数可由下式计算：

$$\zeta = \zeta_i Z_2 \qquad (8\text{-}15a)$$

式中 ζ_i——每一排管子的阻力系数。

每一排管束的阻力系数按下列情况计算：

1）当$\dfrac{S_1}{d} \leqslant \dfrac{S_2}{d}$，且$0.06 \leqslant \psi \leqslant 1$时，

$$\zeta_i = 2\left(\frac{S_1}{d} - 1\right)^{-0.5} Re^{-0.2} \qquad (8\text{-}15b)$$

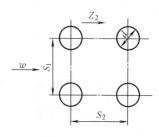

图 8-6 顺列管束

2) 当 $\dfrac{S_1}{d} > \dfrac{S_2}{d}$ 时

对于 $1 < \psi \leqslant 8$ 时

$$\zeta_i = 0.38\left(\frac{S_1}{d} - 1\right)^{-0.5}(\psi - 0.94)^{-0.59}\ Re^{\frac{-0.2}{\psi^2}} \tag{8-15c}$$

对于 $8 < \psi \leqslant 15$ 时，管束的阻力系数可由下式计算：

$$\zeta = \zeta'_{it} Z_2 \tag{8-16a}$$

式中 ζ'_{it}——每一排管子的阻力系数，可由下式求出：

$$\zeta'_{it} = 0.118\left(\frac{S_1}{d} - 1\right)^{-0.5} \tag{8-16b}$$

若管束中节距交替变化，并同处于式（8-15b）、式（8-15c）和式（8-16b）某一规定范围时，管束阻力系数可按平均节距计算；不处于同一规定范围时，则按各部分管束阻力系数加权平均计算，或按式（8-15a）分段计算后叠加。

为了计算简便，将式（8-15）、式（8-16）制成线算图 8-7，可供直接查得阻力系数及有关修正值。

（2）错列管束的阻力系数

光滑管错列管束如图 8-8 所示，其阻力系数可用下式计算：

$$\zeta = \zeta_i(Z_2 + 1) \tag{8-17}$$

式中 Z_2——沿气流方向（纵向）的管子排数；

ζ_i——管束中一排管子的阻力系数，它与比值 $\dfrac{S_1}{d}$ 和 $\varphi = \dfrac{S_1 - d}{S'_2 - d}$ 以及 Re 数有关；

S'_2——管子的斜向（对角线方向）的节距，m；$S'_2 = \sqrt{\dfrac{1}{4}S_1^2 + S_2^2}$；

S_1，S_2——分别为管束横向和纵向的节距，m。

对于所有错列管束，除了 $3 < \dfrac{S_1}{d} \leqslant 10$，$\varphi > 1.7$ 的管束以外，ζ_i 值按下式确定：

$$\zeta_i = c_s Re^{-0.27} \tag{8-18a}$$

式中 c_s——错列管束的形状系数，与比值 S_1/d 及 $\varphi = \dfrac{S_1 - d}{S'_2 - d}$ 有关，其中：

当 $0.1 \leqslant \varphi \leqslant 1.7$ 时，对于 $\dfrac{S_1}{d} \geqslant 1.44$ 的管束

$$c_s = 3.2 + 0.66(1.7 - \varphi)^{1.5} \tag{8-18b}$$

对于 $\dfrac{S_1}{d} < 1.44$ 的管束

$$c_s = 3.2 + 0.66(1.7 - \varphi)^{1.5} + \frac{1.44 - \dfrac{S_1}{d}}{0.11}[0.8 + 0.2(1.7 - \varphi)^{1.5}] \tag{8-18c}$$

当 $1.7 < \varphi \leqslant 6.5$ 时，已成为密布管束，即斜向截面几乎等于或小于横向截面。对于 $1.44 \leqslant \dfrac{S_1}{d} \leqslant 3.0$ 的管束

$$c_s = 0.44(\varphi + 1)^2 \tag{8-18d}$$

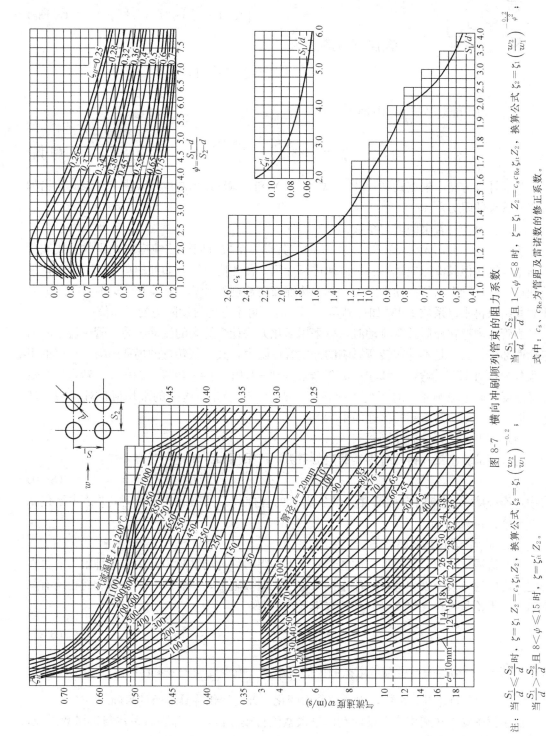

图 8-7 横向冲刷顺列管束的阻力系数

注:当 $\dfrac{S_1}{d} \le \dfrac{S_2}{d}$ 时,$\zeta = \zeta_1$,$Z_2 = c_s \zeta_{ti} Z_2$,换算公式 $\zeta_2 = \zeta_1 \left(\dfrac{w_2}{w_1}\right)^{-0.2}$;

当 $\dfrac{S_1}{d} > \dfrac{S_2}{d}$ 且 $1 < \psi \le 8$ 时,$\zeta = \zeta_1$,$Z_2 = c_s c_{Re} \zeta_{ti} Z_2$,换算公式 $\zeta_2 = \zeta_1 \left(\dfrac{w_2}{w_1}\right)^{-0.2} \psi^2$;

当 $\dfrac{S_1}{d} > \dfrac{S_2}{d}$ 且 $8 < \psi \le 15$ 时,$\zeta = \zeta_{ti}' Z_2$。

式中:c_s、c_{Re} 为管距及雷诺数的修正系数。

267

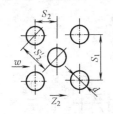

图 8-8 错列管束

对于 $\dfrac{S_1}{d}<1.44$ 的管束

$$c_s = \left[0.44+\left(1.44-\frac{S_1}{d}\right)\right](\varphi+1)^2 \qquad (8\text{-}18e)$$

单排管束的阻力为

$$\Delta h_c^i = \zeta_i \frac{w^2 \rho}{2} \quad \text{Pa/排}$$

当 $\varphi>1.7$ 和 $3.0<\dfrac{S_1}{d}\leqslant 10$ 时

$$\zeta_{it}' = 1.83\left(\frac{S_1}{d}\right)^{-1.46} \qquad (8\text{-}19)$$

为了计算方便，根据式（8-14）、式（8-18）和式（8-19）制成线算图 8-9 来确定错列布置时管束的阻力。

（3）斜向冲刷管束的阻力系数

当气流斜向冲刷光管管束时（图 8-10），其阻力系数可同样按纯横向冲刷的公式和线算图来计算，但其流速应根据斜向截面进行计算。在此情况下，如冲刷角 $\beta\leqslant 75°$，无论是顺列还是错列管束的斜向冲刷阻力，都先按纯横向冲刷的计算，流动阻力均应增加 10%，即对其结果再乘以系数 1.1；如冲刷角 $\beta>75°$ 时，可不考虑流动阻力的增加值。

当管束内存在介质转弯流动时，可采用简化方法计算管束的流动阻力。管束流通阻力包括两部分，其一是不计入转弯影响的冲刷管束阻力，其二是转弯的局部阻力。后来的阻力系数为：对 180°转弯，$\zeta=2.0$；对 90°转弯，$\zeta=1.0$；对 45°转弯，$\zeta=0.5$。转弯中气流计算速度的确定原则是：对于变截面转弯，取始、末端介质流速的平均值；对于 180°转弯，取始端、中位和末端的流速的平均值。

（4）方型鳍片管横向冲刷管束

对常用的方型鳍片铸铁省煤器的阻力系数，可采用如下简化的近似公式：

$$\zeta = 0.5Z_2 \qquad (8\text{-}20)$$

式中，Z_2 为沿气流方向方型鳍片铸铁省煤器的管排数。利用此式计算时，ζ 值中已包括了积灰修正系数 $k=1.2$。

3. 通道局部阻力的计算

当气流通过截面或方向变化的通道时产生的阻力称为局部阻力。由于这种阻力总是在一定长度的通道段上发生的，因而也同时有沿程摩擦阻力，二者应分别计算。对于所有局部阻力，无论是否存在热交换，都按以下通式计算：

$$\Delta h_{jb} = \zeta \frac{\rho w^2}{2} \quad \text{Pa} \qquad (8\text{-}21)$$

式中 $\dfrac{\rho w^2}{2}$——动压头，可按指定截面中的流速和气流温度由图 8-4 查得；

ζ——局部阻力系数，由通道截面变化、方向变化等具体条件来确定。

由于锅炉烟、风道中介质的流动已进入紊流自模化区，局部阻力系数与雷诺数无关，可由通道部件的形状而定。在锅炉中造成局部阻力的情况有以下几种：

（1）通道截面改变引起的局部阻力的计算

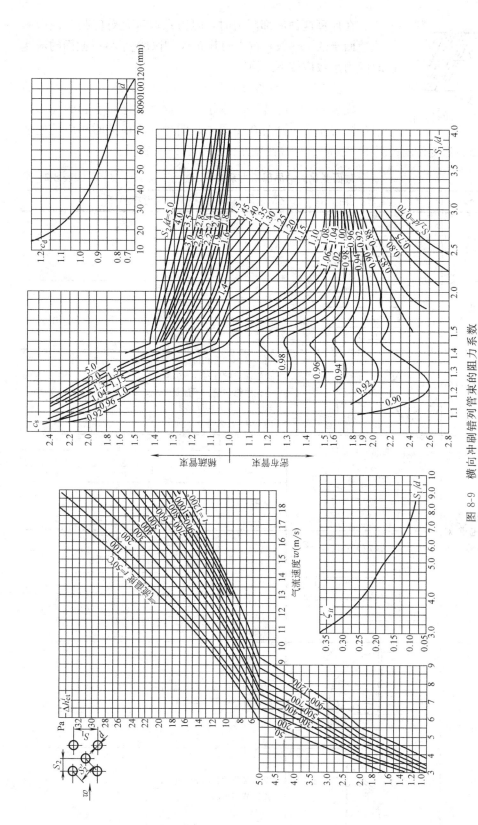

图 8-9 横向冲刷错列管束的阻力系数

注：对于 $0.1 \leqslant \varphi \leqslant 1.7$ $\dfrac{S_1}{d} \leqslant 3.0$ 且 $1.7 < \varphi \leqslant 6.5$ 时，$\Delta h_c = \Delta h'_c(Z_2+1) = c_s c_d \Delta h'_{ct}(Z_2+1)$；换算公式：$\Delta h_2 = \Delta h_1 \left(\dfrac{w_2}{w_1}\right)^{1.73}$；

式中：c_d 为管子直径修正系数；$\Delta h'_{ct}$ 为在图上查得的错列单排管束的阻力

当 $\varphi > 1.7$ 且 $3.0 < \dfrac{S_1}{d} \leqslant 10$ 时，$\Delta h_c = \zeta'_{it} \dfrac{w^2 \rho}{2}(Z_2+1)$。

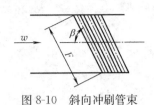

图 8-10　斜向冲刷管束

在计算这种局部阻力时，阻力系数都是对应某一截面的流速而定的（一般是按小的截面），当对应于另一截面的流速时阻力系数应按下式换算：

$$\zeta_2 = \zeta_1 (F_2/F_1)^2 = \zeta_1 (w_1/w_2)^2 \qquad (8\text{-}22)$$

在表 8-2 中列出了一部分由于截面变化而引起的局部阻力的阻力系数，同时在简图中表明了计算流速时相应的通道截面。在截面突然变化的情况下，其阻力系数按截面比值由图 8-11 查得。

截面变化时的局部阻力系数　　　　　　　　　表 8-2

序号	名　称	简　图	局部阻力系数		
1	端部与壁面相平的通道入口		$\zeta = 0.5$		
2	端部伸出壁外的通道入口		当 $\delta/d \approx 0$，$a/d \geqslant 0.2$，$\zeta = 1.0$ $0.05 < a/d < 0.2$，$\zeta = 0.85$ 当 $\delta/d \geqslant 0.04$，$\zeta = 0.5$		
3	边缘为圆角的通道入口		当 $r/d = 0.05$ 和边缘与壁相平时，$\zeta = 0.25$ 边缘伸出壁外时，$\zeta = 0.4$ 不论边缘与壁齐平还是凸出， 当 $r/d = 0.1$，$\zeta = 0.12$； 当 $r/d = 0.2$，$\zeta = 0$		

序号	名称	简图	α	ζ		
4	进入端部为圆锥形管的通道；对矩形截面的 ζ 按较大 α 来确定	a—端部与壁面相平		l/d		
				0.1	0.2	0.3
			30°	0.25		0.2
			50°		0.2	0.15
			90°		0.25	0.2
		b—端部伸出壁外	α	l/d		
				0.1	0.2	0.3
			30°	0.55	0.35	0.2
			50°	0.45	0.22	0.15
			90°	0.41	0.22	0.18

序号	名称	简图	局部阻力系数
5	吸气孔的连接管		没有调节挡板时，$\zeta = 0.2$； 有调节挡板时，$\zeta = 0.3$
			没有调节挡板时，$\zeta = 0.1$； 有调节挡板时，$\zeta = 0.2$

序号	名　称	简　图	局部阻力系数
6	在罩下面的通道入口		$\zeta \approx 0.5$
7	在罩下面的通道出口		$\zeta \approx 0.65$

（上述6、7行的局部阻力系数栏合并说明）ζ 值仅适用于图示的伞形罩,该罩是最好的一种式样

序号	名　称	简　图	局部阻力系数
8	通道出口(烟囱除外)		$\zeta = 1.1$;当在出口前装有收缩管$(l \geqslant 20 d_{dl})$时,$\zeta = 1.0$
9	通过栅格或孔板(锐缘孔口)的通道进口		$\zeta = \left[1.707\left(\dfrac{F}{F_1}\right) - 1 \right]^2$
10	带一个(第一个)侧孔口(锐缘孔口)的通道进口		当$\dfrac{F_1}{F} \leqslant 0.4$时,$\zeta = 2.5\left(\dfrac{F}{F_1}\right)^2$ 当$\dfrac{F_1}{F} > 0.4$时,$\zeta \approx 2.26\left(\dfrac{F}{F_1}\right)^2$
11	带两个对面孔口通道进口		当$\dfrac{F_1}{F} \leqslant 0.7$时,$\zeta \approx 3.0\left(\dfrac{F}{F_1}\right)^2$; F_1 为侧孔口总面积
12	带栅格或孔板(锐缘孔口)的通道进口		$\zeta = \left(\dfrac{F}{F_1} + 0.707\dfrac{F}{F_1}\sqrt{1-\dfrac{F_1}{F}}\right)^2$
13	带一个(最后的)侧孔口的通道出口		当$\dfrac{F_1}{F} \leqslant 0.7$时,$\zeta \approx 2.6\left(\dfrac{F}{F_1}\right)^2$
14	带两个对面孔口的通道出口		当$\dfrac{F_1}{F} \leqslant 0.6$时,$\zeta = 2.9\left(\dfrac{F}{F_1}\right)^2$ F_1 为孔口的总面积
15	通道内的栅格或孔板(锐缘孔口)		$\zeta = \left(\dfrac{F}{F_1} - 1 + 0.707\dfrac{F}{F_1}\sqrt{1-\dfrac{F_1}{F}}\right)^2$
16	全开的插板门,转动的挡板门		$\zeta = 0.1$
17	在直通道中的渐缩管		当$\alpha < 20°$时,$\zeta = 0$; 当$\alpha = 20° \sim 60°$时,$\zeta = 0.1$; 当$\alpha > 60°$时,ζ按截面突然收缩时的图8-11确定: $\operatorname{tg}\dfrac{\alpha}{2} = \dfrac{d_1 - d_2}{2l}$;当收缩管为矩形截面并两侧收缩时,尺寸 d 应采用具有较大收缩角处的尺寸

271

扩散管一般分圆锥形扩散管、平面扩散管和棱锥形扩散管（图 8-12），其阻力系数总是对应于进口截面上的速度。这三种扩散管的局部阻力系数均可按下式确定：

$$\zeta_{ks} = \varphi_{ks} \zeta_{jk} \tag{8-23}$$

式中　ζ_{jk}——扩散管按突扩求得的局部阻力系数，根据扩散管的截面比查图 8-11 求得；

　　　φ_{ks}——扩散系数，查图 8-12，此时扩散角用下述方法计算。

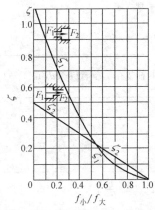

图 8-11　截面突然变化时的局部阻力系数

ζ_1—出口阻力系数（截面由小变大）；ζ_2—进口
阻力系数（截面由大变小）；

$$\Delta h_1 = \zeta_1 \frac{\rho w_1^2}{2}, \text{ Pa}; \quad \Delta h_2 = \zeta_2 \frac{\rho w_2^2}{2}, \text{ Pa}$$

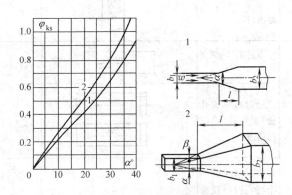

图 8-12　在直管道中扩散管的阻力系数

1—圆锥形和平面的扩散管；2—棱锥形的扩散管；

$$\text{tg} \frac{\alpha}{2} = \frac{b_2 - b_1}{2l}; \quad \zeta_{ks} = \varphi_{ks} \zeta_{jk}$$

对棱锥形扩散管用边界上的扩散角计算（图 8-12）。在两侧扩散角不同时，按较大的角计算。

天圆地方或地圆天方的扩散管在计算 α 角时，以 $2\sqrt{\dfrac{F}{\pi}}$ 代替边长，其中 F 为方截面的面积，φ_{ks} 值按图 8-12 中曲线 2 决定。

风机出口扩散管的局部阻力系数按图 8-13 决定。

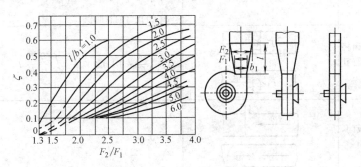

图 8-13　风机出口扩散管的阻力系数

（2）转弯阻力的计算

通道中所有转弯的阻力系数均按下列通式进行计算：

$$\zeta = k_\Delta \zeta_{zy} BC \tag{8-24}$$

式中　ζ_{zy}——转弯的原始阻力系数，决定于转弯形状和相对曲率半径；

$k_\triangle$——考虑管壁粗糙度影响的系数，对一般粗糙度的烟风道和锅炉烟道，缓转弯的 $k_\triangle$ 平均值取为 1.3，急转弯的取为 1.2；缓转弯和有圆曲边的急转弯的 $k_\triangle\zeta_{zy}$ 值也可由图 8-14 决定；对于没有圆曲边的急转弯，$k_z\zeta_{zy}=1.4$；

B——与弯头角度 α 有关的系数，按图 8-14（c）确定；当转弯角为 90°时，$B=1$；

C——考虑弯头截面形状的系数，按图 8-14（d）确定，当截面为圆形或正方形时，$C=1$。

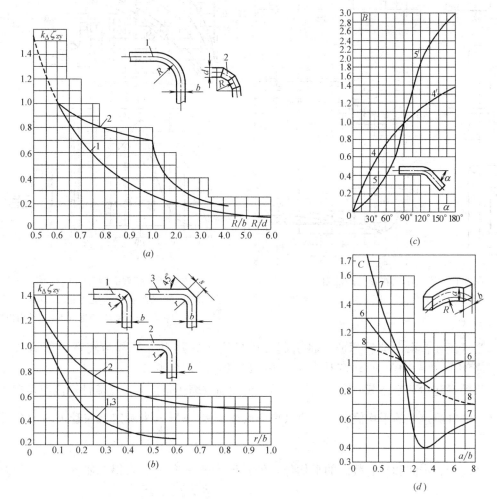

图 8-14　转弯阻力系数 $k_\triangle\zeta_{zy}$ 值及修正系数 B、C 值

（a）圆弯头与拼接弯头；（b）转角圆化的急弯头；（c）系数 B；（d）系数 C

1—内外曲率相等 $r_n=r_w=r$；2—$r_n=r_j$，$r_w=0$；3—$r_n=r$，$S\approx0.83(r+0.6)$；4—圆弯头；5—急弯头；

6—$\dfrac{R}{b}\leqslant2$ 的矩形截面与圆弯头；7—$\dfrac{R}{b}>2$ 的矩形截面弯头；8—急弯头

弯头的截面不变化时，查图 8-14（a）、（b）两图。两个 90°弯头串联布置时，与单独两个弯头的阻力之和不同。两个串联的 90°弯头总的阻力系数与单独弯头阻力系数和的比值可查图 8-15，其中单个弯头的阻力系数 ζ_{90} 数值可按图 8-14（b）、（d）来确定。

截面变化的急弯头查图 8-16（a）、（b），计算阻力时，取小截面中的流速计算动压头。

由于扩散转弯之后的气流很不均匀，因此，在弯头后没有稳定段或直段长度小于管道出口截面当量直径的 3 倍时，均应将图 8-16 或式（8-24）求得的阻力系数乘以 1.8 倍。

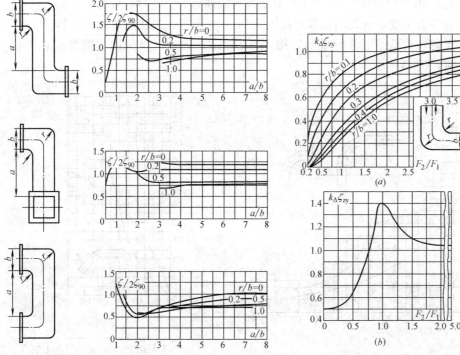

图 8-15　弯头串联布置的局部阻力系数

注：ζ_{90} 数值可按图 8-14（b）、（d）来确定

图 8-16　变截面转弯的 $k_\Delta \zeta_{zy}$ 值

（a）圆形转弯，内边曲率与外边曲率相等，即 $r_n = r_w$ 时；

（b）直角急转弯，F_1 和 F_2 为进口和出口截面积

当气流在管束内部转弯时，将引起额外的阻力，其阻力系数与转弯角度有关。当 180°转弯时，$\zeta = 2.0$；90°转弯时，$\zeta = 1.0$；45°转弯时，$\zeta = 0.5$。

当转弯起始和最终截面有变化时，不论是截面收缩还是扩大，气流计算流速是按二者截面上的气流速度的平均值求得，即以平均截面 $F = \dfrac{2}{\dfrac{1}{F_1} + \dfrac{1}{F_2}}$ 来确定，在管束内 180°转弯时，按起始、中间和最后截面的平均值，即：$F = \dfrac{3}{\dfrac{1}{F_1} + \dfrac{1}{F_2} + \dfrac{1}{F_3}}$ 求得。如各截面面积差别不超过 25% 时，则 F 可采用算术平均值。

（3）三通的阻力计算

三通按几何形状可分为对称和不对称三通；按气流流动方向可分为集流与分流三通。

三通的局部阻力系数是按其类型、支管角度以及各管道的截面比和流量比来确定的，因此对各类三通的阻力系数都有自己的计算图表，详见《工业锅炉烟风阻力计算方法》❶。

---

❶ 《工业锅炉设计计算标准方法》编委会编. 工业锅炉设计计算标准方法［M］. 北京：中国标准出版社，2003

第三节 烟道的阻力计算

烟道的阻力按照锅炉的额定负荷进行计算。在阻力计算前，热力计算应先完成。因为阻力计算时所需要的一些主要原始数据——各段烟道的烟气流速、烟气温度、烟道的有效截面积和其他结构特性均需由热力计算求得。

在计算各段烟道阻力时，其中的流速、温度等均取平均值。平衡通风时，烟道内的压力可以大气压力作为计算压力。

在烟道阻力计算时，所使用的各种线算图都是按标准大气压时的干空气绘制的。因此，凡利用线算图求得烟道各部分总阻力以后，必须再以烟气密度、气流中灰分浓度和烟气压力等因素进行换算和修正。

由于计算公式和线算图并未考虑到在实际工作时存在的受热面积灰因素，因此在烟道各部分的计算中都要引入一个修正系数 k，其值按表 8-3 选用。

修 正 系 数 k 表 8-3

受 热 面	系数 k	受 热 面	系数 k
1. 锅炉管束		4. 铸铁省煤器	
（1）烟气在水平方向转弯的小型锅炉	1.0	（1）标准鳍片式	1.2
（2）同上，在第一管束前面有燃尽室	1.15	（2）非标准鳍片式省煤器:有定期吹灰	1.4
2. 蛇形管束（水平烟道中）	1.2	不吹灰	1.8
3. 过热器及光管省煤器(对流竖井中)		5. 管式空气预热器	
（1）固体燃料(积灰层致密)	1.2	（1）烟气侧	1.1
（2）液体燃料(重油)	1.2	（2）空气侧	1.05
（3）气体燃料	1.0		

计算烟道阻力的顺序是从炉膛开始，沿烟气流动方向，依次计算各部分烟道的阻力，然后再计算各部分烟道的自生风，由此即可求得烟道的全压降。

下面按烟气流程的顺序，分述每一受热面烟道阻力计算时应考虑和注意的问题。

一、防渣管和蒸汽过热器的阻力计算

防渣管和过热器都是由小直径（一般不大于 60mm）管子组成。防渣管由炉膛后墙水冷壁管在烟气出口烟窗处拉稀而成，当其排数在两排以下，且烟速小于 15m/s 时，其阻力可以略而不计；当排数或烟速超过上述数值时，则按横向冲刷计算阻力。

组成蒸汽过热器的蛇形管束，其弯管区段按横向冲刷方式计算阻力。布置在对流竖井中的蛇形管束，其悬吊管和垂直引出管受到烟气横向冲刷时，它的阻力按烟室中平均烟温和流速进行计算，计算管排数取沿流程总排数的一半。悬吊引出管沿烟气流程纵向布置时，不计入阻力。

当蛇形管处于烟气 90° 转弯部位时，其阻力计算原则：按管束进口流通截面烟速和总排数计算其横向冲刷阻力；按管束进口流通截面烟速和管束高（长）度的一半计算其纵向冲刷阻力；按管束进口截面烟速计算 90° 转弯阻力；管束总阻力为三者之和。

蛇形管束受受热面积灰因素影响，同样由修正系数 k（表 8-3）来计算。

二、锅炉管束

锅炉管束的阻力一般由横向冲刷管束阻力或纵向冲刷管束阻力以及管束内部转弯阻力

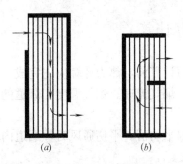

图 8-17　混合冲刷管束

(a) 混合冲刷管束；(b) 带有横向隔板的管束

组成。它的计算方法已如前节所述，计算后再乘以按受热面布置具体情况由表 8-3 选取的修正系数 k。

值得注意的是，当混合冲刷管束时，既有横向冲刷也有纵向冲刷，如图 8-17 (a) 所示。在这种情况下可按烟气流动的假想中线进行计算，即计算横向冲刷的每个区段时仅考虑管排数的一半，而计算纵向冲刷部分时需取两个横向冲刷区段的假想中线之间的距离作为管子长度。又如图 8-17 (b) 所示，当有横向隔板时，计算可以这样考虑：隔板隔到之处的管排数按横向冲刷计算；未被隔到的管排数的一半也按横向冲刷计算，而计算纵向冲刷部分时则需取两个横向冲刷区段的假想中线之间的距离作为管子长度。

当气流横向冲刷时，如部分是顺列管束，部分是错列管束，则应分别计算它们的阻力，然后相加起来。对于交界处的一排管子则计入前面的计算中。

三、省煤器

对光管省煤器（蛇形管）的阻力计算，与蒸汽过热器阻力计算的方法相同。对于铸铁省煤器可按近似简化公式（8-20）计算。

四、管式空气预热器

管式空气预热器中烟气通常是在管内流动，因此空气预热器的烟气阻力是由管内的摩擦阻力和管子进口及出口的局部阻力所组成。计算式如下：

$$\Delta h = \Delta h_{mc} + \Delta h_{jb} = \Delta h_{mc} + (\zeta' + \zeta'')\frac{\rho w^2}{2} \quad \text{Pa} \tag{8-25}$$

式中　Δh_{mc}——沿程摩擦阻力，Pa，可由图 8-5 查出；

$\dfrac{\rho w^2}{2}$——气流动压头，用气流在管内的平均烟速和烟温在图 8-4 中求得；

ζ'，ζ''——进口和出口的局部阻力系数，根据管子有效总截面积与空气预热器前后的烟道有效截面积之比按图 8-11 确定。

式（8-25）的计算结果也需再乘以积灰影响的修正系数 k（表 8-3）。

五、烟道

烟道的阻力计算，从锅炉尾部受热面到除尘器的烟道阻力按锅炉热力计算的排烟温度和排烟量计算；从除尘器到引风机及引风机后的烟道则按引风机处的烟气温度和烟气量计算。引风机处的烟气量为

$$V_{yf} = B_j(V_{py} + \Delta\alpha V_k^0)\frac{\vartheta_{yf} + 273}{273} \quad \text{m}^3/\text{h} \tag{8-26}$$

引风机处的烟气温度为

$$\vartheta_{yf} = \frac{\alpha_{py}\vartheta_{py} + \Delta\alpha t_{lk}}{\alpha_{py} + \Delta\alpha} \quad \text{℃} \tag{8-27}$$

式中　V_{py}——在尾部受热面后的排烟容积，m³/kg；

$\Delta\alpha$——尾部受热面后烟道中的漏风系数，对砖烟道每 10m $\Delta\alpha = 0.05$；对钢烟道每 10m $\Delta\alpha = 0.01$；对旋风除尘器 $\Delta\alpha = 0.05$，对电除尘器 $\Delta\alpha = 0.1$；

ϑ_{yf}——引风机处的烟气温度，℃；

a_{py}，ϑ_{py}——排烟（尾部受热面后）的过量空气系数及其温度，℃；

t_{lk}——冷空气温度，℃。

在确定烟风道尺寸时，烟气速度可按表 8-4 选取。对于较长的水平烟道，为防止积灰，在额定负荷下的烟气流速不宜低于 7~8m/s，烟道的高度与宽度之比通常取 1.2：1。

1. 烟道的摩擦阻力

锅炉烟道通常截面较大而且长度较短，即相对长度 l/d_l 较小，因而摩擦阻力也较小。烟道的总阻力值主要按局部阻力来确定。因此，机械通风时，摩擦阻力计算可以进行一些简化。

当烟气速度＜25m/s 时，可对最长的等截面烟道计算单位长度摩擦阻力，乘以烟道的总长度；

常用风烟道流速选用表		表 8-4
数值　名称 材料	风速（m/s）	烟速（m/s）
砖或混凝土制	4~8	6~8
金属制	10~15	10~15

或取两个这样的等截面，分别计算后总加起来，求得这一烟道总的摩擦阻力。

2. 烟道的局部阻力

烟道的局部阻力是由转弯、分支、变截面及插板（挡板门）而引起的。在机械通风时，某些局部阻力的计算也可简化。

对局部阻力系数 $\zeta＜0.1$，并在该计算区段上不多于 2 个时，则在机械通风方式下这种局部阻力可以不考虑。当 $\zeta＜0.1$ 有三个或更多的局部阻力时，则对于烟速不同的各区段都取 $\zeta＝0.05$，并可取通道中任一截面的流速计算。

在烟道中截面突然变化不大于 $15\%\left(\dfrac{F_x}{F_d}\geqslant0.85\right)$ 时，局部阻力可以不予计算。对截面平缓增大而不超过 30% 时的扩散管 $\left(\dfrac{F_2}{F_1}\leqslant1.3\right)$，以及在收缩角 $\alpha\leqslant45°$ 下任何截面比的平缓收缩管，其局部阻力也可以不予计算。

六、除尘器

除尘器的阻力损失与除尘器的型式和结构有关。常用的干式旋风除尘器，其阻力损失约为 500~800Pa；离心式水膜除尘器的阻力损失约为 400~600Pa。各类除尘器的阻力计算，详见《工业锅炉烟风阻力计算方法》，近似的阻力数值也可从产品性能说明书或设计手册查得。

七、烟囱

烟囱的阻力计算前，必须先确定烟囱的高度和进、出口直径，为阻力计算提供数据，具体方法详见本章第五节。

烟囱的阻力由沿程摩擦阻力和出口速度损失组成。

（1）具有固定壁面斜度的烟囱的沿程摩擦阻力，可按下式计算：

$$\Delta h_{mc}=\frac{\lambda}{8i}\frac{\rho w_2^2}{2}\quad \text{Pa} \tag{8-28}$$

式中　λ——摩擦阻力系数，按表 8-1 选取；

　　w_2——烟囱出口处的烟气流速，m/s；

　　i——烟囱的壁面斜度，通常为 $i＝0.02~0.03$。

（2）烟囱的出口速度损失用下式计算：

$$\Delta h_{jb}=\zeta\frac{\rho w_2^2}{2}\quad Pa \tag{8-29}$$

式中　ζ——烟囱出口阻力系数，采用1.1。

圆柱形烟囱的阻力，按式（8-9）计算。

对于变截面烟囱的阻力，可按各区段的烟囱斜度和进、出口截面的烟气流速进行计算。

八、计算出烟道总阻力后的换算和修正

由于在用线算图计算阻力时是假定以干空气作为介质的，因此应该把计算所得的阻力换算成烟气的阻力。换算的方法是将干空气的密度换算成烟气的密度，即是将全部烟道的总阻力乘以 $M_\rho=\dfrac{\rho_y^0}{1.293}$，其中 ρ_y^0 为在标准大气压及 0℃时的烟气密度。

当烟气中的含灰量较大，即 $\alpha_{fh}A_{zs}>6$ 时，在除尘器前需考虑灰分浓度的影响，在除尘器后，则不予考虑。

飞灰的质量浓度 μ 按下式计算：

$$\mu=\frac{A^y\alpha_{fh}}{100\rho_y^0 V_{y,pj}}\quad kg/kg \tag{8-30}$$

ρ_y^0——在标准状态下烟气的密度，kg/m^3；

$$\rho_y^0=\frac{1-0.01A^y+1.306\alpha_{pj}V_k^0}{V^y}\quad kg/m^3$$

式中　$V_{y,pj}$——从炉膛出口到除尘器间平均过量空气系数下烟气的容积，m^3/kg；

α_{fh}——飞灰中的灰量占燃料总灰量的份额，见表4-4、表4-5和表4-6。

由于烟气阻力与烟气流速平方和密度的一次方成正比，如烟气流速用质量流量表示，则 $w=\dfrac{G_y}{\rho}\cdot\dfrac{1}{F}$，这样，阻力就与 ρ 的一次方成反比，而 ρ 与大气压力成正比，故阻力与大气压的一次方成反比。因此，烟气压力的修正（不包括自生风）可对全部烟道总阻力乘以 $\dfrac{101325}{b_y}$。对于工作在平衡通风下的锅炉，烟道总阻力大于 3000Pa，b_y 按下式确定：

$$b_y=\left(b-\frac{\Sigma\Delta h}{2}\right)\quad Pa$$

式中　b_y——烟气的平均压力，其值为当地平均大气压 b 减去烟道总阻力的一半；

b——当地平均大气压力，Pa。根据海拔高度 H 由图8-18查得。

在一般锅炉中，如 $\Sigma\Delta h\not>3000Pa$，则可取 $b_y=b_0$。如果海拔高度不超过 200m，则采用 $b=101325Pa$。

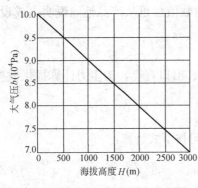

图 8-18　平均大气压与海拔高度的关系

由此可得烟道流动总阻力的计算公式为：

$$\Delta H_{sl}^y=[\Sigma\Delta h_1(1+\mu)+\Sigma\Delta h_2]\times\frac{\rho_y^0}{1.293}\frac{101325}{b_y}\quad Pa \tag{8-31}$$

式中　ΔH_{sl}^y——修正后烟道总的水力阻力，Pa；

$\Sigma\Delta h_1$——从炉膛出口到除尘器的总阻力，Pa；

$\Sigma\Delta h_2$——除尘器以后的总阻力，Pa。

九、自生风的计算

锅炉各段烟道的自生通风力 h_{zs}，包括机械引风的烟囱在内，可由式（8-8）得出

$$h_{zs}=(\rho_k-\rho_y)g(Z_2-Z_1)\quad Pa \tag{8-32}$$

如周围空气温度为 20℃，$\rho_k=1.2kg/m^3$，则烟道的自生通风力可按下式计算：

$$h_{zs}^y=\pm Hg\left(1.2-\rho_y^0\frac{273}{273+\vartheta_y}\right)\quad Pa \tag{8-33}$$

式中　H——所计算烟道初、终截面之间的垂直高度差，m；

ϑ_y——烟气温度，℃。

式（8-33）中，H 值当烟气向上流动时取为正号，向下流动时取为负号。

在机械通风时，由于烟道总的阻力大大超过自生风数值，因而计算时可以简化。如对 M 型布置的锅炉，其后部竖井烟道，可按总高度和平均烟温进行计算；从尾部受热面出口到引风机出口以及从引风机出口到烟囱出口的两段烟道都按引风机处的烟温作为计算温度。把各段烟道和烟囱的自生风相加即得到总的自生风值：

$$H_{zs}^y=\Sigma h_{zs}^y\quad Pa \tag{8-34}$$

十、烟道的总压降

根据以上计算可得出锅炉烟道的总压降：

$$\Delta H_y=h_l''+\Delta H_{sl}^y-H_{zs}^y\quad Pa \tag{8-35}$$

式中　h_l''——平衡通风时炉膛出口处必须保持的负压，一般采用 $h_l''=20Pa$。

第四节　风道的阻力计算

风道的阻力计算与烟道计算的原则相同，也是在锅炉的额定负荷下进行的，所用的原始数据如空气温度、空气预热器中空气的有效截面和空气流速等都取自热力计算。计算也是在标准大气压下分区段进行，最后再进行风道总阻力的压力修正。风道的自生通风力同样是单独进行计算。

锅炉风道的阻力包括冷风道、空气预热器、热风道和燃烧设备等区段的阻力。

（1）冷风风道的阻力计算

计算冷风道阻力时，送风机吸入冷空气流量按下式计算：

$$V_{lk}=B_jV_k^0(\alpha_l''-\Delta\alpha_l-\Delta\alpha_{rl}+\Delta\alpha_{ky})\frac{273+t_{lk}}{273}\quad m^3/h \tag{8-36}$$

式中　t_{lk}——冷空气温度，从锅炉房内吸入冷空气时，可取为 30℃；

α_l''——炉膛出口处的过量空气系数；

$\Delta\alpha_l$——炉膛的漏风系数；

$\Delta\alpha_{rl}$——燃料制备系统的漏风系数：对于煤粉炉即为制粉系统的漏风系数，对于风播给煤的层燃炉即为风播用风折算漏风系数，对沸腾炉则为负压给煤或底饲给煤的折算漏风系数；

$\Delta \alpha_{\mathrm{ky}}$——空气预热器中空气漏入烟道的漏风系数，一般取 0.05。

风道的阻力主要取决于局部阻力，当冷空气流速小于 10m/s 时，摩擦阻力可不计算；冷空气流速为 10～20m/s 时，可预先计算 1～2 段最长的等截面上的单位长度摩擦阻力，然后乘以风道总长度即得风道的总摩擦阻力。阻力系数 λ 可由表 8-1 查得。计算局部阻力的方法也和烟道相同。

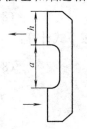

（2）空气预热器风侧的阻力计算

图 8-19 空气预热器
的连接风道

在管式空气预热器中，通常空气是横向流过错列管束，并在管束外的连接风管中转弯。因此横向冲刷管束的阻力，可按图 8-9 进行计算。对于连接风道的局部阻力，当 $a<0.5h$（图 8-19）时，按一个 180°转弯计算，取 ζ＝3.5。此时，计算流速按连接风道进口、出口和中间截面的平均值来确定，即

$$F=\frac{3}{\dfrac{1}{F_1}+\dfrac{1}{F_2}+\dfrac{1}{F_3}}$$

当 $a\geqslant 0.5h$ 时，按两个 90°转弯计算，取 ζ＝0.9，计算流速则用下式求得：

$$F=\frac{2}{\dfrac{1}{F_1}+\dfrac{1}{F_2}}$$

管式空气预热器的阻力计算中，对以上的结果尚需乘以修正系数 $k=1.05$。

（3）热风风道的阻力计算

热风风道的计算方法与冷风道相同，热空气的流量为

$$V_{\mathrm{rk}}=B_{\mathrm{j}}V_{\mathrm{k}}^0(\alpha_l-\Delta\alpha_l)\frac{273+t_{\mathrm{rk}}}{273}\quad\mathrm{m^3/h} \tag{8-37}$$

式中 t_{rk}——热空气温度，℃，取自热力计算。

（4）燃烧设备的阻力计算

燃烧设备的空气阻力可分为以下两种情况考虑：

1）室燃炉燃烧时，燃烧器喷射二次风的阻力（其中包括出口速度损失在内），可按出口流速 w_2 由下式计算：

$$\Delta h=\zeta\frac{\rho w_2^2}{2}\quad\mathrm{Pa} \tag{8-38}$$

式中 ζ——燃烧器局部阻力系数，可参阅有关资料而定。

2）层燃炉燃烧时，通过炉排和煤层的阻力决定于炉子型式和燃料层厚度，链条炉排为 800～1000Pa，往复炉排为 600Pa。

（5）风道总阻力的计算

各部分阻力的总和即为风道的总阻力，如当地海拔超过 200m，则需计入大气压力的修正，即

$$\Delta H_{\mathrm{sl}}^{\mathrm{k}}=\Sigma\Delta h\frac{101325}{b_{\mathrm{k}}}\quad\mathrm{Pa} \tag{8-39}$$

式中 b_{k}——风道中空气的平均压力，如 $\Sigma\Delta h>3000\mathrm{Pa}$ 时，

$$b_{\mathrm{k}}=b+\frac{\Sigma\Delta h}{2}\quad\mathrm{Pa} \tag{8-40}$$

式中 b——当地平均大气压力，如 $\Sigma\Delta h \leqslant 3000\text{Pa}$，则可取 $b_k = b$。

（6）风道的自生风计算

锅炉风道的自生风，也按式（8-8）进行计算，当大气温度为 20℃ 时，其计算式为

$$h_{zs}^k = \pm Hg(1.2 - \rho_k) = \pm Hg\left(1.2 - \frac{1.293 \times 273}{273 + t_k}\right)$$

$$= \pm Hg\left(1.2 - \frac{352}{273 + t_k}\right) \quad \text{Pa} \tag{8-41}$$

式中 H——计算段进口和出口截面的高度差，m；

t_k——空气温度，℃。

在锅炉风道中，仅对两个区段进行自生风计算：第一段为空气预热器，其计算高度等于冷空气进口和热空气出口的标高差；第二段为全部热风道，其计算高度等于空气预热器出口到炉室入口（即燃烧器的轴心或炉排面）的标高差。

如此，风道的总自生风为

$$H_{zs}^k = \Sigma h_{zs}^k \quad \text{Pa} \tag{8-42}$$

（7）风道的全压降

显而易见，锅炉风道的全压降为

$$\Delta H^k = \Delta H_{sl}^k - H_{zs}^k - h_l' \quad \text{Pa} \tag{8-43}$$

式中 h_l'——空气进口处炉膛真空度，其值可用以下近似公式求得：

$$h_l' = h_l'' + 0.95Hg \quad \text{Pa}$$

h_l''——烟道计算中炉膛出口处真空，一般 $h_l'' = 20\text{Pa}$；

H——由空气进口到炉膛出口中心间的垂直距离，m。

第五节 烟囱的计算

一、自然通风时烟囱高度的计算

采用自然通风的小型锅炉，如图 8-20 所示。锅炉灰坑的一端与大气相连，而锅炉烟道出口与烟囱相连。由于外界冷空气和烟囱内热烟气的密度差使烟囱产生引力，即烟囱的自生风，计算式如下：

$$h_{zs}^{yz} = H_{yz}g(\rho_k - \rho_y)$$

$$= H_{yz}g\left(\rho_k^0 \frac{273}{273 + t_k} - \rho_y^0 \frac{273}{273 + \vartheta_{yz}}\right) \quad \text{Pa}$$

$$\tag{8-44}$$

式中 H_{yz}——烟囱高度，m；

ρ_k^0，ρ_y^0——在标准状态下空气和烟气的密度，kg/m³，$\rho_k^0 = 1.293\text{kg/m}^3$，$\rho_y^0 \approx 1.34\text{kg/m}^3$；

ρ_k——大气压力下空气的密度，kg/m³，

$$\rho_k = \frac{352}{273 + t_k};$$

图 8-20 烟囱工作示意

I—I——烟囱出口平面；

H_k——烟囱出口水平面以下的外界空气柱高度；

H_{yz}——烟囱内热烟气柱高度

ρ_y——烟囱内烟气平均容重，kg/m³；

ϑ_{yz}——烟囱内烟气平均温度，℃，见式（8-52）。

自然通风时，烟道的全部阻力均靠烟囱的自生风克服，此时烟囱的高度必须满足下式要求：

$$h_{zs}^{yz}\frac{b}{101325}-\Delta h_{yz}\frac{\rho_y^0}{1.293}\frac{101325}{b}\geqslant 1.2\Delta H_y' \tag{8-45}$$

式中　h_{zs}^{yz}——烟囱的自生风，Pa，见式（8-44）；

Δh_{yz}——烟囱的总阻力，Pa，包括摩擦阻力和出口阻力，可按式（8-28）和式（8-29）计算；

$\Delta H_y'$——锅炉烟道总阻力，Pa，其中不包括烟囱本身的自生风和烟囱的总阻力；

1.2——为储备系数。

式（8-45）中第一项为自生风，它与密度 ρ 的一次方成正比，而 ρ 与大气压力成正比，故自生风与大气压力 b 成正比，因此乘以 $b/101325$ 修正系数。

由式（8-44）和式（8-45）可得到烟囱高度：

$$H_{yz}=\frac{1.2\Delta H_y'+\Delta h_{yz}\dfrac{\rho_y^0}{1.293}\dfrac{1.01325}{b}}{g\left(\rho_k-\rho_y^0\dfrac{273}{273+\vartheta_{yz}}\right)\dfrac{b}{101325}}\quad\text{m} \tag{8-46}$$

采用自然通风且全年运行的锅炉房，应分别以冬、夏室外温度相应最大蒸发量为基础来计算烟囱高度，取其较高值；对于专供供暖的锅炉房，则应分别以采暖室外计算温度和供暖期结束时的室外温度和相应的最大蒸发量为基础计算烟囱高度，并取其较高值。

自然通风情况下在计算烟囱中烟气平均温度时必须考虑烟气在烟道和烟囱内的温降。

（1）烟气在烟道中的温度降，当烟道有良好的保温时可不考虑；当烟道没有良好保温时按下式计算：

$$\Delta\vartheta'=\frac{Q_{lq}}{V_{yf}c/3600}\quad\text{℃} \tag{8-47}$$

式中　$\Delta\vartheta'$——烟气在烟道中的温度降，℃；

Q_{lq}——烟道自然冷却散热损失，W；

$$Q_{lq}=q_{yd}F\quad\text{kW} \tag{8-48}$$

q_{yd}——烟道单位面积的散热损失，室内不保温的烟道可取 $q_{yd}=1.163\text{kW/m}^2$，室外不保温烟道可取 $q_{yd}=1.512\text{kW/m}^2$；

F——烟道散热面积，m²；

c——烟气平均比热，一般可取 $c=1.352\sim1.356\text{kJ/(m}^3\cdot\text{℃)}$。

（2）烟气在烟囱中的温度降按下式计算：

$$\Delta\vartheta''=H_{yz}\Delta\vartheta\quad\text{℃} \tag{8-49}$$

式中　$\Delta\vartheta''$——烟气在烟囱中的温度降，℃；

$\Delta\vartheta$——烟气在烟囱内每 m 高度的温度降，℃/m，可以用以下近似公式确定：

$$\Delta\vartheta=\frac{A}{\sqrt{D}}\quad\text{℃/m} \tag{8-50}$$

其中　D——合用同一烟囱的所有同时运行的锅炉额定蒸发量之和，t/h；

A——修正系数，按表 8-5 取用。

一般估算时，每 m 烟道或烟囱的温度降可采用下列数值：砖砌烟道及烟囱约 0.5℃/m，铁皮烟道及烟囱约 2℃/m；

（3）烟囱出口烟气温度按下式计算：

$$\vartheta_2 = \vartheta_{py} - \Delta\vartheta' - \Delta\vartheta'' \quad ℃ \qquad (8\text{-}51)$$

修正系数 A   表 8-5

修正系数	烟囱种类			
	铁烟囱（无衬）	铁烟囱（有衬）	砖烟囱平均壁厚<0.5m	砖烟囱平均壁厚>0.5m
A	2	0.8	0.4	0.2

式中　ϑ_2——烟囱出口烟气温度，℃；

　　　ϑ_{py}——锅炉排烟温度，℃，按热力计算或锅炉厂提供数据取用；

$\Delta\vartheta'$、$\Delta\vartheta''$——烟气在烟道、烟囱内的温降，℃。

（4）烟囱中烟气平均温度按下式计算：

$$\vartheta_{yz} = \frac{\vartheta_2 + (\vartheta_{py} - \Delta\vartheta')}{2} \quad ℃ \qquad (8\text{-}52)$$

二、机械通风时烟囱高度的确定

机械通风时，烟风道阻力由送、引风机克服。因此，烟囱的作用主要不是用来产生引力，而是将烟气排放到足够高的高空，使之符合环境保护的要求。

每个新建燃煤锅炉房只能设一个烟囱，烟囱高度应根据锅炉房装机总容量❶，按表 8-6 规定执行；燃油、燃气锅炉的烟囱不得低于 8m，锅炉烟囱的具体高度应按批复的环境影响评价文件确定。

燃煤锅炉房烟囱最低允许高度   表 8-6

锅炉房总容量	MW	<0.7	0.7～<1.4	1.4～<2.8	2.8～<7	7～<14	≥14
	t/h	<1	1～<2	2～<4	4～<10	10～<20	≥20
烟囱最低允许高度	m	20	25	30	35	40	45

新建锅炉房的烟囱周围半径 200m 距离内有建筑物时，其烟囱应高出最高建筑物 3m 以上。

为简化计算，烟气在烟囱中的冷却可不考虑，即按式（8-27）引风机处的烟温来进行计算。

三、烟囱高度确定的原则

在自然通风和机械通风时，烟囱的高度都应根据排出烟气中所含的有害物质——SO_2、NO_2、飞灰等的扩散条件来确定，使附近的环境处于允许的污染程度之下。因此，烟囱高度的确定，应符合现行国家标准《工业"三废"排放试行标准》、《工业企业设计卫生标准》、《锅炉大气污染物排放标准》和《大气环境质量标准》等的规定。

四、烟囱直径的计算

烟囱直径的计算（出口内径 d_2）可按下式计算：

$$d_2 = \sqrt{\frac{B_j n V_y (\vartheta_2 + 273)}{3600 \times 273 \times 0.785 \times w_2}} = 0.0188\sqrt{\frac{V_{yz}}{w_2}} \quad m \qquad (8\text{-}53)$$

式中　V_{yz}——通过烟囱的总烟气量，m^3/h；

---

❶　详见《锅炉大气污染物排放标准》GB 13271—2014。

n——利用同一烟囱的同时运行的锅炉台数；

w_2——烟囱出口烟气流速，m/s，按表 8-7 选用。

烟囱出口处烟气流速（m/s）　　表 8-7

通风方式	运行情况	
	全负荷时	最小负荷
机械通风	10~20	4~5
自然通风	6~10	2.5~3

注：1. 选用流速时应根据锅炉房扩建的可能性取适当数值，一般不宜取用上限；
　　2. 应注意烟囱出口烟气流速在最小负荷时不宜小于 2.5~3m/s，以免冷空气倒灌。

设计时应根据冬、夏季负荷分别计算。如负荷相差悬殊，则应首先满足冬季负荷要求。

烟囱底部（进口）直径 d_1 为：

$$d_1 = d_2 + 2iH_{yz} \quad \text{m} \qquad (8\text{-}54)$$

式中　i——烟囱锥度，通常取 0.02~0.03。

第六节　风机的选型和烟风道布置

一、送、引风机选型原则

选用的送风机和引风机应能保证供热锅炉在既定的工作条件下，满足锅炉全负荷运行时对烟、风流量和压头的需要。为了安全起见，在选择送、引风机时应考虑有一定的裕度，送、引风机性能裕量系数列于表 8-8 中。

送、引风机性能裕量系数　　表 8-8

设备或工况	裕量系数	
	风量裕量系数 β_1	压头裕量系数 β_2
送风机	1.1	1.2
引风机	1.1	1.2
带尖峰负荷时	1.03	1.05

送、引风机的选择，首先应按风机的比转数 n_s 选定风机型式，然后再根据锅炉烟风系统的设计流量和设计压头，按风机制造厂提供的相应型式的风机系列参数或性能曲线来确定所选风机的规格。

二、风机选型参数的确定

送、引风机的比转数 n_s，可按下式计算：

$$n_s = 0.092n \frac{Q^{0.5}}{\left(\dfrac{1.2}{\rho}p\right)^{0.75}} \qquad (8\text{-}55)$$

式中　n——风机转速，r/min，可预先确定；

　　　Q——风机的设计流量，m^3/h；

　　　ρ——工作介质的密度，kg/m^3；

　　　p——风机设计压头，Pa。

风机设计计算流量 Q_j，按下式计算：

$$Q_j = \beta_1 \frac{V}{Z} \frac{1.01325 \times 10^5}{b_0 \pm \beta_2 H'} \quad \text{m}^3/\text{h} \qquad (8\text{-}56)$$

式中　V——锅炉额定负荷下的介质（空气或烟气）流量，m^3/h，分别按式（8-36）和式（8-26）进行计算；

　　　Z——并列运行的风机台数；

　　　b_0——当地海拔的大气压力，Pa；

　　　H'——风机入口截面处的负压，Pa；

　　β_1，β_2——分别为风机风量和压头的裕量系数，由表 8-8 选取。

风机的设计计算全压降 H_j，则可由下式计算：

$$H_j = \beta_2' \Delta H$$

式中 ΔH——风机全压，Pa，对于平衡通风方式，分别为送风机和引风机的计算全压降 ΔH^k 和 ΔH_{sl}^y，分别按式（8-43）和式（8-31）确定；

β_2'——将计算全压降修正为生产厂的介质设计状态时的修正系数，即

$$\beta_2' = \frac{1.293}{\rho_0} \frac{273+t}{273+t_k} \frac{1.01325 \times 10^5}{b_0 \pm \beta_2 H'}$$

式中 ρ_0——输送介质在标准状态下的密度，kg/m³；

t——风机入口介质温度，℃；

t_k——风机生产厂设计取用的入口介质温度，也即编制风机特性曲线取用的介质温度，℃；

H'——风机入口静压，该式是对于空气、绝热指数 $K=1.4$ 时给出的，对于烟气也采用这一修正式。而在全压 $p < 3000$ Pa 时，则式（8-58）中 ψ 采用 1.0。

风机特性曲线是在风机入口截面上绝对压力为 1.01325×10^5 Pa、输送空气的温度为设计温度时按风机全压绘制的。风机的功率，可按特性曲线或下式确定：

$$N = \frac{Q_j H_j \psi}{3600 g \eta} \quad kW \tag{8-57}$$

式中 Q_j——风机的设计计算流量，m³/h；

H_j——风机的设计计算全压，Pa；

g——重力加速度，m/s²；

η——风机效率，%；

ψ——风机中的介质压缩系数，即

$$\psi = 1 - 0.36 \frac{H_j}{H'} \tag{8-58}$$

我们知道，锅炉设备烟、风道的阻力特性，在 Q-H 坐标系中为二次抛物线，即对应于某一通风工况的 H_i，Q_i 有：

$$H_i = H_{jc} + (H_j - H_{jc}) \left(\frac{Q_i}{Q_j}\right)^2 \tag{8-59}$$

其中，H_{jc} 为烟、风系统在零流量时的基础阻力（Pa），为燃烧器前应予维持的风压和自生风等之和。

烟风通道特性曲线与导向器全开时风机特性曲线的交点，即为风机运行中最大出力工况点。

锅炉所用风机的选择，应使工况点落在风机最高效率的 90% 以上区域。选择离心式风机时，计算工况应尽可能接近导向器全开的风机特性；选择轴流风机时，计算工况相应于最高效率工况再开大 $10° \sim 15°$ 导向器开度，以保证低负荷时风机仍能在高效区运行。

三、选择风机和烟风道布置的一般要求

1. 锅炉的送风机、引风机宜单炉配置。当需要集中配置时，每台锅炉的风、烟道与总风、烟道连接处，应设置密封性好的风、烟道闸门。

2. 单炉配置风机时，层燃炉风量的富裕量宜为 10%，风压的富裕量宜为 20%。

3. 集中配置风机时，送风机和引风机均不应少于 2 台，其中各有一台备用，并应使

风机能并联运行，并联运行后风机的风量和风压富裕量和单炉配置时相同。

4. 应选用高效、节能和低噪声风机。

5. 应使风机常年运行中处于较高的效率范围。

6. 锅炉烟、风道设计应符合下列要求：

（1）应使烟、风道平直且气密性好，附件少且阻力小；

（2）几台锅炉共用一个烟囱或烟道时，宜使每台锅炉的通风力均衡；

（3）宜采用地上烟道，并应在适当的位置设置清扫烟道的人孔；

（4）应考虑烟道和热风道热膨胀的影响；

（5）应设置必要的测点，并满足测试仪表及测点的技术要求。

【例题 8-1】 计算 SHL10-13/350 型锅炉中第二管束及空气预热器的烟气阻力。

【解】 一、第二管束的阻力

序号	名　称	符号	单位	计算公式或数值来源	数值
1	烟气平均体积	V_y	m³/kg	热力计算	11.46
2	烟道有效截面积	F	m²	热力计算	1.707
3	烟气进口温度	ϑ'	℃	热力计算	775
4	烟气出口温度	ϑ''	℃	热力计算	335
5	烟气平均温度	ϑ_{pj}	℃	$\dfrac{\vartheta'+\vartheta''}{2}=\dfrac{775+335}{2}$	555
6	烟气平均速度	w_y	m/s	$\dfrac{B_jV_y(\vartheta_{pj}+273)}{3600\times F\times273}=\dfrac{1275\times11.46\times(555+273)}{3600\times1.707\times273}$	7.22
7	管子外径	d_w	mm	几何尺寸	51
8	管子排列方式			横向冲刷顺列	
9	管子排数	Z_2	排	三个回程 3×16	48
10	横向相对节距	$\dfrac{S_1}{d}$		$\dfrac{120}{51}$	2.35
11	纵向相对节距	$\dfrac{S_2}{d}$		$\dfrac{120}{51}$	2.35
12	比值	ψ		$\dfrac{S_1-d}{S_2-d}=\dfrac{120-51}{120-51}$	1
13	单排管子的阻力系数	ζ_{it}		查图 8-7	0.474
14	管束的管距修正系数	c_s		查图 8-7	0.68
15	横向冲刷阻力系数	ζ		$\because\dfrac{S_1}{d}=\dfrac{S_2}{d}$，$\therefore c_s\zeta_{it}Z_2=0.68\times0.474\times48$	15.47
16	动压头	h_d	Pa	查图 8-4	11.27
17	横向冲刷阻力	Δh_{hx}	Pa	$\zeta h_d=15.47\times11.27$	174.35
18	转弯阻力系数	ζ		6 个 90°转弯 6×1.0	6
19	转弯阻力	Δh_{sy}	Pa	$\zeta h_d=6\times11.27$	67.62
20	积灰修正系数	k		查表 8-3	0.9
21	第二管束阻力（指在760mmHg下，以干空气为介质时的阻力）	Δh_{11}	Pa	$k(\Delta h_{hx}+\Delta h_{sy})=0.9(174.35+67.62)$	217.77

二、空气预热器的阻力

序号	名　　称	符号	单位	计算公式或数值来源	数值
1	烟气平均体积	V_y	m^3/kg	热力计算	12.62
2	烟道有效截面积	F	m^2	热力计算	0.629
3	烟气进口温度	ϑ'	℃	热力计算	257
4	烟气出口温度	ϑ''	℃	热力计算	169
5	烟气平均温度	ϑ_{pj}	℃	$\dfrac{\vartheta'+\vartheta''}{2}=\dfrac{257+169}{2}$	213
6	烟气平均速度	w_y	m/s	$\dfrac{B_jV_y(\vartheta_{pj}+273)}{3600\times F\times273}=\dfrac{1275\times12.62\times(213+273)}{3600\times0.629\times273}$	12.6
7	管子内径	d_n	mm		67
8	冲刷长度	l	m	几何尺寸	2.4
9	每米长度的摩擦阻力	Δh_{mc}	Pa	查图 8-5	56.84
10	修正系数	c		查图 8-5	1
11	积灰修正系数	k		查表 8-3	1.1
12	空气预热器摩擦阻力	Δh_{mc}	Pa	$1.1\times56.84\times1\times2.4$	150.06
13	空气预热器进出口烟道断面	F'	m^2	$a\times b=1.2\times1.8$	2.16
14	管子有效截面与烟道面积之比	$\dfrac{F}{F'}$		$\dfrac{m\dfrac{\pi}{4}d_n^2}{a\times b}=\dfrac{0.629}{2.16}$	0.292
15	烟气进口局部阻力系数	ζ_2		查图 8-11	0.35
16	烟气出口局部阻力系数	ζ_1		查图 8-11	0.55
17	动压头	h_d	Pa	查图 8-4	58.8
18	空气预热器进、出口局部阻力	Δh_{jb}	Pa	$(\zeta_2+\zeta_1)h_o=(0.35+0.55)\times58.8$	52.92
19	空气预热器阻力(指在标准状态下,以干空气为介质时的阻力)	Δh_{cr}	Pa	$\Delta h_{m0}+\Delta h_{jb}=150.06+52.92$	202.98

复习思考题

1. 锅炉通风的任务是什么? 通风方式有哪几种? 它们各有什么优缺点? 适用于什么场合?

2. 为什么在平衡通风中既需要又可能保持炉膛负压为 20～50Pa? 除平衡通风外,什么样的通风系统也有可能使炉膛负压接近上述合适的数值?

3. 什么是烟、风道的摩擦阻力? 什么是局部阻力? 什么是管束阻力? 它们又是怎样计算的?

4. 什么叫自生风? 自生风的正负号如何决定? 在水平烟道中有没有自生风?

5. 在机械通风及自然通风的锅炉中烟囱各起什么作用? 烟囱的高度是根据什么原则来确定的?

6. 为什么在计算烟风道阻力及烟囱阻力后要对大气压、烟气重度及烟气含尘量进行修正? 为什么在计算烟囱自生通风力中要对大气压力进行修正? 为什么将烟风道总阻力作为选择送引风机的风压时要对大气压力、风温及介质重度进行修正?

7. 管式空气预热器连接风道的两个转弯什么情况下按两个 90°转弯来计算？什么情况下只能按一个 180°转弯来计算？为什么？而计算流速所取用的截面为什么按调和数列的中项来计算？

8. 在计算出烟风道的全压降后，如何确定选择送引风机的流量和压头？怎样选用送引风机和配用的电动机？

习　题

1. 烟气横向冲刷顺排光管锅炉管束，管子外径 51mm，横向管距 120mm，纵向管距 110mm，纵向管子总排数为 48，烟气平均流速 6.2m/s，烟气平均温度 550℃，试求烟气横向冲刷对流管束的阻力（不必对烟气密度、大气压力及烟气含尘浓度进行修正）。

（Δh＝87.7Pa）

2. 烟气横向冲刷错排光管组成的凝渣管，管子外径 51mm，横向管距 190mm，纵向管距 210mm，纵向管排数为 2 排，烟气平均流速 7.08m/s，烟气平均温度 977℃，试求烟气横向冲刷凝渣管的阻力（不必对烟气密度、大气压力及烟气含尘浓度进行修正）。

（Δh＝10.3Pa）

3. 管式空气预热器管子外径 40mm，内径 37mm，管壁绝对粗糙度 0.2mm，管长 2.265m，烟气在管内流动，烟气平均流速 10.9m/s，烟气平均温度 199℃，求管式空气预热器烟气侧的沿程摩擦阻力（不必对烟气密度、大气压力及烟气含尘浓度进行修正）。

（Δh＝43.6Pa）

4. 方形鳍片铸铁省煤器管子外径 76mm，横向管距 150mm，纵向管距 150mm，纵向管排数为 4 排，鳍片节距 25mm，鳍片平均厚度 4.5mm，鳍片高度 37mm，每根管子有鳍片 75 片，每根管子受热面面积为 2.95m²，烟气平均流速 8.51m/s，烟气平均温度 285℃，求烟气横向冲刷铸铁省煤器的阻力（不必对烟气密度、大气压力及烟气含尘浓度进行修正）。

（Δh＝29.2Pa）

5. 某锅炉房装有三台 4t/h 锅炉，每台锅炉计算耗煤量 B_j＝717kg/h，排烟温度 ϑ_{py}＝200℃，排烟处烟气容积 V_y＝10.33m³/kg，锅炉本体及烟道总阻力约为 343Pa，冷空气温度 25℃，当地大气压为 1.025bar。若此锅炉房已有一个高度为 35m、上口直径为 1.5m 的砖烟囱（i＝0.02），试核算此烟囱能否满足锅炉克服烟气侧阻力的需要（计算时不考虑烟气在烟道及烟囱中的温度降，也不考虑烟道及烟囱的漏风），并按锅炉房总蒸发量来核算此烟囱高度是否符合环保要求。

（h_{zs}^{yz}＝143Pa，1.2$\Delta H_y'$＋Δh_{yz}＝431Pa，故烟囱不能满足克服烟气侧阻力的需要，需装设引风机。D＝12t/h，环保要求烟囱高度为 40m，故烟囱高度不能满足环保要求）

6. 某工厂有三台 2t/h 蒸汽锅炉，锅炉本体及烟道总阻力为 127Pa，每台锅炉计算耗煤量为 291kg/h，排烟温度为 180℃，排烟处烟气容积 11.40m³/kg，冷空气温度 25℃，当地大气压为 1.0106bar。若三台锅炉合用一个砖烟囱进行自然通风，试确定烟囱高度及上下口直径大小（计算时不考虑烟气在烟道及烟囱中的温度降，也不考虑在烟道及烟囱中的漏风，且烟囱坡度 i＝0.02，烟囱出口烟气流速为 6m/s）。

（d_2＝1m，d_1＝3m，H_{yz}＝50m）

第九章　供热锅炉水处理

供热锅炉生产蒸汽或热水以供应生产用汽和生活用热。由于用户用热方式不同和供热系统的复杂性等原因，往往使送出的蒸汽大部分不能回收，热水亦有损失，需要一定量的补给水。在锅炉房用的各种水源，如天然水（湖水、江水和地下水）以及由水厂供应的生活用水（自来水），由于其中含有杂质，都必须经过处理后才能作为锅炉给水，否则会严重影响锅炉的安全、经济运行。因此，锅炉房必须设置合适的水处理设备以保证锅炉给水质量，这是锅炉房工艺设计中的一项重要工作。

锅炉给水处理，按处理工艺和方法分进入锅炉前预先处理和进入锅炉后直接在锅内处理两大类。通常，前者称为锅外水处理，如离子交换、石灰和膜分离处理等；后者称为锅内水处理，如锅内加药——钠盐等处理。

第一节　水中杂质和水质标准

一、水中的杂质

自然界中没有纯净水。不论地表水还是地下水，由于水本身是一种很好的溶剂，或多或少含有各种杂质。

这些杂质按其颗粒大小的不同可分成三类：颗粒最大的称为悬浮物；其次是胶体；颗粒最小是离子和分子，即溶解物质。

1. 悬浮物

悬浮物、也即粗分散杂质，它们主要是砂子、黏土以及动植物的腐败物质或油。在水流动时呈悬浮状态存在，不溶于水，其颗粒直径$>0.1\mu m$，通过滤纸可以被分离出来。在水静止时，粒径大的颗粒会自行沉淀，小的则悬浮在水中，在水中分布不均，外观混浊难看。

2. 胶体物质

胶体是水中很小的微粒，粒径在$0.1\sim0.001\mu m$之间，是许多分子和离子的集合体，通过滤纸不能分离出来。它们主要是元素铁（Fe）、铝（Al）、硅（Si）和铬（Cr）等的化合物及一些有机物，在水中不能相互粘合，而是呈稳定的微小颗粒状态，不能借重力自行下沉。天然水中的有机胶体多半是由动植物腐烂和分解生成的腐殖质，同时还带有一部分矿物胶质体。

3. 溶解物质

天然水中的溶解物质，其颗粒粒径在$0.01\mu m$以下，主要是可溶于水而成为阴、阳离子的电解质，它们是钙、镁、钾和钠等盐类，大都以离子状态存在。离子是由于水溶解了某些矿物质而带入的，例如钙离子（Ca^{2+}）主要来自地层中石灰石（$CaCO_3$）和石膏（$CaSO_4\cdot2H_2O$）的水溶解，镁离子（Mg^{2+}）是由白云石（$MgCO_3\cdot CaCO_3$）受含CO_2

的水溶解而成的。金属原子都形成水中的阳离子，而酸根则形成阴离子。

此外，天然水中还溶解有气体，主要有氧和二氧化碳，前者的来源是由于水中溶解了大气中的氧，后者主要是水或泥土中的有机物分解和氧化的产物。

溶解物质在水中分布均匀，且十分稳定，外观透明清晰，只有通过电子显微镜才可看见。

二、水中杂质的危害

天然水中的悬浮物和胶体杂质一般在自来水厂里经过混凝和过滤处理，大部分是可被清除的。但看似澄清的自来水依然不能用作锅炉给水。不然，它溶解所含的诸如钙、镁盐类和氧、二氧化碳等气体进入锅炉，将会对锅炉的安全、经济运行带来严重的危害。

1. 结垢

水中溶解的盐类，主要是钙、镁盐类在加热过程中，由于溶解度随温度的升高而降低，使锅水成为某些盐类的饱和溶液，从而产生固相沉淀，粘附在锅炉受热面的内壁成为水垢，如 $CaSO_4$，$CaCO_3$ 和 $Mg(OH)_2$。

水垢导热性能很差（比钢小 $30\sim50$ 倍），它的存在使受热面的传热情况显著变坏，从而使锅炉的排烟温度升高，降低了锅炉的出力和效率。根据试验，在汽锅内壁附着 1mm 厚的水垢，就要多消耗燃料 $2\%\sim3\%$ 左右。与此同时，受热面的壁温大为增高，引起金属的过热而使其机械强度降低，以致可能导致管子局部变形、鼓疱，甚至引起爆管等严重事故。

锅炉水管内壁结垢后，使管内流通截面减小，水循环的流动阻力增大，影响循环回路正常工作；结垢严重时甚至会堵塞水管，导致管子烧损。

消除水垢不仅需要耗费较大的人力、物力；而且还会使受热面受到损伤，降低锅炉使用寿命。

2. 腐蚀金属

当水中含有溶解氧和二氧化碳；或 pH 值小于 7 呈酸性水；或水中氯化物含量较多，都会对锅炉的给水管道、锅筒、水冷壁、对流管束以及省煤器等受热面产生或加剧化学腐蚀。锅炉的给水和锅水又都是电解质（酸、碱、盐的水溶液），金属在电解质中产生电化学腐蚀作用。这两种腐蚀均为局部腐蚀，即在金属表面产生溃伤性或点状腐蚀，俗称起麻点。腐蚀到一定阶段，常会形成穿孔，酿成锅炉事故。如果锅水碱性过高，则易产生苛性脆化，严重时会使锅炉发生爆炸。

3. 汽水共腾

汽锅中的水，随着不断蒸发，其所含的悬浮物、油脂及盐分等浓度会有所增加。当其浓度达到某一限度时，锅水的蒸发面上便会产生大量泡沫和形成汽水共腾现象。此时，锅水及其所含的盐分随蒸汽大量逸出，严重影响蒸汽品质；同时还会造成蒸汽过热器及蒸汽管道中的积盐及结垢现象。过热器结垢后会使管壁温度增高很多，以致烧损。

此外，发生汽水共腾时，锅筒内汽水面不分，使锅炉的水位计水位不清，甚至根本无法看出水位，以致影响锅炉的安全运行。

由此可见，供热锅炉水处理密切关系着锅炉运行的安全性和经济性。它的主要任务是：降低水中钙、镁盐类的含量（俗称软化），防止锅内结垢现象；减少水中的溶解气体（俗称除氧），以减轻对锅炉受热面的腐蚀。

三、水质指标

为了表示水中所含杂质的品类和数量，通常是用以下几项水质指标来表征的。

1. 悬浮固形物

它是水通过滤纸后被分离出来的固形物，经干燥至恒重。它的含量是以 1L 水中所含固形物的 mg 数来表示，即 mg/L。

2. 溶解固形物与含盐量

溶解固形物是水中含盐量和有机物含量的总和，即将已被分离出悬浮固形物后的滤液，经蒸发、干燥所得的残渣，又称干燥余量，单位为 mg/L。水的含盐量由水中全部阳离子和阴离子的质量相加得到，这样进行全分析较繁难，而且水中的有机物含量一般很少，所以通常可以用溶解固形物来替代水的含盐量。

3. 硬度（H）

硬度是指溶解于水中能形成水垢的物质——钙、镁的含量。因此，把水中钙（Ca^{2+}）、镁（Mg^{2+}）离子的总含量称为总硬度（H），其单位以 mmol/L 表示。

溶解于水中的重碳酸钙 $Ca(HCO_3)_2$、重碳酸镁 $Mg(HCO_3)_2$ 和钙、镁的碳酸盐称为碳酸盐硬度（H_T）。但一般天然水中钙、镁的碳酸盐硬度的含量很少，所以可将碳酸盐硬度看作是钙、镁的重碳酸盐。

重碳酸钙、镁在水加热至沸腾后能转变为沉淀物析出，即

$$Ca(HCO_3)_2 \xrightarrow{\triangle} CaCO_3\downarrow + H_2O + CO_2\uparrow$$

$$Mg(HCO_3)_2 \xrightarrow{\triangle} MgCO_3 + H_2O + CO_2\uparrow$$

$$MgCO_3 + H_2O \xrightarrow{\triangle} Mg(OH)_2\downarrow + CO_2\uparrow$$

所以又称为暂时硬度。由于水中尚溶解少量的 $CaCO_3$，故暂时硬度近似于碳酸盐硬度，或粗略地认为二者是相等的。

水的总硬度和碳酸盐硬度之差就是非碳酸盐硬度（H_{FT}），如氯化钙 $CaCl_2$、氯化镁 $MgCl_2$、硫酸钙 $CaSO_4$ 和硫酸镁 $MgSO_4$ 等，这些盐类在加热至沸腾时不会立即沉淀，只有在水不断蒸发后使水中所含的浓度超过饱和极限时才会沉淀析出，所以又叫永久硬度，它近似于非碳酸盐硬度。

因此，总硬度＝暂时硬度＋永久硬度＝碳酸盐硬度＋非碳酸盐硬度，即

$$H = H_T + H_{FT}$$

4. 碱度（A）

它是指水中含有能接受氢离子的物质的量，例如氢氧根（OH^-）、碳酸盐（CO_3^{2-}）、重碳酸盐（HCO_3^-）、磷酸盐（PO_4^{3-}）以及其他一些弱酸盐类（诸如硅酸盐、亚硫酸盐、腐植酸盐）和氨等，都是水中常见的碱性物质，它们都能与酸起反应。在天然水中，碱度主要由 HCO_3^- 和 CO_3^{2-} 的盐类组成，碱度的单位用 mmol/L 表示。

水中所含的各种硬度和碱度，它们之间有内在的联系和制约。例如，水中不可能同时存在氢氧根碱度和重碳酸盐碱度，因为二者会起反应，即

$$OH^- + HCO_3^- \longrightarrow CO_3^{2-} + H_2O$$

水中暂时硬度都是钙、镁与 CO_3^{2-} 及 HCO_3^- 形成的盐类，也都是属于水中的碱度。

另外，当水中含有钠盐碱度时，不会存在有非碳酸盐硬度（永硬），因为二者会起反

应，如

$$Na_2CO_3 + CaSO_4 = CaCO_3 \downarrow + Na_2SO_4$$

所以钠盐碱度被称之为"负硬"。

如此，水中碱度和硬度的内在关系可归结为表 9-1 所示的三种情况。

硬度与碱度的相互关系

表 9-1

分析结果 \ 硬度	H_T	H_{FT}	"负硬度"
$H > A$	A	$H - A$	0
$H = A$	A	0	0
$H < A$	H	0	$A - H$

5. 相对碱度

它指锅水中游离的 NaOH 和溶解固形物含量的比值。所谓游离 NaOH 是指水中氢氧根碱度折算成 NaOH 的含量。相对碱度是为防止锅炉苛性脆化而规定的一项技术指标，我国规定的相对碱度值必须小于 0.2。

6. pH 值

它是表示水的酸碱性指标。当 pH＝7 时，水呈中性；pH＜7 时，水呈酸性；pH＞7 时，水则呈碱性。

天然水的 pH 值一般在 6～8.5 范围内。呈酸性的水会对金属有腐蚀性，因此锅炉给水都要求 pH＞7，锅水的 pH 值通常控制在 10～12。

7. 溶解氧（O_2）

气体能溶解于水中，诸如氧、氮和二氧化碳等气体，水温越高其气体溶解度越小。其中溶解氧会腐蚀金属，所以对压力较高、容量较大的锅炉，给水必须除去溶解氧，单位为 mg/L。

8. 亚硫酸根（SO_3^{2-}）

给水中的溶解氧可用化学方法去除，常用的化学药剂为亚硫酸钠。给水中亚硫酸钠相对于水中氧的过剩量越大，反应速度也越快，反应则越完全。在此情况下，锅水中的亚硫酸钠根（SO_3^{2-}）含量成为一项控制指标。

9. 磷酸根（PO_4^{3-}）

为消除锅炉给水带入汽锅的残留硬度，或为了防止汽锅内壁的腐蚀，可向锅内投放一定量的磷酸盐。如此，磷酸根（PO_4^{3-}）也成为一项锅水的控制指标。

10. 含油量

天然水一般不含油，可是蒸汽的凝结水或给水在使用过程中有可能混入一些油类。锅水中如有含油及碱类等物质，则在水位表面容易形成泡沫层，使蒸汽带水量增加，影响蒸汽品质。因此，锅炉给水的含油量必须加以控制。

四、供热锅炉的水质标准

不同容量、参数的锅炉，按其不同工作条件、水处理技术水平和长年运行经验，规定了不同的水质要求和锅水水质指标。我国现行的国家标准《工业锅炉水质》GB 1576—2008 规定，对于额定出口蒸汽压力≤2.5MPa，以水为介质的固定式蒸汽锅炉和汽水两用锅炉，一般应采用锅外化学水处理，给水和锅水的水质应符合表 9-2 的规定。

蒸汽锅炉和汽水两用锅炉锅外化学水处理的水质标准　　　表 9-2

项　目		给　水			锅　水		
额定蒸汽压力(MPa)		≤1.0	>1.0 ≤1.6	>1.6 ≤2.5	≤1.0	>1.0 ≤1.6	>1.6 ≤2.5
悬浮物(mg/L)		≤5	≤5	≤5	—	—	—
总硬度(mmol/L)①		≤0.03	≤0.03	≤0.03	—	—	—
总碱度(mmol/L)②	无过热器	—	—	—	6~26	6~24	6~16
	有过热器	—	—	—		≤14	≤12
pH(25℃)		≥7	≥7	≥7	10~12	10~12	10~12
溶解氧(mg/L)③		≤1.0	≤1.0	≤0.05			
溶解固形物(mg/L)④	无过热器	—	—	—	<4000	<3500	<3000
	有过热器	—	—	—		<3000	<2500
SO₃²⁻(mg/L)						10~30	10~30
PO₄³⁻(mg/L)						10~30	10~30
相对碱度($\frac{游离\ NaOH}{溶解固形物}$)⑤		—	—	—		<0.2	<0.2
含油量(mg/L)		≤2	≤2	≤2			
含铁量(mg/L)⑥		≤0.3	≤0.3	≤0.3	—	—	—

① 硬度 mmol/L 的基本单元为 $c\ (1/2Ca^{2+}，1/2Mg^{2+})$，下同。

② 碱度 mmol/L 的基本单元为 $c\ (OH^-，1/2CO_3^{2-}，HCO_3^-)$，下同。对蒸汽品质要求不高，且不带过热器的锅炉，使用单位在报当地锅炉压力容器安全监察机构同意后，碱度指标上限值可适当放宽。

③ 当锅炉额定蒸发量大于或等于 6t/h 时应除氧，额定蒸发量小于 6t/h 的锅炉如发现局部腐蚀时，给水应采取除氧措施，对于供汽轮机用汽的锅炉给水含氧量应小于或等于 0.05mg/L。

④ 如测定溶解固形物有困难时，可采用测定电导率或氯离子（Cl⁻）的方法来间接控制，但溶解固形物与电导率或与氯离子（Cl⁻）的比值关系应根据试验确定。并应定期复试和修正此比值关系。

⑤ 全焊接结构锅炉相对碱度可不控制。

⑥ 仅限燃油、燃气锅炉。

对于额定蒸发量≤2t/h，且额定蒸汽压力≤1.0MPa 的蒸汽锅炉和汽水两用锅炉（如对汽、水品质无特殊要求），也可采用锅内加药处理，但必须对锅炉的结垢、腐蚀和水质加强监督，认真做好加药、排污和清洗工作，其水质应符合表 9-3 的规定。

锅内加药水处理的水质标准　　　表 9-3

项　目	给水	锅水	项　目	给水	锅水
悬浮物(mg/L)	≤20	—	pH(25℃)	≥7	10~12
总硬度(mmol/L)	≤4		溶解固形物(mg/L)		<5000
总碱度(mmol/L)	—	8~26			

对于承压热水锅炉的给水应进行锅外水处理，对于额定功率≤4.2MW 非管架式承压

的热水锅炉和常压热水锅炉，可采用锅内加药处理，但同样必须对锅炉的结垢、腐蚀和水质加强监督，认真做好加药工作，其水质应符合表9-4的规定。

热水锅炉锅内加药水处理的水质标准   表9-4

项　　目	锅内加药处理		锅外化学处理	
	给水	锅水	给水	锅水
悬浮物(mg/L)	≤20	—	≤5	—
总硬度(mmol/L)	≤6	—	≤0.6	—
pH(25℃)①	≥7	10～12	≥7	10～12
溶解氧(mg/L)②	—	—	≤0.1	—
含油量(mg/L)	≤2	—	≤2	—

① 通过补加药剂使锅水 pH 值控制在 10～12。

② 额定功率大于或等于 4.2MW 的承压热水锅炉给水应除氧，额定功率小于 4.2MW 的承压热水锅炉和常压热水锅炉的给水应尽量除氧。

对于直流（贯流）锅炉的给水则应采用锅外化学处水处理，其水质按表9-2中额定蒸汽压力为大于 1.6MPa、小于或等于 2.5MPa 的标准执行。

对于余热锅炉、电热锅炉及其他种类的锅炉，其水质指标应符合同类型、同参数锅炉的要求，以确保锅炉运行的安全。

水质指标中硬度、碱度单位现采用 mmol/L，它以一价离子作为基本单元，对于二价离子（或分子）均以其 1/2 作为基本单元；如硬度单位是以 $\frac{1}{2}Ca^{2+}$ 和 $\frac{1}{2}Mg^{2+}$ 为基本单元的毫摩尔/升（mmol/L）；碱度是指每升水所能接受氢离子物质的量，基本单元为 H^+，这样用 mmol/L 表示物质浓度时，在数值上与过去习惯用的 meq/L（毫克当量/升）表示法相符。

由于历史原因，也还有采用德国度（°G）和 ppm 的。德国度是指 1L 水含有硬度或碱度的物质其总量相当于 10mgCaO 时称为 1°G。对 1/2CaO 的摩尔质量为 28，故 1L 水中 10mgCaO 相当于 10/23＝0.357mmol/L，即 1°G＝0.357mmol/L。

ppm 是指一百万份溶液中，含有一份某种物质，就称含有这种物质为 1ppm（即百万份单位，其中"份"均按质量计算）。在锅炉水分析中，为了便于计算，水中有杂质都折算为碳酸钙（$CaCO_3$），同时把水的密度视为 1。因此，1ppm 就是等于 $1×10^6$mg 水溶液（也就是 1L 水）中有 1mgCaCO₃。1°G 是 1L 水溶液中有 10mgCaO，氧化钙的当量为 28，而碳酸钙的当量为 50.1，故

$$1°G＝10×50.1/28＝17.9ppm$$

即　硬、碱度 1mmol/L＝50.1ppm。

第二节　钠离子交换软化

在水处理工艺中，为了除去水中离子状态的杂质，目前广泛采用的是离子交换法。

对于供热锅炉用水，离子交换处理的目的是使水得到软化，即要求降低原水（或称生水，即未经软化的水）中的硬度和碱度，以符合和达到锅炉用水的水质标准。通常采用的是阳离子交换法。

一、离子交换剂

阳离子型的离子交换剂是由阳离子和复合阴离子根两部分组成，其中复合阴离子根是一种不溶于水的高分子化合物。在进行离子交换反应时，此交换剂的复合阴离子根是属于

稳定的组成部分，而阳离子则能和水中的钙、镁等离子互相置换。

钙离子（Ca^{2+}）和镁离子（Mg^{2+}）是水中形成硬度的物质。如果离子交换剂具有如钠离子（Na^+）等不会形成硬度的阳离子，与水中的 Ca^{2+} 和 Mg^{2+} 进行交换反应，水中的 Ca^{2+} 和 Mg^{2+} 被吸附在交换剂上，交换剂就转变成 Ca，Mg 型，这样水中的 Ca^{2+} 和 Mg^{2+} 就被除去，交换剂上原有的 Na^+ 转入水中，原水就由硬水变成了软水。当交换剂转变为 Ca，Mg 型后，则可以用钠盐溶液还原，将它再变成 Na 型交换剂而重新使用。

离子交换剂的种类很多，过去用的是钠氟石和磺化煤，但因它们的交换容量小，化学稳定性差；同时机械强度不好，易碎，所以现在已被合成树脂所替代。

合成树脂是用化学合成法制成的，称为合成离子交换树脂。它们都是一些高分子的化合物，是由许多低分子化合物（单体）聚合而成。合成树脂内部具有较多的孔隙，交换能力强，同时其机械强度和工作稳定性都比较好。

根据（树脂）单体的种类，可分为强酸性苯乙烯系和丙烯系树脂等。前者是目前大都采用的交换树脂，型号为 001×7，过去被称为 732 强酸树脂。它对各种阳离子的吸附能力不尽相同，其中 Fe^{3+} 最容易被吸附。如果是铁型树脂，则将很难再被 Na^+ 置换，所以钢制的离子交换器的内壁必须采取防腐措施。不然，金属筒壁的 Fe^{3+} 一旦被树脂吸附后，该树脂就再难以还原，这种状况通常称为树脂"中毒"或被污染，树脂呈深红褐色，常需要更换树脂。

常用的阳离子交换水处理，有钠离子、氢离子、铵离子交换等方法，进行软化和除碱。

通常以 R 表示离子交换剂中的复合阴离子根。分别以 NaR 表示为钠离子交换剂，HR 表示为氢离子交换剂等。

二、钠离子交换软化原理

对供热锅炉用水，钠离子交换软化处理的反应原理如下：

与原水中碳酸盐硬度作用时

$$2NaR+Ca(HCO_3)_2=CaR_2+2NaHCO_3$$
$$2NaR+Mg(HCO_3)_2=MaR_2+2NaHCO_3$$

与非碳酸盐硬度作用时

$$2NaR+CaSO_4=CaR_2+Na_2SO_4$$
$$2NaR+CaCl_2=CaR_2+2NaCl$$
$$2NaR+MgSO_4=MgR_2+Na_2SO_4$$
$$2NaR+MgCl_2=MgR_2+2NaCl$$

由上述反应可见：

（1）经钠离子交换后，水中的钙、镁盐类都变成了钠盐，因此，除去了水中的硬度。

（2）原水中的重碳酸盐碱度（暂时硬度）均转变为钠盐碱度（$NaHCO_3$），所以，钠离子交换只能软化水，但不能除碱，即经钠离子交换前后水的碱度保持不变。这是钠离子交换法最主要的缺点。

（3）由于 Na^+ 的当量值要比 Ca^{2+}，Mg^{2+} 的当量值大，故经钠离子交换后，水中含盐量稍有增加。

经过钠离子交换后的软水，还残留少量硬度，一般在 0.03～0.1mmol/L 以下。

钠离子交换剂运行一段时间以后，交换剂上的钠离子已大部分转为钙、镁型，以致出水硬度增高；如果将出水硬度达到软化水保证的硬度作为交换剂失效，按此时计算 $1m^3$ 湿态离子交换剂的软化能力称为工作交换能力 E_g，单位是 mol/m^3 或 $mmol/L$。

失效后的钠离子交换剂要用浓度为 5%～8% 的食盐（NaCl）溶液进行还原（或称再生），即再用钠离子 Na^+ 把交换剂中的钙离子 Ca^{2+}，镁离子 Mg^{2+} 置换出来，即

$$CaR_2+2NaCl=2NaR+CaCl_2$$
$$MgR_2+2NaCl=2NaR+MgCl_2$$

由上可见，还原 1mol 钙、镁硬度需要 2molNaCl，即 117gNaCl。但在实际使用时，所需的 NaCl，常为此理论量的 1.2～1.7 倍才能使还原完全，供热锅炉一般取用 140～200g/mol。

三、固定床钠离子交换设备及其运行

固定床离子交换，通常是使原水由上而下不断地通过交换剂层，完成反应过程，离子交换剂层是固定不动的。

交换器的运行一般分为四个步骤：交换（软化）、反洗、还原（又称再生）、正洗。由此组成交换器的一个运行循环。

固定床离子交换按其再生运行的方式，分为顺流再生和逆流再生两种。

1. 顺流再生钠离子交换

（1）离子交换器及盐水制备

1）离子交换器构造

顺流再生离子交换器构造如图 9-1 所示，原水由一根粗管（进水管 1）引至装置在顶部的分配漏斗 3，从中喷出后均匀下落，通过交换剂层后被软化，软水流经砂层后在交换器底部由泄水装置的集水管 9 排出。泄水装置性能的优劣直接影响交换器中水流分配的均匀性，它在安装后用水泥浇灌固定。

还原时，还原溶液——盐水由安装在环形管 4 上的喷嘴喷出，同样由上而下流经交换剂层和砂层，最后由安装有很多伞形塑料泄水水帽（其上开设有很多缝隙或小孔）的泄水装置的集水管 9 排出。显而易见，顺流式再生离子交换指的就是再生时还原液流动方向与软化时原水流动方向一致。

为了排除空气，在交换器顶部设置有排空气管 2。如用离子交换树脂作为交换剂时，离子交换器内壁必须有内衬，以防止树脂被铁"中毒"和缸体腐蚀。

水的分配斗最大截面积应为交换器截面积的 2%～4%；漏斗上口至交换器封头顶的距离为 100～150mm。环形管的中心圆的直径为交换器直径的 1/2～2/3，孔径为 10～20mm，盐水流出速度为 1～1.5m/s。

离子交换器常用的规格有 $\phi500$，$\phi750$，$\phi1000$，$\phi1200$，$\phi1500$ 及 $\phi2000$；交换器层高度有 1.5m，2m 及 2.5m 等多种规格。

2）盐水的制备

在供热锅炉房，一般采用盐溶解池（箱）制备盐水。盐溶解池由混凝土制成，其间由上部带有小孔的隔板分隔成大小（约 3/5 与 2/5）两部分，制备用盐和水加至较大的空间，盐水则经由隔板上部小孔流入较小空间里，再由盐液泵输出流经过滤器后供离子交换

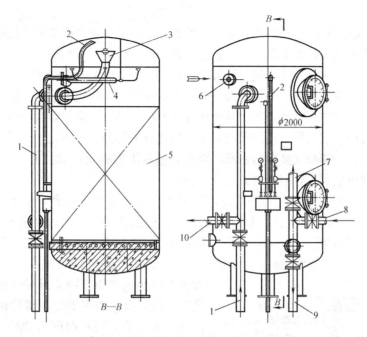

图 9-1　顺流再生离子交换器构造示意图

1—进水管；2—排空气管；3—分配漏斗；4—环形管；5—交换剂层；6—还原液进口；

7—软水管；8—冲洗进水管；9、10—排水管；

器还原时使用。

较大容量的锅炉房，通常设置贮盐池，食盐加入池水中湿贮存。饱和的浓盐水引至浓盐水箱，再由盐液泵抽送往过滤器进入配制箱加水稀释至所需浓度，最后仍由同一盐液泵送往交换器使用。

（2）顺流再生离子交换器的运行

前已提及，离子交换器在运行中有四个过程，即软化、反洗、还原和正洗。

1）软化　经清洗合格后的离子交换器即可投入交换运行——软化。应按原水水质、交换剂的性质，选用合适的水流速度。如要除去的离子浓度越大（即原水硬度越高），则流速应控制得越小。如以磺化煤作为交换剂时，推荐的水流速度如下：

原水总硬度（mmol/L）：2.5　5.3　8.9　14.5

采用的水流速度（m/h）：20　15　10　5

用树脂作为交换剂时，因其交换反应较快，水流速度一般为 15～20m/h。

软化时出水硬度均低于水质标准规定的高限值，当出水硬度达到水质标准规定的高限值时就应停止运行。如果继续运行下去，出水的硬度便会超标，即不符合锅炉汽水水质标准。诚然，此时交换剂的上层交换剂（树脂）已经失效，而下层交换剂并不会完全丧失软化能力。

2）反洗　当离子交换器失效后，就需进行反洗，即将一定压力的水流自下而上地通过交换剂层。由于在软化过程中交换剂层可能被冲积成实块，因此反洗可松动交换剂层，并将残留在其中的杂质污泥一并除去，使以后还原时盐液易渗入层中并与交换剂颗粒的表面充分接触。反洗强度一般取 3～5L/(s·m²)（相当于空罐流速 11～18m/h）；反洗时间为 10～15min。

3）还原（又称再生）　再生的目的就是使失效的离子交换剂恢复其软化能力。采用顺流再生时，盐液是从交换器上部进入，通过交换剂层后由下部排出的，其流向与交换运行时的流向相同。这种再生方式的优点是装置简单和操作方便，但缺点是再生效果不理想。因为新配置的盐液首先接触到的是上部完全失效的交换剂，使这一部分交换剂得到很好的再生。随着盐液继续往下流动，就使其中所含的 Ca^{2+}，Mg^{2+} 离子渐渐增多，由于离子交换反应是可逆反应，这将促使还原反应有反方向进行的趋势，故称这些离子为反离子，反离子浓度的增大，会影响交换剂的还原。因此，越在下面的交换剂，再生的程度就越差。如要提高它们的再生程度，就得增大盐液的耗量。

此外，再生效果还与还原液浓度和流速有关。对钠离子交换器，盐液浓度以 5％～8％为宜。也可采用分段再生法，即先用 3％～5％的盐液再生，然后再用 8％～12％的盐液再生，可以提高再生效率，降低盐耗。再生流速一般为 4～8m/h；

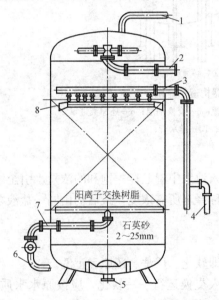

图 9-2　逆流再生离子交换器示意
1—空气管；2—进水管；3—中间排水（排再生液）装置；4—小反洗进水管；5—正洗出水管；6—进再生液管；7—出水管；8—压层树脂

4）正洗　正洗的目的是清除残余的再生液和再生时的生成物。顺流再生时正洗水是由交换器上进下出。钠离子交换器的正洗速度约为 6～8m/h 左右，正洗时间为 30～40min。为了减少交换器的自身用水量和再生时的盐耗量，通常正洗过程的后期阶段，将含有盐分的正洗水送入反洗水箱储藏起来，供下次反洗时使用。

2. 逆流再生钠离子交换

为了克服顺流再生时交换器底层部分交换剂再生能力差的缺陷，可改用逆流再生钠离子交换，即再生时盐液是从交换器下部进入，上部排出，其流向与水进行软化时的流向相反。图 9-2 所示即为逆流再生离子交换器的结构简图。

（1）逆流再生的特点

1）逆流再生时，因盐液下进上出，交换器底部的交换剂总是和新鲜的盐液接触，能够得到较高的再生程度。

2）上部的交换剂再生程度始终低于下部，这种分布正好与顺流再生时相反，有利于离子交换反应。软化运行时，水中钙、镁离子含量随着水流向下越来越少，而越向下的交换剂的再生程度却越高，能使交换反应持续进行，使出水的暂留硬度降低，可提高水质。

3）含反离子（Ca^{2+}，Mg^{2+}）较多的盐液与上层失效程度较大的交换剂接触，由于离子平衡关系，它仍能起到较好的再生作用，盐液被充分利用而节约食盐，盐耗要比顺流再生节约 20％～40％。

4）再生程度最差的上层交换剂，因它先与钙、镁离子最多的原水接触，仍能进行离子交换，使这部分交换剂也得到充分利用。交换剂的工作交换容量明显高于顺流再生，约可提高 1/3 以上。

5）还原剂利用率高，废液量少而浓度低，使小反洗和正洗的耗水量大为减少，可节水 50% 左右。

不难看出，逆流再生离子交换的上述特点，是以交换器内各层交换剂相对位置不变为前提的。所以，对再生液的流速必须加以控制，一旦流速过高就会和反洗时一样使交换剂层产生扰动。这种交换剂层上下层次被打乱的现象，通常称为"乱层"。如果发生了乱层现象，逆流再生的所有优点便不复存在。

为了防止乱层现象，逆流再生交换器在结构和运行上都有一些相应的措施。在结构上，在交换剂层的表面部分设有分布均匀的中间排水装置（图 9-2），使向上流动的再生液或冲洗水能均匀地从排水装置中排走，而不使交换剂层扰动。另外，在位于中间排水装置之上，与交换剂层面相接处，添加一层厚约 150～200mm 的压实层。压实层采用比树脂轻的聚苯乙烯白球（25～30 目）或直接用离子交换树脂作为压实层。应该指出，作为压实层的离子交换树脂始终是处于失效状态的，因此，在运行时需防止这部分树脂进入交换层下部，否则会使交换器出水水质降低。

在运行中，一般小型锅炉常采用低流速的逆流再生方法来防止乱层。交换剂为磺化煤时，再生或逆洗流速采用 3～6m/h；树脂为 1.6～2m/h。

如再生液采用较高的流速时，则应从交换器上部送入压缩空气（称顶压），它穿过压实层随同再生液一起，由中间排水装置排出。这样，由于交换器上部的压力加大，下部的水流不会窜流到上部，就可以防止交换剂乱层。但要添加空气压缩机等设备。

（2）逆流再生离子交换的运行

逆流再生离子交换器的运行操作与顺流再生时有所不同，通常按以下几个步骤进行：

1）小反洗　在交换器失效并停止运行后，首先将反洗水从中间排水装置引进，从交换器顶部排出，以冲去运行时积聚在压实层表面及中间排水装置以上的污物。小反洗水速控制在 12m/h 以下，以出口水中无外逸的树脂为度。小反洗至出水清澈为止。

2）排水　小反洗结束，待压实层的颗粒下降后，开启空气阀和再生液出口阀，放掉中间排水装置上部的水。

3）顶压　如采用压缩空气顶压防止乱层时，可从交换器顶部送入压缩空气，气压维持在 0.03～0.05MPa 的范围内。

4）进再生液　在顶压情况下，可将再生液以 5～6m/h 的流速从交换器下部送入，随同适量的空气从中间排水装置排出。无顶压时，就采用低流速送入再生液。

5）逆流冲洗　当再生液进完后，在有顶压的情况下，将逆洗水从交换器下部送入，进行逆流冲洗；逆流水的流速仍保持 5～6m/h；并应采用质量较好的水，不然会影响底部交换剂的再生程度。逆流冲洗的时间一般为 30～40min。无顶压时，冲洗速度与低流速再生时的流速相同。

6）小正洗　停止逆流冲洗和顶压，从顶部进水，由中间排水装置放水，以清洗渗入压实层中及压实层上部的再生液。小正洗时间为 10min 左右。

7）正洗　最后，用水由上而下进行正洗，正洗流速为 15～20m/h，直至出水符合给水水质标准，即可投入运行。

一般逆流再生离子交换器在运行 20 个或更多周期后，要进行一次大反洗，反洗流速为 18～20m/h，时间约为 15～20min，以除去交换剂层中的污物和破碎的交换剂颗粒。大反洗是从底部进水，废水由交换器顶部的排水阀放掉。由于大反洗松动了整个交换剂层，所以大反洗后第一次再生时，再生剂耗量应加大 0.5～1 倍以上。

由上可见，逆流再生钠离子交换的操作程序较多，而且在逆流再生的冲洗过程中通常用的软水，需要耗用相当数量的软水。再则，逆流再生交换器的结构也较复杂。为了改进逆流再生交换，又研制出了一种称为负压逆流再生的方法，即在中间排管（图 9-2 中的 3）出口处设置水封装置。当交换器上部排水及再生时，使之在中间排管上下形成负压区。如此，再生液流经负压区时就易于被吸入中间排管而迅即送出，可以不需要用压缩空气或水压顶，有效提高了再生液逆流速度且不会"乱层"。

四、钠离子交换系统

最简单的系统是单级钠离子交换系统（图 9-3），当原水硬度＜8mmol/L 时，经单级钠离子交换后，可作为锅炉给水。

当生水硬度＞8mmol/L 时，单级钠离子交换后的残余硬度较高，往往不能满足锅炉给水要求，因此建议采用双级钠离子交换系统（图 9-4）。此系统在运行中可以适当降低第一级交换器的出水标准，而使第二级交换器出水水质达到锅炉给水要求。第二级交换器由于进水中要除去离子的浓度很低，故交换剂层的高度可较小，通常为 1.5m 左右；在运行时可采用较高的流速，一般可达 35～40m/h，但是对其中交换剂的再生程度要求较高。

采用双级钠离子交换时，可以节省盐耗量。通常第一级只要用 100～110g/mol，第二级为 250～350g/mol。第二级的盐耗量虽然大些，但由于它的运行周期长，再生次数较少，而且还可以利用它的废盐液去再生第一级交换器，所以总的耗盐还是比单级钠离子交换要低些。

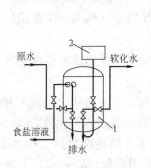

图 9-3 单级 Na 离子交换系统
1—Na 交换器；2—反洗水箱

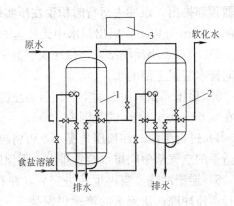

图 9-4 双级 Na 离子交换系统
1——级 Na 交换器；2—二级 Na 交换器；3—反洗水箱

【例题 9-1】 某厂锅炉房设置两台 SHL10-1.3/350 型锅炉，凝结水回收率 $K=30\%$，锅炉排污率 $P=5\%$；原水总硬度 $H=7.8\text{mmol/L}$，从表 9-2 水管锅炉水质标准中查得，锅炉给水允许硬度 $H'=0.03\text{mmol/L}$，现选用钠离子交换软化设备，采用强酸阳离子交换树脂和顺流再生，试计算离子交换器的运行数据。

序号	名称	符号	单位	计算公式	数值	备注
1	总的软化水量	D_z	t/h	$D_z=D(1-K+P)=20(1-0.3+0.05)$	15	
2	水流速度	v	m/h	对阳离子交换树脂	20	
3	总的软化面积	F	m^2	$F=D_z/v=15/20$	0.75	
4	实际软化面积	F'	m^2	选用 $\phi1000$ 交换器	0.785	
5	实际水流速度	v'	m/h	$v'=D/F'=15/0.785$	19.11	
6	交换剂的工作能力	E_g	mol/m^3	参考有关资料	1000	
7	交换剂层高度	h	m	根据设备	1.6	
8	交换剂装载量	V_R	m^3	$V_R=F'h=0.785\times1.6$	1.26	
9	干树脂重量	g_R	t	$g_R=V_R\rho_s(1-q_s)=1.26\times0.8\times0.5$	0.504	ρ_s—树脂密度 $\rho_s=0.6\sim0.85kg/m^3$ q_s—树脂含水率,一般 $q_s=0.5$
10	离子交换器的软化能力	E_0	mol	$E_0=V_RE_g=1.26\times1000$	1260	
11	反洗,还原及正洗所需总的时间	t_z	h	$t_z=t_1+t_2+t_3=\dfrac{15}{60}+\dfrac{30}{60}+\dfrac{40}{60}$	1.42	t_1—反洗时间取为15min t_2—还原时间取为30min t_3—正洗时间取为40min
12	水质变更系数	k	—	一般取用 1.25	1.25	
13	交换器正洗单位耗水量	q_1		$q_1=5\sim8m^3/m^3$	6.5	
14	交换器运行时的最小交换时间	t	h	$t=\dfrac{(E_g-0.5q_1H)V_R}{D_zHk}$ $=\dfrac{(1000-0.5\times6.5\times7.8)1.26}{15\times7.8\times1.25}$	8.4	0.5—正洗过程中交换剂工作能力的减少率
15	再生时食盐单耗量	b	g/mol	$b=140\sim200$	170	
16	每次还原的耗盐量	B	kg	$B=bE_0/1000\varphi=170\times1260/1000\times0.95$	225	φ—盐纯度,取 $\varphi=0.95$
17	还原液浓度	α	%	$\alpha=5\sim8$	8	
18	配置盐液用水量	G_2	t	$B/1000\alpha=\dfrac{225}{1000\times0.08}$	2.8	
19	反洗水速	v_t	m/h	$v_t=18\sim24$	21	
20	反洗水量	G_f	t	$G_3=v_tF'\dfrac{t_1}{60}=21\times0.785\times\dfrac{15}{60}$	4.12	
21	正洗水速	v_z	m/h		7	
22	正洗水耗	G_z	t	$G_z=v_sF'\dfrac{40}{60}=7\times0.785\times40/60$	3.66	

第三节 浮动床及流动床离子交换

固定床离子交换设备运行可靠,使用历史悠久,但仍存在一定缺点。首先是交换器的体积庞大,而交换器的容积利用率低,仅 60% 左右。针对此问题,发展了浮床离子交换法。其次固定床交换器的运行是不连续的,在运行周期中都有一段较长时间不能供水。针对此缺陷,又发展了连续式的离子交换设备——移动床和流动床离子交换,前者对自控要求高,不及后者普遍。

一、浮动床离子交换工作原理

浮动离子交换运行和再生时的水流方向恰好与固定床的逆流再生运行相反,即软化过程中,水流方向自下而上,水流将树脂层托起压实,故称浮床。失效后,交换剂先行落下,称为落床。再生时,再生液自上而下。因此,它与逆流再生离子交换一样,具有出水水质好和耗盐量低等优点。

在浮动床交换器内，树脂要装满，上部自由空间的高度不得大于100mm，以免下部树脂窜动；容积利用率可达95%以上；树脂层高度大，因此可提高软化时的水速（40～50m/h）。这不仅增大单位容积的出水量，并延长运行周期，降低了投资。浮动床设备构造和运行操作都比逆流再生固定床简单方便，不易引起树脂乱层，无需中间排液和顶压等措施和装置。

由于浮动床交换器内充满了树脂，没有反洗空间，因而当浮动床运行10～15个周期后，树脂层内积聚的悬浮杂质和树脂细屑影响正常运行。此时，就要将树脂引至罐体外，用压缩空气和水进行擦洗，为此需增设一套专门的装置。

浮动床离子交换与逆流再生交换一样，要防止乱层，特别要注意浮床、落床和流速控制。离子交换一旦达到终点，离子漏过的速度增长很快，务必加强监督并及早掌控失效终点。配制再生液和清洗的用水，应采用软水，不然出水水质将得不到保证，盐耗量也会增大。此外，为了延长运行周期，对原水悬浮物含量也有要求，不得超过2mg/L。正是这些附加条件，制约了浮动床离子交换在供热锅炉房中的应用。

二、流动床离子交换的原理及特点

流动床离子交换系统的主要设备为交换塔和再生清洗塔，并配有再生液制备槽和再生液泵等，如图9-5所示。

整个工艺流程分为软化、再生和清洗三个部分。

1. 软化流程

软化过程是在交换塔内进行。交换塔通常由三块塔板分隔成四个区间，每块塔板上设有浮球装置及若干个过水单元。工作时，原水从交换塔底部送入后沿交换塔均布上升，穿过塔板上的过水单元，与从塔顶送入并通过浮球装置逐层下落的树脂进行逆流、悬浮状离

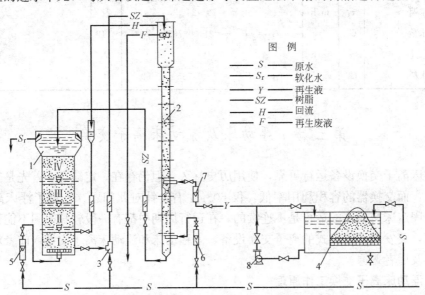

图 9-5　流动床离子交换系统流程

1—交换塔；2—再生清洗塔；3—树脂喷射器；4—再生液制备槽；5—原水流量计；
6—清洗水流量计；7—再生液流量计；8—再生液泵

子交换，原水被软化后经塔顶溢流槽排出；饱和（失效）树脂最后落入塔底并被送至再生塔顶部。

塔板中央的浮球装置，运行时浮球被上升水流顶起，使树脂从上而下沿塔板逐级下落；而停止运行时，浮球会下落，关闭锥孔，防止树脂漏落而乱层。每个过水单元有5～6个水孔，孔的上方装有盖板，能防止运行和停运时树脂穿过水孔下落。

2. 再生流程

饱和树脂的再生过程在再生清洗塔的上段进行。交换塔底部的饱和树脂借喷射器送至再生塔顶部，然后从上而下，经过再生塔上段的回流斗、贮存斗后进入再生段，与自下而上的再生液相遇进行逆流再生，逐步恢复交换能力。再生液由再生段底部进入，沿再生段向上流动，与饱和树脂交换后变成废液，通过贮存斗上部的废液管排出。废液通过贮存斗时，还可充分利用其残余的再生能力，因此贮存斗就作为预再生段，从而降低了再生液的耗量。

3. 清洗流程

再生后树脂的清洗过程在再生清洗塔的下段进行。树脂通过再生段得到再生以后，下落至清洗段，与自下而上的清洗水逆向接触，洗去再生产物和残留再生液，进入清洗段的下面，被水压送至交换塔顶部。清洗水是从清洗段进入后，分成两股水流：一股向上流动，作清洗用，清洗水向上流入再生段后就充当再生液的稀释液；另一股向下流动，作为输送再生树脂的介质。

以上各个过程均连续稳定地进行。原水、再生液及清洗水的流量借各流量计调节；树脂循环量取决于原水流量及其水质，可用喷射器控制，如喷射器输送的树脂过多时，树脂可从回流斗溢出，自行返回交换塔底部。

流动床离子交换比固定床有很多优点，前者的装置都是敞开式不承受压力，从而可用塑料制作，设备简单，加工容易；不需自控装置即可连续稳定地运行。由于树脂的还原是逆流再生的，还原液耗量就较低，出水质量也较高。因此，它在中小型锅炉房以及电厂、铁路、轻工、化工等部门大量被采用，应用前途广阔。

第四节　离子交换除碱

钠离子交换的缺点是只能使原水软化，而不能除去水中碱度。为了保持锅炉锅水的水质标准，即使其碱度符合规定值，一是采取排污稀释，这不经济，特别原水碱度较高时更甚；二是锅炉给水除碱。

给水除碱，就是采取技术措施来降低经钠离子交换处理后的水中的碱度。对于低压供热锅炉，常用的除碱方法有中和法和沉淀法等。中和法中最为简单的是加酸中和法；其次，也是普遍采用的氢—钠离子交换、铵—钠离子交换和部分钠离子交换、部分氢离子交换法。其中除加酸中和法只除碱，不起软化作用外，其余的离子交换法，既除碱，同时也软化给水。

加酸中和法，通常加入软水的是硫酸，其化学反应式为

$$2NaHCO_3 + H_2SO_4 = Na_2SO_4 + 2CO_2\uparrow + 2H_2O$$

但需把握的是必须控制加酸量，使处理后的软水中仍保持有一定的残余碱度（一般为0.3～0.5mmol/L），避免加酸过量而腐蚀给水系统的管道及设备。加酸后会增加水中的溶解固形

物。此外，还需配置除CO_2装置和热力除氧，以消除蒸汽中含的CO_2，减轻回水管道的腐蚀。如采用氢-钠、铵-钠及部分钠离子交换系统，就能达到既软化水又降低碱度和含盐量的目的。

一、氢-钠离子交换原理及系统

1. 氢离子交换转化、除碱原理

如果用酸溶液去还原离子交换剂，例如用$1\%\sim2.0\%$的硫酸（H_2SO_4）作还原剂，则变成氢离子交换剂（HR）：

$$CaR_2+H_2SO_4=2HR+CaSO_4$$
$$MgR_2+H_2SO_4=2HR+MgSO_4$$

原水流经氢离子交换剂后，水中的钙、镁离子可被氢离子置换。

对于碳酸盐硬度：

$$2HR+Ca(HCO_3)_2=CaR_2+2H_2O+2CO_2\uparrow$$
$$2HR+Mg(HCO_3)_2=MgR_2+2H_2O+2CO_2\uparrow$$

对于非碳酸盐硬度：

$$2HR+CaSO_4=CaR_2+H_2SO_4$$
$$2HR+CaCl_2=CaR_2+2HCl$$
$$2HR+MgSO_4=MgR_2+H_2SO_4$$
$$2HR+MgCl_2=MgR_2+2HCl$$

由以上离子交换反应可见：

（1）水中的碳酸盐硬度转变成水和二氧化碳，所以在消除硬度的同时也降低了水的碱度和盐分，其除盐、除碱的量与原水中碳酸盐硬度的当量数相等。

（2）离子交换后，非碳酸盐硬度转变为游离酸，产生的酸量与原水中非碳酸盐硬度的当量数相等。

由于形成酸性水，因此氢离子交换器及其管道要有防腐措施，而且处理后的水也不能直接进入锅炉。通常必须与钠离子交换联合使用，称为氢-钠离子交换，使氢离子交换后产生的游离酸与经钠离子交换后生成的碱相互中和，而达到除碱目的，即

$$H_2SO_4+2NaHCO_3=Na_2SO_4+2H_2O+2CO_2$$
$$HCl+NaHCO_3=NaCl+H_2O+CO_2$$

失效的氢离子交换剂还原时，如使用硫酸，酸的浓度通常取2%左右；使用盐酸时，盐酸浓度以不超过5%为宜。酸的实际耗量一般为理论耗量的$1.6\sim2.0$倍。

2. 氢-钠离子交换系统

氢-钠离子交换有三种系统：并联、串联和综合式。

（1）并联系统如图9-6所示，同时有两个离子交换器进行工作。原水的一部分a_{Na^+}从钠离子交换器流过，其余部分（$1-a_{Na^+}$）从氢离子交换器流过。两部分软水混合后进入二氧化碳除气器，将水中生成的CO_2排除。所谓除气器，是将鼓入的空气流与处理的水充分接触，水中CO_2会扩散至CO_2分压力很小的空气里而被带走。软水存于给水箱由水泵送走。

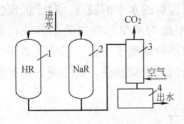

图9-6　并联H-Na离子交换系统
1—H离子交换器；2—Na离子交换器；
3—CO_2除气器；4—水箱

流经氢离子交换器及钠离子交换器的水量，根据生水的碳酸盐硬度及非碳酸盐硬度的量而定。按理论计算应使经氢离子交换产生的酸与经钠离子交换产生的碱度恰好完全中和。但实际上，为了避免混合后出现酸性水，计算水量分配时总是让混合后的软水仍带一点碱度。此碱度称为残留碱度，通常控制在 $0.3\sim0.5$ mmol/L。

设：H 为进水总硬度（mmol/L），A 为进水总碱度（mmol/L）；$[Cl^-]$，$[SO_4^{2-}]$ 为进水中氯离子和硫酸根离子总含量（mmol/L）；A_c 为中和后水的残留碱度（mmol/L）。

当 $H>A$ 时，

$$a_{Na^+}H_T-(1-a_{Na^+})H_{FT}=A_c$$

$$a_{Na^+}=\frac{H_{FT}+A_c}{H_T+H_{FT}}$$

当原水的 $H=A$（无永硬）时，则经氢离子交换后生成的酸，其当量值应与原水的 $[Cl^-]$ 和 $[SO_4^{2-}]$ 当量相等，而不是 H_{FT}，此时，

$$a_{Na^+}=\frac{[Cl^-]+[SO_4^{2-}]+A_c}{H_T+[Cl^-]+[SO_4^{2-}]}$$

若原水的 $H<A$，此时，无永久硬度，有钠盐碱度，则经钠离子交换后软水中的碱度将不是 H_T，而是 A，这时，

$$a_{Na^+}=\frac{[Cl^-]+[SO_4^{2-}]+A_c}{A+[Cl^-]+[SO_4^{2-}]}$$

（2）串联系统如图 9-7 所示，就是一部分原水 $(1-a_{Na^+})$ 经氢离子交换器，其软水（酸性水）再与未经软化的其余部分原水混合。此时，经氢离子交换产生的酸度和原水中的碱度发生中和反应，反应后产生的 CO_2 则由除气器除去，除去 CO_2 的水经过水箱打入钠离子交换器。

在这个系统中，应在钠离子交换器之前设置除气器，否则 CO_2 形成碳酸后再流经钠离子交换器会产生 $NaHCO_3$，结果使出水碱度重新增高，即

$$H_2CO_3+NaR=NaHCO_3+HR$$

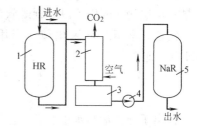

图 9-7 串联 H-Na 离子交换系统
1—H 离子交换器；2—CO_2 除气器；
3—水箱；4—泵；5—Na 离子交换器

此外，在串联系统中，对氢离子交换器常以"不足量酸"的方法进行还原，即当其失效后，仅用理论量的酸去还原。这样，由于酸量不足只能使交换剂的上层变成 H 型，而下层的交换剂仍为 Ca，Mg 型，称为缓冲层。当全部原水（不再另分一路与交换器出水混合）流经上层交换剂时，其中非碳酸盐硬度就会产生一定量的强酸。但是水经过下层时，水中强酸的 H^+ 又和 Ca^{2+}，Mg^{2+} 进行交换。所以生水流过交换器后只降低了其中的碳酸盐硬度，而非碳酸盐硬度基本不变。"不足量酸"法可以节省还原用酸和防止出酸性水。由于不足量酸还原的氢离子交换主要用于除碱，而软化并不彻底，故这种交换总是与钠离子交换串联使用。必须指出，不足量酸还原只适用于磺化煤交换剂和弱酸性阳离子交换树脂，不能用于强酸性树脂，因为要使 Ca，Mg 型的强酸性树脂得到还原，酸的浓度要高，而通过此缓冲层的水中酸浓度尚不足以使 Ca，Mg 型饱和的强酸性树脂还原，因此使出水

就仍为酸性水。

此种串联系统，原水的分配比例的计算方法与并联计算方法相同。

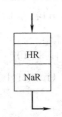

图 9-8　综合式
H-Na 交换器

（3）综合式系统如图 9-8 所示，交换器的交换剂上面部分为氢型，下面部分为钠型。这样的交换剂层，是用下述方法来实现的，即交换剂先用一定量的酸液还原，然后再用食盐还原。食盐溶液流经上层氢离子交换剂层时，因 H^+ 比 Na^+ 有较大的活性，H^+ 并不会被置换出来。

综合式氢钠交换器中，氢离子交换层（HR）与钠离子交换层（NaR）高度的比例，和并联系统求水量分配比例的方法相同。同时可按求出的高度比例来计算再生剂的用量。

由并联和串联的两种系统比较，可以看出，其不同点是在并联系统中只有一部分原水进入钠离子交换器，而在串联系统中，全部原水最后都要通过钠离子交换器。所以从设备来说，串联系统投资较高。但从运行来看，并联系统需要严格控制水量比例，加强化学监督，才能避免氢、钠交换器的混合水呈酸性。而在串联系统中，即使经氢离子交换的水和原水的混合水带有些酸性，但由于还要经过钠离子交换器，最后就不会出酸性水，因而可靠性较好。

二、铵-钠离子交换原理及系统

1. 铵离子交换软化原理

铵-钠离子交换与氢-钠离子交换原理一样，所不同的只是铵离子交换不是用酸还原，而是采用铵盐，同样可以达到既软化又除碱的目的。

铵盐，常用的是氯化铵。当用氯化铵溶液为还原剂，就使之成为铵离子交换剂 NH_4R，即

$$CaR_2 + 2NH_4Cl = 2NH_4R + CaCl_2$$
$$MgR_2 + 2NH_4Cl = 2NH_4R + MgCl_2$$

铵离子交换剂与水中的碳酸盐硬度作用时：

$$2NH_4R + Ca(HCO_3)_2 = CaR_2 + 2NH_4HCO_3$$
$$2NH_4R + Mg(HCO_3)_2 = MgR_2 + 2NH_4HCO_3$$

重碳酸铵（NH_4HCO_3）在汽锅中受热以后就分解：

$$NH_4HCO_3 \stackrel{\triangle}{=} NH_3\uparrow + CO_2\uparrow + H_2O$$

与氢离子交换一样，既软化了碳酸盐硬度，又消除了碱度，同时也有除盐的作用。

对于水中的非碳酸盐硬度：

$$2NH_4R + CaSO_4 = CaR_2 + (NH_4)_2SO_4$$
$$2NH_4R + CaCl_2 = CaR_2 + 2NH_4Cl$$
$$2NH_4R + MgSO_4 = MgR_2 + (NH_4)_2SO_4$$
$$2NH_4R + MgCl_2 = MgR_2 + 2NH_4Cl$$

软化水中所含的铵盐不具有酸性反应，对锅炉及管道没有腐蚀作用。

硫酸铵及氯化铵在汽锅中受热分解而形成酸：

$$(NH_4)_2SO_4 \stackrel{\triangle}{=} 2NH_3\uparrow + H_2SO_4$$

$$NH_4Cl \xrightarrow{\triangle} NH_3\uparrow + HCl$$

由此可见，在铵离子交换中，非碳酸盐硬度软化后，也生成"潜在"的酸。这对锅炉安全运行有危害，因此，单独的铵离子交换处理是不适宜的，一般常与钠离子交换并联使用。这样，铵盐受热分解所生成的酸与钠离子交换后 $NaHCO_3$ 加热分解所生成的碱可以得以中和，既消除了酸，又降低了锅水中相对碱度。

铵-钠交换与氢-钠交换在工作原理及所产生效果上都相同，所不同的：其一是铵离子交换的除碱及除盐效果，必须在软水受热后才呈现；其二是铵离子交换处理的水受热后会产生氨气，在有氧的条件下对铜制的设备及附件有腐蚀作用。

铵离子交换采用硫酸铵 $[(NH_4)_2SO_4]$ 作还原剂时，取浓度为 $2.5\%\sim3\%$；以氯化铵（NH_4Cl）为还原剂时，其浓度不受限制。

2. 铵-钠离子交换系统

同氢-钠离子交换一样，铵-钠系统也有并联和混合式两种。一般不用串联，这是由于 NH_4^+ 和 Na^+ 的活性相近，串联时水中 NH_4^+ 又会被 Na^+ 部分置换而达不到除碱的效果。

经铵离子交换的水，在未受热前不会分解生成 CO_2，故并联铵-钠不需要设置除气器。并联铵-钠离子交换水量分配的计算与氢—钠离子交换完全相同，软化水的残留碱度可降低到 $0.2\sim0.3mmol/L$，故适用于原水碱度较高的地区。

当原水中碳酸盐硬度与总硬度比值大于 0.8，且允许软水残碱大于 $0.5\sim1.0mmol/L$，可采用综合式铵-钠离子交换水处理，软水中的氨及二氧化碳应经大气式热力除氧器去除。

三、部分钠离子交换原理及系统

所谓部分钠离子交换法，是只让原水中的一部分进入钠离子交换器进行软化，另一部分原水则直接进入给水箱送往汽锅（图 9-9）。经钠离子交换的那部分原水中的碳酸盐硬度变成了 $NaHCO_3$，进入汽锅后会因受热分解和水解，成为 Na_2CO_3 和 $NaOH$。利用它们与另一部分进入汽锅的原水中非碳酸盐硬度反应，除去了部分永硬和碱度，生成水渣 $CaCO_3$ 和 $Mg(OH)_2$ 可随锅炉排污被排出锅外。因此，这是一种锅外和锅内相结合的水处理方法，达到了除硬、除碱的双重目的。此外，这种方法减少了钠离子交换器的负荷，可以紧缩交换设备的容量。不足的是软化不彻底，尤以当原水的永久硬度与总硬度之比小于 0.5 时，软化效果更差，所以它只适宜用于小型锅炉。

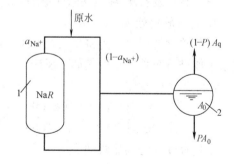

图 9-9 部分钠离子交换过程示意图
1—Na 离子交换器；2—锅炉汽锅

用碱平衡式可以计算通过钠离子交换原水的份额 a_{Na^+}，即经钠离子交换后软水中的碱量与未经软化的那部分水中非碳酸盐硬度在锅内反应后，其剩余碱量和排污碱量、蒸汽带走碱量相平衡，可写成：

$$a_{Na^+}A - (1-a_{Na^+})(H-A) = PA_0 + (1-P)A_q$$

式中　H——原水总硬度，mmol/L；

　　　A——原水碱度，mmol/L；

　　　A_0——锅水碱度，mmol/L；

　　　A_q——蒸汽碱度，mmol/L；

　　　P——锅炉排污率，%。

如忽略蒸汽碱度，即 $A_q \approx 0$，可得

$$a_{Na^+} = \frac{H - A + PA_0}{H}$$

四、部分氢离子交换原理

如果原水中碱度大于硬度，即所谓负硬水，可采用部分氢离子交换法。部分氢离子交换，是使一部分原水经氢离子交换得以软化和除碱，同时会生成游离酸。另一部分原水不处理直接与经氢离子交换后的那部分水相混合，这部分原水中的碱度被游离酸所中和，而硬度依旧，没有被软化。也就是说，部分氢离子交换法所得的混合水的硬度显著降低或被清除，而它的硬度则达不到锅外水处理的水质指标。在交换过程中生成的二氧化碳，需经 CO_2 脱气器排除。为保持混合水中有一定的残余碱度，必须控制混合水的碱度要略大于硬度。如此，混合水中的硬度全为碳酸盐硬度，进入汽锅后会自行分解、软化。

第五节　石灰-纯碱水处理

锅炉水处理以离子交换技术为主，但也有的供热锅炉采用石灰水处理来软化除碱的。这是一种水的沉淀软化，即把溶于水中的钙、镁盐类转变成难溶于水的化合物，在水中沉淀后加以除去。

最常用的是石灰、石灰-纯碱法水处理。

一、石灰及石灰-纯碱法软化原理

1. 石灰软化处理

石灰软化处理时，先将生石灰 CaO 溶于水中，成为熟石灰 $Ca(OH)_2$，即石灰乳。在原水中加进石灰乳，则可起如下反应：

消除水中的暂硬

$$Ca(HCO_3)_2 + Ca(OH)_2 = 2CaCO_3\downarrow + 2H_2O$$

$$Mg(HCO_3)_2 + 2Ca(OH)_2 = 2CaCO_3\downarrow + Mg(OH)_2\downarrow + 2H_2O$$

镁盐永硬变为钙盐永硬

$$MgCl_2 + Ca(OH)_2 = Mg(OH)_2\downarrow + CaCl_2$$

$$MgSO_4 + Ca(OH)_2 = Mg(OH)_2\downarrow + CaSO_4$$

中水的 CO_2 形成碳酸钙沉淀

$$CO_2 + Ca(OH)_2 = CaCO_3\downarrow + H_2O$$

由反应结果看，石灰处理后，水中暂时硬度除去，永久硬度未变（镁盐永久硬度变成钙盐永久硬度）。这样，它起到了局部除碱及除盐的作用，其除碱及除盐的量则与暂时硬度的当量相等。

石灰的软化效果还与反应后生成沉淀物的结晶速度有关。水中的胶体物质，有阻碍结

晶的作用，所以在软化的同时常加凝聚剂，进行凝聚，以消除胶体物质。常用的凝聚剂有硫酸亚铁（$FeSO_4 \cdot 7H_2O$）。

水中铁离子的存在也要消耗石灰，其反应为

$$2Fe^{3+} + 3Ca(OH)_2 = 2Fe(OH)_3 + 3Ca^{2+}$$

石灰处理时，如保持处理后有一定石灰过剩量，每吨原水的加药量可由下式计算：

$$G_1 = \frac{56}{E_1}(H_T + H_{Mg} + CO_2 + 1.5Fe + K + 0.2) \quad g/t$$

式中　56——CaO 的分子量；

　　G_1——生石灰（工业产品）消耗量，g/t；

　　H_T——原水中重碳酸盐硬度，mmol/L；

　　H_{Mg}——原水中镁硬度，mmol/L；

　　CO_2——原水中游离的二氧化碳，mmol/L；

　　Fe——原水中含铁量，mmol/L；

　　0.20——石灰过剩量，mmol/L；

　　K——水中凝聚剂的加药量，一般取 0.13mmol/L；

　　E_1——工业石灰的纯度，一般为 50%～80%。

2. 石灰-纯碱联合

单用石灰软化，只能消除暂硬，故常用石灰与纯碱（即碳酸钠）联合处理。加入纯碱的作用是去除永硬，特别是经石灰作用后的钙盐永硬，反应如下：

消除水中的永硬

$$CaSO_4 + Na_2CO_3 = CaCO_3\downarrow + Na_2SO_4$$
$$CaCl_2 + Na_2CO_3 = CaCO_3\downarrow + 2NaCl$$
$$MgSO_4 + Na_2CO_3 = MgCO_3 + Na_2SO_4$$
$$MgCl_2 + Na_2CO_3 = MgCO_3 + 2NaCl$$

碳酸镁与熟石灰作用后可被去除：

$$MgCO_3 + Ca(OH)_2 = CaCO_3\downarrow + Mg(OH)_2\downarrow$$

消除水中的部分暂硬

$$Ca(HCO_3)_2 + NaCO_3 = CaCO_3\downarrow + 2NaHCO_3$$
$$Mg(HCO_3)_2 + NaCO_3 + H_2O = Mg(OH)_2 + 2NaHCO_3 + CO_2$$

每吨原水的纯碱消耗量，可由下式计算：

$$G_2 = \frac{106}{E_2}(H_{FT} + 0.7) \quad g/t$$

式中　106——Na_2CO_3 分子量；

　　G_2——纯碱消耗量，g/t；

　　H_{FT}——原水中非碳酸盐硬度，mmol/L；

　　0.7——纯碱的过剩量，mmol/L；

　　E_2——纯碱的纯度，一般为 95%。

石灰-纯碱处理后的软水，由于反应沉淀物碳酸钙有一定溶解度，残留硬度随水温升高而降低。水温为 70～80℃时，残留硬度为 0.35～0.15mmol/L；水温为 90～100℃时，

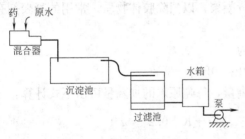

图 9-10　简易沉淀软化系统

则为 0.1~0.05mmol/L。

二、沉淀软化系统

对于容量较小供热锅炉房常可用图 9-10 所示的简易系统。药剂（石灰和纯碱）和水在混合器中作用后生成沉淀，并流入沉淀池中使泥渣沉降，由于泥渣沉淀可能不彻底，再将水流过自然压力式过滤池进行过滤，然后进入水箱，此即为软化水。

在用补给水量较多的供热锅炉房中可采用脉冲式石灰软化系统（图 9-11）。

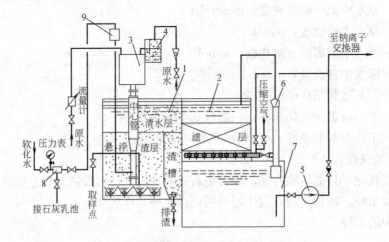

图 9-11　脉冲石灰软化水处理系统

1—澄清池；2—过滤池；3—脉冲器；4—硫酸亚铁饱和溶液罐；5—清水泵；6—虹吸器；
7—中间水池；8—石灰乳喷射器；9—石灰乳箱

石灰乳的制备是将生石灰加到石灰乳池的筛板上用水冲化而成。制备好的石灰乳（浓度为 5%左右）由石灰乳喷射器 8 引射入石灰乳箱 9 后直接加入中心管的下端。

原水与凝聚剂（硫酸亚铁饱和溶液）分别进入虹吸式脉冲器 3，并在中心管装置中与送入的石灰乳进行强烈的混合、反应，使形成的 $CaCO_3$，$Mg(OH)_2$ 沉淀物呈絮状泥渣；借助脉冲器的工作，水流经中心管装置进入澄清池 1 时呈周期性的脉冲，使澄清池中的泥渣层时而膨胀，时而收缩，保持泥渣层有比较均匀的浓度并呈悬浮状态，因而增加了新老泥渣碰撞接触机会，以老泥渣为结晶核心，形成粗大的泥渣后，就利于澄清和过滤。

经石灰软化并经悬浮渣层澄清后的水，上升至清水层，通过集水槽进入过滤池 2 被进一步过滤，而后流入中间水池，此时水的混浊度小于 5mg/L，碳酸盐硬度去除了 2/3~3/4，最后用清水泵 5 送至钠离子交换器进行第二级软化处理。

一般清水层的高度为 1.2~2m；水在澄清池停留的时间控制在 45~60min；水通过过滤池的流速为 6~8m/s。可用废的磺化煤作为滤料，澄清池悬浮渣层中"老化"的泥渣进入渣槽后可定期排出。

常用的脉冲器利用虹吸原理，能定期地将水送入澄清池，脉冲周期一般为 30~60s。

脉冲石灰水处理与钠离子交换器结合使用，对暂硬较高的原水有较好的效果，有除碱及除盐的作用，还可降低锅炉排污量，减少热损失；能节约食盐用量，降低运行费用。但它的设备系统比一般离子交换方法复杂，初投资和占地面积较大。此外，石灰消化系统的卫生条件较差，对化验及化学监督要求也较高，运行中还会出现设备本身的结垢及堵塞现象。所以，它一般适用于中大容量且负荷比较稳定的供热锅炉房。

第六节　膜分离水处理

膜分离技术从 20 世纪 60 年代以来就在水处理中应用日趋广泛。一些有机薄膜具有半渗透性质，对于水中的杂质（盐类）可按预定要求进行选择性的传输。如此，有可能应用薄膜使水中杂质含量降低，从而提高水质。

电渗析、反渗透、纳滤、超滤、微滤及渗析等技术称为膜分离技术。它的机理可简单地理解为水中杂质先溶解于膜中，然后在外力的推动下扩散而通过它，也即利用特定膜的透过性能，使之达到分离水中离子或分子以及某些微粒的目的。

膜能使溶剂（水）透过的现象叫做渗透，膜能使溶质透过的现象称为渗析。膜分离技术凭借的外力——推动力可以是膜两侧的压力差、电位差和浓度差等。该技术的关键是分离膜，品种繁多。不同的膜，其性质、功能和分离原理各不相同。

膜分离技术的应用范围广泛。在水处理方面它既可用于自来水净化、海水和苦咸水淡化，也可用于电子、医药、食品等行业的纯水制备和回收工业废水中有用的物质等。目前在供热锅炉水处理上采用的膜分离技术主要是电渗析和反渗透两种。

一、电渗析水处理

最早使用的膜是一种离子交换膜，其分离技术称为电渗析。电渗析水处理是一种电化学除盐方法。在直流电场的作用下，利用阴、阳离子交换膜对溶液中阴、阳离子的选择透过性，将溶液中溶质和水进行分离的一种膜分离过程。

如图 9-12 所示，电渗析设备由阳膜、阴膜交替组成的许多水槽所组成，并在两边设有通直流电的极板。对应一定的原水含盐量、水流速度和设备结构，通以相应的极限电流。水在电场作用下，水中盐类的阴、阳离子，分别向阳、阴两极移动。由于阳膜只能渗透过阳离子，阴膜只允许通过阴离子。结果就使各槽中水的含盐量发生变化，使水槽相间隔地形成淡水槽和浓盐水槽。把淡水汇集引出，即得除盐水，而浓盐水则汇总排除。

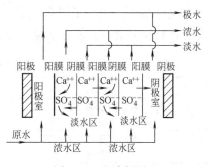

图 9-12　电渗析原理

电渗器中电极对的数目称为"级"；将具有同一水流方向并联的膜对称为"段"。段数越多，原水所经流程越长，除盐效果越好。单段除盐率一般为 60%～75%；两段以上可达 75%～95%。

电渗析水处理不仅除盐，同时也达到了除硬、除碱的目的。但单靠电渗析，尚不能达到锅炉给水水质指标，通常作为预处理或与钠离子交换联合使用。对某些沿海城市，在每年海水倒灌江河期间，采用电渗析预处理除盐，不失为是一种有效方法。

电渗析和离子交换相结合的除盐技术，是在电渗析的给水室中填充以 H^+ 型阳树脂和 OH^- 型阴树脂，类似于混床。这些树脂的再生，不是按传统工艺用酸、碱再生，而是在直流电能的作用下，使水分解出 H^+ 和 OH^- 离子进行连续再生。树脂的作用是离子的导体，工作状态是连续稳定的，树脂的存在可以大大提高离子的迁移速度。显而易见，此项除盐技术不仅简化了水处理设备，出水连续，水质稳定，而且没有废酸、废碱的排放，有利保护环境。

二、反渗透水处理

1. 反渗透原理及膜的特性

渗透，是一种自然发生的物理现象。当两种不同浓度含盐类的水用一张半渗透的膜将它们隔开，就会发现含盐量少的一边的水会透过膜渗透到含盐量多的水中，而它所含的盐分并不渗透过去。经过一段相当长的时间之后，逐渐把两边液体中的含盐浓度融合到均等为止。这个过程，称为渗透（图 9-13a）。但如果在含盐多的水侧施加某个压力值的压力，其结果可以使上述渗透停止，即渗透达到平衡。所施加的该压力，称为这两种不同浓度含盐水的"渗透压"（图 9-13b）。渗透压的大小，与溶液中的溶质含量成正比。

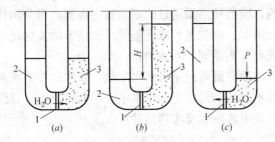

图 9-13　反渗透原理
(a) 渗透；(b) 渗透平衡；(c) 反渗透
1—半渗透膜；2—淡水；3—盐水

如果将施加的压力增大，超过其渗透压时，水则向相反的方向（低压侧）流动，盐类和其他成分则被阻留在膜的高压侧得到浓缩。这个过程，即为反渗透（图 9-13c）。锅炉水处理（除盐）的原理就是在有盐分的水（原水）施以比渗透压高的压力，使其渗透向相反方向进行，把原水中的水分子渗透到膜的另一侧变为洁净水，从而达到除去水中杂质和盐分的目的。

膜分离的驱动力除了膜两侧的压力差外，也可以利用膜两侧的电位差或浓度差（表 9-5）。这种膜分离方法可在室温、无相变条件下进行，具有广泛的适用性。

主要膜分离种类与功能 表 9-5

膜的种类	膜的功能	分离驱动力	透过物质	被截留物质
微滤	多孔膜、溶液的微滤、脱微粒子	压力差	水、溶剂、溶解物	悬浮物、细菌类、微粒子
超滤	脱除溶液中的胶体、各类大分子	压力差	溶剂、离子和小分子	蛋白质、各类酶、细菌、病毒、乳胶、微粒子
反渗透和纳滤	脱除溶液中的盐类及低分子物	压力差	水、溶剂	无机盐、糖类、氨基酸、BOD、COD 等
渗析	脱除溶液中的盐类及低分子物	浓度差	离子、低分子物、酸、碱	无机盐、尿素、尿酸、糖类、氨基酸
电渗析	脱除溶液中的离子	电位差	离子	无机、有机离子
渗透气化	溶液中的低分子及溶剂间的分离	压力差、浓度差	蒸汽	液体、无机盐、乙醇溶液
气体分离	气体、气体与蒸汽分离	浓度差	易透过气体	不易透过气体

反渗透膜一般用高分子材料制作，其表面微孔的直径在 $0.5\sim10nm$ 之间，透过性的

大小与膜本身的化学结构有关。反渗透膜的结构，有非对称膜和复合膜两类。目前用于水处理的主要有醋酸纤维素膜（CA膜）和芳香族聚酰胺膜（PA膜）两大类。前者是一种厚度约为$100\mu m$的薄膜，表面光滑，不带电荷，可减少污染物沉淀，耐氯离子氧化能力强，但除盐率较低；后者有一层薄的脱盐表层和细孔众多的衬底，可以有效除去盐类和极性有机化合物，但其水透性率低。为改进它的这种性能，通常将膜制成中空纤维型，以增大其表面积，即使在碱性溶液中，其性能也十分稳定，可保持高脱盐率。所以，它是目前锅炉给水除盐处理常用的反渗透膜。

2. 反渗透系统

反渗透系统由反渗透装置及其预处理和后处理三部分组成。

（1）反渗透装置

反渗透装置是反渗透系统的核心组成部分，它有框架式、管式、卷式和中空纤维式等多种类型。

板框式装置由众多的多孔隔板组合而成，每块隔板两面装有微孔支撑板和反渗透膜。在施加的压力作用下，透过膜的除盐淡水在隔板内汇聚并引出。

管式装置分内压和外压管式两种。前者是把膜嵌镶在管子的内壁上，含盐水在压力作用下在管内流动，透过膜的淡化水则通过管壁上的小孔向外流出；后者，反渗透膜置于管子外壁，被处理成的淡化水由管内引出。

卷式反渗透装置，其结构相当于一张大而长的平片状膜将一个由多孔的支撑材料制作的平片的每一侧覆盖起来，然后把长的边及一个端头用粘条将其密封形成像信封状的"膜袋"。膜袋的开口一端则密封连接到用来接纳处理好的成品——淡水的打有小孔的管子上。配置若干这种膜袋，膜袋与膜袋之间再铺上一层隔网，最后将这种多层材料（膜/多孔支撑材料/膜/料液隔网）卷绕在中心淡水收集管上，便形成了一个卷式反渗透组件（图9-14）。将卷好的卷式组件（一般是3~6个组件串联连接）装在一个承压容器中，就成为完整的卷式反渗透装置。

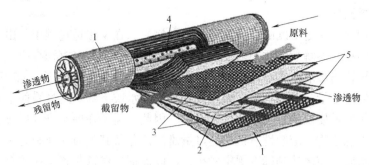

图9-14 卷式反渗透装置结构

1—膜组件外壳；2—多孔渗透物（淡水）侧间隙网；3—膜原料侧间隔网；
4—中心渗透物集管；5—反渗透膜

卷式反渗透组件的单位体积中膜的表面积比率大，压力导管设计简单，结构紧凑，安装和更换方便。但它不适合用于含悬浮固体的原水，原水流动路线较短，且压力消耗大，再循环浓缩困难。

中空纤维式反渗透装置是用纯中空纤维素作为反渗透膜，通常由外径为$50\mu m$、内径为 25μm 的芳香族聚酰胺纤维或将中空纤维弯曲成 U 形管束（几百万根），用特殊环氧树脂将开口端粘结管板，装入圆柱形的承压容器中。纤维管与环氧管板就似同一个小型的热交换的管板与管束。一个透水的进水分配管沿管束轴向穿过，进水由此管引入，并通过中空纤维管束而轴向流出。淡水透过纤维管壁而被收集在总管中，浓水则从围绕中空纤维管束外缘处收集后排走（图 9-15）。

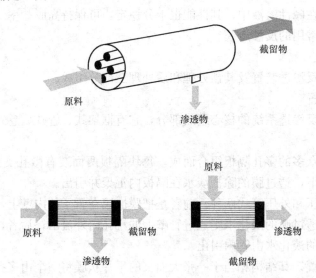

图 9-15　中空纤维式反渗透装置示意图

中空纤维式反渗透装置单位体积中膜的表面积比率高，一般可达到 16000～30000m²/m³，组件可以小型化；它的膜不需要支撑材料衬托，中空纤维自身具有承压能力而不会破裂。它的主要缺点是膜表面去污十分困难，待处理的液体必须经过严格的预处理；中空纤维一旦破损，则将无法更换。

（2）反渗透预处理

各种原水均含有一定浓度的悬浮物和溶解性物质。在反渗透过程中，由于进水的体积在减少，悬浮颗粒和溶解性物质的浓度在逐渐增大。悬浮颗粒会沉积在膜上，堵塞进水流道，增大降力压；当难溶盐类超过其饱和极限时，则会从浓水中沉淀，在膜的表面结垢，降低反渗透膜的流通量，增大运行压力，并导致产品水质下降。这种膜面上形成沉积层的现象，即谓膜污染，使反渗透系统的性能恶化。因此，需要在原水进入反渗透系统之前进行预处理，去除悬浮物、溶解性有机物、过量难溶盐分及其他对交换膜有害的物质，其目的是改善进水水质，使之达到标准规定的指标，以保证反渗透装置工作的有效和安全经济运行。

预处理一般可分为传统预处理方法和膜法预处理。前者，包括采取絮凝、沉淀、多介质过滤和活性炭过滤等；后者是随着高分子分离膜技术的进步发展，微滤（膜孔径为 0.02～0.2μm）和超滤（膜孔径为 0.001～0.02μm）技术也见应用于预处理。

针对预处理的目的及为达此目的通常采取的技术途径是防止结垢、防止胶体污染、防止微生物污染、防止有机物污染和防止膜劣化等。

1）防止结垢

原水中最常见的难溶的盐类有 $CaCO_3$，$CaSO_4$，$BaSO_4$，$SrSO_4$，CaF_2 和 SiO_2 等，在膜表面析出固体沉淀即为结垢，防止的方法是保证难溶性盐类浓度不超过饱和界限。具体可采用下列措施中的一项或几项：添加阻垢剂，对无机盐结垢，如对硫酸盐常用六偏磷酸钠（SHMP），浓水中浓度一般控制在 $20\sim40mg/L$，根据回水率调节添加浓度；将进水软化，采用离子交换法除去多价的金属离子，也可以采用絮凝、沉淀、过滤和化学软化等方法对水进行软化处理；加盐酸或硫酸之类的酸，以降低 pH 和碳酸氢盐/碳酸盐的含量，加酸时必须与进水混合均匀；降低淡水回收率，一般脱盐处理中控制在 $50\%\sim80\%$，以避免过高的回收率而面临结垢的形成和急速的污染风险。

2）防治胶体污染

胶体是像黏土一样很难自然沉淀的微粒，粒径在 $1nm\sim1\mu m$ 之间。它在水中通常带负电，因此胶体粒子间由于静电斥力作用，不会发生聚合。防止胶体污染，通常采用絮凝、介质过滤、活性炭和微滤/超滤等方法。在原水中加入絮凝剂中和胶体微粒表面的电荷，使得胶体粒子间的斥力减弱，导致容易聚集而将其除去。介质过滤可以有效去除进水中的悬浮物，降低浊度和污泥密度指数（SDI）。它分缓速过滤和急速过滤两类，选择滤速时主要根据原水水质的不同可以有所变化，如地下水胶体、悬浮物含量少，可选用较高的滤速，对于污染较严重的地表水，滤速则不能太高。活性炭可以吸附溶解性有机物以及游离氯和臭氧等氧化剂，它在预处理中已被广泛采用。微滤/超滤用于预处理，几乎可以完全去除不溶解的物质，明显降低了胶体和有机物、微生物的污染负荷，并可使反渗透装置的水通量提高 $10\%\sim20\%$，有利于系统容量的扩大；由于胶体污染减少，反渗透系统的清洗频率明显降低。

此外，为了防止给水管道和中间水箱带入污染物，通过预处理的水在进入反渗透装置前通常会设置孔径在 $5\mu m$ 左右的保安过滤器。它是膜和高压泵的保护装置，是最后一道预处理手续。再者，进水还要进行除铁除锰，铁比锰更容易污染反渗透装置。所以，在进入反渗透装置前要对原水进行氧化，使 Fe^{2+} 转变为 Fe^{3+}，然后使用过滤器脱除。

3）防治生物污染

原水中的微生物会在反渗透膜表面沉降、凝结，形成一层生物膜。当此生物膜达到并超过一定厚度时，便会对膜产生污染，致使原水侧通道阻力增加，系统运行的压力随之减少，从而导致系统的脱盐率下降。因此，需要采用药品进行杀菌。目前用于预处理的杀菌消毒药品，主要有氯——效果好，易于实施和管理而被广泛应用；二氧化氯——物理、化学性质上不稳定无法贮存，通常是在现场通过反应生成 ClO 直接使用；氯胺——氨水和氯的混合物，是一种非氧化性杀菌剂，但使用时要注意，膜的耐氯胺能力会在低 pH、高温和有过渡金属存在时明显下降。此外，也有采用臭氧和紫外线进行消毒杀菌的。

4）防治有机物污染

原水中有机物的成分最为复杂，主要来源于天然腐殖有机物和工业废弃物污染形成的有机物。有机物污染反渗透膜时，往往会非常牢固地吸附在膜表面，难于清洗除去。当原水的有机物质含量（TOC）达到了 $5mg/L$ 时，就必须采取去除措施。一般说来，应尽量在絮凝、澄清和氧化等预处理工艺过程中将大部分有机污染物去除或分解软化，如仍无法满足进水水质要求时，则可以采取通过活性炭过滤器、有机物清扫器或超滤设备予以进一步去除，以最终满足反渗透系统的进水水质要求。

5）防治膜劣化及油、脂污染

膜劣化，主要是受物理或化学作用发生不可逆的细微构造或分子构造变化——损伤，导致膜的性能下降。当反渗透膜有损伤时，通常可采用膜制造厂提供的修复液进行修补。

原水中油和脂的存在均会使反渗透膜在运行过程中发生化学降解，并引起膜性能的退化，同时油脂的附着更容易引起其他污染物在膜表面滞留，引起膜的其他污染。所以，当进水中的油和脂的含量在 0.1ppm 以上时，则应根据具体情况选择油水分离器、化学凝聚、活性炭吸附过滤或超滤膜分离等工艺予以去除。

（3）反渗透后处理

经由反渗透装置处理后的水，如水质仍达不到用户对水质指标的要求时，则需要进一步进行处理，这就是反渗透后处理或称精处理。后处理的内容、形式和深度主要取决于水的用途。如饮用水，常需要严格的消毒灭菌，或减轻腐蚀，保护输送管道洁净；锅炉给水，主要除盐，反渗透水处理可除阴、阳离子，除盐率可达 95%。对于高压和超高压锅炉，要求给水完全除盐，也即需要进一步除盐（含除硬度及除硅）和调节 pH 值。

锅炉给水除盐后处理，基本上有两种系统。其一为混床（离子交换法），这是传统的系统，主要设备是混床，也可采用阴、阳离子交换复床。在处理过程中，常用加氨水以调节 pH 值。其二为 EDI 系统，也称连续电除盐技术。它科学地将电渗析技术和离子交换技术融为一体，通过阴、阳离子膜对阴、阳离子的透过作用以及离子交换树脂对水中离子的交换作用，在电场的作用下实现水中离子的定向迁移，从而达到深度净化除盐；同时通过水的电解产生的氢离子和氢氧根离子对装填在离子交换器中的树脂进行连续再生。由此可见，EDI 系统制水过程中是无需用酸、碱化学药品进行再生的，即可以连续电除盐制备出高品质超纯水。这种后处理系统，具有技术先进、结构紧凑和操作简便的特点，它的出水水质最佳，又十分稳定。

反渗透技术目前的主要关键是研制价格便宜、性能优良稳定，且能长期承压无损的反渗透膜。我国自 21 世纪开始掌握自主反渗透膜生产技术，并已列入国家高新技术产业化重点发展专项计划。膜分离技术因其独特的性能，已广泛应用于电力、电子、化工、医药、食品及科学实验等领域，前景十分广阔。

第七节　锅内加药和其他水处理

我国额定蒸发量小于或等于 2t/h、额定蒸汽压力小于或等于 1.0MPa 的蒸汽锅炉和汽水两用锅炉以及额定功率小于或等于 4.2MW 非管架式承压的热水锅炉和常压锅炉为数不少，而且大多是管壳式锅炉，其水容大，受热面蒸发率低，它们对给水的水质要求相对较低。鉴于这些小型锅炉的技术、经济条件，水处理的方法应力求简单，以使设备投资少，化验监督又较方便。

简易的水处理方法，目前采用的有锅内加药水处理和物理水处理两大类。

一、锅内加药水处理

锅内加药水处理是将药剂直接投加到锅筒或给水箱、给水管道中，使给水中的结垢物质（钙、镁盐类）经化学、物理作用生成松散、非粘附性的泥渣，通过排污将其排除，从而达到防止结垢或减轻锅炉结垢和腐蚀的目的。它是小型低压锅炉常用的一种水处理方法，也用于中、高压锅炉作锅外水处理后的补充处理，即锅内校正处理。但必须对锅炉的结垢、腐蚀和水质加强监督，认真做好排污和清洗工作。

锅内加药水处理的药剂，常用的钠盐——氢氧化钠（火碱）、碳酸钠（纯碱）和磷酸三钠，也有投加柞木、烟秸、橡椀栲胶和石墨的。

1. 钠盐法

钠盐法，俗称加碱法水处理，其作用与石灰-纯碱法的反应类似。纯碱进入汽锅后水解，使锅水中 pH 值提高到 10.5 以上，并保持锅水中过剩的 CO_3^{2-}。原水中碳酸盐硬度在锅内自身受热分解，在碱环境中生成疏松的碳酸钙水渣随排污排出。水中非碳酸盐硬度可与 Na_2CO_3 解离生成的 CO_3^{2-} 和水解生成的 OH^- 结合，分别反应生成碳酸钙和氢氧化镁的水渣排出锅外。锅水中 Ca^{2+} 浓度的降低，就会减少 $CaSO_4$，$CaSiO_3$ 等硬垢的产生。但由于碳酸钠在锅水中随压力不同，部分水解成氢氧化钠，当锅炉压力超过 1.5MPa，Na_2CO_3 的水解程度很高，就不能保持一定的 CO_3^{2-} 浓度。此时，锅内加碱采用磷酸三钠以代替碳酸钠和氢氧化钠的作用，其反应如下（以钙硬为例）：

$$3Ca(HCO_3)_2 + 2Na_3PO_4 = Ca_3(PO_4)_2\downarrow + 3Na_2CO_3 + 3CO_2\uparrow + 3H_2O$$
$$3CaSO_4 + 2Na_3PO_4 = Ca_3(PO_4)_2\downarrow + 3Na_2SO_4$$
$$3CaCl_2 + 2Na_3PO_4 = Ca_3(PO_4)_2\downarrow + 6NaCl$$

所形成的磷酸盐能增加泥渣的流动性，容易随排污水排出不致附着在金属表面上变成二次水垢。此外，在汽锅金属内表面上，磷酸盐会形成保护膜，能防止腐蚀。

磷酸钠的加药量可按反应式计算，并保持一定的过剩量，用磷酸根（PO_4^{3-}）浓度指标来表征。

加药时可将碱加入给水系统中，随给水直接进入汽锅，或先将碱在溶碱罐中溶解，并加热至 70~80℃ 后再压入汽锅，前者操作简便，后者的反应效果较好。

此外，采用加碱法水处理后，必须切实做好排污工作，不然会产生汽水共腾或堵塞排污阀等事故。

磷酸三钠价格比碳酸钠贵，所以在小容量低压锅炉中它通常与其他防垢剂配合使用或制成复合防垢剂使用。

2. 有机胶法

国内常用的橡椀栲胶、柞木、烟秸都属于有机胶体之类。柞木中含有单宁、磷酸化物及醋酸化物；烟秸中除含尼古丁外，也有单宁、磷酸盐、有机酸等。单宁就是有机胶，磷酸化物、醋酸化物都能除硬度。它们的加药量都是根据运行经验而定的。

有机胶溶于水呈胶体状态，进入汽锅后有如下作用：

（1）单宁能与水中 Ca^{2+}、Mg^{2+} 生成络合物，阻止锅水中的钙、镁离子形成水垢；同时，单宁有凝聚作用，使沉淀物形成水渣。

（2）单宁在汽锅金属表面生成单宁酸铁保护膜，使金属表面与会形成水垢盐类之间的静电吸引作用减弱或消失，抑制结垢盐类在金属表面的聚积。

（3）单宁容易氧化，尤其在碱性锅水中，更易吸氧，减少氧对金属锅壁的腐蚀。

3. 复合防垢剂

前已述及，在实际使用中，往往将磷酸三钠、氢氧化钠、碳酸钠及栲胶配合使用，组成所谓复合防垢剂。表 9-6 中所示为我国铁道机车锅炉水处理通常使用的复合防垢剂。

固体复合防垢剂配方 表 9-6

用药量(g/t 水) 药剂种类	给水硬度(mmol/L)			
	<1.8	1.8～3.6	3.6～5.4	5.4～7.0
磷酸三钠	10	15	20	25
氢氧化钠	10	20	30	40
碳酸钠	30	30～60	60～90	90～120
栲胶	5	5	5	5

国内铁路、化工等部门采用的新型阻垢剂大多为有机物，主要有腐殖酸钠、有机磷酸盐和聚羧酸盐等。

此外，在某些地区也有采用石墨法水处理的，它利用石墨粉末吸附原理来减少二次水垢的形成。

二、物理水处理

物理水处理是防垢、阻垢的另一类方法，其特点是不用添加任何药剂来参与化学反应而达到清除原水中硬度或改变水中硬度盐类的结垢性质。

物理水处理的方法有热力软化法、磁化法和高频水性改变法等。

热力软化法是锅筒内装设锅内热力软化装置，利用水受热后重碳酸盐分解而清除的原理。用这种方法处理，锅内会有沉淀，也仅能消除重碳酸盐硬度，而且还有 CO_2 产生，现已很少采用。

物理水处理就是不用加药产生化学反应的方法，而是采用物理方法来达到消除水中硬度或改变水中硬度盐类的结垢性质。常用的物理水处理有磁化法和高频水性改变法两种。

磁化法是将原水流经磁场后，使水中钙、镁盐类在锅内不会生成坚硬水垢，而成松散泥渣，能随排污排出。

关于磁化法处理的原理，也有不少说法，至今未有统一结论。其中较多的说法是：水中钙、镁离子受磁场作用后，破坏了它们原来与其他离子之间静电吸引的状态，而导致其结晶条件的改变。

外磁式磁水器具有体积小、重量轻；用单件或多件组合使用，可适用于不同管径管道等优点。而且使用时不需停产就可安装，由于安装在管道外部，水中杂质及管道铁锈等导磁物质都不会影响磁水器的正常工作。

使用磁水器时，必须加强锅炉排污，控制磁水器中水速，给水要均匀连续地送入锅炉。

高频水性改变法与磁化法水处理的原理相同，只是将原水流经高频电场而得到了处理。

第八节　锅炉金属的腐蚀

锅炉金属的腐蚀，包括锅炉给水系统的腐蚀和锅炉本体的腐蚀两方面，对于小容量低压锅炉，蒸汽系统的腐蚀比较少见。

金属腐蚀，可以是整体的，也可以是局部的；可以是均匀的，也可以是不均匀的。均匀腐蚀是大致以同一腐蚀速度进行腐蚀，金属厚度的减薄程度大致相同。不均匀腐蚀则不同，有的地方金属变薄比另一些地方快得多，常常会形成局部凹坑，严重危害锅炉运行的安全。

一、锅炉金属的腐蚀原理

金属表面和其周围介质发生化学或电化学作用而遭到破坏的现象称为腐蚀。在化学腐蚀过程中是没有电流产生的，是纯粹的化学反应；在电化学腐蚀过程中则有电流产生。

在汽锅内，由于存在有氧气和二氧化碳而产生的气体腐蚀是一种化学腐蚀，其化学反应如下：

$$Fe+2H_2O=Fe(OH)_2+H_2$$
$$2H_2+O_2=2H_2O$$
$$4Fe(OH)_2+O_2+2H_2O \Longleftrightarrow 4Fe(OH)_3\downarrow$$

$Fe(OH)_2$ 会附于金属表面，呈紧密的保护膜，但它是不稳定的；而三价铁的氢氧化物 $Fe(OH)_3$ 则是沉淀物，使金属表面会继续腐蚀下去。

当水中同时存在二氧化碳时，会与水中的二价铁氢氧化物反应并生成重碳酸铁，即

$$Fe(OH)_2+2CO_2=Fe(HCO_3)_2$$

重碳酸铁与水中的氧继续反应，又形成三价铁的氢氧化物沉淀，即

$$4Fe(HCO_3)_2+2H_2O+O_2=4Fe(OH)_3\downarrow+8CO_2$$

上式游离出来的 CO_2 又会重新与 $Fe(OH)_2$ 化合，使腐蚀持续进行，直至水中氧气消耗殆尽。

此外，锅炉的给水和锅水都是电介质；而锅炉的金属壁不可能都是纯铁，总夹有杂质；这样，在纯铁与杂质界面之间就会产生电位差。在纯铁部分放出电子成为阳极，铁离子就会不断溶到电介质的锅水中去；金属壁的杂质部分就成为阴极，其得到电子会与锅水中的离子（如 H^+）结合而不断除去（图9-16）。

如果腐蚀产物铁离子 Fe^{3+} 聚积在阳极，或电子聚积在阴极不能扩散而堆积起来，则使两极之间的电位差减小，电流强度降低，会导致腐蚀过程减慢或停止。这种现象称为"极化"；反之，如果消除极化现象就称"去极化"，使腐蚀过程加快进行。

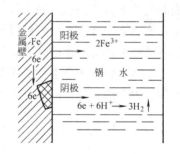

图 9-16　锅炉电化学腐蚀

水的 pH 值、溶解气体（O_2 和 CO_2）和碱度都会改变极化现象，从而影响腐蚀过程。

如水的 pH 值小于 7 时，水中有较多的氢离子 H^+，它对阴极有"去极化"作用，称阴极去极化剂，即

$$2H^++2e=H_2\uparrow$$

另外，pH<7（呈酸性）的水，会使金属的氧化保护层溶解，使腐蚀加快。

水中的溶解氧也是阴极去极化剂，即

$$O_2+4e+2H_2O=4OH^-$$

水的游离的二氧化碳，部分形成碳酸，后者会在水中电离，生成阴极去极化剂氢离子，即

$$H_2CO_3 \Longleftrightarrow H^++HCO_3^-$$

锅水中游离的氢氧化钠，它是阳极去极化剂，即

$$Fe^{3+}+3OH^-=Fe(OH)_3\downarrow$$

由上可见，为了避免或减轻锅炉金属的电化学腐蚀，必须控制水的 pH 值，并采取措施，除去水中溶解气体（O_2 和 CO_2）和保持锅水一定碱度。

除了上述金属化学成分不纯所引起电化学腐蚀外，金属金相组织不匀、局部变形及内应力的存在，均会形成电位差而发生电化学腐蚀。

二、苛性脆化的抑止

苛性脆化是锅炉金属晶粒之间的电化学腐蚀。它是由于金属构件在局部高应力作用下使晶粒和晶粒边缘形成具有电位差的腐蚀电池。此时，金属的晶粒边缘成为阳极而受到腐蚀。呈碱性的锅水中游离的氢氧化钠是阳极去极化剂，因而使腐蚀会沿着晶间发展。这种腐蚀容易发生的部位是锅筒的铆钉头及胀管口，在腐蚀初期不易发现，但其发展速度较快，会导致汽锅开裂而爆炸，造成严重事故。

防止苛性脆化的方法，除了在制造工艺上将铆接、胀接改为焊接、消除锅炉制造安装时的内应力外，就应从化学监督方面加以考虑，控制锅水中的相对碱度。

所谓相对碱度，是指锅水中游离的 NaOH 与溶解固形物的比值。锅水中盐类浓度的相对增加，它能在金属晶粒间隙中将晶粒边缘遮蔽，或因锅水在其间蒸发干涸，析出的盐分垫塞晶间隙缝，使腐蚀停止。

给水进入汽锅后，随着锅水的不断汽化，使碱度和含盐浓度逐渐增大，但二者浓缩的倍数基本相同；因此，锅水相对碱度也可由给水的相对碱度来计算。

在锅炉运行时，为控制一定的锅水品质，必须定期或连续地排出一小部分浓缩的锅水而补充给水，使锅水"冲淡"，俗称排污。应该指出，锅炉排污只能降低锅水碱度和含盐量，而不能降低锅水中相对碱度。所以，只有对原水进行除碱或增加锅水的含盐量才能达到降低锅水相对碱度的目的。

原水除碱方法在本章第四节中已作了介绍；要增加锅水中含盐时，可在锅内加入磷酸三钠、硝酸盐和硫酸盐等方法来实现。

第九节 水 的 除 氧

如前所述，水中溶解氧、二氧化碳气体对锅炉金属壁面会产生化学和电化学腐蚀，因此必须采取除气措施，特别是除氧。

气体在液体中的溶解度，除与液体的温度有关外，还与这种气体在液面上的分压力有关。从气体溶解定律（亨利定律）可知，任何气体在水中的溶解度是与此气体在水界面上的分压力成正比的。在敞开的设备中将水加热，水温升高，会使气水界面上的水蒸气分压力增大，其他气体的分压力降低，致使其他气体在水中的溶解度减小。当水温达到沸点时，此时水界面上的水蒸气压力和外界压力相等，其他气体的分压力都趋于零，水就不再具有溶解气体的能力。

要使水温达到沸点，通常可采用加热法（热力除气）或抽真空的方法（即真空除气）。

如要使水界面上的氧气分压力降低，也可将界面上的空间充满不含氧的气体来达到（即解吸除氧）。

除此以外，也有采用水中加药来消除溶解氧的方法（化学除氧）和除氧树脂除氧等方法。

一、热力除氧

热力除氧就是将水加热至沸点，将析出于水面的氧除去的方法。水温达到沸点时，理论上水的含氧量为零，实际上尚有残留氧，只是此时水的含氧量已符合锅炉给水的水质标准。

热力除气不仅除去水中的溶解氧，而且同时除去其他溶解气体（诸如 CO_2 等）。软水中残剩的碳酸盐碱度，也会在热力除氧器加热时逸出 CO_2，使碱度有所降低。

供热锅炉给水热力除氧大多采用大气式热力除氧器，即除氧器内保持的压力较低，一般为 0.02MPa（表压力）。在此压力下，水的饱和温度为 102～104℃。压力略高于大气压的目的是便于使除氧后的气体排出器外，也不会使外界空气倒吸入除氧器内。为防止超压，设置了水封式安全阀。

热力除氧器结构从整体上可分为两部分，上部为脱气塔（俗称除氧头），下部是贮水箱，其系统如图 9-17 所示。

脱气塔内要完成软水的加热和除气两个过程。如果将水分散成细微水流或微细水滴，增大汽水界面面积，以利于水的加热和气体的解析。此外，要设法维持足够的沸腾时间并及时排出从水中分离出来的气体。

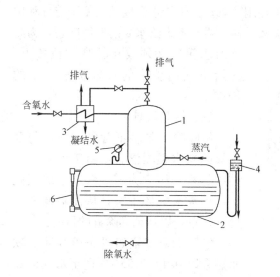

图 9-17　热力除氧器系统图

1—脱气塔；2—贮水箱；3—排气冷却器；
4—安全水封；5—压力表；6—水位表

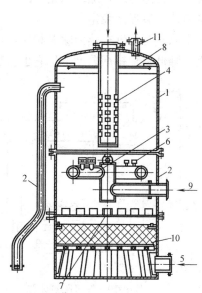

图 9-18　喷雾填料式脱气塔

1—壳体；2—接安全阀；3—配水管；4—上进汽管；
5—下进汽管；6—喷嘴；7—淋水盘；8—挡水板；
9—进水管；10—Ω形填料；11—排气管

目前推荐使用的是大气式喷雾热力除氧器，如图 9-18 所示。软水经喷嘴雾化，呈微粒向上喷洒，与塔顶上进汽管进入的蒸汽相遇，达到一次加热和除气；当水往下下落，又和填料层相接触，以 Ω 形不锈钢填料效果最佳。水在填料表面呈水膜状态，蒸汽向上流动，在填料层中与水膜接触，达到二次除氧，从而使软水中含氧量降至 $7\mu g/L$ 以下。

贮水箱储存一定量的给水，其体积通常为 $0.5\sim1.5h$ 的锅炉给水量。为了提高除氧效果，贮水箱底部装有再沸腾用的蒸汽管，蒸汽从细孔喷出，保持贮水箱中水处于饱和温度，残剩气体能继续逸出，为此水箱水位不宜过高，以留有一定的散气空间。

另外，为回收从除气器脱气塔顶部随气体一起排出的蒸汽热量，还设置了排汽冷却器。

在除氧器运行中应采用自动调节装置，控制汽量与水量的比例调节，以保证水的加热沸腾和除氧。

喷雾式热力除氧器的进水不需预热，除氧效果好，能适应负荷和水温的较大变化，而且结构简单，便于维修。

二、真空除氧

真空除氧也属于热力除氧，所不同的是它利用低温水在真空状态下达到沸腾，从而达到除氧和减少锅炉房自用蒸汽的目的。

除氧器的真空可借蒸汽喷射泵或水喷射泵来达到。当除氧器内真空度保持在 $80kPa$，而相应的水温为 $60℃$ 时，水的溶解氧含量可达 $0.05mg/L$，达到供热锅炉给水标准。

真空除氧的关键是控制水温和所需的真空度。一般应使水温高于除氧器内压力下的饱和温度 $0.5\sim1℃$，唯有如此才能保证有效除氧。其次，整个系统要求有良好的密封性能。真空除氧器在运行时，除氧水箱内的水位波动会影响到真空度的变化，为此还要控制除氧水箱的液位，以保持稳定。

真空除氧与大气式热力除氧相比，可以不耗用蒸汽；锅炉给水温度低，便于充分利用省煤器，降低锅炉排烟温度。但它也与热力除氧一样，需要考虑给水泵的气蚀问题，为此除氧水箱都必须放在较高的位置上，这给小型锅炉房的布置带来一定的困难。

三、解吸除氧

解吸除氧是将不含氧的气体与要除氧的软水强烈混合，由于不含氧气体中的氧分压力为零，软水中的氧就扩散到无氧气体中去，从而降低软水的含氧量，以达到其除氧的目的。

解吸除氧装置如图 9-19 所示。软水用泵以 $0.4\sim0.5MPa$ 送至水喷射器 2，靠后者的引射作用把由反应器 7 来的气体（N_2+CO_2）吸入，并与水强烈混合。此时，溶解于水中的氧开始

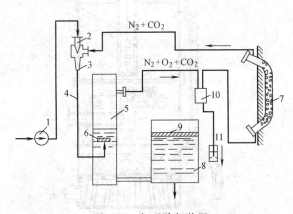

图 9-19 解吸除氧装置

1—水泵；2—水喷射器；3—扩散器；4—水气混合管；
5—解吸器；6—挡板；7—反应器；8—给水箱；
9—浮板；10—水分离器；11—水封箱

向气体中扩散，并经扩散器 3 和水气混合管 4 进入解吸器（除气筒）5，在其中进行气和水的分离；挡板 6 用以改善分离过程，减少水分的携带。含氧气体（$N_2+CO_2+O_2$）经解吸器空间通往单独设置的电加热的反应器 7。反应器内盛有"催化脱氧剂"，反应器内的温度为 $250℃$。在此温度下，含氧气体与催化脱氧剂相遇而反应生成 CO_2，从反应器出来的是不含氧气体，它被水喷射泵吸走。如此周而复始地进行上述过程。

除氧后的水由解吸器流入给水箱 8；为减少水与空气的接触，水箱内放有浮板 9，将整个水箱内的水面盖住，或采用蒸汽封住水面。气体通向反应器的管路上装有水离器 10，它可将气体带出的水滴分离出来，并经水封箱 11 排掉。

解吸除氧装置简单，设备耗钢和成本低。每消耗 1kg 木炭能除去水中氧气 520g，对处理水量为 10t/h 的装置，每昼夜仅消耗 7～8kg 木炭，因而运行费用也省。除氧后给水温度低，锅炉省煤器效用就大。

影响解吸除氧效果的因素很多，例如，反应器周围温度、木炭含水量、负荷变化、水压、水温、解吸器水位波动等，如若调整不好，会影响除氧效果。

四、化学除氧

常用的化学除氧有钢屑除氧、海绵铁除氧和药剂除氧等。

1. 钢屑除氧

钢屑除氧用的是切削下不久的钢屑，先用碱液漂洗去油污，经热水冲洗干净后再用硫酸溶液处理，使其表面容易氧化。处理后的钢屑装入钢屑除氧器中，并将其压紧密实。

钢屑除氧是使含有溶解氧的水流经钢屑过滤器，钢屑与氧反应，生成氧化铁，达到水被除氧的目的。其反应式为

$$3Fe + 2O_2 = Fe_3O_4$$

水温越高，反应速度越快，除氧效果越好。水与钢屑接触时越长，反应效果也佳。所需反应接触时间又与水温有关，见图 9-20。

根据运行经验，除氧水温在 70～80℃ 时，所需反应接触时间为 3～5min。一般钢屑除氧器中水流速度在进水含氧量为 3～5mg/L 时，采用 15～25m/h。

钢屑压紧程度也影响着除氧效果，压得越紧，与氧接触越好，但水流阻力增加，一般钢屑装填密度为 1000～1200kg/m³，在上述水速范围内，水流阻力为 2～20kPa。

钢屑除氧器如图 9-21 所示，一般都布置在给水泵的吸入侧，适用于小型锅炉。

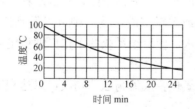

图 9-20　水和钢屑所需的接触时间与水温的关系

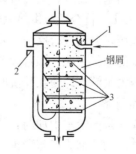

图 9-21　钢屑除氧器
1—水进口；2—水出口；3—有孔隔板

钢屑除氧器设备简单，运行费用小。但水温过低或氢氧根碱度过大，钢屑表面有钾、钠盐存在而钝化，都会使除氧效果降低，同时更换钢屑的劳动强度也较大。一般情况下钢屑除氧可使水中含氧量降为 0.1～0.2mg/L。

2. 海绵铁除氧

海绵铁为原生矿直接还原所得的一种除氧剂。它有若干个粒度级别，粒度范围在 0.5～15mm，松装密度为 2.0～2.6t/m³，其成分主要是铁，海绵状多孔的结构所能提供的比表面

积是普通钢屑的 5～10 万倍，高达 $80m^2/g$ 以上。它不但为水中溶解氧提供了极大的反应空间，而且活性很高，极易与水中氧发生氧化反应，从而保证出水溶解氧含量低于 $0.05mg/L$，其化学反应式为

$$2Fe+2H_2O+O_2 \rightarrow 2Fe(OH)_2$$

$Fe(OH)_2$ 吸附在海绵铁颗粒上，但它在含氧水中是不稳定的，进而将被氧化为 Fe^{3+} 的化合物，反应式为

$$4Fe(OH)_2+2H_2O+O_2 \rightarrow 4Fe(OH)_3$$

除氧反应物 $Fe(OH)_2$、$Fe(OH)_3$ 为不溶于水的黄绿色絮状沉淀，当它随水流流经海绵铁颗粒滤层时会被截留下来，其积累到一定程度时，用一定强度的反洗水即可将它冲洗干净（约 5min），恢复到初始的除氧能力。

海绵铁除氧，其消耗量很小，根据处理的水量和水质的不同，一般 3～6 个月补充一次即可。经海绵铁除氧后的水中会增加少量的铁离子 Fe^{2+}，一般为 0.2～5.0mg/L。它符合热水锅炉的给水水质要求，但对于蒸汽锅炉或对给水 Fe^{2+} 有严格要求的用户，则需加装除铁装置，去除水中的 Fe^{2+}，以保证锅炉给水的水质。为了提高除氧效果，通常运行程序是先软化，后除氧。

海绵铁除氧器首次装料前，应先注入约 1/2 容积的软水或除盐水，然后再装入海绵铁，以防止空气进入滤层和滤料碎末进入出水系统。装入海绵铁后，应进行反洗至排水变清，再经正洗至出水水质合格后方可转入制水（除氧运行）。当滤层高度低于 0.8m 时，应补充海绵铁至 1m。正常情况，一般连续运行 3 个月即需补充一次。填充海绵铁时，应停止除氧器运行；填补后要进行反洗，以冲洗掉新填补进的滤料中的碎末。除氧水管道和除氧水箱应采取密闭隔氧措施，防止与空气接触。

与热力除氧、真空除氧相比较，海绵铁除氧有它的技术特点：可在常温下实现除氧，进水不需要加热，节约能源；安装位置无特殊要求，可以低位布置，工艺简单，降低了建筑高度，节约基建投资；系统可以随时启动供水，且除氧效果稳定可靠，出水中溶解氧含量≤0.05mg/L，符合低压供热锅炉水质标准。此外，它可以实施自动化操作，依据运行时间和工作压降自动进行反洗，及时的反冲清洗消除了除氧剂结团，降低水耗，使设备始终处于良好的运行工况。如若设备采用双罐结构或单罐双腔结构，则可以做到连续产水；如果进水压力足够，即使在反洗时也无需中断供水，使后续系统的工作更加稳定可靠。

3. 药剂除氧

药剂除氧是向给水中加药，使其与水中溶解氧化合成无腐蚀性物质，以达到给水除氧的目的。常用的药剂为亚硫酸钠（Na_2SO_3），其反应如下：

$$2Na_2SO_3+O_2=2Na_2SO_4$$

加药量可从反应式计算，每除 1g 氧需耗无水亚硫酸钠 8g；如用含结晶水的亚硫酸钠（$Na_2SO_3 \cdot 7H_2O$），则需 16g。实用上，加药量要比理论耗量多 3～4g/t 水。在使用时，将 Na_2SO_3 配制浓度为 2%～10% 的溶液，用活塞泵打入给水管道的吸入侧或直接滴加入给水箱中。

亚硫酸钠除氧反应时间的长短取决于水温，通常要求保持在 40℃ 以上，不然反应速度缓慢且出水达不到水质标准。如若在亚硫酸钠中加入少量催化剂，如硫酸铜、硫酸锰和氯化钴等，就可明显地提高除氧反应速度，即便常温下运行，除氧水的含氧量也可达到标

准规定的要求。

亚硫酸钠易于氧化，长期与空气接触会氧化为硫酸钠而丧失除氧能力。因此对它必须妥善保管，以免变质失效。另外，这种除氧方法只适用于低中压锅炉，当锅炉工作压力大于 6MPa 后，亚硫酸钠就会分解为 SO_2 和 H_2S，没有任何除氧能力了。

反应时间的长短取决于水温，在水温为 40℃时，反应时间约 3min；60℃时为 2min。

药剂除氧法装置简单，操作方便，适用于小型锅炉，尤其对闭式循环系统的热水锅炉、补充水量不大时，用亚硫酸钠除氧比较合适。

4. 电化学除氧

电化学除氧是人为地在除氧器中使一种金属（常用的是铝）发生电化学腐蚀，当水流经除氧器时将水中溶解的氧消耗殆尽，以达到除氧的目的。

这种除氧器外壳呈方形，其内装置有很多交错平行的阴、阳极板。阴极为铁板，与直流电源负极相连，阳极为铝板，与正极相接。接通直流电源后，电化学除氧器即可投入工作，流经处理的水的温度以 70℃左右为最佳，不宜低于 40℃。

电化学除氧器虽结构简单，操作方便，但铝板电极易形成片状沉淀物，阻碍水流通过，而且除氧器自身也易腐蚀和变形。

五、除氧树脂除氧

上述除氧方法基于化学和物理化学原理，自 20 世纪 60 年代以来，发达国家致力于研究开发树脂除氧技术，除了某些特殊场合保留热力除氧（如电厂）和真空除氧（如海水除氧）外，化学除氧采用氧化还原树脂，物理化学除氧则采用膜分离技术除氧。

1. 氧化还原树脂除氧

氧化还原树脂，又名电子交换树脂，它是一种带有能与周围活性物质进行电子交换，发生氧化还原反应的树脂。当软化水或脱盐水流经氧化还原树脂层时，水中的氧与树脂上的活性氢发生化学反应生成水而放出氮气，除去了水中的溶解氧。通过树脂层的水速，一般控制在 15m/h 左右。当除氧系统运行一段时间后，氧化还原树脂上提供活性氢的钢肼配位功能团的活性，此时可以使用水合肼再生。在再生过程中，树脂中的 Cu^+ 会被氧化为 CuO，导致树脂中的 Cu^+ 损失，其结果是使氧化还原树脂的活性降低，严重时甚至丧失活性。所以，在氧化还原树脂工作一段时间（一般为 16h）后，需要定期加入定量的硫酸铜溶液，增补树脂中 Cu^+ 的含量，以恢复氧化还原树脂的活性。

氧化还原树脂除氧技术对工作温度没有特殊要求，它可以在常温条件下除氧，如此就不消耗热量和动力，不泄压；无自耗水，可零排放，是一项节能减排的先进技术。尤为可贵的是除氧效果好，除氧水中的残留氧的质量分数最低可达到 2×10^{-9}。此外，氧化还原树脂除氧操作简单；不带进任何杂质，对运行设备没有任何副作用，且除氧成本十分低廉。氧化还原树脂除氧技术适用于纯水、软化水及除盐水的除氧。

2. 催化树脂除氧

催化树脂又称触媒型树脂，是以有坚实骨架结构的强碱型阴离子交换树脂为载体，再将贵金属——钯（Pa）粒子牢固地覆盖在表面。由于钯树脂上的钯对氢的吸附能力强，同时又具有吸附氧的能力，并且钯的催化活性很多。如此，同时含有溶解氢和溶解氧的水，在通过树脂表面时，在金属钯的吸附和催化下发生如下反应：

$$O_2 + 2H_2 \xrightarrow{Pd} 2H_2O$$

从而将水中的溶解氧除去，且并无其他任何杂质产生。

催化树脂除氧处理时，运行流速很高，一般为离子交换树脂的 2～4 倍，因此此型除氧器罐体很小，占地面积也小并无需高位布置。只要有良好完善加氧装置，不需要其他操作，运行简单。已知原水中溶解氧一般在 8ppm 以下，最多也不超过 14ppm，按质量计算氧和氢的当量比为 8：1，所以加氢量很小，加氢的费用很低，这也是它比大气式热力除氧的优越之处。

催化树脂除氧是在常温下运行，不需用蒸汽，因而应用范围很广，即可用于蒸汽锅炉除氧，也可用于热水锅炉除氧。在国外，这种催化树脂除氧技术，早已在核电站、核潜艇及航空母舰的核动力设备上用于水的除氧。

3. 膜分离除氧

膜分离除氧技术是一种物理化学除氧的方法。它的除氧原理是根据中空纤维膜具有良好的疏水性和透气性，用数以万计的中空纤维管制作成一个膜组件，可使膜管内外形成彼此隔离的空间。当组件中的膜管的一侧空间通水，另一侧空间则将其抽空时，由于渗透压的作用，水中所含的溶解氧便从高浓度的水侧透过膜管皮层向低浓度的真空侧扩散，穿透出的氧气不断地被真空泵抽出，上述扩散过程不断进行，得以除氧的结果。

膜分离除氧技术可在常温下实施，运行方式灵活；除氧费用低，效果好，且可实现全自动运行。另外，它对厂房、基础和安装等均无特殊的工艺要求。

第十节　锅炉排污及排污率计算

在锅炉运行中，给水带入锅炉的杂质很少被蒸汽带出，绝大部分留在锅水里。随着锅水的浓缩，当其中的含盐量或含硅量超过水质标准的规定值时，必须进行排污——放掉一部分锅水，同时补充入相同数量的给水，以避免锅内产生泡沫或汽水共腾，影响蒸汽品质和锅炉的正常运行。

一、锅炉排污

锅炉的排污方式有连续排污和定期排污两种。

连续排污是排除锅水中的盐分杂质。由于上锅筒蒸发面附近的盐分浓度较高，所以连续排污管就设置在低水位下面，习惯上也称表面排污。为了减少因排污而损失的锅水和热量，一般将连续排污水引到排污扩容器。排污水进入扩容器因压力的骤降而蒸发，这部分由排污水汽化而产生的蒸汽被送往大气式热力除氧器加热待除氧处理的软水。剩下的排污水，则可通过表面式热交换器将其热量用于加热给水。冷却后的排污水排至地沟。

定期排污主要是排除锅水中的水渣——松散状的沉淀物，同时也可以排除盐分杂质。所以，定期排污管是装设在下锅筒的底部或下集箱的底部。在每一根定期排污管上都必须装有两个排污阀。排污时，先慢慢开启紧靠锅炉的阀门，称为慢开阀；而后再开启离锅炉较远那一只快开阀，瞬即排污。排污结束时，注意要先关快开阀，后关慢开阀，以保护慢开阀不致损坏，更换快开阀而不必停炉。

二、锅炉排污率的计算

锅炉给水的品质直接关系到锅炉排污量的大小。给水的碱度及含盐量越大，锅炉所需的排污量越多。

锅炉排污量的大小，通常以排污率来表示，即排污水量占锅炉蒸发量的百分数。若锅炉没有回水，按含碱量的平衡关系，排污率可由下式推演而得：

$$(D+D_{ps})A_{gs}=D_{ps}A_g+DA_q$$

式中　D——锅炉的蒸发量，t/h；

　　　D_{ps}——锅炉的排污水量，t/h；

　　　A_g——锅水允许的碱度，mmol/L；

　　　A_q——蒸汽的碱度，mmol/L；

　　　A_{gs}——给水的碱度，mmol/L。

因蒸汽中的含碱量极小，通常可以忽略（即认为 $A_q \approx 0$）。如此，按碱度计算的排污率 P_1 为

$$P_1=\frac{D_{ps}}{D}\times100\%=\frac{A_{gs}}{A_s-A_{gs}}\times100\%$$

同样，排污率也可按含盐量的平衡关系式来计算，即

$$P_2=\frac{S_{gs}}{S_g-S_{gs}}\times100\%$$

式中　P_2——按含盐量计算的排污率；

　　　S_{gs}——给水的含盐量，mg/L；

　　　S_g——锅水的含盐量，mg/L。

如果 $A_g(S_g)$ 用锅炉水质标准中规定的锅水允许最高碱度（含盐量）的数值代入，便可求得为保持锅炉锅水的水质标准所应有的排污率。如此，在排污率 P_1 和 P_2 分别求出后，取其中较大的数值作为运行操作的依据。一般供热锅炉的排污率应控制在 10% 以下（最好为 5%）。如若超过此一较经济的排污率，则应改进水处理工艺或另选水处理方法，以提高锅炉给水水质，降低排污率。

在供热系统中应尽可能将凝结水回收送回锅炉房，既减少热损失，节约了能源，又减轻锅炉房给水处理的费用。当有凝结水返回锅炉房作为给水时，给水的水质如以含盐量表示，则为

$$S_{gs}=S_b\alpha_b+S_n\alpha_n$$

式中　S_b——补给水的含盐量，mg/L；

　　　S_n——凝结水的含盐量，mg/L；

　　α_b，α_n——补给水及凝结水所占总给水量的份额，即 $\alpha_b+\alpha_n=1$。

如凝结水含盐量很少而被忽略时，则给水含盐量 $S_{gs}=S_b\alpha_b$，代入排污率计算公式后得：

$$P_2'=\frac{S_b\alpha_b}{S_g-S_b\alpha_b}100\%$$

复习思考题

1. 水中含有哪些杂质？如果这种水用作锅炉给水，将对锅炉工作带来什么危害？

2. 常用水质指标有哪几个？它们的含义及单位是什么？

3. 锅炉水处理的任务是什么？供热锅炉房中常用的水处理方法有哪些？它们各自有何特点？各适用于什么水质的处理？

4. 水中钠盐碱度和永硬能否同时存在？为什么总碱度大于或等于总硬度时水中必无永硬？为什么总

硬度大于或等于总碱度时水中必无钠盐碱度？

5. 为什么水中氢氧根碱度及重碳酸根碱度不能同时存在？

6. 溶解固形物、灼烧余量及含盐量有无区别？它们之间有什么内在联系？

7. 为什么锅炉给水要求 pH 值大于 7，而锅水的 pH 值则控制得更高，通常控制在 10～12 呢？

8. 为什么氢离子交换软化或铵离子交换软化不能单独使用，而必须与钠离子交换软化联合使用？

9. 在并联的氢—钠离子交换系统中，流经氢、钠离子交换器的水量分配怎样计算？

10. 为什么氢离子交换软化设备要防腐？为什么铵离子交换软化设备不要防腐？为什么混合式氢钠离子交换软化水中残留碱度最大？

11. 为什么采用双级钠离子交换或逆流再生单级钠离子交换既可以降低盐耗，又可以提高软化质量？

12. 石灰处理以后水的碱度是否发生变化？发生什么变化？石灰处理是否可以降低锅水相对碱度？为什么？

13. 何谓膜分离水处理？它基于什么原理？有何特点？

14. 哪些水处理系统可以降低含盐量？

15. 固定床、移动床、流动床及浮动床离子交换设备的本质区别是什么？

16. 苛性脆化产生的条件有哪些？供热锅炉防止苛性脆化的主要措施是什么？锅炉排污能否防止苛性脆化？

17. 锅炉连续排污及定期排污的作用是什么？在什么地方进行？为什么？

18. 锅炉排污量怎样计算？怎样选定？如果计算出来的排污量超过 10%，这说明些什么问题？怎样才能降低排污量？

19. 供热锅炉房中常用的除氧方法有哪些？它们各有什么特点？适用于什么场合？

20. 热水锅炉对给水水质的要求与蒸汽锅炉是否相同？结合自己的特点，热水锅炉的水处理应着重解决什么问题？有哪些行之有效的方法？

习　　题

1. 某厂锅炉房某日水质化验数据如下：总碱度为 3.9mmol/L，总硬度为 $7.7°G$，求此水的暂硬、永硬或负硬为多少？

（暂硬 $H_T = 2.75mmol/L = 7.7°G$，永硬 $H_{FT} = 0$，负硬为 $1.15mmol/L = 3.2°G$）

2. 试将某厂锅炉房锅水标准的碱度及氯根换算成 mmol/L 及 ppm，碱度为 $25～60°G$，氯根为 300mg/L。

（碱度 $= 8.93～21.43mmol/L = 447.5～1074ppm$，$Cl^- = 8.45mmol/L = 423ppm$）

3. 原水的碳酸盐硬度为 5.97mmol/L，钙离子含量为 73.8mg/L，镁离子含量为 38.9mg/L，试计算其永久硬度为多少度？

（$H_{FT} = 2.55°G$）

4. 某厂锅炉房原水分析数据如下：

（1）阳离子总计为 155.332mg/L，其中：$K^+ + Na^+ = 146.906mg/L$，$Ca^{2+} = 5.251mg/L$，$Mg^{2+} = 1.775mg/L$，$NH_4^+ = 1.200mg/L$，$Fe^{3+} = 0.200mg/L$。

（2）阴离子总计为 353.042mg/L，其中：$Cl^- = 26.483mg/L$，$SO_4^{2-} = 82.133mg/L$，$HCO_3^- = 219.661mg/L$，$CO_3^{2-} = 24.364mg/L$，$NO_2^- = 0.001mg/L$，$NO_3^- = 0.400mg/L$。

总硬度为 $1.142°G$，总碱度为 4.412mmol/L，溶解氧为 8.894mg/L，可溶性二氧化碳为 14.000mg/L，pH=8.85，试求其相对碱度，并说明是否需要除碱。

（相对碱度为 0.347＞0.2，需要除碱）

5. 若锅水碱度基本保持 14mmol/L，软水碱度为 1.6mmol/L，凝结水回收率为 40%，求此锅炉的排污率为多少?

（$P=7.74\%$）

6. SHL10-1.3/350 型锅炉采用连续排污，锅水标准碱度为 701.4ppm 以下。生水软化不除碱，软水碱度为 4.56mmol/L；生水软化除碱，软水碱度为 1.17mmol/L，若此厂给水中软水占 50%，问生水除碱与不除碱时，锅炉排污率各为多少?

（生水不除碱，$P=19.45\%$；生水除碱，$P=4.36\%$）

7. 某厂 SZD10-1.3 型锅炉的给水水质化验得 $HCO_3^-=195mg/L$，$CO_3^{2-}=11.2mg/L$，阴阳离子总和为 400mg/L，试判断给水是否需要除碱。

（按含盐量计算 $P=12.9\%$，按碱度计算 $P=21.73\%$，故需要除碱）

8. 某厂锅炉房具有两台 SZS10-1.3-WⅡ型锅炉，凝结水回收率为 40%，锅炉排污率为 5%，生水总硬度为 10.0mmol/L，锅炉给水的允许硬度为 0.03mmol/L，选用顺流再生单级钠离子交换软化设备，采用 732# 树脂作为交换剂，试计算连续工作时间、还原一次盐耗量及用水量。

（连续工作时间 $t=7.5h$；再生时食盐单耗量 b 取 130g/ge 时，还原一次盐耗量 $B=172kg$；每一周期用水量 $G=11.3t$；采用 $\phi1000$ 交换器，交换剂层高度 $h=1.6m$）

9. 某厂锅炉房设置两台 SHL20-1.3/350 型锅炉，凝结水回收率为 20%。生水水质分析如下：$Ca^{2+}=72mg/L$，$Mg^{2+}=24.0mg/L$，$Na^+=27.6mg/L$，$Cl^-=49.7mg/L$，$SO_4^{2-}=96mg/L$，酚酞碱度 $P=0.2mmol/L$，甲基橙碱度（总碱度）$A=3.4mmol/L$，含盐量 $S=464.3mg/L$。

试求：（1）生水中 OH^-，CO_3^{2-}，HCO_3^- 的碱度 A_{OH^-}，$A_{CO_3^{2-}}$，$A_{HCO_3^-}$ 的大小，分别以 mmol/L、°G、mg/L 为单位表示之。

（2）生水中暂硬 H_T、永硬 H_{FT} 和负硬的大小，分别以 mmol/L、°G、ppm 为单位表示之。

（3）用并联氢-钠离子交换软化，控制残余碱度 $A_c=0.5mmol/L$，试求分别进氢、钠离子交换器水量的份额 α_{H^+}、α_{Na^+}。

（4）假定并联氢—钠离子交换软化后残余碱度全部为 HCO_3^-，锅水允许含盐量 $S_g=3000mg/L$，锅水允许碱度 $A_g=14mmol/L$，求锅炉排污率。

（5）若改用单级钠离子交换软化，求锅炉排污率，以排污率说明是否允许采用单级钠离子交换软化。

（$A_{OH^-}=0$，$A_{CO_3^{2-}}=0.4mmol/L=1.12°G=12mg/L$，$A_{HCO_3^-}=3mmol/L=8.4°G=183mg/L$；$H=5.6mmol/L=15.68°G=281ppm$，$H_T=3.4mmol/L=9.52°G=170ppm$，$H_{FT}=2.2mmol/L=6.16°G=111ppm$，负硬$=0$；$\alpha_{H^+}=0.518$，$\alpha_{Na^+}=0.482$；并联氢—钠离子交换软化，按碱度计算 $P=2.94\%$，按含盐量计算 $P=7.63\%$；单级钠离子交换软化，按碱度计算 $P=24.11\%$，按含盐量计算 $P=15.28\%$，排污率偏高，不宜采用单级钠离子交换软化）

10. 如 6 题中所示的锅炉有三台，在生水除碱情况下运行。三台锅炉为了回收连续排污水热量及减少工质损失，合用一个连续排污扩容器，排污扩容器在 0.1MPa 表压力下工作，锅炉连续排污水进排污扩容器的绝对压力为 1.47MPa，排污管道热损失系数为 0.98，排污扩容器出口二次蒸汽干度为 97%，排污扩容器容积富裕系数取 1.5，单位容积蒸汽分离强度取 500m³/(m³·h)，问排污扩容器能回收多少工质及热量，并选择一个合适的排污扩容器。

（回收二次蒸汽量 $D_q=196.9kg/h$，回收热量 $Q=0.519\times10^6kJ/h$，选用容积 $V=0.75m^3$ 的 $\phi670$ 型连续排污扩容器一台）

第十章　锅炉燃料供应及除灰渣

为了改善能源结构，大力推进生态建设，有效降低城市乡镇的雾霾，在未来的若干年内，将逐步加快完成部分或绝大部分中小型燃煤锅炉清洁能源替代工作。但就现状而言，我国燃煤供热锅炉占供热锅炉总量的比例达 70%❶

对于燃煤锅炉房，燃煤输运和灰渣排除系统是锅炉房设备的重要组成部分。它工作的可靠程度直接关系着锅炉房的安全运行。同时，这一系统机械化程度的高低，还关系着锅炉房的基建投资、用地面积、工人劳动强度和操作条件以及环境卫生等一系列的技术经济问题。因此，设计时必须给予足够重视，应根据锅炉型式、锅炉房的耗煤量和灰渣量以及场地条件等因素综合考虑来确定运煤、除灰渣系统及其设备。

对于燃油、燃气锅炉房，无需除渣。输运、储存燃油系统是燃油锅炉房的组成部分之一，它应能适应燃油的理化特性供给锅炉燃烧，保证锅炉的正常运行。供应、调压燃气系统，同样是燃气锅炉房的重要组成部分，设计是否合理，既关系燃气锅炉安全运行的可靠性，对供气系统及相关设备的投资和运行经济性也有重要影响。

第一节　锅炉房运煤系统

供热锅炉燃用的煤，一般是由火车、汽车或船舶把煤运来，而后用人工或机械的方法将煤卸到锅炉房附近的贮煤场，再通过各种运煤机械把煤运送到锅炉房。运煤系统是从卸煤开始，经煤场整理、输送破碎、筛选、磁选、计量直至将煤输送到炉前煤仓供锅炉燃用。

图 10-1 所示为一供热锅炉房典型运煤系统的示例。

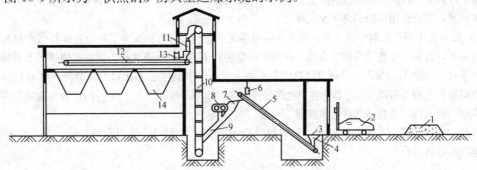

图 10-1　锅炉房运煤系统示意

1—堆煤场；2—铲斗车；3—筛格；4—受煤斗；5—斜胶带输送机；6—悬吊式磁铁分离器；7—振动筛；8—齿辊式碎煤机；9—落煤管；10—多斗式提升机；11—落煤管；12—平胶带输送机；13—皮带秤；14—炉前贮煤斗

---

❶　详见《2012 年中国工业锅炉行业年鉴》。

室外煤场上的煤由铲斗车 2 运送到低位受煤斗 4，再由斜胶带（俗称皮带）输送机 5 将磁选后的煤送入碎煤机 8，然后通过多斗提升机 10 提升至锅炉房运煤层，最后由平胶带输送机 12 将煤卸入炉前贮煤斗 14，皮带秤 13 是设置在平胶带输送机前端，用以计算输煤量。

此处尚需提及的是煤场煤的堆放高度，一定要加以限制，堆放过高会影响煤堆中热量发散，极端时容易引起自燃。对于不同类别的煤种，其自燃条件各不相同，煤堆的限制高度也有差别。非机械化煤场的堆煤高度不得超过表 10-1 所示的规定值。对于采用机械化翻煤的煤场，其堆煤高度则不得超过表 10-2 所示的规定值。

非机械化煤场煤堆高度　表 10-1

煤种	堆积密度（t/m³）	煤堆高度（m）
无烟煤	0.8～0.95	≥5
长焰煤	0.8～0.85	5～6
褐煤	0.65～0.78	2～3
易自燃的褐煤	0.65～0.78	5～7

机械化煤场煤堆高度　表 10-2

机械名称	煤堆高度（m）
移动皮带机	≥5
推煤机	5～6
铲车	2～3
桥式起重机	5～7
人工	<2

一、贮煤场

为保障锅炉房安全运行及缓和由外运进煤量与锅炉房燃煤量之间的不平衡，锅炉房贮煤场必须贮备一定量的煤。这样，即使来煤短期中断，仍能保证锅炉的正常运行。

1. 贮煤场的形式

贮煤场一般分露天煤场和覆盖煤场（也即干煤棚，包括贮仓）两种。堆煤的几何形状大多为条形，由堆煤机、桥式抓斗起重机、移动式带式输送机和装载机作为存取设备。对于小容量锅炉房，目前仍由人工操作，劳动及卫生条件差。

当锅炉房有燃用多煤种混煤要求时，贮煤场需提供一定的场地，并配备混煤的机械设备。有自燃性的煤堆，应有压实、洒水或其他防止自燃的措施。

贮煤场的地面，为保证常年正常工作应根据装卸方式进行处理并有排水坡度和排水措施；受煤沟则应有可靠的防水和排水措施。

2. 贮煤量的确定

贮煤场的贮煤量不能单单依据锅炉房每台锅炉燃煤量的大小，更重要的还需根据锅炉房所在地区的气象、煤源的远近、交通运输方式等因素来确定。当收集资料不够完整时，也可参照设计规范要求，即

（1）火车和船舶运煤时，取用 10～25d 的锅炉房最大计算耗煤量；

（2）汽车运煤时，取用 5～10d 的锅炉房最大计算耗煤量。

对于一些特殊情况，则应根据实际情况灵活掌握，例如因气候条件（冰雪封路、航道冻结等）在一定时期内对运输造成困难时，可考虑适当增大煤场贮煤量。

煤场一般露天设置，但在雨季较长的地区，考虑煤含水分过大会造成运输和燃烧困难时，宜将煤场的一部分设为干煤棚，其贮煤量为 3～5d 的锅炉房最大计算耗煤量。

锅炉房一般都设集中煤仓或炉前煤仓，它们的贮量应按运煤的工作班制和运煤设备检修所需的时间确定。

集中贮煤仓时：

（1）一班运煤工作制为 16～18h 锅炉房额定耗煤量；

（2）两班运煤工作制为 8～10h 锅炉房额定耗煤量。

采用炉前煤仓时：

（1）一班运煤工作制为 16～20h 锅炉额定耗煤量；

（2）两班运煤工作制为 10～12h 锅炉额定耗煤量；

（3）三班运煤工作制为 1～6h 锅炉额定耗煤量。

煤仓的内壁应光滑耐磨，壁面倾角不宜小于 60°，相邻壁交角应做成圆弧形。煤仓出口的下部，宜设置圆形双曲线金属小煤斗，以防止堵煤。落煤管应做成圆形，并适当加大其倾角。

落煤管的断面积，一般可按下式计算：

$$F = \frac{Q}{3600 v \phi} \quad \text{m}^2 \tag{10-1}$$

式中 Q——燃料的输送量，m^3/h；

　　　v——煤在溜煤管中的流动速度，一般可取 2m/s；

　　　ϕ——充满系数，一般取 0.3～0.35。

3. 贮煤场面积的计算

当煤场贮煤量确定后，贮煤场的面积主要取决于煤堆的高度。除易自燃的煤对煤堆高度有特殊要求外，一般采用以下数据：

移动式皮带输送机堆煤时不大于 5m；

堆煤机堆煤时不大于 7m；

铲斗车堆煤时 2～3m；

人工堆煤时不大于 2m。

煤场面积可用下式估算：

$$F = \frac{BTMN}{H \rho \varphi} \quad \text{m}^2 \tag{10-2}$$

式中 B——锅炉房的平均小时最大耗煤量，t/h；

　　　T——锅炉每昼夜运行时间，h；

　　　M——煤的储备天数，d；

　　　N——考虑煤堆过道占用面积的系数，一般取 1.5～1.6；

　　　H——煤堆高度，m；

　　　ρ——煤的堆积密度，t/m^3；

　　　φ——堆角系数，一般取 0.6～0.8。

二、煤的制备

当燃煤的粒度不能符合锅炉燃烧要求时，煤块必须经过破碎。通常颚式破碎机用于煤的粗碎和中碎；双齿辊破碎机用于颗粒度要求不高和易于破碎的煤块，如层燃炉；锤式破碎机和反击式破碎机则用于要求将煤破碎成较细小颗粒的情况，如煤粉炉。

采用机械破碎时，在破碎前应将煤进行筛选，以减轻碎煤装置不必要的负荷。常用的筛选装置有固定筛、摆动筛和振动筛。固定筛结构简单，制造容易，造价低，常用来分离较大的煤块；摆动筛和振动筛常用于分离较小的煤块。

当锅炉的给煤装置、燃料加工和燃烧设备有要求时，尚应将煤进行磁选，以避免煤中夹带的碎铁损坏或卡住设备。常有的磁选设备有悬挂式和电磁皮带轮两种。悬挂式电磁分离器是挂在运输机上方的一种静止去铁器，用来吸附输送机上的煤中的含铁杂物。但是被吸附在悬挂式电磁分离器上的含铁杂物，需定期地由人工加以清理。如果输送机上煤堆积很厚时则较难吸出铁件。电磁皮带轮是一种旋转式去铁器，借直流电磁铁产生磁场自动分离输送带上所运送的煤中的含铁杂物，它通常作为胶带输送机的主动轮。如要求必须严格除去铁件时，可将悬挂式分离器与电磁皮带轮一起使用。

为了调节或控制给煤量及使给煤均匀，常在运煤系统中设给煤机，常用的有圆盘给煤机、螺旋给煤机、电振给煤机等。

在生产中为了加强经济管理，在上煤系统中常设煤的称量设备。汽车、手推车进煤时，可采用地秤；胶带运输机上煤时，常采用皮带秤。

三、运煤设备

前已提及，锅炉房运煤系统是从卸煤开始，锅炉燃用的煤由运煤设备经提升机水平运输从贮煤场送达炉前煤仓。锅炉房贮煤场卸煤及转运设备的设置，应根据锅炉房的耗煤量和来煤运输方式确定。对于火车和船舶运煤，采用机械化方式卸煤；对于汽车运煤，则采用自卸汽车或人工卸煤。从煤场到锅炉房和锅炉内部的运煤，设计规范规定应按运煤量大小确定不同的方式。对耗煤量不大的锅炉房，可选用系统简单和投资少的电动葫芦吊煤罐和简易小翻斗上煤的运煤系统。耗煤量较大的锅炉房，可选用单斗提升机、埋刮板输送机或多斗提升机的运煤系统。耗煤量大的锅炉房可选用皮带运输机上煤系统，但在占地面积受到限制时，也可用多斗提升机和埋刮板输送机代替。在地下水位较高的地区，要避免选用地下工程较大的运煤系统。

1．电动葫芦吊煤罐

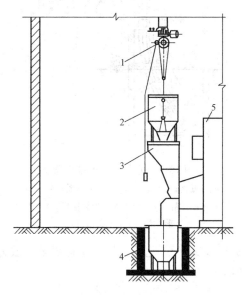
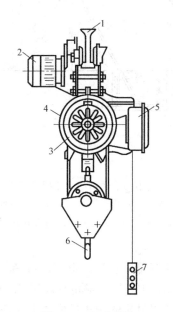

图 10-2　电动葫芦吊煤罐系统布置图　　　　图 10-3　电动葫芦
1—电动葫芦；2—吊煤罐；3—煤斗；　　　1—工字形滑轨；2—水平行走用的电动机；
4—地坑；5—锅炉　　　　　　　　　　3—提升用的电动机；4—卷筒；5—控
　　　　　　　　　　　　　　　　　　　　制箱；6—吊钩；7—按钮

电动葫芦吊煤罐是一种同时能承担水平运输和垂直运输的简易的间歇运煤设备。它与推煤小车、吊煤罐组成的上煤系统如图10-2所示，电动葫芦的构造见图10-3。

供热锅炉房常用的电动葫芦起重量一般为0.5～1t，提升高度为6～12m，提升速度为8m/min，水平移动速度为20m/min。

吊煤罐有方形、圆形及钟罩式等形式，均为开底式。

这种运煤设备每小时运煤量为2～6t，一般适用于额定耗煤量在4t/h以下的锅炉房。

2. 单斗提升机

由卷扬机拖动着单个煤斗，并能使其沿着钢轨作倾斜、垂直及水平方向运煤的设备称为单斗提升机。

这种上煤装置最简单的结构形式为翻斗上煤装置（图10-4）。在作垂直提升使用时，需在运煤层上加一水平运输机械，如皮带输送机或刮板输送机；也可在垂直提升后延伸一水平段，在运煤层上进行水平运煤（图10-5），将煤分卸于各台锅炉的煤斗。

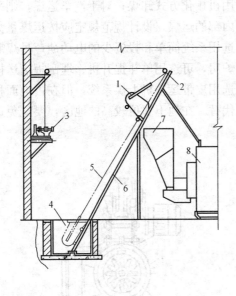

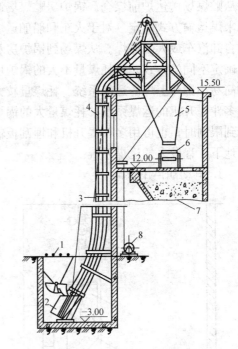

图10-4 倾斜型单斗提升机

1—单斗；2—滑轮；3—卷扬机装置；4—地坑；
5—钢丝绳；6—轨道；7—锅炉煤斗；8—锅炉

图10-5 垂直型单斗提升机

1—进口栅格；2—提升斗；3—钢丝绳；4—滑轨；
5—中间贮煤斗；6—水平胶带运输机；7—炉
前大煤斗；8—卷扬机

单斗容量一般为0.2～0.8t，提升速度为0.25～0.3m/s。此类上煤系统运煤量一般为3～12t/h，大多用于额定耗煤量6t/h以下的锅炉房。

单斗提升机的输送量可按下式估算：

$$Q = 3600 \frac{\phi i \gamma}{\frac{2H}{v} + t_0} \quad \text{t/h} \tag{10-3}$$

式中　ϕ——料斗的充满系数，可取0.9；

i——料斗的容积，m^3；

γ——煤的堆积容量，t/m^3；

H——提升高度，m；

v——料斗运行速度，m/s；

t_0——包括装卸及控制所耗时间，s；在自动装卸料和自动控制的情况下，$t_0=15s$；在自动装卸料和半自动控制的情况下，$t_0=25s$；在人工装料及半自动控制的情况下，$t_0=70s$。

3. 多斗提升机

多斗提升机（图10-6）是一种只能作垂直提升的运煤设备，在锅炉房区域占地较小且运煤层较高时，尤为适用。为了使多斗提升机能正常运行，煤块必须经过破碎，并能保持均匀进煤。此外，进煤不能过湿，以免造成卸煤困难。

多斗提升机容易磨损，设备的维修工作量较大，一般适用于额定耗煤量在2t/h以上的锅炉房，并常与皮带输送机联合组成运煤系统。

煤斗牵引形式有皮带（D）型、链条（HL）型和板链（PL）型三种，锅炉房常用D型。D型斗式提升机的输送量为2.5～53t/h，提升高度大约在4～30m范围内。

多斗提升机占地面积小，当锅炉的装料层较高而锅炉房又较窄时，可以用此设备。但应注意，这种提升机机械强度低，不适宜输送大块的煤，因为它容易将煤搞碎，同时，大块煤不容易充满煤斗。多斗提升机维护检修比较复杂，容易磨损，金属耗量大，设备费也较高。

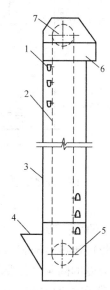

图10-6　多斗提升机

1—料斗；2—胶带；3—外壳；4—加料口；5—下滚筒和拉紧装置；6—卸料口；7—传动滚筒

采用多斗提升机运煤应有不小于连续8h的检修时间。当不能满足其检修时间时，应设置备用设备。

4. 埋刮板输送机

埋刮板输送机（图10-7）是一种连续运输设备，既能作水平运输，亦可垂直提升，而且还能多点给煤，多点卸煤，因装置有密封的金属壳体，可避免灰尘飞扬，有利于改善操作条件和环境卫生。

国内常用的有水平型（SM）、垂直型（CM，包括倾斜型）和垂直水平型（ZM）三种，机槽宽度一般为160mm，200mm，250mm，320mm，400mm。在输送粉煤时，运行速度为0.16～0.2m/s；输送碎煤时，运行速度一般为0.20～0.25m/s。运煤量为10～50t/h。

埋刮板输送机一般水平运输最大长度为30m，垂直提升高度不超过20m，上煤时要求煤粒度不超过20mm。这种输送机的结构简单，设备小巧，在锅炉房内占地面积很小。一般适用于耗煤量在3t/h以上的锅炉房。

埋刮板输送机有定型产品，各种不同型式埋刮板输送机的输送能力不同，可由运输机械产品样本查得。

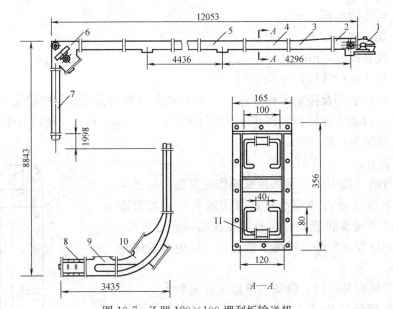

图 10-7 Z 型 120×100 埋刮板输送机

1—传动部分；2—头部；3—水平过渡段；4—水平标准段；5—卸料段；6—上回转段；
7—垂直段；8—尾部；9—加料段；10—弯曲段；11—链及埋刮板

5. 皮带输送机

皮带输送机是锅炉房常用的连续运煤设备，运输能力高，运行可靠，噪声小。但它受到倾斜角度的限制，如要将煤提升一定高度，必须加长运输距离，占地面积较大。

皮带运输机由输送带、传动滚筒、改向滚筒、上下托辊、拉紧装置、清扫装置和卸料装置等部分组成（图 10-8）。TD 型固定式皮带输送机为通用型设备，它可以作水平或倾斜运输。在倾斜向上运输时，皮带倾角不宜大于 18°，但输送破碎或筛选后的煤时，最大倾角可达 20°。固定式皮带输送机的带宽有 500mm，650mm，800mm 三种，皮带速度为 0.8~1.25m/s，运煤量为 7~100t/h。一般适用于耗煤量为 4~5t/h 以上的锅炉房。

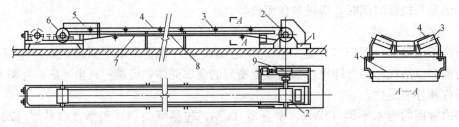

图 10-8 皮带输送机装配示意

1—头部漏斗；2—头部（传动）滚筒；3—上托辊；4—输送皮带；5—装煤口；
6—尾部滚筒；7—机架；8—下托辊；9—减速器

根据托辊形状不同，皮带可构成"平型"和"槽型"两种。槽型托辊可防止物料撒落，增加皮带输送能力。对倾斜布置的输送机，当倾斜角度大于或小于 6°时分别采用槽型和平型断面。犁式卸料器处一般用平形托辊。在相同条件下，"槽型"的输煤量接近于"平型"的一倍。此外，也可采用特制的皮带，如花纹皮带，即在胶带面上有突出的条状或点状花纹，允许的最大倾斜角可增加 10°左右。

在锅炉房煤场卸煤或转运煤堆时，可采用移动式皮带机。它的底部装有滚轮，可随意移动，带宽有 400 和 500mm 两种，输送长度为 10～20m，最大输送高度为 3.5m，胶带速度为 1～1.25m/s，最大倾斜度为 20°。

除了上述几种运煤设备外，在煤场中，作为煤的装卸、转堆及煤场至锅炉房间的运输设备，尚有抓斗吊车、斗式铲车、少先吊和推土机等。

抓斗吊车有龙门抓斗吊车、桥式抓斗吊车、铁路转台抓斗吊车等多种。除用于卸煤，将煤堆高和转堆外，还用于将煤卸入地上煤斗或地下煤坑内的转运。这些抓斗吊车的起重量为 3～5t，抓斗容量为 0.7～1.5m³，提升高度在 6m 以上。一般适用于耗煤量在 6t/h 以上的煤和灰渣装卸、运输综合使用的锅炉房。

斗式铲车的铲斗容量一般为 1～1.7m³，提升高度为 2.5m 左右，运行速度为 30～100m/min。斗式铲车配上移动式胶带输送机，就能更方便地用于煤的堆高和转卸或作一定距离的运输。

少先吊是一种简易的起重机械，起重量一般为 0.5～1t，提升高度为 4～5m，可以水平旋转 360°，常和手推车配用，用于卸船和转运。

推土机除用于煤的堆高和转堆外，还作为将煤卸入地下煤斗之用。

四、运煤系统的运煤量与煤场转运设备

锅炉房运煤系统小时运煤量的计算，应按锅炉房昼夜最大计算耗煤量、扩建时增加的煤量、运煤系统昼夜的作业时间和 1.1～1.2 不平衡系数等因素确定。

运煤系统中应装设煤的计量装置。

从煤场到锅炉房和锅炉房内部的运煤，设计规范规定应按运煤量的大小采用不同的运煤方式：

(1) 锅炉房运煤量小于 1t/h 时，采用人工装卸和手推车运煤；

(2) 锅炉房运煤量为 1～6t/h 时，采用间歇机械化设备装卸和间歇或连续机械化设备运煤；

(3) 锅炉房运煤量大于 6t/h 时，采用间歇或连续机械化设备装卸和运煤，如斗式铲车、移动皮带运输机、桥式抓斗起重机和门式抓斗起重机等。

第二节　锅炉房燃油供应系统

燃油锅炉燃用的燃料油，除了由输油管直接输送的外，一般是由火车、汽车油罐车或油轮运抵锅炉房油库的。燃油锅炉的燃油供应系统，指的是运抵后燃料油的储存、处理，直至送到锅炉油燃烧器的所有设备以其管道系统，包括储油罐、日用油箱、油的过滤和加热装置、卸油和供油油泵等。

一、燃油供应系统总则

1. 燃油锅炉房储油总容量应根据油品的运输方式确定：火车或船舶运输的为 20～30d 的锅炉房最大计算耗油量；汽车油罐车运输的为 5～10d 的锅炉房最大计算耗油量；油管输送的为 3～5d 的锅炉房最大计算耗油量。

2. 当工矿企业设置有总油库时，锅炉房燃用的油品应统一由总油库输配。

3. 因为燃油是易燃品，要特别注意防火安全，包括锅炉房内设置的日用油箱允许的最大容量、室外油罐与建筑物的间距等均须严格按照消防标准的规定执行。地上、半地下储油罐或储油罐组应构筑防火堤；轻油储罐和重油储罐不应布置在同一防火堤内。

4. 油泵房至储油罐之间的管道地沟，应有防止油品流散和火灾蔓延的隔绝措施。输油管道宜在地上敷设；如采用地沟敷设时，地沟与建筑物、外墙连接处应填沙或耐火材料，确保隔断。

5. 在轻油罐设置的场所，应设有防止轻油流失的设施。对于重油贮油罐以及输送重油的管道全程应设有加热装置，以保证油路畅通。输油系统中的输油泵和装置在油管上的过滤器，都需设置备用，确保系统正常运行。

二、燃油供应系统

燃用不同的燃料油，因油品特性的不同其供油系统的组成也有所不同。具体地说，燃油供应系统可分轻油和重油两种不同的供油系统。

1. 轻油供油系统

轻油一般仅需油罐、日用油箱和输油泵，它无需进行加热，省去了一整套加热设备，供油系统比较简单。由图 10-9 可见，轻油由汽车油罐车靠自流下卸到地下储油罐后，由供油泵升压并通过输油管道送至设置在锅炉房内的日用油箱。日用油箱通常置于高位，轻油借自重流至燃烧器，经燃烧器内部的油泵加压后一部分通过喷嘴喷入炉膛燃烧，另一部分轻油则返回日用油箱。

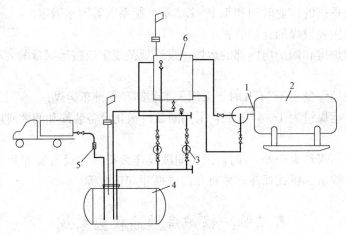

图 10-9　燃烧轻油的锅炉燃油系统

1—燃烧器；2—全自动锅炉；3—供油泵；4—卧式地下储油罐；
5—卸油口（带滤网）；6—日用油箱

2. 重油供油系统

对于燃用重油的供油系统（图 10-10），因重油黏度大必须对其预热降黏，比轻油系统需增设几套加热装置和过滤器。通常，卸油罐和储油罐中设置蒸汽加热装置；在日用油箱中设置蒸汽加热装置和电加热装置，在锅炉冷炉点火启动时，由于没有蒸汽而采用电加热，当锅炉点火成功并产生蒸汽后立即切换为蒸汽加热。

对黏度高的重油，除装置在日用油罐中的一次加热器将油加热到供油工作所要求的适宜黏度对应的温度外，重油被供油泵送至炉前加热器——二次加热器再次加热，以满足锅炉油喷嘴雾化的需要。如此，经二次加热的重油主要供锅炉燃用，另外一部分则沿循环回油管路流回日用油罐。由于回油温度很高，有时可达130～140℃，随高温油不断回流，日用油罐中重油温度将逐渐升高。为了防止罐内油温超过供油泵所允许的最高工作温度以及因油温过高而发生重油溢出——冒罐事故，因而在二次加热前需装接一次回油管路。通过装置其上的一次回油调节阀，适时调节供油量，以使控制高温油的回油量适度。

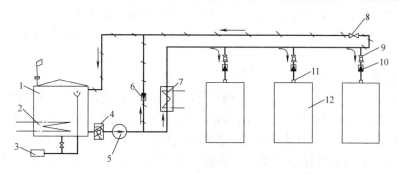

图 10-10　燃烧重油的锅炉供油和调节系统示意图
1—日用油罐；2—一次加热器；3—事故油池；4—油过滤器；5—供油泵；
6—一次回油调节阀；7—二次加热器；8—自动调节阀；9—辅助调节阀；
10—止回阀；11—燃烧器；12—锅炉

供油系统中，常采用双母管供油，单母管回油。在回油母管上设置有自动调节阀，在每个燃烧器的支管上装置有以针形阀作为辅助调节阀和止回阀。辅助调节阀用以调节供锅炉燃烧的油量和油压，止回阀则用以防止燃油倒流。

对大型锅炉房的供油系统，外运来的燃料油由输油泵送至储油罐后，需要进行沉淀水分（脱水）和分离机械杂质处理。此外，还有一种带有轻油点火系统的供油系统，即利用轻油不需加热即可供燃烧器雾化燃烧的特性，为燃用重油的锅炉房配置了轻油燃烧的辅助系统，供冷炉点火启动之用。这种供油系统比单纯燃用轻油或重油的系统均要复杂，操作要求也高，特别在轻油切换为重油时，很容易造成熄火。切换后，一定要注意保持重油油温和适当调节风量，以使燃烧稳定和正常运行。

三、供油系统的设备

燃油锅炉供油系统的设备，主要包括室外储油罐、日用油箱、输油泵和输油管道。

1. 储油罐

储油罐分金属和非金属、立式和卧式以及地上、地下和半地下等多种结构和布置形式。燃油锅炉储油罐的总容量，应根据当地供油条件、运输方式及用户要求来确定，如用汽车油罐车运输时，可按5～10d的锅炉房最大计算日耗油量考虑，其装液系数可取0.8～0.85。为了节约用地，大多采用地下卧式圆柱形油罐，其安装形式有地下罐室和直接埋地两种。前者总体安装造价高，占地面积大，且罐室因管件等泄漏容易积聚挥发出油气，存在火灾爆炸的风险，但维修方便，使用寿命较长；直接埋地式储油罐总体安装造价低，比较安全，油罐万一意外着火也易控制和扑救，但要采用方便检修和防腐措施，一般推荐采用直埋式油罐。

对于储存重油的油罐，不应小于2个。为了便于输送，如是黏度较大的重油，应在罐内设置加热装置，但加热的油温应比当地大气压下水的沸腾温度低5℃，且较油的闪点低10℃，取二者中的较低值。

储油罐罐体一般采用6～8mm厚的钢板焊制。卸油管与油罐进油管的连接，应采用快速接头。进油管应向下伸至距罐底0.2m处，吸油管管口距罐底不宜小于0.15m；罐侧底部的排污管上应装设有快速排污阀；罐体外表面则需加强防腐处理，以延长使用寿命。

除了装接有进、出油管外，储油罐还应设置有通气管、溢流管、排污管、呼吸阀、人孔和油位计等。对于地上布置的大型储油罐，应设置直梯和远距离液位显示、检测、报警与控制设备。

2. 日用油箱

日用油箱通常与油泵一起布置在专门设置的油箱间内，轻油日用油箱的容量应不超过1m³。它为闭式，其上应装置有进、出油管、回油管、溢流管、排污管和通气管等管座。出油管应高于箱底0.1m；出油管和回油管的管径相同，一般应与输油泵的进、出口管径相匹配。通气管上则应设置阻火器（防止火焰和空气一起经呼吸阀或安全阀进入油罐）和防雨设施。油箱液位显示不可选用易损坏、漏油的玻璃管式液位计，推荐采用UHC型磁翻转双色液位计，可自动控制输油泵的启动和关停，即当油位降至低位时自动开泵，油位升至高位时自动停泵。通常，日用油箱的最低油位应高于锅炉燃烧器进油口0.5～1.5m。

为了防范意外事故发生，室内日用油箱应装设有紧急排放管，以便将油排放到置于室外的紧急泄油罐。室外紧急泄油罐，一般采用地下卧式直埋，其容量不得小于日用油箱，且标高要低于日用油箱。对于设置在地下室的燃油锅炉房，可在日用油箱的下面设置事故油箱，放在耐火极限不低于三级的单间内，有时还需用黄沙埋没。

3. 输油泵

输油泵一般为齿轮泵或螺杆泵，其功用是将室外储油罐中的油通过输油管送达日用油箱。输油泵的选用，一要根据油品性质和计算流量，二要考虑有足够扬程，克服系统阻力——供油系统的压力降和油位差、燃烧前所需的油压和适当的富裕量。输油泵配置不应小于2台，其中一台备用；单台输油泵的容量不应小于锅炉最大小时耗油量的1.1倍。

在输油泵进口母管上应设置油过滤器2台，其中1台备用。对于离心泵、蒸汽往复泵，油过滤器的滤网网孔一般为8～12目/cm，齿轮泵和螺杆泵为16～32目/cm。滤网流通面积应为其进口截面积的8～10倍。

4. 输油管道

输油管道采用无缝钢管或不锈钢管焊接连接，凡与设备、附件连接处，可采用法兰连接，便于安装、拆卸和检修。

输油管布置时，要尽量减少拐弯，特别要注意避免集气弯、积污弯和形成死油管段，同时还应避免U形管，防止蒸汽吹扫操作之后在此聚集凝结水而无法排除。

输油管应采用顺坡敷设，但接入燃烧器的重油管道不宜坡向燃烧器。柴油管道的坡度不应小于0.3%，重油管道的坡度不应小于0.4%；直埋油罐的进、出油管和通气管应以≥0.2%的坡度坡向油罐。此外，在输油管的最高处要装设放气阀，最低处装设排污阀，并通过管道引向污油池。

对于装置在储油罐和日用油箱顶部的通气管，管径不得小于 DN50，排气出口不应靠近或朝向有火星散发的部位，并须接至室外，高于屋脊 10m。

第三节　锅炉房燃气供应系统

燃气锅炉房的燃气供应系统宜采用低压（小于 5kPa）和中压（5～150kPa）系统，不宜采用高压（0.3～0.8MPa）系统。它一般由燃气调压系统、供气管道进口装置、锅炉房内的配管系统和吹扫、放散管道以及仪表、附件等组成。

1. 燃气调压系统

供应燃气锅炉使用的燃气，应根据燃烧器的设计要求保持一定的压力，以保证燃气安全稳定地燃烧。在一般情况下，由城市燃气管网供给的燃气直接供锅炉使用，往往压力偏高或压力波动过大。当压力偏高时，会引起脱火，同时伴有很大的噪声；如果燃气压力波动过大，则会引起回火或脱火，甚至引发锅炉爆炸事故。因此，供给锅炉燃用的燃气，应设置调压装置。调压装置（站）宜设置在单独的建、构筑物内。当自然条件和周围环境许可时，可设置在围护露天场地上，但不宜设置在地下建、构筑物内。

供应锅炉房的燃气进口压力，是经由燃气调压站调压完成的。调压站由主体设备——调压器、燃气过滤装置和其他辅助设备组成。它是对燃气供应系统进行降压和稳压的重要设施。

燃气调压系统，按调压器的数目和布置形式可分为单路调压系统和多路调压系统；如果按燃气在系统内的降压次数，又可分为一级调压系统和二级调压系统。但就调压的工艺流程来说基本是相同的。

通常由气源或城市燃气管网来的燃气管道，先经过一个装设在调压站外的气源总切断阀，然后进入调压站。在调压站内，燃气要先经油水分离器和过滤器，清除其中所携带的水分、油分及其他杂质，然后再通过调压器进行降压，使送入锅炉房后的燃气压力达到锅炉燃烧设备正常运行所需的工作压力。

2. 供气管道进口装置

经由调压站调压后，通过一根引入管进入锅炉房。当常年不间断运行的锅炉房或有特殊要求时，应敷设两根引入管进行供气，此时每根引入管的供气能力（流量）应按锅炉房最大计算耗气量的 75% 来设计。根据实践经验，当调压装置后的燃气压力大于 0.3MPa，且调压比又比较大时，往往会产生很大的噪声。因此，设计时常采用在调压装置与锅炉房之间敷设一段 10～15m 长的地埋管道，以减弱或消除噪声沿管道传入锅炉房。

在锅炉房引入管的进口处，应在安全和便于操作的地点装设总快速切断阀。阀前（按燃气流动方向）安装一放散管，并在放散管上装设燃气取样口；阀后安装一吹扫管接头（图 10-11）。

3. 燃气配管系统

锅炉房的燃气配管系统，是指燃气引入管总快速切断阀至锅炉燃烧器之间的所有管道系统，包括阀门、仪表和附件等。锅炉房内燃气管道不应穿过易燃或易爆品仓库、配电室、变电室、电缆沟、风道、烟道和易使管道腐蚀的场所。

为了保证燃气锅炉运行的安全可靠，燃气配管系统设计时要满足能承载最高使用压力的要求，施工时则要保证配管系统中阀门及附件的每个接头严实密封，防止燃气泄漏伤人和发生爆炸事故。

设计时，还应考虑配气系统管路的拆卸和检修的方便；管道和附件不得布设在高温或有危险的地方。配管系统中使用的阀门，应选用明杆阀或阀杆带有刻度的阀门，以便于操作人员识别阀门开、关状态。

当锅炉房安装的锅炉台数较多时，供气干管可按实际需要装设阀门将其分隔成数段，每段供气2~3台锅炉。在通往每台锅炉的支管上均应装置关闭阀和快速切断阀、流量表及压力表。在每个燃烧器前的配气支管上，应装设手动关闭阀，阀后串联装设两个电磁阀，在两阀之间设置放散管。

燃气管道宜采用无缝钢管，管道与设备、仪表等宜采用法兰连接。

4. 吹扫放散管道

当燃气锅炉停止运行进行检修时，为保障检修工作的安全，需要将管道内的残留燃气吹扫干净；当检修完工后或在较长时间停运后重新投入运行时，也需要先进行吹扫，以防止燃气与空气混合物进入炉内，可能引起爆炸。由此可见，燃气锅炉房的供气管道系统中布设吹扫、放散管道，是一项保障锅炉房工作安全的重要技术措施。

吹扫点，即吹扫管的接点应设置在锅炉房引入管的总关闭阀后和在燃气管道系统能用阀门隔断的管道上需分段吹扫的适当地点。燃气锅炉房的吹扫方案，通常是根据用户的实际条件确定，可以设置专用吹扫管道，用氮气、二氧化碳等惰性气体或蒸汽吹扫；也可以不设专用吹扫管道，仅在燃气管道的适当位置装设吹扫点，停运检修时，采用压缩空气吹扫，系统恢复运行之前则直接用燃气进行吹扫。

放散管是燃气系统中专门为在特殊情况下排放气体的管子。在锅炉房引入管总关闭阀前、燃气干管的末端、管道和设备的最高点、燃烧器两只串联切断阀之间的管段上以及其他需要考虑放散的部位都应设置放散管道。

对于安装有多台锅炉的锅炉房，放散管可单台或多锅炉联合集中设置（图10-12）。放散管引至室外，其排出口应高出锅炉房屋脊2m以上，与门窗的距离不得小于3.5m，以避免放散出去的气体吸入锅炉房或通风装置内。

放散管的直径应能保证在一定时间内排除一定量的气体，即与管道系统的吹扫时间和吹扫管段的容积有关。通常按吹扫时间为15~30min、排气量为吹扫管段容积的10~20倍作为放散管管径的计算依据。锅炉房燃气系统放散管直径，一般可由表10-3所列数据选定。

燃气管道与放散管直径关系 表10-3

燃气管道直径(mm)	20~50	65~80	100	125~150	200~250	300~350
放散管直径(mm)	25	32	40	50	65	80

5. 计量设备与附件

燃气锅炉的燃烧器，其运行压力一般比较高，流量计主要选用罗茨表和涡轮流量计。选型前需要确定燃烧器的最大与最小用气量，了解设备运行状况及规律。选型时应考虑锅炉的运行方式、燃烧器是否有大火、小火两种运行方式以及计量表制造厂给出的选型要求。罗茨表和涡轮流量计一般都是按工况流量选型，计算时必须要考虑最高压力、最低温度、最小设备流量和最低压力、最高温度及最大设备流量两种极端情况。

为了确保锅炉房特别是设在地下的锅炉房安全用气，应设置高性能、高灵敏度的可燃气体报警系统。报警器探测器（传感元件）有热线型半导体式、半导体式及定电位电解式等多种，应根据识别气体的具体情况选用。报警主机应壁挂或盘装在非爆炸场所的消防中心、值班室等有专人监视的地方，并应避免强电、磁场和热源的影响和干扰。

燃气报警系统必须与燃气快速切断阀和强制排风设施联锁。当发生意外事故燃气报警装置发出报警时，能迅速关闭快速切断阀并启动强制排风设施，以及时、快速地排除险情，确保供气和锅炉房的安全。

6. 锅炉常用燃气供应系统

燃气锅炉房燃气供应系统，常用的有手动控制和强制鼓风两种供气系统。

（1）手动控制燃气供应系统

对于小型燃气锅炉房，燃气供应系统比较简单，一般都采用手动控制。燃气由外部管网直接或经调压装置调压后由引入管输入锅炉房。在管道入口装置总快速切断阀，阀前和阀后分别设置放散管和吹扫管。

安装有多台锅炉的锅炉房，供气干管至每台锅炉的供气支管上应安置一个关闭阀，阀后串接安装切断阀和调节阀，两阀之间装置放散管。供锅炉启动用的点火管，通常接引自切断阀之前的供气支管上。

图 10-11 所示即为小型燃气锅炉房常用的手动控制燃气供应系统示意图。

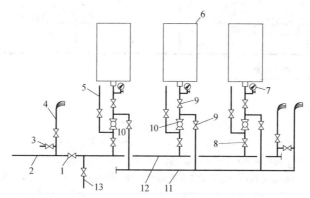

图 10-11　手动控制燃气供应系统

1—燃气入口总切断阀；2—燃气引入管；3—取样口；4—放散管；

5—点火管；6—锅炉；7—压力表；8—关闭阀；9—切断阀；

10—调节阀；11—放散母管；12—供气干管；13—吹扫入口

（2）强制鼓风燃气供应系统

我国燃气事业尤其是天然气事业取得飞速进步，国内外燃气燃烧技术与设备持续不断发展。目前我国燃气锅炉的自动化程度日见提高，实行了程序控制，供气系统都在不同程度上实施了自动切断、自动调节和自动报警。

图 10-12 所示为强制鼓风供气系统。它装设有自力式压力调节阀和流量调节阀，以保持燃气进口压力和流量的稳定。在燃烧器前配管系统上装有安全切断电磁阀，它与鼓风机、锅炉熄火保护装置、燃气和空气压力监测仪表等联锁动作。当鼓风机、引风机因停电或发生机械故障、燃气或空气压力出现异常以及炉膛熄火等情况发生时，能迅速切断气

源，避免事故扩大。

强制鼓风供气系统能在较低的压力下工作，因装有机械鼓风设备，调节方便，可以在较大范围内改变负荷，燃烧比较稳定，因此它在大中型供暖和生产的锅炉房中得到广泛采用。

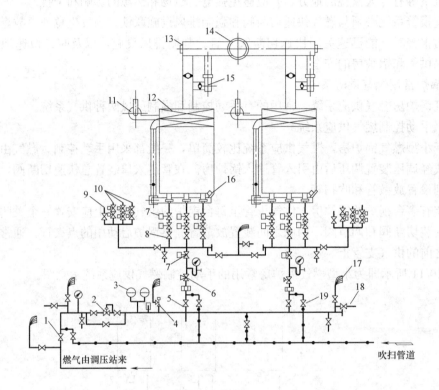

图 10-12　强制鼓风供气系统

1—总关闭阀；2—自力式压力调节阀；3—压力上下限开关；4—安全阀；

5—手动切断阀；6—流量调节阀；7—安全切断电磁阀；8—手动阀；

9—手动点火阀；10—自动点火电磁阀；11—鼓风机；12—空气预热器；

13—防爆门；14—烟囱；15—引风机；16—火焰监测装；

17—放散阀；18—取样短管；19—吹扫阀

第四节　锅炉房除灰渣系统

灰渣是煤经过燃烧后的残余物。通常，把从炉排上清除出的或炉后渣斗中的残余物称为渣，飞出炉膛的残余物称为灰。除灰渣系统就是将从锅炉渣斗、灰斗、除尘器、烟囱底部积灰等各部分收集的灰渣运至渣场或贮渣斗，而后定期将它运走或加以综合利用。

及时地将炉内燃烧产生的灰渣清除，是保证锅炉正常运行的条件之一。为了保证除灰工人安全生产，改善工人的劳动条件，必须及时熄灭红灰，同时除灰场所还应注意良好的通风，尽量减少灰尘、蒸汽和有害气体对环境的污染。

一、锅炉房除灰渣的方式

锅炉房除灰渣系统的选择，应根据灰渣量、灰渣特性、输送距离、地势、气象和运输等条件确定。不同锅炉类型和不同规模的锅炉房，其除灰渣的方式也各有不同。常用的除灰渣方式分人工除灰渣和机械化除灰渣两种，对规模较大的锅炉房大多采用机械化除灰渣系统。

1. 人工除灰渣

人工除灰渣仅适用于小容量锅炉。由于灰渣温度高，灰尘飞扬，故应先用水浇湿，然后再由人工从灰渣室铲入小车，推到灰渣场进行处理。

2. 机械化除灰渣系统

采用机械化除灰渣系统时，炽热的灰渣必须先用水冷却，大块灰渣还得适当破碎后才能进入除渣装置。通常，锅炉灰渣落入锅炉灰渣斗经诸如马丁除渣机、斜轮式除渣机碎渣后，再由输送设备如皮带输送机、水封刮链输送机、水力除灰渣设备等运送至灰渣场。

二、除灰渣设备

作为物料，煤与灰渣在运输上是具有共性的，因此，前述的一些机械运煤设备，一般也可以用来转运灰渣。但是，煤一般通过提升设备得以送入锅炉上的贮煤斗，而灰渣则须从锅炉下的灰渣斗（灰坑）中清除出来。下面介绍几种锅炉房常用的机械除灰渣设备。

1. 刮板输送机除渣装置

刮板输送机一般由链（单链或双链）、刮板、灰槽、驱动装置及尾部拉紧装置组成，见图10-13。在链上每隔一定的距离固定一块刮板，灰渣靠刮板的推动，沿着灰槽而被输送。也有的把链和刮板作成框链式的，框链本身既起到推动物料的作用，又起到牵引链的作用。框链的结构见图10-14。

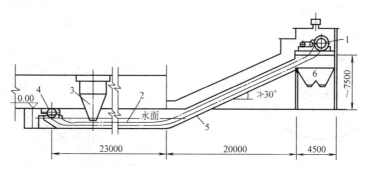

图 10-13　湿式框链刮板输送机

1—驱动装置；2—链条；3—落灰斗；4—尾部拉紧装置；5—灰槽；6—灰渣斗

采用刮板输送机时，通常将灰落入存有水的灰槽中，刮板机埋于灰槽的水中。刮板机可以水平运输又可倾斜输送，运行速度一般为 2～3m/min，倾斜角一般不大于 30°。

2. 螺旋出渣机

螺旋出渣机由驱动装置、出渣口、螺旋机本体、进渣口等几部分组成，见图10-15。螺旋出渣机可作水平或倾斜方向运输，倾斜角不大于 20°。螺旋直径一般采用 200mm，250mm，300mm，转速一般为 30～75r/min，由于其有效流通断面较小，炉渣的平均块度宜小于 60mm。螺旋出渣机一般适用于蒸发量为 2～4t/h 以下的链条炉排锅炉除灰，出渣量为 0.8～1.5t/h。

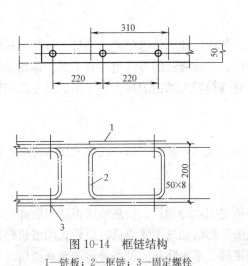

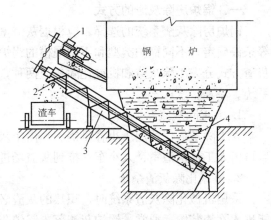

图 10-14　框链结构

1—链板；2—框链；3—固定螺栓

图 10-15　螺旋式出渣机装置示意

1—驱动装置；2—出渣口；3—螺旋机本体；4—进渣口

3. 马丁出渣机

马丁出渣机（图 10-16）工作时，电动机通过齿轮减速器带动凸轮 1 转动，然后通过连杆 2 拉动杠杆 3，借棘轮使齿轮 5 内转而带动轧辊转动以破碎灰渣，同时又使推灰板 4 往复运动而将渣推出灰槽外。为了使热渣冷却，在灰槽内保持一定水位的循环水。此外，挡板 6 伸入水封，以防漏风。马丁式出渣机一般用于蒸发量 6.5t/h 以上的链条炉或其他连续出渣的锅炉。

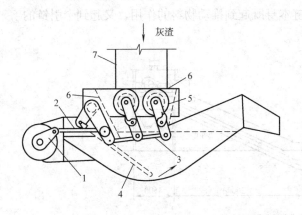

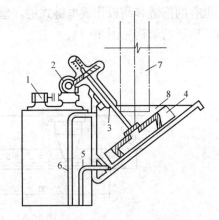

图 10-16　马丁式出渣机装置

1—凸轮；2—连杆；3—杠杆；4—推灰板；5—带动滚筒的齿轮；6—水封挡板；7—落渣管

图 10-17　斜轮式出渣机装置

1—电动机；2—减速器；3—主轴；4—出渣轮；5—供水管；6—溢水管；7—落渣管；8—出渣槽

4. 斜轮式出渣机

斜轮式出渣机（图 10-17）工作时，电动机 1 通过减速器 2 带动主轴 3 及出渣轮 4 转动。灰渣由落渣管 7 落至有水封的出渣槽 8 中，由斜置的出渣轮的不停转动而将灰渣排出。圆盘出渣机转速比马丁出渣机低，磨损小，但由于该设备无碎渣装置，故不适用于强结渣性煤种。一般用于蒸发量为 10~20t/h 的链条炉。

5. 低压水力除灰渣

图 10-18 所示为一个有沉淀池的低压水力除灰系统。从锅炉排出的灰渣和湿式除尘器收集的细灰，分别由喷嘴喷出的水流冲往沉渣池和沉灰池。再由桥式抓斗起重机抓放入汽车运走。冲渣和冲灰的水经沉淀、过滤后循环使用。

在设计时，冲渣和冲灰水的质量比分别为 1：20～25 和 1：10～15。冲渣水压一般为 0.3～0.5MPa。循环水泵应尽可能邻近清水池布置，以便减少阻力损失。当循环水泵采用地上布置时，为了可靠地吸水，可在水泵吸入侧设置一个真空吸水罐。冲渣沟和冲灰沟宜用铸石镶板作为衬板以达到耐磨和防腐蚀目的。渣沟和灰沟的镶板半径分别为 150mm 和 125mm，坡度分别为 1.5%～2.0% 和 1%～1.5%，在布置时应力求短而直，若要拐弯，弯曲半径应不小于 2m。

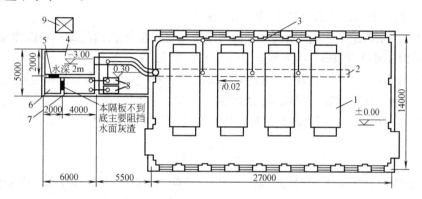

图 10-18　低压水力除灰系统示意

1—锅炉；2—排渣沟；3—冲渣水管；4—沉渣池；5—铁丝隔板；6—过滤池；7—清水池；8—污水泵；9—抓灰机

激流喷嘴之间的间距一般为 10～20m；在灰渣沟的转弯处也应设激流喷嘴。激流喷嘴一般宜安装在离渣沟和灰沟镶板底面 300mm 的高度处，中心线应与沟道中心线相吻合，并与沟底成 10°左右倾角。当冲水水压为 0.5MPa 时，喷嘴直径为 12mm，14mm，16mm。

低压水力除灰具有安全可靠、节省人力、卫生条件好等优点；缺点是需要建造较庞大的沉淀池，湿灰渣的运输也不方便。在严寒地区，沉淀池应设在室内。低压水力除灰系统一般适用于大、中型容量的供热锅炉房，尤其是当锅炉房采用湿式除尘器时，可将它的含酸废水和沉渣池中的碱性废水中和，有利于锅炉房的废水处理。

三、灰渣场

燃煤锅炉房的附近，一般都设有灰渣场或室外集中灰渣斗，以便将锅炉排出的灰渣集中起来转运至厂外或对灰渣进行综合利用。

灰渣场的贮渣量应根据灰渣综合利用的情况和运输方式确定，一般为 3～5 昼夜锅炉房最大灰渣排除量。

锅炉房每小时最大灰渣量可近似按下式计算：

$$C = B\left(\frac{A_{ar}}{100} + \frac{q_4 Q_{net,ar}}{100 \times 32866}\right) \quad t/h \tag{10-4}$$

式中　B——锅炉的平均或最大耗煤量，t/h；

　　　A_{ar}——煤的收到基基灰分，%；

　　　q_4——固体不完全燃烧热损失，%；

$Q_{net,ar}$——煤的收到基低位发热量，kJ/kg；

32866——碳的发热量，kJ/kg。

锅炉运行时，部分灰渣会被烟气带走，锅炉下部排出灰渣量仅占总灰渣量的一定百分数，与锅炉的燃烧方式有关，可采用下列数值：

层燃炉一般为 70%～85%，抛煤机炉为 60%～75%，流化床炉为 40%～75%。

当采用室外集中灰渣斗时，一般不设置灰渣场。灰渣斗的设计应符合下列要求：

1. 灰渣斗的总贮量，宜为 1～2 昼夜的锅炉房最大灰渣排除量。

2. 每个灰渣斗的贮量不应大于 60m³；灰渣斗的侧壁倾角不应小于 60°；其出口尺寸，不应小于 0.6m×0.6m。

3. 寒冷地区的灰渣斗应有排水和防冻措施。

4. 灰渣斗的排出口与地面或轨道表面的净空高度，应根据运输设备和操作要求确定，用汽车运渣时不小于 2.1m，用火车运渣时不小于 3.5m。

灰渣场与煤场一样，一般位于锅炉房发展端的一侧，并应考虑装车和运输方便。按照防火要求，灰堆距煤堆和锅炉房之间的距离，一般宜大于 10m。

考虑环境卫生要求，灰渣场与煤场一样应设在厂区常年主导风向的下风侧。

复习思考题

1. 为什么说运煤和除灰渣系统是燃煤锅炉房的一个重要组成部分？它设计的良好与否为什么也将直接关系到锅炉能否安全运行？

2. 供热锅炉房常见的机械化运煤系统有哪几种？各自有什么特点？适用范围如何？

3. 供热锅炉房目前常用的机械化除灰系统有哪几种？各有什么优缺点？

4. 试述燃油锅炉房燃油供应系统的组成和设计原则。

5. 燃油供应系统中主要设备有哪些？它们各自的作用是什么？

6. 燃气锅炉房的燃气供应系统由哪几部组成？它们各自的作用是什么？

第十一章 锅炉烟气除尘与脱硫脱氮

燃料，主要是固体燃料煤，在锅炉里燃烧后产生大量的烟尘和硫、氮的氧化物等有害气体，排入大气成为污染大气环境的重要污染源，对工农业生产、人民生活和健康带来了极大的危害。为了有效控制大气污染，保护环境，国家制订了《大气污染防治法》和《环境保护法》，锅炉排出的烟气应符合国家环保要求的排放标准❶。根据现有的技术条件，目前防治锅炉烟气污染的途径，主要还是改进燃烧设备、改善燃料燃烧和装置除尘、脱硫脱氮设备。从根本上说，锅炉烟气的净化，应依靠技术进步，大力推广和应用清洁燃料和清洁燃烧技术，防患于未然。

本章主要介绍燃煤锅炉除尘设备的型式、性能特点和选择原则以及烟气脱硫、脱氮技术的原理和方法。

第一节 锅炉大气污染物与排放标准

我国以煤为主的能源结构，是造成大气严重污染的主要根源之一。我国从 20 世纪 70 年代到现在整个污染物排放都在急剧上升，诸如烟尘、二氧化硫、氮氧化物和 PM 颗粒物的排放量均位居世界第一，社会对环境的要求面临巨大的挑战。因此，我国政府大力推进生态文明建设，对大气污染的防治和监管力度在不断强化，对锅炉，特别是燃煤锅炉的大气污染物——烟尘、二氧化硫和氮氧化物必须严加控制，务必采取卓有成效的防治措施，以利我国社会经济的可持续发展。

一、燃烧造成的大气污染

1. 大气污染物与分类

大气污染，通常是指由于人类活动和自然过程引起某种物质进入大气，呈现出足够的浓度，达到足够的时间，并因此而危害了人体健康、舒适感和环境的现象。人类活动，不仅包括诸如燃料燃烧、工业生产和交通运输等生产活动，而且也包括做饭、取暖等生活活动。自然过程，则包括火山爆发、山林火灾、海啸、土壤和岩石的风化以及大气圈内空气的运动等。一般说来，大气的自净作用会使自然过程造成的大气污染自动消除，因此，可以说大气污染主要是人类活动造成的。

凡能引起大气污染的物质，统称为大气污染物。它们的种类很多，按其存在状态可概括分为气溶胶状态污染物和气体状态污染物。前者有粉尘、飞灰、黑烟和雾等，其粒径约为 $0.002\sim100\mu m$；若按粒子的粒径大小，又可分为总悬浮颗粒物（绝大多数在 $100\mu m$ 以下，其中多数在 $10\mu m$ 以下）、飘尘（$<10\mu m$）和降尘（一般$>10\mu m$）。后者是分子状态

---

❶ 我国保护大气环境质量的标准，主要有《环境空气质量标准》GB 3095—2012、《大气污染物综合排放标准》GB 16297—2012 和《锅炉大气污染物排放标准》GB 13271—2014 等。

存在的污染物，常见的有五类，即以 SO_2 为主的含硫化合物、以 NO 和 NO_2 为主的含氮化合物、碳的氧化物（CO，CO_2）、碳氢化合物（C_mH_n）以及卤素化合物（HCl 和 HF）。这些直接从污染源排放入大气的污染物，称一次污染物；一次污染物在大气中受日照或互相作用、经化学或光化学反应形成的新的污染物，称为二次污染物（表 11-1），其毒性比一次污染物还强。

大气中常见气体污染物的分类　　　表 11-1

污 染 物	一 次 污 染	二 次 污 染
含硫化合物	SO_2，H_2S	SO_3，H_2SO_4，硫酸盐
含氮化合物	NO_2，NO，NH_3	NO_2，HNO_3，硝酸盐
碳的氧化物	CO，CO_2	无
碳氢化合物	C1-C6 化合物	醛，酮，过氧化乙酰硝酸酯
卤素及其化合物	HF，HCl，Cl_2	无

2. 燃烧造成的大气污染

人类活动，特别是随着人类经济活动和现代工业的迅猛发展，在大量消耗能源的同时，也将大量的废气、烟尘等有害物质排入大气，严重影响了大气环境质量。表 11-2 列示了几年前全世界每年向大气排放主要污染物的估计值。就我国而言，据 2012 年全国环境统计公报，烟（粉）尘、二氧化硫和氮氧化物排放总量分别为 1234.3 万 t，2117.6 万 t 和 2337.8 万 t。由此可见，我国每年向大气排放的污染物的数量是惊人的，而其中污染物的大部分来自燃料的燃烧，以燃煤锅炉排放的占比最大。

全世界每年向大气排放的污染物（$\times 10^9$ t）　　　表 11-2

污 染 物	污染物来源	数 量
烟尘	燃烧装置	1.00
SO_2	燃烧装置、有色冶炼废气	1.46
CO	燃烧装置、汽车尾气	2.20
NO_2	燃烧装置、汽车尾气	0.53
碳氢化合物	燃烧装置、汽车尾气、化工设备废气	0.88
H_2S	化工设备废气	0.03
NH_3	化工设备废气	0.04

我国曾对烟尘、SO_2、NO_x 和 CO 四种污染物的来源作过统计分析，燃料燃烧产生的大气污染物约占全部污染物的 70%，工业生产过程和汽车尾气等产生的约占 30%。据 2005 年数据，我国一次能源消费中，煤炭占 68.7%，石油占 21.2%，天然气占 2.8%。截至 2011 年年底，我国在用锅炉 62.03 万台，在中小容量的供热锅炉中，燃煤锅炉占比为 70%，所以煤的燃烧是我国大气污染物的最主要来源。

表 11-3 列示了燃煤锅炉、燃油锅炉和燃气锅炉产生的大气污染物的数量，燃煤锅炉产生的大气污染物远远高于燃油、燃气锅炉。为了适应环境保护要求日益提高的需要，应提高燃用油、气和其他清洁能源锅炉的比例以及采取并推行清洁燃烧技术和燃煤污染控制技术，这是减少污染物的产生的有效途径。

各种锅炉产生污染物的数量

表 11-3

炉　　型	燃料品种	烟　　尘	SO_2	NO_x	CO	C_mH_n
链条炉	煤炭[③]	$2.5A$[①]	$19S$[②]	7.5	1	0.5
抛煤机炉		$6.5A$	$19S$	7.5	1	0.5
煤粉炉		$8A$	$19S$	9	0.5	0.15
燃油炉	重油[④]	2.75	$19.2S$	9.6	0.5	0.35
	重柴油	1.8	$17.2S$	9.6	0.5	0.35
燃气炉	天然气[⑤]	$80\sim240$	20.9	$1920\sim2680$	272	48
	液化气(丙烷)	0.20	0.01	1.35	0.18	0.036

① A 为燃料的灰分，%；

② S 为燃料的含硫量，%；

③ 燃煤锅炉产生的污染物，单位为 g/kg 煤；

④ 燃油锅炉产生的污染物，单位为 g/L 油；

⑤ 燃气锅炉产生的污染物，单位为 g/1000m³（天然气）或 g/L（液化气）；表中 SO_2 数值还需乘以 g 硫/100m³（天然气），NO_x 数值还需乘以 $0.151\exp(-0.0189L)$，其中 L 为锅炉负荷的百分数。

3. 锅炉烟尘和有害气体的危害

每年从供热锅炉除排出大量烟尘外，还伴有二氧化硫、氮氧化合物等有害气体，严重地污染了环境，对人体健康、工农业生产和气候等造成极大的危害。

烟尘和有害气体对人体健康的危害，主要通过呼吸道吸入。大于 $10\mu m$ 的颗粒物可以被鼻毛留住，沉积在鼻咽区内；而小于 $10\mu m$ 的颗粒物却可长驱直入侵蚀肺泡和气管中，且沉积肺部时间可长达数年之久，引起肺部组织的纤维化病变，导致呼吸道、肺心、心血管疾病和肺癌等。这说明颗粒物直径越小，沉积到呼吸系统越深，PM2.5 即细颗粒物，也称可入肺颗粒物，粒径$\leqslant2.5\mu m$，对人体健康的危害越加严重。

SO_2 对人的危害，主要是刺激呼吸道和眼睛，当浓度达到 $20mg/m^3$ 时使人咽喉痛咳嗽，眼睛流泪。NO_x 在阳光照射下生成光学烟雾，刺激人的眼睛、喉咙，伴有头痛、呼吸困难和心悸等；NO 能与血红蛋白结合，使血液输氧功能下降。

烟尘是水蒸气凝聚的核心，大气被烟尘污染和静稳天气等影响，极易形成大范围雾霾，使人的视程缩短，能见度降低，导致交通事故的频发。大气中飘浮的烟尘，还会影响纺织、印染、食品、造纸、油漆以及电子、仪表等工业产品的质量。同样，烟尘和 SO_2（会形成酸雨）对农业、林业也会造成危害，阻碍植物的光合作用，叶面产生伤斑或直接枯萎脱落，以致使作物减产，品质变坏，甚至造成植物个体死亡，种群消失。

对环境气候的影响，主要是 CO_2 引起的。CO_2 吸收地面辐射，烟尘等颗粒物散射阳光，可使地面温度上升或降低，细微颗粒物可降低见光度，增加云量和降水量，雾的出现频率增加并延长持续时间。

对锅炉本身而言，含尘烟气还将引起受热面和引风机的磨损等。

二、锅炉大气污染物排放标准

锅炉排烟中的烟尘由两部分组成：一部分是煤烟即炭黑，它是煤受热分解析出的一些微小炭粒，在炉膛中不能完全燃烧，其粒径大小为 $0.05\sim1.0\mu m$。排烟中游离的炭黑多时即形成黑烟。另一部分是"尘"，尘是高温烟气带出的飞灰和一部分未燃尽的焦炭细粒，其颗粒大小由 $1\mu m$ 到 $100\mu m$（或更大）不等。其中，飘尘能长期飘浮于大气；降尘，则在大气中受重力作用而易于沉降。

锅炉烟气的含尘量，通常是以 $1m^3$ 烟气中含有的烟尘质量来表示，称为烟尘浓度，单位为 mg/m^3 或 g/m^3。锅炉烟气出口处或进入净化装置前的烟尘排放浓度，称为锅炉烟尘初始浓度。它与燃料种类与特性、燃烧方式、燃烧室结构及运行操作技术等多种因素有关。锅炉烟气经净化装置处理后的烟尘排放浓度，即将排入烟囱时的烟尘浓度，称为锅炉烟尘排放浓度，它与烟气净化装置的效率有关。

为了减轻锅炉烟尘造成的危害，首先应改进燃烧设备和燃烧技术，进行合理的燃烧调节，使挥发物在炉膛中充分燃烧，以达到消烟效果，并尽量设法减少飞灰逸出，降低锅炉的初始排放浓度；另一方面是在锅炉尾部，通常是在引风机前设置除尘器，使锅炉排出烟气含尘量能符合排放标准。

为了保护环境，提高大气环境质量，我国不但有《环境空气质量标准》和《大气污染物综合排放标准》等规范、标准，而且对以燃煤、燃油和燃气为燃料的单台出力 65t/h 及以下的蒸汽锅炉、各种容量的热水锅炉和有机热载体锅炉以及各种容量的层燃炉、抛煤机炉，专门制订了《锅炉大气污染物排放标准》GB 13271—2014。该标准规定了锅炉烟气中颗粒物、二氧化硫、氮氧化物、汞及其他化合物的最高允许排放浓度限值和烟气黑度限值，见表 11-4 和表 11-5。

在用锅炉大气污染物排放浓度限值（mg/m³）　　　　　　表 11-4

污染物项目	限　值			污染物排放监控位置
	燃煤锅炉	燃油锅炉	燃气锅炉	
颗粒物	80	60	30	
二氧化硫	400 550①	300	100	烟囱或烟道
氮氧化物	400	400	400	
汞及其化合物	0.05	—	—	
烟气黑度（林格曼黑度，级）	≤1			烟囱排放口

① 位于广西壮族自治区、重庆市、四川省和贵州省的锅炉执行该限值

新建锅炉大气污染物排放浓度限值（mg/m³）　　　　　　表 11-5

污染物项目	限　值			污染物排放监控位置
	燃煤锅炉	燃油锅炉	燃气锅炉	
颗粒物	50	30	20	
二氧化硫	300	200	50	烟囱或烟道
氮氧化物	300	250	200	
汞及其化合物	0.05	—	—	
烟气黑度（林格曼黑度，级）	≤1			烟囱排放口

本标准环境保护部 2014 年 4 月 28 日批准。新建锅炉自 2014 年 7 月 1 日起、10t/h 以上在用蒸汽锅炉和 7MW 以上在用热水锅炉自 2015 年 10 月 1 日、10t/h 及以下在用蒸汽锅炉和 7MW 及以下在用热水锅炉自 2016 年 7 月 1 日起执行本标准；《锅炉大气污染物排

大气污染物特别排放限值（mg/m³） 表 11-6

污染物项目	限值			污染物排放监控位置
	燃煤锅炉	燃油锅炉	燃气锅炉	
颗粒物	30	30	20	烟囱或烟道
二氧化硫	200	100	50	
氮氧化物	200	200	150	
汞及其化合物	0.05	—	—	
烟气黑度 （林格曼黑度,级）	≤1			烟囱排放口

放标准》GB 13271—2001 自 2016 年 7 月 1 日废止。各地也可根据当地环境保护的需要和经济与技术条件，由省级人民政府批准提前实施本标准。

对于使用型煤、水煤浆、煤矸石、石油焦、生物质成型燃料等的锅炉，参照本标准中燃煤锅炉的烟气污染物排放控制要求执行。

根据环境保护工作的要求，在国土开发密度高，环境承载能力开始减弱，或大气环境容量小、生态环境脆弱，容易发生严重大气污染问题而需要严格控制大气污染物排放的地区（重点地区）的锅炉，执行表 11-6 规定的大气污染物特别排放限值。

在任何情况下，锅炉使用单位均应遵守本标准的大气污染物排放控制要求，采取必要措施保证污染防治设施的正常运行。各级环保部门在对锅炉使用单位进行监督性检查时，可以现场即时采样或监测的结果，作为判断排污行为是否符合排放标准以及实施相关环境保护管理措施的依据。

我国大气污染防治法明确指出，有关部门应根据《锅炉大气污染物排放标准》，在锅炉产品质量标准中规定相应的要求，达不到规定要求的锅炉，不得制造、销售或者进口。所以，可以说标准规定的排放限值是保护环境免受污染的底线。事实上，在我国制订并实施严于国家标准的锅炉污染物排放标准的城市不乏其例，如北京，当年为了实现申奥时关于能源和环境保护方面的承诺，就是如此。同时，它还执行继续提高二氧化硫、烟尘的排放收费标准，增加氮氧化物排放的收费指标等强硬管理措施，并大力推广清洁燃烧技术、洁净煤技术和热泵等先进技术，以实施《北京奥运行动规划》，切实改善大气环境质量。

第二节　锅炉烟气除尘

锅炉烟气中含有的烟尘，由烟和尘两部分组成。烟呈黑色，也叫黑烟，是燃料燃烧时其挥发分在缺氧的条件下热分解生成的。它实际上是一些极难燃烧的炭黑微粒，粒径极小（0.05～1.00μm），采用常规除尘器是无法将它除去的。所以，黑烟的消除必须从燃烧入手，即改善燃烧，包括改进燃烧设备、提高燃烧技术以及进行科学、合理的燃烧调节等以完善燃料的燃烧过程。唯有如此，既可减少黑烟的形成，因燃烧完全又节约燃料，这是目前消除黑烟的根本措施。

尘是燃料燃烧后生成的，它们是烟气携带的灰粒和部分未燃尽的焦炭细粒。对于它们，除了同样应注意改善燃烧，使燃料在炉内充分燃烧，降低烟气中可燃物含量以减少总的飞灰量外，还必须装置除尘设备以降低锅炉烟尘排放浓度，使之符合国家环保要求的排放标准。

一、锅炉除尘器分类

从 20 世纪 70 年代以来，为了保护大气环境，减少大气污染物对人体健康和环境质量的危害与影响，我国在锅炉除尘器机理的研究和产品的开发方面取得了很大的成就。锅炉除尘器已由过去单一的干式旋风除尘器发展到目前的多种类型的除尘器，对保护环境，改善大气质量起到了重要作用。

锅炉除尘器分类的方式很多，通常习惯上按其工作原理的不同划分，主要有机械力除尘、湿式除尘、滤式除尘和电力除尘四大类。

机械力除尘，是依靠烟气中含尘的重力、惯性力、离心力等作为除尘动力的装置，如重力沉降室除尘器、惯性除尘器和旋风除尘器。

湿式除尘，主要以水作为除尘的介质，利用水膜粘住或吸附烟气中的灰粒，通过水的洗涤、冲刷将其分离除去，如麻石（花岗岩）水膜除尘器。

滤式除尘，利用滤网过滤将烟气中灰粒除去，如布袋除尘器、颗粒层除尘器。

电力除尘，这是借用高压电力作为捕尘动力，如静电除尘器等。

二、除尘器的主要参数与性能

对于燃煤锅炉，除尘器的除尘效率和烟气的阻力是评价除尘器性能优劣的主要参数。另外，不同类型的除尘器相比较时，其钢耗量、一次性投资和运行、维护费用等的大小，也可作为辅助评价项目。

1. 除尘器效率

除尘器效率是含尘烟气流经除尘器被捕捉除去的粉尘量占进入除尘器的含尘烟气所携带的粉尘总量的百分数，常用符号 η 表示：

$$\eta = \frac{G_1}{G_0} \times 100\% \tag{11-1}$$

式中　G_1——单位时间内被捕集除去的粉尘量，kg；

　　　G_0——单位时间内进入除尘器的粉尘总量，kg。

在实际监测中，G_1 和 G_0 不易测量，因此常采用除尘器进、出口烟气含尘浓度来计算，即

$$\eta = \frac{G_j - C_c}{C_j} \times 100\% \tag{11-2}$$

式中　C_j——除尘器进口的烟气含尘浓度，mg/m³；

　　　C_c——除尘器出口的烟气含尘浓度，mg/m³。

对于机械力除尘器，除尘效率与尘粒的粒径有关。粒径越大，除尘效率越高，当粒径大到某一值时其除尘效率可达 100%，此时的尘粒粒径称为全分离粒径或临界粒径；若除尘效率为 50%，此时相对应的尘粒粒径则称为半分离粒径或分割粒径。分割粒径越小，说明该除尘器的分离性能越好。因此，对于此型除尘器性能好坏的评定，采用分割粒径比临界粒径更方便，应用得较多。

在实际工程中，通常将除尘效率在 50%～80% 的称为低效除尘器，如机械力除尘器

中的重力沉降室、惯性除尘器；效率在80%～95%的为中效除尘器，如低效湿式除尘器、颗粒层除尘器；效率在95%以上的，则为高效除尘器，如电力除尘器、滤式除尘器等。

2. 除尘器的烟气阻力

除尘器的烟气阻力，即为烟气流过除尘器的压力损失，它的大小直接关系到引风机的压头和能耗。在除尘效率一定的条件下，阻力大，则引风机所需提供的压头就高，耗电量也大。因此，除尘器阻力是衡量除尘器性能和运行费用的重要指标之一。通常把除尘器阻力<500Pa的除尘器称为低阻除尘器；500～2000Pa为中阻除尘器；>2000Pa的为高阻除尘器。

3. 除尘器的性能

各类锅炉常用的除尘器，其性能比较列示于表11-7。

锅炉除尘器性能比较表　　　　　　　　表11-7

序号	类型	除尘设备型式	有效捕集粒径(mm)	阻力(Pa)	除尘效率(%)	设备费用	运行费用
1	机械力除尘器	重力除尘器	>50	50～150	40～60	少	少
		惯性除尘器	>20	100～500	50～70	少	少
		旋风除尘器	>10	400～1300	70～92	少	中
		多管旋风除尘器	>5	800～1500	80～95	中	中
2	湿式除尘器	喷淋除尘器	>5	100～300	75～95	中	中
		文丘里水膜除尘器	>5	500～1000	90～99.9	中	高
		水膜除尘器	>5	500～1500	85～99	中	较高
3	滤式除尘器	颗粒层除尘器	>0.5	8700～2000	85～99	较高	较高
		袋式除尘器	>0.3	400～1500	98～99.9	高	高
4	电力除尘器	干式静电除尘器	0.01～100	100～200	98～99.9	高	少
		湿式静电除尘器	0.01～100	100～200	98～99.9	高	少

三、机械力除尘器

机械力除尘器的特点是结构简单，造价低，能处理大流量高浓度的含颗粒（固体或液体）气体，其缺点是净化效率不太高。这类除尘器的种类很多，其代表性的产品为旋风除尘器。

1. 旋风除尘器

旋风除尘器又称旋风分离器，它是利用含尘气流作旋作运动，从而使灰粒在离心力作用下从含尘气流中分离出来的一种设备。图11-1所示为旋风除尘器的工作原理示意图。含尘烟气高速（20m/s）切向进入除尘器外壳和排气管之间的环形空间，形成一股向下运动的外旋气流。这时，悬浮在其中的尘粒在离心力作用下被甩到筒壁，并随烟气一起沿着圆锥体向下运动沉入除尘器底部进入除灰室。由于气流旋转和引风机的抽吸，在旋风筒中心产生负压，使运动到筒体底部的已净化的烟气改变流向进入筒体中部形成上旋气流从除尘器上部的排气管排出。

旋风除尘器结构简单紧凑，没有活动部件，造价低，占地面积小，维修方便，且能耐高温（＞400℃）和承受一定压力，所以适用范围很广泛，在化工、冶金、电力、建材和燃煤锅炉上普遍应用，是消除粉尘污染的一种重要设备。

旋风除尘器的种类很多。按含尘气流入口方式分有切线入口、蜗壳式入口和轴流入口三种；按结构形式分有单筒型、多管型和多筒型三种；按清灰方式分有干式清灰和湿式清灰两种。下面，仅从旋风除尘器结构布置特点的不同，简要介绍4种型式。

（1）立式旋风除尘器

图 11-2 所示为 XZZ 型立式旋风除尘器，本体由烟气进口管、直通型旁室、反射屏、直筒形锥体及烟气排出口等组成。

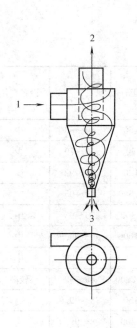

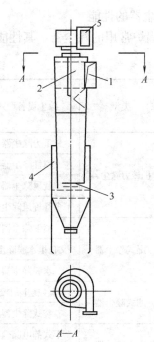

图 11-1 旋风除尘器工作原理图	图 11-2 XZZ 立式旋风除尘器示图
1—烟气入口；2—烟气出口；	1—烟气进口管；2—直通型旁室；3—反射屏；
3—飞灰出口	4—直筒形锥体；5—烟气排出口

考虑到切向进入除尘器的含尘气流会在除尘器顶部形成上灰环，从而可能在排气管入口处与已净化烟气的上旋气流混合，形成"返混"而降低除尘效率，故采用了直通型旁室，将上灰环的含灰气流经旁室引向筒体的锥体部分，灰粒则下落至下灰斗。

为消除下灰环形成，同时为减轻锥体部分的磨损和粗颗粒粉尘的反弹现象，采用了接近直筒形的锥体结构。

另外，在直筒形锥体的落灰端设有双层平板形反射屏，下层平板中心开设一圆孔，其目的在于防止灰尘的二次飞扬。XZZ 型除尘器结构简单，体积小，除尘效率较高，适用于中小型锅炉烟气除尘。

（2）卧式旋风除尘器

图 11-3 所示为此型除尘器，其结构特点是筒体呈卧式，降低了高度，便于与锅炉出口烟道衔接。此外，在净化烟气排出口上装设了芯管减阻器。减阻器的作用是借气流的导

356

向减少气流流向变化时的局部阻力。

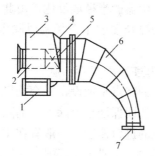

图 11-3　XND/G 型卧式旋风除尘器结构示图

1—进气管；2—排气芯管；3—进气蜗壳；4—锥形底板；5—芯管减阻器；6—牛角形锥体；7—排灰口

（3）双旋风除尘器

图 11-4 所示为 XS 型双旋风除尘器，其特点是大旋风蜗壳和小旋风分离器组合而成，前者能使烟气含尘获得浓缩，后者则让烟尘进行分离。大、小旋风分离器下均设有灰斗。

含尘气流切向进入大旋风蜗壳，随着旋转角的增大，尘粒被逐渐浓缩到蜗壳的边缘上。当气流旋转到 270°处，最边缘上约占 15%～20% 的含尘浓缩气流进入小旋风分离器进行烟尘分离。未进入小旋风分离器的内层气流，一部分进入平旋蜗壳在大旋风筒内继续旋转分离；另一部分通过芯管与筒壁之间的间隙与新进入除尘器的气流汇合形成二次回流，以增加细颗粒粉尘被捕集的机会。这两部分气流净化后沿高度方向经导流叶片进入大旋风排气芯管，并与小旋风分离器的排气在芯管内汇合后一同向下排出除尘器。灰尘则分别收集在大小旋风筒下部的灰斗中。

双旋风除尘器的烟气阻力略低，占地面积较小，烟管布置方便，但对微粒烟尘的捕捉能力稍差。

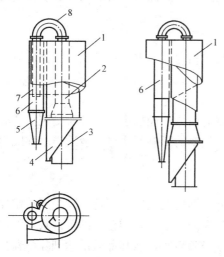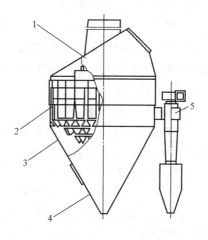

图 11-4　XS 型双旋风除尘器结构示图

1—大旋风壳体；2—大旋风芯管；3—排气管；
　4—斜灰斗；5—小旋风灰斗；6—小旋风壳
　体；7—小旋风芯管；8—排气连通管

图 11-5　XD22 型多管旋风除尘器

1—进出口管；2—旋风子；3—壳体；
　4—灰斗；5—抽风小旋风

（4）多管旋风除尘器

在旋风除尘器中，灰粒的沉降速度与旋风除尘器的半径成反比。由此可见，小直径的旋风除尘器可提高除尘效率。为此，发展了将为数众多的小直径旋风除尘器（称旋风子）共用一个集尘室的多管式旋风除尘器。

图 11-5 所示为 XD22 型多管旋风除尘器。由进口配气管、旋风子、出口集气管、壳体、灰斗和抽风系统等主要部件组成。该除尘器的特点是加设了一个抽风小旋风，使总灰斗保持一定的负压，有利于各旋风子配风均匀，从而保证整个除尘器的除尘效率。

在旋风除尘器的使用中，还应注意控制烟气的进口速度，一般宜在 12～20m/s，最大不超过 25m/s；因为过分增大烟气速度，效率提高并不明显，而阻力将大大增加。同时，应保持除尘器的管道系统的严密；除尘器的灰斗装置，应能方便除灰并保持良好的气密性能，防止因漏风而破坏除尘器内的负压工作状态，使除尘器效率急剧下降。

2. 影响旋风除尘器的因素

（1）进口烟气流速

旋风除尘器进口烟气流速与除尘效率关系密切。当其进口烟气流速增大，所含尘粒受到的离心力增大，旋风除尘器的分割粒径减小，除尘效率提高。然而，当进口烟气流速过高时，引起除尘器内的尘粒反弹、返混和尘粒碰撞被粉碎等反而影响收尘效率的继续提高。同时，由于旋风除尘器的阻力与进口烟气流速的平方成正比，当进口烟气流速达到一定值后，如再增大流速，则旋风除尘器的阻力会急剧增大，而除尘效率却提高甚微。因此，对于旋风除尘器，应根据其特点、烟气和尘粒特性以及使用条件等因素综合考虑来选定合适的进口烟气流速。

（2）尘粒粒径与密度

由于尘粒所受离心力是与粒径的三次方成正比的，大粒径尘粒要比小粒径尘粒容易捕集除去。而旋风除尘器的除尘效率又是随尘粒密度的增大而提高，所以烟气的尘粒密度小的，难于分离，除尘效率较低。

（3）烟气温度和黏度

烟气的黏度随温度的升高而增大，分割粒径又与黏度的平方根成正比，因此旋风除尘器的除尘效率随烟气温度或黏度的增高而降低。

（4）除尘器的结构尺寸

在相同的烟气切向速度的条件下，旋风除尘器的筒体直径越小，尘粒所受到的离心力越大，除尘效率就越高。筒体高度的变化对其除尘效率的影响不明显，但适当增加除尘器锥体高度，除尘器效率会有所提高。

（5）除尘器下部的气密性

旋风除尘器内部的静压由外壁向中心逐渐降低，即使在正压下运行，除尘器的锥体底部也有可能形成负压状态。如果此处气密性差，甚至漏入空气，则会将已沉落灰斗的细尘微粒重又携带飞走，以使除尘效率明显下降。实践经验表明，当其漏风量达到除尘器处理烟气量的 15％时，该旋风除尘器的除尘效率几乎降为零。

3. 锅炉配用的旋风除尘器及性能

旋风除尘器的使用已有上百年的历史。随着科学技术的进步和发展，它在不断改进和创新的过程中，为了更好地适应各种应用场合形成了多个系列和类型。表 11-8 列示了燃煤锅炉配用的各种旋风除尘器及其性能参数。

旋风除尘器分类及性能 表 11-8

分类	名称	处理风量(m³/h)	阻力(Pa)	备注
普通旋风除尘器	DF 型旋风除尘器	100～17250		配锅炉用
	XCF 型旋风除尘器	150～9840	550～1670	
	XP 型旋风除尘器	370～14630	880～2160	
	XM 型木工旋风除尘器	1915～27710	160～350	
	XLG 型旋风除尘器	1600～6250	350～550	
	XZT 型长锥体旋风除尘器	790～5700	750～1470	
	SJD/G 型旋风除尘器	3300～12000	640～700	
	SND/G 型旋风除尘器	1850～11000	790	
异型旋风除尘器	SLP/A、B 型旋风除尘器	750～104980		配锅炉用
	XLK 型扩散式旋风除尘器	94～9200	1000	
	SG 型旋风除尘器	2000～12000		
	XZY 型消烟除尘器	189～3750	40.4～190	
	XNX 型旋风除尘器	600～8380	550～1670	
	HF 型脱硫除尘除尘器	6000～170000	600～1200	
	XZS 型旋风除尘器	600～3000	25.8	
双旋风除尘器	XSW 型卧式双级涡旋除尘器	600～60000	500～600	配锅炉用
	CR 型双级涡旋除尘器	2200～30000	550～950	
	XPX 型下排烟式旋风除尘器	3000～15000		
	XS 型双旋风除尘器	3000～58000	600～650	
组合式旋风除尘器	SLG 型多管除尘器	19100～99800		配锅炉用
	XZZ 型旋风除尘器	900～60000	430～870	
	XLT/A 型旋风除尘器	935～6775	1000	
	XWD 型卧式多管除尘器	9100～68250	800～920	
	XD 型多管除尘器	1500～105000	900～1000	
	FOS 型复合多管除尘器	6000～170000		
	XCZ 型组合旋风除尘器	28000～78000	780～980	
	XCY 型组合旋风除尘器	18000～90000	700～10000	
	XGG 型多管除尘器	6000～52500	700～1000	
	DX 型多管斜插除尘器	4000～60000	800～900	

四、湿式除尘器

1. 湿式除尘器的特点与类别

湿式除尘器，又名洗涤式除尘器。它是一种利用水（或其他液体）与含尘烟气相互接触，并伴随有热、质交换，经由洗涤将尘粒从烟气中分离出来的设备。与干式旋风除尘器相比较，它具有结构简单、设备投资少、除尘效率较高（能够除掉烟气中 $>0.1\mu m$ 的尘粒）和在除尘过程中还有净化有害有气体的作用等特点，非常适合于高温、高湿和非纤维粉尘的处理。不足的是它要消耗一定量的水（或其他液体），除尘后的水需经后续设备进行处理，以防止二次污染；易受碱性气体腐蚀，要有防腐措施。此外，如是黏性的粉尘，易发生设备堵塞和挂灰现象；在寒冷地区，则还需要采取防冻措施。

目前，我国应用于不同行业、不同工况场合的湿式除尘器种类不少，通常按其结构形式和除尘机理可归纳为以下几类：水膜式除尘器，如旋风水膜除尘器、麻石水膜除尘器；喷射湿式除尘器，如文丘里管除尘器、喷射式除尘器；板式除尘器，如旋流板式除尘器、漏孔板式除尘器；冲激式除尘器，如冲激水浴式除尘器、自激式除尘器等和填料式除尘器，如填料式除尘器及湍球式除尘器等。

2. 麻石（花岗岩）水膜湿式除尘器

图 11-6 所示为一麻石文丘里水膜湿式除尘器示意图。此型除尘器由进、出烟管、文丘里管、筒体、立芯柱、淋水装置（环形供水管）、水封排灰装置等组成。

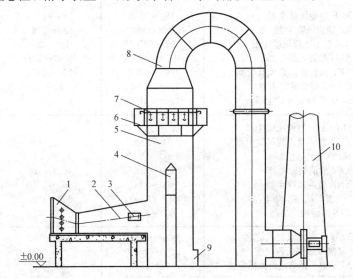

图 11-6　麻石文丘里水膜湿式除尘器结构示意图

1—烟气进口；2—文丘里管；3—人孔门；4—立芯柱；5—捕尘器；6—钢平台；
7—环形供水管；8—烟气出口；9—溢灰门；10—烟囱

含尘烟气以 9.5～13m/s 的进口流速由除尘器下部经文丘里管（喉部流速为 55～70m/s）以切线方向进入筒体，产生强烈的旋转上升气流；尘粒在离心力的作用下被甩向筒壁。水从围绕在除尘器上部的环形喷水管喷淋在圆筒内壁上形成水膜，并沿壁往下流。尘粒遇水膜后被润湿而随水膜流入水封排灰装置，然后不断流向沉淀池中。净化后的烟气则由烟气出口管排出。

喷嘴出口水速需保持在 1.2m/s 左右，环形喷嘴出口的表压力维持在 15～25kPa。筒内的烟气上升速度通常在 3.5～5m/s 范围内。

湿式旋风除尘器设备较简单，除尘效率较高，能捕集小于 $5\mu m$ 的较小尘粒，同时还能部分地吸收烟气中的二氧化硫及其他有害气体。然而，湿式旋风除尘器的酸性含尘废水不加处理就排入河流或城市排水系统是环境保护部门所不允许的，而且用水量很大。所以在采用湿式旋风除尘器的同时，必须对废水进行处理和将水循环使用的节约用水。对于一些具有大量碱性废水的单位，诸如造纸、棉纺、印染厂用废碱液去中和酸性废水，将取得较好的效果。

五、脱硫除尘一体化除尘器

图 11-7 所示为近年开发研制的脱硫除尘联合装置，是一种应用于锅炉烟气湿法脱硫除尘一体化的脱硫除尘器。

脱硫除尘器基于气、液、固之间的三相紊流掺混的传质机理，使含尘烟气与吸收液充分混合而将烟气净化。烟气脱硫除尘的工艺流程是锅炉烟气从脱硫除尘器的下端进入，均布后以一定角度进入净化室，形成旋转上升的紊流气流与上端向下流动的吸收液相遇，下流溶液被烟气高速、多向、反复旋切，变得越来越细，气、液充分混合形成一稳定的乳化液层并逐渐增厚以至液层重力与烟气气动力达到平衡，最早形成的液层被新的液层所取代而掉落，从而使烟气脱硫、除尘而得到净化。

此型除尘器的特点是气液接触表面积大，液气比小，脱硫除尘效率高；设备耐磨、耐温、耐腐蚀；没有运动部件，使用寿命可达 10 年以上；没有喷嘴，适用任何脱硫剂，即便是石灰乳也不存在堵塞问题；操作简单，维护也方便。

当液气比为 $0.3\sim1.0L/m^3$ 时，此型脱硫除尘器的除尘效率可达 94% 以上，脱硫效率可达 80%～99%，即使不加脱硫剂，脱硫效率也可达 30% 以上；而且对 NO_x，也有一定的脱除效果。

此外，此型脱硫除尘器还具有较强的适应负荷变化能力，允许被处理的烟气量有 30% 的波动。

图 11-8 所示为该锅炉烟气脱硫除尘系统工艺流程图。

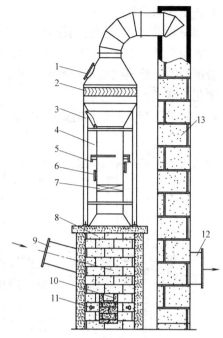

图 11-7　脱硫除尘器

1—人孔；2—脱水器；3—支架；4—压力表；5—吸收剂入口；6—观察孔；7—净化器；8—均气室（麻石）；9—待处理烟气入口；10—溢流口；11—冲洗管；12—净化后烟气出口；13—下降烟道

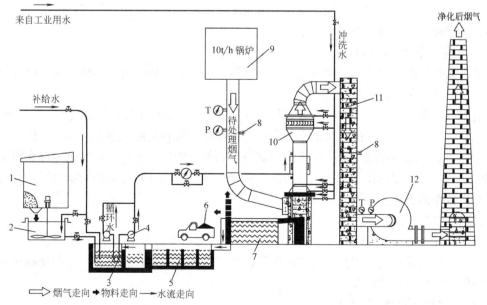

图 11-8　锅炉烟气脱硫除尘系统工艺流程图

1—制浆室；2—制浆池；3—循环池；4—水泵；5—沉降池；6—出渣车；7—沉渣池；
8—检测孔；9—锅炉；10—脱硫除尘器；11—下降烟道；12—引风机

六、滤式除尘器

1. 滤式除尘器工作原理与结构

滤式除尘器，也称袋式除尘器。这是一种过滤式除尘器，利用纤维性滤料（如天然、化学合成纤维、玻璃或金属纤维等）编织成滤袋，在含尘烟气通过滤袋时将其灰粒过滤除去而净化了烟气。

用滤袋过滤与分离尘粒时，含尘烟气可以从滤袋外部进入袋内，将尘粒过滤分离在滤袋外表面——外侧过滤；也可以反向，含尘烟气从滤袋内部流出袋外，将尘粒过滤分离在滤袋内——内侧过滤。如果按清灰方式的不同，滤式过滤器又有机械振动、脉冲喷吹和反吹风清灰之分。

滤式除尘器结构简单，通常由外壳、滤袋（含框架）、清灰机构、灰斗和除灰装置等组成（图11-9）。含尘烟气进入外壳后经滤袋过滤，灰粒被阻挡在滤袋外侧，净化后的烟气则在滤袋内侧被引出。

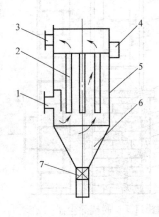

图 11-9　滤式除尘器结构简图
1—含尘烟气入口中；2—滤袋；
3—净化烟气出口；4—清灰机构；
5—外壳；6—灰斗；7—除灰装置

滤式除尘器的突出优点是除尘效率高，属高效除尘器，除尘效率可达 99% 以上，其大小主要与滤材、厚薄、清灰机构优劣和过滤烟气流速等因素有关。它运行稳定，不受烟气流量波动的影响，适应性强。此型除尘器的缺点是不适宜黏性强和吸湿性强粉尘的处理；应用范围也受到耐温、耐腐蚀性能的限制。

滤式除尘器根据清灰方式，可选择不同的烟气流速，一般控制在 0.6～3.5m/s 之间，烟速过高会使粉尘穿过滤层，降低除尘效率。另外，在运行过程中应保证滤袋（滤层）的完整性，如有破损必须立即修补，不然将严重影响除尘效率。

2. 影响除尘效率的因素

滤式除尘器除尘效率的影响因素，主要有运行工况、粒径和滤料结构及粉尘厚度等。

（1）运行工况

图 11-10 所示为同种滤料在不同工况下的分级效率。由图可见，清洁滤料（布）的除尘效率最低，积尘后滤料的除尘效率最高；清灰操作后滤料的除尘效率又有所降低。从中不难发现，滤式除尘器起主要除尘作用的滤料表面的积尘层，滤料起的仅仅是形成粉尘初始积尘层和支撑骨架的作用。所以，每次清灰操作时，均需注意保留初始积尘层，以避免引起除尘效率的下降。

（2）尘粒直径

对于直径在 0.2～0.4μm 之间的尘粒，它们正处于拦截作用的下限和扩散作用的上限，是属于最难捕集的。因此，滤式除尘器的滤料需进行后处理和覆膜，以期使捕集微细尘粒的效率得到显著的提高。

（3）滤料结构及粉尘厚度

图 11-11 列示了不同滤料结构的除尘效率与粉尘负荷的关系。此处所说的粉尘负荷，指的是 1m² 滤料面积上沉积的粉尘质量，用以表征滤料面积上沉积的粉尘厚度。显然，

粉尘负荷越大，滤式除尘器的除尘效率越高。具体地说，绒布和针刺毡与素布相比，前者除尘效率要高；长绒与短绒相比，同样是前者的除尘效率高。

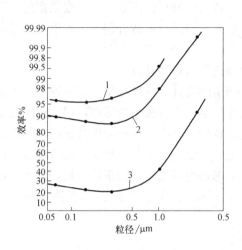

图 11-10　同种滤料在不同工况下的分级效率

1—积尘的滤料；2—清灰后的滤料；3—清洁滤料

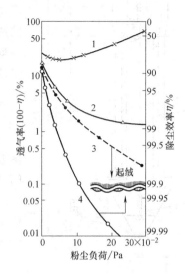

图 11-11　不同滤料结构的除尘
效率与粉尘负荷的关系

1—素布；2—轻微起绒（由起绒侧过滤）；

3—单面绒布（由起绒侧过滤）；

4—单面绒布（由不起绒侧过滤）

七、静电除尘器

静电除尘器是利用电力分离作用，即使悬浮于烟气中的尘粒带电，并在电场电力的驱动下作定向运动，从而从烟气中被分离出来。图 11-12 所示即为一管式静电除尘器的结构简图，它主要由外管、内管、内放电极、外放电极、拉杆绝缘子、降灰环和灰斗组成。

静电除尘器的内放电极是线状电极，接电源负极，称电晕极；另一个电极——外放电极是管板状电极，接电源正极，称集电极，两极之间形成电场。当电压升高到一定值时，电晕极表面发生电晕放电，大量电子从电晕极周围不断逸出，撞击极间气体分子使之电离，产生的负离子在电场作用下向集电（尘）极运动，导致悬浮于烟气中的尘粒带电，并到达集电（尘）极而失去电荷，最后沉积在集电板上，由清灰机构定期清理，落入灰斗后运走；净化了的烟气可直接排于大气。

影响静电除尘器除尘效率的因素，主要有粉尘比电阻、火花放电频率、烟气含尘浓度、除尘器截面流速以及清灰强度和频率。一般来说，比电阻改变粉尘的集电（尘）极的电附着力，过高或过低都不利于除尘，适合干式静电除尘器捕集的粉尘比电阻范围大约在 $10^4 \sim 10^{10}\,\Omega \cdot cm$；火花放电频率一般控制在 $30 \sim 150$ 次/min；烟气含尘浓度过高会使粉尘不能充分带电，甚至发生电晕闭塞，导致除尘效率降低，以入口含尘浓度 $\leqslant 20g/m^3$ 为宜；除尘器截面流速一般控制在 $0.6 \sim 1.5m/s$，且气流分布应力求均匀；清灰强度的锤头质量在 $3 \sim 5kg$ 为宜，振打频率为 $2 \sim 4$ 次/min。

与其他除尘器相比，静电除尘器不但除尘效率高，对于粒径 $>0.1\mu m$ 的尘粒，可达

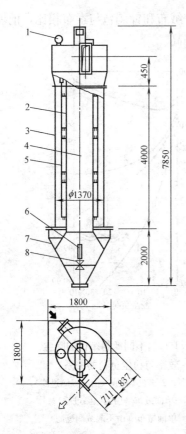

图 11-12　静电除尘器结构简图
1—振打电机；2—内管；3—外管；4—内放电极；5—外放电极；6—拉杆绝缘子；7—灰斗；8—除灰环

99％以上，而且节约能源。这是因为烟气在其中的流动阻力很小，仅 100～300Pa；电压虽高，但电流很小，净化 1000m³/h 的烟气约消耗 0.1～0.3kW。此外，它的适用范围广，从低温低压到高温高压，在很宽的范围内均可适用。它的缺点是设备造价偏高，在中小容量的供热锅炉上推广使用受到一定的限制。

八、除尘器选择与烟气特性

供热锅炉烟尘的特性因锅炉类型、燃料种类、燃烧方式和操作条件等不同而有很大的区别，因此首先必须掌握除尘烟气的特性。其次，各种除尘装置都有其自己的特点和适用范围，要充分了解各种除尘器的技术经济性能。这两方面都是选择除尘器的重要依据。此外，在选配除尘器时，还应从烟气特性方面考虑以下一些问题。

1. 烟气量

每台除尘器都有其相应的设计额定负荷（烟气量，m³/h）。当实际负荷与设计额定负荷有出入时，将引起除尘效率的变化。例如，对旋风除尘器，当实际负荷低于设计额定负荷的 70％ 时，由于进入除尘器的进口流速降低，除尘效率将显著下降。

供热锅炉在运行中烟气量随负荷而变化。锅炉高负荷运行时，烟气量增加，低负荷运行时，排烟量减少。运行时排烟处的过量空气值也直接与锅炉的排烟量有关，在选定除尘量时应考虑这个因素。

2. 排烟的含尘浓度

锅炉排烟的含尘浓度，是决定选用除尘器型式的又一重要指标。不同形式的除尘器，对于锅炉排烟含尘浓度具有不同的适应性。例如双旋风除尘器，当初始含尘浓度在 0.1～10g/m³ 的范围内时，除尘效率基本上平稳地保持较理想数值，而当浓度高于 15g/m³ 时，除尘效率显著下降。

锅炉排烟中的含尘浓度，与锅炉燃用的燃料、炉型和运行情况有关。如燃煤的灰分越多，煤粒越细，产生的飞灰就越多，排烟中的含尘量也越大。锅炉运行时负荷的高低也会影响排烟含尘浓度，负荷高时，排烟含尘浓度较大；负荷低时，排烟含尘浓度较小。

降低锅炉出口的初始含尘浓度，要从改进燃烧装置与合理组织燃烧过程着手。在选用除尘器时，应尽可能使锅炉的实际排烟含尘浓度与除尘器最高效率下的理想进口含尘浓度相符合。

3. 烟尘的分散度

锅炉排烟中的飞灰，由不同大小的颗粒组成。把灰尘颗粒按一定的直径范围（如 <5μm；5～10μm；……）分组，各组质量占烟尘总量的百分数称为它的分散度。不同形式的除尘器，对各种粒径的尘粒具有不同的除尘效果，见图 11-13。由图可知，烟尘粒径

在 $10\mu m$ 以上，离心式除尘装置有较好的效率，而当 $10\mu m$ 以下的尘粒占大部分时，则湿式或静电除尘器的效果就显著下降了。

另外，对同一类型除尘器而言，因尘粒大小不同，其相应的除尘效率也不一样。在某种工况下，除尘器对烟气中不同粒径的效率称为除尘器的分级效率，图 11-14 表示了 XS 型旋风除尘器分级效率曲线。

除尘器分级效率曲线，是除尘器性能的另一项重要技术指标。通常用分级效率为 50% 的粒径 d_{c50} 来表示除尘器对不同尘径的捕集能力。一般说来，除尘器总效率高，其 d_{c50} 就小。由图 11-14 可知，XS 型旋风除尘器的 d_{c50} 为 $13\mu m$ 左右，不同的除尘器其 d_{c50} 值是不同的。

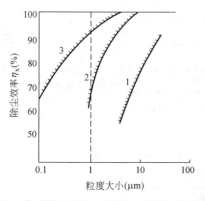
图 11-13　各种除尘器在不同粉尘粒径下的除尘效率
1—离心式除尘器；2—湿式除尘器；3—静电除尘器

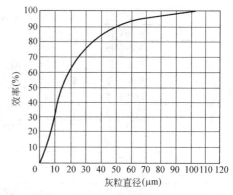
图 11-14　XS 型旋风除尘器热态分级效率曲线

锅炉的燃烧方式不同，排出烟尘的分散度也不相同，见表 11-9。此外，烟尘的分散度还与燃料的粒度、锅炉的负荷波动情况有关。

各种燃烧方式的烟尘颗粒组成（%）　　　　　　　　　　表 11-9

粒径（μm）	锅 炉 类 型						
	手烧炉（自然引风）	手烧炉（机械引风）	往复炉（机械引风）	链条炉排炉	抛煤机炉	煤粉炉	流化床炉
＜5	1.2	1.3	4.2	3.1	1.5	6.4	1.3
5～10	4.6	7.6	8.9	5.4	3.6	13.9	7.9
10～20	14.0	6.65	12.4	11.3	8.5	22.9	13.8
20～30	10.6	8.2	10.6	8.8	8.1	15.3	11.2
30～47	16.9	7.5	13.8	11.7	11.2	16.4	15.4
47～60	9.1	15.6	6.7	6.9	7.0	6.4	10.6
60～74	7.4	3.2	7.0	6.3	6.1	5.3	11.2
＞74	36.2	50.0	36.4	46.5	54.0	13.4	28.6

注：表列数据为锅炉负荷在 $85\%\sim100\%$ 时的烟尘平均颗粒分散度。

除尘器的总效率只是一个相对指标，它与锅炉排烟的含尘浓度和烟尘分散度密切相关。因此，严格地说，应当用分级效率来表示除尘器效率的高低。

在选用除尘器时，除尘器的阻力也是一个重要因素。

表 11-10 中列出了各种容量的供热锅炉选配除尘器的推荐配套关系。

锅炉额定蒸发量(t/h)	锅炉燃烧方式		干式除尘器型号	湿式除尘器
<1	手烧炉	自然引风	XZS,XZY,XDP	水浴式麻石除尘器、除尘与脱硫一体化装置
		机械引风	XZZ,SG	
	下饲式			
	链条炉排			
	往复炉排			
1	链条炉排		XND-1,XPX-1,XS-1,XZD-1,XZZ-1,SG-1	
	往复炉排			
	振动炉排			
2	链条炉排		XND-2,XPX-2,XS-2,XZD-2,XZZ-2,SG-2	
	往复炉排			
	振动炉排			
4	链条炉排		XND-4,XPX-4,XS-4,XZD-4,XZZ-4,SG-4	水浴式麻石除尘器、除尘与脱硫一体化装置
	往复炉排			
	振动炉排			
6	链条炉排		XS-6,XZD-6,双级涡旋(改进型)-6	
	往复炉排			
	抛煤机炉		XCX-6,XWD-6,二级除尘	
	沸腾炉、煤粉炉		二级除尘	
10	链条炉排		XS-10,XZD-10,双级涡旋(改进型)-10	带文丘里管麻石水膜除尘器。除尘与脱硫一体化装置
	往复炉排			
	抛煤机炉		XCX-10,XWD-10,二级除尘	
	沸腾炉、煤粉炉		二级除尘	
20	链条炉排		XCX-20,XS-20,XWD-20,XZD-20,双级涡旋(改进型)-20	
	抛煤机炉		XCX-20,XWD-20,二级除尘	
	沸腾炉、煤粉炉		二级除尘	
≥35	链条炉排		带文丘里管麻石水膜除尘器、静电除尘器、布袋除尘器、除尘与脱硫一体化装置	
	抛煤机炉			
	沸腾炉、煤粉炉			

注：对环保要求高的特殊地区不排除用户要求使用二级除尘或湿式除尘、袋式除尘的可能。

第三节　锅炉烟气脱硫

大气中的 SO_2 主要是由煤、石油、天然气等化石燃料的燃烧和生产工艺过程中采用含硫原料所产生的。我国目前燃煤 SO_2 的排放量占 SO_2 排放总量的 90% 以上，这其中供热锅炉的 SO_2 排放量又占四成左右。由此可见，控制和减少锅炉 SO_2 的排放量对防治大气污染和保护环境的意义十分重要。

一、控制和减少 SO_2 排放的途径

就供热锅炉而言，控制和减少 SO_2 排放量有三个途径，即燃料燃烧前脱硫、燃烧过程中固硫和燃烧后脱硫。

1. 燃烧前脱硫

在燃料燃烧之前进行脱硫处理是治本，也即源头治理是最为有效的。具体地说，就是改变燃烧结构和高硫燃料净化。

（1）改变燃料结构

改变锅炉燃料结构，燃用无硫或低硫燃料是减少 SO_2 排放量的有效措施。但这与国家能源政策和燃料价格等因素有关。近年来我国大气污染十分严重，雾霾天气覆盖了我们大片国土，政府明令"向污染宣战"，以切实改善大气质量，保护环境和人体健康。所以，燃油、燃气锅炉替代燃煤锅炉的步伐将会明显加快，今年（2014 年）淘汰燃煤小型锅炉 5 万台。❶

（2）提高煤炭洗选率

煤炭通过洗选，可以收到脱硫、除灰而提高煤质的综合效益。我国的煤炭中含硫量＞3％的高硫煤约占 30％，高硫煤中的硫化物主要是 FeS_2，经洗选可将它们大部分除去，原煤含硫量可降低 40％～70％。目前，我国煤炭洗选率很低，仅占两成左右，国外最高的日本洗选率达 98％以上。

（3）进行煤炭精加工

对煤炭进行精加工，指的是将煤气化或液化，在加工过程中脱硫；重油含硫量较高，通常对它加氢脱硫，在催化剂的作用下，氢与硫会形成硫化氢逸出而除去。

（4）采用水煤浆

水煤浆是由煤粉加水和添加剂制成的固、液两相的流体燃料，在制备过程中同时加入石灰石或其他固硫剂。这种也被称为"环保型水煤浆"，不仅经过了燃烧前的脱硫处理，而且它在燃烧过程中也有脱硫作用。

2. 燃烧过程中固硫

燃烧过程中固硫，主要是在煤中添加一些固硫剂。在煤燃烧的过程中，产生的 SO_2 等含硫物就被固定在煤渣中。这样既可明显减少 SO_2 的排放，同时又可减少烟尘的排放量。

（1）型煤固硫

型煤燃烧固硫技术，在防治大气污染和原工业型煤技术的基础上发展而来。它是将一定粒度的不同品种粉煤按照一定比例配煤，经混合后与已被处理过的固硫剂和粘结剂再次混合，然后由挤压机械压制成型为型煤。型煤固硫剂，按它的化学形态分钙系、钠系及其他三类。常用的钙系固硫剂有 CaO、MgO、$Ca(OH)_2$、$Mg(OH)_2$ 等，钠系固硫剂有 $NaOH$、KOH 等，其他还有利用废料作固硫剂，如碱性造纸黑液及电石渣等。固硫剂的添加量，根据燃煤含硫量的多少计算确定。

钙系固硫剂在燃烧过程中的主要反应有：

固硫剂的热解反应

$$CaCO_3 \!=\!=\! CaO + CO_2$$
$$Ca(OH) \!=\!=\! CaO + H_2O$$

固硫合成反应

$$CaO + SO_2 \!=\!=\! CaSO_3$$
$$Ca(OH)_2 + SO_2 \!=\!=\! CaSO_3 + H_2O$$

中间产物的氧化反应

---

❶ 摘自第十二届全国人大第二次会议《政府工作报告》：今年要淘汰燃煤小锅炉 5 万台，推进燃煤电厂脱硫改造 1500 万 kW、脱硝改造 1.3 亿 kW、除尘改造 1.8 万亿 kW，淘汰黄标车和老旧车 600 万辆。

$$2CaSO_3 + O_2 =\!=\!= CaSO_4$$

上面的热解反应式表明，石灰石和白云石需要先进行热分解生成 CaO 才能有效固硫，由其煅烧温度可知，用于 850～950℃ 温度范围内的循环流化床锅炉内脱硫最为合适。若单独用于型煤固硫，因石灰石热分解吸热作用是有助于抑制燃烧温度的，如此高温固硫性能会有所改善和提高。

燃用型煤固硫的效果，主要与钙硫比（Ca/S）、粉煤粒度及反应温度有关。一般 Ca/S 越大，粒度越小，固硫效果越好。供热锅炉燃用固硫型煤，SO_2 的排放量可减少40％～75％，烟尘排放量减少 50％～95％，烟气黑度可降到低于 1/2 林格曼级。

（2）炉内加钙固硫

炉内加钙固硫技术，是直接将固硫剂加入锅炉炉内而不是和煤混合压制成型煤。固硫剂加入的方法可以是粉状的，也可以是浆状的，加入的部位也可有所不同。

显然，炉内加钙固硫和型煤固硫的原理是相同的，但这种固硫效率并不高，一般在 30％～40％。究其原因是固硫产物如 $CaSO_3$ 和 $CaSO_4$ 在高温条件下会分解释放出 SO_2，所以，这种固硫技术适合于炉温较低的条件，如民用炉灶和工业循环流化床炉。用于供热锅炉，层燃炉层中总存在高温和弱还原性气氛的旺火时段，分解反应使固硫效果下降，最终不能达到理想效果。

（3）循环流化床炉内燃烧固硫

利用这种燃烧方式固硫，是将循环流化床普遍使用的廉低固硫剂——石灰石和燃煤粉碎成相同粒度送入炉内燃烧，借流化床温度在 800～900℃ 范围的条件，石灰石受热分解释放出 CO_2，形成多孔的 CaO 与 SO_2 反应生成硫酸钙进入灰渣中，达到固硫的目的。在通常情况下，当流化床流化速度一定时，固硫率随 Ca/S 摩尔比的增大而增大；当 Ca/S 一定时，固硫率随流化速度的降低而升高。

由于循环流化床燃烧技术的煤种适应性广，同时又可以在炉内实施固硫脱氮等优势，在我国应用日广。但需指出的是，炉内固硫效果能达标可以不再装置烟气脱硫设备，如果燃用煤的含硫量很高，经流化床炉内固硫仍不能达标时，则必须与除尘装置一起考虑烟气脱硫，确保 SO_2 排放达到环保要求。

3. 燃烧后脱硫

燃料燃烧后脱硫，即烟气脱硫。选择使用投资及运行费用低、技术先进、装置性能可靠、稳定运行的烟气脱硫方法是我国防治 SO_2 气体污染的有效途径。目前已经有几十种烟气脱硫方法实现了工业化，它们按脱硫后产物的处置方式不同，分为抛弃法和回收法两类。抛弃法是将固硫剂与 SO_2 反应物固体残渣抛弃，其设备较为简单，投资和运行费用低，但易引起二次污染。回收法则相反，可变废为宝，将与 SO_2 反应产物如 $CaSO_4$（石膏）、S（硫）等有用物质回收利用，工艺流程为闭路循环，可防止二次污染，但只有烟气中 SO_2 含量较高时采用此法才有经济价值。按燃烧后脱硫产物的物相，又可分湿法烟气脱硫、半干法烟气脱硫和干法烟气脱硫三类，其脱硫原理、装置和特点分别于后予以阐述。

二、湿法烟气脱硫

湿法烟气脱硫技术的脱硫过程在脱硫装置中进行，其脱硫过程为气液反应，反应温度一般都低于露点。此法脱硫反应速度快，脱硫效率高，根据所选用的脱硫剂不同，形成多种脱硫工艺过程。目前，国内常用的湿法烟气脱硫方法主要有石灰/石灰石法、双碱法、氧化镁法和氨法等。

1. 石灰/石灰石法

此法是用石灰或石灰石母液吸收烟气中的二氧化硫，其脱硫反应生成物为亚硫酸钙或硫酸钙，净化后的烟气可以达到排放标准予以排放。由于自然界中存在大量石灰石，易得价廉；技术成熟，运行安全可靠；而且脱硫反应生成物容易处理或可综合回收利用，因此石灰/石灰石法是烟气脱硫应用最广的一种方式。

（1）烟气脱硫化学原理

石灰/石灰石湿法烟气脱硫分吸收和氧化两个过程进行，其主要化学反应如下：

SO$_2$ 溶解
$$SO_2（气）\longrightarrow SO_2（液）$$
$$SO_2（液）+H_2O =\!=\!= HSO_3^- +H^+$$
$$HSO_3^- =\!=\!= H^+ +SO_3^{2-}$$

石灰溶解
$$CaO+H_2O =\!=\!= Ca(OH)_2$$
$$Ca(OH)_2 =\!=\!= Ca^{2+} +2OH^-$$

石灰石溶解
$$CaCO_3（固）\longrightarrow CaCO_3（液）$$
$$CaOH_3（液）\longrightarrow Ca^{2+} +CO_3^{2-}$$

吸收溶解的 SO$_2$
$$Ca^{2+} +SO_2^{2-} =\!=\!= CaSO_3（液）$$
$$CaSO_3（液）+\frac{1}{2}H_2O =\!=\!= CaSO_3 \cdot \frac{1}{2}H_2O$$

氧化
$$HSO_3^- +\frac{1}{2}O_2 =\!=\!= H^+ +SO_4^{2-}$$
$$Ca^{2+} +SO_4^{2-} =\!=\!= CaSO_4（液）$$
$$CaSO_4（液）+2H_2O =\!=\!= CaSO_4 \cdot 2H_2O（固）$$

由上可见，石灰/石灰石湿式烟气脱硫是在气、液、固三相之间进行完成的，实际过程相当复杂。反应的控制是气相 SO$_2$ 及固相 CaO 或 CaCO$_3$ 在溶液中的溶解扩散过程。在脱硫系统正常运行时，要求固相的溶解扩散速度大于气相的吸收速度，而气相传质则在整个脱硫反应过程中起着控制作用。

（2）湿法脱硫工艺流程

石灰/石灰石湿法脱硫工艺流程如图 11-15 所示，锅炉烟气经除尘器除尘后由引风机送入吸收塔，它自下而上与上方喷淋而下的石灰/石灰石母液逆流接触进行脱硫反应，从而将烟气中的 SO$_2$ 除去。脱硫后的烟气温度低于露点温度，所以一般都需经过再加热器加热升温，然后从烟囱排出。

石灰/石灰石母液是由专设的吸收剂制备系统制备。通过输入泵从吸收浆液贮槽中汲取，源源不断地送往吸收塔。吸收了 SO$_2$ 的浆液聚集于吸收塔底部浆液池中，借鼓风机强制向其鼓入空气使 CaSO$_3$ 氧化为 CaSO$_4$。氧化后的浆液经离心分离，上层的清液送往废水处理系统，固体物质则经由链带式过滤机压滤成固体石膏。

（3）湿法脱硫效果的影响因素

影响湿法烟气脱硫效果的因素主要有浆液的 pH、吸收温度、脱硫剂粒度、液气比以及钙硫比等。

石灰/石灰石浆液的 pH 对 SO$_2$ 的吸收效果影响甚大。新鲜浆液吸收 SO$_2$ 后，pH 会

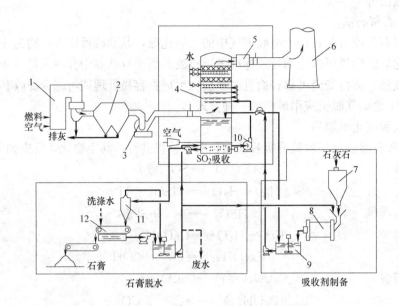

图 11-15　石灰/石灰石湿法脱硫工艺流程

1—锅炉；2—除尘器；3—引风机；4—吸收塔；5—烟气再加热器；
6—烟囱；7—贮仓；8—球磨机；9—吸收浆液贮槽；10—输液泵；
11—水力分离器；12—链带式过滤机

迅速下降；当 pH 低于 4 时，浆液几乎不再有吸收 SO_2 的能力。而且，浆液的 pH 过低会对设备和管道有较强的腐蚀作用。所以，湿法烟气脱硫对浆液的 pH 要加以控制，对于采用石灰浆液的，其 pH 应控制在 5~6；对于石灰石浆液，则 pH 应控制在 6~7。采用石灰石浆液吸收 SO_2 时，若 pH 大于 7，将会发生吸收 CO_2 的反应而降低石灰石的利用率。

根据 SO_2 吸收过程的气液平衡可知，SO_2 吸收效果与温度有关，吸收温度越低越有利于 SO_2 的吸收。

脱硫剂石灰石粒度越小，单位质量的反应表面积越大，脱硫率和石灰石的利用率越高，粒度一般控制在 200~300 目。

湿法脱硫装置的液气比增大时，其吸收过程的推动力随之增大，这有利于 SO_2 的吸收。但当液气比超过一定数值后，SO_2 吸收率将不再明显增高。一般来说，钙硫比增大，脱硫效率提高，Ca/S＝1.1 时，可达 90%~95%。

在整套湿法烟气脱硫装置中，亚硫酸钙的氧化速度不但与料浆的 pH 有关，也与送入空气量、空气压力和温度有关。

（4）湿法烟气脱硫的技术特点

1）此法的烟气脱硫反应是在气、液、固三相之间进行和完成的，整个脱硫过程在吸收塔中受喷淋洗涤，吸收反应温度均低于露点温度，有利于 SO_2 的吸收，脱硫效率高，一般大于 95%，最高可达到 98%。

2）燃料适用范围广，它适用于燃烧煤、重油及石油焦等燃料的锅炉烟气处理；燃料含硫变化范围的适应性强，燃料含硫量高达 8% 的烟气也能有效处理。

3）脱硫装置能较好地适应负荷变化，可以在 15%~100% 负荷变化范围内稳定有效地运行。

吸收剂利用率高，钙硫比可低至 $1.02\sim1.03$；脱硫产物纯度高，可生产纯度高于 95% 的商品级石膏。

由于石灰/石灰石湿法烟气脱硫具有突出的优点，现已广泛应用于国内外火力发电厂的烟气脱硫。对于供热锅炉，因容量普遍不大，资金有限，烟气脱硫工艺一般采用自然氧化法，即在自然条件下让脱硫产物亚硫酸钙氧化为硫酸钙，然后与灰渣一起抛弃。正是由于脱硫系统的不尽完善，浆液中的 $CaSO_4$，$CaSO_3$ 及 $CaHCO_3$ 等很容易达到饱和或过饱和浓度，从而发生系统的管道和设备结垢和堵塞现象，以致使石灰/石灰石湿法烟气脱硫技术在供热锅炉中的推广应用受到一定的限制。

2. 双碱法

石灰/石灰石法烟气脱硫工艺采用的是钙基脱硫剂，脱硫后的产物 $CaSO_3$、$CaSO_4$，因其溶解度较小，极易形成过饱和结晶，造成吸收塔和管道内结垢和堵塞，不但影响脱硫系统的正常工作，严重时甚至会影响锅炉的安全运行。为了克服这一缺点，双碱法烟气脱硫工艺应运而生。

（1）双碱法脱硫原理与系统

双碱（钠钙）法烟气脱硫技术是利用 $NaOH$ 或 $NaCO_3$ 溶液（第一碱）作为启动脱硫剂，将配制好的 $NaOH$ 溶液直接泵入吸收塔喷淋洗涤脱除烟气中的 SO_2，然后脱硫产物经脱硫剂——石灰石或石灰（第二碱）再生池还原为 $NaOH$ 再送往吸收塔内循环使用。

整个双碱法烟气脱硫系统，主要由吸收剂制备与补充、吸收剂浆液喷淋、吸收塔内雾滴与烟气接触混合、再生池浆液还原钠基碱和石膏处理五个部分组成。

（2）脱硫反应方程式

双碱法脱硫与石灰/石灰石等其他湿法烟气脱硫的反应机理类似，主要反应是烟气中的 SO_2 先溶解于吸收液中，然后离解成 H^+ 和 HSO_3^-，再使用 $NaOH$ 或 $NaCO_3$ 溶液吸收烟气所携带来的 SO_2，生成 HSO_3^-，SO_3^{2-} 与 SO_4^{2-}。

吸收反应方程式为

$$Na_2CO_3 + SO_2 = NaSO_3 + CO_2\uparrow$$

$$2NaOH + SO_2 = NaSO_3 + H_2O$$

$$Na_2CO_3 + SO_2 + H_2O = 2NaHSO_3$$

其中，第一式为启动阶段 Na_2CO_3 溶液吸收 SO_2 的反应；第二式为再生液 pH 值较高（pH＞9）时，溶液吸收 SO_2 的主反应；第三式为溶液 pH 值较低（pH=5～9）时的主反应。

再生过程的反应方程式为

$$Ca(OH)_2 + Na_2SO_3 = 2NaCO + CaSO_3$$

$$Ca(OH)_2 + 2NaHSO_3 = Na_2SO_3 + CaSO_3 \cdot \frac{1}{2}H_2O + \frac{3}{2}H_2O$$

理论上说，用石灰再生反应完全，而用石灰石再生反应不完全。将再生过程生成的亚硫酸钙 $\left(CaSO_3 \cdot \frac{1}{2}H_2O\right)$ 氧化，可制得石膏（$CaSO_4 \cdot 2H_2O$）。

氧化反应方程式为

$$2CaSO_3 \cdot \frac{1}{2}H_2O + O_2 + 3H_2O = 2CaSO_4 \cdot 2H_2O$$

钠钙双碱法烟气脱硫所得的亚硫酸钙滤饼（约含 60％的水）重新浆化为含 10％固体的浆料，加入硫酸以降低其 pH 值后，在氧化器内用空气进行氧化可制得石膏。亚硫酸钙滤饼的另一种处置方法，是直接将其抛弃。

（3）双碱法的特点

与石灰/石灰石湿法烟气脱硫工艺相比，钠钙双碱法具有以下特点：

1）用 NaOH 脱硫，循环水基本上是 NaOH 的水溶液，在循环过程中对水泵、管道和设备均无腐蚀和堵塞现象，便于设备运行和保养。

2）吸收剂的再生和脱硫残渣的沉淀在吸收塔外进行，避免了塔内的堵塞和磨损，既提高了运行的可靠性，又降低了操作、维护费用，同时有条件采用高效的板式塔或填料塔来代替空塔，使其结构更加紧凑，又可提高脱硫效率。

3）钠基吸收液吸收烟气中的 SO_2 速度快，可以用较小的液气比达到较高的脱硫效率，一般达 90％以上；当采用脱硫除尘一体化装置时，还可有效提高石灰的利用率。

4）$NaSO_3$ 氧化后的生成物 Na_2SO_4 较难再生，所以脱硫系统运行过程中需不断补充 NaOH 或 Na_2CO_3，也即增加了碱的消耗量。此外，由于 Na_2SO_4 的存在，也使石膏的质量有所下降。

3. 氧化镁法

（1）脱硫原理

氧化镁湿法脱除 SO_2 技术早在 20 世纪 40 年代就已应用于造纸制浆工艺。它是以氧化镁（MgO）为原料，经熟化生成氢氧化镁（$Mg(OH)_2$）作为脱硫剂的一种先进、高效、经济的脱硫系统。来自锅炉除尘器后的烟气，在吸收塔内与自上而下喷淋的吸收浆液逆向接触混合，烟气中的 SO_2 与浆液中的 $Mg(OH)_2$ 进行化学反应，从而被吸收除去，最终的反应产物为 $MgSO_3$ 和 $MgSO_4$ 的混合物。当采用强制氧化工艺处理时，最终反应生成物则为 $MgSO_4$ 溶液，经脱水干燥后为硫酸镁结晶。

氧化镁法烟气脱硫的主要化学反应：

熟化反应
$$MgO + H_2O = Mg(OH)_2$$

吸收反应
$$SO_2 + H_2O = H_2SO_3$$
$$SO_3 + H_2O = H_2SO_4$$

中和反应
$$Mg(OH)_2 + H_2SO_3 = MgSO_3 + 2H_2O$$
$$Mg(OH)_2 + H_2SO_4 = MgSO_4 + 2H_2O$$

氧化反应
$$2MgSO_3 + O_2 = 2MgSO_4$$

结晶反应
$$MgSO_3 + 3H_2O = MgSO_3 \cdot 3H_2O$$
$$MgSO_4 + 7H_2O = MgSO_4 \cdot 7H_2O$$

（2）脱硫工艺过程

锅炉（或窑炉）的烟气经除尘后由引风机送入浓缩塔、吸收塔，吸收塔一般为逆流喷淋空塔结构，集吸收、氧化功能为一体。它的上部为 SO_2 吸收区，下部则为氧化区，烟气在塔内与循环吸收浆液逆向流动接触。脱硫系统一般装置 3～4 台浆液循环泵，每台对应供应一层雾化喷淋层。当负荷较小时，可停运一二层喷淋层，此时系统仍能保持较高的液气比，达到所要求的脱硫效果。吸收区的上方装设有二级除雾器，以避免烟气中游离水分过多，除雾器出口烟气中的游离水分通常可以控制在 $75mg/m^3$ 以内，符合相关的技术要求。

吸收了 SO_2 后的浆液，被送入循环氧化区，亚硫酸镁（$MgSO_3$）在其中被鼓入的空气氧化成为硫酸镁（$MgSO_4$）晶体。为维持系统的正常连续运行，专设的吸收剂制备装置不间断地向吸收氧化系统供应新鲜的氢氧化镁 $Mg(OH)_2$ 浆液，用于补充被消耗掉的 $Mg(OH)_2$，并使吸收浆液保持一定的 pH 值。脱硫反应生成物浆液的浓度增大到一定值时，需将其排至装设在吸收塔前的浓缩塔，在其中浓缩后送往脱硫副产品系统，最后经过脱水处理形成硫酸镁晶体。

（3）氧化镁法脱硫的特点

1）脱硫效率高。脱硫的反应强度主要取决于脱硫剂碱金属离子的溶解碱性，溶解碱性越高，吸收反应越强。与钙基湿法脱硫相比，镁离子的溶解碱性要高出数百倍，而且 MgO 的分子量比 $CaCO_3$ 和 CaO 都要小。所以，在其他条件相同的情况下，氧化镁法脱硫效率要比钙基脱硫高，一般情况下可达 95％～98％。

2）运行安全可靠。镁基脱硫生成物的溶解度较高，其固体悬浮物为松散晶体，不易沉积，不会发生像钙基脱硫那样设备和管道结垢和堵塞现象。同时，镁基脱硫的 pH 控制在 6.0～6.5 之间，设备腐蚀问题也得到了一定程度的解决。总的来说，镁基脱硫系统运行安全可靠，保养维修也较为方便。

3）设备投资费用少。由于镁基脱硫的反应活性和强度高，其吸收塔的高度就可以比钙基脱硫的低 1/3。另外，它的循环流量、系统的整体规模以及设备的功率均可相对较小，因此整个脱硫系统的投资费用可比钙基脱硫低 10％～20％。

4）运行费用低。烟气脱硫系统的运行费用主要由脱硫剂消耗和水、电、汽消耗两部分构成。虽然氧化镁的价格要高于氧化钙，但是脱除同样量的 SO_2，氧化镁的耗量仅为碳酸钙的 40％；水、电、汽等动力的消耗，与脱硫工况的液汽比大小关系甚大，钙基脱硫液汽比一般在 $15L/m^3$ 以上，而氧化镁则在 $7L/m^3$ 以下，选择氧化镁法脱硫系统就能节省很大一部分费用。

5）脱硫副产品可循环利用。利用氧化镁法脱硫副产品亚硫酸镁制造硫酸并回收氧化镁，是一项技术成熟的工艺，美国等国家已经研究多年并成功应用于火力发电厂的烟气脱硫。该工艺不仅大大降低了烟气脱硫的运行成本，而且可以实现循环经济模式，值得提倡和推广。

4. 氨法

氨法脱硫是利用氨水将烟气中的 SO_2 吸收除去，是一种古老而成熟的脱硫工艺。氨法脱硫工艺主要有氨-酸法、氨-亚硫酸氢法、氨-硫酸铵法和氨-石膏法等多种。不同的氨法工艺，其区别仅在于从吸收溶液中除去二氧化硫的方法，不同的方法可获得不同的产品，解析出的 SO_2 可以用于制造硫酸或液体二氧化硫，处理后的溶液可用作化肥。

下面仅就氨-酸法的化学原理、洗涤液处理及技术特点予以简述。

（1）化学原理

氨法脱硫工艺利用氨液吸收烟气中的 SO_2 生成亚硫酸铵溶液，并在富氧条件下将它

氧化为硫酸铵溶液，其主要化学反应方程式为

吸收过程

$$NH_3 + H_2O + SO_2 \Longrightarrow NH_4HSO_3$$

$$2NH_3 + H_2O + SO_2 \Longrightarrow (NH_4)_2SO_3$$

$$(NH_4)_2SO_3 + H_2O + SO_2 \Longrightarrow 2NH_4HSO_3$$

随着吸收进程的持续，溶液中的 NH_4HSO_3 会逐渐增多，而它没有吸收 SO_2 的能力，因此应及时给系统补充氨水，以维持吸收所需浓度。

氧化过程

$$(NH_4)_2SO_3 + O_2 \Longrightarrow (NH_4)_2SO_4$$

$$NH_4HSO_3 + O_2 \Longrightarrow NH_4HSO_4$$

$$NH_4HSO_4 + NH_3 \Longrightarrow (NH_4)_2SO_4$$

（2）脱硫后洗涤液的处理

通过氧化过程可以得到浓度为 30% 的硫酸铵溶液。它可以直接作为液体氮肥使用，或将其加热蒸发、过滤干燥加工成颗粒状、晶体或块状的硫酸铵固体化肥。此外，由于亚硫酸为弱酸，如采用酸化法向排出的洗涤液中加入诸如硫酸、硝酸和磷酸一类强酸，则就可分别生产出硫酸铵、硝酸铵和磷酸铵等复合化肥。

（3）氨法脱硫的技术特点

1）完全资源化。氨回收技术可将回收的二氧化硫、氨全部转化为化肥，不产生任何废水、废气和废渣，没有二次污染。这是一项变废为宝、化害为利、将污染物全部资源化，符合循环经济要求的脱硫技术。

2）经济价值高。氨法烟气脱硫装置的运行过程，实际上是硫酸铵的生产过程。1t 氨液可吸收脱除 2t 二氧化硫，生产成 4t 硫酸铵化肥，可见脱硫副产品可获得较高经济价值。

3）运行电耗低。利用氨法脱硫的高活性，它的液汽比要低于常规湿法脱硫技术，吸收塔的阻力仅为 850Pa 上下，包括烟道、蒸汽加热器等阻力在内脱硫装置的总阻力也不过在 1250Pa 左右。因此，当锅炉引风机尚有潜力可资利用时，就无需新配增压风机；即使引风机没有潜力，也可适当进行风机改造或增设一台小压头的风机即可。氨法烟气脱硫装置运行电耗较常规脱硫装置节约 50% 以上。另外，系统的循环泵的功率可降低 70%。

4）操作控制简便。由于氨法脱硫的脱硫剂和脱硫生成物均为易溶性物质，在装置内工作的脱硫液为清澄溶液，不积垢无磨损，更容易实现脱硫过程的自动控制，运行操作简便。

5）既脱硫又脱硝。氨法在烟气脱硫的同时，对 NO_x 也有很好的脱除效果。另外，在脱硫过程中形成的亚硫酸氨对 NO_x 还具有还原作用。所以，氨法是既脱硫又脱硝，有实测数据表明，NO_x 脱除率达 20% 左右。

5. 湿法脱硫的脱硫剂选择

湿法脱硫是一个化学吸收过程，脱硫效果的好坏主要取决于脱硫剂性能的优劣，所以脱硫剂的选择至关重要。在选择脱硫剂时，一般应遵循以下基本原则：对 SO_2 吸收能力强；挥发性低，容易再生；资源丰富，价格低廉，尽可能就地取材；便于处理和操作，最好能形成有经济价值的脱硫副产品；化学稳定性好，无毒无害，不产生二次污染。

随着科学发展和烟气脱硫技术的进步，目前我国生产的脱硫剂品种多达数十种。表 11-11 列示的为烟气脱硫常用脱硫剂及其主要性能。

名 称	主 要 性 能
氧化钙 CaO	生石灰的主要成分,白色晶体或粉末,在空气中渐渐吸收 CO_2 而形成 $CaCO_2$,易溶于酸,难溶于水,但能与水化合成 $Ca(OH)_2$
碳酸钙 $CaCO_3$	石灰石的主要成分,白色晶体或粉末,溶于酸而放出 CO_2,极难溶于水,在以 CO_2 和 CaO 的水中溶解而成碳酸钙,加热至 850℃ 左右分解成 CaO 和 CO_2
氢氧化钙 $Ca(OH)_2$	白色粉末,吸湿性很强,放置于空气中渐渐吸收 CO_2 而形成 $CaCO_3$,难溶于水,具有中强碱性,有腐蚀作用
碳酸钠 $NaCO_2$	又称纯碱,无水碳酸钠是白色粉末或纯粒固体,易溶于水,溶液呈强碱性,在空气中吸收水分 CO_2 形成 Na_2HCO_3
氢氧化钠 NaOH	又称烧碱,无色透明晶体,固碱吸湿性很强,易溶于水,溶液呈强碱性,腐蚀性强,易从空气中吸收 CO_2 而形成 Na_2CO_3
氢氧化钾 KOH	白色半透明晶体,易溶于水,溶液呈强碱性,从空气中吸收 CO_2 生成 K_2CO_3
氨 NH_3	无色,有强烈刺激性,易溶于水
氢氧化铵 NH_4OH	氨水溶液,密度随氨含量增加而降低,最浓的氨水含量为 35.2%。氨易从氨水中挥发
碳酸氢铵 NH_4HCO_3	白色晶体,能溶于水,吸湿性和挥发性强,夏热(35℃以上)或接触空气时,易分解成 NH_3、CO_2 和 H_2O
氧化镁 MgO	白色粉末,难溶于水,碱性,能溶于酸和铵盐溶液,易吸收空气中的 CO_2 和水分,生成碱或碳酸盐
氢氧化镁 $Mg(OH)_2$	白色粉末,碱性,不溶于水,易吸收 CO_2,350℃时分解成 MgO

三、半干法烟气脱硫

1. 工作原理

半干法烟气脱硫,实为一种旋转喷雾干燥法脱硫技术。它是利用喷雾干燥原理,将吸收剂($Ca(OH)_2$ 或 $CaCO_3$)预先制备成浆液送入吸收塔,经旋转喷雾为雾粒与烟气中的 SO_2 发生化学反应;与此同时,120~160℃ 的烟气将热量传递给吸收剂,使之不断蒸发、干燥,在吸收塔内脱硫反应后形成固体反应物(粉尘状态),一部分在吸收塔下即锥体出口排出,另一部分随脱硫后的烟气进入除尘器被捕集,其中一部分颗粒再循环被送往浆液制备系统,剩下部分则作为灰渣除去。

2. 脱硫工艺流程

旋转喷雾干燥法脱硫工艺流程,包括吸收剂的浆液制备、吸收剂浆液雾化、雾粒与烟气的接触混合、浆液蒸发与 SO_2 反应吸收和废渣排除。除了浆液制备和灰渣排除,其他三项均在旋转喷雾干燥吸收塔内进行、完成。图 11-16 所示即为整个脱硫工艺流程图。

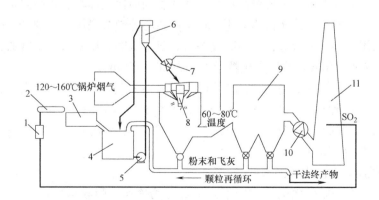

图 11-16 旋转喷雾干燥法烟气脱硫流程

1—石灰供给比例调节器;2—石灰螺旋输送机;3—熟化槽;4—浆液供给槽;5—浆液泵;
6—高位浆液仓;7—调节控制器;8—高速旋转喷雾器;9—除尘器;10—引风机;11—烟囱

安装于吸收塔顶部的离心喷雾器具有很高的转速，在离心力的作用下吸收剂浆液被雾化为均匀的雾粒，雾粒直径不小于 $100\mu m$。如此，这些具有极大表面积的分散微粒与烟气接触，就发生了剧烈的热交换和脱硫化学反应，迅即将大部分水分蒸发，形成尚含有很少水分的固体灰渣。由于吸收剂微粒没有完全干燥，它在吸收塔之后的烟道和除尘器中仍可继续发生一定程度的吸收 SO_2 的化学反应。

喷雾干燥法脱硫的化学反应式为

$$SO_2 + H_2O \Longrightarrow H_2SO_3$$
$$Ca(OH_2) + H_2SO_3 \Longrightarrow CaSO_3 + 2H_2O$$
$$2CaSO_3 + O_2 \Longrightarrow 2CaSO_4$$

最后形成的固体产物是亚硫酸钙、硫酸钙、飞灰和未经反应的氧化钙。经脱硫和除尘后的洁净烟气由引风机送入烟囱排于大气。

3. 主要设备

(1) 吸收剂浆液制备装置

来自石灰贮仓的粉状石灰由螺旋输送机送入熟化槽消化，并制成高浓度的浆液，然后送往浆液供给槽稀释至 20% 左右浓度的石灰乳，经过滤后由浆泵送到高位浆液仓储存待用。

(2) 吸收塔

石灰浆液在吸收塔中雾化，并与烟气中的 SO_2 反应脱硫，液滴干燥后生成能自由流动粉状固体亚硫酸钙、硫酸钙及飞灰。吸收塔的结构尺寸与诸如吸收剂特性、雾化器类型、烟气量及所含 SO_2 浓度等多种因素相关。设计和安装时要求具有较好的密封保温性能，以防止漏风、散热而引起腐蚀，并应满足在颗粒到达吸收塔壁之前已基本干燥，避免在筒体内壁面上沉积。

(3) 雾化器

目前国内常用的雾化器有两种，即喷雾型雾化器和旋转离心雾化器。前者也称空气-浆液两相雾化器，它的雾化能量由压力为 $490\sim630kPa$ 的压缩空气提供，空气压力越高，雾化粒子越细。它的优点是可以平行安装，切换方便，各喷嘴可独立运行，并能在线维护。但在采用再循环系统时，要求高速浆液摩擦着的筒体表面具有较高的耐磨性能。

旋转离心喷雾器是由旋转盘或雾化轮将浆液离心分裂成微小液粒的。当吸收剂为硫酸钠时，一般采用旋转盘进行雾化；当吸收剂为石灰浆液时，则常采用耐磨的旋转轮，其转速为 $10000\sim20000r/min$，浆液雾化粒子大小为 $20\sim200\mu m$。

旋转离心雾化器雾化液滴的粒径与浆液流量大小的关系不大，所以它具有较好的调节能力，所产生的雾化区域也比喷雾型的宽，即雾化锥角大，高径比通常为 $0.7\sim0.9$，雾化液体量可高达 $100g/s$，一般一个吸收塔只需装设一个雾化器，其雾化轮直径为 $200\sim400mm$，线速度为 $175\sim250m/s$。

4. 影响脱硫效率的主要因素

旋转喷雾干燥法脱硫效的影响因素，主要有钙硫比、吸收塔出口烟气温度和灰渣再循环。

(1) 钙硫比

此法脱硫效率是随着钙硫比的增加而提高的，最后趋于平稳。在脱硫系统运行中，当钙硫比小于 1，即所提供的吸收剂份额不足以使烟气中含有的 SO_2 完全反应时，吸收剂（$Ca(OH)_2$）的喷入量将起控制作用，脱除 SO_2 的量几乎与随喷入吸收剂量的增加成正比关系增加；当钙硫比大于 1，即喷入的吸收剂过重时，进料率、含固率、黏度及反应生成物浓度也随之同时增大，这有碍于 SO_2 的脱除反应，脱硫效率的提高逐渐减缓，最后趋于饱和。因此，对于不同系统的脱硫系统都一个合适的钙硫比范围，在此范围内运行，运行费用较低。

（2）吸收塔出口烟气温度

在脱硫系统的其他条件相同或接近时，吸收塔出口烟气温度越低，说明喷入浆液的含水量越大，从而使其蒸发率降低而延长了 SO_2 脱除反应时间，有利于 SO_2 的吸收。此外，雾滴的干燥速度还与烟气中水蒸气分压力有关，当水蒸气分压力接近相同温度下的饱和蒸汽压时，将会大大延长吸收 SO_2 的时间，使其脱硫效率有明显提高。

（3）灰渣再循环

在喷雾干燥吸收塔和除尘器底部收集的灰中，尚残存有相当数量的吸收剂，因此在吸收剂浆液中掺入一部分灰渣，即灰渣再循环，将可进一步提高吸收剂的利用率。同时，也改善了传质传热条件，有利于雾粒干燥，从而减少吸收塔壁面结垢现象的发生。

最后需要说明的是半干法烟气脱硫除了上述典型的旋转喷雾干燥法，还有半干半湿法、粉末-颗粒喷动床半干法及烟道喷射半干法烟气脱硫等多种，其工作原理、工艺流程以及优缺点，可查阅相关资料和书籍。

四、干法烟气脱硫

干法烟气脱硫，指的是用干态的粉状或粒状的吸收剂、吸附剂或催化剂将烟气中所含 SO_2 得以脱除的净化技术。最常用的脱硫剂为石灰石粉、活性炭，以 SO_2 为载体的 V_2O_5、K_2SO_4 等催化剂。

与常规湿式烟气脱硫相比，干法烟气脱硫的优点有无污水和废酸排出、设备腐蚀小、不易发生结垢和塔塞、烟气在净化过程中无明显降温、净化后烟温高，无需设置再加热器即可直接送入烟囱排放扩散；投资费用较低、占地小、适用老厂烟气脱硫改造，较宽的脱硫率范围使其具有较强的适应性，能满足不同类型锅炉烟气脱硫的需要；易于国产化，运行可靠，便于应用和维护管理。但它的吸收剂利用率较低，用于高硫煤时经济性差；飞灰与脱硫反应物相混不利于综合利用。

1. 烟气循环流化床脱硫

烟气循环流化床脱硫技术有多种工艺，此处介绍的是单台可配锅炉容量为 5～30MW 的回流式烟气循环流化床脱硫。它具有干法脱硫的许多优点：投资少、占地面积不大及流程简单等，而且可以在钙硫比很低的情况下达到与湿法脱流技术相近的脱硫效率，吸收剂选用范围也广，如消石灰、生石灰及焦炭等。

（1）回流式脱硫工艺流程

回流式烟气循环流化床脱硫系统主要由吸收剂制备、吸收塔、吸收剂再循环系统、除尘器以及控制设备等几个部分组成，其工艺流程如图 11-17 所示。

来自锅炉的烟气从除尘器前或除尘器后引入吸收塔。通常在吸收塔底部装设一文丘里装置将烟气加速，使之与粒度很细的吸收剂相混合，吸收剂与烟气中的 SO_2 发生反应生成 $CaSO_3$。携带有大量脱硫反应产物（固体颗粒）的烟气从吸收塔部分排出而进入除尘器。在这吸收剂再循环的除尘器中，将烟气所携带的大部分颗粒分离出来，其中一部分脱硫灰经过中间仓返回吸收塔再循环利用。

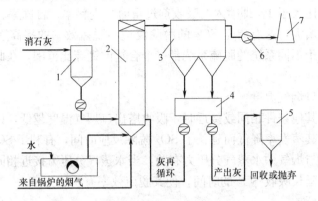

图 11-17　回流式烟气脱流工艺流程

1—消石灰仓；2—回流式循环流化床（吸收塔）；3—布袋/电除尘器；

4—中间仓（灰斗）；5—灰库；6—引风机；7—烟囱

从底部进入吸收塔的烟气和吸收剂颗粒在向上运动时，会有相当一部分烟气产生回流，形成很强的内部湍流，从而增强了烟气和吸收剂的接触并延长了吸收反应时间，极大地改善了脱硫过程，使吸收剂的利用率和脱硫效率得以显著提高。此外，由于吸收塔内产生回流，使得吸收塔出口烟气的含尘量大为下降，减轻了除尘器的负荷。

回流式烟气循环流化床脱硫，烟气在吸收塔底部进入时需喷入一定量的水，一是为了降低烟气温度，二是增加烟气中水分的含量。这是提高烟气脱硫效率的关键。

（2）回流式脱流工艺特点

1）回流式脱硫装置操作简便，要求空间小，其吸收塔直径仅为相同容量喷雾干燥吸收塔的 1/2 左右。

2）没有喷浆系统及喷嘴，仅只需喷入水或蒸汽。

3）与常规循环流化床及喷雾干燥吸收塔相比，吸收剂的耗量有极大降低。

4）运行的灵活性高，可适用不同 SO_2 含量的烟气及负荷变化要术。

5）由于结构简单、吸收剂耗量少、维修养护工作量不大，投资和运行费用较低，约为石灰-石膏脱硫工艺的 60%。

6）占地面积小，适合新机组，特别是中、小型锅炉的烟气脱硫改造。

（3）影响脱硫效率的因素

烟气循环流化床脱硫效率的影响因素，主要有床层温度、钙硫比、脱硫剂粒度和反应活性等。

循环流化床作为脱硫反应器（吸收塔）的最大优点是可以通过喷水将床温控制在最佳的反应温度状态，以利达到最好的气固之间紊流混合，并不断击碎剥去反应生成物外壳而暴露出未反应的吸收剂新表面；同时，通过固体物料的多次循环使脱硫剂具有很长的停留时间，因此大大提高了脱硫剂的钙利用率和吸收反应塔的脱硫效率。所以，循环流化床干法烟气脱硫系统能够处理高硫煤的脱硫，当钙硫比在 1.3～1.5 时，脱硫效率可达 90% 以上。

烟气循环流化床脱流的钙硫比和床内固气比或固体颗粒浓度是保证脱硫系统良好运行的重要参数。在系统运行中，钙硫比大小根据吸收反应塔进口烟气流量及烟气中所含原始 SO_2 浓度，调节控制消石灰（吸收剂）的供给量来达到。床内必需的固气比，则是通过调节分离器和除尘器下所集的飞灰排量，以控制返回吸收反应塔的再循环干灰量来实现。

2. 烟气荷电干式吸收剂喷射脱硫

传统的干式吸收剂喷射脱硫技术，是在烟气中喷入碱性吸收剂，与烟气中的 SO_2 发生吸收化学反应，生成反应产物硫酸盐或亚硫酸盐。由于固体与气体发生化学反应的速度有限，反应所需时间一般都很长，而且固态粉粒常常容易结块聚团使其反应表面积大为缩小，所以这种传统干法烟气脱硫的效率较低，一般在 20％ 以下。

烟气荷电干式吸收剂喷射脱硫，是一种使吸收剂颗粒带静电荷参与脱硫反应的技术。这个脱硫系统主要由吸收剂喷射装置、吸收剂供给、SO_2 检测仪和计算机控制等几部分组成。

荷电干式脱硫的吸收剂，以高速流过喷射装置产生的高压静电电晕充电区，使其获得强大的静电荷（通常为负电荷）。如此，经由喷管喷射到烟气中的吸收剂颗粒，因均带同性电荷而相互排斥，很快在烟气中扩散呈均匀的悬浮状态，以致使每个吸收剂粒子的表面积充分裸露无遗，极大地增加了与烟气中 SO_2 的反应机会，脱硫效率得到显著提高。与此同时，荷电的吸收剂粒子活性也大为提高，缩短了与 SO_2 的吸收反应时间，一般仅需约 2s 即可完成化学反应，从而有效地提高了 SO_2 的去除率。

除此，烟气荷电干式吸收剂喷射脱硫系统，对亚微米级 PM_{10} 小颗粒的清除效果也很好。因为带荷电的吸收剂粒子有将这些微粒吸附到自己表面的能力，逐而形成较大颗粒，从而使烟气中尘粒的平均粒径增大，相应地提高了除尘器清除亚微米级颗粒的效率。

3. 烟气固相吸附-再生脱硫

利用吸附原理脱除锅炉烟气中 SO_2 的常用吸附剂有多种，如活性炭、分子筛和硅胶等。按照吸附设备的形式不同，分固定床和移动床两种；根据吸附剂再生方式和目的的不同，又有多种多样的吸附工艺流程。下面仅介绍一种应用较多的活性炭加氨的吸附-再生法。

(1) 吸附脱硫原理

活性炭是一种多孔径的炭化物，有极丰富的孔隙构造，具有良好的吸附特性，其比表面积达 $1000m^2/g$ 之多。它的吸附作用籍物理及化学的吸附力而构成。

活性炭脱硫反应过程可分为三个步骤：SO_2、O_2 及 H_2O 从烟气中扩散传质到活性炭颗粒表面；再从表面继续向颗粒内部微（细）孔中直至表面吸附部位；最后在表面吸附部位被吸附、催化氧化及硫酸化。

当烟气中没有氧和水蒸气存在时，用活性炭吸附 SO_2 仅为物理吸附，吸附量较小；当烟气中有氧和水蒸气存在时，在物理吸附的过程中还发生化学吸附。这是因为活性炭表面具有催化作用，使吸附的 SO_2 被烟气中的 O_2 氧化为 SO_3，SO_3 再与水蒸气反应生成硫酸，此时吸附量大大增加。

烟气中加入氨气，大部分与硫酸反应生成硫酸铵，其余部分未反应的氨还可以与 NO_x 反应生成 N_2。

活性炭加氨的吸附烟气脱硫化学反应为

$$2SO_2 + O_2 + 2H_2O \rightleftharpoons 2H_2SO_4$$

$$NH_3 + H_2SO_4 \rightleftharpoons NH_4HSO_4$$

$$4NH_3 + 4NO + O_2 \rightleftharpoons 2N_2 + 6H_2O$$

此法的脱硫率可达 95%，脱硝率为 50%～80%。

（2）活性炭洗涤再生

活性炭吸附 SO_2 后，在其表面形成的硫酸会渗透扩散入活性炭的微孔中，使其吸附 SO_2 的能力下降。因此，必需要将存在于微孔中的硫酸清除，使活性炭再生重获吸附活性。活性炭再生的方法有两种，即洗涤再生和加热再生，其中以洗涤再生较简单、经济。

洗涤再生利用水来洗涤活性炭床层，使其存在于微孔内的酸液不断地排除去，从而恢复活性炭的吸附能力。由于在脱硫反应过程中形成于活性炭微孔中的稀硫酸几乎全部以离子态形式存在，而活性炭的吸附是具有选择性的，它对这些离子的吸附能力很弱，所以用水洗涤利用其造成的浓度差扩散即可使活性炭得到再生。

（3）固定床吸附脱硫工艺流程

活性炭吸附脱硫工艺流程有固定床和移动床之分，图 11-18 所示为活性炭固定床吸附脱硫的典型工艺流程。

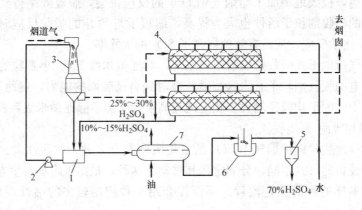

图 11-18　活性炭固定床吸附 SO_2 流程
1—液槽；2—泵；3—文丘里洗涤器；4—吸收塔；5—过滤器；6—冷却器；7—硫酸浓缩器

为了保证和改善活性炭吸附反应条件，来自锅炉的烟气先经文丘里洗涤器除尘，使其含尘量降至 $0.01～0.02g/m^3$ 后再送入活性炭吸附塔，SO_2 被活性炭吸附而生成硫酸。吸附塔可以并联或串联运行，并联时脱硫效率约为 80%，串联运行时可达 90% 左右。当各个吸收塔吸附 SO_2 达到饱和后，轮流进行洗涤再生——从吸附塔顶部连续喷水洗涤活性炭表面的硫酸，使其脱附再生，并生成浓度成 10%～15% 的硫酸溶液，流入再循环液槽。稀硫酸溶液在再循环液槽与文丘里洗涤器之间循环，不断洗涤并吸收流经文丘里洗涤器的烟气中的 SO_2，使硫酸溶液的浓度逐渐增高至 25%～30%。脱硫净化后的烟气，通常要经加热使其温度高于露点温度 10℃ 以上，由引风机送入烟囱排于大气。

活性炭洗涤再生过程的用水量一般为活性炭重量的 4 倍，洗涤时间为 10h，可得到浓度为 10%～20% 的硫酸，再经硫酸浓缩器浓缩至浓度为 70% 的硫酸，可作为商品供应用户。

第四节　锅炉烟气脱氮

氮氧化物（NO_x）是 N_2O，NO，NO_2，N_2O_3，N_2O_4 和 N_2O_5 的总称。存在于空气中的主要是 N_2O，NO 和 NO_2，其中 NO 和 NO_2 主要来自燃料燃烧，NO 在 NO_x 的组成中占 90%～95%。当它排入大气后，经光化学作用被氧化为 NO_2，它不但是形成酸雨的主要因素，也是环境空气的主要污染物。因此，烟气脱硝后排放是改善大气质量和保护环境重要手段。

与烟气脱硫一样，烟气脱氮首先应通过改进燃烧方式和生产工艺脱氮，在源头上减少和抑制 NO_x 的产生，如采用低 NO_x 燃烧技术；其次，尾端治理，即采取各种先进、经济的技术手段进行烟气脱氮或称烟气脱硝，这是目前 NO_x 控制措施中最重要的方法。

一、低 NO_x 燃烧技术

尽管对氮氧化物形成机理的说法不一，但以下几点是共识的：燃料含氮量越多、燃烧时供氧越充足、燃烧时温度越高、燃料在高温区停留的时间越长以及锅炉负荷越大与燃料量越大，则 NO_x 生成的机会和量就越多。本着这些原则，目前常采用以下几种低 NO_x 燃烧技术，以期有效减少 NO_x 的生成。

1. 低氧燃烧技术

氮氧化物是燃料中的氮与空气中的氧在燃烧过程中形成的。减少或抑制它的生成，主要途径一是降低燃烧温度，二是在保证燃料正常燃烧的条件下，减少燃料周围的氧浓度。低氧燃烧实质上是一种燃料燃烧供氧控制技术。

为了实现低氧燃烧，可以采取多种方式来降低燃烧区和整个炉膛的氧浓度。其中采用低空气过量系数，是一种最为简单的低氧燃烧技术，它使燃料的燃烧过程在尽可能接近理论空气量的条件下进行，由于燃烧中过量氧的减少，从而实现了低氧燃烧。过量空气系数对 NO_x 的生成量的影响很大，低氧燃烧 NO_x 生成量少，一般将过量空气系数控制在 1.02～1.05。

实现低氧燃烧，必须准确控制燃料与空气的分配，使燃料和空气混合均匀。如果过量空气系数过小，即炉内氧气浓度过低，则会使 CO 浓度剧增，从而增大固体和气体不完全燃烧损失。采用低氧燃烧技术可使 NO_x 排放量降低 15%～20%。

2. 空气分级燃烧法

通过送风方式的控制，降低燃烧中心的氧气浓度，抑制主燃烧区 NO_x 的形成。燃料完全燃烧所需的空气由燃烧中心和其他不同部位送入，保证燃料烧尽（图 11-19）。在主燃烧区，由于风量减少，形成了相对低温；贫氧而燃料的区域，燃烧速度减慢，且燃料中的氮大部分分解为 HCN，HN，CN 和 CH 等，使 NO_x 分解，有效抑制了 NO_x 的生成。

当空气垂直方向分级时，常用的方法是将部分二次风移动燃烧器上部，并适当拉开距离，从而使下部主燃烧区的过量空气减少，提高煤粉浓度，使其处于缺氧燃烧状态。由于上部的二次风的送入，会进一步使燃料燃尽。垂直空气分级，可使 NO_x 的生成量降低 30%。

如果水平空气分级，使部分二次风射流偏向炉膛，远离燃料中心，延迟煤粉与空气的混合，这样就减少了火焰中心的氧量，从而减少 NO_x 的生成，而且还可避免水冷壁附近

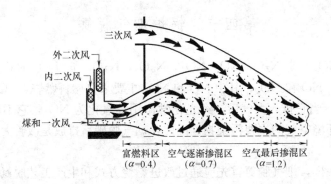

图 11-19　空气分级燃烧示意图

形成还原性气氛，使水冷壁的高温腐蚀大为减弱。

　　采用空气分级燃烧法，既有效减少了 NO_x 的生成，同时也保证了较高的锅炉效率。但需注意的是，必须合理设置分段送风的位置和配风的比例。如若风量分配不当，将会造成锅炉燃料燃烧的固体和气体不完全燃烧热损失的增大，严重时还会引起受热面结渣，影响换热效果。

　　3. 燃料分级燃烧

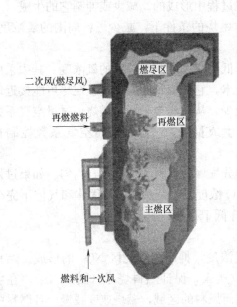

图 11-20　燃料分级燃烧原理示意图

　　除了组织沿锅炉炉膛高度和水平方向的空气分级燃烧，燃料分级燃烧是又一种降低燃煤锅炉 NO_x 排放的燃烧技术。燃料分级燃烧，是指供锅炉燃烧的燃料分两段供给的燃烧方式，又称再燃烧技术。它的特点是将炉膛沿高度方向分为下、中、上三个区域（图 11-20），即主燃区、再燃区和燃尽区。在主燃区送入全部燃料的 $80\% \sim 85\%$，采用常规的低过量空气系数（$\alpha \leqslant 1.2$）燃烧，是氧化性或还原性气氛；在再燃区把余下的 $15\% \sim 20\%$ 全部送入，此处不供空气使其形成很强的还原性气氛（$\alpha = 0.8 \sim 0.9$），新生成的碳氢原子团与主燃区生成的 NO_x 反应而还原为 N_2；在燃尽区，则送入二次风维持正常的过量空气系数（$\alpha = 1.1$）的条件下，使得再燃燃料燃烧完全。在燃尽区送入的这部分空气，也被称为燃尽风。燃尽过程中虽会重新生成少量的 NO，但总体来看，采用燃料分级燃烧技术后，煤粉炉最终 NO_x 排放会大大降低。

　　如若采用天然气或超细煤粉作为再燃燃料，不仅可以减少未完全燃烧损失，而且降低 NO_x 的效果更好，脱除率可达到 70%。燃料分级燃烧（再燃）与还原 NO_x 技术是诸多降低 NO_x 方法中最为有效的措施之一，我国已将其列为"863"计划项目，目前相关单位正在着力深入研究之中。

4. 烟气再循环法

烟气再循环法是抽吸部分烟气，直接送入炉膛或与一、二次风混合后通过燃烧器进入炉膛。这样由于炉内烟气量的增多，使燃烧温度下降；同时，送入空气中的氧浓度降低，呈低氧状态；引入再循环的这部分烟气中含有不少惰性气体，起着抑制反应速度的作用。以上三方面的原因，导致 NO_x 生成量的减少。对于燃煤锅炉和燃气锅炉，NO_x 的降低率可分别达到 20％和 50％。

炉外烟气再循环固然可以有效降低 NO_x 的生成与排放，但由于风机不能承受高温，需先冷却烟气再进再循环风机或添置耐高温的再循环风机；对燃烧器而言，出口速度的增大，有时会引起脱火和燃烧的不稳定；对于锅炉受热面，烟速的增大其烟气阻力也随之增大。因此，再循环的烟气量必须加以控制，不得过大，一般再循环烟气量占总烟气量的比例（再循环率）不得超过 30％。为了保证燃烧的稳定，大型燃烧设备的再循环率通常控制在 15％～20％，NO_x 排放浓度可降低 25％左右。

烟气再循环法降低 NO_x 排放的效果与烟气再循环率有关，它随烟气再循环率的增大而提高，并且燃烧温度越高，烟气再循环率对减少 NO_x 生成的作用越显著。如烟气再循环法与空气分级燃烧法同时采用，其 NO_x 的排放量可减小 50％以上。

5. 浓淡燃烧法

浓淡燃烧法是将锅炉的一次风分成浓淡煤粉的两股气流，利用浓煤粉气流着火稳定性好的特点来提高燃烧器的着火稳燃能力，且浓煤粉气流是呈富燃料燃烧，挥发分析出速度加快，造成挥发分析出区缺氧，使已生成的 NO_x 还原为 N_2。淡煤粉气流为贫燃料燃烧，会生成一部分燃料型 NO_x，但由于温度不高，它所占的份额不多。

浓淡两股煤粉气流通常均偏离各自的燃烧最佳化学当量比，这样既确保了燃烧初期的高温还原性火焰不致过早地与二次风接触，使火焰内的 NO_x 还原反应得以充分进行，有效抑制和减少了 NO_x 的排放；同时挥发分的快速着火，既可使火焰温度能维持在较高的水平，又防止了不必要的燃烧延缓，从而保证煤粉颗粒的燃尽，提高了燃烧效率。

6. 应用低氧燃烧器

图 11-21 所示为一燃用煤气的新型低氧燃烧器结构图。它将收缩-扩张结构用于燃烧器的空气通道。在势能不变的情况下，供应燃烧所需的空气经过缩放通道的喉部时压力向

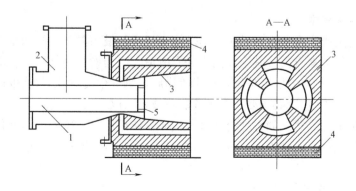

图 11-21　新型低氧燃烧器结构

1—煤气通道；2—空气过道；3—烧嘴砖；4—炉墙；5—煤气喷嘴

动能转化，故在此形成负压区。由于喉部有与炉膛相通的通道，所以空气通过这个缩放通道就能卷吸大量烟气。如此，可以使喷嘴喷出的压缩空气与其被诱导的烟气充分混合，从而保证供给燃烧的空气在燃烧之前就被稀释到低氧浓度状态。

与传统的燃烧器相比，低氧燃烧器能在喉部形成负压，大量卷吸炉膛内的烟气，增大了烟气再循环率；卷吸的烟气能与空气充分混合，较大幅度地降低了燃烧区及整个炉膛中的氧浓度，实现了低氧燃烧，卷吸的烟气再次预热了空气，温度更为均匀，使燃烧愈加稳定。更为重要的是低氧燃烧器的应用，有效降低了整个炉膛中氧和氮的浓度，同时也降低了火焰中心的最高温度，扩大了火焰体积，使得 NO_x 的生成量大为减少，有利于环境保护。

7. 低 NO_x 燃烧技术要点

上述各种旨在有效降低 NO_x 生成和排放的燃烧技术，其技术要点和存在问题列于表 11-12。

低 NO_x 燃烧技术   表 11-12

燃烧方法		技术要点	存在问题
空气分级燃烧		燃烧器的空气为燃烧所需空气的 85% 其余空气通过布置在燃烧器上部的喷口送入炉内，使燃烧分阶段完成从而降低 NO_x 产生量	二段空气量过大会使不完全燃烧损失增大，一般二段空气为空气总量的 15%～20%。煤粉炉由于还原性气氛易结渣或引起腐蚀
燃料分级燃烧		将 80%～85% 的燃料送入主燃区，在 $\alpha \geqslant 1$ 的条件下燃烧；其余 15%～20% 的燃料在主燃烧器上部送入再燃区，在 $\alpha < 1$ 的条件下形成还原性气氛，将主燃区生成的 NO_x 还原为 N_2，可减少近 80% 的 NO_x	为减少不完全燃烧损失，须加空气对再燃区的烟气进行三段燃烧
排烟再循环法		让一部分温度较低的烟气与燃烧用空气混合，增大烟气体积和降低氧气的分压，使燃烧温度降低从而降低 NO_x 的排放浓度	由于受燃烧稳定性的限制，一般再循环烟气率为 15%～20%。投资和运行费较大，占地面积大
浓淡燃烧法		装有两个或两个以上燃烧器的锅炉，部分燃烧器供给所需空气量的 85%，其余部分供给较多的空气，由于均偏离理论空气当量比，供 NO_x 降低	局部产生还原性气氛
低氧燃烧器	混合促进型	改善燃料与空气的混合，缩短在高温区的停留时间，同时可降低氧气剩余浓度	需要精心设计
	自身再循环型	利用空气抽力，将部分炉内烟气引入燃烧器，进行再循环	燃烧器结构复杂

二、烟气脱氮技术

氮氧化物的生成速度和生成量主要与燃烧火焰中的最高温度、氧和氮的浓度及气体在高温区停留时间等因素有关，其中以温度的影响最大。但设法降低燃料燃烧时温度、改进燃烧方式，包括采用各种低 NO_x 燃烧技术等措施，烟气中的 NO_x 含量也仅能减少一半左右。剩下的另一半 NO_x 则必须要依靠烟气脱氮技术予以除去。

可供供热锅炉烟气脱氮的方法有多种，按照其作用原理，主要分为催化还原、吸收和吸附三类；按照工作介质的不同，可分干法和湿法烟气脱氮两类。目前，干法烟气脱氮占主流地位。

1. 干法烟气脱氮技术

干法烟气脱氮是用还原剂在有催化剂存在的情况下，将 NO_x 还原为 N_2 和 H_2O。干法烟气脱氮技术包括采用催化剂来促使 NO_x 还原反应的选择性催化还原法、非选择性催化还原法、选择性非催化还原法、活性炭/焦吸附法以及等离子法和同时脱硫脱氮法等，许多新的方法也正在积极地研发之中。

（1）选择性催化还原烟气脱氮（SCR）

在催化剂的作用下，利用还原剂将烟气中的 NO_x 还原为 N_2 的脱氮方法。按还原剂是否与废气中的 O_2 发生反应，分为非选择性催化还原和选择性催化还原法脱氮两种。前者含 NO_x 的烟气在一定温度和催化剂的作用下和还原剂发生反应，将其中的 NO 和 NO_2 还原为 N_2，同时还原剂还与烟气中的 O_2 反应生成 H_2O 或 CO_2；后者则除了脱氮，而不和 O_2 发生反应被氧化。

SCR 催化剂是 SCR 系统的核心，其作用是控制反应速度，加快需要的反应发生，抑制不需要的副反应发生。选择性催化还原烟气脱氮的催化剂使用的活性物质，主要是过渡金属元素（氧化物），如 V_2O_5 和 WO_3，MoO_3 等，载体为 TiO_2。催化剂一般在 $300\sim420℃$ 时脱氮效率高，选择性好，抗毒性强，运行可靠。

可用于脱氮的还原剂很多，如 H_2，CO，烃类和 NH_3 等，其中用得最多的还原剂是 HN_3。

当用 NH_3 作为脱氮的还原剂时，在催化剂的作用下，NH_3 会和 NO_x 及烟气中含有少量 O_2 发生还原反应，其化学反应方程式为

$$4NH_3+4NO+O_2=4N_2+6H_2O$$
$$4NH_3+2NO_2+O_2=3N_2+6H_2O$$

在反应过程中，NH_3 可以选择性地和 NO_x 反应生成 N_2 和 H_2O，而不是被 O_2 所氧化。因此，这种还原反应称为具有"选择性"的脱氮反应，脱氧率最高可达 80％以上。

选择性催化还原脱氮系统，主要由液态氨储罐、空气混合器、喷射器、催化反应器、氨传感器和控制器等组成。由液氨储罐来的氨液蒸发为氨气，在空气混合器中按比例和空气混合被配制成一定浓度的 NH_3，经由喷射器均匀地送入催化剂反应器（图 11-22），在此与流经反应器的锅炉烟气进行还原脱氮反应，除去 NO_x，生成氮和水。进入空气混合器的空气量，是由安装在催化反应器烟气出口处（脱氮反应末端）的氨传感器测量烟气中剩余氨气浓度，并将其数据信号传输给控制器进行分析计算确定，从而保证输入催化反应器的氨气合理浓度。

烟气为非清洁气体，气流中含有尘粒、水雾和二氧化硫，因此脱氮前要求先除尘和脱硫。另外，脱氮催化剂的选择，要考虑它应具有一定的活性温度范围，保证锅炉负荷变化时也有较高的脱氮能力；对烟气中的二氧化硫不敏感，氧化作用小，以防止在催化作用下生成亚硫酸盐使其"中毒"；能经得起烟气中固体颗粒物的撞击摩擦。选择性催化还原烟气脱氮技术中常用的催化剂是钛、铝等金属氧化物为活性物质，固定在板状或蜂窝状的反应器元件表面上。

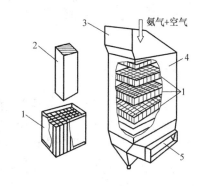

图 11-22　催化反应器结构
1—反应器组件；2—反应器元件；3—烟气进口；
4—催化还原反应器；5—烟气出口

催化还原烟气脱氮的效果好坏，其影响因素主要是反应温度和催化剂的特性。采用不

同的催化剂，其最佳的控制温度不同，一般最佳反应温度范围在 $250\sim400℃$ 之间。

SCR 目前已成为世界上应用最多、最为成熟且最有成效的一种烟气脱氮技术，它对锅炉烟气 NO_x 控制效果十分明显，占地小，易于操作，可作为我国燃煤电站锅炉控制 NO_x 污染的主要技术手段之一。同时，SCR 技术消耗 NH_3 和催化剂，也存在运行费用高、设备投资大的缺点。

（2）选择性非催化还原烟气脱氮（SNCR）

选择性催化还原烟气脱氮所消耗的催化剂费用，约占系统初投资的 40%，运行成本高，且很大程度上受催化剂寿命所左右。选择性非催化还原烟气脱氮技术是一种不用催化剂、在 $850\sim1100℃$ 温度范围内还原 NO_x 的方法，还原剂常用的是氨或尿素。

此项干法脱氮技术是将还原剂喷入炉内温度为 $850\sim1100℃$ 的区域（炉膛或蒸汽过热器之后，见图 11-23），还原剂被迅即热分解为 NH_3 并与烟气中的 NO_x 进行还原反应，生成 N_2 和 H_2O。该方法以炉膛为反应器，可通过对锅炉进行改造实现。

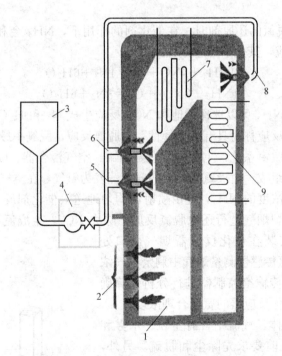

图 11-23　选择性非催化还原工艺布置图

1—锅炉；2—燃烧器；3—氨或尿素储槽；4—计量组件；5—喷射点 1；

6—喷射点 2；7—蒸汽过热器；8—喷射点 3；9—省煤器

在炉内 $850\sim1100℃$ 这一狭窄的温度范围（也称温度窗口）内，在没有催化剂作用的情况下，氨或尿素等氨基还原剂有选择性地还原烟气中的 NO_x，它基本上不与烟气中的 O_2 反应，主要化学反应方程式为

当还原剂为氨时

$$4NH_3+4NO+O_2=4N_2+6H_2O$$
$$4NH_3+2NO+2O_2=3N_2+6H_2O$$

$$8NH_3 + 6NO_2 = 7N_2 + 12H_2O$$

当还原剂为尿素时

$$(NH_2)_2CO = 2NH_2 + CO$$

$$NH_2 + NO = N_2 + H_2O$$

$$CO + NO = N_2 + CO_2$$

SNCR 工艺的 NO_x 脱除效率主要取决于反应温度、NH_3/NO_x 摩尔比（化学当量比）、混合程度和反应时间等。其中至关重要的是还原反应时的温度。还原剂在炉膛喷入点的选择（图 11-23），其实就是反应温度窗口的选择，是 SNCR 还原 NO_x 效率高低的关键。研究表明，SNCR 工艺的最佳反应温度是 950℃。若还原反应温度过低，由于停留时间的限制，会使反应不充分，不仅造成 NO_x 的还原率较低，还会因未参与反应的 NH_3 的增加而造成 NH_3 的泄漏，遇到 SO_2 会生成亚硫酸铵和硫酸铵，容易发生空气预热器的堵塞和腐蚀现象。当反应温度过高时，NH_3 则容易被氧化：

$$4NH_3 + 5O_2 = 4NO + 6H_2O$$

抵消了 NH_3 的脱氮效果。

根据运行实践，选择性非催化还原烟气脱氮技术的脱氮效率，一般为 25%～35%，且大多用作低 NO_x 燃烧技术后的二次处理。

SNCR 反应物储存和操作系统与选择性催化还原烟气脱氮技术（SCR）相似，一般在脱氮效率要求不高的场合使用，其特点是：它不需要改变现有锅炉的辅助设备，只需增加氨和尿素储槽，氨和尿素喷射装置及其喷口即可；系统结构比较简单，运行中无需价格昂贵的催化剂，投资和运行费用比 SCR 低；烟气阻力小，对锅炉正常运行的影响不大；占地小，氨和尿素储槽体积不大，可以设置在锅炉钢架之上而不需额外占地。但 SNCR 脱氮效率低，特别是燃油锅炉；对反应温度要求严格，过高或过低都会降低脱氮效果；气相反应难以保证充分的混合，氨液消耗量大，NH_3/NO_x 摩尔比高；氨的泄漏量较大，不仅污染大气，还会与 SO_2 反应生成亚硫酸铵和硫酸铵，容易使空气预热器堵塞，增大烟气系统的阻力。

表 11-13 列示了 SCR 和 SNCR 脱氮工艺的脱除效率、操作温度及投资费用等多方面的比较。

1-8　SCR 工艺与 SNCR 工艺的比较　　　　　　　　　　表 11-13

工艺名称	选择性催化还原	选择性非催化还原
NO_x 脱除效率（%）	70～90	30～80
操作温度（℃）	200～500	800～1000
NH_3NO_3 摩尔比	0.4～1.0	0.8～2.5
氨泄漏（$\mu L/L$）	<5	5～20
总投资	高	低
操作成本	中等	中等

为了综合利用 SNCR 和 SCR 两种脱氮工艺的优点，可在一个烟气脱氮系统中同时使用——SNCR/SCR 联合工艺（图 11-24）。它是把 SNCR 工艺的还原剂喷入炉膛脱氮技术同 SCR 工艺利用逸出氨进行催化还原反应结合起来，从而进一步提高脱除 NO_x 的效果。换言之，SNCR/SCR 联合就是将 SNCR 工艺的低费用特点同 SCR 工艺的高效脱氮率及低氨逸出率进行了有效结合。该联合工艺早在 20 世纪 70 年代在日本一座燃油装置上进行实

验，试验结果表明该技术的可行性，NO 的脱除率由 30%～40% 提高到 50%～60%，氨的逸出量由 5×10^{-6}～25×10^{-6} 下降到不大于 5×10^{-6}。

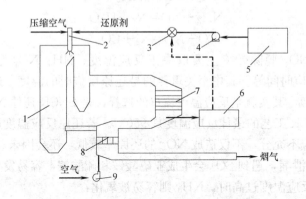

图 11-24　SNCR/SCR 联合工艺脱氮流程

1—锅炉；2—喷射器；3—控制器；4—泵；5—氨或尿素储槽；

6—NO_x 检测传感器；7—催化反应器；8—空气加热器；9—风机

2. 湿法烟气脱氮技术

由于锅炉烟气中氮氧化物的绝大部分是 NO，它基本上不与水及碱作用，在水中的溶解度很低。因此，湿法烟气脱氮不能简单地采用洗涤的办法，而是必须先将 NO 氧化为 NO_2，而后用水或碱性溶液吸收将其除去。目前，湿法烟气脱氮技术主要有氧化吸收法、还原吸收法和络合吸收法等。

（1）氧化吸收法

锅炉烟气中的 NO 不可能全部被氧化为 NO_2。研究表明，吸收等分子的 NO 和 NO_2 比单独吸收 NO_2 更容易、吸收反应的速度更快，究其原因是 $NO+NO_2$ 生成的 N_2O_3 溶解度较大，与 H_2O 可迅即生成亚硝酸（HNO_2），而 HNO_2 的溶解度更高。所以，为了提高吸收 NO_x 的效率，通常需要把烟气中的 NO 氧化到 NO_2 与 NO 之比等于 1.0～1.3。

在低浓度下，NO 的氧化速度非常缓慢。因此 NO 的氧化速度对氧化吸收法烟气脱氮的速度起着决定性作用，需要使用催化剂来加速氧化或用氧化剂直接氧化。氧化剂有气相和液相之分，气相氧化剂有 O_2，O_3，Cl 和 ClO_2 等；液相氧化剂有 HNO_3，$KMnO_4$，$NaClO_2$ 和 H_2O_2 等。以 NO 和 H_2O_2 为例，它们在水溶液中将发生如下反应：

$$2NO+H_2O_2=2HNO_3+2H_2O$$

这个反应为快速不可逆反应。通过这一反应，不溶于水，NO 被氧化成为硝酸，从而实现了 NO 的脱除和回收。

氧化吸收法烟气脱氮技术的实际应用，受制于氧化剂的成本。在气相氧化剂中，O_3 和 ClO_2 活性很高，均可在 1s 停留时间内将 NO 氧化为 NO_2，但氧化剂 O_3 的价格昂贵；ClO_2 价格较低，却会产生大量氯化物，给后处理工艺带来困难。在液相氧化剂中，硝酸氧化法成本较低，目前国内硝酸氧化—碱液吸收工艺流程已有实际应用，其他方法均因氧化剂成本和运行费用过高而未能得到广泛应用。

（2）还原吸收法

还原吸收法有气相还原和液相还原之分。前者为先气相还原，后液相吸收，如氨-碱溶液吸收法：先将氨喷入烟气中进行气相还原为 N_2，再让烟气流经吸收塔被碱溶液洗涤而吸收，未反应的 NO_2 与碱溶液反应生成硝酸盐和亚硝酸盐，可作农业生产的肥料。

液相还原吸收，是利用液相还原剂将烟气中的 NO_x 还原为 N_2，而后吸收。常用的还原剂有亚硫酸盐、硫代硫酸盐、硫化物和尿素水溶液等。需要指出的是液相还原剂与 NO 反应生成的是 N_2O，而不是直接还原为 N_2，而且还原反应速度较为缓慢。所以，液相还原吸收法烟气脱氮是必须预先将 NO 氧化为 NO_2 或 N_2O_3。烟气中 NO_x 的还原吸收率是随着它的氧化速度的提高而增大的。为了有效提高其吸收率，也有采用加入添加剂以起催化促效作用，收到较好的效率，脱氮效率可达 $40\% \sim 60\%$。

（3）络合吸收法

前已提及，燃煤锅炉烟气中的 NO_x 绝大部分成分是 NO，占比在 90% 以上，它在水中的溶解度很低，使得气-液传质的阻力大为增加。络合吸收法是 20 世纪 80 年代发展起来的一种同时脱硫脱氮的新工艺，它利用液相络合物吸收剂直接与 NO 反应，增大其在水中的溶解度，使 NO 易于从气相转入液相，特别适合于主要含 NO 的燃煤锅炉烟气的处理。根据实验研究的结果，用于燃煤锅炉烟气处理的 NO 脱除率高达 90% 左右。

目前提供研究用的络合吸收剂主要有 $FeSO_4$，$Fe(II)$-DETA 及 $Co(NH_3)_6$ 等。它们除了脱氮，还有同时脱硫脱氮的作用。如硫酸亚铁络合物吸收剂可以作为添加剂直接加入石灰-石膏法烟气脱硫的浆液中，此时仅需对原有的那套脱硫装置略加改造，即可实现同时脱除锅炉烟气中的 SO_2 和 NO_x，既简便又节约设备投资的费用。

与干法烟气脱氮技术相比，湿法脱氮技术具有工艺设备简单、操作温度低、能耗少和运行费用低等优点，在治理大气污染的工程中具有很大的发展潜力，其中络合吸收法将会是我国湿法烟气脱氮技术的重要一翼。

最后需要重复强调指出，上述各种烟气脱硫脱氮技术措施均在燃料燃烧产生烟气之后实施，是消极、被动的。积极主动的做法应该是变中途或终端（烟气）治理为源头（燃料）治理，大力推广使用优质低硫煤或经洗选的煤——降低硫分和灰分，并采取诸如循环流化床燃烧技术、整体式煤气化联合循环（LGCC）技术等一类洁清燃烧技术和燃煤污染控制技术、包括脱硫、脱氮和低 NO_x 燃烧等。面对我国大气严重污染的现实，除了推广煤炭的清洁生产和清洁利用，更为重要的是必须狠抓产业结构调整和经济发展模式的重大转变，切实执行节能减排政策，实施 SO_2 和 NO_x 排放的总量控制；同时进一步完善和健全现行法律、法规，以保证和促进能源利用过程中的环境保护工作落到实处。

复习思考题

1. 平常所说的锅炉消烟除尘的含义是什么？怎样才能有效地减轻锅炉烟尘造成的危害？

2. 锅炉常用的除尘装置从基本原理上分有几类？为什么在实际运行中除尘效率都达不到设计要求？

3. 一般说来，湿式除尘装置的除尘效果比较好，但为什么不能随便采用？

4. 我国对供热锅炉性能（热经济性、环保、蒸汽品质等）的考核有哪些国家标准？

5. 从哪几方面采取措施以确保供热锅炉符合国家环保法的要求？每一方面的作用是什么？

6. 大气物污染物有哪些？是怎样产生的？各自有何危害？

7. 在锅炉大气污染物排放标准中，为什么对不同锅炉类别、不同地区和不同时段规定有不同的排放限值？

8. 除了《锅炉大气污染物排放标准》，有关环境保护的我国法规和标准还有哪些？你对它们了解了多少？

9. 锅炉为什么要控制二氧化硫的排放？它有何危害？

10. 试述燃料燃烧前和燃烧中的脱硫技术原理、措施和技术要点。

11. 湿式烟气脱硫技术有哪几种？它们各自的原理和工艺流程有何不同？

12. 什么是半干法烟气脱硫？它的工作原理是什么？主要设备有哪些？影响脱硫效率的因素有哪些？

13. 什么是干法烟气脱硫？常用的方法有哪几种？

14. 干法烟气脱硫常用的脱硫剂有哪些？它们各自与烟气中的 SO_2 起什么反应？

15. NO_x 是哪些氮氧化物的总称？其中哪几种对大气质量的危害最大？它们主要来自哪儿？

16. 什么是低 NO_x 燃烧技术？常用的有哪几种方法？各自脱氮的原理是什么？

17. 干法烟气脱氮技术有哪几种？各自有何特点？

18. 湿法烟气脱氮技术有哪几种？各自有何特点？

19. 用于烟气脱氮的还原剂常用的有哪几种？怎样与 NO_x 反应生成无毒无害的 N_2？

20. 什么是终端治理和源头治理？对锅炉而言，如何变消极被动的终端治理为积极主动的防治？具体的办法和措施有哪些？

第十二章　锅炉房设计及汽水系统

锅炉房设计必须贯彻国家的有关方针政策，符合安全规定，节约能源和保护环境，使设计符合安全生产、技术先进、经济合理和确保质量的要求。

锅炉房设计除应遵守《锅炉房设计规范》外，尚应遵循国家现行的有关法规和标准的规定，如《蒸汽锅炉安全技术监察规程》、《热水锅炉安全技术监察规程》、《工业锅炉水质标准》、《建筑设计防火规范》、《锅炉大气污染物排放标准》、《高层建筑设计防火规范》、《建筑设计规范》和《采暖通风与空气调节设计规范》等。

在前述各章中，已对锅炉房工艺设计中涉及的有关内容，如锅炉通风、水处理、燃料供应及除灰渣以及烟气除尘与脱硫脱氮等作了必要的介绍。本章将重点阐述锅炉房工艺设计的原则和方法、锅炉房布置和锅炉房的汽水系统。

第一节　锅炉房设计原则和方法

锅炉房是供热源，是工业企业的重要组成部分。工业锅炉房设计的正确、合理与否，直接关系到整个工程能否早日建成投产，以及投产后能否获得预想的经济效益，甚至还将影响人民生活。因此，必须十分重视和认真做好锅炉房的设计工作，以便对发展社会经济、提高人民生活以及节能减排和保护环境起到应有的积极作用。

一、锅炉房设计的一般原则

众所周知，一个正确的设计，必须符合党和国家的方针政策，这也是鉴别、评价设计质量的重要条件。对于工业锅炉房设计，除了必须贯彻有关基本建设的方针政策外，首要的是严格执行我国的能源发展战略和能源政策。为保证我国经济的可持续发展，到 2020年我国将依靠体制创新、产生结构调整和技术进步实现 GDP 翻两番、能源消费翻一番的宏伟目标。因此，在锅炉房设计中必须注重并切实贯彻能源"节约优先"和环境"保护优先"的方针；要花大力发展区域供热和热电联产，使能量按品位高低得以合理利用。基于我国是世界上少数以煤为主要能源的国家，在今后若干年内供热锅炉的燃料仍将以煤为主，但随着我国城市建设的需要和环境保护要求的提高，燃油、燃气的锅炉日多❶，因此必须重视并认真做好以油、气为燃料的锅炉房设计工作。

一个正确的设计，必须严格遵守安全规程；充分注意废热、余热的利用，实行综合利用；采取有效措施减轻废气、废水、废渣和噪声对环境影响，排出的有害物和噪声应符合有关标准、规范的规定，而且防治污染的工程应和主体工程同时设计。努力改善劳动条件和积极采用成熟可靠、行之有效的先进科学技术，力求使设计做到切合实际、技术先进、经济合理、安全可靠和保护环境。

---

❶　根据 2011 年工业锅炉分类统计，燃油、燃气锅炉已占全国蒸吨数的 13.99%。

同样，一个合理的供热锅炉房设计，应根据城市（地区）或工厂企业（单位）的总体规划进行，做到远近结合，以近期为主，并适当为将来生产发展留有余地，以便节约资金和材料，更好地发挥投资的经济效益。对扩建和改建的锅炉房，应深入现场，调查并弄清原有建筑、设备和库存等情况，本着节约的原则，在合理的条件下充分挖掘潜力，尽可能利用原有建筑物、构筑物、设备和管线，并应与原有生产系统、设备布置、建筑物和构筑物相协调。

通常，当一个工厂（单位）所需的热负荷不能由区域热电站、区域锅炉房或附近其他单位锅炉房供热时，且不具备热电合产的条件时，才应设置锅炉房。

当居住区和公用建筑设施的供暖和生活热负荷不属热电站的供热范围时；当用户的生产、供暖通风和生活热负荷较小，负荷不稳定，年使用时较低，或由于场地、资金等原因，不具备热电联产条件时；当根据城市供热规划和用户先期用热要求需要过渡性供热，以后可作为热电站的调峰或备用热源时，只要上述三种情况具备一种时，可设计区域锅炉房。

二、锅炉房设计程序和方法

锅炉房的整体设计，包括工艺设计、建筑设计、结构设计和自动控制及仪表设计等各个方面。本专业所从事的设计工作，是锅炉房的工艺设计，而且通常也仅限于工厂、企业为供应生产、供暖通风及生活用热而设置的工业锅炉房。可见，一个完整的锅炉房设计，不可能由一个人完成，必须依靠总体规划、建筑结构、给水排水、供暖通风、供电和自动控制及测量仪表等各专业的密切配合，通力协作，是集体智慧和劳动的成果。

锅炉房工艺设计，可按初步设计、技术设计和施工设计三个阶段进行，也可仅按扩大初步设计和技术施工设计两个阶段进行，这主要取决于工程的规模和重要性、技术复杂程度以及设计和施工部门的技术力量。由于技术的进步，设计施工经验的不断积累，现在一般趋向按初步设计和施工图设计两个阶段进行。为了加快设计进度，提高设计质量，在技术复杂的建设项目初步设计过程中，可把主要的技术方案报请有关部门进行中间研究。

初步设计应根据批准的设计计划任务书和可靠的设计基础资料进行。设计基础资料，主要有燃料资料、水质资料、热负荷资料、气象地质水文资料、电力和供水资料、设备材料资料和工厂企业的总平面布置图及地形图等。锅炉房初步设计的内容，包括：

（1）热负荷计算、锅炉选型及台数的确定；

（2）供热系统、热源参数及热力管道系统的确定；

（3）供水及凝结回水系统的确定；

（4）锅炉给水的处理方案及系统的确定；

（5）锅炉排污及热回收系统的确定；

（6）烟气净化措施及烟囱高度的确定；

（7）燃料消耗量、卸装设施、贮存量及煤场和输送方式的确定；

（8）干灰渣量、灰渣的利用、渣场及除灰方式的确定；

（9）综合消耗指标（水、电、汽及燃料消耗）；

（10）图纸计有设备平面布置图、热力系统图和水处理系统图；表格有设备表、主要材料估算表以及经济概算，并按此编制订货清单。

初步设计经有关主管部门批准后，即可进行施工设计，这一阶段的设计工作，主要是绘制施工图，故又名施工图设计。

经验表明，工业锅炉房工艺设计一般可按如下程序进行：

（1）调查研究，熟悉生产工艺，了解生产、供暖通风和生活对供热介质的种类、参数和负荷的要求。

（2）尽可能详细、全面地搜集与工程设计有关的各项基础资料。

（3）拟订设计方案，进行技术经济的分析比较，选定可行的最佳方案。

（4）在方案既定、设备落实的基础上，进行设计计算及绘制施工图。

第二节　锅炉房容量及锅炉选择

一、锅炉房容量的确定

锅炉房设计容量宜根据热负荷曲线或热平衡系统图，并计入管道热损失、锅炉房自用热量和可供利用余热进行计算确定。当缺少热负荷曲线或热平衡系统图时，热负荷可按生产、供暖通风和生活小时最大耗热量，并分别计入同时使用系数确定。

当用户的热负荷变动较大且较频繁，或呈周期性变化时，在经济合理的原则下，宜设置蓄热器。设有蒸汽蓄热器的锅炉房，其设计容量应按平衡后的热负荷进行计算确定。

二、锅炉供热介质和参数的选择

锅炉供热介质的选择，应根据供热方式、介质的需要量和供热系统等因素确定。供供暖通风用热的锅炉房，锅炉宜以热水为供热介质；供生产用汽的锅炉房，锅炉应以蒸汽作为供热介质；同时供生产用汽及供暖通风和生活用热的锅炉房，经技术经济比较后，可选用蒸汽或蒸汽、热水作为供热介质。

锅炉供热参数的选择应能满足用户用热参数和合理用热的要求。但在选择锅炉时，不宜使锅炉的额定出口压力和温度与用户使用的压力和温度相差过大，以免造成投资高、热效率低等情况。在采用蓄热器时，可适当提高锅炉的参数等级。另外，在有条件时，尽量做到从高参数到低参数热能的分级利用，也是合理用热、节约能源的一种有效方法。

三、锅炉型号和台数的选择

在选定锅炉供热介质和参数后，应根据用户的要求和特点选择锅炉型号和决定锅炉的台数。

锅炉的选择，一般还应综合考虑下列要求：

（1）应能有效地燃烧所采用的燃料；

（2）应有较高的热效率，并应使锅炉的出力、台数和其他性能适应热负荷变化的需要；

（3）应有利于环境保护；

（4）应使基建投资和运行管理费用较低；

（5）宜选用容量和燃烧设备相同的锅炉，当选用不同容量和不同类型锅炉时，其容量和类型不宜超过两种。

锅炉台数和单台锅炉容量的选择，应根据锅炉房的设计容量和全年负荷低峰期锅炉机组的工况等因素确定，并保证当其中最大一台锅炉检修时，其余锅炉应能满足连续生产用热所需的最低热负荷及供暖通风、生活用热所需的最低热负荷。

锅炉房的锅炉台数不宜少于 2 台，当选用 1 台锅炉能满足热负荷和检修需要时，可只设置 1 台。锅炉房的锅炉总台数，新建时不宜超过 5 台；扩建和改建时，不宜超过 7 台。

第三节　锅炉房的布置

锅炉房的布置，通常是指锅炉房与所在区域内其他建筑物、构筑物以及堆场之间的布置、锅炉房的建筑形式及其内部各使用场地、房间的布局和锅炉房设备及管道的工艺布置三个方面。锅炉房布置是锅炉房设计中最关键的一项工作，布置的合理与否，对整个锅炉房的基建投资、占地面积、能源消耗以及经常运行的安全性和经济性有重要关系。因此，在设计时应慎重对待，尽可能周密地综合考虑各方面的问题，提出合理、经济的方案。

一、锅炉房的区域布置

一个工厂或一个企业（单位），锅炉房应建在靠近热负荷比较集中的区域，它在总平面上的位置至关重要。设计时，一般会同总图、工艺等有关专业人员和建设单位共同研究，提出方案，从占地面积、运输条件、室外管网、环境保护和维修运行等多种角度进行综合分析比较后确定。

一般说来，锅炉房应临近运输干线，便于燃料贮运和灰渣排除；如有煤气站、铸、锻车间，则往往与之毗邻。所以，锅炉房的区域布置，首先要协调锅炉房与邻近建筑物、构筑物和堆场之间相对位置，然后进行锅炉房所属设施如煤场、干煤棚、输煤设备、渣场、渣塔、除尘等烟气净化装置、烟道、烟囱、排污降温池、凝结水回收池、盐库（或盐液池）和供热管沟等的合理布置。对于采用水力冲渣的锅炉房，通常还有渣沟、沉渣池、灰浆泵房等；对于燃油锅炉房，则有油罐区、日用油罐、油泵房和输油管线；对于燃气锅炉房则有调压站、增压设备、过滤装置和输气管线等。区域布置的基本原则是：遵守有关规范，符合工艺流程，便于运输和维护管理；在占地面积不致过大和实用的前提下，力求布局整齐，外形美观。

锅炉房的位置应有利于减少烟尘和有害气体对居住区和主要环境保护区的影响。全年运行的锅炉房宜位于其全年最小频率风向的上风侧，季节性运行的锅炉房宜位于该季节盛行风向的下风侧。

锅炉房应有利于自然通风和采光，其朝向，即司炉操作一端应尽量避免向西，位于炎热地区的锅炉房尤应注意，加强自然通风以改善劳动条件。司炉操作端或锅炉房辅助间，通常布置为面临厂区干道，以便于出入和增加美观。对于易造成环境污染的除尘装置、烟囱、沉渣池以及排污降温池等一类设施，一般布置在锅炉房后侧，起到遮蔽作用。

煤场、渣场按惯例都布置在锅炉房发展端一侧，但应使煤堆与锅炉房之间保持一定距离，以满足防火要求。灰堆与煤堆之间，灰堆与锅炉房之间，其间距一般不应小于 10m。

锅炉房区域布置，应尽量缩短流程和管线。如将凝结水回收池、盐液池布置在室外，应靠近辅助间一侧设置，以便就近将凝结水送往软化水箱，将盐液送往离子交换器再生。

区域锅炉房位置的选择，除应符合和满足上述条件外，尚应根据区域的供热规划、城市发展规划以及交通和环保等因素确定。

二、锅炉房的建筑形式

容量较大的供热锅炉房，其内一般分为锅炉间、辅助间、风机间及运煤廊等几个部分。锅炉间安装着锅炉，是锅炉房的主体部分；辅助间主要承担给水处理任务，其中除了水处理间、泵房和化验室外，通常还布置有控制室、检修间、仓库、办公室和一些生活设施，如更衣室、浴室及厕所等。它们随锅炉房规模、所在地区和布置方案等具体情况的不同而异，根据实际需要取舍。

蒸汽锅炉额定蒸发量为 1～20t/h、热水锅炉额定出力为 0.7～14MW 的锅炉房，其辅助间和生活间宜贴邻锅炉间一侧，不分开单独布置。蒸汽锅炉额定蒸发量为 35～65t/h、热水锅炉额定出力为 29～58MW 的锅炉房，其辅助间和生活间可单独布置。辅助间通常都与锅炉轴线平行布置，或左或右，主要根据锅炉房在总平面上的位置、区域布置及机械化运煤系统的出入方向而定。辅助间在左，则运煤出入口在右，相对而设，其根本的出发点是便于锅炉房扩建，这样对原有设备的运行影响较小，又不致拆毁辅助间建筑。所以，布置辅助间的一端称为固定端，另一端则称为扩建端或发展端。

锅炉房为多层布置时，其仪表控制室应布置在操作层上，并宜选择朝向较好的部位。化验室应布置在采光较好，噪声和振动影响较小处，并使取样操作方便。

单层布置的锅炉房出口不应少于 2 个，当炉前走道总长不大于 12m 且面积不大于 200m² 时，其出入口可只设 1 个。多层布置的锅炉房各层出入口不应少于 2 个，楼层上的出入口，应有通向地面的安全梯。

锅炉通向室外的门应向外开启，锅炉房内的工作间或生活间直通锅炉房的门，则应向锅炉间内开启。

为隔离噪声和节约基建投资，大多数锅炉房将送、引风机布置在后端室外，或露天，或另设简易披屋。对于小容量的锅炉房，由于锅炉间本身结构简单，又是单层建筑，所以常常把送、引风机连同水泵和水处理等设备均布置在锅炉间内，以便于操作和管理。

运煤廊位于锅炉房前端，贮煤斗之上，以便运煤并将煤卸于煤斗。

锅炉房的建筑形式，一般分单层和双层（或称楼层）两种。对于单台容量不大于 4t/h 的锅炉，其锅炉房均采用单层建筑形式；为了充分利用空间，辅助间则可以按两层设计。对于单台容量在 6t/h 以上的锅炉，由于除渣出灰的需要和便于布置尾部受热面——省煤器和空气预热器，通常布置在双层建筑中，前端设运煤廊，尾部设风机间；辅助间或左或右，分二层或三层设置。当采用大气式热力除氧时，除氧器均布置在三层，以便获得较高的灌注头，防止给水泵吸入口汽蚀和保证正常供水。

对于炎热地区的锅炉房，不论单层还是双层建筑，均可采用半敞开的形式——取消上半截外墙，另设雨篷，或在前墙开设大门，外设阳台，以利热气流外逸，加强自然通风。

三、锅炉房工艺布置

锅炉房工艺布置，应力求工艺流程合理，系统简单，管路顺畅，用材节约，以达到建筑结构紧凑、安装检修方便、运行操作安全可靠和经济实用的目的。

如此，在进行锅炉房工艺布置时，首先要考虑将来运行的安全可靠和操作的方便灵活。如锅炉房内主要设备的布置，除应保证正常运行时操作的方便外，还要创造在处理事故时易于接近的条件；管道穿过通道时，与地坪的净距不应小于 2m，避免撞头，并应满足起吊设备操作高度的要求。在锅筒、省煤器及其他发热部位的上方，当不需要操作和运行时，其净空高度可为 0.7m；蒸汽和水管尽可能不布置在电气设备附近，等等。

其次，设备的布置，应尽量顺其工艺流程，使蒸汽、给水、空气、烟气等介质和燃料、灰渣等物料的流程简短、畅通，减少流动阻力和动力消耗，便于运输。

第三，布置时要为安装、检修创造良好的条件。如布置快装锅炉，要为清扫烟箱、火管留有足够的空间，为检修链条炉排留有宽敞的炉前场地；在重量较大的附属设备顶部，应设置有安装如手动葫芦吊等起吊设备的条件，如在风机间、水处理间和除氧间等一类房间的相应位置预埋起吊钩环。

第四，应注重改善劳动、卫生条件，尽量减少环境污染。如在布置风机、除尘器时，为减少噪声、散热和灰尘对操作人员的危害，宜设置风机间与锅炉间隔离；为防止出灰渣时尘埃飞扬，应设置除灰小室和淋水胶管。

第五，要重视和落实安全设施，保证安全生产，防止重大事故发生。如在燃油、燃气和煤粉锅炉的后部烟道上，均应装设防爆门。防爆门的位置应有利于泄压，当爆炸气体有可能危及操作人员时，防爆门上应装设泄压导向管。再如，地震设计烈度为 6～9 度时，锅炉房的建筑物、构筑物以及对锅炉选择和管道设计，应采取抗震措施。

第六，在建筑结构上，工艺布置时应尽量参照建筑模数和其他有关规定，以降低土建费用，缩短施工工期，使建筑面积和空间既能发挥最大效能，结构紧凑实用，又有良好的自然采光和通风条件。如采用允许的最低限度的建筑物高度，尽量减少建筑物层数以及将庞大沉重和需防振的设备布置在底层地面或装置在较低的标高上，等等。

第七，锅炉房布置时，还应根据工厂企业生产规模的近、远期规划，留有扩建的余地；设备选择和布置，应有一次设计分期建设的可能。如辅助间设于固定端，另一端使其能自由发展（扩建）而不影响或少影响主要设备及管道的工作；当发展端的外墙拆除时，应不影响锅炉房的整体结构。当锅炉房内要设置不同类型的锅炉时，为了将来扩建的方便，应把容量较大的锅炉布置在发展端一侧。

此外，当锅炉采用露天布置时，测量控制仪表和管道阀门附件应按露天气候条件因地制宜地采取有效的防雨、防冻和防腐蚀等措施；应设置司炉操作室，并将锅炉水位、锅炉压力等测量控制仪表集中设置在操作室内。如北方因气候寒冷要以防冻为主；南方多雨潮湿，则应以防雨为主；沿海和大风地区，又应着重考虑防风。经验表明，锅炉房的风机、水箱、除氧装置、加热装置、蓄热器、除尘设备和水处理软化装置等采用露天布置后，只要防护措施落实可靠，又考虑了操作和检修的必要条件，安全运行是有保证的。

锅炉房内各设备的位置和它们之间的距离以及各邻墙设备与墙壁之间的距离，应以能保持最低限度的通行、操作和检修的条件确定。锅炉房设备布置时应考虑的一些基本尺寸，具体可查阅有关规范和设备手册。

对于连接设备的各种管道的布置，主要取决于设备的位置。布置时，管道应尽量沿柱子和墙敷设，且大管在内，小管在外；保温管道在内，非保温管在外。这样，既便于安装、支撑和检修，又比较整齐美观。但管道与管道，管道与梁、柱、墙和设备之间要留出一定的距离，以满足焊接、装置仪表、附件和保温结构等的施工安装、运行、检修和热胀冷缩的要求。

在布置管道时，还应尽量避免遮挡室内采光，妨碍门窗的启闭和运行人员的通行或设备的运送。此外，管道敷设应有一定坡度（不小于 0.002），以便放气、放水和流水。对于蒸汽管道，坡向与介质流向一致；水管坡向，可与介质流向一致或相反。

在布置热力（蒸汽和热水）管道时，还须注意热膨胀的补偿问题。通常是尽量利用管道的 L 形及 Z 形管段对热伸长作自然补偿；不能满足时，则另设各种类型的伸缩器加以补偿。

第四节　锅炉房设计与有关专业的协作关系

锅炉房工艺设计虽是锅炉房整体设计的主要组成部分，但它的完成，还有赖于其他有关专业的密切配合和通力协作。因此，在进行工艺设计时，必须加强横向联系，协调各有关专业的关系。既要对有关专业提出切实的技术要求，也要主动向他们提交完整的设计资料，以加快设计进度，保证和提高设计质量。下面，仅将与锅炉房工艺设计关系密切、业务交往较多的土建、给水排水、电气及自控仪表等专业的协作关系，作一简要说明，以便建立初步的认识。

一、与土建专业的协作关系

1. 对土建专业的技术要求

在各有关专业中，土建专业与锅炉房工艺设计的关系最为密切。工艺设计对它的技术要求，除了前面已经提出的，还可从防火、安全、安装、运行和建筑结构等方面提出下列诸点。

（1）锅炉间属于丁类生产厂房。锅炉房额定蒸发量大于 4t/h 时，锅炉间建筑的耐火等级不应低于二级；额定蒸发量小于或等于 4t/h 时，锅炉间建筑的耐火等级不应低于三级。对于燃油锅炉房，油箱间、油泵房和油加热器间均属丙类生产厂房，其建筑的耐火等级不应低于二级。当上述房间布置在锅炉房辅助间内时，则应设防火墙与其他房间隔开。

（2）锅炉房应有安全可靠的出入口，每层至少有两个，分别设置在相对的两侧。如附近有通向消防安全梯的太平门，或锅炉房是炉前总宽度不超过 12m 的单层建筑，则可只设一个出入口。

（3）锅炉房通向室外的门应向外开启；锅炉房辅助间直接通向锅炉间的门，则应向锅炉间开启。

（4）锅炉间外墙的开窗面积，应满足通风、泄压和采光的要求。锅炉房和其他建筑物相邻时，其相邻的墙应为防火墙。

（5）锅炉房应预留通过设备最大搬运件的安装孔洞，安装孔洞可与门窗结合考虑。

（6）辅助间各层宜有专用楼梯通向运转层，辅助间两层标高应与运转层的标高相同。

（7）锅炉基础应作成整体；当采用楼层布置锅炉时，锅炉基础与楼板接缝处，应采取能适应沉降的连接措施。

（8）当锅炉房内安装有振动炉排锅炉等振动较大的设备时，应采取相应的防振措施。

（9）锅炉间运转层楼板的荷载，应根据工艺设备安装及检修、负荷要求等具体条件综合考虑确定。

（10）钢筋混凝土贮煤斗内壁的表面应光滑耐磨，内壁的交接处宜做成圆角，并应根据要求设置有盖的人孔和爬梯，在敞口处应设置栅栏等防护设施。

（11）钢筋混凝土烟囱和砖砌烟道的混凝土底板等表面设计计算温度高于 100℃ 的部位，应采取隔热措施。

（12）锅炉房的地坪，至少应高于室外地面 150mm。如有地下构筑物（如风道、烟道），则应有可靠的防止地面水和地下水浸入的措施。地下室的地面应具有向集水坑倾斜的坡度。

此外，干煤棚挡煤墙上部的敞开部分应有挡雨措施，但不应妨碍吊车通过；运煤系统的建筑物内壁应考虑不使存积煤灰，运煤栈桥的通道应有防滑措施或设置踏步等，都是要求土建专业给以配合协作的内容。总之，要因炉制宜，根据具体情况——提出，经多次往返洽商研究，最后取得合理的解决。

2. 向土建专业提交的协作资料

锅炉房工艺设计专业人员应向土建专业提交的协作资料，主要有以下几方面的内容：

（1）锅炉房设备布置的平、剖面图（附设备表），并标出锅炉房出入口的位置和门的宽度、高度及开启方向。

（2）设备基础图。图中需表示出定位尺寸及与土建的关系尺寸，且应尽可能绘制成一张平面总图。

（3）支承结构的预埋件及预留孔洞图。

（4）荷载表。

（5）烟囱与烟道位置及尺寸。

（6）人员编制表。

二、与电气及自控仪表专业的协作关系

1. 对电气及自控仪表专业的技术要求

电力是锅炉房的动力之源。锅炉房一旦停电，其直接后果是中断供热，由此将打乱正常的生产秩序，造成减产、废品以至重大事故。而自控仪表，通过测量锅炉设备运行中的一些参数，可连续监视和控制生产过程，保证锅炉安全和经济地运行。因此，电气及自控仪表专业在锅炉房设计中占有重要地位，必须与之密切配合。对该专业的具体要求有：

（1）对突然中断供汽将引起大量废品、大幅度减产和损坏生产设备等事故，造成重大经济损失的锅炉房，应由两个回路的电源供电。对供电无特殊要求的锅炉房，供电负荷级别和供电方式，应根据工艺要求、锅炉容量、热负荷的重要性和环境特征等因素，按现行国家标准《供配电系统设计规范》的有关规定执行。

（2）电机、启动控制设备、灯具和导线型式的选择，应与锅炉房各个不同的建筑物和构筑物的环境分类相适应。

燃气调压间、燃油泵房、煤粉制备间、碎煤机间和运煤走廊等有爆炸和火灾危险场所的等级划分，必须符合现行国家标准《爆炸和火灾危险环境电力装置设计规范》的有关规定。

（3）蒸汽锅炉额定蒸发量大于或等于 6t/h、热水锅炉额定出力大于或等于 4.2MW 的锅炉房，宜在锅炉房内设置低压配电室。当有 6kV 或 10kV 高压用电设备时，宜设置高压配电室。蒸汽锅炉额定蒸发量小于或等于 4t/h、热水锅炉额定出力小于或等于 2.8MW 的锅炉房，且锅炉台数较少时，可不设置低压配电室。

（4）锅炉房的配电，宜采用放射为主的方式。当有数台锅炉机组时，宜按锅炉机组为单元分组配电。

（5）蒸汽锅炉额定蒸发量小于或等于 4t/h、热水锅炉额定出力小于或等于 2.8MW，锅炉的控制屏或控制箱宜采用与锅炉成套的设备，并宜装设在炉前或便于操作的地方。

（6）锅炉机组采用集中控制时，在远离操作屏的电动机旁，宜设置事故停机按钮。运煤胶带宜每隔 20m 设置一个事故停机按钮。

（7）燃煤锅炉间属于多灰尘的环境，宜采用防尘保护型的电气设备。

（8）采用集中控制的锅炉房，送、引风机及水泵等设备须安装两套控制开关，一套安装于集中控制屏，另一套就近设备安装。

（9）锅炉房热力和其他各种管道布置繁多，电力线路不宜采用裸线或绝缘线明敷，应采用金属管或电缆布线，且不宜沿锅炉、烟道、热水箱和其他载热体的表面敷设。如必须沿载热体表面敷设时，应采取可靠的隔热措施。电缆不得在煤场下通过。

（10）锅炉水位表、锅炉压力表、仪表控制屏和其他照度要求较高的部位，均应设置局部照明。

在装有锅炉水位表、锅炉压力表、给水泵等地点，以及其他主要操作地点和通道，宜设置事故照明。事故照明的电源选择，应按锅炉房的容量、生产用热的重要性和锅炉房附近供电设施的设置情况等因素确定。

（11）锅炉房照明装置电源的电压，应根据工作场所和危险性来决定。如用于地下凝结水箱间、出灰渣地点和安装热水箱、锅炉本体、金属平台等设备和构筑物的危险场所的灯具，电压不得超过 36V，应有防止触电的措施；手提行灯的电压不应超过 36V。在上述危险场所的狭窄地段和接触良好接地的金属面（如在锅炉内）工作时，所用的手提行灯电压不应超过 12V。12V，36V 的电源插座应与 110V，220V 的插座加以区别。

（12）烟囱上装设的飞行标志障碍灯，应根据锅炉所在地航空部门的要求决定。障碍灯应为红色，装设在烟囱顶端不应少于 2 盏，并应考虑日后维修的方便。

（13）烟囱应装置避雷针，当利用铁爬梯作为引下线时，必须有可靠的连接。燃气放散管的顶部或其附近应设置避雷针，其针尖高出管顶应不小于 3m，并使其保护范围高出管顶不应小于 1m。燃油锅炉房的贮存重油和柴油的油罐，应有可靠的防雷措施。如为金属油罐且壁厚不小于 4mm 时，可不装设避雷针，但必须接地，接地点不应少于 2 处。

（14）锅炉房应装设必需的热工仪表。

（15）锅炉房设置的工艺信号、自动控制和远距离控制系统，应经济实用，安全可靠，能确保锅炉安全运行、提高热效率和节约能源。

2. 向电气及自控仪表专业提交的协作资料

在锅炉房设计过程中应向电气及自控仪表专业提交的协作资料，大致有以下几方面的内容：

（1）锅炉房设备布置的平、剖面图，图上需标明动力设备的电动机位置，另附设备表。

（2）锅炉房管道系统图，应注明热工控制、测量仪表、测点位置，并附热工仪表装置表。

（3）用电设备表，内容包括电动机型号、规格、台数，并注明"备用"或"常用"。

（4）照明、自动控制、信号及通讯联系的具体要求。

三、与给水排水专业的协作关系

1. 对给水排水专业的技术要求

水是锅炉供热的介质，锅炉房设备的冷却、化验及生活也都离不开水，而排水、废水和污水又无一不通过下水道排泄。可见锅炉房工艺设计与给水排水的关系也十分密切。与其相关的内容和技术要求，主要有：

（1）供热锅炉房一般以城市自来水为水源；如工厂企业有自用水源，锅炉房用水亦可取自自用水源。如有空气压缩站或其他车间的冷却排水可资利用时，须注意检验其污染程度，含油量超过给水标准的，应进行除油处理。

（2）锅炉房的给水一般采用1根进水管。但对供热有特殊要求的锅炉或中断给水造成停炉将引起生产的重大损失时，应采用2根进水管，且应自室外环形给水管网的不同管段接入，或分别从不同水源的管网中接入。锅炉房入口水压应满足水处理系统的需要，一般不应低于 0.2～0.3MPa，否则应设置原水加压泵。

当采用1根进水管时，应设置为排除故障期间用水的水箱或水池，其总容量包括水箱、软化或除盐水箱、除氧水箱和中间水箱等容量，并不应小于 2h 锅炉房计算用水量。

（3）锅炉间建筑为一、二级耐火等级时，可不设置室内消防给水。锅炉房的运煤层、输煤栈桥宜设置室内消防给水。

锅炉房内燃油及燃气的丙类及甲类生产房间，应设置泡沫、蒸汽等灭火装置，并宜设置室内消防给水。

（4）煤场应设置洒水和消除煤堆自燃用的给水点；灰渣场应设置浇灰水管。

（5）化学处理贮存酸碱设备处，应有人身和地面沾溅后的简易冲洗措施。

（6）锅炉房主机及辅机的冷却水，宜重复利用于炉渣熄火和水力冲灰渣的补充水。当锅炉房冷却用水量大于或等于 8m³/h 时，应采用经济的冷却循环系统。

（7）锅炉房的高温排水（如排污水、分汽缸凝结水等），应将水温降至 40℃ 以下才可排入室外排水系统；一般可先排至排污降温池，经降温后排放。

（8）湿法除尘的废水、水力除灰渣的废水、水处理间等处排出的酸碱废水以及燃油系统中贮存装置排出的废水，应积极采取有效的处理措施，使之符合现行国家标准《工业"三废"排放标准》的要求，然后方可排入下水道。

（9）煤场和灰渣场应根据场地条件，采取防止积水的措施。

2. 向给水排水专业提交的协作资料

同样，锅炉房工艺设计人员也应向给水排水专业提交协作资料，它们包括：

（1）锅炉房平、剖面图，并附设备表。

（2）锅炉房小时最大耗水量、小时平均耗水量和昼夜耗水量，包括消防用水。

（3）锅炉房最大排水量。

（4）锅炉房进水管入口和排水管出口位置、管径及标高。

（5）上水水质及进口水压等。

四、与供暖通风专业的协作关系

1. 对供暖通风专业的技术要求

（1）锅炉房内工作地点的夏季空气温度的确定，应根据设备散热的大小，按有关现行国家标准、工业企业设计卫生标准中的有关规定执行。

（2）锅炉间、凝结水箱间、水泵间和油泵间等房间的余热宜采用有组织的自然通风排除。当自然通风不能满足要求时，应设置机械通风。

（3）锅炉间锅炉操作区等经常有人工作的地点，在热辐射强度大于或等于 $350W/m^2$ 的地点，应设置局部送风。

（4）设置集中供暖的锅炉房，各生产房间工作时间的冬季室内温度，一般应不低于

16℃；在非生产时间的冬季室内温度宜为 5℃。

（5）设在其他建筑物内的燃气锅炉间，应有每小时不少于 3 次的换气量。换气量中不包括锅炉燃烧用的空气量。安装在有爆炸危险的房间内的通风装置应具有防爆性能。

（6）燃气调压间等有爆炸危险的房间，应有每小时不少于 3 次的换气量。当自然通风不能满足要求时，应设置机械通风装置，并应用每小时换气不少于 8 次的事故通风装置，通风装置应防爆。

（7）燃油泵房和贮存闪点小于或等于 45℃ 的易燃油品的地下油库，除采用自然通风外，燃油泵房应有每小时换气 10 次的机械通风装置；油库应有每小时换气 6 次的机械通风装置。这两处的机械通风装置均应防爆。换气量可按房间高度为 4m 来计算。

对于设置在地上的易燃油泵房，当建筑物外墙下部设有百叶窗、花格墙等对外常开孔口时，可不设置机械通风装置。

（8）运煤系统的转运处、破碎筛选处和锅炉干式机械出灰渣处等产生粉尘的设备和地点，应有防止粉尘飞扬扩散的封闭设施和设置局部通风除尘装置。

2. 向供暖通风专业提交的协作资料

（1）锅炉房平、剖面图（附设备表）。

（2）冬夏季锅炉运行台数、锅炉表面散热量及附属设备表面散热量。

（3）电动机台数、功率、备用抑常用及一、二次风机的总吸风量（室内布置）等。

对总图专业的技术要求，主要体现在锅炉房位置的选择和采取集中或分散建设方案的确定等方面。应提供的资料有：锅炉房建筑面积及平面图；烟囱及烟道的种类及与锅炉房的关系尺寸；锅炉房年耗煤量及供暖期月耗煤量（或耗油量和耗气量）；锅炉房年灰渣量及供暖期月灰渣量；煤、灰渣或重油的贮存量及贮存时间；室外蒸汽管道的敷设方法及路线以及锅炉房的人员编制等。

第五节　蒸汽锅炉房的汽水系统

设计蒸汽锅炉房时，为了确定锅炉房的汽、水工作流程，应绘制汽水系统图。它能表示锅炉房内的汽水设备，与这些设备连接的各种管路系统及系统中配置的各类阀门、计量和控制仪表。同时，应标明设备编号、工质流向、管径及壁厚和图例等。

确定汽水系统时应保证系统运行的安全性和调节的可能性，如为了在调节锅炉进水量时，锅炉给水泵能正常运行，在其连接管路上设有再循环旁路。如考虑到在锅炉运行条件下更换阀门的可能性，在每台锅炉的主蒸汽管上设有两个截止阀。同时要注意到运行的经济性，如凝结水回收和排污水的废热利用等。

汽水系统图是锅炉房内汽水设备和管道布置的依据。图面布置宜尽可能与实际布置一致，以便于使用。但有时为了对管路系统表示清楚，允许对各汽水设备的尺寸比例和相对位置作局部修改，例如缩小、放大、转向和移动等。

汽水系统一般包括给水、蒸汽和排污三个系统。

一、给水系统

给水系统包括给水箱、给水管道、锅炉给水泵（以下简称给水泵）、凝结水箱和凝结水泵等。

1. 给水管道

由给水箱或除氧水箱到给水泵的一段管道称为给水泵进水管；由给水泵到锅炉的一段管道称为锅炉给水管。这两段管道组成给水管道。

蒸汽锅炉房的锅炉给水母管应采用单母管；对常年不间断供汽的锅炉房和给水泵不能并联运行的锅炉房，锅炉给水母管宜采用双母管或采用单元制（即一泵对一炉，另加一台公共备用泵）锅炉给水系统，使给水管道及其附件随时都可以检修。给水泵进水母管由于水压较低，一般应采用单母管；对常年不间断供汽，且除氧水箱大于或等于 2 台时，则宜采用分段的单母管。当其中一段管道出现事故时，另一段仍可保证正常供水。

热水锅炉房内与热水锅炉、水加热装置和循环水泵相连接的供水和回水母管应采用单母管，对必须保证连续供热的热水锅炉房宜采用双母管。

在锅炉的每一个进水口上，都应装置截止阀及止回阀。止回阀和截止阀串联，并装于截止阀的前方（水先流经止回阀）。省煤器进口应设安全阀，出口处需设放气阀。非沸腾式省煤器应设给水不经省煤器直通锅筒的旁路管道。

每台锅炉给水管上应装设自动和手动给水调节装置。额定蒸发量小于或等于 4t/h 的锅炉可装设位式给水自动调节装置；大于或等于 6t/h 的锅炉宜装设连续给水自动调节装置。手动给水调节装置宜设置在便于司炉操作的地点。

离心式给水泵出口必须设止回阀，以便于水泵的启动。由于离心式给水泵在低负荷下运行时，会导致泵内水汽化而断水。为防止这类情况出现，可在给水泵出口和止回阀之间再接出一根再循环管，使有足够的水量通过水泵，不进锅炉的多余水量通过再循环管上的节流孔板降压后再返回到给水箱或除氧水箱中。

给水管道的直径是根据管内的推荐流速确定的。水在各种管道内的推荐流速可参见表 12-1。

给水管内的常用流速　　　　　　　　　　　　　　　表 12-1

管子种类	活塞式水泵		离心式水泵		给水母管
	进水管	出水管	进水管	出水管	
水流速度(m/s)	0.75～1.0	1.5～2.0	1.0～2.0	2.0～2.5	1.5～3.0

2. 给水泵

常用的给水泵有电动（离心式）给水泵、汽动（往复式）给水泵和蒸汽注水器等。

电动给水泵容量较大，能连续均匀给水。根据离心泵的特性曲线，在提高泵的出力时会使泵的压头减小，此时给水管道的阻力却增大。因此在选用时应按最大出力和对应于这个最大出力下的压头为准。在正常负荷下工作时，多余的压力可借阀门的节流来消除。

一些小容量锅炉常选用旋涡泵。这种泵流量小、扬程高，但比离心泵效率低。

汽动给水泵只能往复间歇地工作，出水量不均匀，需要耗用蒸汽；可作为停电时的备用泵。

给水泵台数的选择应适应锅炉房全年热负荷变化的要求，以利于经济运行。给水泵应有备用，以便在检修时启动备用给水泵保证锅炉房正常供汽。当最大一台给水泵停止运行时，其余给水泵的总流量应能满足所有运行锅炉在额定蒸发量时所需给水量的 110%。给水量包括锅炉蒸发量和排污量。当锅炉房设有减温装置或蓄热器时，给水泵的流量尚应计入其用水量。

当给水泵的特性允许并联运行时，可采用同一给水母管；不然，则应采用不同的给水母管。

以电动给水泵为常用给水泵时，宜采用汽动给水泵为事故备用泵；该汽动给水泵的流量应满足所有运行锅炉在额定蒸发量时所需给水量的20％～40％。

具有一级电力负荷的锅炉房可不设置事故备用汽动给水泵。

采用汽动给水泵为电动给水泵的工作备用泵时，应设置单独的给水母管；汽动给水泵的流量不应小于最大一台电动给水泵流量；当其流量为所有运行锅炉在额定蒸发量所需给水量的20％～40％时，不应再设置事故备用泵。

给水泵的扬程应根据锅炉锅筒在设计的使用压力下安全阀的开启压力、省煤器和给水系统的压力损失、给水系统的水位差和计入适当的富裕量来确定。

3. 凝结水泵、软化水泵和中间水泵

这三种水泵一般设有2台，其中1台备用。当任何一台水泵停止运行时，其余水泵的总流量应满足系统水量的要求。有条件时，凝结水泵和软化水泵可合用一台备用泵。中间水泵输送有腐蚀性的水时，应选用耐腐蚀泵。

凝结水泵的扬程应按凝结水系统的压力损失、泵站至凝结水箱的提升高度和凝结水箱的压力进行计算。

4. 给水箱、凝结水箱、软化水箱和中间水箱

给水箱或除氧水箱一般设置1个，对于常年不间断供热的锅炉房或容量大的锅炉房应设置2个。给水箱的总有效容量宜为所有运行锅炉在额定蒸发量时所需20～60min的给水量。小容量锅炉房以软化水箱作为给水箱时要适当放大有效容量。

凝结水箱宜选用1个，锅炉房常年不间断供热时，宜选用2个或1个中间带隔板分为两格的水箱。它的总有效容量宜为20～40min的凝结水回收量。

软化水箱的总有效容量，应根据水处理的设计出力和运行方式确定。当设有再生备用软化设备时，软化水箱的总有效容量宜为30～60min的软化水消耗量。

中间水箱总有效容量宜为水处理设备设计出力的15～30min贮水量。

锅炉房水箱应注意防腐，水温大于50℃时，水箱要保温。

5. 给水箱的高度

在确定给水箱或除氧水箱的布置高度时，应使给水泵有足够的灌注头或称正水头（即水箱最低液面与给水泵进口中心线的高差）。对水泵而言，这段高差给予液体一定的能量，使液体在克服吸水管道和泵内部的压力降（称汽蚀余量）后在增压前的压力仍高于汽化压力，以避免水泵进口叶轮处发生汽化而中断给水。给水泵的灌注头不应小于给水泵进水口处水的汽化压力和给水箱的工作压力之差、给水泵的汽蚀余量、给水泵进水管的压力损失和采用3～5kPa的富裕量的总和。

汽蚀余量是水泵的重要性能之一，随水泵型号不同而异，数值一般由制造厂提供或由泵的允许吸上真空度经过计算求得。富裕量是考虑热力除氧压力瞬变时及其他因素引起的压力变化。

二、蒸汽系统

每台蒸汽锅炉一般都设有主蒸汽管和副蒸汽管。自锅炉向用户供汽的这段蒸汽管称为主蒸汽管；用于锅炉本身吹灰、汽动给水泵供汽的蒸汽管称为副蒸汽管。主蒸汽管、副蒸

汽管及设在其上的设备、阀门、附件等组成蒸汽系统。

为了安全，在锅炉主蒸汽管上均应安装两个阀门，其中一个应紧靠锅炉汽包或过热器出口，另一个应装在靠近蒸汽母管处或分汽缸上。这是考虑到锅炉停运检修时，其中一个阀门失灵另一个还可关闭，避免母管或分汽缸中的蒸汽倒流。

锅炉房内连接相同参数锅炉的蒸汽管，宜采用单母管；对常年不间断供热的锅炉房，宜采用双母管，以便某一母管出现事故或检修时，另一母管仍可保证供汽。当锅炉房内设有分汽缸时，每台锅炉的主蒸汽管可分别接至分汽缸。

在蒸汽管道的最高点处需装放空气阀，以便在管道水压试验时排除空气。蒸汽管道应有坡度，在低处应装疏水器或放水阀，以排除沿途形成的凝结水。

锅炉本体、除氧器上的放汽管和安全阀排汽管应独立接至室外，避免排汽时污染室内环境，影响运行操作。两独立安全阀排汽管不应相连，可避免串汽和易于识别超压排汽点。

分汽缸的设置应按用汽需要和管理方便的原则进行。对民用锅炉房及采用多管供汽的工业锅炉房或区域锅炉房，宜设置分汽缸；对于采用单管向外供热的锅炉房，则不宜设置分汽缸。

分汽缸可根据蒸汽压力、流量、连接管的直径及数量等要求进行设计。分汽缸直径一般可按蒸汽通过分汽缸的流速不超过 20～25m/s 计算。蒸汽进入分汽缸后，由于流速突然降低将分离出水滴。因此，在分汽缸下面应装疏水管和疏水器，以排除分离和凝结的水。分汽缸宜布置在操作层的固定端，以免影响今后锅炉房扩建。靠墙布置时，离墙距离应考虑接出阀门及检修的方便。分汽缸前应留有足够的操作位置。

三、排污系统

锅炉排污分定期排污和连续排污两种。每台锅炉宜采用独立的定期排污管道，并分别接至排污膨胀器或排污降温池。当几台锅炉合用排污母管时，在每台锅炉接至排污母管的干管上必须装设切断阀，在切断阀前尚应装设止回阀。

每台蒸汽锅炉的连续排污管道，宜分别接至排污膨胀器。在锅炉出口的连续排污管上，应装设节流阀。在锅炉出口和连续排污膨胀器进口处，应各装设一个切断阀。2～4 台锅炉宜合设一个连续膨胀器，其上应装设安全阀。

定期排污由于是周期性的，利用余热的价值较小，一般将它引入排污降温池与冷水混合再排入下水道。连续排污水连续排放，它的热量应尽量予以利用。一般是将各台锅炉的连续排污管道分别引入排污扩容器中降至 0.12～0.2MPa（表压），形成的二次蒸汽可引入热力除氧器或给水箱中对给水进行加热，或者用以加热生活用水。排污扩容器中的饱和水可引入水—水热交换器中，或通过软水箱中的蛇形盘管，以加热软化水。连续排污膨胀器见图 12-1。

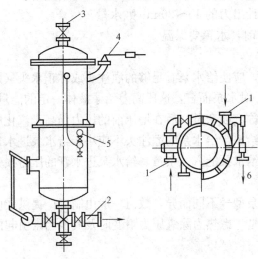

图 12-1　连续排污扩容器

1—排污水进口；2—废热水出口；3—二次蒸汽出口；4—安全阀；5—压力表；6—放气管

在排污膨胀器中，由于压力降低而汽化所形成的蒸汽量可按下式计算：

$$D_q = \frac{D_{ps}(h'\eta - h'_1)}{(h''_1 - h'_1)x} \quad \text{kg/h} \tag{12-1}$$

式中　D_q——二次蒸汽量，kg/h；

　　　D_{ps}——连续排污水量，kg/h；

　　　h'——锅炉饱和水焓，kg/h；

　　　η——排污管热损失系数，一般取 0.98；

　h'_1，h''_1——膨胀器压力下饱和水和饱和蒸汽的焓，kJ/kg；

　　　x——二次蒸汽干度，一般取 0.97。

排污膨胀器的容积按下式决定：

$$V = \frac{K D_q v}{R_v} \quad \text{m}^3 \tag{12-2}$$

式中　K——容积富裕系数，一般取 1.3～1.5；

　　　v——二次蒸汽的比容，m³/kg；

　　　R_v——膨胀器中，单位容积的蒸汽分离强度，一般在 400～1000m³/(m³·h) 的范围内。

第六节　热水锅炉房的热力系统

近年来，以热水锅炉为热源的供热系统在国内发展较快。在确定热水锅炉房的热力系统时，应考虑下列因素：

1. 除了用锅炉自生蒸汽定压的热水系统外，在其他定压方式的热水系统中，热水锅炉在运行时的出口压力不应小于最高供水温度加 20℃相应的饱和压力，以防止锅炉有汽化的危险。

2. 热水锅炉应有防止或减轻因热水系统的循环水泵突然停运后造成锅水汽化和水击的措施。

因停电使循环水泵停运后，为了防止热水锅炉汽化，可采用向锅内加自来水，并在锅炉出水管的放汽管上缓慢排出汽和水，直到消除炉膛余热为止；也可采用备用电源，自备发电机组带动循环水泵，或启动内燃机带动的备用循环水泵。

当循环水泵突然停运后，由于出水管中流体流动突然受阻，使水泵进水管中水压骤然增高，产生水击。为此，应在循环水泵进出水管的干管之间装设带有止回阀的旁通管作为泄压管。回水管中压力升高时，止回阀开启，网路循环水从旁路通过，从而减少了水击的力量。此外，在进水干管上应装设安全阀。

3. 采用集中质调时，循环水泵的选择应符合下列要求：

(1) 循环水泵的流量应按锅炉进出水的设计温差、各用户的耗热量和管网损失等因素确定。在锅炉出口管段与循环水泵进口管段之间装设旁通管时，尚应计入流经旁通管的循环水量。

(2) 循环水泵的扬程不应小于下列各项之和：

1）热水锅炉或热交换站中设备及其管道的压力降；

2）热网供、回水干管的压力降；

3）最不利的用户内部系统的压力降。

（3）循环水泵不应少于两台，当其中一台停止运行时，其余水泵的总流量应满足最大循环水量的需要。

（4）并联运行的循环水泵，应选择特性曲线比较平缓的泵型，而且宜相同或近似，这样即使由于系统水力工况变化而使循环水泵的流量有较大范围波动时，水压的压头变化小，运行效率高。

4. 采取分阶段改变流量调节时，应选用流量、扬程不同的循环水泵。这种运行方式把整个供暖期按室外温度高低分为若干阶段，当室外温度较高时开启小流量的泵，室外温度较低时开启大流量的泵，可大量节约循环水泵耗电量。选用的循环水泵台数不宜少于3台，可不设备用泵。

5. 热水系统的小时泄漏量，由系统规模、供水温度等条件确定，宜为系统水容量的1%。

6. 补给水泵的选择应符合下列要求：

（1）补给水泵的流量，应等于热水系统正常补给水量和事故补给水量之和，并宜为正常补给水量的4～5倍。一般按热水系统（包括锅炉、管道和用热设备）实际总水容量的4%～5%计算。

（2）补给水泵的扬程，不应小于补水点压力（一般按水压图确定）另加30～50kPa的富裕量。

（3）补给水泵不宜少于2台，其中1台备用。

7. 恒压装置的加压介质，宜采用氮气或蒸汽，不宜采用空气作为与高温水直接接触加压介质，以免对供热系统的管道、设备产生严重的氧腐蚀。

8. 采用氮气、蒸汽加压膨胀水箱作恒压装置时，恒压点无论接在循环水泵进口端还是接在出口端，循环水泵运行时，应使系统不汽化；恒压点设在循环水泵进口端，循环水泵停止运行时，宜使系统不汽化。

9. 供热系统的恒压点设在循环水泵进口母管上时，其补水点位置也宜设在循环水泵进口母管上。它的优点是：压力波动较小，当循环水泵停止运行时，整个供热系统将处于较低的压力之下；如用电动水泵定压时，扬程较小，所耗电能较经济。如用气体压力箱定压时，则水箱所承受的压力较低。

10. 采用补给水泵作恒压装置时，当引入锅炉房的给水压力高于热水系统静压线，在循环水泵停止运行时，宜用给水保持静压；间歇补水时，补给水泵启动时的补水点压力必须保证系统不发生汽化；由于系统不具备吸收水容积膨胀的能力，系统中应设泄压装置。

11. 采用高位膨胀水箱作恒压装置时，为了降低水箱的安装高度，恒压点宜设在循环水泵进口母管上；为防止热水系统停运时产生倒空，致使系统吸入空气，水箱的最低水位应高于热水系统最高点1m以上，并宜使循环水泵停运时系统不汽化；膨胀管上不应装设阀门；设置在露天的高位膨胀水箱及其管道应有防冻措施。

12. 运行时用补给水箱作恒压装置的热水系统，补给水箱安装高度的最低极限，应以系统运行时不汽化为原则；补给水箱与系统连接管道上应装设止回阀，以防止系统停运时补给水箱冒水和系统倒空。同时必须在系统中装设泄压装置；在系统停运时，可采用补给水泵或压力较高的自来水建立静压，以防止系统倒空或汽化。

13. 当热水系统采用锅炉自生蒸汽定压时，在上锅筒引出饱和水的干管上应设置混水器。进混水器的降温水在运行中不应中断。

14. 如果几台热水锅炉并联运行时，每台锅炉的进水管上均应装设调节装置。具有并联环路的热水锅炉，在各并联环路上应装水量调节阀，各环路出水温度偏差不应超过10℃。锅炉出水管应装设压力表和切断阀。

第七节　锅炉房布置及汽水系统举例

锅炉房总蒸发量为 30t/h，内设 3 台锅炉（见表 12-2），其中 1 台缓建。煤场采用铲车运煤，由铲车将煤送入受煤斗，经斜置皮带运输机提升送至筛选、破碎设备，再由单斗滑轨输煤机提升到顶部煤仓。煤仓的煤最后放落于运煤小车、经自动磅秤计量后沿设置在炉前煤斗顶部的轨道送往各台锅炉。灰渣由水平皮带运输机送到锅炉房西侧墙外，再由与之相垂直设置的另一条斜置皮带运输机自南向北送入单斗提升机。每台锅炉尾部设置有一台 DG10 型除尘器。烟气中分离除下的烟灰，则通过埋刮板运输机自东向西与皮带运输机送来的锅炉灰渣一同送到单斗提升机，提升后倒入渣塔灰仓，最后定期由卡车运走。水处理设备为两台 $\phi2000$ 的钠离子交换器和热力除氧器。给水设备采用两台电动给水泵和一台汽动给水泵作为事故备用泵。送风机布置在室内；引风机采用露天布置。

锅炉房辅助间为三层布置。第一层有化验室、水处理间、水泵值班室、凝结水箱、备品库、运煤值班室。第二层有办公室、更衣室、浴室及厕所、控制室等。第三层有除氧器及连续排污扩容器等。

图 12-2、图 12-3 及图 12-4 为 3 台 SHL10-1.3-A 型锅炉的锅炉房布置图，其中图 12-2 为底层平面图，图 12-3 为＋4.00 平面及区域图，图 12-4 为剖面图。

图 12-5 为该锅炉房的汽水系统图。

表 12-2 为该锅炉房的设备表。

三台 SHL10-1.3-A 锅炉房设备表　　　　　　　　　　　表 12-2

图中序号	名称	型　号　规　格	数量	备注
1	锅炉	SHL10-1.3-A 型　蒸发量 10t/h　压力 1.3MPa	3	缓建 1 台
2	送风机	G4-73-11　No8D　左 90°风量 21100m³/h　风压 2090Pa　电动机型号 JO₃-160M-4　功率 18.5kW　转速 1450r/min	3	缓建 1 台
3	引风机	Y4-73-11　No10D　左 180°风量 33100m³/h　风压 2050Pa　电动机型号 JO₃-182₂M-4　功率 30kW　转速 1450r/min	3	缓建 1 台
4	除尘器	DG10 型	3	缓建 1 台
5	二次风机	9-27-101　No4　右 90°　风量 1790m³/h　风压 4020Pa 电动机功率 4kW 转速 2900r/min	3	缓建 1 台
6	自动给水泵	$2\frac{1}{2}$GC-6×6 型　流量 15～20m³/h　扬程 1620kPa　电动机型号 JO₂-71 功率 22kW	3	

图中序号	名称	型 号 规 格	数量	备注
7	蒸汽给水泵	QB-7 型　流量 16t/h　扬程 1750kPa	1	
8	钠离子交换器	ϕ2000	2	
9	原水加压泵	3BL-9A 型	1	
10	软水加压泵	3BL-9A 型	2	
11	塑料盐液泵	102-2 型塑料泵　流量 6t/h　扬程 196kPa　电动机功率 1.5kW	1	
12	盐溶液池		1	
13	软水箱	20m³	1	
14	汽-水加热器		2	
15	除氧水箱	15m³	2	缓建 1 台
16	除氧器	出力 25t/h	2	缓建 1 台
17	连续排污膨胀器	ϕ700	1	
18	马丁碎渣机		3	缓建 1 台
19	分汽缸	ϕ426×7　l=4070	1	
20	锁气贮灰斗		3	缓建 1 台
21	电动葫芦		1	
22	砖烟囱	上口内径 1600mm　高度 45m	1	
23	排污降温池	2500×3000	1	

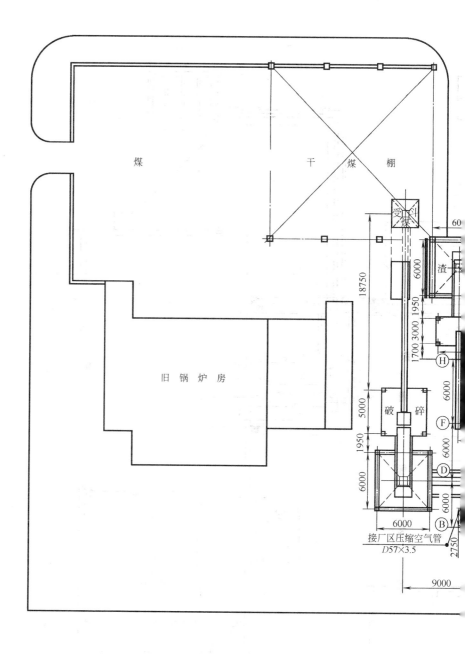

图 12-3　三台 SHL10-

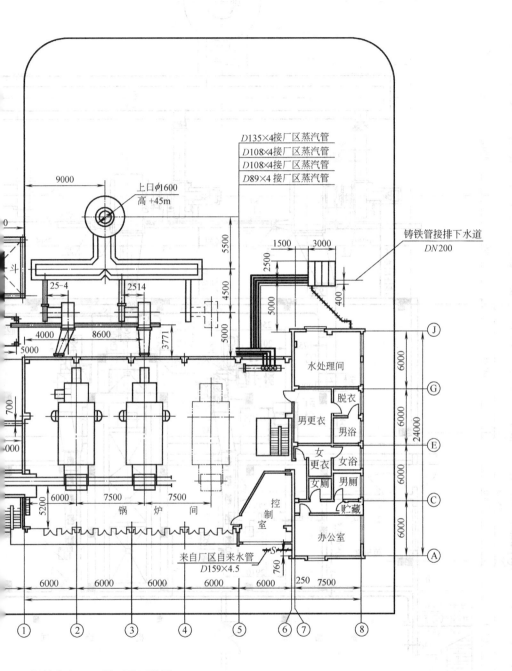

D135×4接厂区蒸汽管
D108×4接厂区蒸汽管
D108×4接厂区蒸汽管
D89×4接厂区蒸汽管

9000

上口ϕ1600
高 +45m

铸铁管接排下水道
DN200

1500   3000

2500

5500

4500

5000

400

5000

25-4   2514

4000   8600

3771

5000

J

水处理间

6000

700

G

脱衣

男更衣

男浴

6000

24000

E

女更衣

女浴

6000

5200   6000   7500   7500

锅   炉   间

女厕

男厕

C

控制室

贮藏

办公室

6000

来自厂区自来水管
D159×4.5

760

A

6000   6000   6000   6000   6000   250   7500

① ② ③ ④ ⑤ ⑥⑦ ⑧

3-A 锅炉房＋4.00平面及区域图

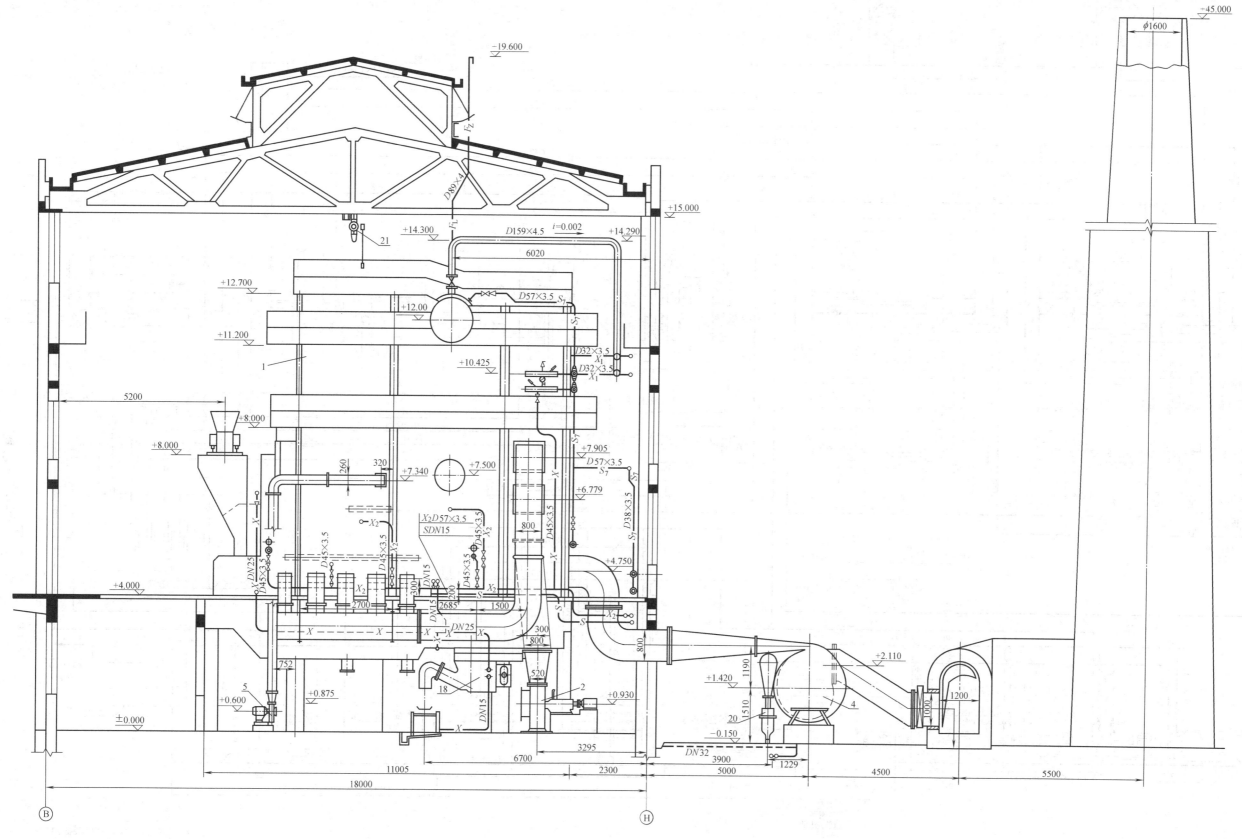

图 12-4　三台 SHL10-1.3-A 锅炉房剖面图

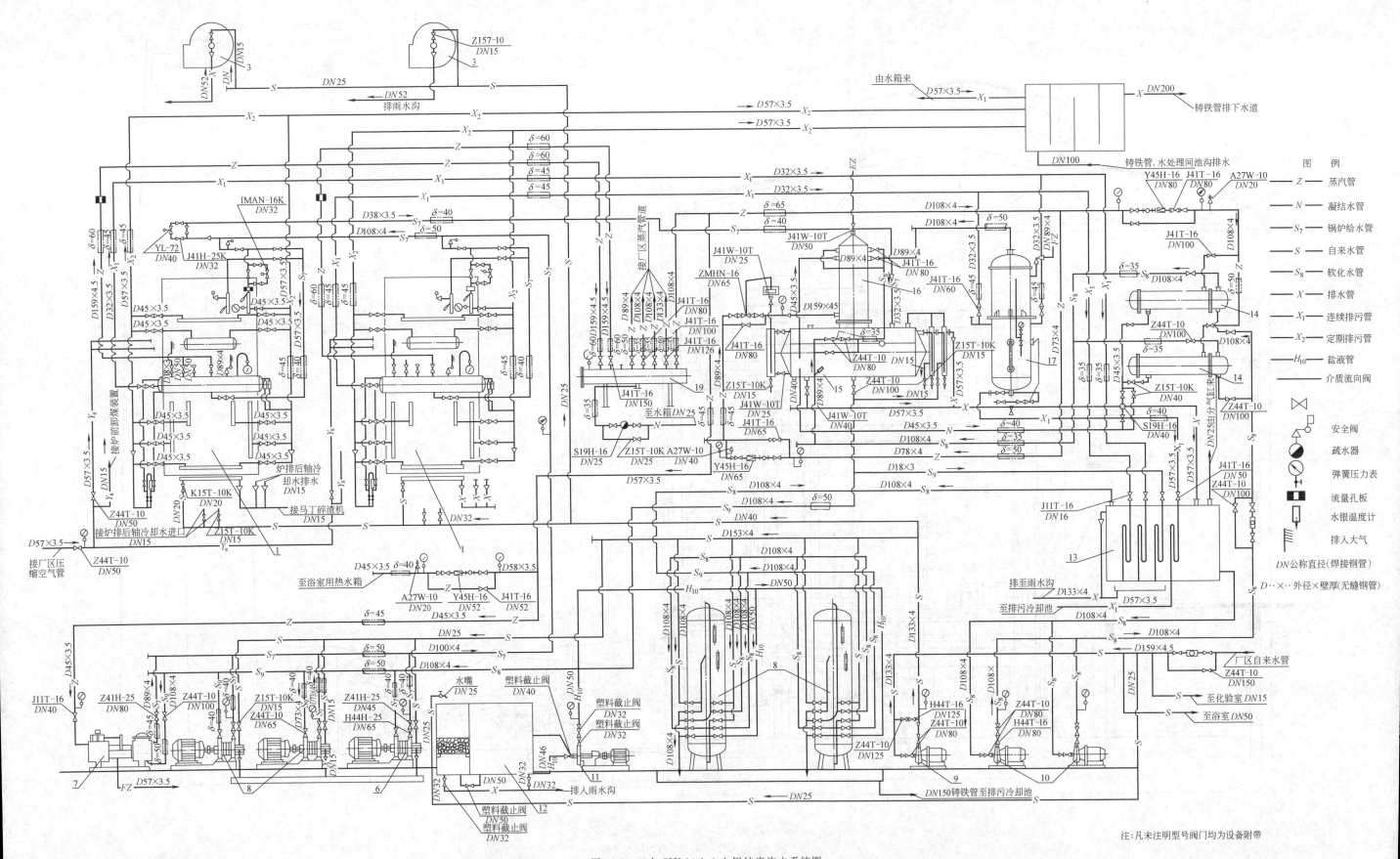

图 12-5　三台 SHL10-1.3-A 锅炉房汽水系统图

复习思考题

1. 锅炉房设计应遵循的基本原则有哪些？按怎样的程序和方法进行设计？

2. 选择锅炉型号及台数的基本原则是什么？如何才能进行正确的选择？

3. 选择锅炉房位置时，应综合考虑哪些基本因素？

4. 锅炉房建筑有些什么特殊要求？怎样更好地与建筑专业协调、配合？

5. 锅炉房的热力系统图有什么用处？它是怎样绘制而成的？

6. 给水管道设计为什么有单、双母管之分？各适用于什么场合？

7. 锅炉房中装置有几台同容量、同型号的锅炉，怎样确定给水泵的台数和容量？给水泵的扬程又根据什么来选择？

8. 锅炉房中给水箱的容积大小怎样确定？主要依据是什么？

9. 怎样利用排污水的热量？

10. 锅炉房设备布置的基本原则有哪些？主要根据是什么？

11. 为什么锅炉房的外门必须向外开？而锅炉房内的生活间、水处理间和其他内部房间的门又为什么必须向锅炉间开启呢？

附录 1　锅炉实验指示书

一、煤的工业分析

煤的工业分析❶，是煤质分析中最基本也是最为重要的一种定量分析。具体地说，它是测定煤的水分、灰分、挥发分和固定碳的质量分数。从广义上讲，煤的工业分析还包括煤的发热量、硫分、焦渣特性以及灰的熔点的测定，它为锅炉的设计、改造、运行和试验研究提供必要的原始数据。

（一）煤样的采集和制备

煤的取样（也叫采样）、制样和分析化验是获得正确、可靠结果的三个重要环节。因此，必须严格按规定的取样方法采集，使之得到与大量煤样的平均质量相近似的分析化验煤样。

炉前应用煤的煤样通常可在称量前的推煤小车上、炉前煤堆中或胶带输煤机上直接采集。取样方法，一般在小车四角距离 5cm 处和中心部位 5 点采集；在炉前煤堆中取样时，取样点不得少于 5 个，且需高出煤堆四周地面 10cm 以上。若在输煤胶带上采样，应用铁锹横截煤流，不可只取上层或某侧煤流。上述方法取样每点或每次取样量不得少于 0.5kg，取好后煤样应放入带盖容器中，以防煤样中水分蒸发。需要特别强调的是采样时煤中所包含的煤矸石、石块等杂质也要相应取入，不得随意剔除，要尽可能地保证所取煤样具有代表性。

原始煤样数量一般为总燃煤量的 1%，但总量不应小于 10kg。混合缩分时，必须迅速把大块破碎，然后进行锥体四分法缩制❷。缩分制备的操作过程是：煤样倒在洁净的铁板或水泥地上，先将大的煤块和煤矸石砸碎至粒度小于 13mm，而后掺混搅匀，用铁锹一锹一锹地堆聚成塔，每锹量要少，自上而下逐渐撒落，并且锹头方向要变化，以使锥堆周围的粒度分布情况尽量接近。如此反复堆掺 3 次，最后用铁锹将圆锥体煤样向下均匀压平成圆饼形，划"十"字分为四个相等扇形，按附图 1-1 （a）进行四分法缩分。四分法缩样可以连续进行几次，如有较大煤块应随时破碎至粒径小于 13mm。最终一次缩样采用如附图 1-1

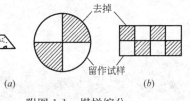

附图 1-1　煤样缩分

（b）所示的选择办法，缩分出不少于 2kg 煤样，分为两份严封于镀锌铁皮取样筒中，贴上标签，注明煤样名称、质量和采集日期，一份送化验室测定全水分和制备分析煤样，一份保存备查。

---

❶　详见《煤的工业分析方法》GB/T 212—2008。
❷　详见《煤样的制备方法》GB/T 474—2008。

整个四分缩样的操作，要果断迅速，尽量减少煤样中水分蒸发而造成的误差。

(二) 实验设备和仪器

1. 鼓风干燥箱　又名烘箱或恒温箱，供测定水分和干燥器皿等使用。干燥箱带有自动调温装置，内附风机，其顶部由水银温度计指示箱内温度，温度能保持在 105～110℃或145±5℃范围内。

2. 箱形电炉　供测定挥发分、灰分和灼烧其他试样之用。它带有调温装置，最高温度能保持在 1000℃左右，炉膛中具有相应的恒温区，并附有测温热电偶和高温表。

3. 分析天平　感量为 0.1mg。

4. 托盘天平　感量为 1g 和 5g 各一台。

5. 干燥器　下部置有带孔瓷板，板下装有变色硅胶或粒状无水氯化钙。

6. 玻璃称量瓶或瓷皿　玻璃称量瓶的直径为 40mm，高 25mm，并带有严密的磨口的盖（附图 1-2）。瓷皿的直径为 40mm，高 16.5mm，壁厚为 1.5mm，它也附有密合的盖（附图 1-3）。

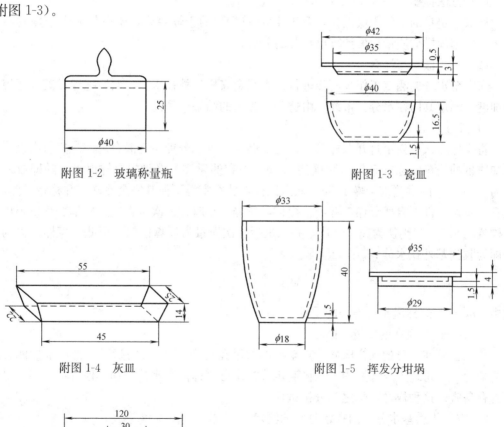

附图 1-2　玻璃称量瓶　　　　　　　　　附图 1-3　瓷皿

附图 1-4　灰皿　　　　　　　　　　　附图 1-5　挥发分坩埚

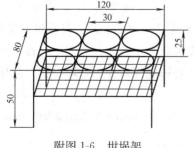

附图 1-6　坩埚架

附图 1-7　坩埚架夹

7. 灰皿　长方形灰皿（附图1-4）。

8. 挥发分坩埚、坩埚架、坩埚架夹（附图1-7）以及耐热金属板、瓷板或石棉板　测定挥发分用的是瓷坩埚（附图1-5），坩埚架是由镍铬丝制成的架子，其大小以能放入箱形电炉中的坩埚不超过恒温区为限，并要求放在架上的坩埚底部距炉底 20～30mm（附图1-6）。耐热金属板、瓷板或石棉板，其宽度略小于炉膛，规格与炉膛相适应。

（三）测定条件及技术要求

为了保证分析结果的精确可靠，除外在水分 M_{ar}^f 外，工业分析的其他各个测定项目均需平行称取两个试样；两个平行试样测定结果的误差不得超过国家标准规定的允许值。如超过允许误差，须进行第三次测定。分析结果取两个在允许误差范围内数据的平均值。如第三次测得结果与前两次结果相比均在允许误差范围内时，则取三次测定结果的算术平均值。

1. 水分的测定❶

（1）方法提要

称取一定量的空气干燥煤样，置于 105～110℃ 的干燥箱内，于空气流中干燥到质量恒定。根据煤样的质量损失计算出水分的分数。

（2）实验操作与计算

煤中全水分的测定工作分两步进行：先测定煤样的外在水分，然后把煤样破碎至规定的细度，测定其内在水分。最终，由这两项测定的结果计算而得。

1）外在水分的测定

将煤样取来，先不打开取样筒盖，上下倒动摇晃几分钟使之混合均匀。然后启盖，在已知质量的浅盘中称取 500g（精确到 0.5g）左右的煤样。将盘中煤样摊平，随即放入温度为 70～80℃ 的烘箱内干燥 1.5h。取出试样，放在室温下使其完全冷却，并称量。然后，让它在室温条件下自然干燥，并经常搅拌，每隔一小时称一次量，直至质量变化不超出前次称量的 0.1%，则认为完全干燥，并以最后一次质量为计算依据。至此，煤样失去的水分即为收到基外在水分 M_{ar}^f：

$$M_{ar}^f = \frac{m_1}{m} \times 100\%$$

式中　m_1——煤样风干后失去的质量，g；

　　　m——基煤样的质量，g。

将除去外在水分的煤样磨碎，直至全部通过孔径为 0.2mm 的筛子，再用堆掺四分法分为两份。一份装入煤样瓶中，以供测定分析水分（即内在水分）和其他各项之用；另一份封存备查。这种煤样，称之为分析试样。

2）空气干燥基水分（内在水分）的测定

用预先干燥并已称量过的玻璃称量瓶内称取粒度小于 0.2mm 的一般分析试验煤样，平行称取两份 1±0.1g（称准到 0.0002g），平摊在称量瓶中，然后开启盖子将称量瓶放入预先通风❷、并加热到 105～110℃ 的干燥箱中。在一直通风的条件下，即在空气流中干燥

---

❶ 当送交测定全水分的煤样的质量（用工业天平称量，称准到 0.5g）少于标签上所记载的质量时，将减少的质量算作水分损失量，在计算煤样全水分时应加入这项损失。

❷ 在煤样放入干燥箱前 3～5min 开始启动风机通风，使箱内温度均匀。

412

到质量恒定（烟煤干燥 1h，无烟煤干燥 1.5h）。从干燥箱内取出称量瓶并加盖。在空气中冷却 2～3min 后，放入干燥器冷却至室温（约 20min）称量。最后进行检查性的干燥，每次干燥 30min，直到试样量的变化小于 0.001g 或质量增加为止。如果是后一种情况，要采用增量前一次质量为计算依据。对于水分在 2% 以下的试样，不进行检查性干燥。至此，试样失去的质量占试样原量的分数，即为分析试样的空气干燥基水分：

$$M_{ad} = \frac{m_1}{m} \times 100\%$$

式中　m_1——煤样烘干后的失去质量，g；

　　　m——分析煤样的质量，g。

如此，煤的收到基水分即可由下式求得：

$$M_{ar} = M_{ar}^f + M_{ad}\left(\frac{100 - M_{ar}^f}{100}\right)$$

上述两个平行试样测定的结果，其误差不超过附表 1-1 所列的数值时，可取两个试样的平均值作为测定结果；超过表中的规定值时，试验应重做。

水分测定的允许误差

附表 1-1

水分 M_{ad}(%)	重复性限(%)	水分 M_{ad}(%)	重复性限(%)
<5.00	0.20	>10.00	0.40
5.00～10.00	0.30		

3）注意事项与查找误差根源

称取试样应迅速准确，不应有外界水汽的干扰，称量试样时不能将嘴对准瓶口或试样，以免呼气影响称量的结果。取样时应将试样瓶半卧放，进行旋转 1～2min，然后再用玻璃棒搅拌均匀，应在瓶内各个不同位置分 2～3 次取样。当水分相差较大时，应在不同的干燥箱内进行干燥。水分含量较高时，放入干燥箱的试样量要相应减少。正常情况下，将试样放入干燥箱后，温度应有所下降，待升到所需温度后，再开始计时，中途不允许随意增加或减少试样。要求环境温度保持稳定，并以干凉为宜，避免一切水汽来源。

2. 灰分的测定❶

（1）方法提要

将装有一般分析试验煤样的灰皿由炉外逐渐送入预先加热至 815±10℃ 的马弗炉中灰化，并灼烧至质量恒定。以残留物的质量占煤样质量的分数作为煤样的灰分。

（2）实验操作与计算

在经预先灼烧至质量恒定（称量称准到 0.0002g）的灰皿中，平行称取两份 1±0.1g 粒度小于 0.2mm 的空气干燥分析煤样（称准到 0.0002g），且铺平摊匀，使其每平方厘米的质量不超过 0.15g。把灰皿放在耐热瓷板上，然后打开已被加热到 850℃ 的箱形电炉炉门，将瓷板放进炉口加热，缓慢灰化。待 5～10min 后煤样不再冒烟，微微发红后，以不大于 2cm/min 的速度缓慢小心地把它推入炉中高温区（若煤样着火发生爆燃，试验应作废）。关闭炉门，让其在 815±10℃ 的温度下，灼烧 1h。取出瓷板和灰皿，先放在空气中冷却 5min，再放到干燥器中冷却至室温（约 20min），称量。最后，再进行每次为 20min

---

❶ 此法为快速灰化法，不适用于仲裁分析。缓慢灰化法详见《煤的工业分析方法》GB/T 212—2008。

的检查性灼烧，直至连续两次灼烧后的质量变化不超过 0.001g 为止。以最后一次质量作为测定结果的计算依据。灰分低于 15.00％时，不必进行检查性灼热。如此，残留物质量占煤样质量的分数，即为空气干煤基煤样的灰分：

$$A_{ad} = \frac{m - m_1}{m} \times 100\%$$

式中　m——灼烧前分析煤样的质量，g；

　　　m_1——灼烧后瓷皿中煤样减少的质量，g。

如此，煤的收到基灰分为

$$A_{ar} = A_{ad} \left(\frac{100 - M_{ar}^f}{100} \right)$$

两份平行煤样测定的结果，其误差不超过附表 1-2 所列的允许值时，取两者的平均值；超出允许值时，则应重做。

灰分测定的允许误差 附表 1-2

灰分 A_{ad}(%)	重度性限(%)	再现性临界差(%)	灰分 A_{ad}(%)	重度性限(%)	再现性临界差(%)
<15.00	0.20	0.30	>30.00	0.50	0.70
15.00～30.00	0.30	0.50			

依据灰分的颜色，可以粗略地判断它的熔化特性，如灰为白色，则表示难熔；柑黄色或灰色，表示可熔；褐色或浅红色，表示易熔。

锅炉热效率试验时，灰渣、漏煤和飞灰中的可燃物含量的分析，具体方法和试验条件与灰分测定相同。

3. 挥发分的测定

（1）方法提要

称取一定量的一般分析试验煤样，放在带盖的瓷坩埚中，在 900±10℃的温度下，隔绝空气加热 7min。以减少的质量占煤样的分数，减去该煤样的水分含量作为煤样的挥发分。

（2）实验操作与计算

先将带调温装置的箱形电炉加热到 920℃，再用预先在 900℃的箱形电炉中烧至恒定的带盖坩埚称取 1±0.1g 粒度小于 0.2mm 的一般分析试验煤样❶平行两份（精确到 0.0002g），轻轻振动使其煤样摊开，然后加盖，放在坩埚架上。打开炉门，迅速将摆有坩埚的架子推入炉内的恒温区，关好炉门，在 900±10℃的高温下准确加热 7min。坩埚及架子放入炉后，要求炉温在 3min 内恢复至 900±10℃，此后保持 900±10℃，否则此次试验作废。加热时间包括温度恢复时间在内。取出并在空气中冷却 5min 左右，放入干燥器中冷却至室温（约 20min），称量。其中失去的量占煤样原量的分数，减去该煤样的空气干燥基水分 M_{ad}，即为分析煤样的挥发分 V_{ad}：

$$V_{ad} = \frac{m_1}{m} \times 100\% - M_{ad}$$

---

❶　对于褐煤和长焰煤，则应预先压饼，并切成约 3mm 的小块再用。

414

式中　m_1——分析煤样灼烧后减少的质量，g；

　　　m——分析煤样的质量，g。

显然，煤的干燥无灰基挥发分就可按下式求得：

$$V_{daf} = V_{ad} \left(\frac{100}{100 - M_{ad} - A_{ad}} \right)$$

两份平行煤样测定结果误差，不得超过附表 1-3 规定的允许值，其测定数据同样以两者平均值为准。

挥发分测定的允许误差　　　　　　　　　　　附表 1-3

挥发分 V_{ad}(%)	重复性限(%)	再现性临界差(%)	挥发分 V_{ad}(%)	重复性限(%)	再现性临界差(%)
<20.00	0.30	0.50	>40.00	0.80	1.50
20.00~40.00	0.50	1.00			

在挥发分测定的同时，可以观察坩埚中的焦渣特征，以初步鉴定煤的粘结性能。测定挥发分所得焦渣特征，按下列规定加以区分：

1）粉状（1 型）：全部粉状，没有互相粘着的颗粒；

2）粘着（2 型）：以手指轻碰即碎成粉末或基本上无粉末，其中有较大的团块轻轻一碰即成粉末；

3）弱粘结（3 型）：手指轻压即碎成小块；

4）不熔融粘结（4 型）：用手指用力压才裂成小块，焦渣的上表面无光泽，下表面稍有银白色光泽；

5）不膨胀熔融粘结（5 型）：焦渣形成扁平的块，煤粒的界限不易分清，表面有明显银白色金属光泽，下表面银白色光泽更明显；

6）微膨胀熔融粘结（6 型）：用手指压不碎，在焦渣的上、下表面均有银白色光泽，但焦渣表面具有较小的膨胀泡（或小气泡）；

7）膨胀熔融粘结（7 型）：焦渣的上、下表面有银白色金属光泽，明显膨胀，但高度不超过 15mm；

8）强膨胀熔融粘结（8 型）：焦渣的上、下表面有银白色金属光泽，焦渣膨胀高度大于 15mm。

为了简便起见，通常用上列序号作为各种焦渣特性的代号。

这里需要注意的是，测定时分析煤样的水分不宜过高（<1%），若超过 2% 时则要进行干燥处理。不然，在进行挥发分测定时，由于水分强烈蒸发汽化而产生较大压力，可能会将坩埚盖崩开，导致测定结果的不准确。

4. 固定碳的计算

利用水分、灰分以及挥发分的测定结果，煤样的空气干燥固定碳含量（C_{ad}^{gd}）就可方便地由下式求得：

$$C_{ad}^{gd} = 100 - (M_{ad} + A_{ad} + V_{ad}) \ \%$$

乘以换算系数 $\frac{100 - M_{ar}}{100 - M_{ad}}$，即得收到基的固定碳含量 C_{ar}^{gd}：

$$C_{ar}^{gd} = C_{ad}^{gd} \left(\frac{100 - M_{ar}}{100 - M_{ad}} \right) \ \%$$

事实上，挥发分测定后留剩于坩埚中的即为焦炭，只要去掉其中的灰分便是固定碳 C_{ad}。

（四）实验要求

1. 熟悉了解并初步掌握各实验设备及仪器的操作方法。

2. 箱形电炉和干燥箱在试验前 2～3h 加热升温；箱形电炉的炉温：对于灰分测定，控制调节在 $815±10℃$；对于挥发分测定，则控制调节在 $900±10℃$。干燥箱恒温在 105～110℃。

3. 试验所用的玻璃称量瓶或瓷皿、灰皿及挥发分坩埚，都应事先洗净、干燥或灼烧；每只器皿（包括盖子）都要进行编号，以免试验中搞乱弄错。

4. 试验中要细心操作，精确称量并审慎详细地记录于表格中。

（五）实验记录及计算表格（见附表 1-4）

煤样来源_____ 煤种_____ 外在水分 M_{ar}^f_____ % 试验者（签名）_____ 试验日期_____

名 称	单位	测 定 项 目							
		水分 M_{ad}		灰分 A_{ad}		挥发分 V_{ad}		固定碳 C_{ad}^{gd}	
		试样 1	试样 2	试样 1	试样 2	试样 1	试样 2	试样 1	试样 2
器皿(连盖)及试样总量	g								
器皿(连盖)质量	g								
试样质量 m	g								
灼烧(烘)后总量	g								
灼烧(烘)后失去的质量 m_1	g								
计算公式	%	$\frac{m_1}{m}×100$		$\frac{m-m_1}{m}×100$		$\frac{m_1}{m}×100-M_{ad}$		$100-(M_{ad}+A_{ad}+V_{ad})$	
分析结果	%								
平行误差	%								
分析结果平均值	%								

思考·讨论

1. 为什么要用分析试样？分析试样与炉前收到煤之间差别在哪里？

2. 煤的风干水分与外在水分是一回事吗？为什么？

3. 测定灰分时，为什么不能把盛试样的灰皿一下子推入高温炉中？

4. 从干燥箱、箱形电炉中取出的试样，为什么一定要冷却至室温称量？

5. 试鉴别所测煤样灰熔点的高低及其焦渣的粘结特性。

二、煤的发热量测定

发热量是煤的重要特性之一。在锅炉设计和锅炉改造工作中，发热量是组织锅炉热平衡、计算燃烧物料平衡等各种参数和设备选择的重要依据。在锅炉运行管理中，发热量也是指导合理配煤，掌握燃烧，计算煤耗量等的重要指标。

测定煤的发热量的通用热量计有恒温式和绝热式两种❶。恒温式热量计配置恒温式外

---

❶ 详见《煤的发热量测定方法》GB/T 213—2008。

筒，外筒夹层中装水以保持测试过程中温度的基本稳定。绝热式热量计配置绝热式外筒，外筒中装有电加热器，通过所附自动控制装置能使外筒中的水温跟踪内筒的温度，其中的水还能在双层上盖中循环，因此后者要比前者先进。在测定结果的计算上，恒温式热量计的内筒，在试验过程中因与外筒始终发生热交换，对此热量应予校正（即所谓冷却校正或热交换校正）；而绝热式热量计的这种热量得失，可以忽略不计，即无需冷却或换热校正。

考虑到目前各校实验设备条件的限制，本实验采用恒温式热量计测定其发热量。

（一）测定原理

让已知质量的煤样在氧气充足的特定条件下（氧弹热量计中）完全燃烧，燃烧放出的热量被一定量的水和热量计筒体吸收。待系统热平衡后，测出温度的升高值，并计及水和热量计筒体的热容量以及周围环境温度等的影响，即可计算出该煤的发热量。

因为它是煤样在有过量氧气（充进的氧气压力在 2.8～3.2MPa）的氧弹中完全燃烧、燃烧产物的终了温度为实验室环境温度（约 20～25℃）的特定条件下测得的，称为煤的空气干燥基弹筒发热量 $Q_{b,ad}$，它包含煤中的硫 S_{ad} 和氮 N_{ad} 在弹筒的高压氧气中形成液态硫酸和硝酸时放出的酸的生成热以及煤中水分 M_{ad} 和氢 H_{ad} 完全燃烧时生成的水的凝结热，而煤在炉子中燃烧时是不会生成这类酸和水的。因此，实验室里测得的弹筒发热量 $Q_{b,ad}$ 比其高位发热量 $Q_{gr,ad}$ 还要大一些，这样可借它们之间的关系，由计算得到煤样的收到基低位发热量 $Q_{net,ar}$。

（二）仪器设备、试剂和材料

1. 恒温式热量计

如附图 1-8 所示，主要由外筒、内筒、氧弹、搅拌器、量热温度计等几部分所组成。

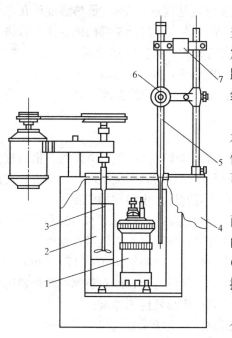

附图 1-8 恒温式热量计简图

1—氧弹（弹筒）；2—内筒；3—搅拌器；4—外筒；

5—贝克曼温度计；6—放大镜；7—振荡器

（1）外筒 为金属制成的双壁容器，并有上盖。外壁为圆形，内壁形状则依内筒的形状而定，原则上要保持二者之间有 10～12mm 的间距，尽量减小内外筒之间的热交换。外筒底部有绝缘支架，以便放置内筒。

恒温式热量计配置恒温式外筒的夹套中盛满水，其热容量应不小于热量计热容量的 5 倍，以便保持试验过程中外筒温度基本恒定。外筒外面可加绝缘保护层，以减少室温波动的影响。

（2）内筒 用紫铜、黄铜或不锈钢制成，断面可为圆形、菱形或其他适当形状。把氧弹放入内筒中后，装水 2000～3000mL，以能浸没氧弹（氧气阀和电极除外）为准。内筒外面经过电镀抛光，以减少与外筒间的辐射作用。

（3）氧弹 由耐热、耐腐蚀的镍铬或镍铬钼合金钢制成，它需要具备三个主要性能：

1）不受燃烧过程中出现的高温和腐蚀性产物的影响而产生热效应；

2）能耐受充氧压力和燃烧过程中产生的瞬

时高压；

3）试验过程中能保持完全气密。

氧弹也叫弹筒，如附图1-9所示。弹筒1是一个圆筒，容积为250～350mL，弹头2由螺帽3压在弹筒上；燃烧皿放在皿环9上，皿环与弹头之间系绝缘连接，进气导管与皿环构成两个电极，点火丝连接其间。弹头与弹筒之间由耐酸橡皮圈8密封，氧气进行降压之后从进气阀4进入氧弹；进气导管6的上方有止回阀5，氧气不会倒流。废气则从放气阀7排出。

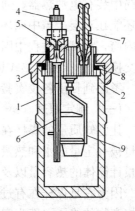

附图1-9　氧弹示意图
1—弹筒；2—弹头；3—螺帽；
4—进气阀；5—止回阀；6—进
气导管；7—放气阀；8—密
封橡皮圈；9—皿环

在进气导管或电极柱上还装有安放燃烧皿的皿环9以及防止烧毁电极的绝缘遮火罩。氧弹放入内筒时置于内筒底部的固定支柱上，以保证氧弹底部有水流通，利于氧弹放热冷却。

（4）搅拌器　螺旋桨式搅拌器装在外套的支座上，由专用电动机带动，叶桨转速为400～600r/min，内筒中水绕着氧弹流动，使温度均匀。搅拌效率应能使由点火到终点的时间不超过10min，同时又要避免产生过多的搅拌热（当内、外筒温度和室温一致时，连续搅拌10min所产生的热量不应超过120J）。

（5）量热温度计　常用的量热温度计有两种：一是固定测温范围的精密温度计，二是可变测温范围的贝克曼温度计。二者至少应有0.001K的分辨率，以便能以0.002K或更好的分辨率测定2～3K的温升；它代表的绝对温度应能达到近0.1K。量热温度计在它测量的每个温度变化范围内应是线性的或线性化的。它们均应经过计量部门的检定并合格。

贝克曼温度计是一种精密的温度计，通过放大镜放大，读值可估读到0.001℃。整个温度计的刻度范围仅5～6℃，温度计的顶部有水银贮存泡，作为调整温度计之用。

（6）普通温度计　最小分度值应为0.01K，量程为0～50℃的温度计，供测定外筒水温和量热温度计的露出柱温度。

2. 附属设备

（1）放大镜和照明灯　为了使温度读数能估计到0.001℃，需要一个大约5倍的放大镜。通常把放大镜装在一个镜筒中，筒的后部装有照明灯，用以照亮温度计的刻度。镜筒借适当装置可沿垂直方向上、下移动，以便跟踪观察温度计中水银柱的位置。

（2）振荡器　电动振荡器，用以在读取温度前振动温度计，以克服水银柱和毛细管间的附着力。如无此装置，也可用铅笔或套有橡皮管的细玻璃棒等小心地敲击温度计。

（3）燃烧皿　铂制品最理想，一般可使用镍铬钢制品。规格可采用高17～18mm，上部直径25～26mm，底部直径19～20mm，厚0.5mm。其他合金钢或石英制的燃烧皿也可使用，但以能保证试样完全燃烧而本身又不受腐蚀和产生热效应为原则。

（4）压力表和氧气导管　压力表由两个表头组成：一个指示氧气瓶中的压力，一个指示充氧时氧弹内的压力。表头上应装有减压阀和保险阀。压力表每两年应经计量部门检定一次，以保证指示正确和操作安全。

压力表通过内径为1～2mm的无缝铜管与氧弹连接，导入氧气。压力表和各连接部分，禁止与油脂接触或使用润滑油。如不慎沾污，必须依次用苯和酒精清洗，并待风干后再用。

（5）点火装置 点火采用12～24V的电源，可由220V交流电源经变压器供给。线路中应串连一个调节电压的变阻器和一个指示点火情况的指示灯或电流计。

点火电压应预先试验确定，方法是：接好点火丝，在空气中通电试验。在熔断式点火的情况下，调节电压使点火丝在1～2s内达到亮红；在棉线点火的情况下，调节电压使点火丝在4～5s内达到暗红。电压和时间确定后，应准确测出电压、电流和通电时间，以便据以计算电能产生的热量。

如采用棉线点火，则在遮火罩以上的两电极柱间连接一段直径约0.3mm的镍铬丝，丝的中部预先绕成螺旋数圈，以便发热集中。把棉线一端夹紧在螺旋中，另一端通过遮火罩中心的小孔（直径1～2mm）搭接在试样上。根据试样点火的难易，调节棉线搭接的多少。

（6）压饼机 螺旋式或杠杆式压饼机，能压制直径约10mm的煤饼或苯甲酸饼。模具及压杆应用硬质钢制成，表面光洁，易于擦拭。

（7）秒表或其他能指示10s的计时器。

3. 天平

（1）分析天平：量感0.1mg。

（2）工业天平：可称量4～5kg，量感0.5g，用于称量内筒水量。

4. 其他

（1）氧气钢瓶：纯度99.5%，要不含可燃成分，因此不得使用电解氧。

（2）量杯：10mL，100mL，500mL等。

（3）蒸馏水：50kg以上。

（4）苯甲酸：经计量机关检定并标明热值的苯甲酸。

（5）氢氧化钠标准溶液：≈0.1mol/L。

（6）甲基红指示剂：2g/L。

5. 材料

（1）点火丝：直径为0.1mm左右的铂、铜、镍铬丝或其他已知热值的金属丝或棉线。如使用棉线，则应选用粗细均匀、不涂蜡的白棉线。

（2）酸洗石棉绒：使用前在800℃灼烧30min。

（3）擦镜纸：使用前先测出燃烧热：抽取3～4张纸，团紧，称准质量，放入燃烧皿中，然后按常规方法测定发热量。取三次结果的平均值作为擦镜低热值。

（三）试验室条件

1. 热量计应放在单独房间内，不得在同一房间内进行其他试验项目。

2. 测热室应不受阳光的直接照射，室内温度和湿度变化应尽可能减到最小，每次测定室内温度变化不得超过1℃，冬、夏季室温以不超出15～35℃为宜。

3. 室内不得使用电炉等强烈放热设备；不准启用电扇，试验过程中应避免开启门、窗，以保证室内无强烈的空气对流。

（四）测定方法和步骤

1. 在燃烧皿中称取分析试样（粒径小于0.2mm）0.9～1.1g（称准至0.0002g）；对发热量高的煤，采用低值，发热量低或水当量大的热量计，可采用高值。试样也可在表面皿上直接称量，然后仔细移入清洁干燥的燃烧皿中。

对于燃烧时易于飞溅的试样，可先用已知质量的擦镜纸❶包紧，或先压成煤饼再切成 2~4mm 的小块使用。对无烟煤、一般烟煤和高灰分煤一类不易燃烧完全的试样，最好以粉状形式燃烧，此时，在燃烧皿底部铺一层石棉纸或石棉绒，并用手指压紧。石英燃烧皿不需任何衬垫。如加衬垫仍燃烧不完全，可提高充氧压力至 3.2MPa，或用已知质量和发热量的擦镜纸包裹称好的试样并用手压紧，然后放入燃烧皿中。

2. 往氧弹中加入 10mL 蒸馏水，以溶解氮和硫所形成的硝酸和硫酸。

3. 将燃烧皿固定在皿环上，把已量过长度的点火丝（100mm 左右）的两端固定在电极上，中间垂下稍与煤样接触（对难燃的煤样，如无烟煤、贫煤），或保持微小距离（对易燃和易飞溅的煤样），并注意点火丝切勿与燃烧皿接触，以免短路而导致点火失败，甚至烧毁燃烧皿。同时，还应注意防止两电极间以及燃烧皿同另一电极之间的短路。小心拧紧弹盖，注意避免燃烧皿和点火丝的位置因受震而改变。

4. 接上氧气导管，往氧弹中缓缓充入氧气，直到压力达到 2.8~3.0MPa，达到压力后的持续时间不得少于 15s。对于难燃烧的试样，可以把充氧压力提高到 3.2MPa，但不允许再高了。如果不慎充氧压力超过 3.2MPa，停止试验，放掉氧气后，重新充氧至 3.2MPa 以下。当钢瓶中氧气压力降到 5.0MPa 以下时，充氧时间应酌量延长；当压力降至 4.0MPa 以下时，应更换新的钢瓶氧气。

5. 把一定量（与标定热容量时所用的水量相等）的蒸馏水注入内筒。水量最好用称量法测定，应在所有试验中保持相同，相差不超过 0.5g。注入内筒的水温，宜事先调节，估计使终点时内筒水温比外筒温度约高 1K 左右，以使试验至终点时内筒温度出现明显下降。外筒温度应尽量接近室温，相差不得超过 1.5K。

6. 将内筒放到热量计外筒内的绝热架上，然后把氧弹小心放入内筒，水位一般控制在将氧弹盖的顶面淹没在水面下 10~20mm。如氧弹中无气泡漏出，则将导线接在氧弹头的电极上，装上搅拌器和量热温度计（贝克曼温度计），并不得与内筒筒壁或氧弹接触，温度计的水银球应在水位的 1/2 处，并盖上外筒的盖子。

7. 在靠近贝克曼温度计的露出水银柱的部位，另悬一支普通温度计，用以测定露出柱的温度。

8. 开动搅拌器，使内筒水温搅拌均匀。5min 后开始计时和读取内筒温度——点火温度 t_0，同时立即按下点火器的按钮，指示灯应一闪即灭，表示电流已通过点火丝并将煤样引燃❷。否则，需仔细检查点火电路，无误后重做。

随后记下外筒温度 t_w 和露出柱温度 t_l。外筒温度的读值精确到 0.05K，内筒温度借助放大镜读到 0.001K。读数时，应使视线、放大镜中线和水银柱顶端在同一水平面上，以避免视差对读数的影响。每次读数前，应开启振荡器振动 3~5s，关闭振荡器后立即读数，但在点火后的最初几次急速升温阶段，无须振动。

9. 观察内筒温度，如在 30s 内温度急剧上升，则表明点火成功；点火后 1′40″再读取一次内筒温度 t_1（读值精确到 0.01K）。

---

❶ 用一张擦镜纸（一般质量约 0.1~0.15g，面积 10cm×15cm）折为两层，把试样放在纸上摊平，然后包严压紧。对特别难燃的试样，也可用两张擦镜纸，并把充氧压力提高到 3.5MPa，充氧时间不得小于 0.5min。

❷ 接好点火丝后，预先在空气中作通电试验。对熔断式点火法，调节电压使点火丝在 1~2s 内达到暗红。对棉线点火法，调节电压使点火丝在 3~5s 内达到暗红。电压和时间确定后，应准确测出电压、电流和通电时间，以便据以计算电能产生的热量。

10. 临近试验终点时（一般热量计由点火到终点的时间为 8～10min），开始按 1min 的时间间隔读取内筒温度。读前开动振荡器，读值要求精确到 0.001K，以第 1 个下降温度作为终点温度 t_n，试验阶段至此结束。

11. 停止搅拌，小心取出温度计、搅拌器、氧弹和内筒。打开氧弹的放气阀，让其缓缓泄气放尽。拧开氧弹盖，仔细观察弹筒和燃烧皿内部，如有试样燃烧不完全的迹象或炭黑存在，此试验应作废。

12. 找出未燃完的点火丝，并量其长度，以计算出实际耗量。

13. 如需要用弹筒洗液测定试样的含硫量，则再用蒸馏水洗涤弹筒内所有部分，以及放气阀、盖子、燃烧皿和燃烧残渣。把全部洗液（约 10mL）收集在洁净的烧杯中，供硫的测定使用。

（五）测定结果的计算

根据所测数据，可运用相应公式进行计算，求出分析试样的弹筒发热量、高位发热量和低位发热量。

1. 温度校正

测试过程中内筒水温上升的度数（温升）是发热量测定结果准确与否的关键性数据，也即测量温升的误差是发热量测定中误差的主要来源。因此，对量热温度计的选择和使用，务须十分重视，以保证测定结果的可靠性。

温度校正，包括温度计的刻度校正、露出柱温度变化校正和露出柱温度校正。对贝克曼温度计和精密温度计的这几项校正，当对总温升的影响小于 0.001℃时，可以省略不计。

（1）温度计刻度的校正

由于制造技术的原因，贝克曼温度计的毛细管内径和刻度都不可能十分均匀，为此要作必要修正，称为毛细管孔径修正。温度计出厂时检定证书中给出了毛细管孔径修正值，实验室也可按盖吕萨克法自行检定。附表 1-5 所示，即为某一贝克曼温度计毛细管孔径修正值实例。

孔径修正值
附表 1-5

温度计读数 t	0	1	2	3	4	5	6
修正值 h	0	+0.004	+0.002	−0.001	+0.001	−0.003	0

根据检定证书中给出的修正值，校正点火温度 t_0 和试验终点温度 t_n，内筒的温升即可由下式求出：

$$\Delta t = (t_n + h_n) - (t_0 + h_0)℃$$

式中　h_n——终点温度的温度计孔径修正值，℃；

　　　h_0——点火温度的温度计孔径修正值，℃。

对于玻璃精密温度计，其刻度也不可能制作得十分准确，它是与标准温度计对照而得出各读数的修正值的。使用时，它的温度读数，加上修正值后才代表真实温度（℃）。由此求出的温升，才是真正的温升（℃）。

（2）露出柱温度的校正

经计量机关检定后提供的温度计分度值❶，只适用于在与检定条件相同的情况下使

---

❶ 分度值是温度计平均分度值的简称，指的是温度计上指示的、经毛细孔径修正后的 1℃温度变化相当的真正温度（℃）。

用。影响分度值的因素有三个：基点温度❶、浸没深度和露出柱所处的环境温度。前两个因素，在量热计的热容量标定和在发热量测定中，可以人为地控制保持一致。但露出柱所处环境温度（室温），一般的实验室难以保持固定不变，故而对此影响需要进行校正，其校正系数 H 可由下式求出：

$$H = h + 0.00016(t_{bd} - t_0')$$

式中　h——贝克曼温度计在实测时的露出柱温度的平均分度值，可由该贝克曼温度计的检定证书中查得；

　　　t_{bd}——热容量标定时露出柱所处环境的平均温度，℃；

　　　t_0'——发热量测定中点火时露出柱所处环境的温度，℃；

0.00016——水银对玻璃的相对膨胀系数。

计算发热量时，应对已经过温度计刻度校正、露出柱温度变化校正和冷却校正后得出的温升乘以校正系数 H。

2. 冷却校正

恒温式热量计的内筒与外筒之间存在温差，在试验过程中始终有着热量的交换，对此散失的热量应予以校正，其校正值称为冷却校正值 C，即在温升 Δt 中加上一个 C 值。

冷却校正值 C 的计算，可按下式进行：

$$C = (n-a)V_n + aV_0 \quad ℃$$

式中　n——由点火到终点的时间，min；

　　　a——参数，min。可根据主期内总温升 $\Delta t_n = t_n - t_0$ 和点火后 $1'40''$ 时的温升 $\Delta t_1 = t_1 - t_0$ 得出：

　　　当 $\dfrac{\Delta t_n}{\Delta t_1} \leqslant 1.20$ 时，$a = \dfrac{\Delta t_n}{\Delta t_1} - 0.10$，

　　　当 $\dfrac{\Delta t_n}{\Delta t_1} > 1.20$ 时，$a = \dfrac{\Delta t_n}{\Delta t_1}$；

V_0，V_n——分别为点火和终点时在内、外筒温差的影响下造成的内筒降温速度，℃/min；它按下式计算：

$$V_0 = B(t_0 - t_w) - A$$
$$V_n = B(t_n - t_w) - A$$

其中，B 为热量计的冷却常数，1/min；A 为热量计的综合常数，℃/min，它们均可由实验室预先标定给出❷；

　　　t_0，t_n——分别为点火、终点时的内筒温度，℃；

　　　t_w——外筒温度，℃。当用贝克曼温度计测量内筒温度、用普通温度计测量外筒温度时，应从实测的外筒温度（见本实验的"测定方法和步骤"中的第 7 条）中减掉贝克曼温度计的基点温度后再当作外筒温度 t_w，用以计算点火和终点

---

❶　贝克曼温度计因水银球中的水银量是可变的，可以测量 $-10 \sim 120℃$ 范围内的任何温度。如测温范围在 $21 \sim 24℃$ 之间，则可调节水银量使温度计浸于 $20℃$ 的水浴中时，水银柱顶点恰好指在温度计的最低刻度（通常为 $0℃$）上。贝克曼温度计的这个最低刻度所代表的温度称为基点温度。基点温度实质上是表示水银球中水银量的一种方法，如上调定的温度计的基点温度为 $20℃$。

❷　按《煤的发热量测定方法》GB/T 213—2008 第 9.1.2 条标定。

时内、外筒的温差：(t_0-t_w) 和 (t_n-t_w)。如内、外筒温度都使用贝克曼温度计测量，则应对实测的外筒温度校正内、外筒温度计基点温度之差，以求得内、外筒的真正温差。

3. 引燃物放热量的校正

在点火时，用于引燃的点火丝、棉线和擦镜纸等燃烧放出的热量，应逐一予以扣除。其值由下式计算：

$$\sum bq=b_1q_1+b_2q_2+b_3q_3 \quad J$$

式中　b_1，b_2，b_3——分别为引燃烧掉的点火丝、棉线和擦镜纸的质量，g；

q_1，q_2，q_3——分别为点火丝、棉线和擦镜纸的燃烧放热量，J/g；对于铁丝、铜丝、镍铬丝、棉线和擦镜纸的燃烧放热量，分别为 6699J/g，2512J/g，1403J/g，17501J/g 和 15818J/g。

4. 发热量的计算

（1）空气干燥基分析试样的弹筒发热量 $Q_{b,ad}$

$$Q_{b,ad}=\frac{KH[(t_n+h_n)-(t_0+h_0)+C]-\sum bq}{m} \quad J/g$$

式中　K——热量计测热系统的热容量❶，J/℃；

m——分析试样的质量，g。

其余符号的含义同前。

前述系数中，不同的热量计的热容量 K 是不同的，可用经国家计量机关检定，注明发热量的基准物质在该热量计中代替试样燃烧而求出。基准物质通常用标准苯甲酸，其发热量为 $26502\pm4J/g$。

（2）高位发热量 $Q_{gr,ad}$

$$Q_{gr,ad}=Q_{b,ad}-(94.1S_{b,ad}+aQ_{b,ad}) \quad J/g$$

式中　94.1——煤中每 1%硫的校正值，J/g；

$S_{b,ad}$——由弹筒洗液测得的煤的含硫量，%；

a——硝酸生成热校正系数：

当 $Q_{b,ad}\leqslant16.70MJ/kg$ 时，$a=0.0010$；

当 $16.70MJ/kg<Q_{b,ad}\leqslant25.10MJ/kg$ 时，$a=0.0012$；

当 $Q_{b,ad}>25.10MJ/kg$ 时，$a=0.0016$。

当煤中全硫含量低于 4%时，或发热量大于 14600J/g 时，可用全硫或可燃硫代替 $S_{b,ad}$。

在需要用弹筒洗液测定 $S_{b,ad}$ 时，其方法是：把洗液煮沸 2～3min，取下稍冷后，以甲基红（或以相应混合物指示剂）为指示剂，用 0.1N 的 NaOH 溶液滴定，以求出洗液中的总酸量，最终以相当于 1g 试样的 0.1N 的 NaOH 溶液的体积 V（mL）表示。如此，高位发热量的计算式就有如下形式：

$$Q_{gr,ad}=Q_{b,ad}-(15.1V-6.3aQ_{b,ad}) \quad J/g$$

---

❶ 按《煤的发热量测定方法》（GB/T 213—2008）中 10 条计算、标定和复查重测。

式中硝酸生成热校正系数 a 取值同前。

（3）收到基低位发热量 $Q_{net,ar}$

试样的收到基高位发热量 $Q_{gr,ar}$ 可由下式求出：

$$Q_{gr,ar}=Q_{gr,ad}-\frac{100-M_{ar}^{f}}{100} \quad J/g$$

扣除试样中水分和氢燃烧生成水的凝结放热，即为收到基低位发热量：

$$Q_{net,ar}=Q_{gr,ar}-226H_{ar}-25M_{ar} \quad J/g$$

式中　M_{ar}——燃料的收到基水分，%；

　　　H_{ar}——燃料中氢的百分含量，%；可由元素分析或根据挥发分含量大小在附图
　　　　　　　1-10中查得。

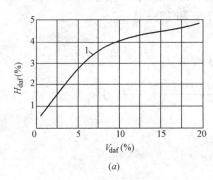 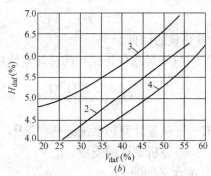

(a)　　　　　　　　　　　　(b)

附图 1-10　煤的挥发分与氢含量的关系

1—适用于 $V_{daf}\leqslant20\%$ 的无烟煤和烟煤的曲线；2—适用于 $V_{daf}>20\%$ 的烟煤（坩埚焦渣特性 1～2 号）的曲线；3—适用于 $V_{daf}>20\%$ 的烟煤（坩埚焦渣特性 3～8 号）的曲线；4—适用于褐煤的曲线

（六）测定数据与结果计算示例

下面以一个煤样的发热量测定作为实例，简要说明用恒温式热量计测定发热量的记录形式以及测定数据的整理和结果计算。

1. 给定数据

热量计的热容量 K　14150J/℃；

标定的热量计冷却常数 B　0.0020min^{-1}；

标定的热量计综合常数 A　0.0004℃/min；

热容量标定中贝克曼温度计露出柱的平均温度 t_{bd}　19℃；

试样的收到基外在水分 M_{ar}^{f}　7.89%；

试样的空气干燥基水分 W_{ad}　2.18%；

试样的空气干燥基全硫含量 S_{ad}　1.34%；

试样的空气干燥基氢的含量 H_{ad}　3.62%；

试样的干燥无灰基挥发分 V_{daf}　29.85%。

2. 测定数据

试样质量 m　1.0412g；

贝克曼温度计标定和实测时的基点温度　18℃；

点火丝（镍铬）质量　0.214g；

点火丝残留质量　0.101g；

棉线质量　0.0436g；

棉线残留质量　0g；

擦镜纸质量　0.1105g；

擦镜纸残留质量　0g；

读温记录如附表 1-6 所示。

序号	时间(s)	内筒温度(℃)	外筒温度(℃)
0	0	1.245(t_0)	20.45
1	100	2.62(t_1)	
2	160	⋮	
⋮	⋮		
6	400	3.261	
7	460	3.263	
8	500	3.261(t_n)	$n=8$

3. 发热量计算

（1）温度校正

1）温度计刻度校正

由温度计检定证书查得：$h_0=0.003$，$h_n=-0.001$。

2）贝克曼温度计的平均分度值校正

据实测时露出柱温度，在检定证书中查得分度值

$$h=1.006$$

$$\therefore H=h+0.00016(t_{bd}-t_0')=1.006+0.00016(19-21)=1.00568℃$$

（2）冷却校正

校正后的外筒温度 $t_w=20.45-18=2.45℃$

$$\therefore V_0=B(t_0-t_w)-A=0.0020(1.245-2.45)-0.0004=-0.00281℃/min$$

$$V_n=B(t_n-t_w)-A=0.0020(3.261-2.45)-0.0004=-0.00122℃/min$$

而

$$\Delta t_n=t_n-t_0=3.261-1.245=2.016℃$$

$$\Delta t_1=t_1-t_0=2.62-1.245=1.375℃$$

∴

$$\Delta t_n/\Delta t_1=2.016/1.375=1.466$$

据

$$\Delta t_n/\Delta t_1=1.466>1.20，a=\Delta t_n/\Delta t_1=1.466$$

∴

$$C=(n-a)V_n+aV_0$$

$$=(8-1.466)(-0.00122)+1.466\times(-0.00281)=-0.0121℃$$

（3）引燃物燃烧放热量的校正

$$\sum bq=b_1q_1+b_2q_2+b_3q_3$$

$$=(0.214-0.101)\times1403+(0.0436-0)\times17501+(0.1105-0)\times15818$$

$$=2669.5J$$

（4）分析试样的弹筒发热量

$$Q_{b,ad}=\frac{KH[(t_n+h_n)-(t_0+h_0)+C]-\sum bq}{m}$$

$$=\frac{14150\times1.00568[(3.261-0.001)-(1.245+0.003)-0.0121]-2669.5}{1.0412}$$

$$=24769J/g$$

（5）空气干燥基高位发热量

已知分析煤样的全硫含量 $S_{ad}=1.34\%<4\%$，则可用全硫含量代替弹筒洗液测得的煤的含硫量，即 $S_{b,ad}=S_{ad}$；又因煤样的 $Q_{b,ad}<25100\mathrm{J/g}$，所以系数 a 为 0.0012，如此

$$\begin{aligned}Q_{gr,ad}&=Q_{b,ad}-(94.1S_{b,ad}+aQ_{b,ad})\\&=24769-(94.1\times1.34+0.0012\times24769)\\&=24613\mathrm{J/g}\end{aligned}$$

（6）收到基低位发热量

已知煤样 $M_{ar}^{f}=7.89\%$，$M_{ad}=2.18\%$，$H_{ad}=3.62\%$，

$$\therefore\quad M_{ar}=M_{ar}^{f}+M_{ad}\left(\frac{100-M_{ar}^{f}}{100}\right)=7.89+2.18\times\left(\frac{100-7.89}{100}\right)$$
$$=9.90$$

$$H_{ar}=H_{ad}\left(\frac{100-M_{ar}^{f}}{100}\right)=3.62\times\left(\frac{100-7.89}{100}\right)=3.33$$

于是

$$\begin{aligned}Q_{net,ar}&=Q_{gr,ad}\left(\frac{100-M_{ar}^{f}}{100}\right)-226H_{ar}-25M_{ar}\\&=24613\times\left(\frac{100-7.89}{100}\right)-226\times3.33-25\times9.90\\&=21670\mathrm{J/g}=21670\mathrm{kJ/kg}\end{aligned}$$

思考·讨论

1. 氧弹（弹筒）发热量与高低位发热量有何区别？燃料在锅炉炉膛中所能释放出来的热量是哪一种发热量？为什么？

2. 测定发热量的试验室应具备什么条件？

3. 常用的热量计有哪几种类型？它们的差别是什么？

4. 贝克曼温度计的量程仅 5~6℃，为什么可以用于燃料发热量的温度测量？

5. 什么叫贝克曼温度计的基点温度？如何调整确定？

6. 什么是露出柱温度变化校正？什么是露出柱温度校正，二者的区别何在？各自又如何校正？

7. 热量计的热容量是什么意思？如何确定？

8. 对于燃烧时易于飞溅的试样或不易燃烧完全的试样（如高灰分的无烟煤），或发热量过低但却能燃烧完全的试样，在发热量测定时应相应采取些什么技术措施？

9. 如何减少周围环境温度对发热量测定结果的影响？你能设计（设想）一种较为理想的热量计吗？

三、烟 气 分 析

烟气分析，指的是对烟气中各主要组成成分——三原子气体 RO_2（CO_2 及 SO_2）、氧气 O_2、一氧化碳 CO 和氮气 N_2 的分析测定。根据烟气成分的分析结果，可以鉴别燃料在炉内的燃烧完全程度和炉膛、烟道各部位的漏风情况，进而采取有效技术措施以提高锅炉运行的经济性；同时根据分析结果还可以求定空气过量系数，为计算排烟热损失和气体不完全燃烧热损失提供重要的数据。

烟气成分分析，国家标准[❶]规定：RO_2 和 O_2 应用奥氏烟气分析器测定；CO 可采用

---

❶ 详见《工业锅炉热工性能试验规程》GB/T 10180—2003。

比色、比长检测管及烟气全分析仪等测定；当燃用气体燃料时，烟气成分则采用气体分析仪测定。根据教学的基本要求，本实验采用奥氏烟气分析器测定烟气中的 RO_2，O_2 和 CO 的体积分数含量。

（一）烟气分析原理与试剂的配制

奥氏烟气分析器（附图 1-11）是利用化学吸收法，按体积测定气体成分的一种仪器。它的分析原理是利用具有选择性吸收气体特性的化学溶液，在同温同压下分别吸收烟气中相关气体成分，从而根据吸收前后体积的变化求出各气体成分的体积分数。

烟气分析所用的选择性吸收气体的化学溶液和封闭液，按下列方法和步骤配制：

1. 氢氧化钾溶液

1 份化学纯固体氢氧化钾 KOH 溶于 2 份水中，配制时将 100g 氢氧化钾溶于 200mL 蒸馏水即成。1mL 该溶液能吸收三原子气体 RO_2 约 40mL；若每次试验用的烟气试样的体积为 100mL，其中 RO_2 含量平均为 13%，那么 200mL 该化学溶液约可使用 600 次，其吸收化学反应式为

$$2KOH + CO_2 = K_2CO_3 + H_2O$$
$$2KOH + SO_2 = K_2SO_3 + H_2O$$

氢氧化钾溶解时放热，所以配制时宜用耐热玻璃器皿，且要不时地用玻璃棒搅拌均匀，待冷却后上部澄清无色溶液用作试验吸收液。

2. 焦性没食子酸碱溶液

配制时取 25g 焦性没食子酸 $C_6H_3(OH)_3$、75g 氢氧化钾一起溶于 200mL 水中。配制后立即将容器封闭并存放在避光处，或把配制的焦性没食子酸碱溶液先倒入吸收瓶，并在缓冲瓶内注入少许液体石蜡密封，以防止空气氧化。

所配制的这种吸收液 1mL 能吸收 4mL 的氧气；如每次试验的烟气试样体积为 100mL，试样中 O_2 含量平均为 6.5%，则 200mL 吸收液可使用 120 次左右。此溶液吸收氧气的化学反应式为

$$4C_6H_3(OH)_3 + O_2 = 2[(OH)_3C_6H_2 - C_6H_2(OH)_3] + 2H_2O$$

3. 氯化亚铜氨溶液

它可由 50g 氯化氨 NH_4Cl 溶于 150mL 水中，再加 40g 氯化亚铜 Cu_2Cl_2，经充分搅拌，最后加入密度为 0.91、体积等于 1/8 此溶液体积的氨水配制而成。氯化亚铜氨溶液吸收一氧化碳的化学反应式为

$$Cu(NH_3)_2Cl + 2CO = Cu(CO)_2Cl + 2NH_3\uparrow$$

因一价铜 Cu^+ 很容易被空气中的氧所氧化，所以在盛装氯化亚铜氨溶液的瓶中应加入铜屑或螺旋状的铜丝，使之进行如下的还原反应：

$$CuCl_2 + Cu = Cu_2Cl_2$$

Cu^{2+} 离子被还原成 Cu^+ 离子。此外，液面上注以一层液体石蜡，使溶液不与空气接触。

4. 封闭液

5% 的硫酸 H_2SO_4 加食盐 NaCl（或硫酸钠 Na_2SO_4）制成饱和溶液，再加数滴甲基橙指示剂使溶液呈微红色。水准（平衡）瓶和取样瓶中用此酸性封闭液，可防止吸收烟气试样中部分气体成分，以减小测定误差。

（二）实验设备

1. 奥氏烟气分析器

结构如附图 1-11 所示，量筒 10 用以量取待分析的烟气，其上有刻度（0～100mL）可以直接读出烟气容积。量筒外侧套有盛水套筒 12，此水套保证烟气容积不受或少受外界气温影响。水准（平衡）瓶 11 由橡皮软管与量筒相连，内装微红色的封闭液；当水准瓶降低或提高位置，即可进行吸气取样或排气工作。

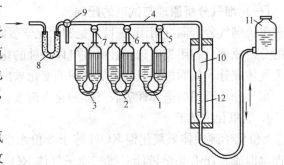

吸收瓶 1，2，3 中，依次灌有氢氧化钾、焦性没食子酸和氯化亚铜吸收液，分别用以吸收烟气中的 RO_2，O_2 和 CO 气体成分。

附图 1-11 奥氏烟气分析器

1、2、3—烟气吸收瓶；4—梳形连接管；5、6、7—旋塞；
8—U 形过滤器；9—三通旋塞；10—量筒；
11—水准（平衡）瓶；12—盛水套筒

2. 烟气取样装置

烟气取样装置由两个 2500～5000mL 玻璃溶液瓶和橡皮连接管组成（附图 1-12），或用薄膜抽气泵和塑料气球组成。前者适用于正压和常压下大量气体试样的采取，后者可用于较大负压的烟气试样采取。

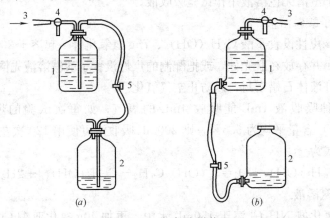

附图 1-12 烟气取样装置

（a）瓶中插有玻璃管的取样装置；（b）瓶中没有插玻璃管的取样装置

1—取样瓶；2—盛流出溶液的瓶；3—与气体通道相连的管；4—三通旋塞；5—夹子

3. 烟气取样管

插入烟道的烟气取样管，当烟温在 600℃以下时，可使用不经冷却的 $\phi 8～12$mm 不锈钢或碳钢管，管壁上开有 $\phi 3～5$mm 的小孔若干（附图 1-13），呈笛形。长度以能插入烟道深度的 2/3 处为宜；一端封口，一端接烟气取样装置。

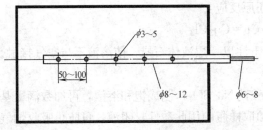

附图 1-13 烟气取样管

（三）实验准备

1. 仪器的洗涤

在安装以前，仪器的全部玻璃部分应

洗涤干净。新仪器先用热碱液洗，然后用水洗，再用洗液（重铬酸钾-浓硫酸 H_2SO_4 溶液）洗，用水冲净，最后用蒸馏水冲洗，且玻璃壁上应不粘附有水珠。干燥时宜通空气吹干，切不可用加热方法，以防玻璃炸裂损坏。

2. 仪器的安装

（1）按附图 1-11 所示排列安装，用橡皮管小心地将有关各部分依次连接，连接时玻璃管端应尽量对紧，并在每个旋塞上涂以润滑剂，使之转动灵活自如。

（2）在各个吸收瓶中分别注入相应的吸收液：吸收瓶 1 中注入氢氧化钾溶液，吸收瓶 2 中灌注焦性没食子酸碱溶液，吸收瓶 3 中注以氯化亚铜氨溶液；如有第四个吸收瓶，则可注入 10% 浓度的硫酸溶液，用以吸收测定 CO 时释放出来的氨气 NH_3。最后，在各瓶吸收液上倒入 5~8mL 液体石蜡，以免试剂与空气接触，影响吸收效果。

（3）水准（平衡）瓶 11 中注入封闭液；量筒外的盛水套筒 12 中灌满蒸馏水。

（4）在过滤器 8 内装上细粒的无水氯化钙，再用脱脂棉花轻轻塞好，但不可塞得太紧。

3. 气密性检查

（1）排除量筒 10 中的废气　将三通旋塞 9 打开与大气相通，提高水准瓶，排除气体至量筒内液面上升到顶端标线时为止。

（2）排除吸收瓶 1，2，3 中的废气　关闭三通旋塞使梳形连接管 4 与大气隔绝。然后打开吸收瓶 1 的旋塞 5，放低水准瓶使吸收瓶中液面上升，至顶端颈口标线时关闭旋塞。依次用同法使各吸收瓶中的液面均升至顶端颈口标线。

（3）再次排出量筒中的废气　打开三通旋塞，提高水准瓶把量筒中废气排尽。然后，关闭三通旋塞，把水准瓶放于底板上。

（4）检查气密性　此时，如量筒内液面稍稍下降后即保持不变，且各吸收瓶的液面也不下降，甚至时隔 5~10min 后各瓶液面仍然保持原位，那么表示烟气分析器严密可靠，没有漏气。若液面下降，则必有漏气的地方，应仔细逐一检查，找出渗漏之处。

（四）实验方法和步骤

1. 烟气取样

（1）排除取样管路和取样瓶中的废气　将与烟气取样管 3（附图 1-12）接通的取样瓶 1 置于高位，盛存溶液的空瓶 2 放在低位，打开夹子 5，使溶液流入瓶 2，烟气引入瓶 1。瓶 1 充满烟气后，先提升瓶 2，再旋转三通旋塞 4 使之与大气相通，将瓶 1 中烟气排尽，关闭三通旋塞。如此重复操作 2~3 次，即可准备正式取样。

（2）烟气取样　旋转三通旋塞使瓶 1 与取样管接通，置瓶 2 于低位，烟气随封闭液的流出而引入瓶 1。取样速度可借调节夹子的松紧加以控制，一般以数分钟至半小时采集一瓶烟气试样。

取样完毕，关闭三通旋塞和夹紧夹子，将封闭的取样瓶 1 取下，送实验室或供现场作烟气分析之用。

2. 烟气分析

（1）排除废气　奥氏烟气分析器与烟气取样瓶（或锅炉烟道）连接后，放低水准瓶的同时打开三通旋塞 9，吸入烟气试样；继而旋转三通旋塞，升高水准瓶将这部分烟气与管径中空气的混合气体排于大气。如此重复操作数次，以冲洗整个系统，使之不残留非试样气体。

（2）烟气取样　放低水准瓶，将烟气试样吸入量筒，待量筒中液面降到最低标线——"100"（mL）刻度线以下少许，并保持水准瓶和量筒的液面处在同一水平时，关闭三通旋塞。稍等片刻，待烟气试样冷却再对零位，使之恰好取样100mL烟气为止。

（3）烟气分析　先抬高水准瓶，后打开旋塞5，将烟气试样通入吸收瓶1吸收其中的三原子气体RO_2。往复抽送4～5次后，将吸收瓶内吸收液的液面恢复至原位，关闭旋塞5。对齐量筒和水准瓶的液位在同一水平后，读记烟气试样减少的体积。然后再次进行吸收操作，直到烟气体积不再减少时为止。至此所减少的烟气体积，即为二氧化碳和二氧化硫的体积之和——RO_2（%）。

在RO_2被吸收以后，依次打开第二、第三个吸收瓶，用同样方法即可测出烟气试样中氧气和一氧化碳的体积——O_2和CO（%），最后剩留的容积数便是氮气的体积百分数N_2（%）。

由于焦性没食子酸碱溶液既能吸收O_2，也能吸收CO_2和SO_2；氯化亚铜氨溶液吸收CO的同时，也能吸收O_2。所以，烟气分析的顺序必须是RO_2，O_2和CO，不可颠倒。

（五）烟气分析结果的计算及记录表格

因为含有水蒸气的烟气在奥氏烟气分析器中一直与水接触，始终处于饱和状态，因此测得的体积分数就是干烟气各成分的体积分数，即

$$RO_2 + O_2 + CO + N_2 = 100\%$$

如烟气试样的体积为$V\,mL$，吸收RO_2后的读数为$V_1\,mL$，则

$$RO_2 = \frac{V - V_1}{V} \times 100 \quad \%$$

烟气试样再顺序通过吸收瓶2和3，吸收O_2和CO后的体积分别为V_2，$V_3\,mL$，那么

$$O_2 = \frac{V_1 - V_2}{V} \times 100\%,$$

$$CO = \frac{V_2 - V_3}{V} \times 100\%.$$

由于烟气中一氧化碳含量一般不多，且吸收液氯化亚铜氨溶液又不甚稳定，较难用此化学吸收法精确测出。因此在锅炉热工性能试验中，有时仅测定RO_2和O_2的含量，而CO含量则通过计算或采用比色、比长检测管测定而得。

烟气分析时可采用如附表1-7所示的记录表格，便于计算出结果。

烟气分析记录表　　　　　　　　　　附表 1-7

项　目		时　间						平均
烟气试样体积 V	mL							
RO_2　吸收后读数 V_1	mL							
分析值	%							
O_2　吸收后读数 V_2	mL							
分析值	%							
CO　吸收后读数 V_3	mL							
分析值	%							

燃用煤种　　　　　　　　取样点名称　　　　　　　　试验日期

（六）注意事项

1. 测试前，必须认真做好烟气分析器的气密性检查，确保分析器和取样装置的严密可靠。

2. 各种化学吸收溶液，最好在使用前临时配制，以保证药液的灵敏度。

3. 烟气试样的采集要有代表性，因此不能在炉门或拨火门开启时抽吸取样，以免发生错误的分析结果。实践表明，如采用取样瓶或抽气泵连续取样，其烟气试样的代表性最好。

4. 烟气取样管不得装于烟道死角、转弯及变径等部位，而且取样管壁上的小孔应迎着烟气流。

5. 在烟气分析过程中，水准瓶的提升和下降操作要缓慢进行，严防吸收液或水准瓶中液体冲入连通管。水准瓶提升时，要密切注意量筒中水位的上升，以达到上标线（零线位置）为度；下降水准瓶时，则要注视吸收瓶中液位的上升，上升高度以瓶内玻璃管束的顶端为上限，切不可粗心大意。如若让水或药液冲进连接管中，则必须进行彻底清洗，包括水准瓶以及更换封闭液。

6. 在排除量筒中的废气时，应先抬高水准瓶，再旋转三通旋塞通往大气；排尽后，则必须先关闭三通旋塞，才可放低水准瓶，以避免吸入空气。

7. 实验室或烟气分析现场的环境温度要求保持相对稳定（温度在 $10 \sim 25℃$ 范围内，温度每改变 $1℃$，气体体积平均改变 0.37%）；读值时，务必使水准瓶液面和量筒液面保持在同一水平，保证内外压力相同，以减少对分析结果的影响。

思考·讨论

1. 烟气分析时，要求烟气试样顺序进入 RO_2，O_2 及 CO 的吸收瓶进行吸收，如果颠倒一下顺序是否可以？为什么？

2. 烟气试样中或多或少都含有水蒸气，为什么可以把烟气分析结果认为是干烟气成分的体积百分数？

3. 烟气分析可能产生误差的因素有哪些？

4. 有一组烟气分析结果：$RO_2 + O_2 + CO > 21\%$，试判断其可靠性，并分析、寻找原因。

5. 如果锅炉炉膛出口的烟气分析得 $RO_2 < 10\%$，$O_2 > 10\%$，这说明什么？对一运行的锅炉来说，可能存在着哪些问题？怎样改进？

四、锅炉的热工性能试验[1]

锅炉的热工性能试验，是了解和掌握锅炉及锅炉房设备的性能、完善程度、运行工况和运行管理水平的重要手段。它可为最佳运行工况的确定、新装锅炉的验收、锅炉改造的鉴定、科学研究以及与此有关的节能工作等提供必需的技术数据。

（一）试验目的

1. 了解和熟悉锅炉运行时热量的收、支平衡关系，即锅炉热平衡的组成。

2. 测定锅炉的蒸发量、蒸汽参数、蒸汽湿度、燃料消耗量以及相应的热效率。

---

[1] 详见《工业锅炉热工性能试验规程》GB/T 10180—2003。

3. 测定锅炉的各项热损失，并分析和研究减少热损失的途径。

（二）试验原理

锅炉热工性能试验，也可称热效率试验。它必须在锅炉的运行工况调整到正常和热力工况稳定的条件下进行，建立锅炉热量的收、支平衡关系，从而求出锅炉的热效率。

锅炉热效率可以通过正平衡试验和反平衡试验得出，前者称为正平衡效率，后者称为反平衡效率。

1. 正平衡试验

这是直接测量锅炉输入热量和有效输出热量而求得锅炉效率的一种方法，叫正平衡法，也称直接测量法。正平衡效率 η_z 的计算式为

$$\eta_z = \frac{Q_1}{Q_r} \times 100\%$$

式中　　Q_1——锅炉有效输出热量，kJ/h；

　　　　Q_r——锅炉输入热量，kJ/h。

锅炉正平衡试验计算效率所需测量的项目有：

（1）燃料消耗量 B，kg/h；

（2）燃料收到基低位发热量 $Q_{net,ar}$，kJ/kg；

（3）锅炉蒸发量或给水流量 D（或热水锅炉的循环水流量 G），t/h 或 kg/h；

（4）锅炉给水温度 t_{gs}（或热水锅炉的进水温度 t_1），$℃$；

（5）锅炉蒸汽压力（或热水锅炉的出水压力）P，MPa；

（6）过热蒸汽温度 t_{gq}（或热水锅炉的出水温度 t_2），$℃$；

（7）饱和蒸汽的湿度 W，$\%$；

（8）锅炉排污率 P_{pw}，$\%$。

2. 反平衡试验

这种方法是通过测定锅炉的各项热损失然后间接求出锅炉效率，称为反平衡法，也叫间接测量法或热损失法。反平衡效率 η_f 的计算式为

$$\eta_f = 100 - (q_2 + q_3 + q_4 + q_5 + q_6) \quad \%$$

式中　　q_2——排烟热损失，$\%$；

　　　　q_3——气体不完全燃烧热损失，$\%$；

　　　　q_4——固体不完全燃烧热损失，$\%$；

　　　　q_5——散热损失，$\%$；

　　　　q_6——灰渣物理热损失，$\%$。

反平衡试验效率计算，必须测出下列数据：

（1）燃料的元素分析；

（2）排烟温度 ϑ_{py}，$℃$；

（3）排烟处的烟气成分 RO_2，O_2 及 CO，$\%$；

（4）各种灰渣（炉渣、漏煤、烟道灰、溢流灰、冷灰和飞灰）的量 G，kg/h；

（5）各种灰渣的可燃物含量 C，$\%$；

（6）灰渣排出炉膛时的温度 t_{hz}，$℃$；

（7）环境温度 t_{lk}，$℃$。

测定锅炉效率应同时进行正、反平衡试验，锅炉效率则以正平衡试验的测定值为依据。当锅炉额定蒸发量（额定热功率）大于或等于20t/h（14MW），燃料消耗量较大，用正平衡法测量有困难时，可采用反平衡试验测定锅炉热效率。手烧炉允许只用正平衡法测定锅炉效率。

（三）试验准备和要求

1. 试验准备

（1）确定试验负责人，然后根据试验目的和《工业锅炉热工性能试验规程》与有关规程，结合现场的具体条件制定试验大纲。试验大纲的内容应包括：试验的任务和要求、试验程序、测量项目和使用仪表、测点布置，人员组织与分工以及试验时间与进度安排等。

（2）选择测量仪器仪表及有关设备，试验前都应经过检验合格。

（3）按试验大纲制定的测点布置图的要求安装仪表，并进行操作调整。

（4）全面检查锅炉各部件、炉墙和辅机等，重点检查泄漏现象，如有不正常情况应及时排除或采取补救措施。

（5）必须进行一次预备性试验，以全面检查仪表是否正常工作并熟悉试验操作及人员的相互配合。

作为教学实验，为保证做好热工性能试验，要求以严肃认真的态度，在教师的指导下，严格要求，坚守岗位，做到既分工负责，又协调配合。为此，试验前要求参加试验人员：

（1）明确试验的目的和要求，弄清试验原理和方法、测量项目和测点布置（附图1-14）情况。

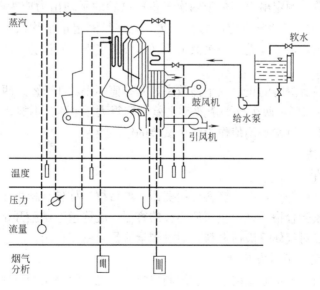

附图1-14 测点布置系统

（2）按所需测定的项目：汽压、温度、蒸汽湿度、烟气分析和煤、灰渣、漏煤、飞灰的称量及取样等分工定岗定位，熟悉各自测量对象和所要使用的仪表、设备，并预先准备好记录表格。

2. 试验要求

（1）正式试验应在锅炉热力工况稳定和燃烧调整到试验工况 1h 后开始进行。自冷态点火开始，热力工况稳定所需时间，对于无砖墙的锅壳式燃油燃气锅炉和燃煤锅炉分别不得少于 1h 和 4h；对于轻型和重型炉墙锅炉，分别不得少于 8h 和 24h。

（2）若锅炉鉴定试验，所使用燃料应与设计燃料基本相同。

（3）试验期间锅炉运行工况应保持稳定，并应符合下列规定：

1）锅炉出力的波动不宜超过±10%。

2）蒸汽锅炉的压力波动范围：对于设计压力小于 1.0MPa、1.0～1.6MPa、大于 1.6MPa 及小于或等于 2.5MPa、大于 2.5MPa 及小于 3.8MPa 的锅炉，试验期间压力分别不得小于设计压力的 85%、90%、92%、95%。

3）过热蒸汽温度的波动范围：设计温度为 250℃，300℃，350℃，400℃时，试验温度应分别控制在 230～280℃，280～320℃，330～370℃，380～410℃之间。

4）蒸汽锅炉的给水温度，应控制设计给水温度在－20～＋30℃之间。

5）热水锅炉的进水温度和出水温度，与设计值之差不得大于±5℃。

（4）试验期间安全阀不得起跳，不得吹灰，一般情况下不得排污。

（5）试验开始和结束时锅筒中的水位和煤斗的煤位均应一致，否则应进行修正。试验期间过量空气系数、给煤、给水、炉排速度、煤层（或沸腾炉的料层）高度应基本相同。

对于手烧炉，在试验开始前和结束前均应进行一次清炉，并注意结束时的煤层厚度和燃烧情况应与开始时基本保持一致。

（6）整个试验要连续进行，每次试验的时间，层燃（火床）炉、室燃炉和沸腾炉不少于 4h；手烧炉不少于 5h；燃油燃气炉不少于 2h。

（7）试验次数：额定出力不少于两次，每次试验的平均出力应为额定出力的 97%～105%；超负荷（大于 110%额定出力）一次，允许只测定正平均效率，试验时间为 2h。对于室燃炉和沸腾炉，还应进行一次低负荷（70%额定出力）试验，也允许只测定正平衡效率，时间为 4h。

（8）每次试验所测得的正、反平衡效率，其差值不得大于 5%。两次试验测得正平衡效率之差不得大于 3%，两个反平衡效率之差则不得大于 4%。不然，要补做试验，直到合格为止。然后取其算术平均值作为整个试验的锅炉效率。

（四）测试方法

1. 燃料消耗量

试验期间的燃料耗量，固体燃料可用衡器（如台秤）称量（精度不低于 0.5 级），衡器必须事先进行校验合格，燃料应与放燃料的容器一起称量，试验开始和结束时该容器质量应各校核一次。对气体、液体燃料，通过测量流量及密度得出。

2. 燃料的收到基低位发热量

对于固体燃料，入炉原煤的取样和缩制方法，详见本附录实验一煤的工业分析。燃料发热量的测定，则按本附录实验二煤的发热量测定所示方法进行。

3. 蒸发量和循环水量

锅炉的蒸发量，一般可以通过测定锅炉给水流量的办法确定。只要管路系统没有渗漏，不排污，试验开始和结束时保持汽包汽压和水位一致，给水量就是蒸发量。

给水流量可用水箱、涡轮流量计（精度不低于 0.5 级）、电磁流量计、孔板流量计

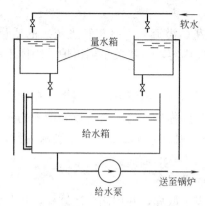

附图1-15 给水量测定系统示意图

（其测量系统精度不低于1.5级）等任一种仪表测量，也可用孔板流量计（精度不低于0.5级）测定锅炉的供出过热蒸汽量。水表误差较大，不能采用。

测量给水量最简单、最可靠的方法是采用量水箱法（附图1-15）。量水箱法是在给水箱上部装置两只固定容量的水箱，轮流一箱一箱地将水放入给水箱，最后累计放水量，除以试验延续时间即可得每小时的给水量。量水箱的进水管和排水管要尽量放大口径，以使放满和排空量水箱所需时间缩短，保证试验供水。如利用给水箱中水位变化（只适用于间歇给水）来测定时，给水箱的断面形状应当规则，方可按截面积和水位差来计算总的锅炉给水量。

为了保证测定数据的可靠，水箱（或量水箱）应事前将称量过的水倒入水箱进行标定，标定应进行两次，两次间的误差不得大于±0.2%；给水温度也不宜过高，以减少水的自然蒸发。

热水锅炉的循环水量应在进水管道上安装涡轮流量计进行测定。涡轮流量计由涡流流量变送器、前置放大器、接收电脉冲信号的显示仪表等组成。它属于速度式流量仪表，被测流体的流量大，则通过既定管道截面的流速大，螺旋式叶轮转动快，涡轮转数转换成电信号输出即可反映出流量。涡流流量计的特点是反应快，耐高压，信号能远距离输送，而且精度高，可以达到0.5级以上。

4. 蒸汽和锅炉给水的压力

干饱和蒸汽的焓和汽化潜热都是指试验期间平均蒸汽压力下的数值。它可按测得的蒸汽压力平均值由水蒸气特性表查出。由于压力变化对汽、水的焓影响甚微，蒸汽压力和给水压力一般可直接使用锅炉上的运行监督压力表读值，但其精度不应低于1.5级。

5. 蒸汽、水、空气和烟气的温度

这些介质的温度，可使用热电偶温度计、热电阻温度计和实验玻璃温度计测量。对热水锅炉进、出口水温应用铂电阻温度计，实验玻璃温度计和温差电偶测量。

测温点应布置在管道或烟道截面上介质温度较均匀的位置。对于出力大于或等于6.5MW的锅炉，排烟温度应进行多点测量，取其算术平均值作为锅炉排烟温度。空气温度通常在送风机入口处用实验玻璃温度计测量。

6. 饱和蒸汽的湿度

对于供热锅炉，蒸汽湿度一般可采用蒸汽及锅水氯根（Cl^-）含量（或碱度）对比的间接方法求定。

蒸汽取样管装在蒸汽母管的垂直管段上，等速取样。取冷却后的锅水和蒸汽冷凝水进行化验。

7. 烟气成分分析

烟气分析的取样、使用仪器和操作方法等详见本附录实验三烟气分析。

8. 灰渣的测量

灰渣的测量指的是各种灰渣（灰渣、漏煤、烟道灰、溢流灰、冷灰和飞灰）的质量、温度和可燃物含量的测定。它是锅炉反平衡试验的重要内容，直接关系到锅炉的固体不完全燃烧热损失 q_4 和灰渣物理热损失 q_6。

各种灰渣要分别收集并称量。对于层燃炉，试验开始前应出清灰渣和漏煤；在试验结束时，收集试验期间的灰渣和漏煤，用衡器（台秤）分别称量。为了获得较为精确的灰渣量 C_{hz}、漏煤量 C_{lm}，宜采用干式出渣，如果湿式出渣，则应把湿渣铺开流尽滴水后称量，再扣除其中所含水分。

飞灰无法全部收集称量，采用灰平衡的方法计算而求得。

灰渣、漏煤的可燃物含量，则在收集的灰渣、漏煤中取样，并用四分法缩样，送化验室化验而得。装有机械除灰设备的锅炉，可在灰渣出口处定期取样，一般每 15min 取样一次。取样时，要注意试样的均匀性和代表性。

每次试验采集的原始灰渣试样数量不少于总灰渣量的 2%；当煤的干燥基灰分 $A_d \geqslant 40\%$ 时，原始灰渣试样数量不少于总灰渣量的 1%，但总量不得少于 20kg。当总灰渣量少于 20kg 时，则应全部取作灰渣试样。灰渣样经缩分后的数量不得少于 1kg，以备化验分析。当湿式除渣时，应将湿渣在地上铺开，待稍干后再行取样和称量。

飞灰的取样较难具有代表性，一般在锅炉烟道中抽取烟气，经旋风分离器而获得灰样（附图 1-16）；也可采用除尘器除下的飞灰作为飞灰试样。飞灰试样同样需经缩分后送化验室分析。

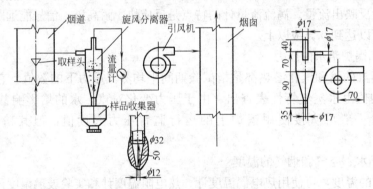

附图 1-16　飞灰取样设备和系统

灰渣的温度，可用热电高温计、电阻温度计等测量。在一般情况下，层燃炉和固态排渣的煤粉炉，灰渣温度取值 600℃；沸腾炉的灰渣温度取值 800℃。

9. 散热损失

锅炉的散热损失用热流计法实测，或者按给定的表（附表 1-8、附表 1-9）和公式求得。在条件许可的情况下，尽量用热流计进行实测，以便积累数据将来制定出我国工业锅炉的散热损失曲线。

热水锅炉的散热损失 q_5　　　　　　　　　　　附表 1-8

锅炉出力（MW）	≤2.8	4.2	7.0	10.5	14	29	46
散热损失（%）	2.1	1.9	1.7	1.5	1.3	1.1	0.8

锅炉出力(MW)	4	6	10	15	20	35	65
散热损失(%)	2.9	2.4	1.7	1.5	1.3	1.0	0.8

用热流计法实测散热损失，首先按温度水平和结构特点将锅炉本体及部件外表面划分成若干近似等温区段，并量出各区段的面积 F_1，F_2，……F_n，各个区段的面积一般不得大于 $2m^2$。然后把热流计探头按该热流计规定的方式固定于各等温区段的中值点，待热流计显示读数将近稳定后，连续读取 10 个数据，并用算术平均值法求出各个区段的散热强度 q_1，q_2，……q_n。

10. 风机风压、沸腾燃烧锅炉风室的风压和各段烟道的烟气压力，一般用 U 形玻璃管压力计等测压仪表测量。

（五）试验数据的记录、整理与计算

1. 记录间隔时间

除需要化验分析以外的有关测试项目，要求每隔 10～15min 读数记录一次，其中蒸汽压力和热水锅炉的进、出口水温及循环水量，则要求每隔 5min 记读一次。

为了更好地了解试验过程中各项参数的变化情况，对于压力、温度、流量和水位等参数应尽量设法采用连续记录仪表记读。

2. 试验记录表格（附表 1-10～附表 1-17）

1）锅炉设计参数

附表 1-10

锅炉型式		给水温度	
额定蒸发量		给水方法	
额定工作压力		通风方式	
过热蒸汽温度		燃烧方式	

2）试验日期、时间　年_____月_____日_____试验负责人_____

试验开始时刻		试验结束时刻		试验小时数	

3）燃料量、炉渣量、漏灰量

附表 1-11

项　目	车　数						
	1	2	3	4	5	6	累计
毛重(kg)							
车重(kg)							
净重(kg)							

4）给水量

水箱面积 $F=$___×___

项　目		时　间							结果
水位读值 （mm）	初水位 H_1								
	终水位 H_2								
	水位差 ΔH								$\sum \Delta H =$
水温（℃）									平均

$\Delta H = H_1 - H_2$ 　　　　　　　　　　　　　总给水量 $G = \sum \Delta H \times F$

5）蒸汽参数

项目	时　间						平均
压力（MPa）							
温度（℃）							

6）排烟温度及室温

项　目		时　间					平均
排烟温度	（mV）						
	（℃）						
室内空气温度（℃）							

7）烟气分析

项　目		时　间				平均
烟气试样体积（mL）						
RO_2	吸收后读数（mL）					
	分析值（%）					
O_2	吸收后读数（mL）					
	分析值（%）					
CO	吸收后读数（mL）					
	分析值（%）					
N_2	（%）					

8）炉膛、排烟负压

项 目	时 间					平均
炉膛负压(Pa) 排烟负压(Pa) 炉排下风压(Pa)						

9) 燃料和灰渣的分析

项 目		单位	数值	项 目		单位	数值
燃料消耗量 B		kg/h		灰渣	G_{hz}	kg/h	
燃料发热量 $Q_{net,ar}$		kJ/kg			C_{hz}	%	
元素分析	C_{ar}	%		漏煤	G_{lm}	kg/h	
	H_{ar}	%			C_{lm}	%	
	S_{ar}	%		飞灰	C_{fh}	%	
	O_{ar}	%					
	N_{ar}	%		灰熔点	t_1	℃	
	A_{ar}	%			t_2	℃	
	M_{ar}	%			t_3	℃	
	V_{daf}	%		焦渣特征			

3. 试验数据的整理

(1) 平均值的计算,要忠实于原始记录,个别离群太远、又有足够理由的数据方可剔除。

(2) 各项计算过程和所有计算结果都须逐项仔细校对正确。

(3) 根据分析,若有理由怀疑化验结果时,可要求对煤、渣、灰等试样进行复验(一般各分析样品在化验报告提交后尚应保存一周备查)。

4. 试验结果的计算

锅炉热工试验结果的计算,实质上就是锅炉效率的计算。为了简化和节约篇幅,下面仅就燃煤的层燃(火床)锅炉的热工试验,以表格形式列出计算锅炉正、反平衡效率的程序和相关的计算公式(附表 1-18)。

锅 炉 效 率 计 算

序号	名 称	符号	单位	计算公式或数据来源	试验数据
(1)燃料特性					
1	燃料收到基元素碳	C_{ar}	%	化验数据	
2	燃料收到基元素氢	H_{ar}	%	化验数据	
3	燃料收到基元素氧	O_{ar}	%	化验数据	
4	燃料收到基元素硫	S_{ar}	%	化验数据	
5	燃料收到基元素氮	N_{ar}	%	化验数据	
6	燃料收到基灰分	A_{ar}	%	化验数据	
7	燃料收到基水分	M_{ar}	%	化验数据	
8	煤的干燥无灰基挥发物	V_{daf}	%	化验数据	

序号	名称	符号	单位	计算公式或数据来源	试验数据
9	煤的收到基低位发热值	$Q_{net,ar}$	kJ/kg	化验数据	
10	煤的灰熔点	t_1	℃	化验数据	
		t_2	℃	化验数据	
		t_3	℃	化验数据	
11	煤的焦渣特征分类			化验数据	

（2）锅炉正平衡效率

序号	名称	符号	单位	计算公式或数据来源	试验数据
12	给水流量	D_{gs}	kg/h	试验数据	
13	自用蒸汽量	D_{zy}	kg/h	试验数据	
14	蒸发量(供出蒸汽量)	D	kg/h	$D_{gs}-D_{zy}$ 或试验数据	
15	蒸汽取样量	G_q	kg/h	试验数据	
16	锅水取样量(计入排污量)	G_g	kg/h	试验数据	
17	蒸汽压力	P	MPa	试验数据	
18	过热蒸汽温度	t_{gq}	℃	试验数据	
19	过热蒸汽焓	h_{gq}	kJ/kg	查水蒸气特性表	
20	饱和蒸汽焓	h_{bq}	kJ/kg	查水蒸气特性表	
21	自用蒸汽焓	h_{zy}	kJ/kg	查水蒸气特性表	
22	汽化潜热	r	kJ/kg	查水蒸气特性表	
23	蒸汽湿度	W	%	试验数据	
24	给水温度	t_{gs}	℃	试验数据	
25	给水压力	P_{gs}	MPa	试验数据	
26	给水焓	h_{gs}	kJ/kg	查特性表或$\approx t_{gs}\times 4.1868$	
27	蒸汽锅炉出力	Q	MW	饱和蒸汽锅炉 $\dfrac{D}{36}(h_{bq}-h_{gs})\times 10^{-5}$ 过热蒸汽锅炉 $\dfrac{D}{36}(h_{gq}-h_{gs})\times 10^{-5}$	
28	热水锅炉循环水量	G	kg/h	试验数据	
29	热水锅炉进水温度	t_{js}	℃	试验数据	
30	热水锅炉出水温度	t_{cs}	℃	试验数据	
31	热水锅炉进水压力	P_{js}	MPa	试验数据	
32	热水锅炉出水压力	P_{cs}	MPa	试验数据	
33	热水锅炉进水焓	h_{js}	kJ/kg	查特性表	
34	热水锅炉出水焓	h_{cq}	kJ/kg	查特性表	
35	热水锅炉出力	Q	MW	$\dfrac{G}{36}(h_{cs}-h_{js})\times 10^{-5}$	
36	燃料消耗量	B	kg/h	试验数据	
37	输入热量	Q_r	kJ/kg	一般 $Q_r\approx Q_{net,ar}$	
38	锅炉正平衡效率	η_z	%	饱和蒸汽锅炉 $\dfrac{D_{gs}(h_{bq}-h_{gs}-rW/100)+G_s r}{BQ_r}\times 100$ 或 $\dfrac{(D+D_{zy}+G_q)(h_{bq}-h_{gs}-rW/100)+G_s(h_{bq}-r-h_{gs})}{BQ_r}\times 100$ 过热蒸汽锅炉 $\dfrac{(D+G_q)(h_{gq}-h_{gs})+D_{zy}(h_{zy}-h_{gs}-rW/100)+G_s(h_{bq}-r-h_{gs})}{BQ_r}\times 100$ 热水锅炉 $\dfrac{G(h_{cs}-h_{js})}{BQ_r}\times 100$	

序号	名　称	符号	单位	计算公式或数据来源	试验数据
	（3）锅炉反平衡热效率				
39	湿灰渣量	G_{hz}^s	kg/h	试验数据	
40	灰渣淋水后含水率	W_{hz}	%	化验数据	
41	灰渣量	G_{hz}	kg/h	$G_{hz}^s\left(1-\dfrac{W_{hz}}{100}\right)$	
42	灰渣可燃物含量	C_{hz}	%	化验数据	
43	漏煤量	G_{lm}	kg/h	试验数据	
44	漏煤可燃物含量	C_{lm}	%	化验数据	
45	烟道灰量	G_{yh}	kg/h	试验数据	
46	烟道灰可燃物含量	C_{yh}	%	化验数据	
47	飞灰可燃物含量	C_{fh}	%	化验数据	
48	灰渣灰分比	a_{hz}	%	$\dfrac{G_{hz}(100-C_{hz})}{BA^y}\times100$	
49	漏煤灰分比	a_{lm}	%	$\dfrac{G_{lm}(100-C_{lm})}{BA^y}\times100$	
50	烟道灰灰分比	a_{yh}	%	$\dfrac{G_{yh}(100-C_{yh})}{BA^y}\times100$	
51	飞灰灰分比	a_{fh}	%	$100-a_{hz}-a_{lm}-a_{yh}$	
52	固体不完全燃烧热损失	q_4	%	$\left(\dfrac{a_{hz}C_{hz}}{100-C_{hz}}+\dfrac{a_{lm}C_{fh}}{100-C_{lm}}+\dfrac{a_{yh}C_{yh}}{100-C_{yh}}+\dfrac{a_{fh}C_{fh}}{100-C_{fh}}\right)+\dfrac{328.66A_{ar}}{Q_r}$	
53	理论空气量	V_k^0	m³/kg	$0.0889C_{ar}+0.265H_{ar}-0.0333(Q_{ar}-S_{ar})$	
54	RO_2 容积	V_{RO_2}	m³/kg	$0.01866(C_{ar}+0.375S_{ar})$	
55	理论氮气容积	$V_{N_2}^0$	m³/kg	$0.79V_k^0+0.008N_{ar}$	
56	理论水蒸气容积	$V_{H_2O}^0$	m³/kg	$0.111H_{ar}+0.0124M_{ar}+0.0161V_k^0$	
57	排烟处 RO_2 容积百分数	RO_2	%	试验数据	
58	排烟处过量氧气容积百分数	O_2	%	试验数据	
59	燃料特性系数	β		$2.35\dfrac{H_{ar}-0.126O_{ar}+0.038N_{ar}}{C_{ar}+0.375S_{ar}}$	
60	排烟处 CO 容积百分比	CO	%	试验数据或$\dfrac{21-\beta RO_2-(RO_2+O_2)}{0.605+\beta}$	
61	排烟处过量空气系数	a_{py}		$\dfrac{1}{1-3.76\dfrac{O_2-0.5CO}{100-(RO_2+O_2+CO)}}$	
62	排烟处干烟气容积	V_{gy}	m³/kg	$V_{RO_2}+V_{N_2}^0+(a_{py}-1)V_k^0$	
63	气体不完全燃烧热损失	q_s	%	$\dfrac{126.44COV_{gy}(100-q_4)}{Q_r}$	
64	排烟温度	ϑ_{py}	℃	试验数据	
65	排烟处 RO_2 气体焓	$(c\vartheta_{py})_{RO_2}$	kJ/m³	查表	
66	排烟处氮气焓	$(c\vartheta_{py})_{N_2}$	kJ/m³	查表	
67	排烟处水蒸气焓	$(c\vartheta_{py})_{H_2O}$	kJ/m³	查表	
68	排烟处过量空气焓	$(c\vartheta_{py})_k$	kJ/m³	查表	

序号	名　称	符号	单位	计算公式或数据来源	试验数据
69	排烟焓	H_{py}	kJ/kg	$V_{RO_2}(c\vartheta_{py})_{RO_2}+V^0_{N_2}(c\vartheta_{py})_{N_2}+V^0_{H_2O}(c\vartheta_{py})_{H_2O}+$ $(\alpha_{py}-1)V^0_k(c\vartheta_{py})_k$	
70	冷空气温度	t_{lk}	℃	试验数据	
71	冷空气焓	$(ct)_{lk}$	kJ/m³	查表	
72	理论冷空气焓	H^0_{lk}	kJ/kg	$V^0_k(ct)_{lk}$	
73	排烟热损失	q_2	%	$\dfrac{(H_{py}-\alpha_{py}H^0_{lk})(100-q_4)}{Q_r}$	
74	散热损失	q_5	%	$\dfrac{q_1F_1+q_2F_2+\cdots\cdots+q_nF^*_n}{BQ_r}\times100$ 或查附表 1-8、附表 1-9	
75	灰渣温度	t_{hz}	℃	试验数据或经验数据	
76	灰渣焓	$(ct)_{hz}$	kJ/kg	查表	
77	灰渣物理热损失	q_6	%	$\dfrac{(ct)_{hz}(G_{hz}+G_{lm})}{BQ_r}\times100$	
78	热损失之和	$\sum q$	%	$q_2+q_3+q_4+q_5+q_6$	
79	锅炉反平衡效率	η_f	%	$100-\sum q$	
80	正反平衡效率之差	$\Delta\eta$	%	$\lvert\eta_z-\eta_f\rvert$	

* 此式中的 q_1，q_2……q_n 为锅炉外表面所划分各个区段测得的散热强度，kJ/(m² • h)。

5. 试验结果汇总表（附表 1-19）

以上计算出来的锅炉效率，为不扣除自用蒸汽量和辅机设备耗用动力折算热量的效率值，也即平常说的锅炉毛效率。在试验时，自用蒸汽量和辅机设备耗用动力应予记录，当必要时可进行净效率的计算。

锅炉热工性能试验结果汇总表　　　　　　附表 1-19

试验次数	锅炉出力 Q(MW)	正平衡效率 η_z(%)	反平衡效率 η_f(%)	排烟温度 ϑ_{py}(℃)	排烟处过量空气系数 α_{py}	灰渣可燃物含量 C_{hz}(%)
1						
2						
3						
4						

锅炉平均出力 Q_{pj}(MW)		锅炉效率 η(%)	
饱和蒸汽湿度 W(%)		过热蒸汽含盐量 S(mg/kg)	

思考・讨论

1. 为什么锅炉效率试验要在热力工况稳定的情况下进行？从哪几方面来保证热力工况的稳定？

2. 指挥下令试验正式开始，此刻应做些什么标记，记下些什么数据？

3. 影响正平衡热效率的关键数据是什么？如何精确测定？

4. 有一台链条炉和一台抛煤机炉，在效率测定中分别测得飞灰的灰分比为 20% 和 40%，试分析、比较这两个数据的可靠性？

5. 试分析下列几种情况的毛病，并提出有效的改进措施：

(1) α_{py} 偏大；

(2) a_l'' 正常，α_{py} 偏大；

(3) a_l'' 正常，而烟气中 O_2 和 CO 含量又偏大；

(4) $\vartheta_{py} = 240 \sim 260℃$；

(5) $\vartheta_l'' = 680 \sim 750℃$；

(6) 层燃炉的灰渣可燃物含量 $R_{hz} = 30\% \sim 35\%$。

附录 2 锅炉课程设计指导书[❶]

一、课程设计（作业）任务书

（一）目的

课程设计（作业）是"锅炉及锅炉房设备"课程的主要教学环节之一。通过课程设计（作业）了解锅炉房工艺设计内容、程序和基本原则；学习设计计算方法和步骤；提高运算和制图能力。同时，通过设计（作业）巩固所学的理论知识和实际知识，并学习运用这些知识解决工程问题。

（二）设计题目

根据具体情况，由各校自行拟定。

（三）原始资料

1. 热负荷 包括生产（最大和平均）、供暖、通风和生活（最大和平均）等各类热负荷的大小、要求参数、回水率和回水温度。有条件的应给出同期使用系数或具有代表性的日负荷曲线。如供热系统有特殊要求，也应予以说明。

2. 燃料 使用燃料的种类、产地和运输方式，燃料的元素成分和水分、灰分、挥发分等工业分析成分。

3. 水源 水源类别，供水压力和温度，水质分析资料，包括悬浮物、溶解固形物、永久硬度、总硬度、总碱度和 pH 值。

4. 气象资料 供暖室外供暖、通风计算温度，供暖期室外平均温度，供暖期总日数；夏季室外通风计算温度；冬季和夏季的主导风向和大气压力。

5. 其他资料 工厂生产班制，最高地下水位，供热范围，凝结水返回方式和地下回水室标高，以及热水供暖系统的加热设备、循环水泵和定压装置等。

（四）设计（作业）内容和要求

1. 锅炉型号及台数选择

（1）热负荷计算

计算平均负荷及年负荷，确定锅炉房计算负荷。对于具有季节性负荷的锅炉房，应分别计算出供暖季和非供暖季的计算负荷和平均负荷。

（2）锅炉型号及台数的选择

根据计算热负荷的大小、负荷特点、参数和燃料种类等条件选择锅炉型号和台数，并进行必要的分析比较。

---

❶ 引自《锅炉习题实验及课程设计》（第二版）（中国建筑工业出版社，1990），由西安建筑科技大学傅裕仁教授执笔。

2. 水处理设备选择

（1）水处理设备的生产能力的确定。

（2）决定软化方法，并选择设备型号和台数，计算药剂消耗量。

（3）决定除氧方法及其设备选择计算。

（4）计算锅炉排污量，并拟定排污系统和热回收方案。

3. 给水设备和主要管道的选择与计算

（1）决定给水系统，并拟定系统草图。

（2）选择给水泵和给水箱。

（3）选择回水泵和回水箱。

（4）选择其他泵类和水箱。

（5）计算并选定给水母管和蒸汽母管管径；使用分汽缸时，决定分汽缸直径*。

（6）选择主要阀门*。

4. 送引风系统设计

（1）计算锅炉送风量和排烟（引风）量。

（2）决定烟风管道断面尺寸。

（3）决定送引风管道系统及其布置。

（4）计算烟道和风道阻力*。

（5）决定烟囱高度，并计算烟囱的断面、引力和阻力*。

（6）核对锅炉配套的风机性能，如锅炉没有配套风机，或配套风机不能使用，则另行选择*。

5. 运煤除灰方法的选择

（1）计算锅炉房平均小时最大耗煤量、最大昼夜耗煤量及其相应的灰渣量。

（2）计算储煤场面积。

（3）决定运煤除灰方式及其系统组成。

（4）决定灰渣场面积或灰渣斗容积。

当锅炉房燃用其他燃料时，确定相应的储运方法及其系统组成，并作有关计算。

6. 锅炉房工艺布置

（1）锅炉房设备布置。

（2）烟风管道和主要汽水管道布置*。

（3）绘制布置简图。

7. 编写设计说明书

说明书按设计程序编写，包括方案确定、设计计算、设备选择和设计简图等全部内容；计算部分可用表格形式。

8. 图纸要求*

（1）热力系统图一张（1号或2号图纸）。

图中应附有图例，并标出设备编号及选定的管径，管子断开处和流向不易判定处应标明介质流向。

凡带*号的内容，不要求在课程作业中进行。

（2）布置图两张（1号或2号图纸）。

布置图包括锅炉房平面布置图和主要剖面图。

设备及附件以外形或代号表示，设备注明编号，并附有明细表。

烟风管道按比例绘制，从锅炉至分汽缸的蒸汽管道和给水母管也应绘出。

运煤除灰方法也应予以表示。

锅炉房建筑图的绘制可以简化，但应表明建筑外形和主要结构型式，并定出门窗和楼梯位置以及锅炉间所有门的开向。建筑图应标注柱距、跨度、分隔间等主要尺寸和屋架下弦标高。

图中还应有方位标志（指北针）。

二、课程设计（作业）指导书

本指导书系根据任务书的要求，提出设计（作业）进行的程序、完成各项设计任务的方法、要求和应达到的设计深度；同时对设计计算中应考虑的原则、计算方法、一般采用的方案、系统和设备作了说明；设计中使用的主要数据和应注意的问题也作了必要的介绍。对于在课程中已学习过的原理和计算方法，不再复述。设计所需主要图纸资料可统一提供、一般资料可参阅有关标准、规范规程和手册。

（一）锅炉型号和台数的选择

1. 热负荷计算

热负荷计算的目的是求出锅炉房的计算热负荷、平均热负荷和全年热负荷，作为锅炉设备选择的依据。

（1）计算热负荷　锅炉房最大计算热负荷 Q_{max} 是选择锅炉的主要依据，可根据各项原始热负荷、同时使用系数、锅炉房自耗热量和管网热损失系数由下式求得：

$$Q_{max}=K_0(K_1Q_1+K_2Q_2+K_3Q_3+K_4Q_4)+Q_5 \quad t/h❶ \qquad (附 2-1)$$

式中　Q_1，Q_2，Q_3，Q_4——分别为供暖、通风、生产和生活最大热负荷，t/h，由设计资料提供；

　　　　Q_5——锅炉房除氧用热，t/h，根据除氧方法及除氧器进出水的焓计算决定，热力除氧时见式（附 2-15）；

　　K_1，K_2，K_3，K_4——分别为供暖、通风、生产和生活负荷同时使用系数；

　　　　K_0——锅炉房自耗热量和管网热损失系数。

锅炉房自耗热量包括锅炉房供暖、浴室、锅炉吹灰、设备散热、介质漏失和热力除氧器的排汽损失等，这部分热量约占输出负荷的 2%～3%。汽动给水泵热耗大，但正常运行时使用电动给水泵，所以汽动泵耗汽量一般可不考虑。

热网热损失包括散热和介质漏失，与输送介质的种类、热网敷设方式、保温完善程度和管理水平有关，一般为输送负荷的 10%～15%。

如有余热可以利用，则应在上式中扣除。

---

❶　对于热水锅炉，热负荷单位为 MW。

设计资料给出（由生产工艺设计提供）的生产用汽是各生产设备的铭牌耗热量之和；生活用热对于厂区是指浴室、开水房、食堂等方面耗热量，对于有热水设施的住宅，则主要是热水供应用热。由于用热设备不一定同时启用，而且使用中各设备的最大热负荷也不一定同时出现，因此，需要计入同时使用系数，这可使选用的锅炉既能满足实际负荷的要求，又不致容量过大。

供暖通风热负荷由相关的设计提供。如果无法取得，也可按建筑物体积或面积的热指标进行计算确定。供暖通风热负荷中，通常包含有热水供应用热；对于蒸汽锅炉房，应将此项耗热量换算成耗汽量。

（2）平均热负荷　供暖通风平均热负荷 Q_i^{pj} 根据供暖期室外平均温度计算：

$$Q_i^{pj}=\frac{t_n-t_{pj}}{t_n-t_w}Q_i \quad t/h \tag{附 2-2}$$

式中　Q_i——供暖或通风最大热负荷，t/h；

t_n——供暖房间室内计算温度，℃；

t_w——供暖期采暖或通风室外计算温度，℃；

t_{pj}——供暖期室外平均温度，℃。

生产和生活平均热负荷在设计题目中给出，通常是年平均负荷。如果是日平均负荷，它将随季节变化，因为生产原料、空气和水的温度以及设备的散热损失时有变化。

对有季节性负荷（供暖、通风和制冷负荷）的锅炉房，其最大计算热负荷和平均热负荷均应按供暖季和非供暖季分别计算得出。

平均热负荷表明热负荷的均衡性，设备选择时应考虑这一因素，如变负荷对设备运行经济性和安全性的影响。

（3）全年热负荷　这是计算全年燃料消耗量的依据，也是技术经济比较的一个根据。全年热负荷 D_0 可根据平均热负荷和全年使用小时数按下式计算：

$$D_0=K_0(D_1+D_2+D_3+D_4)\left(1+\frac{Q_5}{Q_{max}}\right) \quad t/a \tag{附 2-3}$$

式中　D_1，D_2，D_3，D_4——分别为采暖、通风、生产和生活的全年热负荷，t/a；

Q_5/Q_{max}——除氧用热系数，符号意义同式（附 2-1）。

供暖、通风、生产和生活的全年热负荷 D_1，D_2，D_3 及 D_4，分别可用以下公式计算求得：

$$D_1=8n_1\left[SQ_1^{pj}+(3-S)Q_1^f\right] \quad t/a \tag{附 2-4}$$

$$D_2=8n_2SQ_2^{pj} \quad t/a \tag{附 2-5}$$

$$D_3=8n_3SQ_3^{pj} \quad t/a \tag{附 2-6}$$

$$D_4=8n_3SQ_4^{pj} \quad t/a \tag{附 2-7}$$

式中　n_1，n_2，n_3——分别为供暖、通风天数和全年工作天数；

S——每昼夜工件班数；

Q_1^{pj}，Q_2^{pj}，Q_3^{pj}，Q_4^{pj}——分别为供暖、通风、生产及生活的平均热负荷，t/h；

Q_1^f——非工作班时保温用热负荷，t/h；可按室内温度 $t_n=5℃$ 代入式

（附 2-2）计算得出。

最后，将计算结果汇总于热负荷表之中，热负荷表应按供暖季和非供暖季，分别列出生产、供暖、通风、生活和整个锅炉房的计算热负荷、平均热负荷。

2. 锅炉型号和台数选择

锅炉型号和台数根据锅炉房热负荷、介质、参数和燃料种类等因素选择，并应考虑技术经济方面的合理性，使锅炉房在冬、夏季均能达到经济可靠运行。

（1）锅炉型号　根据计算热负荷的大小和燃料特性决定锅炉型号，并考虑负荷变化和锅炉房发展的需要。

选用锅炉的总容量必须满足计算负荷的要求，即选用锅炉的额定容量之和不应小于锅炉房计算热负荷，以保证用汽的需要。但也不应使选用锅炉的总容量超过计算负荷太多而造成浪费。锅炉的容量还应适应锅炉房负荷变化的需要，特别是某些季节性锅炉房，要力免锅炉长期在低负荷下运行。

对于近期热负荷将有较大增长的锅炉房，可选择较大容量的锅炉，使发展后的锅炉台数不致过多。

锅炉的介质和参数，应满足用户要求。同时，还应考虑到输送过程中温度和压力的损失。

锅炉房中宜选用相同型号的锅炉，以便于布置、运行和检修。如需要选用不同型号的锅炉时，一般不超过两种[2]❶。

（2）锅炉台数　选用锅炉的台数应考虑对负荷变化和意外事故的适应性，建设和运行的经济性。

一般来说，单机容量较大的锅炉其效率较高，锅炉房占地面积小，运行人员少，经济性好；但台数不宜过少，不然适应负荷变化的能力和备用性就差。《锅炉房设计规范》规定：当锅炉房内最大一台锅炉检修时，其余锅炉应能满足工艺连续生产所需的热负荷和采暖通风及生活用热所允许的最低热负荷。锅炉房的锅炉台数一般不宜少于两台；当选用一台锅炉能满足热负荷和检修需要时，也可只装置一台。对于新建锅炉房，锅炉台数不宜超过五台；扩建和改建时，最多不宜超过 7 台。国外有关文献［3］认为，新建锅炉房内装设锅炉的最佳台数为三台。

（3）燃烧设备　选用锅炉的燃烧设备应能适应所使用的燃料、便于燃烧调节和满足环境保护的要求。

当使用燃料和锅炉的设计燃料不符时，可能出现燃烧困难，特别是燃料的挥发分和发热量低于设计燃料时，锅炉效率和蒸发量都将不能保证。

工业锅炉房负荷不稳定，燃烧设备应便于调节。大周期厚煤层燃烧的炉子难以适应负荷调节要求，煤粉炉调节幅度则相当有限。

蒸发量小于 1t/h 的小型锅炉虽可采用手烧炉，但难以解决冒黑烟问题。各种机械化层燃炉和"反烧"的小型锅炉，正常运行时烟气黑度均可满足排放标准。但抛煤机炉、沸腾炉和煤粉炉的烟气含尘量相当高，用于环境要求高的地方，除尘费用很高。

（4）备用锅炉　《蒸汽锅炉安全技术监察规程》规定"运行的锅炉每两年应进行一次

❶　参考资料与文献的编号，详列于本附录末页，下同。

停炉内外部检验，新锅炉运行的头两年及实际运行时间超过 10 年的锅炉，每年应进行一次内外部检验"。在上述计划检修或临时事故停炉时，允许减少供汽的锅炉房可不设备用锅炉；减少供热可能导致人身事故和重大经济损失时，应设置备用锅炉。

（5）方案分析　设计中可能出现几个可供选择的方案，设计者应分析各方案特点，在安全性和经济性等多方面进行比较，提出自己的见解，确定选用方案。

（二）水处理设备的选择及计算

锅炉房用水一般来自城市或厂区供水管网，水质已经过一定的处理。锅炉房水处理的任务通常是软化和除氧，某些情况下也需要除碱或部分除盐。

1. 确定水处理设备生产能力

锅炉补给水应经软化处理，而除氧设备应处理全部锅炉给水。因为凝结水中杂质含量很少，但输送过程中可能接触空气而使之含氧。

锅炉补给水量是指锅炉给水量与合格的凝结水回收量之差。锅炉给水量包括蒸发量、排污量，并应考虑设备和管道漏损。

水处理设备生产能力 G 由锅炉补给水量、热水管网补给水量、水处理设备自耗软水量和工艺生产需要软水量确定：

$$G = 1.2(G_{gl}^{b} + G_{rw}^{b} + G_{zh} + G_{gy}) \quad t/h \tag{附 2-8}$$

式中　G_{gl}^{b}——锅炉补给水量，t/h；

　　　G_{rw}^{b}——热水管网补给水量，t/h；

　　　G_{zh}——水处理设备自耗软水量，t/h；

　　　G_{gy}——工艺生产需要软水量，t/h；

　　　1.2——裕量系数。

锅炉补给水量：

$$G_{gl}^{b} = \left(1 + \frac{\beta + P_{pw}}{100}\right)D - G_{n} \quad t/h \tag{附 2-9}$$

式中　D——锅炉房额定蒸发量，t/h；

　　　G_{n}——合格的凝结水回收量，t/h；

　　　β——设备和管道漏损，%，可取 0.5%；

　　　P_{pw}——锅炉排污率，%。

在锅炉补给水量得出之前，无法确定锅炉排污率，为此，可预先估算或在 2%～10% 之间选取，如与最终确定的排污率相差不大（≯3%），不必重算，否则，以计算得出的排污率重新计算。

热水管网的热水可以是热水锅炉生产，或换热器生产，后者尚未见有专门的水质标准，可按热水锅炉水质标准执行。但如果利用锅炉排污水作为闭式热网的补充水，则热网补给水的总硬度应不大于 0.05mmol/L，开式热网不得补入锅炉排污水[3]。

热水管网补给水量应由供热设计提供，如无法得到，可按热网循环水量的 2% 计算[1][3]。但应说明，当前热水管网实际漏水量普遍偏大，因而，在厂区供热设计中往往采用较大的数值——4%。

水处理设备自耗软水一般是用于逆流再生工艺的逆流冲洗过程，其流量可按预选的离子交换器直径估算：

$$G_{zh} = wF\rho \quad t/h \qquad (\text{附 2-10})$$

式中 w——逆流冲洗速度，m/h，低流速再生时可取 2m/h，有顶压时可取 5m/h；

F——交换器截面积，m^2；

ρ——水的密度，t/m^3，常温水 $\rho \approx 1t/m^3$。

工艺生产需用软水量由有关部门提供；课程设计提供的资料中未指明时可不考虑。

2. 决定水的软化方法

锅炉用水应进行软化处理。碱度高的水有时需要进行除碱处理，通常可根据锅水相对碱度和按碱度计算的锅炉排污率高低来决定。

采用锅外化学处理时，补给水、给水、锅水中碱度与溶解固形物的冲淡或浓缩可认为是同比例的，因此，锅水相对碱度可按下式计算。

$$\text{锅水相对碱度} = \frac{\varphi A_{gl}^b}{S_{gl}^b} \qquad (\text{附 2-11})$$

式中 A_{gl}^b——锅炉补给水碱度，mmol/L；

S_{gl}^b——锅炉补给水溶解固形物，mg/L；

φ——碳酸钠（Na_2CO_3）在锅内分解为氢氧化钠（NaOH）的分解率（附表2-1）。

Na_2CO_3 在不同锅炉工作压力下的分解率 附表 2-1

锅炉工作压力(MPa)	0.49	0.98	1.47	1.96	2.45
NaOH(%)	10	40	60	70	80

在采用亚硫酸钠除氧时，溶解固形物中还应计入相应值。

根据《低压锅炉水质标准》规定，锅水相对碱度应小于0.2，若不符合规定，应考虑除碱处理。

锅炉排污率的限制主要是节约能源的问题，在节能工作暂行规定[6]中规定，锅炉给水处理的优级标准为排污率不超过 5%，良级标准为排污率不超过 10%，如排污率超过 10%，便属"差"的等级。

设计规范[2]规定，锅炉蒸汽压力小于或等于 1.6MPa 时，排污率不应大于 10%，压力大于 1.6MPa 时，则排污率不应大于 5%。排污率超过上述规定时，应有技术经济依据。否则，如排污率是按碱度决定的，应采取给水除碱措施；按溶解固形物决定的，则应考虑除盐措施。

水的软化方法一般采用离子交换软化法，其效果稳定，易于控制。当需要除碱时，一般考虑氢—钠离子交换法。石灰预处理的系统较复杂，操作要求也较高，处理水量较小的场合不宜采用。氨—钠离子交换法处理的水使蒸汽带氨，对于黄铜或其他铜合金设备有受氨腐蚀的危险时、或用汽部门不允许蒸汽含氨时，不宜采用。

3. 软化设备选择计算

采用离子交换法处理时，根据处理水量计算确定交换器的型号、台数、工作周期、再生剂消耗量和自耗水量，并确定再生溶液制备方法，选定相应设备。当采用其他方法处理时，应进行主要设备选择计算和药剂消耗量计算。

离子交换器的处理水量按运行水流速计算，采用磺化煤为交换剂时，运行流速一般为 $10\sim20\mathrm{m/h}$，采用离子交换树脂时一般为 $15\sim25\mathrm{m/h}$；硬度较高的原水取用较小的流速。

离子交换器的台数一般不少于两台，每昼夜再生次数为 $1\sim2$ 次。

离子交换工艺通常采用固定床逆流再生，以节省再生剂；但对于硬度较低的原水（$<2\mathrm{mmol/L}$），也可采用顺流再生，设备简单，操作方便。

离子交换剂可采用磺化煤或离子交换树脂，其交换容量磺化煤为 $250\sim300\mathrm{mol/m^3}$，001 型树脂为 $800\sim1000\mathrm{mol/m^3}$。

钠离子交换法的再生剂为食盐，再生液的制备一般用溶盐池，池的体积通常为一次再生用量；如离子交换器台数较多，需要两台同时再生时，可按两次再生用量计算。

稀盐溶液池的体积 V_1 按下式计算：

$$V_1 = \frac{1.2B}{10C_\mathrm{y}\rho_\mathrm{y}} \quad \mathrm{m^3} \qquad\qquad (\text{附 2-12})$$

式中　B——一次再生用盐量，kg；

C_y——盐溶液浓度，%，较佳浓度应根据设备特点在运行中优选，一般取用 $4\%\sim8\%$；

ρ_y——盐溶液密度，$\mathrm{t/m^3}$，见附表 2-2。

氯化钠溶液的密度 附表 2-2

浓度（%）	4	6	8	10	26
密度（t/m³）	1.0268	1.0413	1.0559	1.0707	1.1972

再生用盐量较小时，再生用盐可以干贮存，用盐量较大时可用湿贮存，以改善操作条件。贮盐池（浓盐溶液池）体积 V_2 由下式计算：

$$V_2 = \frac{1.2nA}{\rho} \quad \mathrm{m^3} \qquad\qquad (\text{附 2-13})$$

式中　A——每昼夜用盐量，t；

n——贮盐天数，一般取 $10\sim15\mathrm{d}$；

ρ——盐的视密度，可取 $0.86\mathrm{t/m^3}$。

根据计算得出的盐池体积确定盐池外形尺寸，尺寸的确定应考虑布置和操作的便利。

采用盐池制备盐溶液时，要设过滤装置，除去盐液所含杂质以保证交换剂不受污染。当过滤层设在盐池内时，应有水力冲洗设施；如果这样做有困难，可选用盐过滤器。

一次再生耗盐量按下式计算：

$$B = \frac{E_0 Fhb}{1000\varphi_\mathrm{y}} \quad \mathrm{kg} \qquad\qquad (\text{附 2-14})$$

式中　E_0——交换剂工作交换容量，$\mathrm{mol/m^3}$；

F——交换器截面积，$\mathrm{m^2}$；

h——交换剂层高度，m；

φ_y——盐的纯度，与盐的等级有关，计算中可取 $0.96\sim0.98$；

b——再生剂单耗，g/mol，磺化煤为 $150\sim200$g/mol（顺流），$100\sim120$g/mol（逆流），001 型树脂为 $120\sim150$g/mol（顺流），$80\sim100$g/mol（逆流）。

离子交换器再生过程的自耗软水和清水量，根据各操作过程控制流速和所需时间计算，逆流再生交换器的大反洗周期需依据交换剂的工作交换容量和水的阻力变化情况来决定。

对于耗盐量较大的还原系统，还应考虑降低搬运和加盐的操作的劳动强度。

离子交换除碱、浮动床和流动床等其他水处理工艺的设计计算可直接参考有关手册和资料。

4. 除氧设备选择计算

水质标准[9]规定，额定蒸发量大于 2t/h 的蒸汽锅炉（燃煤锅壳锅炉除外）的给水和供水温度大于 95℃的热水锅炉的循环水要进行除氧处理。除氧方法常用热力除氧、真空除氧和化学药剂除氧，其他除氧方法使用不多。

热力除氧是使用最广泛的一种除氧方法，其工作可靠、效果稳定，出水含氧量 $\leqslant0.05$mg/L。热力除氧器由制造厂成套供应，当前产品出力有 6t/h，10t/h，20t/h，40t/h，70t/h 等种，配套水箱体积约为半小时除氧水量。大气式热力除氧器工作压力 0.02MPa，工作温度为 $104\sim105$℃，进汽压力为 $0.1\sim0.3$MPa，进水压力为 $0.15\sim0.2$MPa，进水温度对于喷雾式除氧器为不低于 40℃。

热力除氧器的耗汽量按下式计算：

$$D_q = \frac{G(h_2-h_1)}{(h_q-h_2)\eta}+D_y \quad \text{kg/h} \tag{附 2-15}$$

式中　G——除氧水量，kg/h；

h_1——进除氧器水焓，kJ/kg；

h_2——出除氧器水焓，kJ/kg；

h_q——进除氧器蒸汽的焓，kJ/kg；

η——除氧器热效率，一般取 $0.96\sim0.98$；

D_y——余汽量，kg/h，可按每吨除氧水 $1\sim3$kg 计算。

真空除氧器的工作原理与热力除氧器相同，真空由蒸汽喷射器或水喷射器产生。除氧器由制造厂成套供应，配套水箱体积约为半小时除氧水量。真空除氧器可对 $40\sim60$℃的水进行除氧，出水含氧量 $\leqslant0.05$mg/L。

真空除氧器可用于蒸汽锅炉房，也适用于没有蒸汽的热水锅炉房的补给水除氧。但由于除氧器在 $0.08\sim0.096$MPa 的真空度下工作，对系统的严密性要求很高，否则将影响除氧效果。

热力除氧和真空除氧都要求除氧器和除氧水箱有较大的安装高度，以保证除氧器后的水泵能正常工作。

容量较小的锅炉房也可采用加化学药剂除氧，药剂通常用亚硫酸钠。加药方式可用加药泵在省煤器前加入，也可在给水管路上安装孔板，利用孔板前后的压差来加药。

纯度为100％的亚硫酸钠 $Na_2SO_3 \cdot 7H_2O$ 加入量 G_y、由下式计算：

$$G_y = \frac{G(15.8C + 3.2P_{pw}S_0)}{1000} \quad kg/h \qquad (附2\text{-}16)$$

式中　G——除氧水量，kg/h；

　　　C——给水含氧量，mg/L；

　　　P_{pw}——锅炉排污率（用小数表示）；

　　　S_0——锅水中 SO_3^{2-} 过剩量，mg/L，水质标准规定为 10～40mg/L；

　　3.2——$Na_2SO_3 \cdot 7H_2O$ 与 SO_3^{2-} 的换算系数。

给水含氧量可用给水温度下的饱和含氧量（附表2-3）计算。实际运行中，可按实际含氧量和锅水中亚硫酸根过剩量来调整加药量。

水面压力为标准大气压时氧的溶解度　　　　　　　附表2-3

水温(℃)	10	20	30	40	50	60	70	80	90	100
溶解度(mg/L)	11.2	9.1	7.5	6.4	5.5	4.7	3.8	2.8	1.6	0

5. 计算锅炉排污量和确定排污系统

锅炉排污量按碱度和溶解固形物分别计算，以较大值控制排污。

锅炉排污率按本教材第九章第九节中有关公式计算，但应注意补给水与给水的区别、给水碱度和溶解固形物的计算方法。

对有连续排污的锅炉，应考虑连续排污水热量的利用。如果采用连续排污膨胀器，应经计算选定其型号。排污膨胀器的二次蒸汽量和膨胀器体积的计算见本教材第十二章第五节。

膨胀器后的高温排水，也可通过换热器加热软化水以利用其热量，但换热器的选择计算不要求进行。

额定蒸发量大于或等于1t/h的锅炉应有锅水取样装置。取样冷却器一般每台锅炉单独设置，以免窜水影响水样的代表性。

如采用热力除氧器，也应有除氧水取样冷却器。

所有排污水都应进入排污减温池，冷却至40℃以下排入下水道。

（三）给水设备和主要管道的选择计算

给水设备是指锅炉房给水系统中各种水泵和水箱，它与锅炉的安全运行有着密切的关系。锅炉给水的中断可能引起重大事故，因此设计中应使给水设备能可靠、有效地满足锅炉给水的需要。

1. 确定给水系统

给水系统由给水设备、连接管道和附件等组成。在具有除氧水箱时，为保证除氧器的正常运行，应同时设置凝结水箱或软水箱。在没有除氧水箱时，凝结水箱可以与给水箱合设或分设。如有低压蒸汽（≤0.07MPa）自流回水进入锅炉房时，凝结水箱设于地下，而给水箱则分设于地上。因为地下室远离锅炉操作面，操作不便；且地下室采光通风条件差，排水也不便，还有受水淹的可能。对于其他各种凝结水回收系统（压力回水），凝结水箱可作地上布置，与给水箱合设。

给水泵可以集中设置，通过母管向各台锅炉供水；也可以每台锅炉单独配置，但备用给水泵仍应与每台锅炉的给水管道连接，以确保供水。单独配置给水泵时，便于调节，对没有自动给水调节器的锅炉比较适宜。集中给水时，其系统可以简化，所配备的水泵数量也可以减少。

2. 给水泵的选择

(1) 给水泵的容量和台数　给水泵的流量应满足锅炉所有运行锅炉在额定蒸发量时给水量的 1.1 倍的要求；如果锅炉房设有减温减压装置，还应计入其用水量。由于工业锅炉房负荷一般都不均衡，特别是有季节性负荷的锅炉房负荷变化更大，因此给水泵的容量和台数还应适应全年负荷变化的要求。例如，当非供暖季负荷很低时，可考虑设置低负荷时专用的给水泵，使水泵处于正常调节范围内工作，提高运行的可靠性和经济性。但给水泵台数不宜过多，以免使系统和运行复杂化。

(2) 备用给水泵　设置备用给水泵是为保证在停电，正常检修和发生机械故障等情况下，锅炉仍能得到安全、可靠地供水。为此，设计规范和监察规程都明确规定：锅炉房应设置备用给水泵，当任何一台给水泵停止运行时，其余给水泵的总流量应满足所有锅炉额定蒸发量的 1.1 倍给水量。因此，任何一个锅炉房内给水泵至少设置两台；如果只有两台，则每台给水泵的流量必须满足前述 1.1 倍给水量的要求。

采用电动给水泵为主要给水设备时，宜采用汽动给水泵为事故备用泵，其流量可按所有运行锅炉在额定蒸发量时所需给水量的 20%～40% 来选择。这是因为在停电时，辅机不能运行，锅炉已无法正常燃烧和供汽。当汽动给水泵作为主要备用泵，且给水管路为双母管时，它的流量则不得小于最大一台电动给水泵的流量；若为单母管给水时，因往复式汽动泵和离心式电动泵不能并联运行，汽动给水泵的流量应按锅炉房所有锅炉在额定蒸发量时给水量的 1.1 倍来选择。

对于额定蒸发量等于 1t/h、额定出口蒸汽压力小于或等于 0.7MPa 的锅炉，可各自采用注水器作为备用给水装置。

为了保证给水泵安全、正常的工作，所选择的给水泵还应能适应最高给水温度的要求。

(3) 给水泵的扬程　给水泵的扬程可按下式计算：

$$H = 1000(P + \Delta P) + H_1 + H_2 + H_3 + H_4 \quad \text{kPa} \tag{附 2-17}$$

式中　P——锅炉工作压力，MPa；

ΔP——安全阀较高始启压力比工作压力的升高值，MPa。当锅炉额定蒸汽压力小于 1.27MPa 时[5]，$\Delta P = 0.04$MPa，当锅炉额定蒸汽压力为 1.27～3.82MPa 时，$\Delta P = 0.06P$　MPa；

H_1——省煤器的阻力，kPa；

H_2——给水管道的阻力，kPa；

H_3——给水箱最低水位与锅炉水位间液位压差，kPa；

H_4——附加压力，50～100kPa。

对于压力较低的锅炉，给水泵的扬程也可用近似式计算：

$$H = 1000P + 100～200 \quad \text{kPa} \tag{附 2-18}$$

3. 给水箱的选择

（1）给水箱的容积和个数

给水箱的作用有两个：一是软化水和凝结水与锅炉给水流量之间的缓冲，二是给水的储备。给水箱进水与出水之间的不平衡程度与多种因素有关，如锅炉房容量、负荷的均衡性、软化和凝结水设备特点及其运行方式等。容量较大的锅炉房，波动相对较小。给水储备是保证锅炉安全运行所必需的，其要求与锅炉房容量有关。所以，给水箱的容量主要根据锅炉房的容量确定，一般给水箱的总有效容量为所有运行锅炉在额定蒸发量时所需20~40min的给水量。对于小容量的锅炉房，给水箱的有效容量可适当增大。

给水箱可只设置一个，但常年不间断供热的锅炉房应设置两个，或者选用有隔板的方形给水箱。

采用热力除氧和真空除氧时，除氧器和给水箱由制造厂配套供应，开式（常压）给水箱可按标准图[8]选用，选用时应注意有隔板的水箱与无隔板的水箱其外形尺寸和标准图号的区别。

（2）给水箱的安装高度　给水泵输送温度较高的给水，要求给水箱有一定的安装高度，使给水泵有足够的灌注头，以免发生汽蚀和影响正常给水。

给水箱的安装高度（给水箱最低水位至给水泵轴线的标高差）应不小于下式计算的给水泵最小灌注高度 H_{gs}^{min}。

$$H_{gs}^{min}=\frac{P_{bh}-P_{gs}+\sum\Delta h+H_f}{\rho g}+\Delta h_y \quad m \qquad \text{（附 2-19）}$$

式中　P_{bh}——使用温度下水的饱和压力，Pa；

P_{gs}——给水箱液面压力，Pa；

$\sum\Delta h$——吸水管道阻力，Pa；

H_f——富裕量，可取 3000~5000Pa；

ρ——使用温度下水的密度，kg/m³；

g——重力加速度，m/s²；

Δh_y——泵的允许汽蚀余量，m。

若计算结果为负值，是指最大吸水高度。

泵的允许汽蚀余量由泵样本给出。但有时样本上给出的是允许吸水高度，此时可用下式换算：

$$\Delta h_y=\frac{P_a-P_{bh}}{\rho g}+\frac{w_1^2}{2g}-H_s' \quad m \qquad \text{（附 2-20）}$$

式中　P_a——当地大气压力，Pa；

w_1——泵吸入口处流速，m/s；

H_s'——使用条件下泵的允许吸水高度，m。

泵样本上给出的允许吸水高度 H_s 是按标准状态给出的，即在标准大气压力下抽送常温（20℃）水时的数值，使用条件与此不相同时，需按下式修正。

$$H_s' = \frac{P_a}{\rho g} - 10.33 - \left(\frac{P_{bh}}{\rho g} - 0.24 \right) + H_s \tag{附 2-21}$$

$$\approx \frac{P_a - P_{bh}}{\rho g} + H_s - 10 \quad \text{m}$$

根据给水泵的允许吸水高度，也可直接计算其最小灌注高度：

$$H_{gs}^{min} = \frac{P_a - P_{gs} + \sum \Delta h + H_f}{\rho g} + \frac{w_1^2}{2g} - H_s' \quad \text{m} \tag{附 2-22}$$

式中符号意义与前述各式相同。

在给水温度不高时，即使给水泵允许吸水，通常也把泵布置在水箱最低水位以下，使泵处于自灌水条件下，以便于运行。

4. 凝结水箱和凝结水泵的选择

常年供汽的锅炉房，凝结水箱一般采用两个，季节性锅炉房可只采用一个。水箱的总容量可为 20～40min 最大小时凝结水量。水箱外形尺寸可按标准图选用。

由于凝结水温度较高，为了保证凝结水泵的正常工作，减小凝结水箱和凝结水泵之间的安装高度差，可将部分或全部锅炉补给水通入凝结水箱，降低水温，也减少蒸发。此时凝结水箱的选择，其总容积也应相应加大。

凝结水泵采用电动离心泵，一般为两台，其中一台备用。凝结水泵的流量应不小于1.2 倍最大小时凝结水回收量；当全部锅炉补给水进入凝结水箱时，凝结水泵流量应满足所有运行锅炉额定蒸发量时所需给水量的 1.1 倍。

凝结水泵的扬程 H_n 可按下式计算：

$$H_n = P_{zy} + H_1 + H_2 + H_3 \quad \text{kPa} \tag{附 2-23}$$

式中　P_{zy}——除氧器要求的进水压力，kPa；

　　　H_1——管道阻力，kPa；

　　　H_2——凝结水箱最低水位与给水箱或除氧器入口处标高差相应压力，kPa；

　　　H_3——附加压力，可取 50kPa。

5. 其他水泵和水箱的选择

（1）原水加压泵　当进入锅炉房的原水（生水、清水）压力不能满足水处理设备和其他用水设备的要求时，应设置原水加压泵，但一般不设备用。

原水加压泵的扬程一般不低于 200～300kPa，应视用水设备的要求而定。泵的流量应考虑水处理设备的处理水流量及自耗水流量、煤和灰渣作业用水流量、锅炉辅机冷却水流量、湿法除尘水流量以及取样、化验室和生活设施用水流量等要求，可根据实际需要参考有关手册[1]耗水量资料计算决定。

（2）地下室排水泵　凝结水箱和凝结水泵布置在地下室时，因其地下室的积水难于直接排入下水道，有时下水道发生堵塞还会发生污水倒灌，因此应设排水泵，但通常不设备用泵。

设备正常漏水量极微，排水泵的流量主要考虑设备溢流水量、设备清洗及事故排水量。

（3）软化水箱　设有软化水箱或其他中间水箱时，根据水箱在系统中的作用和要求，确定其容积，并根据需要设置相应的水泵。

6. 热水锅炉房系统设备的选择

采用热水锅炉的锅炉房，应进行循环水泵、补给水泵、补给水箱等设备的选择。选择计算方法参阅教材第十二章第六节。

循环水泵与锅炉的连接方式可采用集中式供水的循环系统，也可采用每台锅炉配备单独循环泵的单元式循环系统。前一种系统比较简单，后一种系统便于运行和调节，对大型热水锅炉更为有利。

热水锅炉房的循环系统与设备的选择应保证热水锅炉安全运行和便于调节。

热水锅炉，特别是强制循环热水锅炉，应保证锅炉的最小循环水量，以满足受热面管内最小流速的要求；同时，通过锅炉的循环水量也不能过分增加，以免压力损失增加太多。

系统回水从锅炉尾部进入的热水锅炉，当回水温度较低时容易引起锅炉低温受热面的腐蚀和积灰，当燃料含硫量高时更为严重，为此，根据具体条件规定进锅炉的最低水温。

为解决上述问题，对于单泵循环系统，可在循环泵进口的回水管与锅炉出口的供水管之间装设旁通管及调节阀，对于双泵循环系统，在锅炉进出口之间加装锅炉循环泵（再循环泵），并在系统循环泵出口的回水管与锅炉出口的供水管之间装设旁通管及调节阀。再循环泵及旁通管的流量可根据水平衡和热平衡的原理进行计算。

再循环泵流量：

$$G_{zx} = \frac{G_{gl}(h'_{gl} - h''_{rw})}{h''_{gl} - h''_{rw}} \quad t/h \qquad (附 2\text{-}24)$$

式中　G_{gl}——锅炉循环水流量，t/h；

h'_{gl}，h''_{gl}——锅炉进、出口处循环水焓，kJ/kg；

h''_{rw}——热网返回循环水焓，kJ/kg。

通过旁通管的水流量：

$$G_{pt} = \frac{G_{rw}(h''_{gl} - h'_{rw})}{h''_{gl} - h''_{rw}} \quad t/h \qquad (附 2\text{-}25)$$

式中　h'_{rw}——进入热网的循环水焓，kJ/kg；

G_{rw}——热网循环水流量，t/h。

采用双泵循环系统可以按照锅炉要求，以不变的进口或出口温度运行，而热网则根据自身调节的需要确定供水和回水温度。

7. 主要管道和阀门的选择

(1) 主要管道　要求选定的主要管道是从给水箱至锅炉的给水管道和从锅炉至分汽缸（不设置分汽缸时，至主要用汽设备或锅炉房出口）的蒸汽管道。

管道直径根据输送的介质按推荐流速（附表 4-6）计算，然后选择管子规格（附表 4-7）。当输送介质压力大于 1MPa，温度大于 200℃时，应采用无缝钢管；不超过上述范围时，可采用无缝钢管或水煤气输送管。采用丝扣连接时只限于水煤气输送管。

给水管道一般采用单管，常年不间断供热的锅炉房应采用双母管，且每条管道的流量都是额定蒸发量时的给水量。

锅炉至分汽缸的蒸气管道，可以每台锅炉直接接至分汽缸，也可以通过蒸汽母管与分汽缸连接。前者多用于小型锅炉，操作比较方便。

监察规程[5]规定："连接锅炉和蒸汽母管的每根蒸汽管上，应装设两个蒸汽闸阀或截止阀，闸阀之间或截止阀之间应装有通向大气的疏水管和阀门，其内径不得小于18mm。"靠近蒸汽母管安装的阀门，如果是就地手动式的，应接近锅炉平台，或设置专用操作平台。

多管供汽时采用分汽缸。根据压力容器设计规定的要求，分汽缸的直径应按最大接管的直径确定，即筒体开孔最大直径应不超过筒体内径的一半。分汽缸两端均采用椭球形封头。分汽缸由专业厂家制造。

分汽缸长度决定于接管的多少，相邻管间距应符合结构强度要求和便于阀门的安装及检修，附表 2-4 所列数值可供参考。

分汽缸接管间距 附表 2-4

相邻管管径 D_g(mm)	25	32	40	50	65	80	100	125	150	200
两相邻管中心间距(mm)	220	250	270	290	310	330	360	390	420	500

（2）主要阀门　课程设计中要求选择给水系统和蒸汽系统管道上的阀门，确定其型号，并以阀门型号表示法表示。

闸阀作关断用，适于全开全闭的场合。闸阀的介质流动阻力较小，但密封面的检修困难。对于汽、水等非腐蚀性介质，可用暗杆式的，常用于水泵进口、水箱进出口、自来水管道和公称直径大于 200mm 的各种场合。

截止阀作关断用，适于全开全闭的操作场合。截止阀的介质流动阻力较大，阀体长度也较大，但密封面的检修较闸阀方便些。常用于水泵出口、分汽缸、水处理设备等场合，产品公称直径通常不超过 200mm。

节流阀用于介质节流，但没有调节特性，介质流动阻力大。如果用截止阀或闸阀代替节流阀，则便失去关断作用。

止回阀用于要求单向流动的场合，其结构形式有升降式和旋启式两种。升降式垂直瓣止回阀应安装在垂直管道上，而升降式水平瓣止回阀宜安装在水平管道上，这类产品的公称直径一般不超过 200mm。旋启式止回阀宜安装在水平管道上或各种大型管道上。

在不可分式省煤器入口、可分式省煤器的入口和通向锅筒的给水管道上、离心泵的出口处都应装止回阀和截止阀，而且水流先通过止回阀。

底阀也是一种止回阀，用于液位低于泵时的泵的吸入管端。

旋塞阀是快速启闭的阀门，其阀芯在高温下易变形，限用于以水为介质的场合。锅炉房各种液位计、水位表和压力表管上常用旋塞阀。

对于腐蚀性介质，应根据使用条件选用隔膜阀或塑料阀。

安全阀的结构、使用和计算方法见本教材第五章第六节。

疏水阀用于排出凝结水，其型式较多，可按样本选择。样本上的排水量一般是有一定过冷度的饱和水连续排水量，实际选用时应计入选用倍率。锅炉房内换热器、蒸汽管和分汽缸的疏水阀选择倍率一般不小于 3。

（四）送、引风系统的设计

根据工业锅炉产品技术条件[9]的规定，送风机、引风机和除尘器都在"工业锅炉成套供应范围"之内，应由锅炉厂配套供应，如实际条件没有特别要求，不必变更。课程设计（作业）中对送引风系统的要求主要是确定送引风连接系统，确定风烟管道和烟囱尺寸，进行设备和管道布置。如有实际需要，还应核对配套风机性能。

关于锅炉热效率、排烟温度、锅炉本体烟风阻力和锅炉本体各烟道的过量空气系数，均引用锅炉厂产品计算书中的数据。

1. 计算送风量和排烟量

根据使用燃料的成分计算得出燃料耗量、送风量和排烟量。计算按本教材第三章和第八章的有关公式进行。

计算中的过量空气系数可采用：除尘器 0.1～0.15，钢制烟道每 10m 长为 0.01，砖烟道每 10m 长为 0.05。

2. 确定送引风管道系统及其初步布置

确定管道系统应首先确定锅炉、送引风机、除尘器和烟囱的初步布置，确定各设备进出口空间位置，标出接口尺寸。然后确定连接管道的布置及所采用的部件，如进风口、吸入风箱、变径管、弯头和三通等。最后绘出布置简图。

送风机的吸入端常布置吸风管，以便在锅炉顶部空间吸入热空气，同时也考虑在寒冷季节从室外进风的吸气口。小型锅炉送风机通常就地吸风。

如果在距风机进口小于 3～4 倍直径处转弯，为了避免较大的压力损失，应装设吸入风箱[1][9]。

当管道截面或形状变化时，应设置变径管，其中心角不应过大，以免增加压力损失。

采用的管道部件应有良好的空气动力性能。转弯处不宜采用锐角弯头，弯头应有合理的曲率半径。交汇或分流处应尽量避免正交直角三通和四通，必要时可设置导流板。

监察规程[5]规定，"几台锅炉共用一个总烟道时，在每台锅炉的支烟道内应装设烟道挡板"。

烟囱与烟道连接的部位，应使各台锅炉的阻力尽量均衡，还应考虑到可能扩建的情况。

进行初步布置是为了确定管道系统，以便进行计算。当最后布置与此有出入时，一般不必修改计算，因前后变动通常只影响管道长度，对系统气流阻力影响不大。

3. 确定风道和烟道断面尺寸

风道和烟道一般是 2～4mm 钢板焊接而成，可以是圆形或矩形，常与设备接口一致。室外部分也可采用砖烟道。

风道和烟道断面尺寸按推荐流速（本教材表 8-4）计算。

烟道设计应考虑清除积灰的方便。接至烟囱的砖烟道断面尺寸一般与烟囱的烟道口一致，支烟道也应有合理的尺寸。烟道上应设置清灰口。

烟囱标准图中的烟道出灰孔均为 600mm×800mm。

4. 确定烟囱高度和直径

采用机械通风时，烟囱高度按《锅炉大气污染物排放标准》选定，见本教材表 8-6。采用自然通风时，烟囱高度应满足克服烟气系统阻力的要求。

烟囱出口直径(m)	0.8	1.0	1.2	1.4	1.7	2.0
烟道口宽度(m)	0.6	0.8	1.0	1.2	1.4	1.6
烟道口高度(m)	1.1	1.5	1.7	2.0	2.5	2.8

新建锅炉房在烟囱周围半径 200m 的距离内有建筑物时，烟囱高度一般应高出建筑物 3m 以上。

烟囱出口内直径按出口推荐流速（本教材表 8-7）计算。确定出口直径时还应核对最小负荷时的流速，以免冷风倒灌。

烟囱外直径由结构设计决定。砖烟囱顶部壁厚一般为 240mm，有内衬时为 410mm。底部外直径由烟囱高度和外壁坡度决定，外壁坡度一般采用 2.5％。底部内直径与设计条件有关，如烟囱高度为 40~50m，排烟温度为 250℃，风压为 500Pa 时，烟囱底部总壁厚为 780mm[10]。

5. 核对风机性能

当锅炉使用条件与设计条件有较大变化或有其他需要时，核对锅炉厂配套送引风机性能。

计算风道和烟道阻力时，应先绘制供计算用的系统简图，注明管段长度、断面尺寸、曲率半径等尺寸。然后按教材第八章的有关公式和图表进行计算。

除尘器的阻力可按产品说明书选取。

计算出送风和引风系统总阻力后，得出要求的风机压头和流量，核对锅炉厂配套风机的性能是否满足要求。如果需要更换风机，应选出风机型号。

（五）运煤除灰方法的选择

运煤除灰系统是燃煤锅炉房的一个重要组成部分，关系到锅炉房的安全经济运行。但根据教学要求，在课程设计（作业）中只进行以下几项的选择计算。

1. 计算锅炉房的耗煤量和灰渣量

为了运煤除灰设备选择计算的需要，应分别计算锅炉房平均小时最大耗煤量、最大昼夜耗煤量、全年耗煤量及其相应的灰渣量。

平均小时最大耗煤量 B_{pj}^{max} 是出现在最大负荷季节时的平均小时耗煤量，由下式计算：

$$B_{pj}^{max} = \frac{K_o' D_{pj}(h_q - h_{gs}) + D_{pw}(h_{pw} - h_{gs})}{Q_r \eta} \quad t/h \qquad （附 2-26）$$

式中　　K_o'——锅炉房自耗热量、管网热损失和除氧用热系数；

D_{pj}——生产和生活平均热负荷、供暖和通风最大热负荷之和，t/h；

h_q——锅炉工作压力下蒸汽的焓，kJ/kg；

h_{gs}——给水的焓，kJ/kg；

D_{pw}——锅炉排污量，t/h；

h_{pw}——排污水的焓，kJ/kg；

Q_r——锅炉输入热量，kJ/kg；

η——锅炉的运行效率（用小数表示）。

运行测试和企业热平衡统计资料表明，锅炉的运行效率比设计效率要低 $10\%\sim15\%$。在锅炉房设计中无法得出运行效率，但在设备选择计算时应考虑这一因素。

最大昼夜耗煤量 B_{zy}^{max} 与生产班制有关：

$$B_{zy}^{max}=8SB_{pj}^{max}+8(3-S)B_f \quad t/d \tag{附 2-27}$$

式中　S——生产班次；

　　　B_{pj}^{max}——平均小时最大耗煤量，t/h；

　　　B_f——非工作班时耗煤量，t/h，非工作班时负荷见式（附 2-4）说明。

全年耗煤量按式（附 2-3）得出的全年热负荷计算，计算公式与式（附 2-26）相同，也可用该式得出单位热负荷的耗煤量计算。

平均小时最大耗煤量、最大昼夜耗煤量和全年耗煤量对应的灰渣量，可用本书式（10-4）计算。由此得出的灰渣量中，随锅炉除渣设备排出的部分，抛煤机炉约为 $60\%\sim75\%$，其他层燃炉约为 $70\%\sim85\%$；其飞灰部分由除尘器捕集；烟道灰部分数量不多，且有的锅炉烟道灰也进入锅炉除渣设备而排除。

2. 确定贮煤场面积

燃料的厂外运输，不管是火车、汽车还是船舶，都可能因气候、调度、燃料源等各种条件影响而短时中断；另外，锅炉房燃料用量与车船运输能力也不平衡，因此应设置贮煤场，以保证锅炉的燃料供应。贮煤场的面积大小，根据煤源远近、运输方法及其可靠性等因素按教材式（10-2）计算确定。

3. 确定灰渣场面积

锅炉房排出的灰渣暂时堆放在灰渣场，一般由汽车运出。灰渣场面积的计算公式也可用与本书式（10-1）相同的形式。贮渣量一般为 $3\sim5d$ 锅炉房最大昼夜灰渣量。如果除尘器为干式排灰，则排灰全部进入灰渣场。灰渣的视密度可取 $0.6\sim0.9t/m^3$，渣堆高度应便于卸渣。

当采用灰渣斗贮渣时，可不设灰渣场。灰渣斗的容积应计算决定，贮渣量一般为 $1\sim2d$ 最大昼夜灰渣量。灰渣斗排出口与地面的净距，在采用汽车运渣时不小于 2.6m。

4. 确定运煤除灰渣方式

(1) 运煤除灰渣系统的输送量　运煤系统的输送量按下式计算：

$$G=\frac{24B_{pj}^{max}K}{t} \quad t/h \tag{附 2-28}$$

式中　B_{pj}^{max}——平均小时最大耗煤量，t/h，当锅炉房需扩建时，计入相应耗煤量；

　　　K——运输不平衡系数，可取 $1.1\sim1.2$；

　　　t——运煤系统工作时间，h，运煤系统一班制工作时，$\geqslant7h$，两班制 $\geqslant14h$，三班制 $\geqslant20h$。

对于没有炉前贮煤斗的小型锅炉，锅炉厂配备的锅炉煤斗容积很小，例如蒸发量 4t/h 的锅炉，约为 20min 额定蒸发量时的耗煤量，因此，上式中 B_{pj}^{max} 应代以额定蒸发量时的耗煤量。

锅炉排渣一般都是连续的，因此，除灰渣系统的输送量一般应按运行锅炉额定蒸发量时的排渣量计算，并计入运输不平衡系数（可取 1.1～1.2）。

（2）确定运煤除灰渣方式　运煤和除灰渣方式较多，系统与设备的选择计算涉及的知识面较宽，也需要较多的实践经验。在课程设计中只根据运输量、燃烧设备要求、场地条件等因素决定运煤除灰渣方式及其系统组成。所有设备的选择计算均不要求进行。

对于蒸发量不超过 4t/h 的锅炉，运煤除灰渣一般均采用较简单的机械，单台配套。例如卷扬翻斗上煤装置、摇臂翻斗上煤装置、电动葫芦上煤装置、螺旋式出渣机、刮板式出渣机等，可按厂家图纸或动力设施重复使用图集[8]选用。

对于容量较大的锅炉，运煤可采用带式输送机、斗式提升机、埋刮板输送机等设备。所有运煤系统均应装设煤的计量装置。容量较大锅炉的运煤系统中，根据燃烧设备的要求设置破碎、磁选和筛选设备。

运煤系统通常为单路运输，不设置备用设备。集中运煤系统一般为两班工作制，但应设置炉前贮煤斗，其容积和尺寸确定见本书第十章第一节。

除灰出渣设备常用的有马丁式除渣机或圆盘出渣机、带式输送机、链条除渣机以及水力除灰等等。对于单层布置的锅炉房，除灰渣系统宜于单台锅炉配置，以免布置在地下的除灰渣设备发生故障时影响整个锅炉房的运行。

（六）锅炉房工艺布置❶

锅炉房工艺布置的内容包括各种工艺设备及管道、燃料储运和水、烟、灰渣排放设施的布置；作为课程设计，还应提出锅炉房区域内的建筑物和构筑物的布置方案。锅炉房布置应满足各种设备的工作安全可靠，运行管理和安装检修便利；同时还应节省用地用材，提高建设和运行的经济性。

设计说明书中应对锅炉房布置方案作必要的说明，并附以布置简图。

1. 锅炉房建筑

锅炉房的建筑物和烟囱、水池等构筑物由土建专业设计，但工艺设计者应根据工艺过程的需要，提出基本形式、主要控制尺寸和有关要求。在本课程设计中，锅炉房建筑形式和主要控制尺寸除题目给定外，均由设计者自行决定。

（1）锅炉房的组成

锅炉房包括设置锅炉的锅炉间，设置给水、水处理、送引风、运煤除灰等辅助设备的辅助间，化验室以及值班、更衣、浴室和厕所等生活用房。容量较大的锅炉房（通常是指 6～10t/h 锅炉的锅炉房），还包括变配电用房、仪表操作间、机修间和办公用房。

布置锅炉和辅助设备的建筑根据设备特点按实际需要设置，化验室和上述生活用房一般均应设置。课程设计中，化验室和生活用房的面积可参考附表 2-6 推荐的数值。

生 活 间 面 积[17]　　　　　　　　　　　　　　　　　附表 2-6

锅炉房规模 （t/h）		办公室 （m²）	值班、休息室 （m²）	化验室 （m²）	更衣室 （m²）	浴室		厕所
						淋浴器数量	浴池	
8～16			3.3×4.5	3.3×4.5		2		1
20～60	男	3.6×6	3.6×6	3.9×6	3.6×4.6	2	1	1
	女					1		1

---

❶　详见《锅炉房设计规范》（GB 50041—2008）。

462

当锅炉房作为一个车间进行管理时，还应配备办公室，日常检修用的机修间，材料备品贮藏间等用房。

当蒸汽锅炉房供热水时，换热设备、热水循环泵和补给泵等设备一般也统一布置在锅炉房内。

（2）锅炉房建筑安全要求

锅炉属于有爆炸危险的承压设备，锅炉房的设计必须严格执行国家有关规定。

监察规程[5]规定："锅炉一般应装在单独建造的锅炉房内，不得设置在人口密集的楼房内或与其贴邻。"锅炉房若设置在主体建筑以外的附属建筑物内，或与住宅、生产厂房相连时，对锅炉的压力和蒸发量都有极严格的限制。

锅炉房应为一、二级耐火等级的建筑，但总额定蒸发量不超过 4t/h 的燃煤锅炉房可采用三级耐火等级建筑❶。

锅炉房与相邻建筑物之间应留有防火间距，具体要求与建筑物的耐火等级有关。露天或半露天煤场与锅炉房或相邻建筑物之间的防火间距，当煤场总贮量为 100~5000t 时，对一、二级耐火等级的建筑物为 6m，三级为 8m；当总贮量超过 5000t 时，上述间距各加大 2m。

出于安全方面的考虑，锅炉房应采用轻型屋顶，门的数量和开向也有要求，参阅本教材第十二章第三节。

锅炉房地面应平整无台阶。为防止积水，底层地面应高于室外地面。设备布置在地下室时，应有可靠的排水设施。

（3）锅炉房建筑布置形式

锅炉房设备可作室内布置或露天布置。露天布置节省土建投资，排尘排热条件好，但设备防护条件要求高，操作条件较差。课程设计中一般不考虑露天布置方案。但气候和环境条件允许时，除尘器、送引风机、水箱等辅助设备可以作露天布置。

锅炉房作单层布置还是双层布置，主要取决于锅炉产品设计、燃烧设备和受热面布置方式。当前，额定蒸发量不超过 4t/h 的燃煤锅炉、燃油燃气的锅炉，一般作单层布置；额定蒸发量大于或等于 6t/h 的燃煤锅炉，一般作双层布置。单层布置时节省土建投资，操作比较方便；但占地较大，除渣设备布置在地下，工作可靠性和检修条件较差。

新建锅炉房一般均应留有扩建的可能性。因此，布置给水设备、水处理设备和换热设备的辅助间和化验、生活用房常设置于锅炉房的一端，这一端称为固定端，另一端作为扩建端。辅助间根据锅炉房的规模和需要，可以单层、双层或三层布置。机械化运煤除渣设备由固定端进出，以免扩建时影响原有锅炉的运行，减少设备的拆装工作。

锅炉房内的仪表控制室、化验室、生活用房、变配电用房、运煤通廊等房间应分隔布置，而且仪表控制室应设置在操作层，化验室布置在采光好、噪声和振动影响小的部位。水处理、给水、换热器、送引风等辅助设备，原则上可以不分隔，与锅炉布置在同一房间内。但目前国内采用高速风机，噪声大，通常把风机隔开布置。由于运行管理方面的原

---

❶ 建筑物的耐火等级分为四级[14]。耐火等级为一、二级的建筑物，除二级的吊顶为难燃烧体外，全部构件均为非燃烧体。三级建筑物，吊顶和隔墙为难燃烧体，屋顶承重构件为燃烧体，其余构件均为非燃烧体。

因，锅炉设备难以保持完好状态，负压锅炉在运行中常出现正压，锅炉间灰尘较多，因此，辅助间常与锅炉间隔开布置。

除尘器和引风机根据流程布置在锅炉间的后面。单层布置的锅炉房，为了降低锅炉间的噪声，送风机也往往和引风机一起布置在风机间内。风机间一般紧贴锅炉间后墙，也可在除尘器后作单独的风机间，而除尘器则露天布置。

锅炉的工作面应有较好的朝向，并避免太阳西晒。

排污减温池、水处理药剂库、各类箱罐一般设置在锅炉房的后面。

锅炉房设有地下凝结水箱时，应尽量采用半地下建筑，以便于采光和通风。

锅炉房的建筑布置应满足工艺布置的要求，而工艺布置也要考虑建筑设计的合理性。锅炉房的柱距、跨度和层高等主要尺寸应尽量符合建筑统一模数制[16]。对于装配式或部分装配式钢筋混凝土结构[17]，当跨度≤18m时，跨度采用3m的倍数；当跨度＞18m时，采用6m的倍数，厂房柱距则采用6m或其倍数。自地面至柱顶的高度或层高应为300mm的倍数，屋面坡度一般采用1：5或1：10。门窗洞口采用300mm的倍数。

2. 锅炉房设备布置

（1）一般原则

锅炉房内各种设备的布置应保证其工作安全可靠、运行管理和安装检修便利；设备的位置应符合工艺流程，以便于操作和缩短管线。此外，设备布置还应能合理利用建筑面积和空间，以减少土建投资和占地面积。

需要经常进行操作或监视的设备，操作部位前应留有足够的操作面；设备需要接管的部位，应留有安装管道及其附件的位置；各设备都应有通道通达，以便于运行中检查设备运转情况和安装检修时设备及部件的搬运。

设备的上方应根据操作、通行或吊装的需要留出空间。为了便于安装和检修设备50kg以上的部件或附件，可设置吊装设备或预设悬挂装置。吊装设备可根据需要选用手动或电动的梁式吊车、悬挂式吊车或单轨行车。

为了做好设备布置工作、设计者必须了解设备的操作过程，以及这一过程和安装检修对场地空间的要求。在进行设备布置时，应先查明各设备的外形尺寸、基础外形、接管部位等条件。

（2）锅炉布置

锅炉的布置方法和布置尺寸与锅炉容量、燃烧设备和受热面结构等因素有关。如容量较大的锅炉通常采用双层布置，底层作为出渣层，同时亦可布置风机等辅助设备和其他用房；燃煤锅炉都有运煤除渣、拨火清灰等操作；不同的受热面结构，对其清灰和清理烟道灰也有不同要求等等。

锅炉的炉前是主要操作面，锅炉前端至锅炉房前墙的净距离要考虑操作条件，贮煤斗或运煤设备的布置，小型锅炉人工运煤的要求，以及炉排的检修、烟管的清灰等要求。这一净距离一般不小于4～5m。

锅炉两侧墙之间或与建筑墙之间，通常布置有平台扶梯，各种管道，有时还有送风机和除渣设备。机械炉排一般都在炉侧设置拨火门，有时炉排的漏煤和烟道灰也从炉侧清除。拨火操作要求炉墙与侧墙之间净距大于拨火深度（炉排宽度与炉墙厚度之和）1.5m以上，清除漏煤和烟道灰的操作要求也与此相仿。出渣机设置于炉侧时，侧墙间净距还应便于运渣车通行。如炉侧无操作要求，仅作为通道，则通道净距对 1~4t/h 的锅炉不应小于 0.8m，对 6~20t/h 的锅炉不应小于 1.5m。

根据锅炉的实际条件，按上述要求即可确定炉侧间距，从而确定两台锅炉中心线间距。对于设置炉前贮煤斗的锅炉房，炉子中心线至相邻两建筑纵向轴线（通常即煤斗框架轴线）等距，以便于贮煤斗和溜煤管的装设。

锅炉后端至锅炉间后墙的间距，如锅炉后部设有打渣孔或其他装置，则应满足其相应操作要求。如仅作为通道，则其净距要求与炉侧相同。

锅炉最高操作平台至屋架之间的净高应不小于 2m，如为木屋架则应不小于 3m。

单层布置的锅炉房，除渣设备布置在地坑或地槽内。若采用集中除渣系统，贮渣斗一般布置在锅炉房固定端一侧；若各台锅炉分别设置贮渣斗，可设在锅炉房的前部或后部。

除渣设备工作条件差，易出故障，布置时应考虑有较好的工作和检修条件，而且应尽量满足在故障时改为人工出渣的可能性。

为便于安装和检修时的物件搬运，双层布置的锅炉房或单台锅炉额定蒸发量大于或等于 10t/h 的锅炉房，在锅炉上方应设置起吊能为 0.5~1t 的起吊装置[2]，在穿越楼板处应开设吊装孔。吊装设备常采用电动葫芦或手动单轨行车。

设备最大运输部件不能通过门洞或窗洞搬运时，应设有预留安装孔。对于框架结构的建筑物，不必指定预留安装孔位置。

（3）辅助设备布置

引风机的位置由除尘器和管道的连接要求来决定。风机间内应有通道，其宽度应满足安装和检修时风机部件搬运的要求。风机间应根据实际条件设置起吊装置或留有吊装空间。风机轴线标高应满足出口法兰装拆的要求。风机出口水平引出时，出口距墙或距总烟道的尺寸应考虑风机、出口渐扩管与烟闸安装的需要。

除尘器一般露天布置，小型锅炉的除尘器也可布置在室内。除尘器的进口标高除考虑本体高度外，还应考虑下部排灰或贮灰装置及运灰车的高度。干式排灰时，布置除尘器的区域要有运灰车通行的通道。

水处理设备一般布置在辅助间内，需要时也可单独布置在独立的建筑物内。离子交换器一般靠内墙布置，以免影响采光。离子交换器之间，以及与墙或其他设备之间的距离应满足配管的要求，侧面有操作时还应满足操作要求。

离子交换器通常布置在底层，并与溶盐池、盐泵和盐液过滤器以工艺流程合理地布置在一起。离子交换器高度较大，当上方设有楼层时，如果需要，可以抽掉顶部的部分楼板，或把这部分楼板抬高至所需高度，以满足离子交换器布置的需要。具有筒体法兰的离子交换器，其上方空间应有吊装条件或设置悬挂装置。

热力除氧器和除氧水箱布置在满足灌注头要求的楼层上，一般为三层楼上，其上方应有足够的空间满足吊装要求。同时，在吊车能接近的外墙上预留安装孔。

开式钢板水箱安放在支座上，支座间距在标准图上有规定，支座高度应考虑配管的需要，但不小于 300mm。水箱顶部应有一定空间，满足配管、阀门操作和人孔使用条件。水箱的正面除考虑管道和阀门安装的需要以外，还应留有通道。其他各边如无接管和安装扶梯的需要，不必留通道。

采用加药除氧器时，根据加药方式把加药器布置在便于操作的地方。

小型锅炉给水箱和给水泵应布置在司炉便于看管的地方。如果给水箱和给水泵没有布置在同一房间，给水泵房间内应有指示给水箱水位的信号装置和控制进给水箱软水量的阀门。

泵的泵端靠墙布置时，泵端基础与墙之间的距离应考虑吸水总管、进水阀和连接短管安装的需要。泵基础之间的通道一般不小于 700mm，大型泵还应加大，以满足安装检修时搬运的需要，当场地不足时，也可把同型号的两台泵布置在同一基础上。

从水箱出口至给水泵进口的吸水管段不应高于水箱最低水位，以保证安全给水。

泵的底座边缘至基础边缘的距离一般不小于 100mm，地脚螺栓中心至泵基础边缘距离一般不小于 150mm，基础高出地面一般为 120～150mm（包括不小于 25mm 的找平层）。

水泵间的上方应有安装、检修时搬运与吊装条件，大型泵的泵房可设置起吊装置。

3. 风烟管道和主要汽水管道布置

各种管道及其附件的布置都应使其工作安全可靠、操作和安装检修便利。布置时应注意以下各方面要求。

（1）管道布置应符合流程，使管道具有最小的长度。

（2）分期建设或具有扩建可能的锅炉房，管道布置应适应扩建要求，使扩建时管道改造工作量最小。

（3）管道布置应便于装设支架，一般沿墙柱敷设，但不应影响设备操作和通行，避免影响采光和门窗启闭。

（4）管道离墙柱或地面的距离应便于安装和检修，如焊接、保温、法兰的装卸。

（5）输送热介质的管道应考虑温度变化时的伸缩，并尽可能采用自然转弯进行补偿。

（6）管道应有一定坡度，以便排气放水。汽管坡向应与介质流向一致。汽管水管最低点和可能积聚凝结水处设放水阀或疏水阀，水管最高点设放气阀。

（7）主要通道的地面上不应敷设管道，通道上方的管道最低表面距地应不小于 2m。

（8）风道和烟道可作地上或地下布置。地上布置易于检查和检修，烟道也便于清灰。地下布置时应有防水以及检查和排除积水的措施。

（9）露天布置的送引风机，如考虑利用移动式吊车吊装，地面上不应设置管道，此时的管道通常架空布置，管底距地面一般为 5m，地下水位低时也可作地下布置。

管道附件应根据其工作特点、操作要求和安装检修条件进行合理布置。

管道上的阀门应设置在便于操作的部位，尽量利用地面和设备平台等便于接近的地方进行操作。否则，大口径阀门（$D_g \geqslant 150mm$）应设置专用平台。

分汽缸一般设在锅炉间固定端。当接管较多且需要分别装设流量计时，也可设在专用房间内。

分汽缸接管上的阀门应设置在便于操作的高度上；分汽缸离墙距离要便于阀门的安装和拆卸。

各种流量计应根据所选型式，在其前后应接有为保证计量精度所需长度的直管管段。

（七）制图要求

课程设计应完成热力系统图 1 张，设备布置图 2 张，图幅为 1 号或 2 号图纸。课程作业只需完成相应的简图。

1. 热力系统图

热力系统图应绘制全部热力设备、连接管道、阀门及附件，并标明管径和设备编号，附上图例。

设备按规定的图形符号绘制[19]。对于锅炉、省煤器、水处理设备等主要设备和标准中未包括的设备，按常用图形符号表示。常用图形符号通常是设备接管图的展开图。管道以规定代号表示，管道附件以有关标准[19][21]规定的图形符号和管道附件的规定代号表示。对于标准中没有规定的管道与附件，可采用常用表示方法或参考标准中的表示方法自行决定，但应在图例中标明。

管道直径可只标注课程设计中要求计算管径的给水管道和蒸汽管道。无缝钢管用外径和壁厚表示，例如 $D133\times4$；水煤气输送管（焊接钢管、黑铁管）可用公称直径表示，例如 $DN20$。

热力系统图的图面布置应使图面匀称，线条清晰。通常在图面的上部是锅炉和热力除氧器，下部是水处理设备、换热器和水泵，最下面是排污排水设施。进出锅炉房的各种管道应放在周边的明显部位。图中设备接管部位和管道节点相对位置应与实际接管相符，不可任意调换。管道断开处或流向不易判明的管段，应标出介质流向，必要时加文字说明。

当锅炉房设备较多时，热力系统图也可按工艺系统分成几部分，例如水处理系统、热水加热系统、锅炉排污系统等可作为独立的系统来绘制。

各设备需要连接管道的所有对外接口，包括只有排水或排汽接管的接口，在系统图上都应表示清楚，但设备内部管道和附件可不表示。

拟定热力系统图时应考虑运行的可靠性、调度的灵活性、部分设备切出检修的可能性以及建设和运行的经济性等问题，一般应注意下列几个方面：

（1）给水系统、蒸汽系统、热水锅炉循环水系统的连接方式应根据锅炉和锅炉房特点进行合理选择。

（2）可能超压造成事故的设备应有符合国家有关规程的安全保护装置；在系统设计中也应遵守有关规程对系统设计的要求，如锅炉安全阀的排出管应接至安全处，省煤器安全阀的排出管不应与排污管相接；开式水箱均应有通向大气的排气管，排气管一般接至室外，其上不得装设阀门；凝结水箱或温度较高的给水箱，应采用水封式溢流管；每台锅炉应有独立的排污及放水系统；几台锅炉排污如合用一个总排污管，则须有妥善的安全措施；锅炉的排污阀（或放水阀）和排污管（或放水管），不允许用螺纹连接等等。

（3）同类设备建立横向联系，以达到互为备用的目的，并应使任一台设备能从系统中切出检修或投入运行。如各台给水泵、给水箱和循环泵，各自之间应有横向连接管道和相应的阀门。

（4）设备的纵向联系应保证主要设备的工作，次要设备建立旁通。如初级加热器、减压阀和疏水阀等应有旁通管道和阀门，在这些设备故障或检修时，不致使主要设备停止工作。疏水阀的旁通还在系统暖管和设备启动时作手动排水用。疏水阀的前后装设冲洗阀和检查阀，以便冲洗管道和检查疏水阀工作情况。

（5）为使各设备有从系统中切出检修的可能性，设备进出口处应有关断阀，并有放空设备的放水阀。

（6）尽量减少在主管道上连接支管道，且应在靠近主管道的支管道上装关断阀，以免任一支管道上的设备和管道附件的事故或检修而影响整个系统的工作。

（7）应尽量简化系统，减少管道和附件，以节省建设费用；系统连接方式应尽量减少设备的动力消耗，如锅炉房内的设备凝结水应直接进入除氧器。

2. 设备布置图

布置图中应包括各种设备和主要管道，相关的建筑和构筑物也应绘出。各种设备和管道必须有定位尺寸，建筑物应标注主要尺寸，如柱距或开间、跨度、屋架下弦标高等。

制图方法可根据图纸类别执行不同的制图标准。对于建筑物、构筑物、设备布置图，执行建筑制图标准[19]；对于非标准设备和其他机械部件图，可执行机械制图标准[20]；对于锅炉产品图样，可执行锅炉制图标准[21]。

制图时以工艺部分为重点。对于工艺设备和管道，根据需要可采用粗、中或细线绘制。对于建筑物和构筑物，一般用细线绘制，且图形可以简化，以标明建筑结构形式，门窗洞口和楼梯位置等与工艺设计有关部分为度，但监察规程规定的通向锅炉间的门的开向应画出。

设备图形一般以外形表示。锅炉图形中一般还应画出锅筒、尾部受热面（独立布置时）、炉排调速箱和煤斗，必要时绘出平台、扶梯和设计中增加的连接平台。风机图形中应包括机壳、电动机和基础外形。水泵图形中应表示出基础外形，水泵和电动机位置。水箱、分汽缸等保温设备，可按未保温时尺寸绘制，但布置尺寸的决定应考虑保温层的存在。钢筋混凝土溶盐池等池类用双线表示。

汽水管道一般用单线表示。风烟管道按比例绘制。金属风烟管道与设备的接口以及弯头、变径管等部件应表示连接法兰。砖烟道用双线表示，壁厚应由土建设计决定，课程设计中可按一砖半绘制。

图中设备和管道应标出定位尺寸。至建筑物一侧的尺寸界线，应考虑施工的需要与方便，主要设备可取建筑轴线，次要设备和管道可取墙柱表面或建筑轴线。设备定位尺寸有纵向和横向两个尺寸。外形对称的设备可取中心线作为定位线，其余情况根据设备特点确定。锅炉通常以纵向中线或锅筒或主要集箱中心线，前墙（柱）或后墙（柱）的尺寸定位。风机则为轴线和机壳中线，除尘器为筒体或筒体和进口中心线，泵为轴线和基础端面线或出口中心线，矩形水箱、水池常用边线。

平面图中的地面和地坑等处标注标高，剖面图中的高度常以标高标注。

剖面线的选取应能表达多数设备的布置情况。剖面图中一般应绘出锅炉、运煤除渣设备、送引风机、除尘器和烟囱，并标出锅筒中心线、除尘器进口中线、风机轴线、管道中心线、以及烟囱出口、各层地面和屋架下表面等部位的标高。

建筑图应有定位轴线及其编号。定位轴线与墙、柱和楼板的关系由有关标准规定，课程设计中也可参考例图确定。各定位轴线间距都应标注，剖面图中也应标注。

设备布置图中的设备均应标注设备编号。设备明细表可放在设备平面布置图中。

平面布置图上应绘制指北针。

3. 图标

图标绘在图纸右下角，图标形式可根据各院校情况确定，下面给出的格式供参考。

(院校名)		(设计名称)			课程设计
班级		(图名)	图号		
姓名			比例		
指导教师			日期		

4. 制图要求

设计图纸用制图仪器和铅笔绘制，并执行制图标准的规定。设备布置图采用比例以 1：50 为宜，如有困难，可改用其他比例。

图纸幅面一般采用基本幅面，如有必要，1~3 号图纸的长度或宽度都可加长，加长部分应为基本幅面相应边长的 1/8 及其倍数[20]。

制图和设计计算一样，都应独立完成。对图纸中工艺部分的布置方法、图形和尺寸要弄清其作用、根据和意图。

图面要整洁。书写工整，字体端正，排列整齐，笔划清楚。汉字宜用仿宋字体。

图线加深前应经指导教师审阅。

(八) 设计说明书的编制

1. 说明书中应说明设备、系统、方案的选择依据、理由和结论，设计计算公式、公式中各符号的意义和数据、以及计算结果。论述时必须结合自己的设计题目，表明自己的观点，切忌泛谈一般设计方法。

2. 说明书要求字迹清楚，标题编排合理，用纸前后一致。计算部分也可以用表格形式，但表中必须包括公式、符号、数据和结果，且序号符合计算顺序。

简图可以用铅笔绘制，不要求有严格的比例，但线条和字迹必须清楚。

3. 说明书应装订成册，并有封面、目录和页次。

4. 说明书可在设计过程中分阶段交指导教师审阅。

5. 设计完成后，对设计中出现的问题，如前后设备和数据的更改，已发现但来不及修改的各种问题，以及有必要说明的其他事项，可在说明书最后的结束语中说明。

学时分配

由于各院校课程设计安排情况不一，各有特色，各部分设计内容的学时分配也难以统一。对于集中安排设计（两周）和作业（一周）的院校，下表（附表 2-7）可供参考。

课程设计（作业）学时分配　　　　　　　　　　　　　　　　附表 2-7

设计(作业)内容	设计学时	作业学时	设计(作业)内容	设计学时	作业学时
热负荷计算和锅炉选择	4	4	制图:系统图	12	—
水处理设备选择	8	6	平面布置图	18	—
给水设备和主要管道选择	4	2	剖面图	7	—
送引风系统设计	6	4	设计说明书整理	5	4
运煤除灰方式选择	4	2			
锅炉房布置及绘制简图	12	18	总计	80	40

(九) 参考文献与资料

[1] 《工业锅炉房实用设计手册》编写组 . 工业锅炉房实用设计手册 [M] . 北京：机械工业出版社，1991

[2] 锅炉房设计规范 GB 50041—2008

[3] Производственные и отопительные котельные，Е. Ф. Бузников，К. Ф. Роддатис，Э. Я. Берзиныц，1984

[4] 锅炉大气污染物排放标准 GB/T 13271—2001

[5] 蒸汽锅炉安全技术监察规程 劳部发（1996）276 号

[6] 供热系统节能工作暂行规定 经能（1984）483 号

[7] 工业锅炉水质 GB 1576—2008

[8] 《工业锅炉房常用设备手册》编写组 . 工业锅炉房常用设备手册 [M] . 北京：机械工业出版社，1993

[9] 工业锅炉产品技术条件 JB 2816—80

[10] 烟囱设计规范 GB 50051—2002

[11] [苏] C. И. 莫强主编 . 锅炉设备空气动力计算（标准方法）[M] . 杨文学，徐希平等译 . 北京：电力工业出版社，1981

[12] 建筑防火规范 GBJ 16—2001

[13] 工业企业设计卫生标准 GBZ 1—2010

[14] 热水锅炉安全技术监察规程 劳锅字（1997）74 号

[15] 锅炉压力容器安全监察暂行条例 国发 [1982] 22 号

[16] 建筑模数协调统一标准 GBJ 2—86

[17] 厂房建筑模数协调标准 GBJ 6—86

[18] 热工图形符号与文字代号 GB 4270—1999

[19] 建筑制图标准 GB/T 50104—2010

[20] 机械制图 GB 4457—84～GB 4460—84，GB/T 14689—2008～GB/T 14692—2008

[21] 锅炉制图 GB/T 11943—2008

附录3 工业锅炉房工艺设计工程实例

一、三台 WNS4-1.25-Y 燃油蒸汽锅炉房工艺设计

1. 设计概况

本设计为上海某厂于 2003 年投运的燃油蒸汽锅炉房。锅炉房内安装 WNS4-1.25-Y 型燃油蒸汽锅炉 3 台。蒸汽主要供电镀车间生产使用，部分用于浴室、餐厅及生活。

锅炉房位于厂区的东北，与废水处理站毗邻。

(1) 锅炉房面积的确定

设计起始以 3 台 6t/h 锅炉考虑站房面积，初步考虑 15m×30m=450m²，故系统中设有除氧器。后来，业主改变方案，所需蒸汽耗量减少了。而此时土建设计已经开始，并且由于毗邻的废水处理站需要的房屋宽度为 18m。由于考虑到建筑的整齐和美观要求，经多方协商确定锅炉房面积改变为 18m×30m=540m²，其中 6m×30m=180m²，作为水处理和水箱及水泵间。锅炉房的高度也取与毗邻的废水处理站相同，屋架下弦为 +8.15m。如若经技术经济比较，3 台 4t/h 锅炉考虑站房面积为 450m²，高度为 6m 已有富裕。

(2) 解析除氧器

按《锅炉房设计规范》规定，对于额定蒸发量为 4t/h 锅炉可以不设除氧器，而 6t/h 则需要设置除氧器。本锅炉房中设置了解析除氧器的原因是设计的原始资料——蒸汽耗量大，选用的是 3 台 6t/h 锅炉，后来方案有变，才改为 3 台 4t/h 锅炉，但业主提出两年后仍有可能将 4t/h 锅炉改为 6t/h 的锅炉。

2. 锅炉房辅机的选择

(1) 全自动软化水装置

双路单阀连续供水：$Q=10m^3/h$。

两年后 4t/h 锅炉改为 6t/h 时，再增添 1 组同型号的全自动软化水装置。

(2) 燃油系统

3 台 4t/h（或 2 台 6t/h）锅炉，按每天 16h 运行，1 周工作 5d 计算，其每周的柴油耗量为：$0.39×2×16×5=62.4m^3$（其中每小时耗油量为 $0.39m^3/h$）。取 2 台 30m³ 卧式钢制轻油罐，并设置 1 个 1m³ 日用油箱，1 个 1m³ 事故油箱和 2 台齿轮油泵（其中 1 台备用）。

(3) 蓄水箱和软化水箱

蓄水箱是为了原水加压泵不直接抽取管网水而影响管网水压。厂区回收来的凝结水经过滤器后进入软化水箱，经重新除氧后重复利用，以节约用水。其他设备详见设备明细表。

(4) 控制仪表

本锅炉房的控制仪表配备比较到位，主要有以下仪表：

1）水箱水位表检测、就地显示、控制室显示、高低水位报警和自动控制水泵的开/停。

2）锅炉自动燃烧系统控制：根据蒸汽压力、蒸汽流量、汽包液位控制锅炉水位和燃料的自动供应及燃烧，该自控系统由锅炉厂配置出厂。

3）油箱液位检测：日用油箱液位检测、就地及仪表屏显示；根据油位高低控制油泵的开/停，并且高低油位报警；地下油箱液位检测，包括就地及仪表屏显示、高低油位报警。

4）控制室内显示屏：水位及油位在显示屏上一目了然。

由于锅炉房的仪表系统配备比较到位，再加上锅炉本身自备仪表比较先进，锅炉房实现了全自动燃烧，可无人操作。通常，操作人员只要按制度巡视，各项数据都可自动记录、储存或打印，便于进行能耗考查、评比。

3. 锅炉房工艺设计图

（1）三台 WNS4-1.25-Y 型锅炉房热力系统图（附图3-1）；

（2）三台 WNS4-1.25-Y 型锅炉房运行层平面布置图（附图3-2）；

（3）三台 WNS4-1.25-Y 型锅炉房 A-A 剖面图（附图3-3）；

（4）三台 WNS4-1.25-Y 型锅炉房 B-B 剖面图（附图3-4）；

（5）三台 WNS4-1.25-Y 型锅炉房 C-C 剖面图（附图3-5）。

二、三台 WNS2.1-1.0-95/70-Q 燃气热水锅炉房工艺设计

1. 设计概况

本设计为一燃用天然气的热水锅炉房，主要为联合厂房供暖及生活沐浴提供所需的热能。

锅炉房位于厂区东面的公用动力站房内，毗邻有空压站。根据规划，近期锅炉房内先安装两台 WNS2.1-1.0-95/70-Q 型燃气热水锅炉，锅炉房总额定功率为 4.2MW，热水供、回水温度为 95℃和 70℃。锅炉燃料为天然气。

2. 原始资料

（1）热负荷

供暖用热　$Q_1 = 2000kW$　供、回水温度：95℃/70℃；

生活用热　$Q_3 = 3720kW$　供、回水温度：95℃/70℃。

（2）燃料资料

燃料为东海天然气，其收到基低位热值：34332kJ/m³。

（3）水质资料

总硬度 H_0　121mg/L

永久硬度 H_{FT}　24mg/L

暂时硬度 H_T　97mg/L

总碱度 A_0　95mg/L

（4）工厂工作班制

工作班制为两班制。

3. 热负荷计算及锅炉机组的选择

（1）全厂热负荷计算

1）供暖季最大计算热负荷

$$Q_{max} = K_0(K_1Q_1 + K_2Q_2) \quad MW$$

式中　K_0——管网散热损失系数，取 1.05；

　　　K_1——供暖用热的同时使用系数，取 1；

　　　K_2——生活用热的同时使用系数，生活用热可提前 1h 加热，故取 0.5。

计入上述各项系数后，锅炉房的最大计算容量为

$$Q_{1max} = K_0(K_1Q_1 + K_2Q_2) = 1.05(2000 + 0.5 \times 3720) = 4053kW。$$

2）非供暖季最大计算热负荷

$$Q_{2max} = K_0(K_1Q_1 + K_2Q_2) = 1.05 \times 0.5 \times 3720 = 1953kW。$$

（2）锅炉机组的选择

根据锅炉房的计算容量、所需热水参数和供应燃料品种，选用 2 台热功率为 2.1MW 的卧式燃气热水锅炉，即 WNS2.1-1.0-95/70-Q 型锅炉，锅炉房总额定热功率为 4.2MW，热水供/回水温度为 95℃/70℃。供暖季节，第一班工作时一台锅炉投入运行以供供暖，第一班职工即将下班要沐浴时，两台锅炉全部投入运行。非供暖季节，只需投入一台运行，本锅炉房不设备用锅炉，两台锅炉互为备用，锅炉的检修保养安排在非供暖季节进行。

WNS2.1-1.0-95/70-Q 热水锅炉的技术参数：

型号：WNS2.1-1.0-95/70-Q

额定热功率：2.1MW

额定出水压力：1.0MPa

供/回水温度：95℃/70℃

锅炉燃料：天然气

风机功率：6.5kW

燃料耗量：240m³/h

4. 给水及水处理设备的选择

（1）锅炉循环水量的计算

$$G = \frac{3.6kQ}{c\Delta t} \quad t/h$$

式中　Q——锅炉额定热负荷，kW；

　　　k——管网散热损失系数，取 1.05；

　　　c——管网热水的平均比热容，kJ/(kg·℃)；

　　　Δt——热水供回水温差，℃。

锅炉房循环水量为

$$G = \frac{0.86kQ}{c\Delta t} = \frac{0.86 \times 1.05 \times 2100}{1 \times (95-70)} = 75.85t/h$$

（2）循环水泵扬程的计算

$$H \geqslant H_1 + H_2 + H_3$$

式中　H_1——锅炉房阻力损失，取 100kPa；

H_2——供回水管网阻力损失，由计算得 120kPa；

H_3——最不利用户内部阻力损失，取 50kPa。

$H \geqslant H_1 + H_2 + H_3 = 100 + 120 + 50 = 270\text{kPa}$

（3）循环水泵的选择

循环水泵台数的选择，为控制方便，以一台锅炉配一台泵的形式，故选择 3 台立式循环水泵，其中一台备用。

循环水泵的技术参数：

型号：TP80-330/2

流量：0～80m³/h

扬程：300kPa

温度：0～140℃

转速：2900r/min

电机功率：11kW

5. 定压及水处理设备的选择

（1）膨胀容积计算

$$V_e = \alpha \Delta t V_a \quad \text{m}^3$$

式中　α——水的单位体积膨胀系数，取 0.0006；

Δt——水温波动的范围，25℃；

V_a——系统总的水容量，m³。

膨胀容积为：

$$V_e = \alpha \Delta t V_a = 0.0006 \times 30 \times 25 = 0.45\text{m}^3$$

（2）定压装置及补水泵的选择

热水系统的补水量一般根据系统的正常补水和事故补水确定，并宜为正常补水的 4～5 倍。系统的小时泄漏量，宜为系统总的水容量的 1%。

根据以上要求及系统的膨胀容积量，为便于布置，选用调节容量为 0.4～1.3m³、补水量为 3～5m³/h 的落地膨胀水箱一个。该落地膨胀水箱定压补水为一个整体装置，属于氮气定压。落地膨胀水箱的隔膜罐中，罐与囊之间充氮气。

落地膨胀水箱的技术参数：

型号：ZNP1.2×1-50×2×3

调节容量：0.4～1.3m³

补水泵流量：3～5m³/h

补水泵扬程：310kPa

定压压力：150kPa

（3）软化水设备及软化水箱的选择

根据自来水的水质资料，选用 NTS5-2/10 型全自动软化水装置一台，其出水量为 2m³/h，为不间断供水。经软化后出水硬度≤0.03mmol/L，符合《工业锅炉水质标准》

474

GB 1576—2001 总硬度≤0.6mmol/L 的要求。

全自动软化水装置的技术参数：

型号：NTS5-2/10

软水流量：2m³/h

出水硬度：≤0.03mmol/L

电源：3W

选用 2m³ 不锈钢软化水箱一个。

(4) 其他

为调节锅炉循环水的水质，选用一台 DJ-100 型自动加药装置。锅炉运行时，用户可根据水质情况选购缓蚀剂、阻垢剂、除氧剂、碱度调节剂等，以改善锅炉水质。

因热水用户较为单一，故本锅炉房不设分水缸。

6. 水气系统主要管道管径的确定

(1) 循环水主干管管径的确定

1) 锅炉房循环水进出总管管径

总管流量可由下式计算：

$$G = \frac{0.86kQ}{c\Delta t}$$

$$G = \frac{0.86 \times 1.05 \times 2 \times 2100}{1 \times 25} = 151.6 \text{m}^3/\text{h}$$

若取管内流速为 1.5m/s，则每台循环水管管径可由下式计算：

$$d_0 = 18.8\sqrt{\frac{G}{v}} = 18.8\sqrt{\frac{151.6}{1.5}} = 189 \text{mm}$$

式中　d_0——管道内径，mm；

　　　G——工作状态下的体积流量，m³/h；

　　　v——工作状态下的流速，m/s。

循环水进出总管管径取 $\phi 189 \times 6$。

若按远期规划，预留的一台锅炉也投入运行，即三台锅炉同时运行时，循环水进出总管的管内流速约为 2m/s。

2) 水泵至锅炉循环水管管径

水泵至锅炉循环水管道为单管制，根据锅炉循环水量：

$G = \dfrac{0.86kQ}{c\Delta t} = \dfrac{0.86 \times 1.05 \times 2100}{1 \times 25} = 75.85 \text{m}^3/\text{h}$，若取管内流速为 1.5m/s，则每台循环水管管径可由下式计算：

$$d_0 = 18.8\sqrt{\frac{G}{v}} = 18.8\sqrt{\frac{75.85}{1.5}} = 133.7 \text{mm}$$

水泵至锅炉循环水管管径取 $\phi 133 \times 4$。

(2) 天然气总管管径的确定

根据锅炉房总的天然气耗量 $G = 240 \times 2 = 480 \text{m}^3/\text{h}$，天然气压力为 20kPa，工作状态下的体积流量（不考虑温度因素）可简化计算 $G \approx 480/1.2 = 400 \text{m}^3/\text{h}$。若取管内流速为 8m/s，则天然气总管管径为

$$d_0 = 18.8\sqrt{\frac{G}{v}} = 18.8\sqrt{\frac{400}{8}} = 132.9\text{mm}$$

天然气总管管径取 $\phi 133 \times 4$。

7. 燃气及排烟系统

(1) 燃气及天然气泄漏报警装置

锅炉燃料采用天然气，由厂区内的调压站引入，锅炉房入口压力为中压 20kPa。

在进气总管上装有自动切断阀，设置在专门的天然气切断阀间内。自动切断阀采用自动关闭、现场人工开启型。切断信号来自于控制室的泄漏报警装置，连接报警装置的探头安装在锅炉房内燃气易泄漏处。探头共选用 4 个。一旦燃气泄漏浓度达到爆炸下限 LEL 的 1/4 时报警，持续 1min 后通过自动切断阀，迅速切断供气，并同时启动连锁的排风系统（排风系统由暖通专业设计）将室内的泄漏气体排至室外，以确保锅炉安全运行。

天然气泄漏报警装置选用一台型号为 4802C 的可燃气体检测系统。

另在切断阀前及干管末端接放散管，并在放散管上装设取样管。

燃气体检测系统的技术参数：

型号：4802C

测量范围：0～100％LEL

报警点：25％LEL

报警方式：独立光报警、公共声报警

响应时间：T9≤30s

(2) 烟囱

每台锅炉分别设置烟囱，烟道及烟囱均采用不锈钢保温预制产品。烟囱内径为 500mm 同锅炉出口，烟囱直接排至室外，高度为出屋面 2m。按锅炉房设计规程，燃气锅炉烟道应设置泄爆装置，本锅炉因无水平烟道，烟囱又直通室外，故未设防爆门。

8. 热工控制和测量仪表

锅炉由它带来的控制柜进行控制，能显示锅炉运行时水的压力、温度及燃气压力等参数，具有全自动运行功能。如具有火焰自动调节、炉膛自动吹扫和火焰、风压自动检测功能以及出水压力高低自动检测功能；循环水温度超过设定值后的自动待机和温度降低后的自动启动等功能。具有多项安全连锁功能，如水泵、风机过载；点火失败、异常熄火、风机无风、燃气压力过低过高、排烟温度过高、循环水断水等故障连锁保护功能；循环水温度超过（低于）设定值后的自动待机（自动启动）等功能，以确保锅炉的安全正常运行。

9. 锅炉房的布置

锅炉房位于公用联合站房❶的端头，为单层建筑。公用联合站房由锅炉房、空压站、水泵房、备用柴油发电机房等组成。锅炉房与其他站房用防爆墙隔开。锅炉房的泄爆面积不小于锅炉间面积的 10％。

锅炉间和公用站房统一跨距为 18m，柱距为 9m，屋架下弦标高为 6.00m。

---

❶ 工厂设计项目中，全厂整体布置都较为紧凑，在符合规范的前提下，把各种动力、给水排水、电气、暖通等站房集中在一个公用联合站房内。这是目前工厂设计的一种流行趋势。

锅炉房由锅炉间和辅助间组成，辅助间包括水处理间、天然气切断阀间和控制室等组成。锅炉间的占地面积为 $12m \times 18m = 216m^2$，辅助用房占地面积为 $101m^2$。

排污降温池设在室外，其容积为 $2m^3$。

10. 技术经济指标

序号	指 标 名 称	计 算 单 位	指 标
1	锅炉房计算容量（供暖）	MW	4.053
2	锅炉房计算容量（非供暖）	MW	1.953
3	锅炉房总安装容量	MW	4.2
4	燃气需要量	m^3/h	480
5	电动机安装容量	kW	73
6	建筑面积	m^2	307
7	操作人员	每班/总数	1/2
8	生产每台机组工艺投资额	万元/台	102
9	生产每MW所需的工艺投资额	万元/MW	48.6

11. 锅炉房主要设备表

序号	名 称 及 规 格	单位	数量
1	热水锅炉 WNS2.1-1.0-95/70-Q 额定热功率：2.1MW 额定出水压力：1.0MPa 供/回水温度：95℃/70℃ 天然气耗量：240m^3/h	台	2
2	立式离心循环泵 TP80-330/2 流量：~80m^3/h 扬程：300kPa 温度：0~180℃ 电机功率：11kW	台	3
3	自动软水器 NTS5-2/10 软水流量 2m^3/h 出水硬度：≤0.03mmol/L	台	1
4	落地膨胀水箱 ZNP1.2×1-50×2×3 调节容量：0.4~1.3m^3 补水泵流量：3~5m^3/h 补水泵扬程：310kPa 定压压力：150kPa	台	1
5	不锈钢软水箱 $V=2.0m^3$	台	1
6	自动加药装置 DJ100 附 DJ604除氧剂、DJ602阻垢剂	台	1
7	流量计 TMP-700-L-2F150-LOC-TOT-T 最小可测流量：22.6m^3/h 输出信号：4~20mA 配流量计算仪	个	1
8	可燃气体检测系统 4802C 探头：4个 检测气体：天然气 报警点：1/4LEL	套	1
9	不锈钢烟囱 $\phi500$ 高度：~6m 包括：雨帽、保温	根	2

12. 锅炉房工艺设计图

(1) 三台 WNS2.1-1.0-95/70-Q 型锅炉房热力系统图（附图 3-6）；

(2) 三台 WNS2.1-1.0-95/70-Q 型锅炉房运行层平面布置图（附图 3-7）；

(3) 三台 WNS2.1-1.0-95/70-Q 型锅炉房 A-A 剖面图（附图 3-8）。

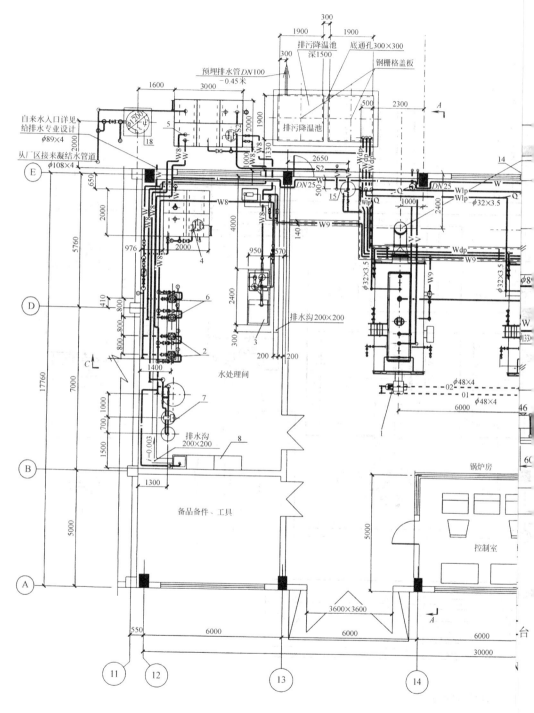

附图 3-2 三台 WNS4-1.

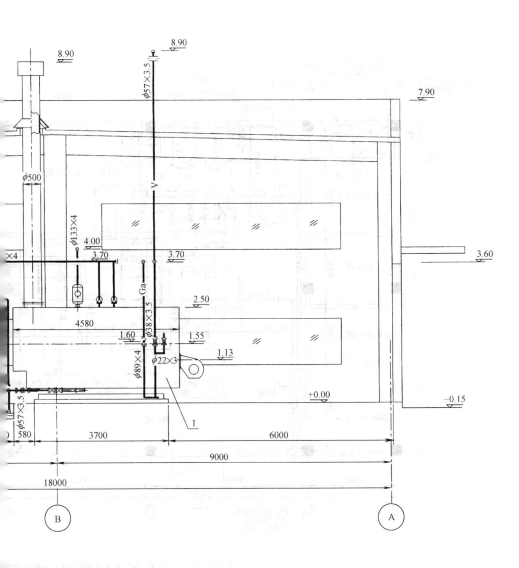

WNS2.1-1.0-97/70-Q 型锅炉房 *A-A* 剖面图

附录 4 附表

单 位 换 算 表　　　　　　　　　　　　　　　　　　　　　附表 4-1

压 力 的 单 位 换 算

名　称	帕斯卡 Pa (N/m^2)	巴 bar $(10N/cm^2)$	工程气压 at (kgf/cm^2)	毫米水柱 (mmH_2O)	标准气压 atm $(760mmHg)$	毛 Torr $(mmHg)$
帕斯卡	1	10^{-5}	1.0197×10^{-5}	0.10197	9.8692×10^{-6}	7.5006×10^{-3}
巴	10^5	1	1.0197	10197.2	0.9869	750.062
工程气压	9.8067×10^4	0.98067	1	10^4	0.9678	735.559
毫米水柱	9.8067	9.8067×10^{-5}	1.0000×10^{-4}	1	9.6784×10^{-5}	7.3556×10^{-2}
标准气压	101325	1.0133	1.0332	10332.3	1	760
毛	133.332	1.3333×10^{-3}	1.3595×10^{-3}	13.595	1.3158×10^{-3}	1

注：$1N=1kgfm/s^2$；$1kgf=9.8N$；英制压力单位采用磅力/英寸^2（bf/in^2），$1bf/in^2=6894.7Pa$。

功、能和热量的单位换算

名称	千焦 (kJ)	千卡 (kcal)	公斤力米 $(kgf\cdot m)$	千瓦时 $(kW\cdot h)$	马力时 $(HP\cdot h)$	英热单位 (Btu)
千焦	1	0.2388	101.972	0.2772×10^{-3}	3.7777×10^{-4}	0.9478
千卡	4.1868	1	426.94	1.163×10^{-3}	1.581×10^{-3}	3.9682
公斤力米	9.807×10^{-3}	2.342×10^{-3}	1	2.724×10^{-6}	3.703×10^{-6}	9.295×10^{-3}
千瓦时	3600.65	860	3.6717×10^5	1	1.3596	3412.14
马力时	2648.28	632.53	270052.36	0.7355	1	2509.63
英热单位	1.0551	0.2520	107.5862	2.9307×10^{-4}	3.985×10^{-4}	1

注：$1erg=1dyncm=10^{-7}J$；$1J=1Nm=1Ws$。

功 率 的 单 位 换 算

单位名称	瓦;焦耳/秒 (W)	千卡/时 (kcal/h)	公斤力·米/秒 $(kgf\cdot m/s)$	马力 (HP)	英热单位/时 (Btu/h)
瓦	1	0.86	0.1019	1.35×10^{-3}	3.389
千卡/时	1.163	1	0.1185	1.58×10^{-3}	3.968
公斤力米/秒	9.807	8.43	1	0.0133	33.39
马力	735.3	632.25	75	1	2511
英热单位/时	0.2931	0.252	0.02986	3.98×10^{-4}	1

注：$1erg/s=10^{-7}W$。

p (bar)	t (℃)	v' (m³/kg)	v'' (m³/kg)	p'' (kg/m³)	h' (kJ/kg)	h'' (kJ/kg)	r (kJ/kg)	s' (kJ/kgK)	s'' (kJ/kgK)
0.10	45.833	0.0010102	14.67	0.06814	191.83	2584.8	2392.9	0.6493	8.1511
0.20	60.086	0.0010172	7.650	0.1307	251.45	2609.9	2358.4	0.8321	7.9094
0.40	75.886	0.0010265	3.993	0.2504	317.65	2636.9	2319.2	1.0261	7.6709
0.60	85.954	0.0010333	2.732	0.3661	359.93	2653.6	2293.6	1.1454	7.5327
0.80	93.512	0.0010387	2.087	0.4792	391.72	2665.8	2274.0	1.2330	7.4352
1.0	99.632	0.0010434	1.694	0.5904	417.51	2675.4	2257.9	1.3027	7.3598
2.0	120.23	0.0010608	0.8854	1.129	504.70	2706.3	2201.6	1.5301	7.1268
3.0	133.54	0.0010735	0.6065	1.651	561.43	2724.7	2163.2	1.6716	6.9909
4.0	143.62	0.0010839	0.4622	2.163	604.67	2737.6	2133.0	1.7764	6.8943
5.0	151.84	0.0010928	0.3747	2.669	640.12	2747.5	2107.4	1.8604	6.8192
6.0	158.84	0.0011009	0.3155	3.170	670.42	2755.5	2085.0	1.9308	6.7575
7.0	164.96	0.0011082	0.2727	3.667	697.06	2762.0	2064.9	1.9918	6.7052
8.0	170.41	0.0011150	0.2403	4.162	720.94	2767.5	2046.5	2.0457	6.6596
9.0	175.36	0.0011213	0.2148	4.655	742.64	2772.1	2029.5	2.0941	6.6192
10.0	179.88	0.0011274	0.1943	5.147	762.61	2776.2	2013.6	2.1382	6.5828
11.0	184.07	0.0011331	0.1774	5.637	781.13	2779.7	1998.5	2.1786	6.5497
12.0	187.96	0.0011386	0.1632	6.127	798.43	2782.7	1984.3	2.2161	6.5194
13.0	191.61	0.0011438	0.1511	6.617	814.70	2785.4	1970.7	2.2510	6.4913
14.0	195.04	0.0011489	0.1407	7.106	830.08	2787.8	1957.7	2.2837	6.4651
15.0	198.29	0.0011539	0.1317	7.596	844.67	2789.9	1945.2	2.3145	6.4406
16.0	201.37	0.0011586	0.1237	8.085	858.56	2791.7	1933.2	2.3436	6.4175
17.0	204.31	0.0011633	0.1166	8.575	871.84	2793.4	1921.5	2.3713	6.3957
18.0	207.11	0.0011678	0.1103	9.065	884.58	2794.8	1910.3	2.3976	6.3751
19.0	209.80	0.0011723	0.1047	9.555	896.81	2796.1	1899.3	2.4228	6.3554
20.0	212.37	0.0011766	0.09954	10.05	908.59	2797.2	1888.6	2.4469	6.3367
21.0	214.85	0.0011809	0.09489	10.54	919.96	2798.2	1878.2	2.4700	6.3187
22.0	217.24	0.0011850	0.09065	11.03	930.95	2799.1	1868.1	2.4922	6.3015
23.0	219.55	0.0011892	0.08677	11.52	941.60	2799.8	1858.2	2.5136	6.2849
24.0	221.78	0.0011932	0.08320	12.02	951.93	2800.4	1848.5	2.5343	6.2690
25.0	223.94	0.0011972	0.07991	12.51	961.96	2800.9	1839.0	2.5543	6.2536
26.0	226.04	0.0012011	0.07686	13.01	971.72	2801.4	1829.6	2.5736	6.2387
27.0	228.07	0.0012050	0.07402	13.51	981.22	2801.7	1820.5	2.5924	6.2244
28.0	230.05	0.0012088	0.07139	14.01	990.48	2802.0	1811.5	2.6106	6.2104

① 摘自《国际单位制的水和水蒸气性质》［西德］E. 斯米特，V. 格里古尔著，赵兆颐译，水利电力出版社，1983，下表同。

② 临界常数：压力 221.20bar，温度 374.15℃，比容 0.00317m³/kg，焓 2107.4kJ/kg，比熵 4.4429kJ/(kg·K)。

p (bar)		t(℃)									
		240	260	280	300	320	340	360	380	400	420
8.0	v	0.2869	0.2995	0.3119	0.3241	0.3363	0.3483	0.3603	0.3723	0.3842	0.3960
	h	2928.6	2972.1	3014.9	3057.3	3099.4	3141.4	3183.4	3225.4	3267.5	3309.7
	s	6.9976	7.0807	7.1595	7.2348	7.3070	7.3767	7.4441	7.5094	7.5729	7.6347
9.0	v	0.2539	0.2653	0.2764	0.2874	0.2983	0.3090	0.3197	0.3304	0.3410	0.3516
	h	2924.6	2968.7	3012.0	3054.7	3097.1	3139.4	3181.6	3223.7	3266.0	3308.3
	s	6.9373	7.0215	7.1012	7.1771	7.2499	7.3199	7.3876	7.4532	7.5169	7.5788
10.0	v	0.2276	0.2379	0.2480	0.2580	0.2678	0.2776	0.2873	0.2969	0.3065	0.3160
	h	2920.6	2965.2	3009.0	3052.1	3094.9	3137.4	3179.7	3222.0	3264.4	3306.9
	s	6.8825	6.9680	7.0485	7.1251	7.1984	7.2689	7.3368	7.4027	7.4665	7.5287
11.0	v	0.2060	0.2155	0.2248	0.2339	0.2429	0.2518	0.2607	0.2695	0.2782	0.2870
	h	2916.4	2961.8	3006.0	3049.6	3092.6	3135.3	3177.9	3220.3	3262.9	3305.4
	s	6.8323	6.9109	7.0005	7.0778	7.1516	7.2224	7.2907	7.3568	7.4209	7.4832
12.0	v	0.1879	0.1968	0.2054	0.2139	0.2222	0.2304	0.2386	0.2467	0.2547	0.2627
	h	2912.2	2958.2	3003.0	3046.9	3090.3	3133.2	3176.0	3218.7	3261.3	3304.0
	s	6.7858	6.8738	6.9562	7.0342	7.1085	7.1798	7.2484	7.3147	7.3790	7.4415
13.0	v	0.1727	0.1810	0.1890	0.1969	0.2046	0.2123	0.2198	0.2273	0.2348	0.2422
	h	2908.0	2954.7	3000.0	3044.3	3088.0	3131.2	3174.1	3217.0	3259.7	3302.5
	s	6.7424	6.8316	6.9151	6.9938	7.0687	7.1404	7.2093	7.2759	7.3404	7.4031
14.0	v	0.1596	0.1674	0.1749	0.1823	0.1896	0.1967	0.2038	0.2108	0.2177	0.2246
	h	2903.6	2251.0	2996.9	3041.6	3085.6	3129.1	3172.3	3215.3	3258.2	3301.1
	s	6.7016	6.7922	6.8766	6.9561	7.0315	7.1036	7.1729	7.2398	7.3045	7.3673
15.0	v	0.1483	0.1556	0.1628	0.1697	0.1765	0.1832	0.1898	0.1964	0.2029	0.2094
	h	2899.2	2947.3	2993.7	3038.9	3083.3	3127.0	3170.4	3213.5	3256.6	3299.7
	s	6.6630	6.7550	6.8405	6.9207	6.9967	7.0693	7.1389	7.2060	7.2709	7.3340
16.0	v	0.1383	0.1453	0.1521	0.1587	0.1651	0.1714	0.1777	0.1838	0.1900	0.1961
	h	2894.7	2943.6	2990.6	3036.2	3080.9	3124.9	3168.5	3211.8	3255.0	3298.2
	s	6.6263	6.7198	6.8063	6.8873	6.9639	7.0369	7.1069	7.1743	7.2394	7.3026
24.0	v	0.08839	0.09367	0.09863	0.10336	0.10793	0.11237	0.11672	0.12100	0.12522	0.12940
	h	2855.7	2911.6	2963.8	3013.4	3061.1	3107.5	3153.0	3197.8	3242.3	3286.5
	s	6.3788	6.4857	6.5818	6.6699	6.7517	6.8286	6.9016	6.9714	7.0384	7.1031
25.0	v	0.08436	0.08951	0.09433	0.09893	0.10335	0.10764	0.11184	0.11597	0.12004	0.12407
	h	2850.5	2907.4	2960.3	3010.4	3058.6	3105.3	3151.0	3196.1	3240.7	3285.0
	s	6.3517	6.4605	6.5580	6.6470	6.7296	6.8071	6.8804	6.9505	7.0178	7.0827
26.0	v	0.08064	0.08567	0.09037	0.09483	0.09912	0.10328	0.10734	0.11133	0.11526	0.11914
	h	2845.2	2903.0	2956.7	3007.4	3056.0	3103.0	3149.0	3194.3	3239.0	3283.5
	s	6.3253	6.4360	6.5348	6.6249	6.7082	6.7862	6.8600	6.9304	6.9979	7.0630
27.0	v	0.07718	0.08211	0.08670	0.09104	0.09520	0.09923	0.10317	0.10703	0.11083	0.11458
	h	2839.7	2898.7	2953.1	3004.4	3053.4	3100.8	3147.0	3192.5	3237.4	3282.0
	s	6.2993	6.4120	6.5123	6.6034	6.6874	6.7660	6.8402	6.9109	6.9787	7.0440
28.0	v	0.07397	0.07644	0.08328	0.08751	0.09156	0.09548	0.09929	0.10303	0.10671	0.11035
	h	2834.2	2894.2	2949.5	3001.3	3050.8	3098.5	3145.0	3190.7	3235.8	3280.5
	s	6.2738	6.3886	6.4903	6.5824	6.6672	6.7464	6.8210	6.8921	6.9601	7.0256

① 表中 v, h 和 s 的单位同附表 4-2。

$t(℃)$		$p(\text{bar})$						
		1	5	10	20	30	40	50
0	v	0.0010002	0.0010000	0.0009997	0.0009992	0.0009987	0.0009982	0.0009977
	h	0.1	0.5	1.0	2.0	3.0	4.0	5.1
20	v	0.0010017	0.0010015	0.0010013	0.00010008	0.0010004	0.0009999	0.0009995
	h	84.0	84.3	84.8	85.7	86.7	87.6	88.6
40	v	0.0010078	0.0010076	0.0010074	0.0010069	0.0010065	0.0010060	0.0010056
	h	167.5	167.9	168.3	169.2	170.1	171.0	171.9
60	v	0.0010171	0.0010169	0.0010167	0.0010162	0.0010158	0.0010153	0.0010149
	h	251.2	251.5	251.9	252.7	253.6	254.4	255.3
80	v	0.0010292	0.0010290	0.0010287	0.0010282	0.0010278	0.0010273	0.0010268
	h	335.0	335.3	335.7	336.5	337.3	338.1	338.8
100	v	1.696	0.0010435	0.0010432	0.0010427	0.0010422	0.0010417	0.0010412
	h	2676.2	419.4	419.7	420.5	421.2	422.0	422.7
120	v	1.793	0.0010605	0.0010602	0.0010596	0.0010590	0.0010584	0.0010579
	h	2716.5	503.9	504.3	505.0	505.7	506.4	507.1
140	v	1.889	0.0010800	0.0010796	0.0010790	0.0010783	0.0010777	0.0010771
	h	2756.4	589.2	589.5	590.2	590.8	591.5	592.1
160	v	1.984	0.3835	0.0011019	0.0011012	0.0011005	0.0010997	0.0010990
	h	2796.2	2766.4	675.7	676.3	676.9	677.5	678.1
180	v	2.078	0.4045	0.1944	0.0011267	0.0011258	0.0011249	0.0011241
	h	2835.8	2811.4	2776.5	763.6	764.1	764.2	765.2
200	v	2.172	0.4250	0.2059	0.0011560	0.0011550	0.0011540	0.0011530
	h	2875.4	2855.1	2826.8	852.6	853.0	853.4	853.8

各类管道的规定代号[①]　　　　　　　　　　附表 4-5

代号	名　称	代号	名　称	代号	名　称
S	上水管(不分类型的)	XH_8	循环冷水管(自流)	R_6	采暖温水回水管
S_1	生产上水管	XH_9	循环冷水管(压力)	N_1	凝结水管
S_2	生活上水管	H_{10}	盐液管	Y_1	原油管
S_8	软化水管	R	热水管(不分类型的)	Y_6	柴油管
S_9	冲洗水管	R_1	生产热水管(循环自流)	Y_9	重油管
X	下水管(不分类型的)	R_2	生产热水管(循环压力)	YS_1	压缩空气管
X_1	生产下水管(自流)	R_3	生活热水管	YS_2	加热压缩空气管
X_3	生活下水管(自流)	R_4	热水回水管	Z	蒸汽管(不分类型的)
X_{11}	地下排水管	R_5	采暖温水送水管	ZK_1	高压真空管
X_{12}	排水暗沟	N_2	凝结回水管(自流)	ZK_2	低压真空管
X_{13}	排水明沟	N_3	凝结回水管(压力)		

　　① 为了区别各类管道,在画图时管线中间须注明规定代号。

蒸汽、水及压缩空气管道推荐流速

附表 4-6

工作介质	管 道 种 类	流速(m/s)	工作介质	管 道 种 类	流速(m/s)
过热蒸汽	$D_g>200$	40～60	锅炉给水	水泵吸水管	0.5～1.0
	$D_g=200～100$	30～50		离心泵出水管	2～3
	$D_g<100$	20～40		往复泵出水管	1～3
饱和蒸汽	$D_g>200$	30～40		给水总管	1.5～3
	$D_g=200～100$	25～35	凝结水	凝结水泵吸水管	0.5～1.0
	$D_g<100$	15～30		凝结水泵出水管	1～2
二次蒸汽	利用的二次蒸汽管	15～30		自流凝结水管	<0.5
	不利用的二次蒸汽管	60	上水	上水管、冲洗水管(压力)	1.5～3
废汽	利用的锻锤废汽管	20～40		软化水管、反洗水管(压力)	1.5～3
	不利用的锻锤废汽管	60		反洗水管(自流)、溢流水管	0.5～1
乏汽	从压力容器中排出	80	盐液	盐液管	1～2
	从无压力容器中排出	15～30	冷却水	冷水管	1.5～2.5
	从安全阀排出	200～400		热水管(压力式)	1～1.5
热网循环水	供回水管(外网)	0.5～3	压缩空气	$P<1MPa$(表压)	8～12

常用钢管规格及质量表

附表 4-7

无缝钢管(热轧)YB 231						镀锌焊接钢管(普通)GB 3091				
外径(mm)	壁厚(mm)	理论质量(kg/m)	外径(mm)	壁厚(mm)	理论质量(kg/m)	公称直径(mm)	(in)	外径(mm)	壁厚(mm)	理论质量(kg/m)
32	3	2.15	89	4	8.38	15	1½	21.3	2.75	1.26
38	3	2.59	108	4	10.26	20	¾	26.8	2.75	1.63
45	3	3.11		5	12.70	25	1	33.5	3.25	2.42
50	3	3.48	133	4.5	14.26	32	1¼	42.3	3.25	3.13
	3.5	4.01	159	4.5	17.15	40	1½	48.0	3.50	3.84
57	3	4.00		6.0	22.64	50	2	60.0	3.50	4.88
	3.5	4.62	219	6	31.52	65	2½	75.5	3.75	6.64
63.5	3.5	5.18		8	41.63	80	3	88.5	4.00	8.34
	4	5.87	273	8	52.28	100	4	114.0	4.00	10.85
76	3.5	6.26		10	64.86	125	5	140.0	4.50	15.04
	4	7.10	325	10	77.68	150	6	165.0	4.50	17.81

工业锅炉设计用代表性煤种的理论空气量和燃烧产物体积（m³/kg）

附表 4-8

类 别		产 地	V^0	V_{RO_2}	$V^0_{NO_2}$	$V^0_{H_2O}$	V^0_g
石煤、煤矸石	Ⅰ类	湖南株洲煤矸石	1.505	0.287	1.191	0.278	1.756
	Ⅱ类	安徽淮北煤矸石	1.854	0.369	1.468	0.236	2.072
	Ⅲ类	浙江安仁石煤	2.685	0.548	2.144	0.163	2.856
褐煤		黑龙江扎赉诺尔	43.75	3.362	0.649	2.660	0.743
		广西右江	49.50	3.613	0.660	2.861	0.627
		龙口	49.53	3.724	0.686	2.950	0.645
无烟煤	Ⅰ类	京西安家滩	5.025	1.027	3.972	0.267	5.266
		四川芙蓉	5.120	0.984	4.050	0.393	5.426
	Ⅱ类	福建天湖山	6.893	1.385	5.446	0.365	7.196
		峰峰	6.964	1.413	5.508	0.277	7.197

类 别		产 地	V^0	V_{RO_2}	$V^0_{NO_2}$	$V^0_{H_2O}$	V^0_g
无烟煤	Ⅲ类	山西阳泉	6.447	1.229	5.101	0.496	6.825
		焦作	6.275	1.214	4.965	0.447	6.626
贫煤		山东淄博	14.64	5.879	1.099	4.653	0.465
		西峪	16.14	6.438	1.197	5.094	0.510
		林东	14.75	6.779	1.252	5.361	0.538
烟煤	Ⅰ类	吉林通化	3.857	0.722	3.051	0.432	4.205
		南票	4.550	0.844	3.602	0.571	5.017
		开滦	4.449	0.813	3.520	0.483	4.817
	Ⅱ类	安徽淮北	4.909	0.907	3.885	0.515	5.307
		新汶	4.948	0.906	3.916	0.530	5.352
		霍山	5.808	1.051	4.601	0.578	6.230
	Ⅲ类	辽宁抚顺	5.999	1.045	4.748	0.797	6.590
		肥城	6.040	1.098	4.780	0.638	6.516
		水城	5.873	1.066	4.647	0.575	6.288

注：在 $\alpha=1$，0℃和 101.325kPa 下。

参 考 文 献

[1] 陈学俊，陈听宽. 锅炉原理［M］. 2 版. 北京：机械工业出版社，2009.

[2] 同济大学，湖南大学，重庆建筑工程学院. 锅炉及锅炉房设备［M］. 2 版. 北京：中国建筑工业出版社，1986.

[3] 同济大学等院校. 锅炉习题实验及课程设计［M］. 2 版. 北京：中国建筑工业出版社，1990.

[4] 解鲁生. 锅炉水处理原理与实践［M］. 2 版. 北京：中国建筑工业出版社，2005.

[5] 李培元. 火力发电厂水处理及水质控制［M］. 北京：中国电力出版社，2000.

[6] C.N. 莫强. 锅炉设备空气动力计算（标准方法）［M］. 3 版. 北京：电力出版社，1981.

[7] 《工业锅炉设计计算标准方法》编委会. 工业锅炉设计计算标准方法［M］. 北京：中国标准出版社，2003.

[8] 赵钦新，惠世恩. 燃油燃气锅炉［M］. 西安：西安交通大学出版社，1998.

[9] 冯维君. 燃油燃气锅炉运行与管理［M］. 北京：中国劳动出版社，1998.

[10] 姜湘山. 燃油燃气锅炉及锅炉房设计［M］. 北京：机械工业出版社，2003.

[11] 史培甫. 工业锅炉减排节能应用技术［M］. 北京：化学工业出版社，2009.

[12] 叶江明，潘效军，陈广利. 电厂锅炉原理及设备［M］. 北京：中国电力出版社，2004.

[13] 徐生荣，苏磊，卢平. 锅炉原理与设备［M］. 北京：中国水利水电出版社，2009.

[14] 冯俊凯，沈幼庭. 锅炉原理与计算［M］. 3 版. 北京：科学出版社，2010.

[15] 同济大学，等. 燃气燃烧与应用［M］. 4 版. 北京：中国建筑工业出版社，2011.

[16] 姜正候. 燃气工程技术手册［M］. 上海：同济大学出版社，1993.

[17] 车得福. 冷凝式锅炉及其系统［M］. 北京：机械工业出版社，2002.

[18] 国家环境保护总局科技标准司. 燃煤锅炉除尘脱硫设施运行与管理［M］. 北京：北京出版社，2007.

[19] 清华大学热能工程系动力机械与工程研究所，等. 燃气轮机与燃气-蒸汽联合循环装置（F）［M］. 北京：中国电力出版社，2007.

[20] 刘宏睿. 工业锅炉技术标准规范应用大全［M］. 2 版. 中国建筑工业出版社，2005.